JN426485

이해하기 쉬운

식품효소공학

FOOD ENZYME TECHNOLOGY

이해하기 쉬운

식품효소공학

장판식 · 노봉수 · 유상호 · 김묘정 · 김영완

수학사

머리말

식품과학자는 다양한 방법이나 수단을 활용하여 목적하는 식품에 접근하되 식품의 원료 생산부터 가공, 저장, 유통, 조리 및 섭취 방법에 이르기까지 전 과정에서 발생하는 현상의 본질적인 탐구와 함께 궁극적으로는 바람직한 식품의 제공을 위해 연구하고 있다.

식품의 근원이 식물, 동물, 미생물 및 관련 유기화합물 등 살아 있는 개체로부터 유래된다는 것을 감안한다면, 식품의 본질은 세포 내외에서 일어나는 대사 과정의 총체적 산물로서 설명할 수 있다. 여기서 중요하게 고려할 사항은 이러한 대사 과정의 대부분을 효소라는 생체촉매가 조절하고 있다는 것이며, 이러한 사실을 이해한다면 식품과학 분야에서 효소의 중요성을 인식하는 데 많은 도움이 될 것이다.

식품효소공학 분야에서는 식품 내에서 일어나는 다양한 현상을 효소적 전환반응의 관점에서 이해하고 해석하고자 하며, 보다 적극적으로는 이러한 효소공학적 지식 탐구를 토대로 식품의 가공적성, 저장성 및 품질의 향상을 도모하고자 한다. 이를 위해 효소반응의 기본적인 원리와 함께 다양한 식품 가공공정에서 어떻게 적용하고 있는지를 파악하고, 미래 식품 분야의 효소공학적 가공방법의 적용 가능성을 탐색하는 것은 큰 의미를 지닌다.

이 책은 식품 관련 학과를 전공하는 학생뿐만 아니라, 식품과학 분야의 연구원 및 산업현장에서 종사하고 있는 전문적인 인력에게도 도움이 될 수 있는 내용으로 이루어져 있다. 제1부 개요에서 효소의 역사, 생합성, 생화학적 특성, 개선, 생산/추출/정제기술 및 반응조절을, 제2부에서는 식품 및 관련 산업에서의 효소의 활용을, 제3부에서는 식품효소공학의 최근 동향 및 미래 전망을 다루고 있다. 이 책의 특징으로는 각 단원마다 스스로의 이해 정도를 점검해 볼 수 있도록 한 연습문제의 제공을 꼽을 수 있으며, 또한 이번 개정을 통해서 더욱 명료한 과학용어 및 최신의 연구 결과를 반영하고자 노력하였다. 더불어, 저자들은 앞으로도 다양한 제안을 겸허히 수용하고 학술적 진보를 지속적으로 보충함으로써, 본 교재가 식품효소공학의 지침서가 될 수 있도록 꾸준히 노력하겠다는 다짐을 독자 여러분께 약속드린다.

본 출간의 자리를 빌려 식품효소공학의 큰 학자이시며 저자들의 집필에 지대한 가르침을 주신 박관화 교수님께 깊은 존경의 뜻을 표하고, 아울러 초판 발행부터 개정판 출간까지 많은 도움을 주신 수학사 이영호 사장님과 임직원 여러분께 진심 어린 감사를 드린다.

저자 일동

차례

제3장 세포 내에서 효소의 생합성

제4장 유전공학을 이용한 효소의 대량생산 및 효소 개량

제5장 효소반응 메커니즘과 반응영향인자

제6장 효소의 생산, 추출 및 정제

PART II | 식품산업에서의 효소 이용

제7장 탄수화물 관련 효소

제8장 단백질 관련 효소

제9장 지방질 관련 효소

제10장 기타 산업에서 효소의 이용

PART III | 효소 이용의 최근 동향 및 미래

제11장 효소 센서

제12장 생명정보학

제13장 식품용 효소의 안전성 및 관련 규정

부록 | 효소 실습

PART 1

식품효소공학 개론

제1장 효소의 역사 및 특성, 필요성 **제2장** 효소의 분류 및 보조효소와 보조인자 **제3장** 세포 내에서 효소의 생합성 **제4장** 유전공학을 이용한 효소의 개선 **제5장** 효소반응 메커니즘과 반응영향인자 **제6장** 효소의 생산, 추출 및 정제

제1장

효소의 역사 및 특성, 필요성

1. 효소의 발견 및 연구

효소를 연구하게 된 동기, 기원 및 발전에 대한 과정을 살펴보면 그 역사는 오래되었으며, '효소'라는 명칭은 'ferment'에 그 어원을 두고 있음을 확인할 수 있다. 즉, 생명체 내에 존재하는 수많은 생화학반응을 촉진하는 생체촉매작용물질로서 '무생효모'라고도 부르는 효소의 개념이 ferment였는데, 이는 다시 '화학적 효소(chemical ferment)', '생물 효소(living ferment)', '소화 효소(digestive ferment)' 등으로 분류되어 불렸다.

17세기 말 Stahl은 "어떤 물질을 분해하는 힘을 가진 'ferment'에 의하여 '발효(fermentation)'가 일어난다."는 이론을 제창하였다('발효'라는 말은 라틴어의 '끓어오르다'라는 'fervere'로부터 유래). 이후 19세기 후반에 있었던 Pasteur와 Liebig 사이의 유명한 생명 논쟁은 이 ferment가 '생명' 또는 '생명체'를 포함한 '유기물질'인지 반대로 생명력이 없는 '화학물질'인지를 초점으로 삼았는데, 1897년 마쇄한 효모의 세포 추출액이 슈크로스(sucrose)를 발효시킨다는 사실을 Buchner가 발견함으로써 이 논쟁은 끝을 맺게 되었다. 또한 '무세포계(cell free)'를 이용한 Buchner의 발효현상 발견으로 *in vitro*에서 효소반응이 일어날 수 있다는 사실을 확인하였으며, 효소 연구방법의 획기적인 길을 개척했다고 할 수 있다. 더욱이 물에 녹는 '생명이 없는 물질'이 'ferment'라는 것도 입증되었는데, Buchner 등은 이 물질을 '지메이스(zymase)'로 명명하였다('zym'은 효모를 의미).

이러한 역사적 사실보다 효소에 대한 합리적인 연구가 인정된 것은 18세기에 들어서부터였다. 단일한 물질인 것으로 생각되는 효소 발견의 원류를 살펴보면 Leomuer(1713)와 Spallanzani(1785) 등이 새의 위액이 고기를 소화·분해시킨다는 사실을 발견한 일로, 특히 Schwan(1825)은 위점막의 추출액이 산성에서만 고기를 소화시킨다는 것을 발견하고 이때의 물질을 '펩신(pepsin)'이라고 명명하였으며, 가열 처리한 펩신은 고기를 소화시키는 작용이 없어진다는 사실도 발견하였다.

19세기에 들어와서, Kirchhoff(1811)는 보리의 맥아 추출액이 녹말을 가수분해하여 엿당(maltose)을 생성한다는 현상을 처음으로 밝혔으며, Payen과 Persoz(1833)는 맥아의 추출액에 알코올을 첨가하여 얻은 침전물(백색의 무정형 분말)이 녹말을 소화할 수 있는 능력을 가진다는 것과 이것을 100°C에서 가열하면 소화력을 상실한다는 것을 발견하고, 물에 녹지 않는 녹말로부터 수용성의 당을 '분리(diastas)'할 수 있다는 의미로 '다이아스테이스(diastase)'라고 이름을 붙였다. Pasteur(1876)는 이 업적을 높이 평가해서 효소의 일반명을 'la diastase'라고 부르고, 녹말을 분해하는 효소를 '아밀레이스(amylase : 'amidon'은 프랑스어로 '녹말'을 의미)'로 부를 것을 제안하였다.

한편 효소가 '촉매'라고 주장한 최초의 학자는 스웨덴의 화학자 Berzellius(1835)였으며, 그는 Payen과 Persoz의 '다이아스테이스' 작용에 관한 내용을 근거로 삼았다고 알려져 있다.

1) 효소의 본질은 단백질

효소에 관한 연구는 20세기에 들어서 비로소 근대적인 모습을 갖추게 되었으며, 본격적인 효소 연구는 알코올성 음료 제조와 관련해서 시작되었다. Buchner(1895)는 효모세포를 마쇄하여 얻은 추출물이 살아 있는 미생물 세포를 포함하고 있지 않음에도 당을 발효하여 알코올과 이산화탄소로 변화시키는 것을 발견하고, 추출물 속에 이와 같은 작용을 수행하는 물질이 존재하며 이것이 효소라는 사실을 밝혔다. 이후 Harden과 Young(1950)에 의하여 추출물 내의 알코올 발효에 관여하는 효소가 단일한 것이 아니라, 내열성의 비단백질 부분과 그렇지 않은 단백질 부분으로 구성되어 있으며 이들 두 가지 부분의 공존에 의해서만 효소작용을 나타낼 수 있다는 것이 밝혀졌다. 그 결과 저분자물질이야말로 효소의 본체이며, 단백질 모양인 고분자 화합물은 담체에 불과한 것이라고 생각하였다. 이 생각을 담체설(Träger theorie)이라고 하며, 저분자물질을 보조인자(cofactor)라고 부르게 되었다. 그런데 이 담체설은 Willstätter를 비롯한 독일학파에 의하여 지지를 받았지만, 대부분의 효소가 보조인자와 그 담체로 되어 있는지 또는 보조인자의 능력이 담체 단백질과 결합함으로써 수천 배까지 상승하는 것을 어떻게 설명할 것인지 등 여러 가지 문제가 제기되었다. 한편 Willstätter에 의하여 효소의 저분자화가 시도되었지만 성공하지 못하고 끝남으로써 담체설의 실증에 대하여는 어떠한 것도 얻을 수가 없었다.

이러한 이론의 검증에 종지부를 찍은 것은 "효소는 단백질과 같은 물질이다."라고 Fischer(1907)가 주장한 후로부터 약 20년을 경과하여, 1926년 Sumner가 요소가수분해효소(urease)의 결정체를 얻은 사건에서 비롯되었다. 처음에는 Sumner가 얻은 결정체를 효소의 결정으로 인정하지 않았지만, 그 후에 Northrop 등에 의하여 펩신, 트립신(trypsin), 키모트립신(chymotrypsin)의 단백질이 결정화됨으로써 그것들이 효소의 결정체라는 증거로 작용하여 효소가 단백질이라는 것이 증명되었으며, 효소 구조에 관한 본격적인 연구도 이것으로부터 시작되었다.

효소는 보조인자가 없는 단순단백질인 경우와 보조인자가 있는 복합단백질인 경우로 구분되며, 효소의 본질은 단백질이고 보조인자는 단순히 보조적 인자라는 사실과 효소가 일종의 촉매 단백질이라고 말할 수 있게 되기까지는 10년이라는 세월이 더 흘렀다. 즉, 효소는 촉매로서의 기능에 의한 존재가 먼저 확인되었고, 다음에 특정의 화학물질이라는 것이 알려졌으며, 계속해서 단백질로서의 그 실체가 파악되었다. 그럼에도 효소의 '기질특이성(substrate specificity)'에 관한 Fischer의 유명한 '자물쇠와 열쇠 이론(lock-and-key theory)'이 효소의 실체가 전혀 불분명했던 1894년에 이미 제창되었다는 것은 흥미로운 일이다.

2) 효소반응 연구에 관한 역사

효소반응을 이해하는 데 가장 중요한 미하엘리스-멘텐식(Michaelis-Menten equation)이 제안되었던 것은 1913년으로, 현재에 이르기까지 미하엘리스상수(Michaelis 상수, K_m)는 효소반응속도론에 있어서 근간이 되는 중요한 의미가 있다. 촉매로서의 효소 기능에 대한 연구는 속도론적 측면에서부터 시작되었는데, 당시로서는 가장 유용한 광학기기의 하나였던 편광계(polarimeter)를 사용하여 Welhelmy(1850)가 산에 의한 슈크로스의 가수분해반응을 시간 경과에 따라 연속적으로 추적한 것은 반응속도론에 있어서 획기적인 사건이었으며, 이 반응이 "1차 반응에 따른다(임의 시간에서의 반응속도가 한 가지의 기질 농도에 정비례함)."라는 사실을 처음으로 발견하게 된 것이다.

O'Sullivan과 Tompson(1890)은 동일한 슈크로스를 효모의 인버테이스(invertase)를 사용하여 가수분해반응속도를 같은 방법으로 측정해서 그 반응의 시간 경과에 따른 변화가 산과 동일하게 1차 반응에 따르며, 또한 반응속도가 효소의 농도에 비례한다는 것을 발견하고, 이 반응이 "질량작용의 법칙(Mass Action Law : Guldberg and Waage, 1864)에 따른다."라고 결론지었다.

이로부터 약 10년 후, Brown(1902)은 동일한 인버테이스의 반응을 보다 상세하게 조사하여 산 촉매와는 다른 두 가지의 뚜렷한 특징을 알게 되었다. 즉, 1차 반응속도 상수가 반응의 진행과 함께 증가하며 또한 초기의 기질 농도가 높을수록 감소한다는 것이었다.

같은 해인 1902년, Henri는 인버테이스에 의한 슈크로스의 가수분해를 편광계를 사용한 속도론적 해석으로부터, 지금까지도 잘 알려져 있는 반응속도의 농도 의존성에 관한 두 가지의 특징 즉, ① 가수분해속도는 기질(S)의 농도가 낮을 때에는 이것에 비례하지만 일정 농도 이상에서는 일정한 값에 도달한다는 것과 ② 가수분해반응속도는 효소(E)의 농도에 비례한다는 것을 확인하고, 이것을 설명하기 위한 반응 메커니즘으로서 다음과 같은 두 가지의 모델 반응식을 제안하였다.

$$\text{메커니즘 ⓐ :}\quad E + S \rightleftarrows ES \longrightarrow E + P \qquad (1.1)$$

$$\text{메커니즘 ⓑ :}\quad \begin{cases} E + S \rightleftarrows ES\ (\text{불활성}) \\ E + S \longrightarrow E + P \end{cases} \qquad (1.2)$$

이상의 두 종류 모델 반응식이 모두 효소와 기질의 복합체(ES)를 생성하는 점에서는 공통적이지만 반응 생성물(P)이 ES로부터 생성되거나(메커니즘 ⓐ), E와 S와의 2분자적인 충돌에 의하여 생성되는(메커니즘 ⓑ) 측면에서는 근본적으로 서로 다르다.

반응식 (1.1)과 (1.2)로부터 나타낸 반응속도(ν) 식을 간략하게 표현하면, 반응속도 식 (1.3)으로 나타나며 메커니즘 ⓐ와 ⓑ에서 다른 것은 β의 내용뿐이다.

$$\nu = \frac{\beta [E]_o \cdot [S]}{\alpha + [S]} \qquad (1.3)$$

(단, α와 β는 상수, $[E]_o$는 초기 효소 농도, $[S]$는 기질 농도)

효소 특이성에 관한 '자물쇠와 열쇠 이론'이 이미 나와 있었던 당시, 메커니즘 ⓐ가 더욱 논리적이며 합리적이라고 생각할 수 있었지만 Henri는 이듬해에 저술한 책 『Lois générales de l'action des diastases』에서도, 메커니즘 ⓐ와 ⓑ의 어느 쪽이 보다 타당한가에 관해서는 전혀 언급하지 않았다.

이로부터 약 10년 후, Michaelis와 Menten 두 사람은 Henri의 연구를 높이 평가하면서도 그의 실험적 결점에 주목하여 인버테이스에 의한 슈크로스의 가수분해반응을 다른 방법에 의하여 예민하게 추가적으로 수행하였다. 이때 제1의 결점은 pH에 대한 것이었는데, Henri의 실험 시기에는 pH의 개념이 아직 확립되지 않고 있었으며 더구나 "효소반응속도가 pH에 따라서 크게 영향을 받는다("Der isoelektrische punkt des genuinen und des denaturierten serumalbumins" : Michaelis and Davidsohn, 1911)."는 사실은 알 수 없었기 때문에 증류수 수용액에서 실험이 수행되었던 것이다. 제2의 결점은 생성물(포도당 및 과당)에 대한 변선광의 효과이다. 즉, 인버테이스와의 반응을 연속적으로 편광계에서 추적한 Brown이라든지 Henri의 실험에서는 슈크로스의 가수분해반응 자체에 의한 선광도 변화 외에도 생성 당에 의한 변선광이 같은 정도의 속도로 일어나기 때문에 그 효과가 중첩되어 관측된다. 따라서 그들의 실험에서 얻어진 속도가 슈크로스의 가수분해속도만을 반영하고 있는지에 대한 이의 제기가 있었던 것이며, Michaelis와 Menten은 완충용액(pH 4.7)을 사용하여 일정 시간마다 효소반응액을 채취하여 알칼리로 반응을 정지시키는 동시에, 변선광을 완결시킨 후에 선광도의 변화를 측정하여 반응을 추적하였다.

Michaelis와 Menten은 Henri의 메커니즘 ⓐ를 명백한 것으로 생각하였으며, 메커니즘 ⓑ의 가능성은 고려하지 않고 식(1.1)로부터 $E + S \rightleftarrows ES$의 모의 평형이 $ES \rightarrow E + P$(이때의 반응속도 상수를 k_2라고 가정)에 비하여 월등히 빠른 것으로 가정하고, ES의 해리상수를 K_m으로 하여, Michaelis-Menten은 잘 알려져 있는 반응속도 식인 식 (1.4)를 제시하였다.

$$v = \frac{k_2 \cdot [E]_o \cdot [S]}{K_m + [S]} = \frac{V_{max} \cdot [S]}{K_m + [S]} \tag{1.4}$$

이때 V_{max}는 최대속도로 불리며 이 식은 Henri식 (1.3)의 α를 K_m, β를 k_2로 놓은 것과 같은 식이다. 이러한 Henri의 선구자적 업적을 감안하여, (1.4)의 반응식을 종종 헨리-미하엘리스-멘텐식(Henri-Michaelis-Menten equation)이라 부르기도 한다.

3) 새로운 기술과 효소반응 연구의 근대화

효소반응은 속도가 매우 빠른 고속의 반응이다. 예를 들면, 효소의 전환횟수(turnover number, $V_{max}/[E]_0$, 단, $[E]_0$는 효소의 전체 농도) 값의 크기를 봐도 알 수 있듯이, 하나의 효소 분자가 한 개의 기질 분자를 변환시키는 평균시간은 10^{-6}초에서 길어도 몇 초를 넘기기 못한다. 따라서 초(sec) 단위 이하의 빠른 반응에 대한 연구기술이 요구된다.

1923년 영국의 Hartridge와 Roughton은 '연속식 유출법'이라고 불리는 방법을 사용하여 헤모글로빈과 일산화탄소와의 결합반응을 추적(10^{-3}초의 영역)하는 데 성공하였다. 가늘고 긴 얇은 관 속을 일정한 속도로 흐르는 두 용액을 서로 혼합하면 열이 발생하는데, 이때의 발열반응에 의한 온도 상승을 유출관 내의 일정 위치에 둔 열 센서로 측정하여 혼합반응의 시작점에서 측정점까지의 거리를 변화시킴으로써 반응곡선을 얻었던 것이며, 이것이 고속액상반응 연구에 대한 발판이 되었다.

Chance(1940)는 아주 소량의 액으로 광흡수 변화에 따라 연속적으로 반응을 추적할 수 있는 '불연속적 유출(stopped flow)장치'의 개발에 성공하였으며, 이것을 사용하여 과산화효소(peroxidase) 반응곡선을 얻었다. 즉, Henri-Michaelis-Menten에 의하여 제안되었던 효소-기질 복합체가 효소반응의 필수적인 중간체라는 것이 Chance에 의하여 처음으로 분광학적 속도론으로 입증되었던 것이다. 효소 연구에 있어서 이것이 갖는 의미는 매우 크다고 할 수 있으며, 그 후 여러 가지 고속반응에 관한 측정기술의 개발과 함께 효소반응 과정에 대한 연구가 현저하게 발전하게 되었다.

한편, 플래빈(flavin) 효소인 D-아미노산산화효소(D-amino acid oxidase, 1962)와 *p*-하이드록시벤조산 하이드록시화효소(*p*-hydroxybenzoate hydroxylase, 1969)에 관한 효소-기질 복합체의 결정이 분리되어, 이것으로부터 생성물이 화학 양론적으로 생성되는 것을 증명함으로써 효소-기질 복합체의 효소반응에 있어서의 의미와 중요성이 재확인되었다.

또한 아이소루신 생합성의 초기 반응을 촉매하는 트레오닌아미노기제거효소(threonine deaminase)가 최종 산물인 아이소루신에 의하여 특이적으로 저해되며, 이것이 이 합성계의 제어 메커니즘으로 작용하고 있다는 가능성을 처음으로 지적한 것은 Umbarger(1956)였다. 이것이 계기가 되어 많은 아미노산이라든지 핵산물질들의 생합성계에 관하여 기질과 '입체 구조를 달리하는' 최종 산물에 의한 저해를 받는 효소가 차례로 발견되었으며, Monod 등(1963)은 이것을 '다른자리입체성효소〔allosteric enzyme, 조절효소(regulatory enzyme)〕'라고 명명하였다. 이들 효소의 초기 속도-기질 농도와의 관계 곡선은 식 (1.4)

의 쌍곡선형과는 달리 S자형을 나타내며, 이러한 효소는 복수의 소단위(subunit)로 구성되어 있다는 모델이 제시되었다. 즉, 기질로서 작용하거나 또는 저해 등을 일으키는 물질(effector)이 효소의 입체 구조를 변화시킨다는 것이, S자형의 농도 의존성이라든지 저해(때로는 활성화)의 원인이라고 설명되었다. 아스파르트산카바모일전달효소(aspartate carbamoyl-transferase, EC 2.1.3.2)는 전형적인 다른자리입체성효소(또는 조절효소)로 유명하다.

4) 효소의 구조 해명 연구에 관한 역사

효소단백질의 1차 구조 해명에 관한 연구는 Sanger(1955)가 인슐린의 아미노산순서를 성공적으로 결정하게 된 것이 시발점이 되었다. 실제적인 효소로서는 소 췌장의 리보핵산가수분해효소(ribonuclease, 분자량 13,700)에 대한 1차 구조의 결정(Hirs et al., 1960)이 최초였다. 이전에는 펩타이드결합의 아미노산순서보다도 핵산의 염기순서를 결정하는 편이 어려움이 많았지만 오늘날에 와서는 여러 가지 제한효소의 발견으로, 대응하는 DNA의 염기순서로부터 단백질의 1차 구조를 결정하는 편이 용이한 경우가 많아진 것도 역사의 흐름으로 보아 흥미로운 일이다. 또한 고체상 펩타이드 합성법(Merrifield et al., 1964)에 의하여, 1969년에는 리보핵산가수분해효소 A(ribonuclease A)의 전체적인 화학합성이 성공하여 효소가 '화학물질'이라는 것이 한층 더 명백해졌다.

효소의 기능 발현이 그 입체 구조에 있다는 것은 의문의 여지가 없다. 따라서, 용액 중에서의 단백질 입체 구조 연구에 있어서 핵자기 공명법(nuclear magnetic resonance, NMR)의 역할은 대단한 것이지만, 무엇보다도 단백질 분자의 원자 수준에서의 전체적인 3차원 구조 해명에 관해서는 X선 결정 회절분석도 해석(X-ray diffraction crystallography)을 능가할 수 있는 기법은 없다. X선 결정 회절분석도 해석에 관한 실험 결과는 효소의 기능 발현 메커니즘을 탐색할 수 있는 가장 유력한 기반이 되고 있다. 즉, X선 회절분석기술의 발전으로 인하여 효소의 구조에 대한 중요한 사실들이 밝혀졌으며, 현재까지도 이러한 X선 분석기술에 의하여 많은 사실들이 규명되고 있다.

5) 효소의 생물학적 기능 연구에 관한 역사

각종 생물체로부터 얻어지는 생체촉매인 효소의 종류는 현재 알려져 있는 것만 약 2,300여 종류나 된다. 효소의 대부분은 생산한 생물의 세포 내에 존재하며 생물체에서 볼 수 있는 모든 화학반응을 촉매하고 있다. 예를 들면, 생물에 있어서 필수적인 에너지를 획득하기 위하여 생물은 호흡, 발효 등의 생명현상을 구현하고 있으며, 이들 현상은 생체 내에서 일어나는 일련의 화학반응이다. 즉, 세포 내에 흡수된 화학물질이 산화·환원, 인산화 등의 화학 변화를 거치면서 잇달아 다른 화학물질로 변화되어 간다. 이처럼 생체 내에서 일어나는 화학반응을 일반적으로 생체대사 또는 인산화 물질대사라고 하는데, 이들 생체대사의 각 단계는 각각 특유한 효소에 의하여 촉매되고 있다. 원칙적으로는 하나의 화학반응에는 하나의 특정 효소가 관여하고 있다고 생각할 수 있으므로 효소의 종류도 매우 많을 것으로 생각한다. 현재 수많은 대사경로가 알려져 있으며, 이들은 생체 내의 대사경로를 요약하여 표현해 놓은 생체 내 대사경로도(metabolic map)로 정리되어 있다. 생물 화학에서 취급하고 있는 대부분의 효소는 생체 내 대사경로도에 나타난 대사의 각각의 단계를 촉매하는 효소로서 생물학적 또는 생리학적 의미가 해명되어 있다.

1932년 Krebs와 Henseleit에 의하여 오니틴회로(ornithine cycle)가 발견된 것을 시작으로 하여, 1937년 Krebs, Knoop 그리고 Martius에 의한 트라이카복실산회로(tricarboxylic acid cycle, TCA cycle)의 발견이 있었으며, 1953년 Horecker와 Dickens 등에 의하여 헥소스-1-인산회로(hexose-1-phosphate cycle) 등이 발견되었다. 또한 아미노산대사에 있어서 중요한 역할을 담당하고 있는 아미노기전달반응(transamination) 및 아미노기전달효소(transaminase)의 존재가 1938년 Braunstein와 Kritzmann에 의해 규명되었다.

효소단백질의 생합성은 근본적으로 볼 때 유전인자인 DNA의 기능이라고 말하는 유전학상의 중요한 발견은 1940년 이후이며, Monod와 Jacob에 의한 단백질 생합성의 유전적 조절에 관한 억압물질(repressor)의 개념이 제안되었던 것은 1961년의 일이었다. 또한 Changeux, Jacob 그리고 Monod에 의한 효소활성의 조절 메커니즘으로서 새로운 시야를 열었던 다른자리입체성조절(allosteric regulation)에 대한 의견이 제안되었던 것은 1963년으로 그 이후 소중합체효소(oligomeric enzyme)에 대한 연구가 왕성하게 이루어졌다.

그러나 호르몬과 효소를 관련시키지 못하였던 긴 세월 동안 호르몬에 관한 생물학과 생화학 사이에는 미개척 영역이 있어서 호르몬의 작용 메커니즘을 화학적으로 전혀 이해할 수 없었으며, 이는 효소의 발생 근원 및 효소활성을 제어하는 메커니즘을 파악할 수 없게 만들었던 것이다. 다행히도 1959년 Sutherland는 호르몬이 가진 제2의 메신저로서 고리AMP(cyclic AMP)를 발견하였으며, 그 결과 호르몬과 효소가 연결되게 되었고 효소의 계단식 반응효과(enzyme cascade) 등 호르몬에 의한 효소활성의 조절 메커니즘이 명확하게 되었다.

2. 효소의 특성

효소는 세포 내 대사작용의 기능적 단위이다. 이들 효소는 조직적인 순서대로 작용함으로써 여러 가지 반응들을 단계적으로 예민하게 촉매한다. 이에 따라 영양물질은 분해되고 이로부터 화학에너지가 생산되며, 세포의 고분자물질이 저분자의 전구물질로부터 합성되기도 한다. 여러 종류의 효소로 구성되어 있는 효소계는 그의 작용을 통해 고도로 협동함으로써 수많은 대사활성 사이의 조화 있는 상호작용을 이루며, 이것은 생명현상을 유지하는 데 필수 불가결한 것이다. 다시 말하자면, 효소란 살아 있는 활성세포 중에서 생성되는 생체촉매(biocatalyst)이며, 생체 내에서의 많은 화학반응은 효소에 의하여 촉매되고 있다. 이러한 생체 내에서의 효소반응은 다른 무기촉매와는 구별되는 특성들이 있다. 첫째, 이러한 생체 내의 촉매작용은 특정한 기질에 대해서만 나타나며(기질특이성), 둘째, 효소는 단백질로 구성되어 있기 때문에 단백질로서의 성질을 나타낸다. 즉, 열에 불안정하며 주변의 온도나 pH에 의해 효소의 활성이 영향을 받는다.

효소의 본질 측면에서 볼 때, 효소는 대부분 단순단백질 또는 복합단백질에 속한다. 복합단백질은 단백질 부분에 각종의 보결분자단(prosthetic group)이 결합되어 있는데, 보결분자단과 단백질의 결합이 약해서 투석 등에 의하여 용이하게 분리될 수 있는 경우의 보결분자단을 보조효소(coenzyme)라고 부르며 단백질 부분을 아포효소(apoenzyme)라고 한다. 한편 아포효소와 보조효소가 결합되어 있는 전체 상태의 효소를 완전효소(holoenzyme)라고 하며, 보결분자단이 단백질과의 결합이 견고하여 쉽게 떨어지지 않는 경우를 활성기(active group)라고 정의하는 반면에 보결분자단이 단백질과 해리되기 쉽고 투석에 의하여 용이하게 떨어지는 금속이온이 있는 경우, 이때의 금속이온을 보조인자(cofactor)라고 부른다.

생물체의 경우 세포 내에 존재하는 효소를 세포안효소(intracellular enzyme), 세포 외로 방출된 효소를 세포밖효소(extracellular enzyme)라고 한다. 또한 특정 물질을 첨가한 경우에만 생성되는 효소를 유도효소(inducible enzyme) 또는 적응효소(adaptive enzyme)라고 부르며, 외적 조건에 의존하지 않고 언제나 일정하게 생성되는 효소를 구성효소(constitutive enzyme)라고 한다. 그리고 동일 반응을 촉매하지만 여러 가지로 성질이 다른 효소를 동질효소(isozyme)라고 한다.

1) 효소의 촉매 기능

효소는 주로 단백질로 구성된 촉매로서, 자신은 반응 전후에 변화하지 않으면서 단지 화학반응의 속도를 빠르게 한다. 효소의 작용은 〈그림 1-1〉과 같이 설명할 수 있다. 〈그림 1-1 (a)〉는 서울에서 강릉을 가는 도중 대관령을 넘어가는 힘든 과정의 그림이다. 이때, 일반적인 경우(효소가 없는 경우) 대관령이라는 언덕은 너무 높아서〔활성에너지(activation energy, E_a)가 매우 크기 때문에〕 일반인이 걸어서 넘어가는 것은 불가능에 가까우며 교통수단을 이용하더라도 에너지 소모량이 매우 많은 힘든 여정이 된다(어떤 반응이 자연스럽게 일어나는 것은 어렵다). 그러나 중장비를 사용하여(효소를 반응에 사용하여) 대관령에 터널을 만든다면(반응의 활성에너지를 낮추면) 쉽게 대관령을 관통하여(쉽게 화학반응이 진행되어) 강릉에 도착할 수 있다(기질물질이 효소반응에 의하여 생산물질로 탈바꿈하게 된다).

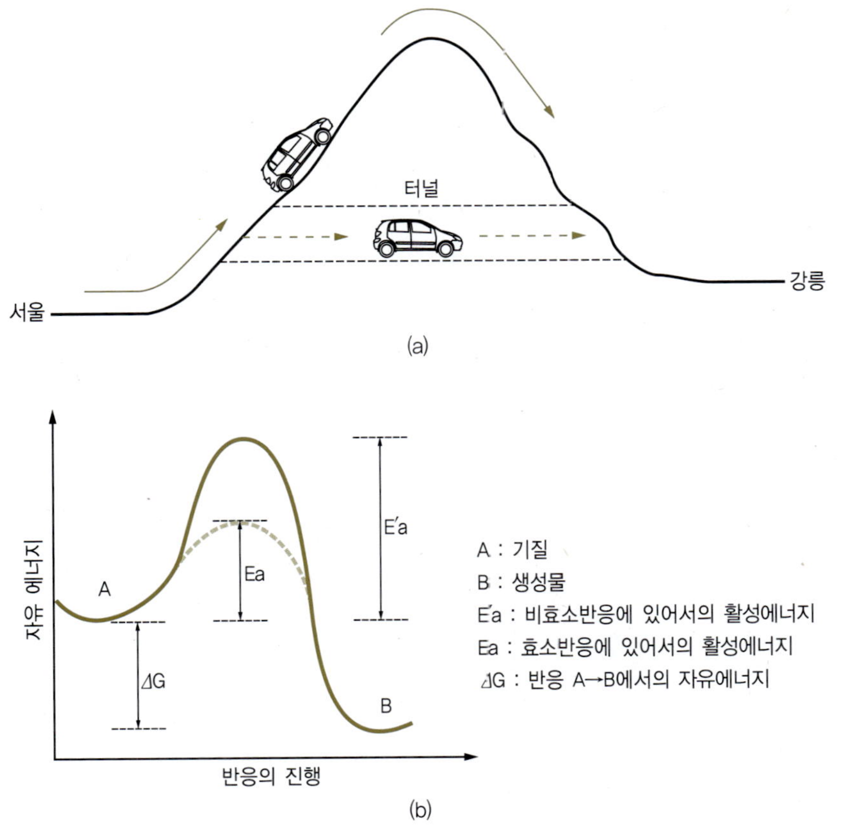

그림 1-1 • (a) 효소반응을 서울에서 강릉 가는 여행에 비유한 설명도와 (b) 효소 촉매 기능의 정량적 분석도

이상의 비유에서, 대관령이라는 언덕의 높이에 해당하는 힘을 화학반응에서는 활성에너지라고 부르며, 효소는 반응하는 기질과 결합하여 불안정하고 들뜬상태의 중간체를 만드는 것에 따라 활성에너지를 낮추게 되며 반응속도를 빠르게 한다. 〈그림 1-1 (b)〉는 화학반응의 전체 자유에너지 변화, 즉 최종 평형의 위치는 바꾸지 않고 활성에너지 장벽만을 낮추는 역할을 수행하게 된다. 한편, 활성에너지 장벽의 정점에는 에너지 준위가 가장 높은 효소-기질 복합체인 전이상태(transition state)가 존재한다.

2) 기질특이성

효소반응 특이성에 대하여 원론적으로 생각하면, "하나의 효소는 하나의 화학반응만을 촉매한다."라는 사실에 근간을 두고 있으며, 하나의 효소가 촉매하는 기질에는 여러 가지의 선택적 특이성이 있음을 발견할 수 있다. 이것을 기질특이성이라고 하며, 효소의 가장 큰 특징 중의 하나로 손꼽는다. 효소 중에는 어떤 특정 기질에 대하여 거의 절대적인 특이성을 나타내며 매우 비슷한 분자인 경우에도 작용하지 않는 것이 있으며, 반면에 비교적 넓은 특이성을 가지고 있으면서 공통된 구조적 특징을 가진 많은 화합물에 작용하는 종류도 있다.

그런데 효소의 기질에 대한 특이성은 약 20년 전만 해도 거의 절대적인 것으로 생각하였으나 근래에 들어 여러 가지 효소-기질반응에 대한 연구들이 시도된 결과, 몇 가지 군으로 나뉘어 생각하는 것이 합리적인 것으로 판단된다. 기질특이성은 다음과 같이 몇 가지로 구분될 수 있다.

① 절대적 특이성(absolute specificity) : 유사한 일정 그룹의 기질 중 특이적으로 한 종의 기질만을 촉매하는 경우

예 셀로바이에이스(cellobiase) : 셀로바이오스(cellobiose)에만 작용함

② 절대적 군 특이성(absolute group specificity) : 일정한 작용기를 가진 한 그룹의 기질을 특이적으로 촉매하는 경우

예 파파인(papain) : 펩타이드결합(peptide bond)을 가수분해함

③ 상대적 군 특이성(relative group specificity) : 어떤 그룹의 작용기와는 우선적으로 반응하며, 다른 그룹과도 어느 정도 반응하는 경우

예 라이페이스(lipase) : 지방질을 가수분해할 뿐만 아니라 짧은사슬 에스터(ester) 화합물도 천천히 가수분해함

④ 광학적 특이성(optical specificity) : 기질의 광학적 구조의 차이에 따라 특이성을 나타내는 경우. 예를 들면 D형 또는 L형 어느 한쪽에만 효소가 작용하는 경우

예 L-아미노산 아실레이스(L-amino acid acylase) : D-아미노산에는 작용하지 않고 L-아미노산에만 작용함

효소의 기질특이성에 대한 연구로부터 기질 분자는 효소라는 거대 분자에 기질이 결합하여 촉매반응을 받게 되는 영역이 존재하며 이러한 효소 분자 표면에 존재하는 특이적인 구역을 촉매자리(catalytic site) 또는 활성자리(active site)라고 하는데, 기질 분자와의 사이에 상보적인 '자물쇠와 열쇠'의 관계를 갖는다. 즉, 효소와 기질 사이에는 자물쇠와 열쇠와 같은 관계가 있어, 하나의 효소는 하나 또는 제한된 기질에만 작용한다.

따라서 기질 분자는 두 개의 명백한 구조적 특징을 가질 필요가 있다. 첫째, 효소에 의해 공격을 받을 수 있는 특이적인 화학결합과, 둘째, 결합자리(binding site 또는 positioning site)라 불리는 또 다른 기능을 갖는 작용 자리를 가지고 있어야만 한다는 것이다.

결합자리에 있는 작용기는 효소와 결합하여 그 촉매자리에서 기질 분자로 하여금 적절한 위치를 잡게 하고, 그 결과 효소의 공격을 받을 수 있는 특이적 화학결합이 효소의 촉매자리에 대하여 바른 위치를 차지하게 된다.

기질특이성이 있기 때문에 효소가 반드시 순수하게 분리·정제되지 않더라도 기질이 순수하면 그 작용 메커니즘을 파악할 수 있으며, 기질특이성에 대한 연구와 효소의 저해에 대한 연구 결과로 효소의 촉매자리 구조를 예측하는 연구도 가능하게 되었다.

3) 효소-기질반응에 영향을 미치는 인자

(1) 최적 pH 및 최적 온도

효소는 그 촉매작용을 위한 최적의 pH와 온도가 있으며, 이러한 최적의 조건하에서 활성이 가장 높아진다. 이때의 최적 pH란 효소 촉매자리 근처의 중요한 양전하(proton, H^+) 주개(donor, 수여체) 또는 양전하 받개(acceptor, 수용체)가 필요로 하는 최적 이온화 상태의 pH를 나타냄을 알 수 있다. 생체 내에서는 대부분의 경우 중성 부근의 pH에서 최적의 활성도를 나타낸다(그림 1-2). 예를 들면 가장 잘 알려져 있는 단백질분해효소인 트립신의 최적 pH는 7.0~8.0으로 중성 부근이다. 그러나 드물게 나타나는 경우이지만, 호산성 또는 호알칼리성 효소의 반응에서는 최적의 pH가 중성이 아닌 산성 또는 알칼리성

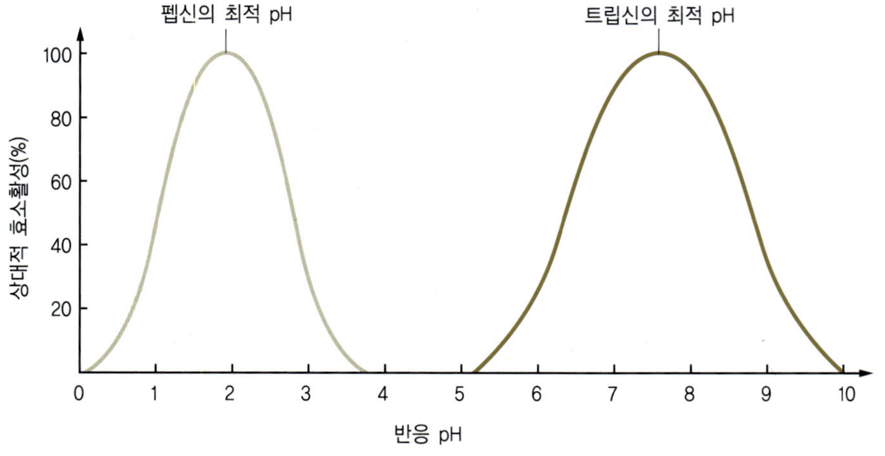

그림 1-2 • 반응 pH가 효소활성에 미치는 영향

으로 치우치게 된다.

일반적으로 화학반응의 속도는 온도의 상승과 함께 증가하며 온도가 10°C 높아지면 반응속도는 3～3.5배로 향상된다. 또한 효소반응 역시 온도가 높은 쪽이 반응속도가 빨라지지만, 효소는 단백질로 구성되어 있기 때문에 온도가 너무 높아지면 효소단백질이 변성되고 이에 따라 효소활성이 낮아지게 된다. 따라서 효소는 특정 온도 범위에서만 반응속도가 최대가 된다. 미생물에서 유래한 효소의 최적 온도는 일반적으로 그 미생물의 생육 최적 온도보다 높은데, 흔히 30～60°C 범위에서 최적의 온도를 갖는다(그림 1-3).

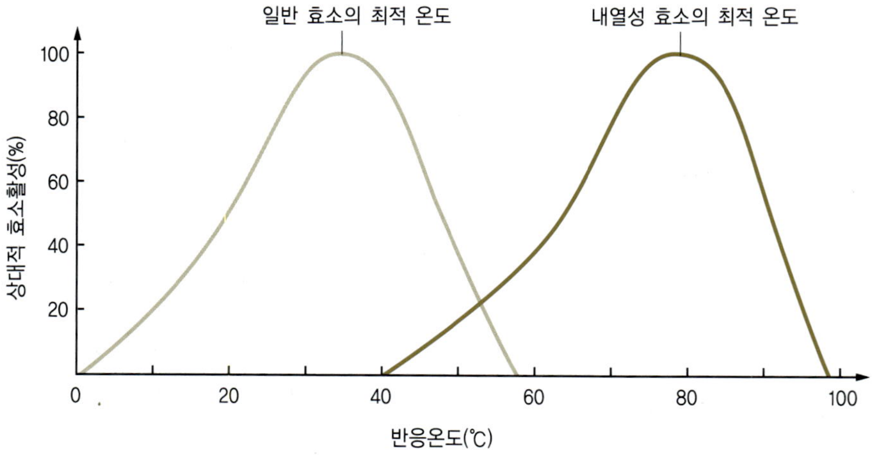

그림 1-3 • 반응온도가 효소활성에 미치는 영향

(2) 기질 농도

기질 농도는 효소 촉매반응의 속도에 큰 영향을 미친다. 즉, 효소의 농도가 일정한 경우, 기질의 농도가 낮은 범위에서는 반응속도도 느린 반면에, 기질 농도가 증가하면 효소가 기질을 만날 수 있는 기회가 증가하게 되어 효소-기질 반응속도도 증대된다. 그러나 계속적으로 기질의 농도를 점점 높이면서 촉매반응의 초기 속도를 측정해 보면, 초기 반응속도의 증가율은 점점 감소하게 되며 결국은 기질 농도를 높여도 반응속도가 사실상 변화하지 않는 포화상태에 이르게 된다. 즉, 기질 농도가 낮은 범위에서는 반응속도는 기질 농도에 비례하여 커지지만, 기질 농도가 높아짐에 따라서 초기 반응속도의 증가율이 포화되어 일정한 값에 도달한다. 이러한 포화현상은 거의 모든 효소에서 찾아볼 수 있으며, 이때의 반응속도를 최대반응속도(maximum velocity, V_{max})라 하고, V_{max}의 1/2 반응속도를 나타내게 하는 기질 농도를 K_m값, 미하엘리스-멘텐상수 또는 미하엘리스상수(Michaelis-Menten constant 또는 Michaelis constant)라고 부르는데, 이들 두 가지 모두 일정한 효소의 특징적인 성질을 나타내는 상수이다(그림 1-4).

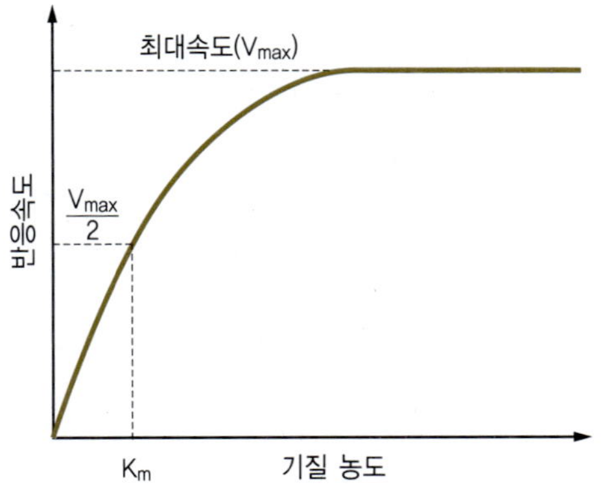

그림 1-4 • 효소-기질반응을 표현하는 미하엘리스-멘텐곡선(효소 농도가 일정할 때, 기질 농도와 반응속도와의 관계)

따라서 K_m값, 즉 미하엘리스-멘텐상수는 어떤 효소가 효소-기질반응에 있어서 최대 반응속도의 절반 속도를 나타낼 때의 특이적 기질 농도값이라고 정의할 수 있으며, 각각의 효소는 특정 기질에 대하여는 고유의 특징적인 K_m값을 갖는다.

반면에, 지방질 내 에스터결합의 가수분해를 촉매하는 라이페이스의 경우는 특이한 현상을 유발한다. 예를 들면, 라이페이스 효소의 일반적인 기질인 중성지방질의 농도가 어느 정도(10%, w/v)까지는 증가하면 이에 비례하여 반응속도도 높아진다. 그러나 과다하게 높은 농도(약 30% 이상, w/v)가 되면 오히려 반응속도가 낮아지는 양상을 나타낸다. 즉, 기질의 농도가 증가함에 따라 효소반응속도가 이에 비례하여 무조건 높아지거나 포화된다고만 생각해서는 안 되며, 기질의 농도가 높아지면 오히려 반응속도가 낮아지는 경향이 있을 수도 있는데 이러한 현상을 기질에 의한 효소반응의 억제(substrate inhibition, 기질억제)라고 한다.

(3) 효소 농도와 반응 생성물

기질의 농도가 일정할 때, 효소반응 초기의 속도는 효소 농도에 비례한다(그림 1-5). 그러나 반응이 진행됨에 따라 반응 생성물이 효소작용을 저해하여 반드시 비례하지는 않게 되며, 일반적으로 효소작용은 어느 시점에서 평형에 도달한다. 이러한 현상은 효소반응 생성물의 축적이 효소작용을 억제하기 때문에 나타난다.

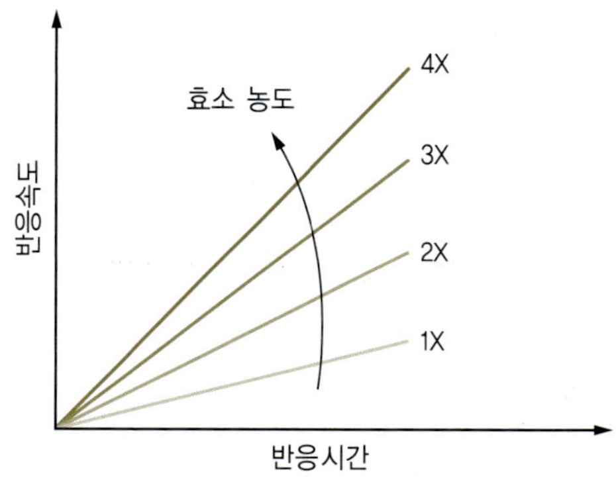

그림 1-5 • 효소 농도와 반응속도와의 관계

(4) 억제제와 활성제

효소의 작용을 저해하는 물질을 효소 억제제(enzyme inhibitor)라고 부르는데, 그 효소반응을 특이적으로 저해하는 물질과 비특이적으로 저해하는 물질이 있다. 이러한 효소의 억제물질에 대한 연구로부터 효소의 기질특이성이나 촉매자리의 작용기에 대한 성질, 즉 촉매활성의 메커니즘에 대한 유용한 정보를 얻을 수 있다.

효소를 저해하는 물질에는 비가역적(irreversible)인 것과 가역적(reversible)인 것의 두 가지 형태가 있는데, 비가역적 억제제란 효소 분자 내의 촉매활성 작용기에 직접적으로 결합하거나 또는 이를 파괴함으로써 효소활성을 회복할 수 없는 경우이며, 반면에 가역적 억제제란 저해를 유발하는 물질을 제거하거나 이에 상응하는 조치를 취하면 효소활성을 부분적으로 또는 완전히 회복할 수 있는 경우를 일컫는 것으로서 경쟁억제(competitive inhibition)와 비경쟁억제(noncompetitive inhibition, uncompetitive inhibition)의 두 종류로 크게 나눌 수 있다.

경쟁억제제(I)는 효소 촉매자리에 대한 결합을 기질과 경쟁하지만, 효소와 결합은 해도 생성물을 만들지는 않는다. 기질 농도를 증가시킴으로써 즉시 저해가 회복된다는 점이 경쟁억제물질의 최대 특징이다. 즉, 어떤 효소가 기질과 경쟁억제제의 일정한 농도에 의하여 저해당하고 있을 때, 기질 농도를 높이면 저해의 정도를 부분적으로 또는 완전히 저하시킬 수 있다. 이러한 경쟁억제제는 오로지 효소(E)에만 가역적으로 접촉·결합하여 EI복합체($E+I \rightleftarrows EI$)를 생성한다.

비경쟁억제도 가역적이지만 기질(S)에 의해서 좌우되지는 않는다. 즉, 비경쟁억제제(I′)는 효소 분자 구조 내에서 기질이 결합하는 자리와는 다른 부위에 결합하며, 그 결과 효소 분자의 구조를 바꾸어 촉매자리의 가역적 구조 변화 및 이에 따른 불활성화를 유발한다. 비경쟁억제제는 유리된 효소나 ES복합체 그 어느 쪽과도 결합이 가능하여 불활성 복합체인 EI′ 또는 ESI′($E+I' \rightleftarrows EI'$, $ES+I' \rightleftarrows ESI'$)를 생성한다.

이상에서의 설명과는 반대로, 효소-기질반응의 속도를 촉진·향상시키거나 부활시키는 경우도 있으며 이러한 물질을 효소활성제(enzyme activator)라고 한다. 효소의 활성은 금속이온과 환원제 등에 의해서 활성화되는 경우가 종종 있다.

4) 효소활성도의 단위

특정의 생화학반응을 촉매하는 효소가 존재하면, 그 화학반응을 정확하게 정량적으로 표현할 필요가 있으며, 용액이나 조직 추출액 중의 효소량은 그 효소가 발휘하는 촉매효과에 의하여 정량적으로 측정할 수 있다.

효소활성도는 일정량의 효소가 촉매하는 반응의 속도로 나타낸다. 효소활성도의 단위는 기준 측정 조건하에서 단위시간(1분) 동안에 1 μmol의 기질을 전환하는 효소활성을 1국제단위(international unit, IU)로 나타낸다. 효소의 활성도를 측정함에 있어서 다음 항목들은 미리 준비되거나 갖추어져야 한다. ① 촉매되는 반응의 전체적인 반응식, ② 기질의 소멸 또는 생성물의 형성을 정량화하기 위한 분석법, ③ 효소가 금속이온이나 보조효소와 같은 보조 요인들을 필요로 하는지의 여부, ④ 효소활성의 기질 농도에 대한 의존성 및 기질에 대한 K_m값, ⑤ 저장성(storage stability) 및 반응 중의 안정성(operational stability)을 위한 효소의 최적 pH 및 온도 범위 등이며, 일반적으로 효소활성도 측정은 최적 pH 및 온도 범위, K_m값보다 훨씬 높은 포화에 가까운 기질 농도(K_m의 약 20배 이상 정도의 기질 농도)에서 실시된다. 이러한 조건하에서 반응의 초기 속도는 적어도 어떤 일정한 효소 농도의 범위 안에서는 효소 농도와 비례하는 것이 일반적이기 때문에 효소의 활성도를 정량적으로 측정할 수 있는 것이다.

효소 표준품의 활성도를 나타내는 데 사용하고 있는 고유활성도(specific activity)는 효소활성도를 단백질 함량으로 나눈 값인 units/mg protein으로 나타낸다. 고유활성도는 효소의 순도에 대한 척도로서, 그 값은 효소의 정제 과정과 더불어 증가하며 효소가 순수한 상태로 정제되면 그 값이 최대가 되어 일정한 값을 갖게 된다. 국제효소위원회(1972년)가 새로운 효소활성도 단위로 정의한 katal(kat)은 1초 동안 기질 1 mol을 변화시키는 데 필요한 효소량(1 mol/s = 1 kat)으로서, 종래의 1 IU는 16.67 nkat에 상응한다.

그리고 효소반응에서의 전환횟수란 효소 농도만이 속도 조절인자인 경우에 1개의 효소 분자(또는 1개의 촉매 단위)에 의하여 단위시간당 변환되는 기질 분자의 수를 말한다. 탄산탈수효소(carbonate dehydrase)는 적혈구 안에 높은 농도로 존재하는 중요한 효소로서, 효소 분자당 1분 동안에 36,000,000이라는 높은 전환횟수를 가지고 있어, 모든 효소 가운데 가장 활성이 높은 것 중의 하나로 알려져 있다. 반면, L-히스티딘 카복실기제거효소(L-histidine decarboxylase)의 전환횟수는 18.9 min^{-1}으로서 매우 낮은 것의 전형이다.

5) 다른자리입체성효소와 동질효소

촉매자리 이외의 영역에 특이적인 대사산물이 결합함으로써 그 촉매작용이 조절되는 효소를 다른자리입체성효소 또는 조절효소라고 한다. 생체 내에 존재하는 다른자리입체성효소의 성질은 단순한 비조절효소에 비하여 현저하게 다른데, 다른자리입체성효소는 모든 효소와 마찬가지로 상대 기질과 결합하여 그것을 변환시키는 촉매자리를 가지고 있으며, 이 밖에도 조절인자(modulator 또는 effector)라 불리는 조절작용을 가진 대사 생성물과 결합하는 입체다른자리(allosteric site 또는 regulatory site)를 하나 또는 그 이상 가지고 있다. 효소의 촉매자리가 기질에 대하여 특이한 것과 마찬가지로 입체다른자리는 조절인자에 대하여 특이적이다. 이러한 특성을 지니고 있는 입체다른자리에 특이적인 대사산물이 결합하면, 효소단백질의 입체적인 구조(conformation)가 변화하여 억제되기도 하고 촉진되기도 하면서 효소의 촉매작용속도가 조절되는 것이다.

표 1-1 • 각 조직세포의 LDH[1] 동질효소 분포

동질효소	심장	골격근	간장
$LDH_1(H_4)$	60	4	2
$LDH_2(H_3M)$	33	7	6
$LDH_3(H_2M_2)$	7	17	15
$LDH_4(HM_3)$	미량	16	13
$LDH_5(M_4)$	미량	56	64

[1] LDH(lactic dehydrogenase) : 젖산수소제거효소

다른자리입체성효소도 기질을 충분한 농도로 첨가하면 기질에 대하여 포화된다. 그러나 다른자리입체성효소의 반응 초기 속도를 기질 농도에 대하여 표시하면 미하엘리스-멘텐곡선과는 달리 S자형의 포화곡선이 얻어진다.

다른 한편, 하나의 생물체에 같은 역할을 하는 효소가 여러 가지 존재할 때 이들을 동질효소(isozyme 또는 isoenzyme)라고 부른다. 즉, 반응 특이성이라든지 기질특이성은 동일하지만 다른 분자 구조를 가지고 있는 경우를 일컫는다. 예를 들면, 젖산수소제거효소(lactic dehydrogenase, LDH)는 4개의 소단위(subunit)로 되어 있으며 5종류의 동질효소가 존재한다(표 1-1). 동질효소도 역시 효소 농도의 변화 등에 의해서 생체 내의 생합성을 조절하는 기능을 담당하고 있다.

3. 효소의 산업적 필요성 및 실제 적용을 위한 전략

지구상에 살아 있는 모든 생명체, 즉 동식물뿐만 아니라 곰팡이, 효모, 세균 등 미생물도 생명현상을 유지하기 위하여 효소를 만든다. 효소는 생명체의 대사 과정에서 반응의 속도를 빠르게 하는, 촉매 역할을 담당하는 단백질이며 이 때문에 생명체는 pH나 온도가 극한 조건이 아닌 온화한 조건에서도 살 수 있다. 효소는 세포라는 공장의 일꾼으로 현장에서 작업을 수행하는 역할을 담당하며, 효소의 종류 및 구조는 유전자(gene)라는 청사진으로부터 결정된다. 즉, 효소는 세포 내에 존재하는 염색체의 DNA에 포함되어 있는 수많은 단백질의 유전암호(genetic code)로부터 자신이 필요한 상황이 되었을 때 RNA와 리보솜(ribosome)에 의하여 생산된다. 이때 단백질의 1차 구조인 아미노산순서는 해당 유전자의 염기순서에 의하여 결정되며, 동일한 기능을 수행하는 효소라 할지라도 그 생명체의 종류에 따라 작용하는 pH, 온도, 금속이온의 영향 및 반응 메커니즘 등이 서로

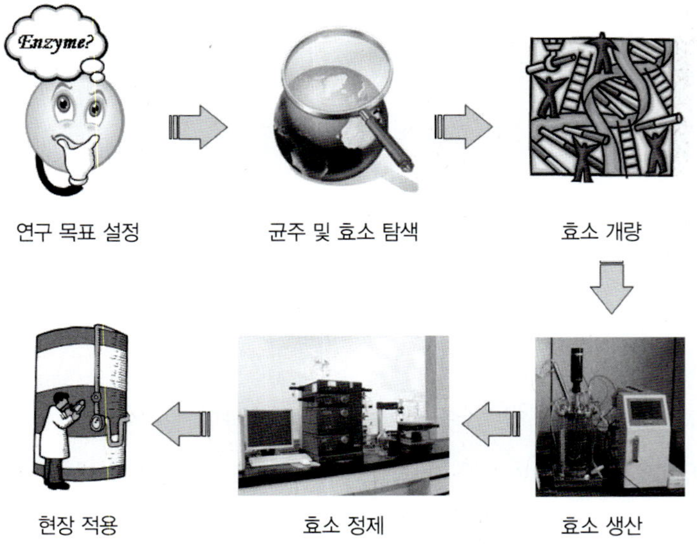

그림 1-6 • 효소의 연구 개발 추진 흐름도

다르다. 효소는 일반적인 화학반응과 비교할 때 온화한 조건에서 반응을 촉매하고, 기질 특이성이 높아 선택적이며 효율적인 반응을 수행할 수 있으며, 환경 친화적인 특성을 가지고 있어 산업현장에서 많이 활용하고 있다. 여기에서는 산업체에서 요구하는 효소 및 이를 적용하는 전략적 방향 제시에 대하여 예를 들어 소개하고자 한다(그림 1-6).

1) 연구 목표 설정

모든 연구와 마찬가지로 효소와 관련된 연구 또는 산업적 프로젝트를 수행하기 전에 그 목표가 명확히 설정되어 있어야 한다. 그 목표에 따라 적절한 균주 및 효소의 선별(screening)이 가능하기 때문이다. 예를 들어 여러분이 효소와 관련된 프로젝트에 참여하여 다음과 같은 임무를 수행한다고 가정해 보자.

녹말로부터 생산되는 물엿, 올리고당 및 포도당은 식품첨가물 및 원료로 널리 사용되는 기본적인 소재로서 주로 효소반응에 의해 생산된다. 이 공정의 첫 단계는 녹말을 액화시키는 것으로 고온에서 호화된 녹말에 녹말 액화효소인 알파아밀레이스를 첨가하여 녹말을 가수분해시켜 덱스트린을 생산하는 과정을 말하며, 이는 제7장에 자세하게 소개되어 있다. 녹말의 액화 공정에서 고온을 견디는 내열성 알파아밀레이스(thermostable α-amylase)를 사용할 경우 고온에서 호화된 녹말을 냉각할 필요가 없고 미생물의 오염을 방지할 수 있어 공정을 효율화할 수 있는 장점이 있다. 여러분의 연구 목표는 바로 녹말의 액화 공정에 사용할 수 있는 미생물 및 효소를 선별한 후 유전공학적 방법으로 효소를 개량하고 대량생산하여 실제 현장에 적용하는 것이다.

2) 균주 및 효소의 탐색

우수한 효소를 탐색하기 위해서는 먼저 우수한 균주를 선발하는 것이 무엇보다 중요하다. 이를 위해 적절한 장소에서 수많은 균주를 수집한 후 연구 목표에 가장 적합한 효소를 선별하는 과정을 거치게 된다. 후보 균주의 수가 많으면 많을수록 우수한 효소를 찾을 확률이 높아지므로 가능한 한 많은 수의 미생물을 확보하는 것이 좋다. 또한, 특성이 우수한 효소를 선별하기 위하여 간단하고 빠른 선별방법을 마련해야 한다.

우선, 녹말의 액화 공정에 필요한 내열성 알파아밀레이스를 탐색하고 있다고 가정하자. 먼저 우수한 균주를 찾기 위하여 어느 곳이 적절한 채집 장소인지 고민할 것이며, 일단 효소의 내열성이 중요한 선별 지표이므로 주위 환경의 온도가 높은 장소를 선택하는 것이 타당할 것이다. 예를 들어 온천 지역, 지열로 인하여 온도가 높은 토양, 퇴비(퇴비 숙성 시 발효열에 의하여 온도가 60°C 이상으로 상승), 또는 일반적인 접근은 어렵지만 해저 밑 대륙붕에 있는 블랙스모커(black smoker : 해저의 지각 속에서 마그마에 의하여 가열된 고온의 열수가 검은색의 연기처럼 분출 되며 바닷물의 수압에 의하여 온도가 100°C 이상으로 상승) 등을 대상으로 할 수 있다. 직접 미생물을 수집하기 어려운 장소라면 공인된 미생물보존기관(KCTC, KCCM, ATCC 등)에 분양을 의뢰하여 실험할 수 있다. 그러나, 분양된 균주로 실험할 경우 결과물에 대한 특허권의 소유 여부를 면밀히 검토할 필요가 있다.

일단 여러 장소에서 다수의 균주를 확보하였다면 이들로부터 유용한 내열성 알파아밀레이스가 생산되는지를 확인해야 한다. 이때 알파아밀레이스의 활성을 확인하는 간단한 방법으로 녹말을 포함하는 고체배지인 우무평판(agar plate)에 미생물을 배양한 후 아이오딘용액을 첨가하여 남색으로 염색되지 않은 원의 크기를 측정하는 방법이 있다. 알파아밀레이스의 활성에 의하여 녹말이 가수분해되면 아이오딘에 의하여 염색되지 않기 때문이다. 우선, 채집한 미생물을 녹말이 포함된 고체배지에 접종하여 고온에서 배양한 후 아이오딘에 의하여 염색되지 않은 원의 크기가 큰 순서로 선별한다. 내열성 균주가 생산하는 효소 또한 내열성일 확률이 높고, 원의 크기가 클수록 효소의 활성이 우수할 확률이 높기 때문이다. 이렇게 해서 선별된 균주 및 효소는 그 특성을 개량하고 대량생산을 하기 위하여 유전공학적 방법을 사용하게 된다.

3) 효소의 개량

선별된 균주 및 효소는 일반적으로 산업용으로 생산하기에 불충분한 조건을 갖추고 있는 경우가 많다. 즉, 원하는 만큼의 효소활성이 나타나지 않거나 반응 pH나 온도 등이 적합하지 않을 때도 있으며 효소가 원래 가지고 있지 않은 반응을 수행할 필요가 있는 경우도 있다. 또한, 대부분의 경우 원균주가 생산하는 효소의 양이 불충분하므로 이를 대량으로 생산할 필요성도 있으며, 이후 정제 과정을 간편히 해야 할 경우도 생긴다. 이와 같은 문제를 해결하기 위하여 유전공학적 기법을 사용하게 되며, 최근 생명공학기술의 비약적 발전과 더불어 다양하고 편리한 방법들이 소개되고 있다. 유전공학적 기법을 이용하여 효소를 개량할 경우 우선 원균주에서 해당 효소를 생산하는 유전자를 찾아야 하며, 이를 우리가 다루기 쉬운 균주로 옮기는 과정인 유전자클로닝(gene cloning)을 수행하게 된다. 클로닝한 유전자로부터 필요한 유전공학적 방법을 사용하여 염기순서에 다양한 변화를 줄 수 있으며, 그 결과 효소단백질의 아미노산순서 및 구조를 바꿀 수 있게 된다. 여기에 대한 자세한 내용은 제4장에서 다루게 된다. 이러한 효소의 개량방법은 돌연변이(mutation)의 개념으로 이해하기보다는 진화의 과정을 보다 신속하고 빠르게 진행시킨다는 관점으로 보는 것이 타당할 것이다.

녹말의 액화 공정에 적합한 내열성 알파아밀레이스를 선별한 후 효소의 특성을 확인한 결과, 그 활성은 우수하였으나 작용 온도가 녹말의 호화 온도인 100°C보다 낮아 내열성을 높일 필요가 있다고 가정하자. 해당 효소의 내열성을 높이기 위하여 여러 가지 유전공학적 방법 중에서 방향성 분자진화법(directed molecular evolution)을 흔히 사용하는데, 방향성 분자진화법은 진화를 통하여 새로운 환경에 적응할 수 있는 종족을 창조하는 자연계의 선별법을 실험에 응용한 것으로 효소 유전자에 임의적인 돌연변이를 유발한 후 선별 조건에 적합한, 즉 여기서는 100°C 이상의 고온에서도 활성이 유지되는 효소를 선별하게 된다. 유전자의 돌연변이를 유발하기 위하여 주로 사용하는 방법은 오류-유발 PCR(error-prone PCR)과 DNA셔플링(DNA shuffling)으로서 자세한 내용은 제4장에 서술하였다. 만일 오류-유발 PCR방법으로 다양한 돌연변이를 만들었다면 그중에서 100°C 이상의 고온에서도 활성이 유지되는 내열성 효소를 찾아야 한다. 수많은 돌연변이로부터 최적의 효소를 찾기 위해서는 간편하고 신속한 검출법을 사용하는 것이 필수적이며 이를 위하여 실험하기 전에 다양한 검출방법을 고민해야 한다. 여기에서는 100°C 이상에서 효소의 활성을 직접 측정해야 하며 신속하게 효소활성을 측정할 수 있는 방법을 사용하는 것이 좋다. 즉, 녹말을 기질로 하여 알파아밀레이스를 반응시킨 후 생성된 환원당의 양을 측정할 수 있으며 녹말 기질의 점도가 감소하는 정도를 측정할 수도 있다.

4) 효소의 생산

아무리 특성이 우수한 효소라 하더라도 균주로부터의 생산량이 적다면 상업용 목적으로 응용하는 것에 상당한 제약이 따르게 된다. 효소가 충분히 생산되지 않는다면 효소의 정제가 어렵고 정제 효율이 떨어지게 되며 연구에 충분한 효소를 생산하는 데 많은 시간이 소요된다. 따라서, 산업적으로 응용하기 위해서는 효소의 단가를 낮추고 원활한 공급을 위하여 대량생산은 필수적이다. 일반적으로 원균주는 자신이 필요로 하는 만큼의 효소만을 생산하므로 그 생산량이 충분하지 않은 경우가 많다. 따라서, 효소를 대량생산하기 위하여 유전자클로닝에 의해 얻은 효소의 유전자를 특정한 발현벡터(expression vector)에 삽입한 후 이 벡터를 효소의 대량생산에 적합한 균주에 형질전환(transformation)하는 방법을 많이 사용한다. 효소를 생산하기 위한 발현벡터에는 강력한 촉진유전자(promoter)가 포함되어 있으므로 세포 내에서 다량의 효소가 생산되며 이때 사용하는 균주는 생장속도가 빨라 단기간 내에 효소를 대량으로 생산할 수 있다는 장점이 있다. 만약, 식품에 사용되는 효소를 생산한다면 대량생산 균주가 일반적으로 안전하다고 인정되는(generally recognized as safe, GRAS) 균주인지 반드시 확인해야 한다.

대량생산 균주가 확보되면 효소를 대량으로 생산할 수 있는 배양 조건을 최적화시켜야 한다. 배지 성분, 배양온도, 배지의 pH, 통기량 및 접종량 등을 결정해야 하며 배치배양(batch culture) 또는 연속배양(continuous culture)으로 이행할 것인지에 대한 배양방법도 결정해야 한다. 일반적으로 실험실 규모(laboratory scale)에서 기본적인 최적화 연구가 이루어진 후 파일럿플랜트 규모(pilot plant scale)의 생산을 거쳐 공장에서 대량생산이 이루어진다. 이때 실험실 규모에서 결정된 최적화 조건은 규모가 커지는 과정에서 다소 변경될 수 있으므로 각 과정마다 최적 조건에 대한 면밀한 검토가 필요하다.

100°C 이상에서도 견디는 내열성이 우수한 알파아밀레이스를 선별하였다면 다음 목표는 해당 효소의 대량생산이 된다. 이를 위하여 효소 유전자를 강력한 촉진유전자를 가지는 발현벡터에 삽입한 후 적절한 대량생산용 균주로 형질전환시키는데 이때 대장균(*E. coli*)이나 바실루스속 세균(*Bacillus*)을 많이 사용한다. 이들은 균체의 생장속도가 빠르며 유전공학적 기법을 적용하기가 용이하기 때문이다. 예를 들어 pET라는 발현벡터에 효소

유전자를 삽입한 후 BL21 *E. coli* 균주에 형질전환을 시킬 수 있다. pET 벡터에는 T7lac이라는 강력한 촉진유전자가 포함되어 있어 균체를 배양한 후 아이소프로필싸이오갈락토피라노사이드(isopropyl β-D-1-thiogalactopyranoside, IPTG)와 같은 유도물질(inducer)을 첨가하게 되면 다량의 효소가 생산된다.

5) 효소의 정제

원균주 또는 대량생산 균주로부터 생산된 효소는 세포 안(intracellular)에 존재하거나 세포 밖(extracellular)으로 분비된다. 세포 안에 위치하는 효소는 세포질에 있는 수많은 다른 단백질과 혼합된 상태로 존재하며, 세포 밖으로 분비된 효소일 경우 그 정도가 훨씬 덜하기는 하지만 다른 단백질과 어느 정도는 혼합된 상태일 경우가 대부분이다. 따라서 우리가 원하는 효소를 순수하게 분리하기 위하여 효소의 정제 과정이 필요하다. 효소를 정제하는 방법은 각각의 효소에 따라 다르기는 하지만 일반적으로 염석(salting out)과 크로마토그래피(chromatography) 방법을 주로 사용한다. 즉, 조효소액에 황산암모늄(ammonium sulfate)을 첨가하여 단백질을 침전시키는 염석을 통하여 1차 정제한 후 여러 가지 방법의 크로마토그래피를 사용하여 효소를 순수 정제하게 된다. 이때 이온교환크로마토그래피(ion exchange chromatography), 젤투과크로마토그래피(gel permeation chromatography), 또는 친화크로마토그래피(affinity chromatography) 방법이 많이 사용된다.

만일, 내열성 알파아밀레이스를 대장균에 형질전환하여 효소를 생산하였다면, 대장균은 그람음성(–) 균이기 때문에 균체에서 발현된 단백질은 일반적으로 세포 밖으로 분비되지 못하고 세포 안에 머무르게 된다. 초음파분쇄기(ultrasonicator)를 사용하여 세포벽을 파쇄하면 세포질에 존재하는 단백질과 혼합된 조효소액을 얻을 수 있다. 조효소액으로부터 앞에서 설명한 방법에 따라 효소를 정제할 수도 있겠지만 여기서는 100℃ 이상에서도 견딜 수 있는 내열성 효소를 정제하고 있는 것이므로 좀 더 간편한 방법을 사용할 수 있다. 대장균은 중온성 균이므로 대장균에 존재하는 단백질은 높은 온도에서 쉽게 변성되어 침전되는 성질을 가지고 있다. 따라서, 조효소액을 끓는 물에서 10분 정도 가열한다면 대장균에서 유래한 단백질은 모두 침전되고 용액 중에는 내열성 알파아밀레이스만 남게 된다. 가열 처리 후 원심분리하여 상층액을 모은 다음 한외거르기(ultrafiltration)하여 농축하면 정제된 내열성 알파아밀레이스를 얻을 수 있다.

6) 효소의 현장 적용

새로운 내열성 알파아밀레이스를 생산하였다면 이를 산업현장에 적용하는 실험을 수행하게 된다. 녹말을 높은 온도에서 호화시킬 때 점도가 크게 증가하여 이후의 공정을 어렵게 하므로 녹말의 호화와 동시에 액화가 진행될 수 있도록 내열성 알파아밀레이스를 가열 전에 미리 첨가하게 되면, 호화와 액화가 동시에 진행되어 점도의 증가를 억제할 수 있으며 액화 공정을 위하여 녹말용액의 온도를 낮출 필요도 없어 전체적인 공정이 간단해지는 장점이 있다. 이러한 효과가 있는지 생산한 신규 내열성 알파아밀레이스를 이용하여 확인한 후 효소의 첨가량, 반응시간 등 세부 조건을 확립하면 공정이 완료된다.

이상에서 소개한 내용은 효소의 연구 및 개발에 관련된 하나의 예시일 뿐이며 실제의 경우 각각의 효소에 따라서 훨씬 복잡하고 어려운 과정을 거칠 수 있다. 그러나 그 기본적인 개념은 동일하며 이후 본문에서 자세한 내용을 다루게 된다.

1 효소의 본체가 단백질임을 인식하게 됨으로써 효소 연구에 박차를 가할 수 있게 되었는데, 이와 관련된 연구 중 요소가수분해효소(urease)의 결정체를 성공적으로 얻어 낸 최초의 학자를 고르시오.

① Buchner ② Sumner ③ Kirhihoff

④ Pasteur ⑤ Fischer

2 다음 중 효소활성과 직접적으로 관련된 용어가 아닌 것을 모두 고르시오.

① IU ② kat ③ ferment

④ Ki ⑤ specific activity

3 효소 농도만이 속도조절인자인 경우에 '1개의 효소 분자에 의하여 1초당 변환되는 기질 분자의 수'를 의미하는 것을 고르시오.

① converting rate ② operational stability ③ specific activity

④ Michaelis-Menten constant ⑤ turnover number

4 효소의 기질특이성 그룹에 속하지 않는 것을 모두 고르시오.

① 이화학적 특이성 ② 절대적 군 특이성 ③ 광학적 특이성

④ 상보적 특이성 ⑤ 절대적 특이성

5 조절효소와 관련된 용어가 아닌 것을 고르시오.

① modulator ② allosteric enzyme ③ effector

④ isoenzyme ⑤ regulatory site

6 효소 유전자를 플라스미드 벡터에 삽입하여 우리가 다루기 쉬운 균주로 옮기는 과정을 가리키는 것을 고르시오.

① site-directed mutagenesis ② error-prone PCR ③ DNA suffling

④ directed molecular evolution ⑤ gene cloning

7 효소를 대량생산하기 위한 조건이 아닌 것을 고르시오.

① 대량생산 균주는 생육속도가 빨라야 한다.

② 대량생산 균주를 이용한 유전자 조작이 용이해야 한다.

③ 발현벡터(expression vector)는 강력한 촉진유전자(promoter)를 가지고 있어야 한다.

④ 생산된 효소는 반드시 균주의 세포 내에 존재해야 한다.

⑤ 식품 관련 효소를 생산하는 경우 GRAS로 인정된 균주를 사용해야 한다.

연습 문제

8 식품산업에 효소를 적용하는 이유에 대하여 서술하되, 다른 무기촉매와의 차별화된 점을 강조하여 설명하시오.

9 효소활성에 영향을 주는 각종 인자들을 나열하고 각각에 대하여 설명하시오.

10 최근 해양자원으로부터 기능성 식품소재를 개발하는 연구가 활발히 이루어지고 있다. 우무(agar)는 해조류인 우뭇가사리에서 추출하는데 이를 가수분해하여 생산하는 아가로올리고당(agarooligosaccharide)은 여러 생리 활성을 가지는 기능성 올리고당으로 활용될 수 있다. 만약 여러분이 우무를 가수분해하여 아가로올리고당을 고효율로 생산할 수 있는 효소를 개발한다고 가정할 때 다음 물음에 답하시오.

1) 우무 가수분해효소를 생산하는 미생물을 채집하기에 적절한 장소 및 방법을 고안하시오.

2) 채집한 미생물 중 활성이 우수한 우무 가수분해효소를 생산하는 균주를 선별하기 위한 방법을 고안하시오.

정답 및 해설

01 ② 02 ③, ④ 03 ⑤ 04 ①, ④ 05 ④ 06 ⑤ 07 ④

08 효소(유기촉매)와 무기촉매는 특정한 반응의 활성화 에너지를 낮추어 반응의 속도를 증가시킨다. 이 경우 많은 에너지가 절약되고 짧은 시간 내에 반응이 일어나되, 효소의 경우는 무기촉매와는 달리 상온·상압하에서도 쉽게 생성물을 얻을 수 있는데 예를 들면, 아래의 표에서 보는 바와 같이 효소(catalase)를 적용하면 무기촉매(I^-)의 경우보다 활성에너지가 1/3 수준으로 줄어들면서 반응속도는 3.5×10^5배나 빨라진다.

촉매	활성에너지(kcal/mol)	상대적 반응속도
없음	18.0	1
I^-	13.5	2.0×10^3
카탈레이스	6.4	3.5×10^5

09 기질의 종류, 온도, pH, 저해제, 효소의 농도, 기질의 농도, 반응 생성물의 영향, 용매의 유전항수, 염의 종류 및 이온세기 등이 효소-기질 반응속도에 영향을 준다. 각각에 대한 기여도는 본문을 참고한다.

10 1) 우무(agar)를 가수분해하는 효소를 생산하는 미생물은 우뭇가사리가 서식하는 환경에서 찾을 수 있으므로 바다에서 채집할 수 있다. 바닷물은 미생물의 개체 수가 많지 않고 우뭇가사리와 직접적인 관련성이 적어 적절치 않다. 바다에서 채취한 우뭇가사리 표면에서 채취한 미생물이라면 우무를 가수분해하는 효소를 생산할 확률이 높다. 또한 우뭇가사리를 먹이로 하는 해양생물이 있다면 소화기관에 존재하는 미생물이 우무를 가수분해하여 해양생물에게 영양분을 공급할 수도 있으므로 좋은 미생물 채집 재료가 된다.

2) 일반적으로 우무는 미생물의 고체배지인 우무평판(agar plate) 성분으로 많이 이용된다. 우무의 다당류 성분을 이용하는 미생물이 드물기 때문이다. 따라서 우무를 분해하는 미생물을 선별하기 위해서는 우무를 유일한 탄소 공급원으로 하는 고체배지를 만들어 균을 접종하고 배양한 후 미생물의 콜로니(colony) 주위로 우무가 분해되어 생기는 원의 크기로부터 우무 가수분해효소의 생산 여부와 그 활성을 판단할 수 있다.

제2장

효소의 분류 및 보조효소와 보조인자

1. 효소의 분류법과 명명법

지금까지 수많은 종류의 효소들이 분리·정제되고 그 특성이 규명·보고되었으며, 여러 가지 명칭으로 불리어 왔다. 이에 따라 많은 혼란이 있었는데, 1955년 국제생화학연합〔International Union of Biochemistry : 1991년 국제생화학·분자생물학연합(International Union of Biochemistry and Molecular Biology, IUBMB)으로 개칭〕 내에 효소위원회(Enzyme Commission, EC)가 설치되어 효소의 계통적 분류법과 명명법 및 효소의 활성도에 관한 정의라든지 반응속도와 관련된 계수들의 정의 등에 관한 규약을 제정하였다.

국제생화학연합은 분류와 명명에 관한 규약과 그것에 기반을 둔 효소의 명명법을 『Enzyme Nomenclature』로 출판하였으며, 1978년에는 효소위원회의 보고서가 발표되었다. 또한, 동일한 보고서에 대한 여러 종류의 부록도 발간하였다. 이 규약에 따라 효소는 그 촉매하는 화학반응의 형식을 기본으로 하여 분류되며 이것을 기반으로 각각의 효소에 번호를 부여한다. 단, 효소명이 최초로 표현된 경우에는 효소번호와 병행하여 기입할 것을 권장하고 있다. 효소번호는 마침표로서 구분된 4개조의 숫자로 구성되며, 4개조 숫자 앞에는 효소위원회를 의미하는 EC를 붙여야만 한다. 효소의 분류와 명명법에 관한 주된 원칙은 다음과 같다(단, 여기에서는 효소명을 예시하는 경우 영문으로 표기).

1) 일반적인 원칙

다음의 3가지 원칙에 따라 분류·명명한다.

① 효소의 이름은 그 어미에 -ase를 붙이는데, 이 방식은 단일효소에 있어서만 사용되는 것이며, 복합효소계에는 -ase 뒤에 system이라는 말을 첨가하여 사용한다. 예를 들면, 석신산수소제거효소(succinate dehydrogenase), 사이토크롬산화효소(cytochrome oxidase)와 그 외의 효소를 포함한 석신산(succinic acid)의 산화를 촉매하는 복합효소계는 'succinate oxidase'라고 명명하지 않고 'succinate oxidase system'이라고 한다.

이외의 예로서는 pyruvate dehydrogenase system, 2-oxoglutarate dehydrogenase system 및 fatty acid synthetase system 등이 있다.

② 촉매반응에 따라 분류·명명한다.

③ 효소의 촉매반응 형식에 따라 더욱 세밀하게 분류한다.

2) 추천명과 계통명

1972년 국제효소위원회의 권장사항으로서 가장 보편적으로 사용되고 있는 효소명을 '추천명(recommended name)'으로 표시하고 있다. 이들은 주로 종래부터 일상적인 상용명(trivial name)으로 불려 왔거나 그것을 변형한 것이다. 추천명 이외에도 일반적으로 사용되고 있는 명칭이 존재하는 경우가 있다. 1972년 권고에서 그것들은 '기타의 명칭(other name)'으로서, 일괄적으로 표시하고 있으며 효소명과 함께 기원을 표기하는 것도 중요하다.

'계통명(systematic name)'은 일정한 규칙에 따라 정확하게 그 효소작용을 나타내는 명칭으로서 효소의 동정(identification)에 도움을 주는 것이다. 취급하는 효소의 정확한 표시를 원하는 경우에는 추천명 및 코드(code)번호에 계통명을 함께 기재하면 좋다.

3) 효소의 분류와 명명의 개요

1961년의 제1회 국제효소위원회 권장사항에 기초를 둔 효소의 분류는 코드번호에 따라 표시되며, 그 효소의 코드번호는 다음과 같은 의미를 갖는다.

예 fructose-bisphosphate aldolase

- 코드 번호 : EC 4.1.2.13
  - 네 번째 숫자는 세분류(sub-sub-class)에서의 일련번호임
  - 세 번째 숫자는 세분류(sub-sub-class)를 나타냄
  - 두 번째 숫자는 중분류(sub-class)를 나타냄
  - 첫 번째 숫자는 효소의 대분류(class) 번호로, 1~6의 6종으로 구분되는 것 중 어느 것에 속하는가를 나타냄
  - 국제효소위원회에서 결정한 코드번호라는 것을 나타냄
- 추천명 : fructose-bisphosphate aldolase
- 계통명 : D-fructose-1,6-bisphosphate D-glyceraldehyde-3-phosphate-lyase

4) 대분류 등급에 의한 효소의 구분

(1) 산화환원효소

산화환원반응을 촉매하는 모든 효소이다.

계통명은 주개(donor, 수여체) : 받개(acceptor, 수용체) 산화환원효소(oxidoreductase)의 형식으로 표시한다. 추천명에는 수소제거효소(dehydrogenase) 또는 환원효소(reductase)가 사용되며, 산소가 받개일 때만 산화효소(oxidase)가 사용된다. 즉, 수소 원자나 전자의 이동 및 생체 내에서 일어나는 여러 가지 산화환원반응을 촉매하는 효소로서 CH－OH, CH－CH, C＝O, CH－NH, CH＝NH 등과 같은 기질에 작용하는 수소제거효소, 환원효소, 산화효소, 카탈레이스(catalase), 과산화효소(peroxidase) 등이 포함된다. 한편 세포 내에서 생체 성분을 산화적으로 분해하여 많은 에너지를 방출하는 데 관여하기 때문에 호흡효소(respiratory enzyme)라고도 불린다.

또한 두 번째의 숫자는 산화되는 수소주개(수소수여체)의 작용기를 나타내며(1.1 ; CH－OH기, 1.2 ; 알데하이드 또는 케톤기, 1.3 ; CH－CH기, … 1.17 ; －CH기), 세 번째의 숫자는 수소받개(수소수용체)의 형태를 나타낸다〔1 ; NAD(P), 2 ; 사이토크롬, 3 ; 산소, 4 ; 이황화물(disulfide), 5 ; 퀴논(quinone) 또는 관련 화합물 등〕.

(2) 전달효소

전달효소(transferase)는 특정한 기질에서 다른 기질로 작용기 또는 원자단을 옮기는 반

응, 즉 수소 원자 이외의 원자단을 두 기질 분자 사이에 전달하는 반응을 촉매하는 효소이다.

주개로부터 받개에 NH, COOH, CH, C=O, $H_2PO_3^-$ 등의 작용기를 전달하는 효소로서, 계통명은 주개 : 받개기 -transferase의 형태로 표시한다. 이때 두 번째의 숫자는 전달된 작용기를 나타내며〔2.1; 탄소, 2.2; 알데하이드 또는 케톤기, 2.3; 아실(acyl)기, …, 2.8; 함황기〕, 세 번째의 숫자는 전달된 작용기를 더욱 상세하게 나타낸다(2.1.1 methyltransferase, 2.1.2 hydroxymethyl- 및 formyltransferase 등).

이러한 전달효소에는 methyltransferase, transaldolase, transketolase, transaminase, acyltransferase, glycosyltransferase, alkyltransferase, hexokinase 등이 있다.

(3) 가수분해효소

가수분해효소(hydrolase)는 물 분자가 첨가되면서 기질 내의 에스터(ester), 에테르(ether), 펩타이드(peptide), 글리코실(glycosyl), 산무수물(acid anhydride), C−C, C−할젠화물(halide) 또는 C−N 등과 같은 공유결합의 가수분해를 촉매하는 효소이다.

계통명은 hydrolase로 표시한다. 추천명은 대부분 기질명에 접미어 -ase를 붙인다. 두 번째의 숫자는 가수분해되는 결합의 성질을 나타내며(3.1; 에스터, 3.2; 글리코실, 3.3; 에테르, 3.4; 펩타이드, …, 3.11; 탄소-인 결합), 세 번째의 숫자는 기질의 성질을 나타낸다(3.1.1; carboxylic ester hydrolase, 3.1.2; thiol ester hydrolase, 3.1.3; phosphoric monoester hydrolase, 3.2.1; *O*-glycosyl hydrolase, 3.2.2; *N*-glycosyl hydrolase, 3.4.11; α-aminoacyl-peptide hydrolase, 3.4.12; peptidyl amino-acid 또는 acyl amino-acid hydrolase, 3.4.13; dipeptide hydrolase, 3.4.14; dipeptidyl peptide hydrolase, 3.4.15; peptidyl dipeptide hydrolase, 3.4.21; serine proteinase, 3.4.22; SH-proteinase, 3.4.23; acid proteinase, 3.4.24; metalloproteinase, …, 3.4.99; 기타 반응 메커니즘이 알려지지 않은 proteinase 등).

한편 esterase, glycoside hydrolase, peptide hydrolase, pyrophophatase, 각종 amylase 및 protease, lipase, phospholipase, ATPase 등이 이에 속한다.

(4) 리에이스

리에이스(lyase, 탈리효소)는 가수분해가 아닌 방법으로 기질에 이중결합을 생성 또는 이중결합에 어떤 작용기를 첨가하는 반응을 촉매하는 효소이다.

기질 내의 C−C, C−O, C−N 및 다른 결합을 분해하여 이탈시키며, 이중결합을 생성 또는 반대로 이중결합에 암모니아(ammonia), 카복실기(carboxyl group), 알데하이드기(aldehyde group) 등의 작용기를 붙이는 부가반응을 촉매한다.

계통명은 기질-기-lyase로서 표시하며, 추천명은 decarboxylase, aldolase, dehydratase 등으로 나타낸다.

한편 두 번째의 숫자는 분해된 결합을 나타내며(4.1 ; C－C, 4.2 ; C－O, 4.3 ; C－N, 4.4 ; C－S 등), 세 번째 숫자는 분해된 작용기를 더욱 구체적으로 나타낸다(4.1.1 ; CO_2, 4.2.1 ; H_2O 등).

이에 속하는 효소로서는 fructose-bisphosphate aldolase를 대표적으로 꼽을 수 있다.

(5) 이성질화효소

이성질화효소(isomerase)는 분자 내의 위치적 또는 구조적 전환(광학, 기하 및 위치 이성질체 상호간의 전환)을 촉매하는 효소이다.

이성질화 반응의 형태에 따라 racemase, epimerase, *cis-trans*-isomerase, isomerase, tautomerase, mutase 또는 cyclo-isomerase 등으로 부른다. 한편 이성질화효소는 반응을 촉매는 하지만 기질을 분해하거나 산화시키지는 않는다.

두 번째의 숫자는 이성질화 반응의 종류를 나타내며(5.1 ; racemase 및 epimerase, 5.2 ; *cis-trans*-isomerase 등), 세 번째의 숫자는 기질의 종류를 나타낸다.

mannuronic acid C5 epimerase, triosephosphate isomerase, glucose isomerase 등이 이에 속한다.

(6) 합성효소

합성효소〔synthetase 또는 연결효소(ligase)〕는 ATP 또는 대응되는 고에너지 화합물의 분해반응과 병행하여 두 개의 화합물을 서로 연결시킴으로써 C－O, C－S, C－N 또는 C－C 등의 결합을 형성시키는 반응을 촉매하는 효소이다.

계통명은 X : Y ligase(ADP 생성)로 표시하며, 추천명에는 synthetase가 사용된다. 두 번째의 숫자는 생성된 결합을 나타내며(6.1 ; C－O, 6.2 ; C－S, 6.3 ; C－N, 6.4 ; C－C, 6.5 ; 인산에스터), 세분류는 C－N 연결효소에만 적용되어 있다(6.3.1 ; acid-ammonia ligase, 6.3.2 ; acid-amino acid ligase, 6.3.3 ; cyclo ligase 등).

Isoleucyl-tRNA synthetase, carbamoyl-phosphate synthetase 등이 이에 속한다.

이상에서 볼 수 있듯이, 효소번호의 두 번째 및 세 번째의 숫자는 효소가 세분화될 때 그 효소가 어느 중분류 및 세분류에 속하는가를 각각 나타내며 네 번째의 숫자는 그 세분류 내에서의 일련번호이다.

만일 새로운 효소가 발견되었을 경우에는 그 효소반응의 반응형식이라든지 기질의 종류 등을 고려하여 새로운 효소의 발견자가 대분류, 중븐류 및 세분류 번호까지는 결정할 수 있다. 그러나 마지막 네 번째의 숫자만은 효소위원회가 결정하여 효소분류표에 등록하게 된다.

한편, 일반적으로 효소명은 '기질명+반응형식+ase'의 형태로 표현하기도 한다. 이런 형태의 표현을 사용하게 되면 어떤 화합물이 어떤 화학적 변화를 받는지 알 수 있다. 따라서, 정확하게 기술하는 데에는 긴 계통명이 필요하다. 예를 들어 젖산(lactic acid)의 수소제거반응(dehydrogenation)을 촉매하는 효소의 경우, 수소주개(hydrogen donor)와 수소받개(hydrogen acceptor)는 각각 젖산 및 NAD^+로서 이러한 반응에 관여하는 효소의 계통명은 latate : NAD^+ oxidoreductase로 표현한다. 그러나, 이것은 너무 길어서 불편하기 때문에 짧고 간편한 상용명을 주로 사용한다. 즉, 젖산의 수소제거반응을 촉매하는 효소인 lactate dehydrogenase로 명명된다. 이러한 상용명에는 수소를 받는(수용하는) 물질이 NAD^+라는 사실은 표현되어 있지 않지만, 효소분류표에는 상용명, 계통명, 효소번호 및 반응 등이 기재되어 있기 때문에 그것을 참고하면 된다.

옛날부터 사용되어 온 관용적인 효소명은 대개 공식적으로 인정받는 상용명이 되었지만 명명법의 체계에 맞지 않아서 채용되지 못한 경우도 있다. 또한, 효소의 분류와 그 번호는 효소위원회의 검토에 따라 변경되는 경우도 종종 있는데, 1972년도에 큰 변화가 있었으며, 1978년에도 일부 변경되었다. 따라서, 현재에 이르기까지 동일한 효소에 대하여 효소번호가 상당히 변경되었다. 옛 번호는 결번으로 남겨 사용하지 않고 있기 때문에 혼란은 일어나지 않지만, 옛날의 문헌과 참고서적에서 효소번호를 인용 또는 사용하고자 할 때에는 새로운 번호를 이용하는 것이 좋다. 변경된 주된 효소는 옥시제네이스(oxygenase), 핵산가수분해효소(nuclease), 단백질가수분해효소(protease) 등이며, 1978년도에는 제한효소 관련의 세부 분류에 대한 신설 등으로 인하여 핵산가수분해효소 관련부분에 큰 변화가 있었다.

한편, 이상에서 설명하였던 효소분류법에서 사용되는 각각의 번호 중에서도 중요한 것들에 대하여 효소생화학적인 의미를 보다 구체적으로 설명하면 아래와 같다.

1. -.-.- 산화환원효소(oxidoreductase)

1. 1. -.- 산화되는 수소주개(수소수여체)가 CH－OH기 인 경우

1. 1. 1.- 환원되는 수소받개(수소수용체)가 NAD^+ 또는 $NADP^+$인 경우

1. 1. 2.- 환원되는 수소받개가 사이토크롬인 경우

1. 1. 3.- 환원되는 수소받개가 산소인 경우

1. 1. 4.- 환원되는 수소받개가 이황화물인 경우

1. 1. 5.- 환원되는 수소받개가 퀴논 또는 유사화합물인 경우

1. 1. 7.- 환원되는 수소받개가 철-황 단백질인 경우

1. 1.99.- 환원되는 수소받개가 기타 물질인 경우

1. 2. -.- 산화되는 수소주개가 알데하이드 또는 케톤기인 경우

1. 2. 1.- 환원되는 수소받개가 NAD^+ 또는 $NADP^+$인 경우

1. 2. 2.- 환원되는 수소받개가 사이토크롬인 경우

1. 2. 3.- 환원되는 수소받개가 산소인 경우

1. 2. 4.- 환원되는 수소받개가 이황화물인 경우

1. 2. 7.- 환원되는 수소받개가 퀴논 또는 유사화합물인 경우

1. 2.99.- 환원되는 수소받개가 철-황 단백질인 경우

1. 3. -.- 산화되는 수소주개가 CH-CH기인 경우

1. 4. -.- 산화되는 수소주개가 $CH\text{-}NH_2$기인 경우

1. 5. -.- 산회되는 수소주개가 CH-NH기인 경우

1. 6. -.- 산화되는 수소주개가 NADH 또는 NADPH기인 경우

1. 7. -.- 산화되는 수소주개가 기타 질소화합물인 경우

1. 8. -.- 산화되는 수소주개가 황인 경우

2. -.-.- 전달효소(transferase)

2. 1. -.- 전달된 작용기가 탄소인 경우

2. 1. 1.- 전달된 작용기가 메틸기인 경우

2. 1. 2.- 전달된 작용기가 하이드록시메틸(hydroxymethyl) 또는 폼일(formyl)기인 경우

2. 1. 3.- 전달된 작용기가 카복실 또는 carbamoyl기인 경우

2. 1. 4.- 전달된 작용기가 아미딘(amidine)기인 경우

2. 2. -.- 전달된 작용기가 알데하이드 또는 케톤기인 경우

2. 3. -.- 전달된 작용기가 아실기인 경우

2. 4. -.- 전달된 작용기가 글리코실기인 경우

2. 5. -.- 전달된 작용기가 메틸기를 제외한 알킬 또는 아릴기인 경우

2. 6. -.- 전달된 작용기가 질소화합물인 경우

2. 7. -.- 전달된 작용기가 인을 함유한 화합물인 경우

2. 8. -.- 전달된 작용기가 황을 함유한 화학물인 경우

3. -.-.- 가수분해효소(hydrolase)

3. 1. -.- 에스터결합을 가수분해하는 경우

3. 1. 1.- 카복실에스터결합을 가수분해하는 경우

3. 1. 2.- 싸이올에스터결합을 가수분해하는 경우

3. 1. 3.- 인산모노에스터(phosphoric monoester)결합을 가수분해하는 경우

3. 1. 4.- 인산다이에스터(phosphoric diester)결합을 가수분해하는 경우

3. 1. 5.- 삼인산모노에스터(triphosphoric monoester)결합을 가수분해하는 경우

3. 1. 6.- 황산에스터(sulfuric ester)결합을 가수분해하는 경우

3. 1. 7.- 이인산모노에스터(diphosphoric monoester)결합을 가수분해하는 경우

3. 1. 8.- 인산트라이에스터(phosphoric triester)결합을 가수분해하는 경우

3. 1.11.- 말단(exo)- 형태로 DNA를 가수분해하여 5′-phosphomonoester를 생성시키는 경우

3. 2. -.- 글리코실기 결합을 가수분해하는 경우

3. 3. -.- 에테르결합을 가수분해하는 경우

3. 4. -.- 펩타이드결합을 가수분해하는 경우

3. 5. -.- 펩타이드결합을 제외한 탄소-질소 결합을 가수분해하는 경우

3. 6. -.- 산무수물결합을 가수분해하는 경우

4. -.-.- 리에이스(lyase, 탈리효소)

4. 1. -.- 탄소-탄소 결합을 분해하는 경우

4. 1. 1.- 카복실기가 분해된 경우

4. 1. 2.- 알데하이드기가 분해된 경우

4. 1. 3.- 옥소산(oxo-acid)기가 분해된 경우

4. 2. -.- 탄소-산소 결합을 분해하는 경우

4. 3. -.- 탄소-질소 결합을 분해하는 경우

4. 4. -.- 탄소-황 결합을 분해하는 경우

5. -.-.- 이성질화효소(isomerase)

5. 1. -.- 라세미혼합물(racemic mixture)과 에피머(epimer) 물질 사이에서 이성질체를 형성시키는 경우

5. 1. 1.- 아미노산 및 그 유도체를 이성질화시키는 경우

5. 1. 2.- 하이드록시산 및 그 유도체를 이성질화시키는 경우

5. 1. 3.- 탄수화물 및 그 유도체를 이성질화시키는 경우

5. 2. -.- *cis*- 및 *trans*- 화합물 사이에서 이성질체를 형성시키는 경우

5. 3. -.- 동일 분자 안(intramolecular)에서 산화-환원반응을 촉매하는 산화환원효소의 경우

5. 4. -.- 동일 분자 안에서 전달반응을 촉매하는 자리옮김효소(mutase)의 경우

5. 5. -.- 동일 분자 안에서 탈리반응을 촉매하는 리에이스(탈리효소)의 경우

6. -.-.- 합성효소〔synthetase 또는 연결효소(ligase)〕

6. 1. -.- 탄소-산소 결합을 형성시키는 경우

6. 1. 1.- 아미노아실(aminoacyl)-tRNA 및 관련 화합물을 형성시키는 경우

6. 2. -.- 탄소-황 결합을 형성시키는 경우

6. 2. 1.- 산—싸이올 결합을 형성시키는 경우

6. 3. -.- 탄소-질소 결합을 형성시키는 경우

6. 3. 1.- 산-암모니아(acid-ammonia) 또는 아민(amine) 결합을 형성시키는 경우

2. 보조효소와 보조인자

효소는 그 촉매 기능을 보완하기 위하여 유기 분자인 보조효소(coenzyme)와 금속이온 등의 무기 성분과 같은 비단백질성 보조인자(cofactor)를 필요로 하는 것들이 많다. 효소 중에는 이러한 보조효소 또는 보조인자들이 직접 촉매반응에 관여하는 것도 있고, 기질의 특정한 작용기의 일시적인 운반체로서 작용하는 것도 있다.

보조효소 및 보조인자는 단순 단백질로 구성되어 있는 효소의 단백질 부분(apoenzyme, 아포효소)에 결합하여 효소의 활성 발현에 중요한 역할을 수행하고 있다. 이들의 대부분은 금속이온, 바이타민 또는 그 유도체들이며, 효소단백질에 공유결합으로 연결되어 있어 아포효소로부터 쉽게 해리되지 않지만 반대로 용이하게 해리되는 종류도 있다.

1) 보조효소

수많은 종류의 보조효소가 자연계에 존재하고 있지만, 특히 중요한 보조효소로는 싸이아민파이로인산(thiamin pyrophosphate, TPP), 바이타민 B_1〔싸이아민(thiamin)의 활성형〕, 플래빈뉴클레오타이드{flavin nucleotide, 바이타민 B_2〔리보플래빈(riboflavin)〕의 활성형}, 니코틴아마이드뉴클레오타이드{nicotinamide nucleotide, 니코틴산〔nicotinic acid, 피리딘 3-카복실산(pyridine 3-carboxylic acid)〕 또는 나이아신(niacin, 바이타민 PP)의 활성형}, 피리독살인산{pyridoxal phosphate, 바이타민 B_6〔피리독신(pyridoxine)〕의 활성형}, 보조효소 A〔coenzyme A(CoA, CoA-SH), 판토텐산(pantothenic acid)을 포함하는 보조효소〕, 메틸코발라민(methylcobalamin), 즉 deoxyadenosylcobalamin{바이타민 B_{12}〔사이아노코발라민(cyanocobalamin)〕의 활성형}, biocytin{바이타민 H〔바이오틴(biotin)〕의 활성형}, 테트라하이드로폴산{tetrahydrofolic acid(FH_4), 바이타민 M〔폴산(folic acid), 엽산〕의 활성형}, 리포산(lipoic acid) 및 바이타민 K 등을 예로 들 수 있다(표 2-1).

(1) 싸이아민파이로인산

싸이아민파이로인산은 〈그림 2-1〉의 구조를 하고 있는 보조효소인데 싸이아민, 즉 바이타민 B_1에 파이로인산(pyrophosphate)이 결합된 유도체로서 ① α-케토산(α-keto acid)의 산화적 및 비산화적 카복실기제거반응(decarboxylation), ② 케톨기전달효소(transketolase) 반응, ③ 포스포케톨레이스(phosphoketolase) 반응 등을 촉매하는 효소의 보조효소이다.

표 2-1 • 보조효소의 기능과 전구물질

보조효소	전구물질	운반하는 물질	효소명과 기능
싸이아민파이로인산(TPP)	바이타민 B_1 (싸이아민)	알데하이드	decarboxylase류(pyruvate decarboxylase, α-ketoglutarate decarboxylase) : α-케토산의 카복실기제거반응
플래빈모노뉴클레오타이드(FMN) 플래빈아데닌다이뉴클레오타이드(FAD)	바이타민 B_2 (리보플래빈)	전자	dehydrogenase류(succinate dehydrogenase, acyl CoA dehydrogenase) : 산화환원반응
피리독살인산(PLP)	바이타민 B_6 (피리독신)	아미노기	aminotransferase류(glutamine oxaloacetic transaminase, amino acid decarboxylase) : 아미노기 전달
니코틴아마이드아데닌다이뉴클레오타이드(NAD) 니코틴아마이드아데닌다이뉴클레오타이드인산(NADP)	니코틴산 (나이아신)	하이드라이드 이온(hydride ion)	dehydrogenase류(glyceraldehyde phosphate dehydrogenase) : 산화환원반응
보조효소 A(CoA)	판토텐산	아실기	acetyl CoA synthetase, pyruvate dehydrogenase : 아실기 전달
리포산(Lipoic acid)		전자, 아실기	α-keto acid decarboxylase(pyruvate decarboxylase) : 여러 가지 α-케토산의 산화적 카복실기 제거 과정에 보조효소로서 작용
바이오사이틴(Biocytin)	바이타민 H (바이오틴)	CO_2	acetyl CoA carboxylase, pyruvate carboxylase : CO_2의 전달
테트라하이드로폴산(FH_4)	바이타민 M (폴산)	1-탄소기	hydroxymethyltransferase, fomethyltransferase : 1-탄소기 전달
5′-데옥시아데노실코발라민 (보조효소 B_{12})	바이타민 B_{12} (사이아노코발라민)	수소, 아실기	methylmalony CoA mutase : 1, 2 수소 이동

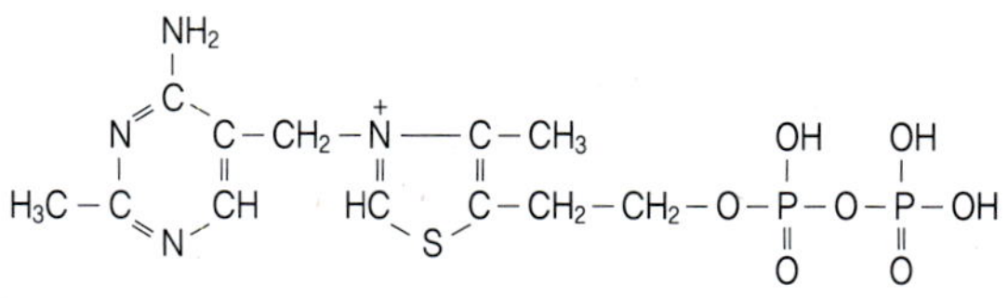

그림 2-1 • 싸이아민파이로인산(TPP)의 구조

예를 들면 효모에 의하여 포도당이 에탄올로 발효되는 과정의 중요 단계 효소인 피루브산카복실기제거효소(pyruvate decarboxylase)는 싸이아민파이로인산을 보조효소로서 필요로 하는데, 피루브산카복실기제거효소의 효소반응에서 피루브산 내 카복실기는 이산화탄소의 형태로 분리·이탈되며, 동시에 기질 내에 존재하는 아세트알데하이드(acetaldehyde) 그룹이 효소와 강하게 결합된 싸이아민파이로인산의 싸이아졸 고리(thiazole ring) 2번 위치로 옮겨져서 하이드록시에틸(hydroxyethyl) 유도체를 형성한다. 이 중

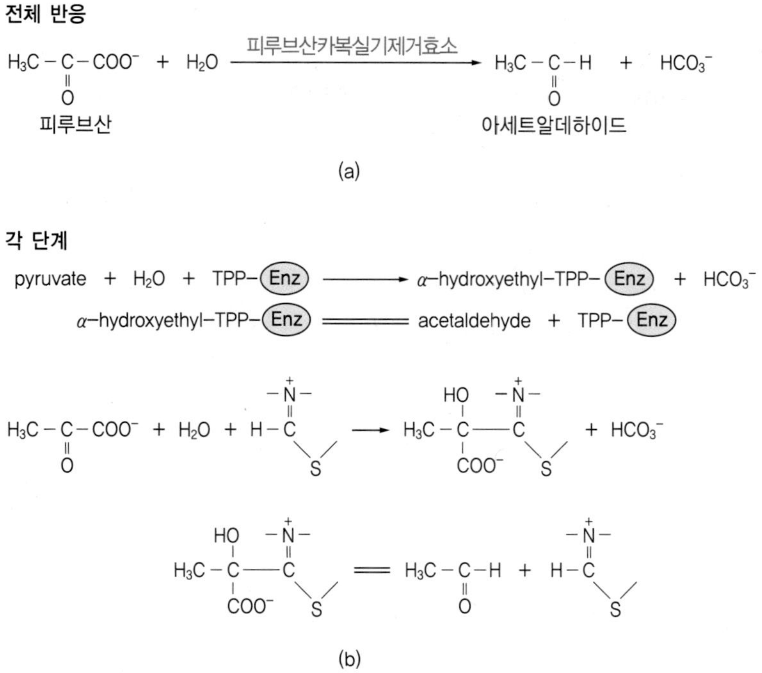

그림 2-2 • (a) 피루브산카복실기제거효소반응과 (b) TPP의 역할

간체는 매우 순간적으로 형성되며, 하이드록시에틸기는 신속하게 보조효소로부터 분해되어 유리 상태의 아세트알데하이드가 된다(그림 2-2).

(2) 플래빈뉴클레오타이드

바이타민 B_2인 리보플래빈에 인산 1분자가 결합된 플래빈모노뉴클레오타이드(flavin mononucleotide, FMN)와 아데노신이인산(adenosine diphosphate)이 결합된 플래빈아데닌다이뉴클레오타이드(flavin adenine dinucleotide, FAD)의 두 가지 종류가 있으며, 산화효소(oxidase), 옥시제네이스(oxygenase), 수소제거효소 등의 산화환원효소 및 호흡연쇄 내에 존재하는 전자전달계 효소의 보조효소로서의 기능을 가진다. 즉, 플래빈뉴클레오타이드는 리보플래빈을 함유한 보조효소이며, 리보플래빈은 아이소알로크사틴(isoalloxazine) 고리의 N_{10}에 리비톨(ribitol)이 붙은 것으로 FMN과 FAD가 플래빈효소의 보조효소로 작용한다. 이때의 FAD는 호흡연쇄 내 전자전달계에서 NADH로부터의 수소받개가 되며 FMN과 함께 여러 산화-환원 반응의 보조효소가 된다.

이상에서 열거한 산화환원효소 및 전자전달계 효소들에 의해 촉매되는 반응에서는 플래빈뉴클레오타이드의 아이소알로크사틴 고리 구조가 기질 분자로부터 유래한 1쌍의 수

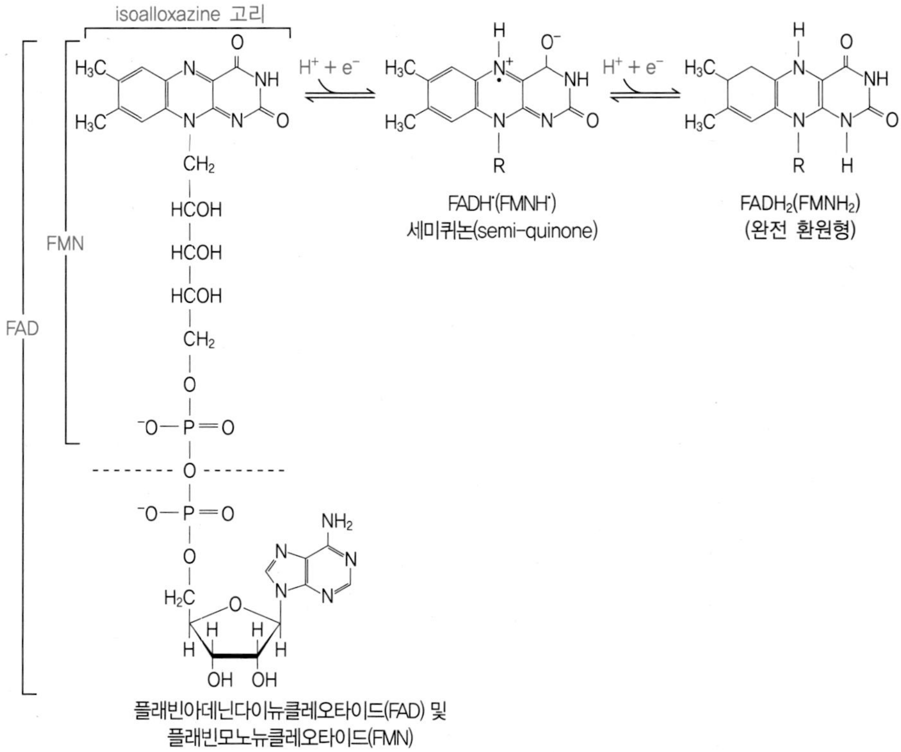

그림 2-3 ● 플래빈뉴클레오타이드 및 환원형의 구조

소 원자($2H^+$)의 일시적인 운반체로서 역할을 하고 있다. N_1 및 N_5에 수소 원자가 부가되면 산화형인 리보플래빈이 환원형인 류코플래빈(leucoflavin)으로 전환된다(그림 2-3).

FMN, FAD와 아포효소와의 결합에는 ① 강한 공유결합을 하고 있는 것, ② 강하게 결합되어 있지만 산 처리 등에 의하여 아포효소로부터 비가역적으로 해리될 수 있는 것, ③ 가역적으로 해리되기 쉬운 것이 있다. 석신산수소제거효소의 경우는 FAD가 보조효소로서 공유결합을 하고 있지만 다른 대부분의 플래빈수소제거효소(flavin dehydrogenase)에서는 FMN이나 FAD가 비공유결합을 하고 있으며, 그중 어떤 것에는 철 또는 기타의 금속이 촉매자리의 일부에 함유되어 있다.

(3) 니코틴아마이드뉴클레오타이드

니코틴아마이드아데닌다이뉴클레오타이드(nicotinamide adenine dinucleotide, NAD^+)와 NAD에 또 다른 인산기가 붙어 있는 니코틴아마이드아데닌다이뉴클레오타이드인산(nicotinamide adenine dinucleotide phosphate, $NADP^+$)의 두 가지 종류가 있으며, 일반적

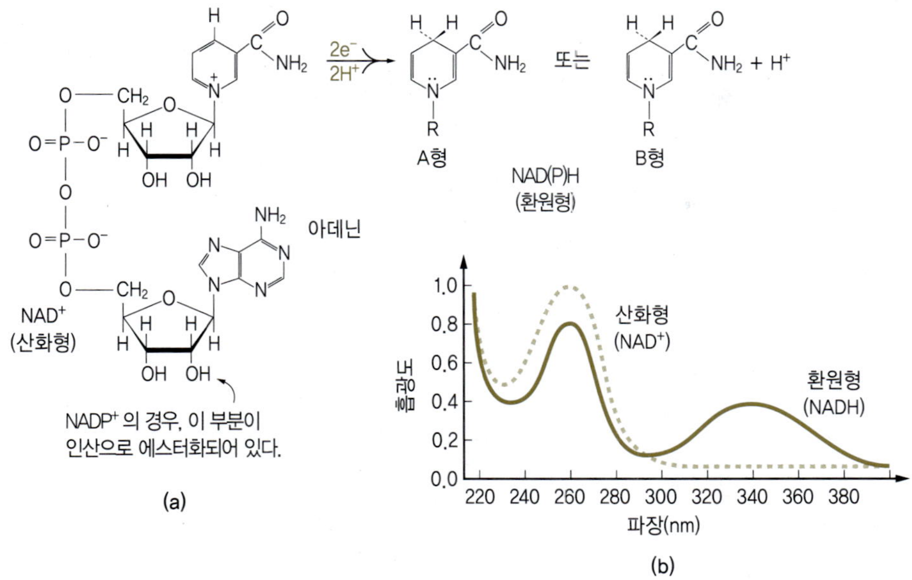

그림 2-4 • 니코틴아마이드뉴클레오타이드
(a) 산화형(NAD⁺(P⁺))과 환원형(NAD(P)H)의 구조 (b) 흡광스펙트럼

으로 수소제거효소의 보조효소로서 작용하는데 어느 종류이든지 아포효소로부터 가역적으로 해리된다.

산화-환원 반응에 있어서 산화형의 NAD^+ 또는 $NADP^+$는 니코틴아마이드(nicotinamide)의 피리딘 고리 구조에 양성자 1개와 전자 2개를 받아들여서 환원형(NADH 또는 NADPH)으로 된다(그림 2-4). 즉, 이들 보조효소의 니코틴아마이드 성분은 수소제거효소의 작용에 의하여 기질 분자로부터 제거되는 하이드라이드이온(hydride ion)의 일시적인 중간운반체로서 작용한다. 한편, 산화형인 NAD^+ 및 $NADP^+$는 340 nm에서 흡수되지 않지만, 환원형인 NADH와 NADPH는 모두 340 nm에서 최대흡광도(c = 6220)를 갖는 특성이 있다. 따라서, 이와 관련된 산화환원효소반응은 340 nm에 있어서의 흡광도 변화를 측정하여 추적할 수 있다.

(4) 피리독살 5′-인산

바이타민 B_6군은 서로 관련이 깊은 세 가지 화합물인 피리독신(pyridoxine), 피리독살(pyridoxal), 피리독사민(pyridoxamine)으로 구성되어 있으며, 이들은 생물학적으로 쉽게 상호 전환될 수 있다. 바이타민 B_6의 활성형은 피리독살인산이며 이의 아미노형인 피리독사민인산(pyridoxamine phosphate)으로도 존재한다.

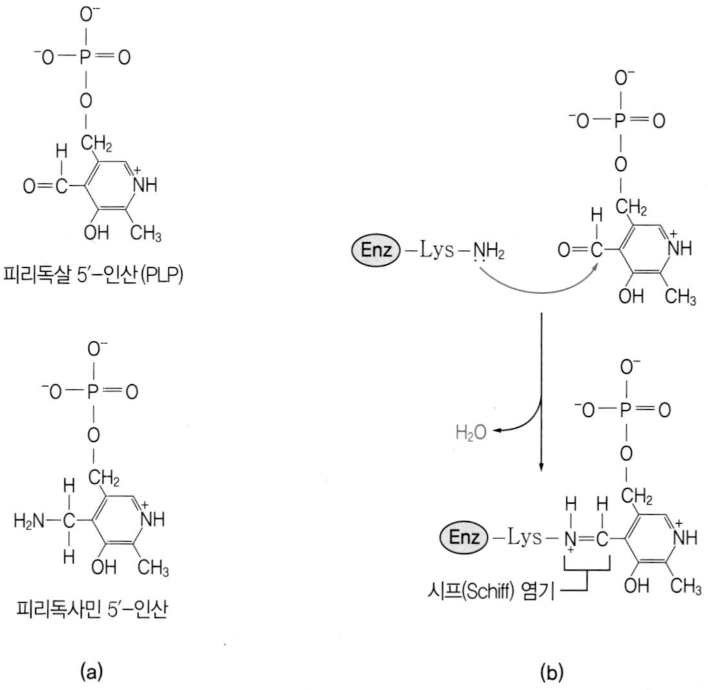

그림 2-5 ● (a) 피리독살(피리독사민) 5′-인산 구조와 (b) 효소와의 결합 형태

피리독살 5′-인산(pyridoxal 5′-phosphate, PLP)은 바이타민 B_6 함유 효소의 단백질 부분과 결합하여 보조효소로서의 작용을 한다. 또한, 바이타민 B_6의 인산 에스터 화합물인 피리독사민 5′-인산(pyridoxamine 5′-phosphate)도 아미노기전달효소(transaminase)에 대한 보조효소로서 작용한다. 피리독살 5′-인산을 보조효소로서 필요로 하는 효소의 종류로는 아미노기전달효소, 아미노산카복실기제거효소(amino acid decarboxylase), 아미노산라세미화효소(amino acid racemase), 아미노산알돌레이스(amino acid aldolase) 등 아미노산(또는 아민)을 기질로 하는 것이 대부분이지만 포스포릴레이스(phosphorylase)처럼 아미노산과는 관계없는 기질에 작용하는 경우도 있다(그림 2-5).

피리독살 5′-인산은 아포효소 내에 존재하는 라이신(lysine) 잔기의 말단 아미노기와 시프(Schiff) 염기를 형성하여 결합하고 있으며, 일반적으로 420 nm 부근에서 최대 흡광도를 나타낸다.

피리독살 5′-인산은 가역적으로 아포효소로부터 해리되며, 기질인 아미노산과 시프 염기를 형성하여 이 시프 염기의 결합 절단장소에 따라 여러 가지 반응이 일어나는

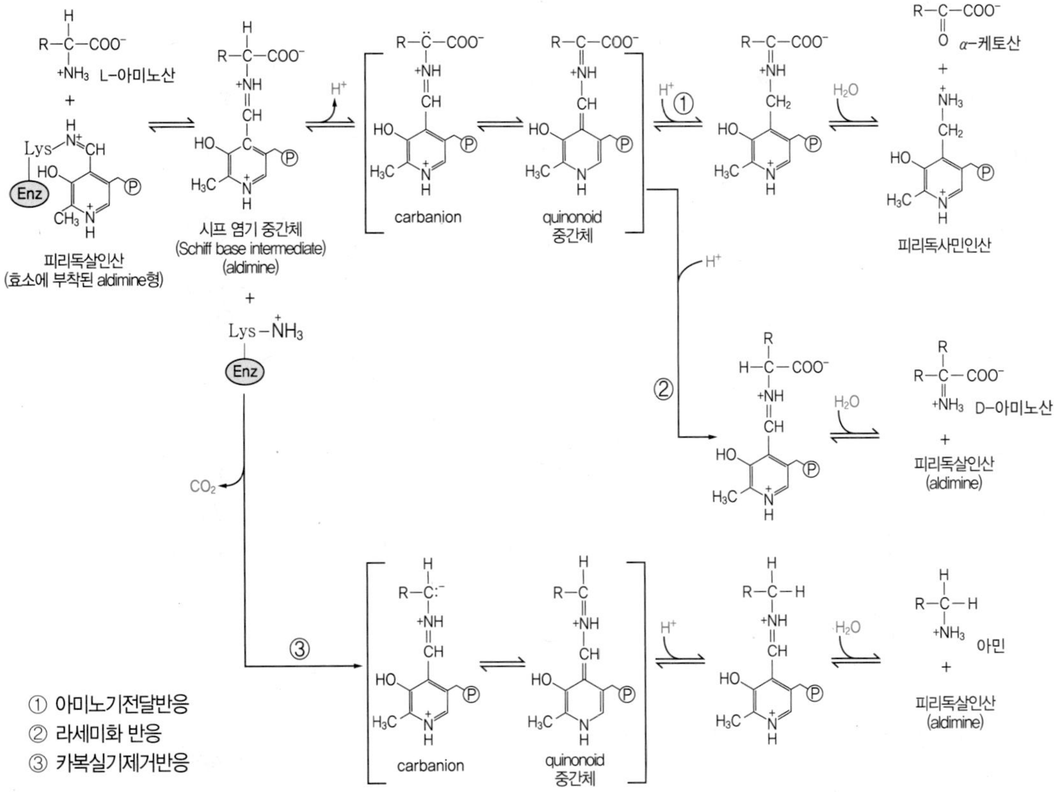

그림 2-6 ● PLP 관련 여러 가지 반응의 예

데, 이와 같은 효소반응들 중에서 가장 일반적으로 알려진 것은 α-아미노산의 아미노기를 α-케토산의 α-탄소 원자에게 가역적으로 전달하는 반응인 아미노기전달반응(transamination)이다. 이 반응은 transaminase 또는 aminotransferase라고 불리는 아미노기전달효소에 의하여 촉매되며 효소에 견고하게 결합된 피리독살 5′-인산은 아미노기를 α-아미노산(주개)으로부터 α-케토산(받개)으로 옮기는 아미노기의 중간 운반체로서의 역할을 수행한다. 즉, 제1의 기질인 α-아미노산의 아미노기는 아미노기를 전달하는 효소의 촉매회로로 들어가 효소와 결합한 피리독살 5′-인산으로 옮겨진다. 그 결과의 산물로 생성된 보조효소의 아미노 유도체인 피리독사민 5′-인산은 그 아미노기를 제2의 기질인 α-케토산에 전달하며 피리독사민 5′-인산은 다시 피리독살 5′-인산 형태로 되돌아온다. 이와 같은 아미노기전달반응은 여러 종류의 아미노산 중의 하나로부터 공통의 아미노기 받개인 α-케토글루타르산(α-ketoglutaric acid)에 의하여 일어나며, 아미노기의 대사에 있어서 중심적인 대사산물인 글루탐산(glutamic acid)을 만든다.

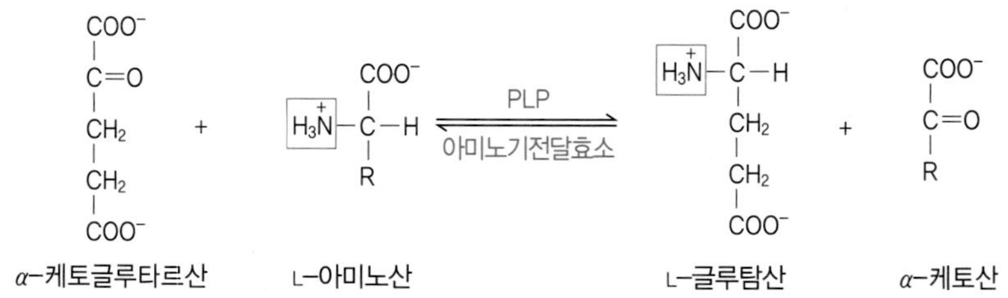

그림 2-7 • 아미노기전달반응

아미노기를 전달하는 효소는 이중치환, 즉 핑퐁(ping-pong) 반응을 촉매하는 전형적인 보기이다. 다시 말하면 아미노기전달효소에 의하여 제1의 기질인 아미노산 내에 존재하는 아미노기가 보조효소로 옮겨지고(이때 피리독살 5′-인산이 아미노기를 받아들여 피리독사민 5′-인산으로 전환), 이러한 결과로 생성된 α-케토산이 이탈되며, 새로 유입된 제2의 기질인 α-케토산이 피리독사민 5′-인산으로부터 아미노기를 전달받아 새로운 아미노산이 형성된다.

(5) 보조효소 A

보조효소 A(그림 2-8)는 판토텐산을 포함하는 판토테인 뉴클레오타이드(pantetheine nucleotide)이며 아실기의 전달반응을 촉매하는 효소의 보조효소이다.

아실기의 일시적인 운반체인 보조효소 A는 반응성이 강한 싸이올(-SH)기를 포함하고 있으므로 아실기와 공유결합하여 싸이오에스터를 만든다. 보조효소 A의 싸이올기가 아실기의 운반체로서 작용하는 메커니즘을 예로 들어 설명하면 다음과 같다.

TCA 회로에 들어가기 위한 준비 반응에서 아세틸보조효소 A(acetyl coenzyme A, acetyl

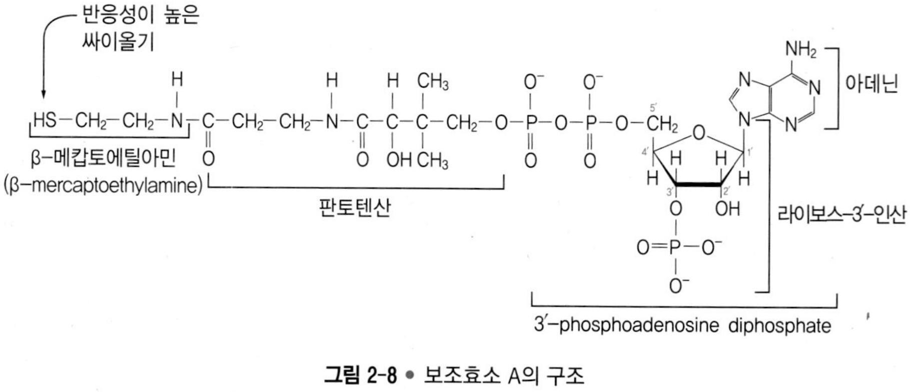

그림 2-8 • 보조효소 A의 구조

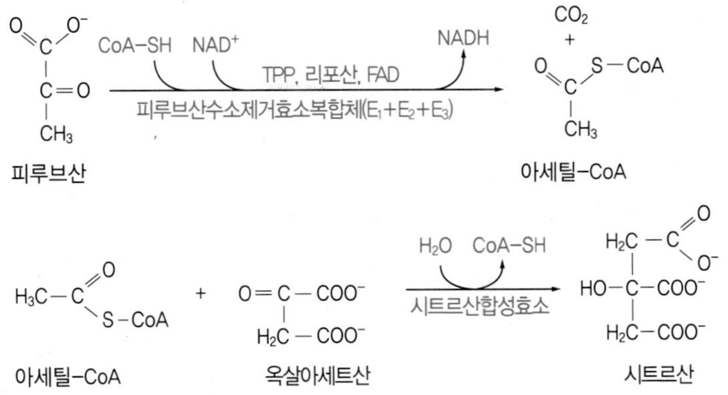

그림 2-9 • 보조효소 A가 필수적인 반응 예

CoA)는 피루브산수소제거효소 복합체(pyruvate dehydrogenase complex)에 의한 피루브산의 산화적 카복실기제거반응에 의하여 일단 만들어진다. 다음 반응에서는 아세틸보조효소 A(아세틸-CoA)의 아세틸기가 시트르산합성효소(citrate synthase)에 의하여 옥살아세트산(oxaloacetic acid)으로 옮겨져서 시트르산(citric acid)을 만든다. 후자의 반응은 호기성 세포에서 탄수화물 및 지방산의 산화적 분해의 중심경로가 되는 TCA 회로의 최초 반응이다(그림 2-9).

(6) 바이오사이틴

바이오사이틴(biocytin)은 바이오틴(바이타민 B의 일종)의 활성형이며, 이 보조효소의 카복실기는 아포효소 내 라이신 잔기의 말단 아미노기(ε-아미노기)와 강한 공유결합을 하고 있다. 따라서, 이 보조효소는 보결분자단에 속하는데 이산화탄소와 결합하여 활성화되며 카복실화 반응을 수행하는 기능이 있다. 즉, 바이오사이틴은 카복실화 반응을 촉매하는 보조효소 A 카복실화효소(acetyl CoA carboxylase)라든지 카복실기를 전달하는 메틸말로닐보조효소A 카복실전달효소(methylmalonyl CoA carboxyltransferase)의 보조효소이다. 이때 실제의 이산화탄소 운반체는 바이오틴이며, 바이오사이틴(biotinyl 라이신 잔기)과의 반응은 〈그림 2-10〉과 같다.

(7) 테트라하이드로폴산

폴산(엽산)은 글루탐산, *p*-아미노벤조산(*p*-aminobenzoic acid) 및 헤테로고리(heterocycle)가 융합한 고리 모양 화합물인 프테리딘(pteridine) 유도체로서 바이타민 B 종류의 하

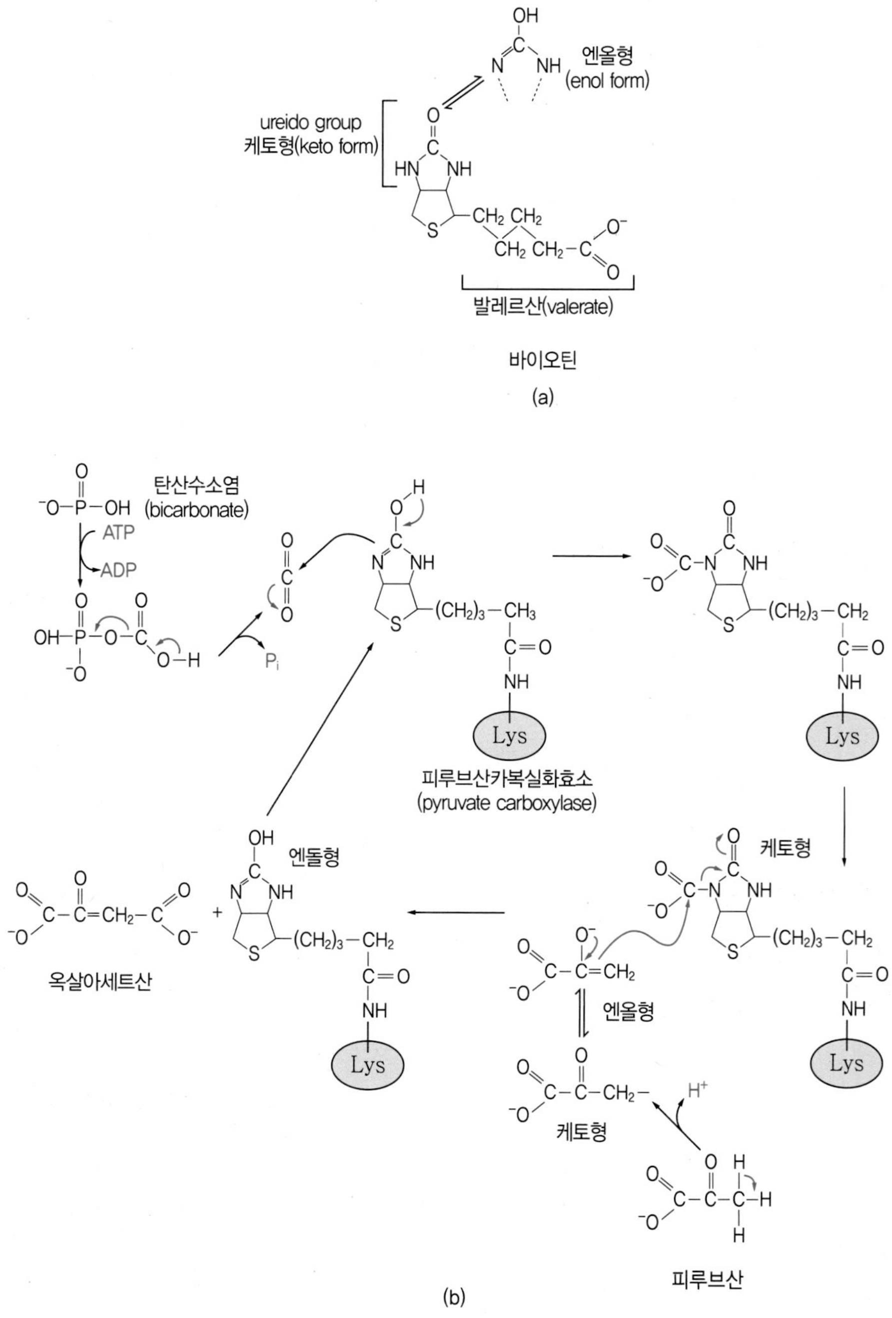

그림 2-10 • (a) 바이오틴 구조와 (b) 이산화탄소 전달 과정

나이다. 폴산 자체는 보조효소로서의 활성이 없지만 조직 내에서 효소에 의하여 환원되어 활성형 보조효소형인 테트라하이드로폴산이 된다. 즉, 활성형 보조효소인 테트라하이

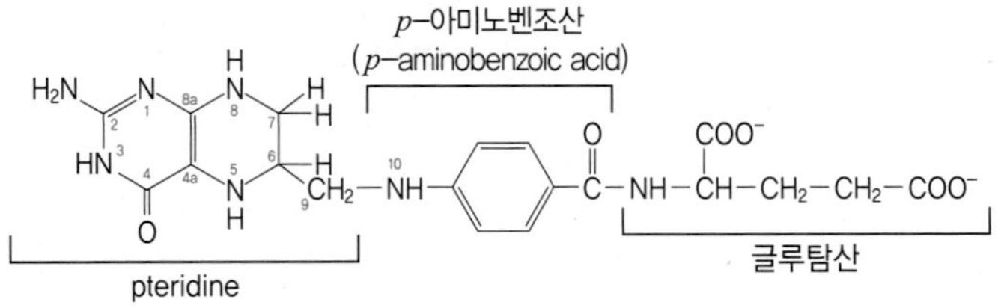

그림 2-11 • 테트라하이드로폴산 구조

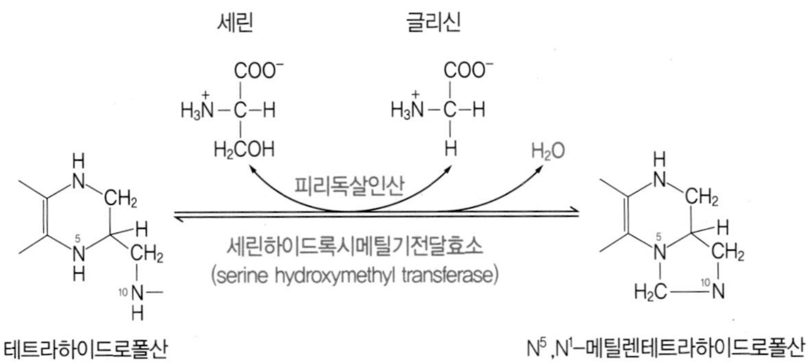

그림 2-12 • 세린하이드록시메틸기전달효소 반응 예

드로폴산은 프테리딘 고리 구조의 5, 6, 7, 8번 위치에 4개의 수소가 첨가된 것이다.

이 보조효소는 폼일(−CHO), 폼알데하이드(formaldehyde, HCHO), 하이드록시메틸(−CH_2OH), 메틸(−CH_3), 아미노에틸(aminoethyl, −CH_2NH_2), 폼이미노(formimino, −CH=NH)와 같은 1번 탄소를 5번 위치 또는 10번 위치에 결합시켜 받개에 이전시키는 역할을 한다. 예를 들면 세린하이드록시메틸기전달효소(serine hydroxymethyl transferase)는 글리신(glycine)으로부터 세린(serine)의 생성을 촉매하는데, FH_4를 보조효소로 이용하고 있다(그림 2-12).

(8) 리포산

리포산은 젖산균의 발육인자로서 발견된 바이타민 B 종류의 하나로, 피루브산수소제거효소 복합체 구성 성분 중의 하나인 리포산아세틸전달효소(lipoic acid transacetylase)의 보결분자단이며, α-케토글루타르산수소제거효소 복합체(α-ketoglutarate dehydrogenase complex)의 구성인자인 dihydrolipoyl dehydrogenase의 보결분자단이기도 하다.

리포산은 이들 효소 복합체가 수행하는 아실기의 생성과 전달 반응의 중간 과정에 관련된 보조효소이며, 이 보조효소는 아포효소 내 라이신 잔기의 말단 아미노기(ε-아미노

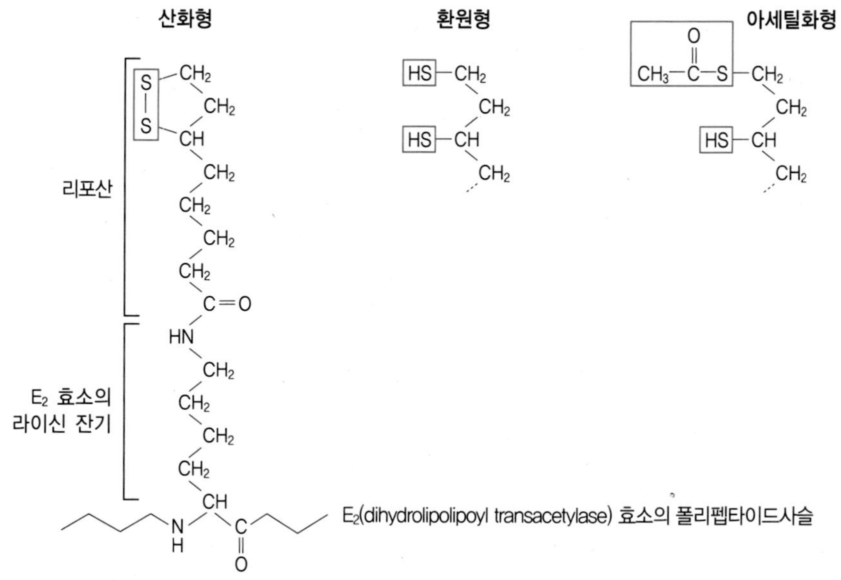

그림 2-13 ● 리포산의 산화형, 환원형, 아세틸화형

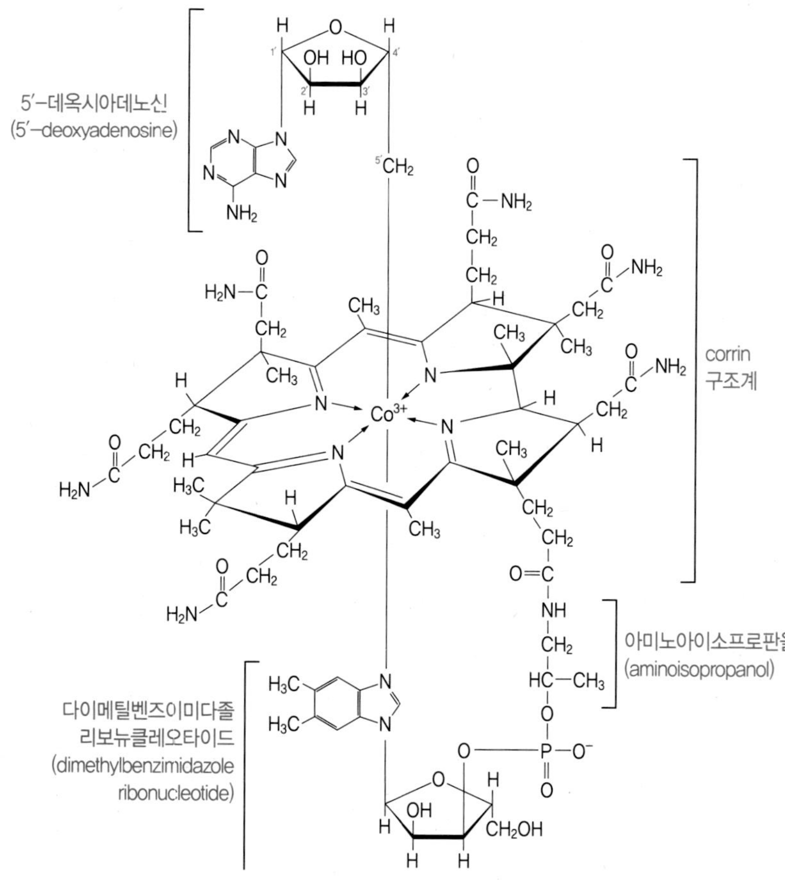

그림 2-14 ● 보조효소 B_{12} 구조

기)와 산 아마이드결합으로서 형성되어 있다(그림 2-13).

(9) 보조효소 B_{12}(coenzyme B_{12}, 5′-deoxyadenosylcobalamin)

바이타민 B_{12}(사이아노코발라민)에 아데노신이 라이보스의 5번 탄소를 통하여 결합한 것으로서 메틸말로닐-CoA 자리옮김효소(methylmalonyl CoA mutase) 또는 메틸아스파트산 자리옮김효소(methylaspartate mutase)와 같은 이성질화효소의 보조효소로 작용하며 propanediol dehydrolase의 보조효소로서의 역할을 수행하기도 한다(그림 2-14).

이 보조효소를 필요로 하는 효소의 공통점은 기질 내의 탄소와 결합하고 있는 수소 원자를 이전시키되, 옆의 탄소 원자와 결합하고 있는 알킬기, 카복실기, 하이드록실기 또는 아미노기와 교환하게 하는 기능이 있다는 것이다(그림 2-15).

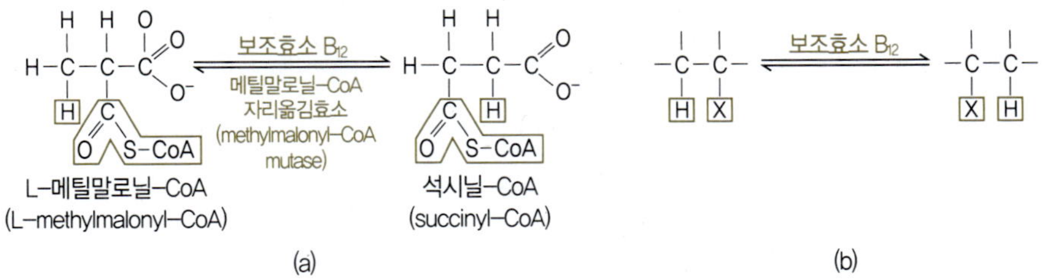

그림 2-15 • 보조효소 B_{12} 관련 반응
(a) 메틸말로닐-CoA 자리옮김효소 반응 (b) 일반적인 반응

2) 보조인자로서의 금속이온들

많은 효소단백질은 자신의 촉매 기능을 보조하는 각종 금속이온들을 포함한다. 이러한 금속이온은 효소단백질을 구성하고 있는 아미노산 잔기에 공유결합을 하거나 또는 헴(heme)과 같이 보결분자단 내에 강한 결합을 하여 포함되기도 하는데 이때의 효소를 금속효소(metalloenzyme)라고 한다. 이상의 무기 금속이온들은 보조효소와 같은 방식으로 행동하기 때문에 보조인자라고 불린다. 따라서, 보조효소와 보조인자는 효소단백질 내의 비단백질 부분으로서 효소의 촉매반응을 보조한다는 공통점이 있으나, 보조효소는 유기물질이고 보조인자는 무기 성분이라는 차이점이 있다.

한편, 보조인자는 효소의 촉매 기능을 보조할 뿐만 아니라 효소반응에 관여하는 반응물의 안정화를 통하여 효소반응 촉매 기능에 도움을 주기도 한다. 예를 들면, 카복시펩티데이스 A(carboxypeptidase A)에서 아연이온은 하이드록시화반응(hydroxylation)에 관여하여 중간대사물질을 안정화시키는 역할을 한다.

보조인자의 종류 및 관련된 효소반응은 매우 다양하기 때문에 다음과 같이 요약하여 예를 들어 설명하였다.

(1) 중요 보조인자의 종류

카드뮴(Cd), 칼슘(Ca), 코발트(Co), 구리(Cu), 철(Fe), 철-몰리브덴(Fe-Mo), 철-황(Fe-S), 마그네슘(Mg), 망간(Mn), 몰리브덴(Mo), 니켈(Ni), 칼륨(K), 셀레늄(Se), 나트륨(Na), 텅스텐(W), 바나듐(V), 아연(Zn) 등이 있다.

(2) 보조인자를 포함하는 중요 효소의 종류

• 카드뮴 함유 효소	β-ala-his dipeptidase (EC 3.4.13.20)
• 칼슘 함유 효소	tryptophan dehydrogenase (EC 1.4.1.19)
	protein-glutamine γ-glutamyltransferase (EC 2.3.2.13)
	phospholipase A2 (EC 3.1.1.4),
	3-ketovalidoxylamine C-N-lyase (EC 4.3.3.1)
• 코발트 함유 효소	dimethylmalate dehydrogenase (EC 1.1.1.84)
	methylmalonyl-CoA carboxyltransferase (EC 2.1.3.1)
	xaa-pro aminopeptidase (EC 3.4.11.9)
	myo-inosose-2 dehydratase (EC 4.2.1.44)
	isobutyryl-CoA mutase (EC 5.4.99.13)
• 구리 함유 효소	amine oxidase (EC 1.4.3.6)
• 철 함유 효소	alcohol dehydrogenase (EC 1.1.1.1)
	N,*N*-dimethylformamidase (EC 3.5.1.56)
	L(+)-tartrate dehydratase (EC 4.2.1.32)
• 철-몰리브덴 함유 효소	carbon monoxide oxygenase (EC 1.2.2.4)
• 철-황 함유 효소	carbon monoxide oxidase (EC 1.2.3.10)
	biotin synthase (EC 2.8.1.6)
	aconitate hydratase (EC 4.2.1.3)

- 마그네슘 함유 효소　benzoyl-CoA reductase (EC 1.3.99.15)
  diglucosyl diacylglycerol synthase (EC 2.4.1.208)
  alkaline phosphatase (EC 3.1.3.1)
  xylose isomerase (EC 5.3.1.5)
  4-chlorobenzoate-CoA ligase (EC 6.2.1.33)
- 망간 함유 효소　dimethylmalate dehydrogenase (EC 1.1.1.84)
  methionine S-methyltransferase (EC 2.1.1.12)
  propyl aminopeptidase (EC 3.4.11.5),
  oxaloacetate decarboxylase (EC 4.1.1.3)
  muconate cycloisomerase (EC 5.5.1.1)
  pyruvate carboxylase (EC 6.4.1.1)
- 몰리브덴 함유 효소　xanthine dehydrogenase (EC 1.1.1.204)
- 니켈 함유 효소　carbon-monoxide dehydrogenase (EC 1.2.99.2)
  urease (EC 3.5.1.5)
- 칼륨 함유 효소　dimethylmalate dehydrogenase (EC 1.1.1.84)
  2-isopropylmalate synthase (EC 4.1.3.12)
- 셀레늄 함유 효소　formate dehydrogenase (EC 1.2.1.43)
- 나트륨 함유 효소　oxaloacetate decarboxylase (EC 4.1.1.3)
- 텅스텐 함유 효소　formate dehydrogenase (EC 1.2.1.43)
- 바나듐 함유 효소　nitrogenase (EC 1.18.6.1)
- 아연 함유 효소　alcohol dehydrogenase (EC 1.1.1.1)
  betaine-homocysteine S-methyltransferase (EC 2.1.1.5)
  alkaline phosphatase (EC 3.1.3.1),
  carbonate dehydratase (EC 4.2.1.1)
  mannose-6-phosphate isomerase (EC 5.3.1.8)
  pyruvate carboxylase (EC 6.4.1.1)

1 다음의 반응을 촉매하는 효소를 고르시오.

$$A + B + ATP \longrightarrow AB + ADP + P_i$$

① transferase ② hydrolase ③ lyase
④ isomerase ⑤ synthetase

2 다음 반응과 관련이 있는 효소를 모두 고르시오.

$$A - ⓕ + B \longrightarrow A + B - ⓕ$$

① amylase ② hexokinsae ③ catalase
④ transaminase ⑤ lipase

3 IUBMB에서는 효소를 6분류하였는데, 이에 속하지 않는 부류를 고르시오.

① kinase ② isomerase ③ ligase
④ hydrolase ⑤ oxidoreductase

4 효소 중에는 트립신(trypsin)과 같이 단백질로만 구성된 경우가 대부분이지만 Fe, Co, Cu 등과 같은 금속이온이 포함되는 경우가 있는데, 이때의 금속이온을 무엇이라고 하는지 아래에서 고르시오.

① holoenzyme ② apoenzyme ③ cofactor
④ regulator ⑤ modulator

5 복합단백질에 속하는 효소 중 기질특이성과 관련이 있는 것을 고르시오.

① cofactor ② holoenzyme ③ catalytic site
④ coenzyme ⑤ apoenzyme

6 Co A가 보조효소로서 작용하는 것과 가장 관련이 있는 것을 고르시오.

① α-케토산의 카복실기제거 ② 아실기의 전달 ③ 아미노기 전달
④ 산화환원 ⑤ CO_2의 전달

7 리에이스(lyase, 탈리효소)의 뜻을 가장 잘 설명하고 있는 것을 고르시오.

① 산화환원반응을 촉매하는 모든 효소
② 특정한 기질에서 다른 기질로 작용기 또는 원자단을 옮기는 반응, 즉 수소 원자 이외의 원자단을 두 기질 분자 사이에 전달하는 반응을 촉매하는 효소
③ 물 분자가 첨가되면서 기질 내의 에스터, 에테르, 펩타이드, 글리코실, 산무수물, C−C, C−halide

또는 C−N 등과 같은 공유결합의 가수분해를 촉매하는 효소

④ 가수분해가 아닌 방법으로 기질에 이중결합을 생성 또는 이중결합에 어떤 작용기를 첨가하는 반응을 촉매하는 효소

⑤ ATP 또는 대응되는 고에너지 화합물의 분해반응과 병행하여 두 개의 화합물을 서로 연결시킴으로써 C−O, C−S, C−N 또는 C−C 등의 결합을 형성시키는 반응을 촉매하는 효소

8 아래의 보조효소가 관여하는 효소반응이 옳게 짝지어진 것을 고르시오.

(가) FAD (나) Co A (다) pyridoxal phosphate (라) NAD^+

① (가)-oxidoreductase, (나)-transferase ② (가)-hydrolase, (다)-lyase
③ (가)-isomerase, (라)-ligase ④ (나)-oxidoreductase, (다)-isomerase
⑤ (나)-hydrolase, (라)-lyase ⑥ (다)-isomerase, (라)-ligase

9 가수분해효소와 연결효소(=synthetase)의 공통점과 차이점에 대하여 설명하시오.

10 싸이아민 파이로인산(TPP)이 보조효소로서 작용하는 과정을 관련 반응의 예를 들어 설명하되, 그 역할을 명확하게 서술하시오.

정답 및 해설

01 ⑤ 02 ②④ 03 ① 04 ③ 05 ③ 06 ② 07 ④ 08 ①

09 가수분해효소 : $AB + H_2O \rightleftharpoons$ A-H(또는 A-OH) + B-OH(또는 B-H)

연결효소 : X+Y+ATP ⟶ XY+ADP(또는 AMP) + 인산(또는 2인산)

공통점 : 단일물질로부터 2 이상 성분 복합체 합성이 가능함

차이점 : ATP와 같은 고에너지 인산화합물의 분해에 의해서 방출되는 에너지 이용의 필요성 유무

10 싸이아민 파이로인산은 바이타민 B_1에 파이로인산이 결합된 유도체로서 ① α-케토산의 산화적 및 비산화적 카복실기제거반응, ② 케톨기전달효소반응, ③ 포스포케톨레이스반응 등을 촉매하는 효소의 보조효소이다. 예를 들면, 효모에 의하여 포도당이 에탄올로 발효되는 과정의 중요 단계 효소인 피루브산카복실기제거효소는 싸이아민 파이로인산을 보조효소로서 필요로 한다.

제3장 세포 내에서 효소의 생합성

1. 효소 생합성 소개

미생물, 식물 및 동물을 비롯한 모든 생물체 내에서는 생명을 유지하기 위한 수많은 화학반응들이 복잡한 네트워크 속에서 서로 조화롭게 일어난다. 그러나, 일반적으로 생체 내에서 일어나는 화학반응의 속도는 생명현상을 유지하기에는 너무 느리기 때문에 모든 생물체는 생물체 내에서 일어나는 화학반응들의 반응속도를 가속화하기 위한 촉매(catalyst)를 필요로 하며 스스로 합성한다. 생물체가 스스로 생산한 촉매를 생체촉매(biocatalyst)라고 하며, 생체촉매가 만들어지는 일련의 과정을 생합성(biosynthesis)이라고 한다. 생체촉매의 대부분을 차지하는 효소(enzyme)는 단백질로 이루어져 있으므로, 효소의 생합성은 단백질의 생합성 과정과 동일하다.

효소를 포함하는 모든 단백질은 20개의 아미노산들이 연결된 고분자 폴리펩타이드(polypeptide)이다. 단백질의 기능은 구성된 아미노산 잔기(residue)의 순서와 밀접한 관계가 있다. 예를 들어 A, B, C라는 세 개의 아미노산으로 구성된 펩타이드인 A−B−C, A−C−B, B−A−C, B−C−A 등은 모두 다른 펩타이드이며 서로 다른 기능을 나타낼 것이다. 따라서, 어떤 효소의 생합성을 위해서는 어떤 아미노산 잔기를 가지며 그 순서가 어떠한지에 대한 정보를 생물체가 가지고 있어야 한다. 효소를 구성하는 아미노산순서(sequence)에 대한 정보를 3개의 뉴클레오타이드(nucleotide)를 이용하여 암호화(encoding)하고, 뉴클레오타이드의 중합체인 DNA(deoxyribonucleic acid) 형태의 유전자(gene) 단위로 저장하고 있다. 단백질의 아미노산순서를 저장함에 있어서 DNA가 선정된 이유는 단백질과 달리 DNA는 자기복제(self replication)가 가능하며 다음 세대로 전달할 수 있기 때문이다. DNA에 저장되어 있는 아미노산순서에 관한 정보는 단백질 생합성 장치들이 해석할 수 있는 전령 RNA(messenger ribonucleic acid, mRNA) 형태로 바꾸는 전사(transcription) 단계를 거쳐, mRNA 상에 뉴클레오타이드로 존재하는 정보를 아미노산순서 정보로 해독(decoding)하여 폴리펩타이드를 합성하는 번역(translation) 단계를 거치면서 단백질이 만들어진다.

여기에서는 미생물 내에서 효소의 생합성을 이해하기 위하여 DNA 구조, 복제, 유전자의 구조 및 유전자의 발현(expression)을 위한 전사와 번역 단계와 관련된 생화학적 지식을 살펴보고자 한다. 효소의 생합성에 관한 지식은 제4장에서 다룰 유전자클로닝과 효소공학을 이해하는 밑거름이 될 것이다. 여기에서 다루게 될 내용들은 효소학의 범위에서 유전자조작과 단백질공학을 이해하는 데 필요한 수준에서 이루어지며, 보다 자세한 내용은 생화학이나 분자생물학 관련 도서를 참조할 것을 권한다.

2. 핵산

핵산(nucleic acid)은 DNA와 RNA를 모두 포함하며, 핵산의 기본 단위체(monomer)인 뉴클레오타이드의 중합체(polymer)이다. 핵산은 생명체가 가지는 효소 및 단백질의 아미노산순서 정보를 가지고 있으며, 해당 형질의 유전을 위해 다음 세대로 전달되는 유전물질이다.

1) 핵산의 단위체, 뉴클레오타이드

뉴클레오타이드는 질소를 함유한 방향족 고리(aromatic ring) 화합물인 염기(base), 오탄당(pentose)인 리보스(ribose) 형태의 당(sugar) 및 1개 이상의 인산기(phosphate group)로 이루어진다.

(1) 염기

뉴클레오타이드에 존재하는 염기는 구조에 따라 탄소와 질소로 이루어진 육각형 고

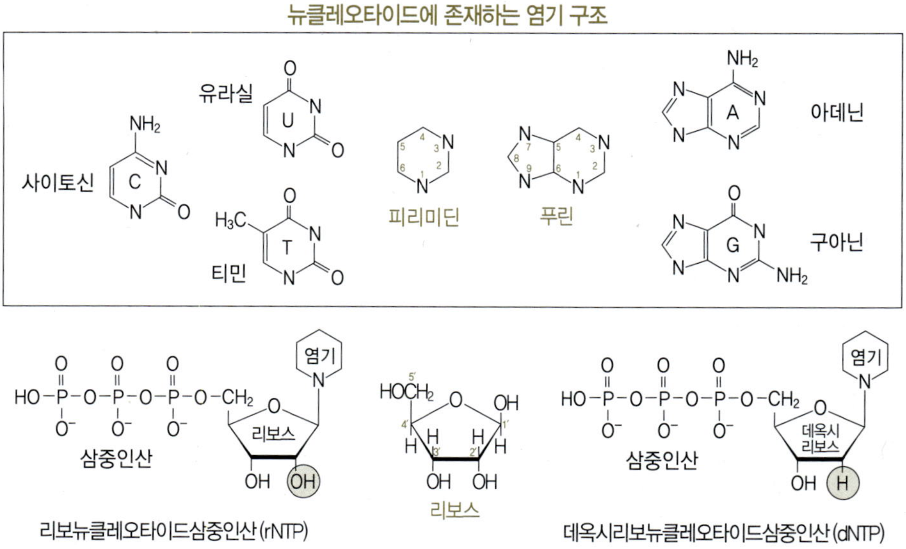

그림 3-1 • 뉴클레오타이드 구성 요소의 구조

리 구조를 가지는 피리미딘(pyrimidine)계와, 탄소와 질소로 이루어진 육각형 및 오각형 고리 구조가 연결된 이중 고리 구조를 가지는 푸린(purine)계로 나눌 수 있다. 피리미딘계에는 사이토신(cytosine, C), 티민(thymine, T) 및 유라실(uracil, U)이 포함되며, 아데닌(adenine, A)과 구아닌(guanine, G)은 푸린계에 해당한다(그림 3-1). DNA에는 A, C, G, 그리고 T가 사용되며, RNA에서는 A, C, G, 그리고 T 대신에 U가 사용된다.

(2) 당

뉴클레오타이드는 염기와 인산기를 연결해 주는 당을 가지는데, 당이 오탄당인 리보스일 경우 해당 뉴클레오타이드를 리보뉴클레오타이드(ribonucleotide)라 하고 이들의 중합체를 RNA(ribonucleic acid)라고 부른다. 리보뉴클레오타이드의 리보스는 산소 원자 1개와 4개의 탄소 원자로 구성된 오각형 고리 구조를 이룬다. 각 탄소 위치를 구별하기 위해 번호를 부여하는데, 염기를 구성하는 탄소와 구별하기 위하여 프라임(prime, ′)을 붙여 1′에서 5′까지 적용한다(그림 3-1 참고). RNA와 달리 DNA에 함유된 뉴클레오타이드가 가지는 당의 구조는 리보스의 2′-탄소에 연결된 수산기(2′-OH)의 산소가 제거되어 수소로 치환된 데옥시리보스(deoxyribose)이다.

(3) 인산기

뉴클레오타이드는 1~3개의 인산기를 갖지만 핵산의 생합성에 사용되는 단위체로서의 뉴클레오타이드는 인산기 3개가 연결된 삼인산기(triphosphate group)를 가진다. 뉴클레오타이드에 존재하는 인산기로 인해 핵산은 음전하(negative charge)를 나타내게 된다.

(4) 뉴클레오타이드

모든 뉴클레오타이드는 앞서 설명한 염기, 당 및 인산기로 구성되어 있다. 각 구성단위 사이에는 ① 리보스 또는 데옥시리보스의 1′-탄소와 염기에 존재하는 1-질소 사이를 연결하는 *N*-글리코사이드결합(*N*-glycosidic bond)을 가지며, ② 인산기는 오탄당의 5′-OH와 인산에스터(phosphoester)결합을 통해 연결된다. 핵산 생합성에 사용되는 단위체는 뉴클레오타이드삼인산(nucleotide triphosphate)이다. DNA 합성에 사용되는 뉴클레오타이드삼인산은 데옥시리보스를 가지는 데옥시리보뉴클레오타이드삼인산(deoxyribonucleotide triphosphate, dNTP)이며, 염기의 종류에 따라 뉴클레오타이드가 가지는 염기의 첫 글자를 사용하여 dATP, dGTP, dCTP 및 dTTP를 약어로 사용한다. RNA의 경우 리보뉴클레오타이드삼인산(ribonucleotide triphosphate, rNTP)을 단위체로 사용하며, 역시 염기의 종류에 따라서 ATP, CTP, GTP 및 UTP를 약어로 사용한다.

2) 핵산의 구조

(1) 당-인산 골격

뉴클레오타이드 간의 결합은 첫 번째 뉴클레오타이드가 가지는 리보스(혹은 데옥시리보스)의 3′-OH와 두 번째 뉴클레오타이드가 가지는 삼인산기(triphosphate group)의 첫 번째 인산기 간의 인산다이에스터(phosphodiester)결합을 통해 이루어진다. 뉴클레오타이드가 연결되는 과정에서 파이로인산(pyrophosphate)기가 이탈되므로, 핵산의 합성에 사용되는 단위체는 뉴클레어타이드삼인산이지만 당-인산 골격에 존재하는 뉴클레오타이드는 일인산염 형태의 뉴클레오타이드인산(nucleotide monophosphate)이다. 수십에서 수십억 개의 뉴클레오타이드가 연결되면 당과 인산 간의 결합이 연속적으로 이루어지는데, 이를 핵산의 '당-인산 골격(sugar-phosphate backbone)'이라 한다.

(2) DNA의 이중나선구조

1950년 Erwin Chargaff는 여러 가지 동물 종의 DNA에서 (G+A)의 양과 (T+C)의 양

이 동일함을 발견하였다〔Chargaff 법칙 : (G+A)=(T+C)=50%〕. 이러한 결과로부터 모든 생물체의 DNA에 존재하는 푸린(G, C)과 피리미딘(A, T)의 개수가 동일하며, 푸린 1개와 피리미딘 1개가 서로 쌍을 이룰 것이라는 추측을 가능하게 하였다. 염기쌍(base pair, bp)에 대한 추측은 1953년 James Watson과 Francis Crick에 의해 DNA의 구조가 결정되면서 사실로 확인되었으며, 이후로 DNA의 길이를 나타내는 단위로 사용되고 있다.

Watson-Crick의 DNA 모델에 따르면 DNA는 2개의 핵산 사슬이 이중나선구조(double helical structure)의 형태로 존재하며, 각 핵산 사슬의 염기들 사이에 2개 또는 3개의 수소결합들이 생기면서 염기쌍을 형성한다. 염기쌍은 임의로 염기들 간에 이루어지는 것이 아니라 이중 고리 구조를 가지는 푸린(G와 A)은 단일 고리 구조를 가지는 피리미딘(T와 C)과 쌍을 형성하며, 이들 중에서도 G는 C와 A는 T와만 염기쌍을 이룬다. 이를 '염기쌍 법칙(base-pairing rule)'이라고 하며, 염기쌍 법칙에 따라서 이중나선구조를 가지는 DNA의 한쪽 핵산 사슬의 염기순서는 반대편 핵산 사슬의 염기순서에 의해 결정되는 구조를 가지며 이를 DNA의 '상보 구조(complementary structure)'라 한다. 〈그림 3-2〉에 있는 DNA의 구조를 보면 각각의 단일사슬 DNA의 양쪽 말단에 5′-인산기와 3′-OH가 위치함을 볼 수 있는데, 이에 근거하여 5′-인산기가 노출된 핵산의 말단을 5′-말단(5′-end)이라 하며, 반대편을 3′-말단(3′-end)이라 부른다. 이중나선 DNA 구조의 또 하나의 특징은 두 핵산

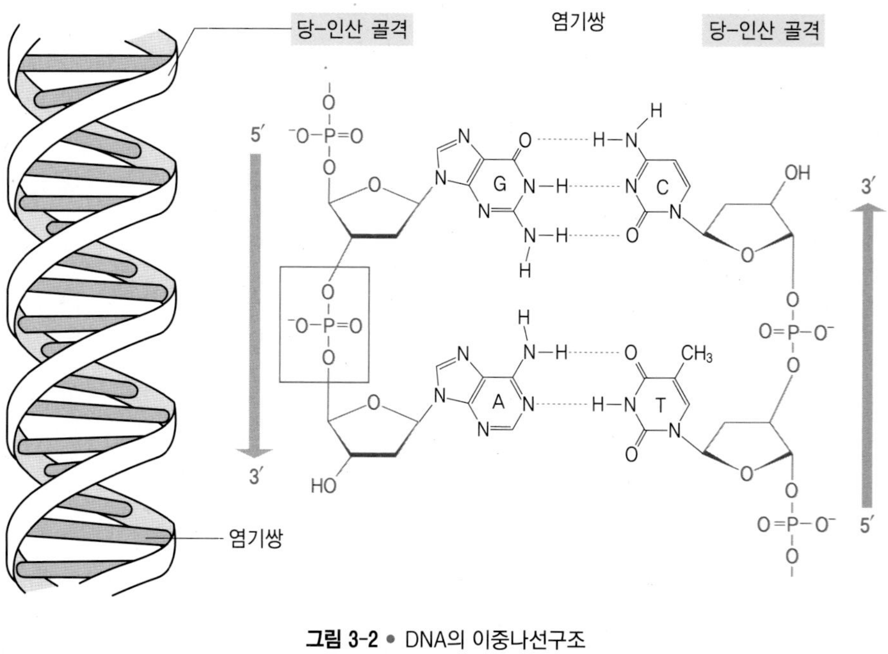

그림 3-2 • DNA의 이중나선구조

사슬이 서로 반대방향으로 향한다는 점이다. 즉, 5′-말단에서 3′-말단 쪽으로 향하는 두 DNA가닥의 방향이 서로 반대방향이며 이를 '역평형(antiparallel) 구조'라고 한다.

(3) RNA의 구조

앞서 핵산의 구조에서 살펴본 바와 같이, RNA는 당의 구조가 리보스인 리보뉴클레오타이드의 중합체이므로, 리보스의 2′-탄소는 수산기(-OH)를 갖는다. 리보뉴클레오타이드 간의 결합은 DNA 구조에서 살펴본 바와 같이 리보뉴클레오타이드삼인산(rNTP)의 3′-수산기와 다른 뉴클레오타이드의 첫 번째 인산기가 인산다이에스터결합을 통해 연결되어 있다. RNA를 구성하는 리보뉴클레오타이드들의 염기는 아데닌, 구아닌, 또는 사이토신이라는 점은 DNA의 구조와 동일하지만, 티민 대신 유라실을 가지는 리보뉴클레오타이드가 RNA에 존재한다는 점에서 DNA의 구조와 구별된다. RNA는 단일가닥이지만 순서가 서로 상보적인 자리가 염기쌍을 이루면서 부분적인 이중나선구조를 가진다.

3. DNA의 복제

어떤 것을 만드는 것을 합성(synthesis)이라 하고, 어떤 것의 정확한 사본을 만드는 것을 복제(replication)라고 한다. 새로운 DNA가 만들어지는 과정은 기존에 존재하는 DNA와 동일한 뉴클레오타이드순서를 가지는 새로운 DNA 사슬을 만드는 과정이므로 합성이라기보다는 복제라고 한다.

1) DNA 복제를 위한 구성 요소

DNA 복제를 위해서는 ① 복제할 DNA 주형, ② DNA 복제에 필요한 단위체인 데옥시리보뉴클레오타이드(dNTP), ③ 복제 시작 지점을 제공하는 짧은 핵산 조각인 프라이머(primer), ④ 중합반응을 수행하는 DNA 중합효소(RNA polymerase)를 필요로 한다.

(1) DNA 주형

새로운 DNA 합성에 뉴클레오타이드순서 정보를 제공하는, 기존에 존재하는 DNA를 DNA 주형이라 부른다. DNA는 이중나선구조를 가지고 있으므로 DNA 주형으로 사용되기 위해서는 이중나선구조가 단일가닥 행태로 변형되어야 한다.

(2) 뉴클레오타이드삼인산

새로운 DNA의 합성을 위해서는 G, A, T 및 C를 염기로 가지는 데옥시리보뉴클레오타이드삼인산(각각 dGTP, dATP, dTTP 및 dCTP)가 DNA의 단위체로서 필요하다.

(3) 프라이머

프라이머는 일반적으로 수 내지 수십 bp 길이의 짧은 RNA 또는 DNA 가닥이며, 상보적 순서를 가지는 DNA 주형의 특정한 부위와 염기쌍을 형성하면서 결합하고, 프라이머의 3′-OH는 새로운 dNTP가 결합하는 부위로서 DNA 복제의 출발점을 제공한다.

(4) DNA 중합효소

대장균의 DNA 중합효소 I는 1950년대 말 Arthor Kornberg에 의해 처음으로 분리된 효소로서, 단일 효소 내에 DNA 중합, 교정(proof-reading) 및 프라이머 제거에 필요한 3가지 활성을 가진다.

① 5′ → 3′ 중합효소 활성

DNA 중합효소는 DNA 주형에 결합한 프라이머의 3′-OH기를 활성화시키고, DNA 주형의 뉴클레오타이드순서와 상보적인 염기를 가지는 dNTP 중 하나가 촉매자리로 들어오면 가장 안쪽에 위치한 인산 원자에 대한 친핵성 공격(nucleophilic attack)이 일어나도록 한다. 이 반응을 통해 뉴클레오타이드삼인산의 파이로인산염은 촉매자리에서 이탈되고, 프라이머의 3′-OH에 결합한 뉴클레오타이드는 다시 새로운 3′-OH기를 제공함으로써 추가적인 중합반응이 가능하게 한다. DNA 중합효소에 의한 중합반응은 염기쌍 법칙에 따라 DNA 주형과 염기쌍을 형성할 수 있는 dNTP 중 하나만을 추가하는 매우 선택적인 중합반응을 수행한다. 이 반응의 중요한 특징은 효소가 중합반응을 수행한 후 DNA 주형에서 떨어져 나온 후 다시 붙는 것이 아니라, 주형에 붙어 있는 상태로 앞으로 나아가면서 많은 수의 중합반응을 수행한다는 것이다. 이러한 중합반응을 통해 새로운 DNA 사슬의 성장 방향은 5′-말단에서 3′-말단 방향으로 진행되므로 이를 '5′→3′(5′ to 3′) 중합효소 활성'이라고 한다.

② 5′ → 3′ 핵산말단가수분해효소 활성

핵산말단가수분해효소(exonuclease)는 DNA의 말단에서부터 뉴클레오타이드를 하나씩 제거하는 효소로서 이중나선 중 하나의 사슬만을 선택적으로 분해하고, 반대편 DNA

사슬은 남겨 놓는다. DNA 중합효소는 중합효소 활성 이외에 5′→3′ 핵산말단가수분해효소 활성, 즉 새로이 합성되고 있는 DNA 사슬이 앞부분에 이미 존재하는 DNA 또는 RNA 조각을 만나는 경우 DNA 중합반응과 동일한 방향으로 DNA 또는 RNA 조각을 제거하는 활성을 가진다. 여기에서는 자세히 다루지 않지만 생체 내 DNA 복제 과정에서 만들어지는 최초의 프라이머는 DNA가 아닌 RNA이며, 복제 완료를 위해 반드시 RNA 프라이머가 DNA로 치환되어야 한다. 따라서, 중합효소와 5′→3′ 핵산말단가수분해효소 활성의 통합을 통해 합성 중인 DNA 사슬이 RNA 프라이머를 만나게 되면 5′→3′ 핵산말단가수분해효소 활성을 통해 프라이머를 제거하면서, DNA 주형의 뉴클레오타이드순서와 상보적인 데옥시리보뉴클레오타이드로 치환하면서 DNA 복제를 완료하게 된다.

③ 3′ → 5′ 핵산말단가수분해효소 활성

DNA 중합효소에 의한 DNA 복제반응은 매우 정교하지만, 실제로는 올바르지 않은 뉴클레오타이드가 첨가되는 복제오류(replication error)가 발생한다. 이러한 오류는 DNA 중합효소가 가지는 또 하나의 활성인 3′→5′ 핵산말단가수분해효소 활성에 의해 교정된다. 복제 중인 DNA 사슬에 잘못 중합된 뉴클레오타이드는 DNA 주형과 수소결합을 형성하지 못하므로 올바른 이중나선구조를 형성하지 못하고 주형에서 떨어진다. 이로 인해 다음 뉴클레오타이드의 추가를 위한 3-OH가 제공되지 못하며, 이러한 비정상적 구조가 나타나면 5′→3′ 방향으로 중합반응을 진행하던 DNA 중합효소는 합성반응을 할 수 없게 된다. 이중결합을 형성하지 못한 뉴클레오타이드는 중합반응이 일어나는 촉매자리의 옆에 존재하는 핵산말단가수분해효소 촉매자리에 결합한다. DNA 중합효소의 두 번째 촉매자리에 결합한 DNA 가닥의 말단, 즉 DNA 주형과 수소결합을 형성하지 못하는 합성 중인 DNA 가닥의 말단에 있는 뉴클레오타이드는 DNA 중합효소의 세 번째 활성에 의해 가수분해되어 제거된다. 이때 핵산말단가수분해효소 활성이 일어나는 방향은 5′→3′ 방향으로 진행되는 중합반응과는 반대로 3′→5′ 방향이므로, 이를 3′→5′ 핵산말단가수분해효소 활성이라고 한다. 3′→5′ 핵산말단가수분해효소 활성을 통해 DNA 중합효소는 복제오류를 교정하면서 정교한 DNA 복제를 할 수 있다. 시험관에서 대량의 DNA를 빠른 시간에 합성하는 중합효소연쇄반응(제4장 참고)에 사용되는 DNA 중합효소의 복제오류는 2.4×10^5 내지 3×10^7 bp 복제당 1번 수준으로 알려져 있으며, 생물체가 DNA를 복제하는 조건에서는 이보다 더 낮은 복제오류를 나타낼 것으로 예상된다.

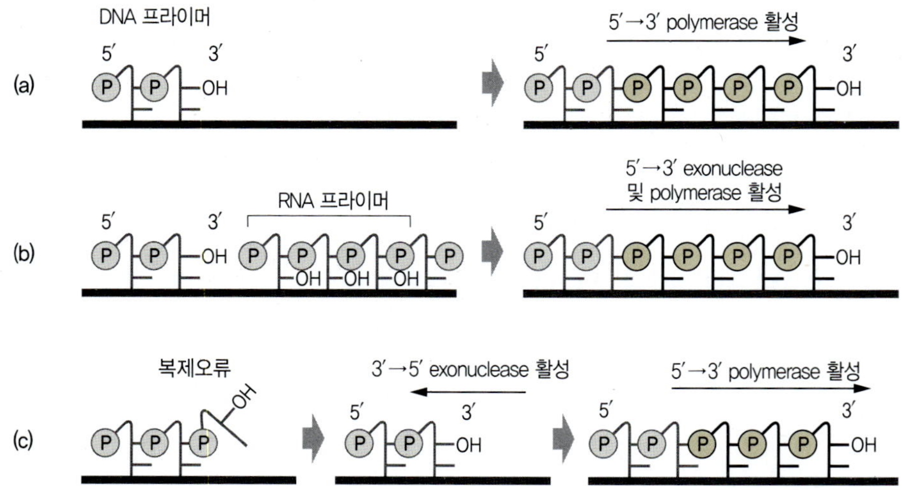

그림 3-3 • DNA 중합효소 활성
(a) 프라이머의 3′-OH기에 새로운 뉴클레오타이드를 첨가하면서 DNA 가닥을 합성하는 5′→3′ 중합효소 활성, (b) RNA 프라이머를 5′→3′ 핵산말단가수분해효소 활성으로 제거하고, 5′→3′ 중합효소 활성으로 DNA 가닥으로 치환하는 과정, (c) 복제오류가 일어나 염기쌍을 형성하지 못하는 뉴클레오타이드를 3′→5′ 핵산말단가수분해효소 활성으로 제거 후 5′→3′ 중합효소 활성으로 복제오류를 수정하는 반응

2) DNA의 복제

DNA의 복제는 복제원점(replication origin)이라고 불리는 특정한 부분에서 시작된다. 생물체의 종류에 따라 다르나 일반적으로 A와 T의 함량이 높은 염기순서를 가진다. 복제원점을 구성하는 염기쌍들은 삼중수소결합을 가지는 G와 C간의 염기쌍보다는 상대적으로 약한 이중수소결합을 가지는 A와 T간의 염기쌍이 주를 이루므로 이중가닥이 쉽게 변형되는 특징이 있다. DNA를 복제하기 위해서는 다양한 효소반응이 필요한데, 각 반응을 촉매하는 효소들은 서로 뭉쳐서 하나의 단백질복합체를 이루며 이를 리플리솜(replisome)이라고 부른다. 리플리솜이 복제원점에 결합하면 이중나선구조를 풀면서 단일가닥으로 존재하는 부위가 넓어지면서 복제원점을 중심으로 거품 모양의 복제눈(replication eye)을 만든다. 복제 눈의 양쪽 끝에 두 개의 리플리솜이 각각 결합하면서 DNA 복제를 진행하여, 복제 눈의 원점을 중심으로 DNA 복제가 일어나는 양방향복제(bi-directional replication)가 진행된다.

(1) 리플리솜

DNA가 복제되기 위해서는 여러 가지 반응이 일어나야 하며 각 반응을 촉매하는 효소들이 하나의 복합체를 이루면서 존재하는데, 이러한 복합체를 리플리솜이라 한다. 리플리솜에는 ① 이중나선을 풀어 주는 헬리케이스(helicase), ② DNA 이중나선의 초나선(supercoil) 구조를 풀어 주는 DNA 자이레이스(gyrase), ③ RNA 프라이머를 만드는 프라이머합성효소(primase), ④ 새로운 DNA 가닥을 합성하는 DNA 중합효소 등으로 이루어져 있다.

(2) 프라이머 합성

복제원점에 결합한 리플리솜은 헬리케이스를 이용하여 이중나선구조를 풀면서, 단일가닥 DNA를 주형으로 하여 중합반응에 필요한 프라이머를 합성한다. 리플리솜에 있는 프라이머합성효소가 그 역할을 수행하며 RNA 중합효소의 일종이다. 반드시 프라이머를 필요로 하는 DNA 중합효소와는 달리 별도의 프라이머 없이 수 bp 길이의 RNA 프라이머를 합성한다.

(3) DNA의 복제 과정

RNA 프라이머로부터 새로운 DNA 가닥이 합성되면서 리플리솜은 이중나선 DNA 구조를 풀고 두 가닥의 단일가닥 DNA를 DNA 주형으로 이용하여 새로운 DNA를 합성한다. 리플리솜이 결합한 위치를 중심으로 한 가닥의 이중나선 DNA가 두 가닥의 이중나선 DNA로 분기되면서 복제되어 Y자 모양이 만들어진다. 이와 같이 dNTP가 중합되면서 하나의 DNA가 2개의 DNA로 분기되는 지점을 '복제분기점(replication fork)'이라 한다.

복제가 진행되면서 복제분기점이 앞으로 나아가면서 만들어지는 복제된 DNA의 복제 방향을 보면 한 가닥은 5′→3′의 방향으로 합성되나 다른 하나는 3′→5′ 방향으로 합성된다. DNA 중합효소의 DNA 합성방향이 반드시 5′→3′의 방향으로 합성하기 때문에 합성방향이 맞는 DNA 가닥은 첫 합성부터 마지막 합성까지 연속해서 진행되어 하나의 긴 DNA 가닥으로 합성되며 이를 '선도가닥(leading strand)'이라고 한다. 반면 중합방향이 다른 DNA 가닥은 리플리솜에서 180° 꺾어서 중합효소 촉매자리에 결합함으로써 합성방향을 맞출 수 있다. 꺾어서 결합한 후 합성된 이중나선 DNA는 몇 십 bp 길이로 합성된 후 리플리솜에서 떨어져 나온다. 이후 리플리솜은 다시 DNA 주형을 꺾어서 결합하고 프라이머를 합성한 후 DNA를 합성한다. 따라서, 선도가닥이 아닌 DNA 가닥은 짧은 DNA 가닥이 불연속적으로 만들어지며, 이를 지연가닥(lagging strand)이라고 한다. 지연가닥을 발견한 사람의 이름을 붙여 지연가닥 상의 합성된 DNA 조각들을 '오카자키(Okazaki) 조

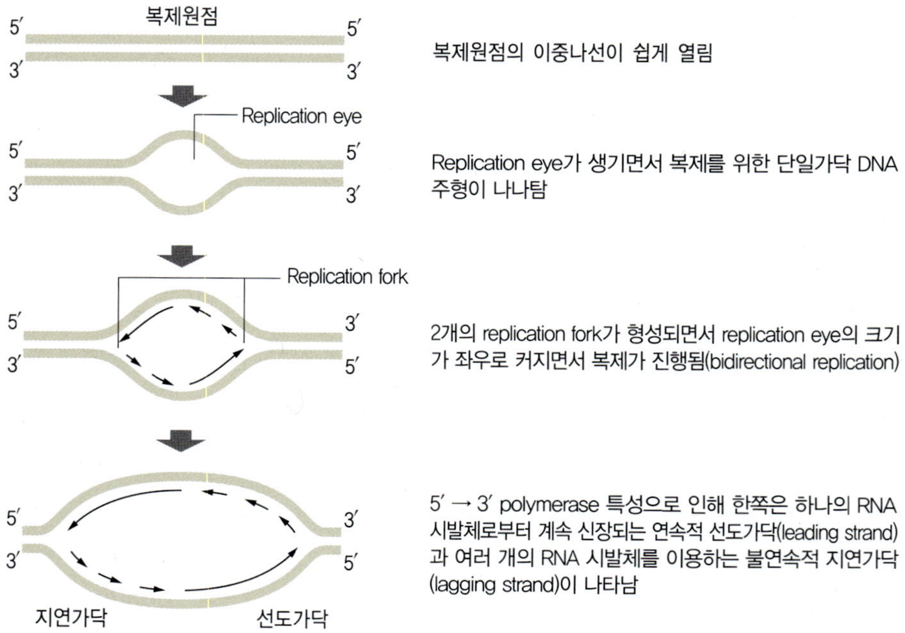

그림 3-4 • DNA의 복제 과정

각'이라고 부른다. 이들 오카자키 조각들은 리플리솜에 결합되어 있지 않은 다른 DNA 중합효소에 의해 계속 합성되고, 앞선 조각의 RNA 프라이머를 제거한 후 최종적으로 DNA 연결효소(ligase)에 의해 당-인산 골격이 이어지면서 여러 개의 오카자키 조각이 하나의 긴 DNA로 연결된다.

4. 유전자의 전사

유전자란 생물체 내에서 생합성되는 폴리펩타이드를 구성하고 있는 아미노산에 대한 정보를 가지는 기본 단위이며, 앞서 서론에서 밝힌 바와 같이 DNA 형태로 존재한다. 유전자로부터 단백질을 생합성하기 위해서는 단백질을 합성하는 장치인 리보솜(ribosome)이 인식할 수 있는 전령 RNA(mRNA)가 만들어지는 전사 과정이 요구되며, 전사에 필요한 모든 요소들을 포함하여 유전자라고 부른다.

1) 유전자의 구조

일반적으로 유전자를 나타낼 때는 전사가 개시하는 지점을 왼쪽에 두고, 종결되는 지점을 오른쪽에 나타낼 수 있도록 유전자를 배열하며, 전사가 개시되는 지점보다 왼쪽, 즉 전사 개시 이전 자리를 상류(upstream)라 하고, 전사가 진행되는 방향 쪽에 존재하는 자리를 하류(downstream)라고 한다.

유전자는 촉진유전자(promoter), 암호화 구역(coding region) 및 비암호화 구역(non-coding region)으로 구분된다. 전사를 담당할 RNA 중합효소가 결합하는 부위인 촉진유전자는 전사 개시 시점보다 상류에 존재하며, 전사 개시 시점 하류는 합성될 단백질의 아미노산 정보를 가지는 암호화 구역과 단백질 아미노산 정보가 없는 비암호화 구역으로 구성된다(그림 3-5). 암호화 구역은 단백질의 생합성이 개시되는 지점부터 종결되는 지점까지의 아미노산순서 정보를 담고 있는 DNA 부분을 말한다. 폴리펩타이드 사슬을 합성하는 리보솜이 결합하는 부위를 포함하는 비암호화 구역이 암호화 구역의 상류에 존재하며, 아미노산 암호화 구역에 대한 전사가 완료되면 RNA 중합효소가 DNA로부터 이탈되도록 유도하여 전사를 종결하는 기능을 하는 비암호화 구역이 암호화 구역의 하류에 존재한다.

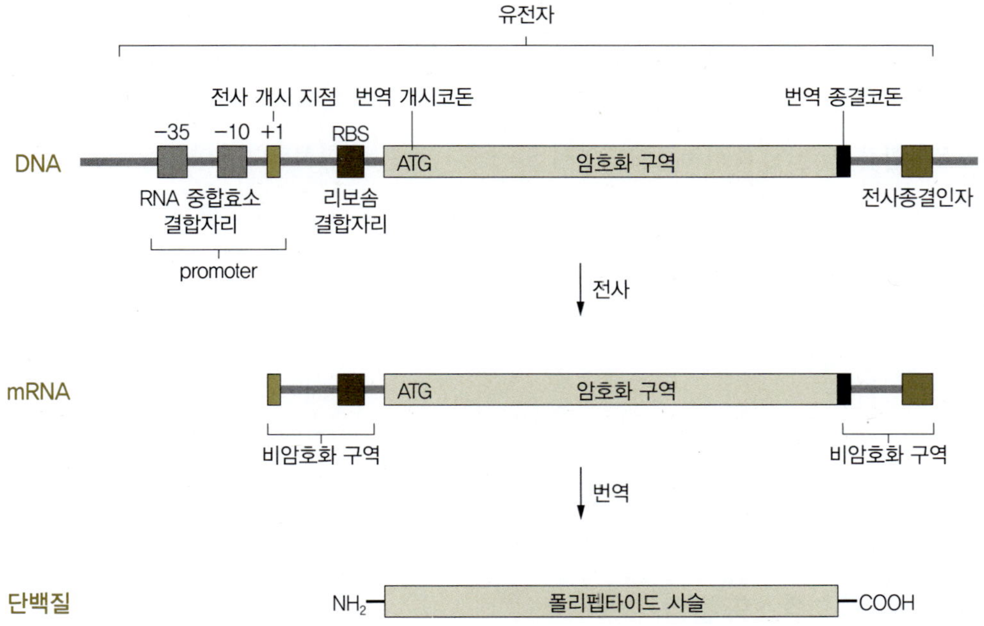

그림 3-5 • 유전자 구조

2) RNA 중합효소

효소들 중에는 1개 이상의 단백질들이 상호 결합한 복합체를 이루어 활성을 나타내는 경우들이 있으며, 각각의 단백질을 소단위(subunit)라고 부른다. RNA 중합효소는 2개의 α 소단위와 β 소단위, β' 소단위 등 총 4개의 소단위로 구성된 복합체이다. 4개의 소단위로 이루어진 형태를 핵심효소(core enzyme)라고 하며, DNA를 주형으로 하여 RNA를 합성할 수 있다. 그러나, RNA 중합효소가 유전자의 전사를 위해서는 촉진유전자에 특이적으로 결합할 수 있어야 한다. RNA 중합효소와 촉진유전자 간의 특이적 결합은 촉진유전자 내 -35(전사 개시 지점에서 약 35 bp가량 상류에 위치하는 부위)와 -10(전사 개시 지점에서 약 10 bp가량 상류에 위치하는 부위) 지점에 존재하는 6 내지 10 bp 길이의 뉴클레오타이드 영역과 RNA 중합효소의 결합으로 가능하다. RNA 중합효소가 촉진유전자와 결합하는 지점을 각각 -35와 -10 상자라고 부르며, RNA 중합효소가 -35와 -10 상자를 인식하기 위해서는 핵심효소를 이루는 4개의 소단위 이외에 추가적인 인자가 요구된다. 이러한 기능을 수행하는 단백질을 σ 인자(sigma factor)라고 하며, 핵심효소와 σ 인자가 결합한 형태를 완전효소(holoenzyme)라 부른다. RNA 중합효소는 DNA의 이중나선 중 하나의 단일가닥을 주형으로 이용하며, DNA 중합효소와 같이 NTP로부터 파이로인산기를 끊어 내고, 남아 있는 인산기를 합성되고 있는 RNA 사슬의 마지막 뉴클레오타이드의 3′-OH에 공유결합을 시킨다. 따라서, RNA 역시 5′→3′ 방향으로 합성된다. DNA 중합효소와 달리 RNA 중합효소는 프라이머 없이 RNA의 생합성을 시작할 수 있으며, 추가적인 핵산말단가수분해효소활성을 보유하지 않는다.

3) 전사 과정

RNA 중합효소에 의한 RNA 합성 과정은 ① RNA 중합효소의 결합 ② RNA 합성 개시(initiation), ③ 새로운 염기들이 중합되어 길어지는 신장(elongation), ④ RNA 사슬 합성이 끝나 방출되는 종결(termination)의 4단계로 구분할 수 있다.

(1) RNA 중합효소의 결합

완전효소 형태로 존재하는 RNA 중합효소가 가지는 σ 인자가 프로모터 내 -35와 -10 배열을 인식하여 결합한 후 DNA의 이중나선구조를 부분적으로 풀어서 단일가닥으로 만드는데, RNA 중합효소가 주형으로 사용하는 가닥을 DNA 주형가닥(template strand)이라고 한다. DNA 주형가닥의 반대 단일가닥이 가지는 뉴클레오타이드순서는 mRNA가 가지는 뉴클레오타이드순서와 동일한 순서(단, T 대신 U가 mRNA에 존재)를 가지기 때문에 즉, 단백질의 아미노산순서의 정보를 가지는 mRNA와 동일한 순서를 가진다고 해서 암호화 가닥(coding strand)이라고 부른다.

(2) RNA 합성 개시 및 신장

RNA 중합효소에 의해 합성이 개시되면 효소는 DNA 주형가닥을 따라 mRNA를 5′→3′ 방향으로 합성하면서 이동한다. 일단 합성이 시작되면 유전자의 촉진유전자를 지나게 되므로 더 이상 σ인자를 요구하지 않는다. 이후 σ인자는 이탈되고 핵심효소 형태로 계속 RNA 합성을 진행한다. RNA 중합효소는 DNA 이중가닥을 풀고, 하나의 단일가닥만을 주형으로 사용하여 평균 1초에 약 40개의 염기를 중합하는 속도로 RNA 사슬을 신장시킨다. 앞서 DNA 이중나선구조에서 설명한 바와 같이 RNA가 합성될 때 역시 염기쌍 법칙에 따라 새로운 뉴클레오타이드가 중합되며, 티민 대신 유라실이 사용된다는 점만 DNA와 다르다.

(3) RNA 합성 종결

암호화 구역의 하류에는 일반적으로 상보적인 뉴클레오타이드순서가 나타나면서 mRNA가 회문구조(palindrome)와 같은 구조를 가지게 되는데, RNA 중합효소가 이 부위를 인식하여 RNA 합성을 종결하는 것으로 알려져 있으나, 정확한 메커니즘은 알려져 있지 않다. 어떤 경우에는 ρ인자(rho factor)라는 단백질이 새로 합성된 RNA 사슬의 말단에 결합하여 DNA 주형으로부터 RNA 중합효소를 분리시켜 합성을 종결한다.

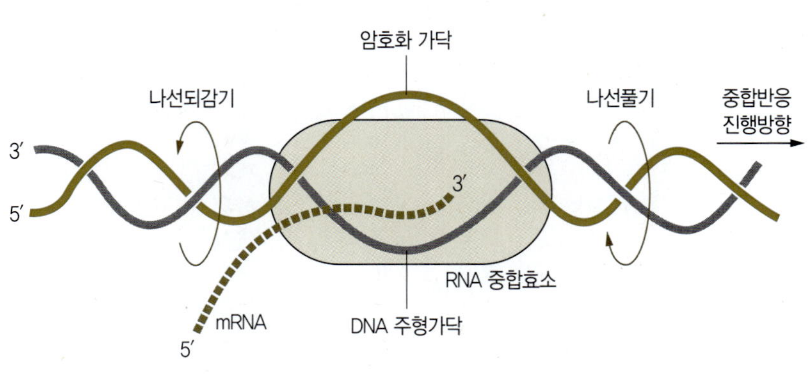

그림 3-6 • 유전자의 전사 과정 모식도

5. 단백질의 생합성

1) 유전암호단위, 코돈

우리가 사용하는 언어의 경우 여러 개의 문자를 조합한 단어들을 이용하여 하나의 뜻을 완성하는 것과 마찬가지로 모든 생물체는 4개 문자(A, G, C, U)의 조합을 통해 20개의 아미노산을 의미하는 단어를 만들고, 이를 바탕으로 단백질을 생합성한다. 아미노산을 의미하는 각 단어들은 연속된 3개의 염기 조합으로 이루어지며, 각 조합은 하나의 아미노산을 결정한다. 따라서, 단백질 생합성에는 총 $4^3 = 64$개의 단어를 사용하고 있으며, 20종류의 아미노산과 단백질 합성 개시 및 종결 신호가 특정 단어로 지정되어 있다. 이와 같이 3개의 염기순서로 구성되어 하나의 아미노산을 결정하는 단어를 아미노산의 암호 단위인 코돈(codon)이라고 한다.

각 코돈은 mRNA의 순서를 5′→3′ 방향으로 읽도록 되어 있으며, 〈그림 3-7〉에서처럼 총 64개의 코돈 중 61개의 코돈이 20개의 아미노산을 지정하는 데 사용되므로 각 아미노산은 최소한 1개 이상 여러 개의 코돈으로 지정된다. 단백질 생합성의 개시코돈(start codon)은 대부분 AUG이지만 드물게 GUG가 이용되기도 하며, 종결코돈(stop codon)은

첫 번째 염기	두 번째 염기 U		두 번째 염기 C		두 번째 염기 A		두 번째 염기 G		세 번째 염기
U	UUU	Phe	UCU	Ser	UAU	Tyr	UGU	Cys	U
	UUU	Phe	UCC	Ser	UAC	Tyr	UGC	Cys	C
	UUA	Leu	UCA	Ser	UAA	Stop	UGA	Stop	A
	UUG	Leu	UCG	Ser	UAG	stop	UGG	Trp	G
C	CUU	Leu	CCU	Pro	CAU	His	CGU	Arg	U
	CUC	Leu	CCC	Pro	CAC	His	CGC	Arg	C
	CUA	Leu	CCA	Pro	CAA	Gln	CGA	Arg	A
	CUG	Leu	CCG	Pro	CAG	Gln	CGG	Arg	G
A	AUU	Ile	ACU	Thr	AAU	Asn	AGU	Ser	U
	AUC	Ile	ACC	Thr	AAC	Asn	AGC	Ser	C
	AUA	Ile	ACA	Thr	AAA	Lys	AGA	Arg	A
	AUG	Met/Start	ACG	Thr	AAG	Lys	AGG	Arg	G
G	GUU	Val	GCU	Ala	CAU	Asp	GGU	Gly	U
	GUC	Val	GCC	Ala	GAC	Asp	GGC	Gly	C
	GUA	Val	GCA	Ala	GAA	Glu	GGA	Gly	A
	GUG	Val	GCG	Ala	GAG	Glu	GGG	Gly	G

그림 3-7 • 아미노산 코돈표

UAA, UAG 및 UGA이다. 이들 3개의 종결코돈은 특정한 아미노산을 인식하지 않으므로 '난센스코돈(nonsense codon)'이라고 한다.

2) 운반 RNA

(1) tRNA의 특징

단백질 생합성에서 아미노산끼리의 펩타이드결합을 형성하기 위해서는 mRNA 상의 코돈을 인식하고 해당 아미노산을 단백질 생합성 기구로 운송하는 운반체가 필요하다. 이러한 아미노산의 운송을 담당하는 운반체를 운반 RNA(transfer RNA, tRNA)라고 한다. tRNA는 73개 내지 94개의 뉴클레오타이드로 구성된 단일가닥 RNA이며, 클로버잎과 같이 3개의 루프(loop)가 연결된 3차 구조를 가진다. tRNA가 가지는 3개의 루프 중 하나는 유전자의 암호화 구역이 가지는 코돈의 뉴클레오타이드순서와 상보적인 뉴클레오타이드순서를 가짐으로써 코돈과 염기쌍을 형성할 수 있는 뉴클레오타이드순서가 존재하며, 이를 안티코돈(anticodon)이라고 한다.

(2) 아미노산의 활성화

세포 내에 존재하는 아미노산들이 단백질 합성에 사용되기 위해서는 아미노산이 tRNA와 연결된 아미노아실-tRNA(aminoacyl-tRNA) 형태로 활성화되어야 한다. 이를 위해 각 아미노산별로 특정 아미노아실-tRNA합성효소가 존재하며, 이들 효소는 아미노산의 카

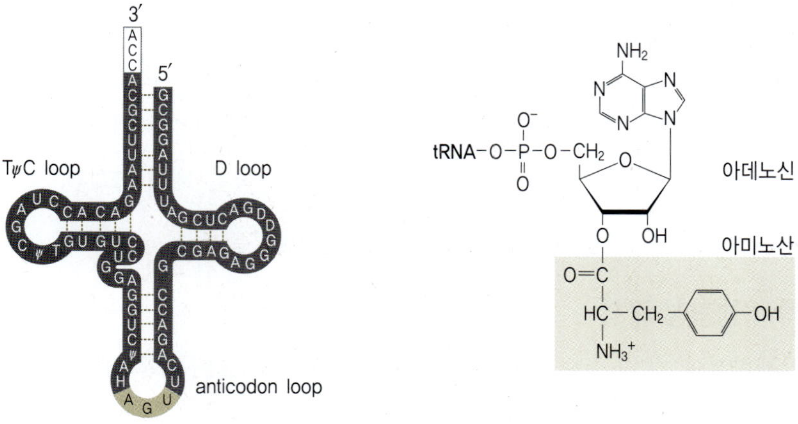

(a) (b)

그림 3-8 • 운반 RNA 모형도와 아미노산의 활성화

복실기(carboxyl group, -COOH)와 tRNA의 3′-말단의 마지막 뉴클레오타이드인 아데노신 일인산(adenosine monophosphate)의 3′-OH 간의 에스터결합 형성을 촉매함으로써 아미노아실-tRNA을 합성한다.

3) 리보솜

단백질 생합성은 리보솜이라는 핵산단백질 복합체에 의해서 이루어진다. 초고속 원심분리를 하면 단백질이 가라앉는 정도를 나타내는 침강계수(sedimentation coefficient, S)로 보면, 원핵세포의 리보솜은 70S를 가지는 입자이며 50S와 30S를 가지는 두 개의 소단위로 되어 있다. 30S 소단위는 16S RNA와 21개의 단백질로, 50S 소단위는 23S RNA 및 5S RNA와 34개의 단백질로 구성되어 있는 매우 복잡한 구조의 핵산단백질 복합체이다. 리보솜에 존재하는 RNA를 리보솜 RNA(ribosomal RNA, rRNA)라고 하며, mRNA 및 tRNA와 더불어 단백질 생합성에 관여하는 주요 RNA 중의 하나이다.

일반적으로 단백질 생합성의 개시코돈인 AUG에서 5~8염기쌍 앞에는 7염기쌍 정도 길이의 주로 푸린계 염기(A, G)로 된 배열이 존재하는데, 이를 'Shine-Dalgarno순서(Shine-Dalgarno sequence)' 또는 '리보솜 결합자리(ribosome binding site, RBS)'라고 한다. 리보솜이 mRNA에 결합하기 위해서는 30S 소단위에 존재하는 16S rRNA와 mRNA 상에 존재하는 RBS 간에 염기쌍 형성이 매우 중요한 역할을 한다.

4) 단백질 합성 과정(번역, translation)

원핵세포 경우 mRNA는 DNA로부터 전사되어 수식되지 않고 바로 단백질 생합성에 이용된다. 번역 과정은 ① 단백질 생합성 개시, ② 펩타이드 사슬의 연장, 그리고 ③ 단백질 생합성 종결의 3단계로 이루어진다. 각 단계에서는 리보솜뿐만 아니라 단백질 형태의 다양한 인자들이 관여하지만 여기에서는 이들 인자들의 기능은 제외하고 간단히 설명하고자 한다.

(1) 단백질 생합성 개시

단백질 생합성의 개시(initiation)는 30S 리보솜 소단위가 mRNA의 RBS에 결합하고, 개시코돈인 AUG에 메싸이오닌(methionine)과 결합한 tRNA(Met-tRNA)가 결합한다. 이후 50S 리보솜 소단위가 결합하면서 70S 리보솜이 형성된다. 70S 리보솜이 형성되면, A자리(aminoacyl site, A site) 및 P자리(peptidyl site, P site)라 불리는 2개의 tRNA 결합자리와 E

자리(exit site, E site)라고 불리는 tRNA가 리보솜에서 빠져나가는 자리가 형성되고, 개시 단계에서 P자리에는 Met-tRNA가 결합하고 있다.

(2) 펩타이드 사슬의 연장

펩타이드 사슬의 연장(elongation)은 아미노산 잔기를 배치하는 과정으로, ① 새로운 아미노아실-tRNA가 A자리에 결합하는 단계와 ② 펩타이드결합을 형성하는 단계, 그리고 ③ 새로운 폴리펩티딜-tRAN(polypeptidyl-tRNA)가 P자리로 이동하는 단계로 나눌 수 있다.

우선, ① A자리에 위치하는 새로운 코돈에 대응하는 아미노산과 결합한 아미노아실-tRNA가 A자리에 결합하고, ② 50S 소단위를 구성하는 단백질 중의 하나인 펩타이드기전달효소(peptidyl transferase)에 의해서 P자리에 결합해 있던 아미노아실-tRNA에 있는 아미노산 잔기의 카복실기와 A자리 결합한 아미노아실-tRNA에 있는 아미노산 잔기의 아미노기(amino group)가 펩타이드결합을 통해 연결되면서 아미노산 잔기가 P자리에서 A자리로 전이된다. 따라서, 아미노산 잔기가 전이된 후, P자리에는 아미노산이 없는 tRNA가 있고 A자리에는 펩타이드를 가지는 다이펩티딜-tRNA(dipeptidyl-tRNA)가 존재하게 된다. ③ 이후 리보솜이 mRNA 위를 5′→3′ 방향으로 이동하면서 A자리에 있던 펩티딜-tRNA(peptidyl-tRNA)가 A자리에서 P자리로 이동하게 되고 P자리에 있던 tRNA는 E자리를 통해서 리보솜에서 방출된다. 이때 비워진 A자리에 다음 코돈이 위치하게 되고, 동일한 과정을 통해 펩타이드 사슬은 아미노산 잔기가 1개씩 길어지면서 폴리펩티딜-tRAN가 합성된다. 이상의 과정은 mRNA 상의 종결 유전암호를 만날 때까지 계속된다.

(3) 단백질 생합성의 종결

단백질 생합성이 계속되어 종결코돈(UAA, UAG, UGA)에 이르면 이 코돈에 맞게 활성화된 tRNA가 없으므로, A자리는 비게 되고 사슬의 연장은 정지된다. 이때 비어 있는 A자리에 종결코돈을 인식하는 방출인자(release factor)라는 단백질이 결합하면 펩타이드기전달효소의 특이성이 변화되어 P자리에 존재하는 폴리펩티딜-tRAN의 아실결합(tRNA의 아데노신과 폴리펩타이드 간의 결합)을 가수분해하여 P자리로부터 폴리펩타이드를 분리시킨다. P자리로부터 폴리펩타이드가 떨어져 나가면 mRNA와 리보솜이 유리되고 유리된 리보솜은 30S와 50S 소단위로 분리되면서 단백질 합성이 종결된다.

연습 문제

1 다음 중 DNA 중합효소 I의 활성이 아닌 것을 고르시오.

① 5′→3′ polymerase activity ② 5′→3′ exonuclease activity
③ 3′→5′ exonuclease activity ④ 3′→5′ polymerase activity

2 DNA 복제에 관여하는 리플리솜의 구성 효소가 아닌 것을 고르시오.

① DNA polymerase ② RNA polymerase ③ DNA gyrase
④ helicase ⑤ DNA endonuclease

3 64개의 코돈 중 난센스코돈의 의미와 종류를 쓰시오.

4 염기순서 결정을 통해 DNA의 뉴클레오타이드순서가 5′-GCCTAGCTTAGCTTG-3′임을 알았다. 이중나선구조에서 반대편 가닥의 DNA 순서를 쓰시오.

5 아미노산이 단백질 생합성에 사용되기 위한 활성화 단계에 대하여 서술하시오.

정답 및 해설

01 ④

02 ⑤ 리플리솜에 존재하는 프라이머합성효소(primase)는 RNA 중합효소에 속함

03 아미노산을 가지지 않는 tRNA와 결합하는 코돈, 즉 단백질합성 종결코돈을 의미한다.
UAA, UAG 및 UGA

04 5′-CAAGCTAAGCTAGGC-3′
DNA 염기순서는 반드시 5′-말단에서 3′-말단을 향해 읽어야 한다. 따라서, 반대편 DNA 가닥의 염기순서를 읽기 위해서는 제시된 염기순서의 3′-말단에서 5′-말단 쪽으로 읽어가면서 염기쌍을 형성하는 염기로 나열하면 된다.

05 아미노산과 아미노산을 연결하여 펩타이드결합을 만드는 반응은 극히 일어나기 어렵다. 이는 아미노산 자체는 매우 안정한 물질이어서 반응성을 띠지 않기 때문이다. 새로운 아미노산을 기존에 존재하는 폴리펩타이드 사슬에 첨가하는 반응을 진행하기 위해서는 구조적 수식(modification)을 통해 보다 활성형의 아미노산 유도체(derivative)가 되어야 한다. 단백질의 생합성을 위한 아미노산의 활성화는 아미노산의 카복실기(carboxyl group, -COOH)와 tRNA의 3′-말단의 마지막 뉴클레오타이드인 아데노신일인산(adenosine monophosphate)의 3′-OH 간의 에스터 결합을 통해 이루어진다. 이렇게 만들어진 아미노산 유도체를 아미노아실-tRNA라고 하며, 각 아미노산별로 특정 아미노아실-tRNA 합성효소가 존재하고 이들 효소는 특이적 반응을 촉매함으로써 아미노아실-tRNA을 합성한다.

제4장

유전공학을 이용한 효소의 대량생산 및 효소 개량

1. 효소 개선을 위한 유전공학

양의 위에 존재하는 레닌(rennin)이라는 단백질분해효소를 이용하여 우유를 응고시켜 치즈를 만드는 방법이 개발된 이후, 다양한 종류의 효소들이 식품을 비롯하여 의약품 및 화장품에 이르기까지 여러 분야에 널리 이용되고 있다. 초기에는 가공 조건에 적합한 효소를 가진 식물체 또는 미생물로부터 효소를 분리하여 사용하였다. 그러나, 이러한 효소 생산방식은 점차 대량으로 효소를 필요로 하는 산업적 요구를 충족시킬 수 없게 되었다. 20세기 중후반부터 유전공학이 발전하면서 어떤 생물체가 가지는 특정 유전자(gene)를 다른 생물체에 삽입하고, 그 유전자를 발현(expression)시킴으로써 생물체의 유전형질을 전환할 수 있는 기술이 개발되었다. 이러한 유전공학기술들은 효소학 분야에 매우 유용하게 사용되고 있다. 미생물 또는 식물체로부터 원하는 효소를 추출하던 공정은, 해당 효소의 유전자를 분리하여 대장균(*Escherichia coli*)이나 바실루스 수브틸루스(*Bacillus subtilis*)와 같은 미생물에 삽입하고 과다 발현시킴으로써 효소를 대량생산하는 공정으로 대체되었다. 뿐만 아니라 유전자의 특정 뉴클레오타이드(nucleotide)순서를 바꿀 수 있는 유전공학기술이 개발되면서 효소가 가지는 특정 아미노산 잔기(amino acid residue)를 다른 아미노산 잔기로 치환함으로써 효소의 반응 메커니즘이나 효소의 특성에 기여하는 아미노산 잔기의 기능 해석에 관한 연구가 가능해졌으며, 이를 바탕으로 효소의 특성 개선을 위한 단백질 개량 연구가 추진되고 있다. 이와 같이 유전공학기술은 효소학 분야의 기반기술로서 자리매김하고 있으며, 효소학 분야의 최신 연구동향을 이해하기 위해서 매우 중요한 기술이라 할 수 있다. 여기에서는 유전자 클로닝(cloning) 및 유전자의 과다발현을 위한 유전자의 재조합(recombination) 기술과 이를 이용한 효소 특성 개선에 관한 내용을 설명하고자 한다.

2. 유전자 클로닝

유전자란 생물체 내에서 생합성(biosynthesis)되는 폴리펩타이드(polypeptide)가 가지는 아미노산순서에 대한 정보를 가지는 기본 단위이며, 방대한 개수의 유전자들이 서로 연결되어 유전체 DNA(genomic DNA) 또는 염색체 DNA(chromosomal DNA)라고 불리는 하나의 거대한 조합의 형태로 생명체의 단위세포 내에 존재한다. '유전자재조합(gene recombination)'이란 말은 어떤 생물체가 가지는 유전체에 다른 생물체의 유전자, 즉 외래유전자(foreign gene)를 삽입하여 새로운 조합의 DNA를 만든다는 뜻에서 유래하였다. 이와 같이 어떤 생물에 특정 유전자의 발현을 목적으로 유전체 DNA로부터 외래유전자를 포함하는 작은 길이의 DNA 조각(fragment)을 확보하고 두 개 이상의 DNA 조각을 붙이는 과정을 통해 유전자를 재조합하고, 이를 생물체에 형질전환(transformation)함으로써 외래유전자를 포함하는 새로운 유전자조합을 가지는 생물체를 분리하는 과정을 유전자 클로닝(gene cloning)이라 한다.

1) 외래유전자를 포함하는 DNA 조각의 확보

유전자재조합을 위해서는 유전체 DNA와 같은 거대분자로부터 원하는 유전자를 포함하는 DNA 조각을 얻어야 한다. 유전체 DNA의 특정 위치를 절단하는 것은 보통의 화학반응으로는 불가능하므로 얻고자 하는 외래유전자를 포함하는 DNA 조각을 확보하기 위해서는 ① 특정한 뉴클레어타이드순서를 인식하여 가수분해하는 제한효소(restriction endonuclease)를 이용하여 얻고자 하는 외래유전자의 손상 없이 거대한 유전체 DNA를 작은 크기로 자르는 방법과, ② 중합효소연쇄반응(polymerase chain reaction, PCR)을 이용하여 유전체 DNA 중 특정 자리만을 합성하여 원하는 외래유전자를 포함하는 DNA 조각을 얻는 방법을 사용한다.

(1) 제한효소

제한효소는 DNA를 자르는 가위에 해당하는 효소로서 이중가닥(double strand) DNA 내에 존재하는 4~6개의 특정한 뉴클레오타이드순서를 인식하고, 인식한 부위에 존재하는 특정 인산다이에스터(phosphodiester)결합을 가수분해함으로써 이중가닥 DNA를 절단한다.

제한효소의 이름은 효소를 생산하는 균주의 이름을 이용하여 표기하며 로마숫자 I, II, III 등은 동일 균주에서 2종류 이상의 제한효소가 분리되었을 때 붙인다. 예를 들어 Smith 등에 의해 처음 특성이 밝혀진 HindIII라는 제한효소는 생산균주인 헤모필러스 인플루엔자(*Haemophilus influenzae*) Rd의 속명 첫 문자 'H', 종명의 처음 2문자인 'in', 그리고 균주 이름에서 'd'를 각각 인용해 왔으며, III는 이 균주에서 발견된 3종류의 제한효

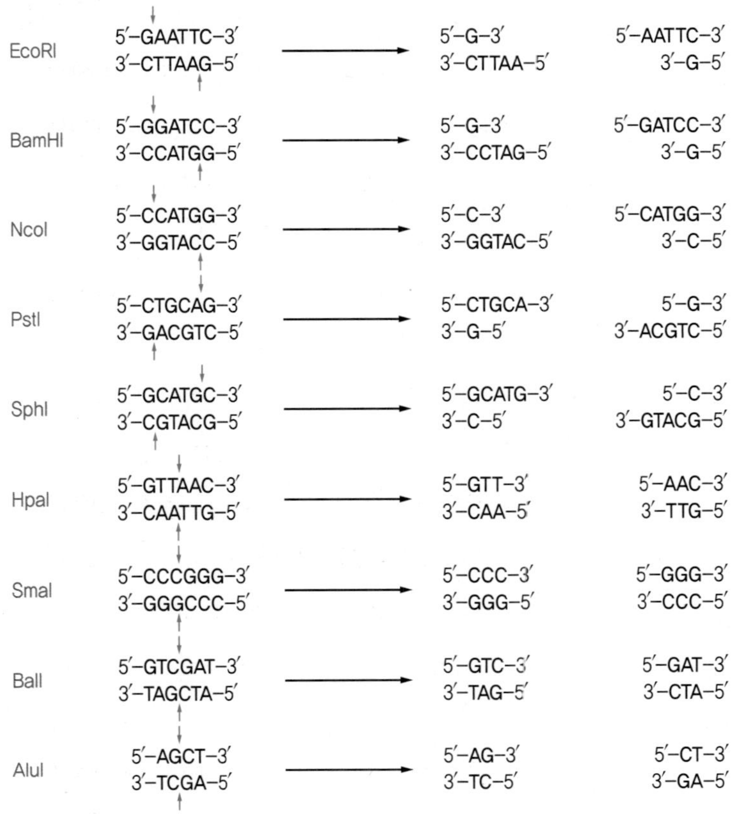

그림 4-1 • 대표적인 제한효소와 DNA 절단 위치

소를 구분하기 위한 번호이다.

〈그림 4-1〉에 대표적인 몇 가지 제한효소와 이들이 인식하는 염기순서를 나열하였으며, 제한효소에 의해 절단되는 인산다이에스터결합의 위치는 화살표로 표시하였다. 제한효소에 의해 잘려진 DNA의 모양을 살펴보면 EcoRI에서 SphI까지 〈그림 4-1〉에 있는 상위 5종의 제한효소는 절단 후 4개의 염기순서를 갖는 단일가닥의 DNA가 노출된다. 이와 같은 모양의 절단자리는 맞은편 가닥과 서로 상보적인 염기순서를 가지므로 염기쌍의 형성이 가능하며, 이러한 말단을 외가닥말단(cohesive end) 또는 접착말단(sticky end)이라고 한다. 반면, HpaI 이하 4종의 제한효소와 같이 인식 뉴클레오타이드순서의 중앙을 절단하여 DNA의 말단이 가지런한 것을 두가닥말단(blunt end)이라 한다.

(2) 중합효소연쇄반응

중합효소연쇄반응(PCR)기술은 세포가 DNA를 복제(replication)하는 메커니즘을 모방하여 시험관에서 특정 DNA 자리만을 합성하여 그 개체 수를 대량으로 증폭하는 기술이다. PCR 반응은 ① 가열을 통해 DNA 주형의 이중가닥을 단일가닥으로 만드는 변성(denaturation), ② 냉각을 통해 프라이머(primer)와 상보적인 뉴클레오타이드순서를 가지는 DNA 주형(template) 간의 결합을 위한 어닐링(annealing), ③ DNA 중합효소(polymerase)를 이용하여 DNA 주형의 순서에 따라서 새로운 DNA를 합성하는 중합(polymerization)의 3단계로 구성된다.

'변성 단계'에서 95°C 이상으로 가열하면 이중가닥 구조를 형성하는 수소결합이 약해지면서 이중가닥 DNA가 변성되어 단일가닥화된다. '어닐링 단계'에서 온도를 50°C 내지 60°C로 낮추면 상보적인 뉴클레오타이드순서를 가지는 단일가닥 DNA들이 염기쌍을 형성하면서 이중가닥화되는데, 이 과정에서 프라이머가 상보적인 뉴클레오타이드순서를 가지는 단일가닥 주형 DNA 자리에 결합한다. 이때 프라이머는 증폭하고자 하는 DNA 자리의 5′-방향 끝과 3′-방향 끝에 결합하는 두 개의 프라이머가 필요하다. 마지막으로 '중합 단계'에서는 DNA 중합효소가 dNTP를 기질로 하여 주형에 결합한 프라이머의 3′-OH 위치에 새로운 뉴클레오타이드를 첨가하여 단일가닥 DNA 주형 위로 새로운 DNA 가닥을 합성함으로써 최종적으로 두 개의 프라이머가 결합하는 부위를 양끝으로 하는 DNA 조각만이 합성된다(그림 4-2). 3단계로 구성된 반응이 반복될 때마다 해당 부위의 DNA 분자 수가 2배씩 증가한다. 이론적으로 30회 반응을 반복하면 2^{30} = 약 10^9배 증폭된다.

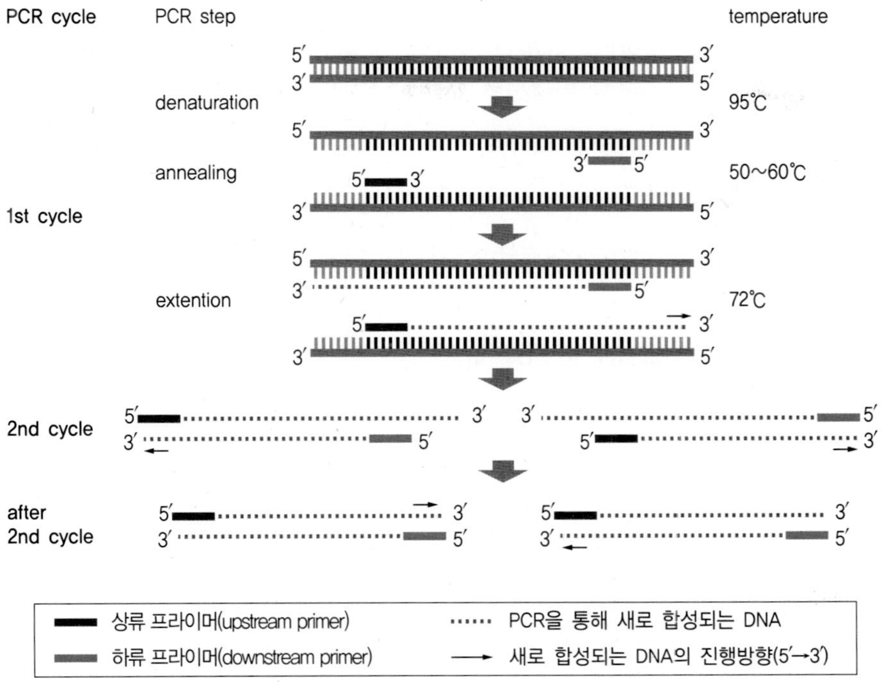

그림 4-2 • 연쇄중합반응(PCR)을 이용한 유전자 증폭 모식도

PCR이 개발된 초기에는 *E. coli* DNA 중합효소를 사용하였는데, 이 경우 중합 단계 이후 새로운 반응을 위한 변성 단계에서 DNA 중합효소가 불활성화된다. 따라서, 중합 단계마다 계속하여 효소를 새로이 첨가하여 PCR을 실시하였다. 그러나, 이러한 방법은 많은 양의 효소를 필요로 하며, 증폭 가능한 길이도 짧았다. 무엇보다도 프라이머의 선택적 결합이 중요한데, *E. coli* DNA 중합효소의 최적 온도인 37°C까지 온도를 내릴 경우 프라이머가 부분적으로 상보적인 DNA 주형에도 붙을 수 있으므로 원하지 않는 DNA 조각이 증폭되는 단점이 있다. 이러한 단점을 해결하기 위해서 열에 안정하고 고온에서 활성이 높은 DNA 중합효소 개발 연구가 진행되었다. 해저 화산에 서식하는 고온성 세균인 *Thermophilus aquaticus*로부터 분리한 내열성 DNA 중합효소(Taq polymerase)의 경우 최적 온도가 72°C이며 94°C에서도 안정한 특성을 나타내었으며, Taq polymerase를 이용함으로써 50～60°C 범위에서 어닐링 단계의 진행이 가능해짐은 물론, 추가적인 효소의 첨가 없이 선택적인 DNA 증폭이 가능하게 되었다. Taq polymerase의 경우 약 2.4×10^5 bp 당 1개 정도의 복제오류가 발생하는데, 최근에는 복제오류를 크게 줄인 내열성 DNA 중합효소들이 개발되어 시판되고 있다.

2) 유전자 클로닝

유전자 클로닝을 위해서는 재조합 미생물의 개체 증식 과정에서 외래유전자가 복제되어 새로운 세포 내에도 존재해야 한다. 그러나 외래유전자를 포함하는 DNA 조각은 숙주세균(host bacteria)의 복제원점(replication origin)을 가지지 않으므로, 외래유전자만을 형질전환한 경우 개체 증식 과정에서 소멸된다. 반면, 숙주세균의 복제원점을 가지는 DNA와 외래유전자를 포함하는 DNA 조각을 재조합한 후 숙주세균에 형질전환할 경우 외래 DNA 조각은 복제원점을 가지는 DNA와 함께 복제되므로 새로이 증식된 개체에 동일하게 존재한다. 이와 같이 외래 DNA를 숙주세균 내로 이송과 복제를 가능하게 하는 DNA를 운반체(vehicle) 또는 벡터(vector)라고 한다. 또한, 유전자 클로닝을 위해서는 외래 DNA 조각과 벡터 DNA를 재조합할 수 있는 효소적 수단이 필요하다.

(1) DNA 연결효소

앞에서 설명한 제한효소가 DNA를 자르는 '가위'의 역할을 한다면, 절단한 DNA 조각들을 연결하는 '풀'의 역할을 하는 효소가 'DNA 연결효소(DNA ligase)'이다. DNA 재조합을 위해서 가장 흔히 사용되는 상업적 효소로서는 T4 파지(phage)에서 유래한 T4 DNA 연결효소이다. 제한효소로 절단된 DNA의 외가닥말단과 동일한 제한효소로 절단된 다른 DNA의 외가닥말단의 단일가닥 부위들이 상보적인 순서를 바탕으로 염기쌍을 만들면, DNA 연결효소가 두 단일가닥의 5′-인산 말단과 3′-수산기(OH) 말단을 새로운 인산다이에스터 결합으로 연결하는 반응을 촉매함으로써 두 개의 DNA 조각을 하나로 붙이는 역할을 한다. DNA 연결효소는 Mg^{2+}를 보조인자(cofactor)로 사용하며, 매 반응마다 ATP 한 분자를 소비한다. 동일한 효소가 아니더라도 외가닥말단의 노출된 단일가닥의 순서가 상보적이라면 염기쌍 형성 후 DNA 연결효소에 의한 연결이 가능하다. 서로 다른 효소에 의해 다른 뉴클레오타이드순서가 잘렸으나 외가닥말단에 노출된 단일가닥의 순서가 상보적이어서 서로 염기쌍 형성 후 DNA 연결효소에 의해서 연결 가능한 두 개의 말단을 경쟁말단(competitive end)이라고 한다. 두가닥말단의 경우 노출된 단일가닥 부위가 없으므로 모든 두가닥말단은 경쟁말단이며, DNA 연결효소에 의해서 연결이 가능하다(그림 4-3).

(2) 벡터

외래유전자 조각을 세포 내에서 복제할 목적으로 외부에서 숙주세포(host cell) 내로 실

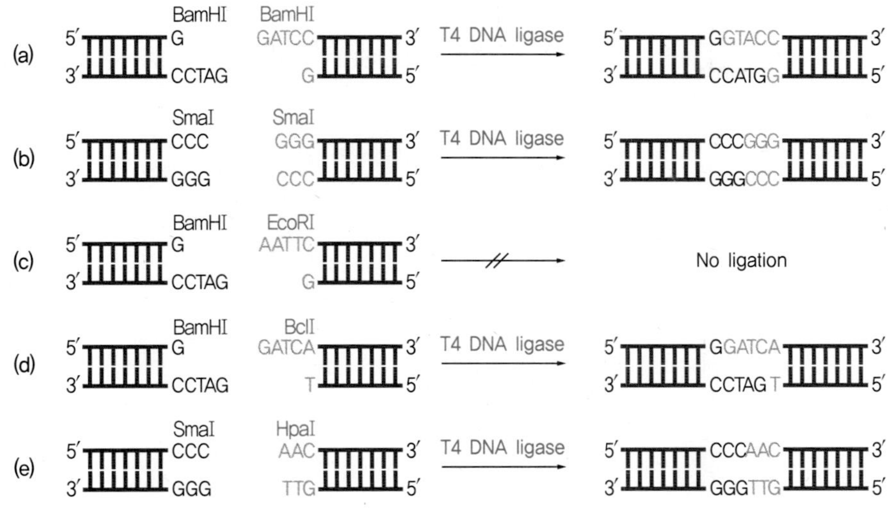

그림 4-3 • DNA 연결효소의 작용

(a) BamHI으로 잘린 두 개의 단편의 ligation (b) SmaI으로 잘린 두 개의 단편의 ligation (c) BamHI과 EcoRI으로 잘린 두 개의 단편의 ligation (d) BamHI과 BclI으로 잘린 두 개의 단편의 ligation (e) SmaI과 HpaI으로 잘린 두 개의 단편의 ligation

어 나르는 기능을 수행하는 DNA 분자를 '벡터' 또는 '운반체'라고 한다. 가장 대표적인 벡터로는 숙주세포의 유전체 DNA와 독립적으로 존재하면서 자기복제(self-replication)가 가능한 원형 구조의 저분자 DNA인 플라스미드(plasmid)를 들 수 있다. 벡터의 필수 요건은 ① 유전자를 도입하고자 하는 숙주세포 내에서 자기복제를 위한 숙주세포에 맞는 복제원점을 가져야 하며, ② 제한효소와 DNA 연결효소를 각각 이용하여 벡터를 자르고 외래유전자를 붙일 수 있는 클로닝 부위(cloning site)가 필요하며, ③ 외래유전자가 삽입된 벡터가 세포 내에서 머무를 수 있도록 강제해 주는 힘(selection pressure)을 견딜 수 있는 형질을 나타낼 수 있는 유전자가 필요하다. 이와 같은 기능을 하는 유전자를 선택마커(selection marker)라고 한다. 선택마커는 주로 숙주세균의 증식에 필수적인 효소 유전자를 활용한다. 예를 들어, 항생제 분해효소 유전자를 이용하고 그 항생제에 의해 죽는 미생물을 숙주세균으로 하여 항생제가 있는 배지에서 키우면 벡터를 가진 세포만이 살아남는다. 또는, 필수아미노산의 합성에 관여하는 효소 유전자를 이용하고 해당 효소가 결여된 미생물을 숙주세균으로 하는 경우도 있다.

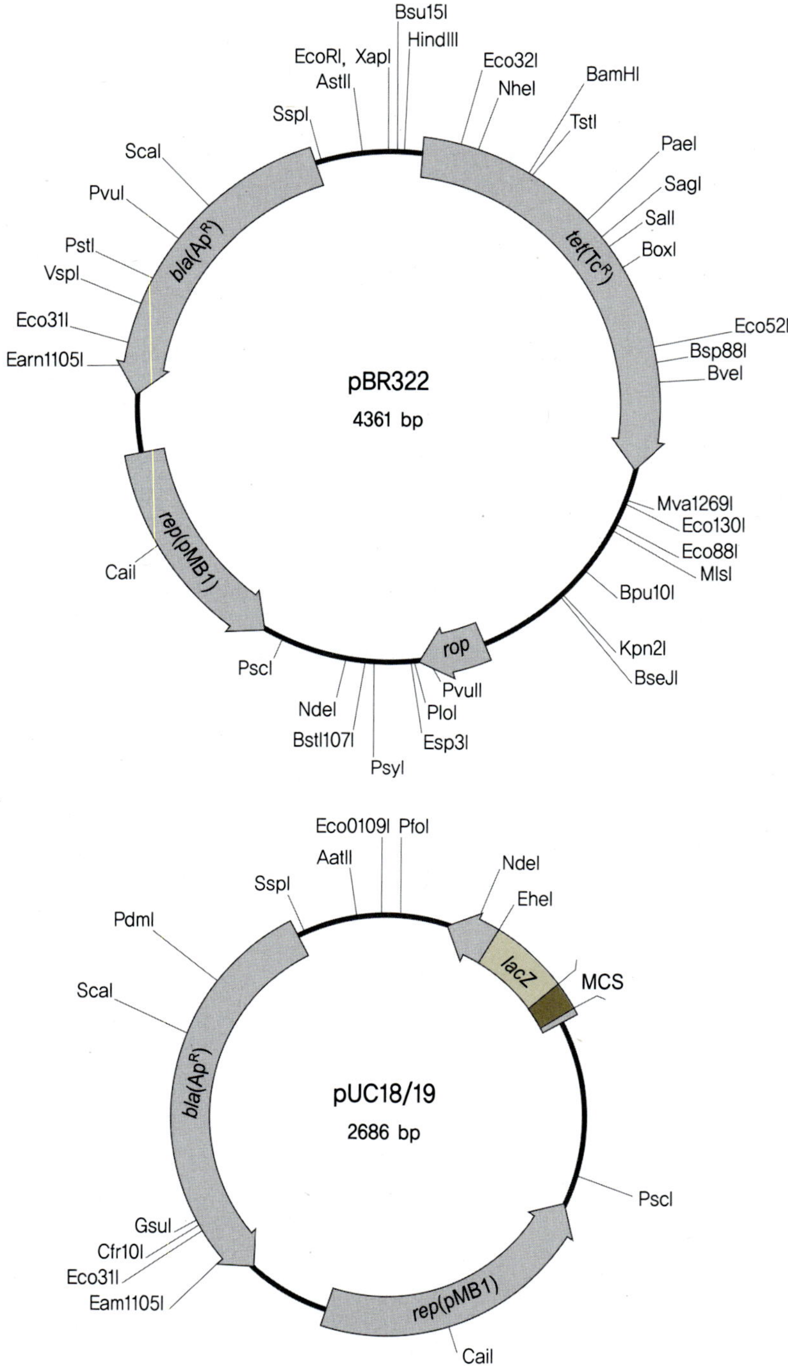

그림 4-4 • 대표적인 플라스미드의 제한효소 지도

(3) 클로닝의 과정

클로닝을 위해서는 우선 벡터가 되는 원형의 플라스미드 DNA를 제한효소로 처리하여 외가닥 또는 두가닥 말단을 갖는 선형의 DNA 조각을 만든다. 클로닝하고자 하는 DNA 조각이 벡터 DNA와 동일한 말단을 가지도록 다른 생물체의 유전체 DNA를 동일한 제한효소로 처리하여 분절화(fragmentation)한다. 처리된 두 종류의 DNA 분자들을 함께 섞고 DNA 연결효소를 이용하여 선형의 플라스미드와 분절화된 DNA 조각을 연결하여 DNA가 재조합되도록 한다. 이때 선형화된 플라스미드 DNA의 말단끼리의 연결을 방지하기 위해 인산가수분해효소(phosphatase)를 처리하여 플라스미드 DNA 조각의 5′-인산 말단의 인산기를 제거하는 인산기제거(dephosphorylation) 과정을 거친다. 인산기가 제거된 플라스미드 DNA의 말단은 외래 DNA 조각과의 연결만이 가능하며, 두 말단의 연결을 통해 다시 원형 구조의 재조합 플라스미드 DNA를 제작할 수 있다. 이와 같이 분절화된 미생물유전체의 모든 DNA 조각들과 벡터 DNA를 재조합함으로써 해당 미생물의 모든 유전자를 포함하는 재조합 DNA 집합을 '유전자라이브러리(gene library)'라고 부른다. 제작한 유전자라이브러리를 숙주세포 내에 형질전환하고, 플라스미드가 가지는 선택마커를 이용하여 플라스미드가 형질전환된 재조합 미생물을 1차 선발한 후 외래유전자에서 발현된 효소의 활성 검출을 통해 원하는 외래유전자가 클로닝된 재조합 미생물을 최종 선발할 수 있다.

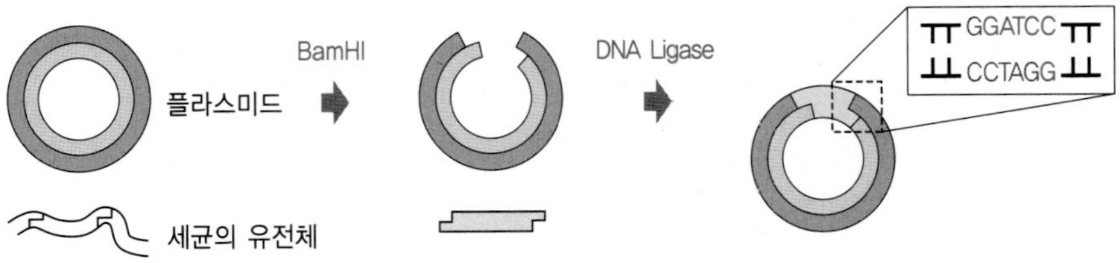

그림 4-5 • 유전자 클로닝 과정
플라스미드 벡터와 세균의 유전체 DNA를 BamHⅠ으로 절단하여 얻은 DNA 조각을 섞으면 벡터 DNA와 유전자 DNA가 가지는 접착말단이 염기쌍을 형성하고, DNA 연결효소에 의해 인산다이에스터결합이 형성되면서 두 DNA 조각 간의 재조합이 완료된다.

3. 단백질의 대량생산

유전자로부터 단백질이 만들어지는 과정을 유전자의 발현이라고 한다. 유전자의 발현을 위해서는 앞선 단백질의 생합성에서 살펴보았듯이 유전자 DNA로부터 전사(transcription)와 번역(tranlation) 과정을 거치며 이루어진다. 이러한 일련의 과정에 관련된 여러 인자들이 복합적으로 작용하여 유전자의 발현 정도가 결정되며, 해당 단백질의 생산량이 결정된다. 효소학 분야에서 유전자 클로닝의 목적은 원하는 효소 유전자의 발현을 최대화하여 효소를 과생산(overproduction)하는 데 있다. 효소의 과생산을 결정하는 인자로는 ① 플라스미드의 복제 개수, ② 플라스미드의 안정성, ③ 촉진유전자의 종류 등이 있으며, 사용하고자 하는 숙주세포에 알맞게 최적화된 시스템을 갖추고 유전자의 아미노산 코딩 부위만을 클로닝하도록 설계된 발현용 벡터가 상용화되어 있다.

1) 플라스미드의 복제 개수

일반적으로 플라스미드는 1개의 세포 내에 1개 이상 존재한다. 세포 당 플라스미드 복제 개수(copy number)에 따라 고복제 개수(high copy number, 세포당 100개 이상), 중간 복제 개수(medium copy number, 세포당 5～20개), 저복제 개수(low copy number, 세포당 1～5개) 플라스미드로 분류되는데, 이는 플라스미드가 가지는 복제원점의 종류와 복제조절인자 유무에 따라 달라진다. 플라스미드 ColE1에서 유래한 pMB1 복제원점을 가지는 pBR322의 경우 플라스미드 내 rop 유전자에 의해 복제 개수가 세포당 10개 내외로 조절된다. 반면, rop 유전자가 없고 하나의 염기가 다른 염기로 치환된 pMB1 변이복제원점을 가지는 pUC18의 경우는 대표적인 고복제 개수 플라스미드이다. 일반적으로 외래유전자의 개수가 많을수록 동시에 효소를 생산할 수 있으므로 고복제 개수 플라스미드를 이용할 경우 효소의 과생산이 이루어진다.

2) 플라스미드의 안정성

발현시키고자 하는 외래유전자를 가지고 있는 플라스미드가 숙주세포 내에서 안정하게 유지되는 정도를 플라스미드의 안정성(stability)이라고 정의하며, 유전자의 발현을 결정하는 매우 중요한 인자로 꼽고 있다. 플라스미드는 재조합 미생물의 개체가 증식하는 과정에서 구조 불안정성(structural instability)과 분배 불안정성(segregational instability)에 의해 숙주세포로부터 소멸된다. 구조 불안정성은 복제 과정에서 유전자의 일부가 잘려나가는 불완전한 복제에 의해 플라스미드는 존재하지만 외래유전자의 일부가 제거되면서 올바른 단백질이 만들어지지 않는 경우이며, 분배 불안정성은 숙주세포가 2개의 딸세포

(daughter cell)로 분할되는 과정에서 플라스미드 하나의 딸세포에 집중되어 나머지 하나는 플라스미드를 가지지 않게 되는 현상을 말한다. 이러한 플라스미드의 불안정성은 삽입된 유전자의 종류, 배양 조건 등에 의해 영향을 받으며, 두 경우 모두 정상적인 유전자를 갖는 세포의 수를 줄이므로 효소의 과생산을 저해하는 효과가 나타난다.

3) 촉진유전자의 종류

전사 과정에서 전령 RNA(mRNA)가 만들어지기 위해서는 RNA 중합효소가 코딩 구역의 상류에 존재하는 촉진유전자에 결합해야 한다. 촉진유전자는 아미노산순서 암호화 구역(coding region)의 상류(upstream) 부위에는 RNA 중합효소가 가지는 σ인자와 직접 결합하는 부위가 있는데 이를 각각 -10 및 -35 상자(box)이라고 부르며, RNA 중합효소가 촉진유전자와의 결합을 결정하는 인자로서 단백질의 과발현에 있어서 매우 중요한 인자이다. 즉, 유전자를 발현하고자 하는 숙주세포의 σ인자와 잘 결합할 수 있는 염기순서를 가진 촉진유전자의 경우, RNA 중합효소가 결합할 기회가 많아지므로 전사를 통한 mRNA의 합성이 용이하다. 과량의 mRNA 생산은 동시에 많은 전사를 가능하게 하므로 단백질의 과생산에 도움이 된다.

효소의 대량생산에 이용되는 촉진유전자들은 숙주세포가 증식하는 과정에서 항상 발현되는 구성 촉진유전자(constitutive promoter)와, 특정한 신호에 의해 촉진유전자로서의 활동이 조절되는 유도 촉진유전자(inducible promoter)로 나눌 수 있다. 구성 촉진유전자를 이용하여 특정 단백질을 산업적 대용량으로 생산할 때에 숙주세균의 성장이 저해되거나 유전자를 포함하는 벡터가 숙주로부터 유실되는 경향이 있어 전체적으로 생산량을 낮추는 경우가 있으므로 주의해야 한다. 반면, 유도 촉진유전자를 이용할 경우 유전자의 발현 없이 충분히 세포를 증식한 후 유전자를 발현시킴으로써 구성 촉진유전자를 이용한 대량생산의 단점을 극복할 수 있다. 특히, 숙주세균에 유해한 단백질을 생산하기 위해서는 유전자의 발현 시기를 조절할 수 있는 유도 촉진유전자가 유리하다.

(1) 유도 촉진유전자의 구성 및 작동원리

유도 촉진유전자는 구성 촉진유전자와는 달리 촉진유전자의 -10상자의 하류(downstream)에 억압단백질(repressor protein)이라 부르는 특정 단백질이 결합할 수 있는 작동유전자(operator)가 존재한다. 이러한 작동유전자에 억압단백질이 결합하면 RNA 중합효

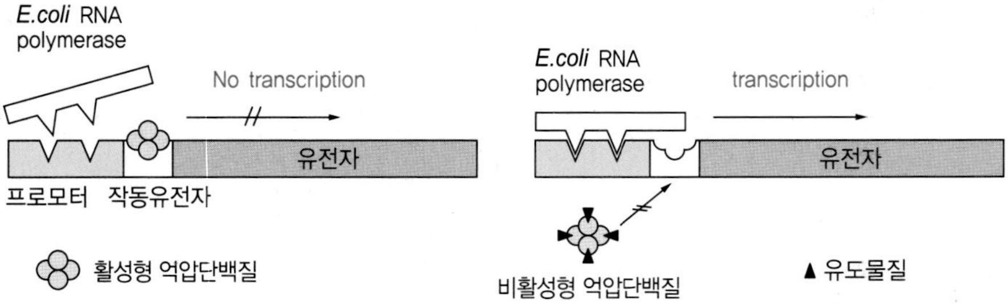

그림 4-6 • 유도형 촉진유전자의 작동원리

소의 결합 또는 하류 방향으로의 전진을 방해하여 전사 과정을 억압한다. 일반적으로 억압단백질은 어떠한 특정 저분자물질과 결합하면 단백질의 3차 구조가 변하면서 작동유전자에 결합하지 못하고 불활성화(inactivation)된다. 억압단백질을 불활성화시키는 물질을 유도물질(inducer)이라고 하며, 배양액 내 유도물질의 농도가 증가하면 억압단백질의 불활성화로 인해 더 이상 전사를 방해하는 인자가 없으므로 RNA 중합효소에 의한 전사가 일어나면서 유전자의 발현이 시작된다.

(2) lac 촉진유전자

젖당(lactose) 대사와 관련된 효소 유전자의 발현을 조절하는 촉진유전자로서, -10 상자의 하류에 젖당 억압단백질(lac repressor, LacI)이 결합하는 젖당 작동유전자(lac operator, lacO)가 존재한다. LacI는 4개의 동일한 폴리펩타이드 사슬로 구성된 복합체이며, 젖당이 결합하면 더 이상 lacO에 결합하지 못한다. 이러한 작동 메커니즘을 이용하여 lac 촉진유전자, lacO 및 LacI 유전자를 포함하는 벡터를 제작하여, 유전자를 lacO 하류에 클로닝함으로써 해당 유전자의 발현을 조절할 수 있다. 유전자 발현 없이 정상적으로 재조합 미생물을 키운 후 배지 내 젖당의 농도를 높이면 유전자의 발현을 유도할 수 있지만, 이때 유도물질로 사용되는 젖당이 숙주세균 내 젖당가수분해효소(lactase)에 의해 분해되면 유전자의 발현이 다시 낮아질 수 있으므로 일정 농도의 젖당이 존재하도록 지속적인 첨가가 요구된다. 실험실 수준에서 lac 촉진유전자의 발현을 유도하기 위해서는 젖당 대신 젖당가수분해효소에 의해 가수분해되지 않는 아이소프로필 베타-싸이오갈락토피라노스(isopropyl-β-D-thiogalactopyranose, IPTG)를 사용하면 지속적인 유전자 발현을 유도할 수 있다.

(3) tac 촉진유전자

트립토판(tryptophan) 생합성 관련 효소들의 생산을 조절하는 trp 촉진유전자의 -35상자와 lacUV5 촉진유전자(lac 촉진유전자에서 유래한 과발현 촉진유전자로 lac 촉진유전자와 비교해서 -10상자의 뉴클레오타이드순서가 2개 다른 촉진유전자)의 -10상자를 조합하여 만든 혼성(hybrid) 촉진유전자이다(trp + lac = tac). tac 촉진유전자 역시 lac 촉진유전자에서 유래한 작동유전자인 lacO를 가지고 있어서 발현 유도 메커니즘은 lac 촉진유전자와 동일하며, 일반적으로 lacUV5와 trp 촉진유전자에 비해 각각 약 10배와 4배 정도 과발현되는 것으로 알려져 있다.

(4) T7 촉진유전자

T7 촉진유전자는 박테리오파지 T7에서 유래한 촉진유전자이며, 박테리오파지 T7에서 유래한 T7 RNA 중합효소에 의해서 강력하게 과발현되는 촉진유전자이다. 하지만, -35와 -10 상자를 구성하는 뉴클레오타이드순서가 일반 세균의 RNA 중합효소에 의해서는 인식되지 못하므로 일반 세균에서는 T7 촉진유전자를 이용해서는 재조합 단백질을 생산할 수 없다. T7 촉진유전자를 이용하기 위해서는 T7 RNA 중합효소 유전자(DE3)를 갖는 숙주세균을 이용해야 한다. 대장균의 예를 들면 DE3 유전자를 *E. coli* BL21 균주의 주염색체 상에 삽입한 *E. coli* BL21(DE3) 균주를 사용해야 한다. DE3 유전자는 lac 촉진유전자에 의해 발현이 조절되며, T7 촉진유전자의 하류에도 lac 작동유전자가 존재하기 때문에 젖당 또는 IPTG를 이용한 유전자 발현 유도가 가능하다.

4. 단백질공학을 통한 효소의 특성 개선

유전공학기술의 발달은 필요에 따라 자연계에 존재하는 효소의 유전자를 분리하고, 적절한 숙주세포와 발현 벡터를 이용한 대량생산을 가능케 하였다. 그러나, 효소의 산업적 응용에서 무엇보다 중요한 것은 사용하고자 하는 공정에 적합한 효소를 가진 미생물이 필요한 것인데, 완벽하게 적합한 효소를 가진 미생물을 확보한다는 것은 매우 어려운 일이다. 이러한 단점을 해결하기 위해 시험관 상에서 유전자의 뉴클레오타이드순서를 바꾸어서 해당 위치의 아미노산 잔기를 다른 아미노산 잔기로 치환함으로써 원하는 활성을 획득한 효소를 설계하고 제작하는 '단백질공학(protein engineering)'기술이 개발되고 있으며, 효소의 특성 개선을 위해 다방면에서 적용되고 있다.

1) 단백질공학을 위한 아미노산 치환기술들

단백질공학을 위해서는 우선 효소의 특정 아미노산 잔기를 치환할 수 있는 기술이 요구된다. 이러한 아미노산 치환기술은 ① 특정 위치에 존재하는 아미노산 잔기를 원하는 아미노산 잔기로 치환하는 '위치지정 돌연변이유발(site-directed mutagenesis)'과 ② 유전자 상에 임의의 뉴클레오타이드순서 변화를 일으켜 변형된 새로운 코돈에 따라 아미노산 잔기가 바뀌는 '무작위 돌연변이유발(random mutagenesis)'로 나뉜다.

(1) 위치지정 돌연변이유발

위치지정 돌연변이유발을 위해서는 우선 목적하는 효소 유전자의 뉴클레오타이드순서로부터 바꾸고자 하는 아미노산 잔기를 포함하여 그 주변으로 약 10개 내외의 아미노산 잔기를 암호화하는 뉴클레오타이드순서를 확보한다. 해당 뉴클레오타이드순서에서 바꾸고자 하는 아미노산 잔기의 코돈만을 원하는 아미노산 잔기의 코돈으로 바꾼 올리고뉴클레오타이드(oligonucleotide)를 제작한다. 효소 유전자를 가지는 재조합 플라스미드를 고온에서 단일가닥화한 후, 제작한 올리고뉴클레오타이드와 섞고 온도를 낮추면 올리고뉴클레오타이드와 단일가닥으로 변성된 유전자 DNA와 염기쌍을 이루면서 상보적 순서를 가지는 부위에 결합한다. 이후 결합된 올리고뉴클레오타이드는 DNA 합성의 프라이머로 사용되고, DNA 중합효소가 원래 유전자를 주형으로 사용하여 지정된 위치의 아미노산 잔기의 코돈이 새로운 코돈으로 바뀐 올리고뉴클레오타이드를 포함하여 새로운 DNA 가닥을 합성한다. 새로 합성된 DNA 가닥은 올리고뉴클레오타이드의 5′-말단과 만나게 되고 DNA 연결효소에 의해서 연결되면, 최종적으로 원래의 뉴클레오타이드순서를 가지는 DNA 단일가닥과 지정된 위치의 코돈이 변이된 DNA 단일가닥이 이중가닥 DNA 형태로 된다. 이렇게 만들어진 DNA를 대장균에 형질전환하면, 반보존적 복제 과정(semiconservative replication)에 의해 각각의 가닥이 DNA 주형으로 작용하여 DNA가 복제된다. 결과적으로 대장균 내에서 복제된 재조합 플라스미드 중 50%는 원래의 뉴클레오타이드순서를 가지게 되고, 나머지 50%는 올리고뉴클레오타이드가 가진 변이된 코돈을 포함하는 뉴클레오타이드순서를 가지므로, 총 형질전환체 중 약 1/2 정도를 돌연변이체로 얻을 수 있다(그림 4-7). 이러한 돌연변이 방법은 올리고뉴클레오타이드가 상보적인 순서를 가지는 지정된 위치에 결합하면서 변이 효소의 아미노산 잔기 변이를 유도하기 때문에 '올리고뉴클레오타이드-지정 돌연변이유발(oligonucleotide-directed mutagenesis)'

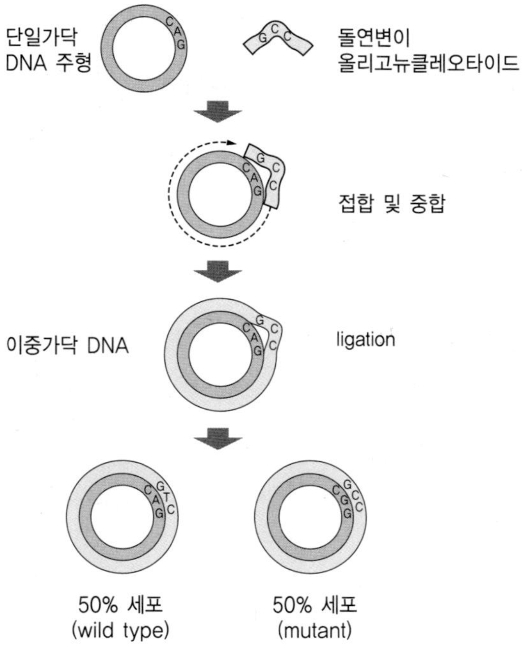

그림 4-7 • Michael Smith에 의해 고안된 위치지정 돌연변이유발

이라고도 부른다. 캐나다의 Michael Smith 등이 개발한 이 방법은 이후 효율을 높이기 위해 개선되어 일본의 Takara사에서 상용화하여 판매하고 있다.

최근에는 PCR을 기반으로 바뀐 코돈을 가지는 올리고뉴클레오타이드를 프라이머로 사용하여 코돈이 바뀐 유전자 DNA만을 증폭한 후 클로닝을 하거나, 유전자를 포함하는 재조합 플라스미드 전체를 증폭한 후 바로 형질전환하는 방법을 사용하면서 효율과 정확성 면에서 많이 개선되었다.

(2) 무작위 돌연변이유발

유전자에 무작위적인 돌연변이를 일으키는 무작위 돌연변이유발법은 ① 중합효소연쇄반응의 조건을 바꾸어서 중합효소의 오류가 비정상적으로 발생하도록 하는 오류-유발 중합효소연쇄반응(error-prone PCR)과 ② 뉴클레오타이드순서가 유사한 2가지 이상의 유전자 DNA의 조합을 통하여 다양한 조합의 뉴클레오타이드순서를 가지는 유전자 DNA를 제조함으로써 새로운 유전자를 제조하는 DNA 셔플링(DNA shuffling)이 있다.

오류-유발 중합효소연쇄반응법은 중합효소연쇄반응에서 중합효소의 복제오류가 증가할 수 있는 특정 조건을 제공함으로써 주형 DNA와 다른 순서를 가지는 유전자 DNA를 제작하는 방법이다. 일반적으로 dNTP 중 특정 뉴클레오타이드의 농도를 비정상적으로 높인다거나, 보조인자로 사용되는 $MgCl_2$ 대신 $MnCl_2$를 첨가하거나, 복제오류를 수정하는 3′→5′ 핵산말단가수분해효소(exonuclease) 활성이 상실된 DNA 중합효소의 사용방법 중 한 가지, 또는 복합적으로 사용하여 진행한다. 유전자의 뉴클레오타이드순서가 너무 많이 바뀌게 되면 중간에 종결코돈이 나타날 수도 있으며, 돌연변이는 효소의 활성이 오히려 감소할 가능성이 높으므로 일반적으로 유전자 한 분자당 1~2개 정도의 변이가 일어나도록 조절한다. 유전자 내에 일어나는 뉴클레오타이드순서 변이의 비율은 오류-유발 중합효소연쇄반응의 조건을 조절함으로써 가능하지만, 유전자 순서에 따라서 일정하지 않으므로, 여러 조건에서 오류-유발 중합효소연쇄반응을 실시하고, 각 조건에서 합성된 DNA에 대한 뉴클레오타이드순서 분석을 통해서 오류 유발 정도가 적합한 조건을 선택한다.

'DNA 셔플링'은 1994년 Stemmer에 의해서 처음 개발되었으며, ① 유전자의 분절화, ② 짧은 DNA 조각의 회수, ③ 자기조립(self-assembly) 중합효소연쇄반응, ④ 조립된 전체 유전자 DNA 증폭으로 구성된다.

유전자 DNA의 분절화는 이중나선 DNA의 임의의 위치를 가수분해하는 내부형 DNA 가수분해효소(endo-type DNAase)를 이용하며, 효소 처리를 통해 임의의 위치가 잘린 다양한 형태의 DNA 단편을 확보한다(1단계). 임의의 크기로 잘려진 유전자들 중 30~100 bp 크기의 DNA 단편들을 회수한다(2단계). 분절화된 DNA 조각들이 원래의 DNA로 조립되는 과정에서는 유전자 전체의 증폭을 위한 프라이머 없이, DNA 조각만으로 중합효소연쇄반응을 실시하기 때문에 이 단계를 자기조립 중합효소연쇄반응이라고 한다. 이 과정에서 DNA 조각들은 상보적인 뉴클레오타이드순서를 가지는 다른 DNA 조각과 어닐링하고, 서로가 프라이머이면서 동시에 DNA 주형으로 작용하여 두 DNA 조각의 빈 부분을 중합효소연쇄반응을 통해 채운다. 이러한 과정이 반복되면서 짧은 중합효소연쇄반응이 진행됨에 따라 원래의 DNA 크기를 향해 자기조립된다(3단계). 하지만 실제 반응액 내에는 완벽하게 자기조립되지 않은 DNA 조각들도 많기 때문에 최종적으로 자기조립 중합효소연쇄반응의 산물을 DNA 주형으로 유전자의 말단에 결합하는 프라이머를 이용한 중합효소연쇄반응을 수행하여 전체 유전자 길이로 자기조립된 유전자 DNA를 획득할 수 있다(4단계).

위에서 언급한 과정에서 뉴클레오타이드순서가 유사한 한 개 이상의 유전자를 사용할

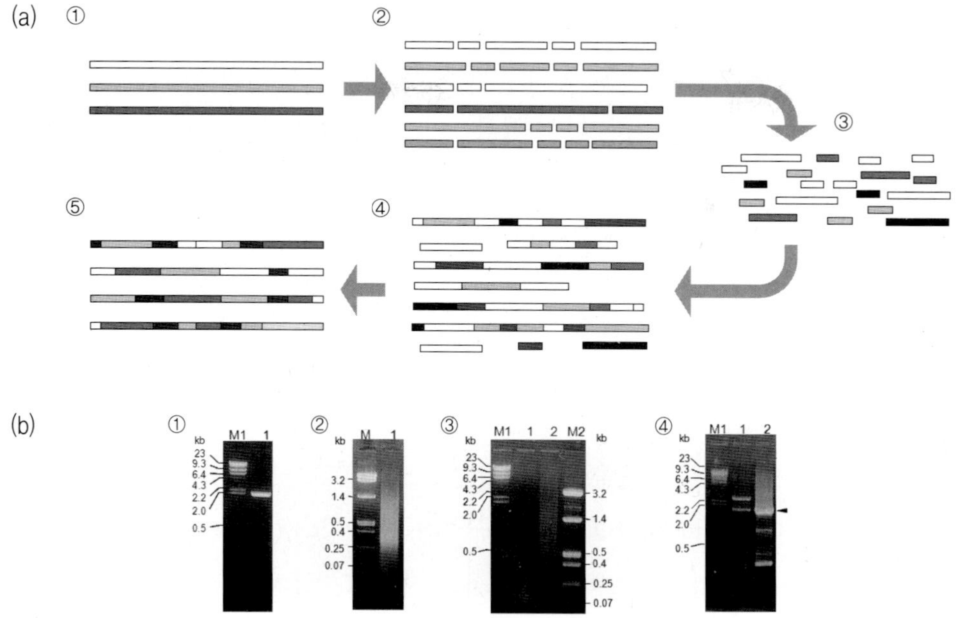

그림 4-8 • DNA 셔플링 모식도

(a) ① 유전 순서 상동성이 70% 이상인 유전자 조각 ② DNase 처리를 통해 절편화 ③ 작은 DNA 조각 분리 ④ 프라이머 없이 PCR을 통한 자기조립 ⑤ 프라이머 첨가 후 PCR을 통해 정상적인 조립이 이루어진 DNA 조각 증폭
(b) Lane M1 and M2, site marker ① Lane 1, 분리된 유전자 DNA 조각 ② Lane 1, DNase 처리 후 시료 ③ Lane 1, 100~300 bp 크기의 DNA 조각 분리 후 시료 Lane 2, 자기조립 후 시료 ④ Lane 1, 유전자를 포함하는 플라스미드를 제한효소로 절단한 시료, Lane 2, 자기조립된 시료를 주형으로 하여 PCR 증폭 후 시료

경우 반복되는 어닐링 단계에서 다른 유전자에서 유래한 DNA 조각이 어닐링되면서 조립될 수 있고 다양한 위치에서 여러 유전자의 조합이 가능하다. 이러한 일련의 과정이 카드를 섞듯이 유전자 조각들을 무작위로 섞는다고 하여 'DNA shuffling'이라고 명명되었다. 또한 자기조립 중합효소연쇄반응 과정에서도 오류가 발생하여 사용된 유전자 DNA의 뉴클레오타이드순서와 다른 뉴클레오타이드순서가 나타나기도 하므로, 사용된 유전자와 뉴클레오타이드순서가 다른 다양한 유전자 DNA를 얻을 수 있다. DNA 셔플링 기술이 개발된 이후, 어떻게 DNA를 절단할 것인가(DNase 사용, PCR 이용, 제한효소 사용, 물리적 분해 등), 그리고 어떻게 다시 조합시킬 것인가(PCR, DNA 연결효소를 이용한 재조합 등)에 따라서 개선된 방법들이 개발되어 무작위 돌연변이유발에 활용되고 있다.

2) 단백질공학기술

일반적으로 단백질공학기술은 ① 다양한 실험을 통해 단백질 내 아미노산 잔기의 기능을 파악하고, 이를 바탕으로 위치지정 돌연변이유발을 통해 특정 아미노산 잔기를 치환함으로써 기능이 개선된 돌연변이 효소를 개발하는 '합리적 설계(rational design)'방식과, ② 무작위 돌연변이가 일어난 유전자를 증폭하여 수백만 개의 돌연변이 효소 유전자를 확보하고, 이들의 활성을 개별적으로 확인하여, 원하는 활성을 획득한 돌연변이 효소를 선별하는 '지시된 진화(directed evolution)'방식이 구분될 수 있다.

(1) 합리적 설계

특정한 조건에서 자라는 미생물에서 유래한 효소는 일반적으로 생존 조건에서 최적 활성을 보인다. 즉, 화산지대에서 서식하는 미생물 유래의 효소들은 대부분 열에 대해서 안정하고, 염전에서 분리한 미생물이 생산하는 효소들은 고농도 염의 존재하에서도 우수한 활성을 보인다. 이러한 효소의 특성은 구성하는 아미노산 잔기의 순서와 매우 중요한 상관관계를 가진다. 따라서, 원하는 특성을 가지는 효소들의 아미노산순서와 개량하고자 하는 효소를 포함하여 그러한 특성을 가지지 않는 효소의 아미노산순서를 비교 분석함으로써 두 그룹별로 아미노산순서에 차이가 나는 부분을 찾을 수 있다. 이와 같이 어떤 활성에 기여할 것으로 예상되는 아미노산순서의 정보를 바탕으로 돌연변이시킬 아미노산 잔기 후보군을 선정한 후 위치지정 돌연변이유발법을 사용하여 기존의 아미노산 잔기를 최적의 아미노산으로 치환하여 효소활성을 개선하는 방법을 '합리적 설계'라고 한다.

지금까지 합리적 설계를 통해 많은 효소들의 활성이 개선되었지만, 돌연변이시킬 아미노산 잔기의 선정에 있어서 아직까지 일반적인 법칙이 확립되어 있지 않다. 하지만, 최근 들어 천문학적인 수의 효소 유전정보와 단백질 구조 정보가 미국국립생물공학정보센터(National Center for Biotechnology Information, NCBI : www.ncbi.nlm.nih.gov/), Universal Protein Resource(UniProt : www.uniprot.org/), 단백질정보은행(Protein Data Bank, PDB : www.rcsb.org/) 등에 데이터베이스화되어 제공되고 있으며, Basic Local Alignment Search Tool(BLAST) 및 ClustalW와 같은 아미노산순서 비교 분석 프로그램의 개발을 통해 아미노산순서 비교 분석이 용이해지면서 합리적 설계를 통한 효소 특성 개선의 성공 가능성은 점점 높아지고 있다. 최근에는 단백질 구조 정보를 바탕으로 컴퓨터 모델링 및 수학적 계산을 통해서 효소반응속도를 높일 것으로 예상되는 아미노산 잔기의 선발 기법들이 빠르게 발전하면서 효소 개량을 위한 아미노산 잔기 후보군의 선정 성공률이 높아지고 있다.

합리적 설계에서 아미노산 잔기 후보를 선정하는 것과 더불어서 어려운 점은 어떤 아미노산 잔기로 바뀌어야 활성이 개선될 것인지를 예측하기가 쉽지 않다. 선정된 위치에 19개의 아미노산 잔기로 치환된 돌연변이 효소를 모두 제작하여 개별적인 특성화를 통해 우수 효소를 선발하는 과정은 힘든 과정이다. 이를 위해 선정된 아미노산 잔기가 20가지의 아미노산 잔기 중 치환된 20종의 돌연변이를 한 번에 제작하여, 이들 돌연변이체 모두가 존재하는 돌연변이 라이브러리(library)를 확보하는 기술이 개발되었다. 특정한 위치의 아미노산 잔기를 모든 종류의 아미노산으로 치환하였다고 하여 이를 '포화 돌연변이유발(saturation mutagenesis)'이라고 한다. 포화 돌연변이유발은 프라이머 합성 시, 돌연변이를 위해 선정된 아미노산 잔기의 코돈 자리에 임의의 뉴클레오타이드 3개를 첨가함으로써 20가지 아미노산을 위한 모든 코돈을 가지는 혼합 프라이머를 합성한다. 이 혼합 프라이머를 사용하여 위치지정 돌연변이유발을 수행하면 한 번의 중합효소연쇄반응으로 20가지의 돌연변이를 위한 유전자 DNA들을 모두 얻을 수 있으며, 클로닝 후 형질전환을 통해 모든 종류의 돌연변이 효소가 존재하는 돌연변이 라이브러리를 얻고, 라이브러리로부터 우수 활성을 보이는 돌연변이 효소를 선발함으로써 활성 개선을 위해 선정된 위치의 최적 아미노산 잔기를 선발할 수 있다.

(2) 지시된 진화

미생물을 포함한 모든 생물체는 주변 환경에 적응하면서 진화한다. '진화한다.'함은 주변 환경에 적합한 형질을 보유하게 된다는 것을 의미하며, 진화한 생물체는 살아남지만 그렇지 못한 생물체는 도태된다. 주변 환경에 적응하기 위한 형질의 변화는 형질을 표현하는 효소활성에 기인한다. 효소활성의 변화는 해당 효소에 대한 유전자 DNA의 뉴클레오타이드순서가 바뀌면서 나타난다. 즉, '진화'란 생물체가 가지는 유전자의 뉴클레오타이드순서 변화와 이로 인한 효소활성의 변화가 주변 환경에 적응하기 적합한 방향으로 바뀌는 것을 의미한다. 이러한 자연적 진화는 수백 또는 수천 년에 걸쳐서 일어나는 현상이다. '지시된 진화(directed evolution)'란 자연적 진화에서 일어나는 유전자의 변

돌연변이 라이브러리(mutant library) 보통 도서관은 다양한 종류의 책을 보유하고 있으며, 도서관이 보유한 것 중에서는 원하는 책을 찾아 읽을 수 있다. 과학분야에서는 가능한 모든 조합을 통해 만들어진 화합물들의 모음을 도서관이라는 뜻의 라이브러리(library)라고 부르며, 확보한 라이브러리 내에서 원하는 활성을 가지는 화합물을 찾는 연구를 진행한다. 단백질공학분야에서도 유전자의 뉴클레오타이드순서 변화를 통해 여러 종류의 돌연변이들이 공존하는 모음을 '돌연변이 라이브러리'라고 함

이를 시험관 상에서 PCR 방법을 이용하여 단시간에 다양한 형태로 일어나도록 하고, 효소 선발 과정에서 특정 활성을 가지는 효소를 선발한 후, 해당 돌연변이선별(mutation screening) 과정을 반복하면서 효소의 활성이 점차 개선된 돌연변이 효소를 개발하는 방법이다. 특성이 개선된다는 의미에서 '진화'라는 용어를 사용하며, 진화의 방향이 원하는 특성이 개선되는 방향으로 진행된다는 의미에서 '지시된(directed)'이라는 용어를 사용하였다.

지시된 진화에서 돌연변이 라이브러리는 무작위 돌연변이방법을 이용하여 제작한다. 앞서 설명한 바와 같이 하나의 효소에 많은 돌연변이가 존재하면 특성을 개선하는 아미노산 잔기의 변이가 일어났더라도 특성을 악화시키는 변이에 의해서 선발되지 않을 수 있다. 또한, 라이브러리의 크기가 너무 크면 실험을 진행해야 하는 개체 수가 많아지므로 라이브러리 내에 존재하는 모든 돌연변이에 대한 분석이 불가능할 수 있다. 예를 들어, 100개의 아미노산 잔기로 이루어진 효소의 경우 1곳 아미노산 잔기에서만 돌연변이가 일어났다고 가정하면 라이브러리의 크기는 ${}_{100}C_1 \times 20^1$(100개 아미노산 중 1곳×1곳에 위치할 20가지 아미노산)=2,000에 불과하지만, 2곳이라면 ${}_{100}C_2 \times 20^2$(100개 아미노산 중 2곳×2곳에 위치할 20가지 아미노산)=1,980,000으로 기하급수적으로 증가한다. 지시된 진화에서는 전체 효소에서 1개 정도의 돌연변이를 가지는 라이브러리로부터 최적의 효소를 선발하고, 선발된 효소를 다시 돌연변이선별 과정에 투입하여 두 번째 아미노산 잔기의 최적화를 진행하며, 이러한 과정을 반복하면서 원하는 특성의 개선에 기여하는 돌연변이를 점차 축적해 나간다. 또한 선별된 여러 개의 변이체를 DNA 셔플링을 통해 라이브러리를 제작하고, 특성 개선을 위한 최적의 아미노산순서를 가지는 우수 효소를 선발한다. 지시된 진화의 성공 여부는 방대한 크기의 돌연변이 라이브러리로부터 얼마나 빠르게 원하는 활성을 획득한 돌연변이를 찾아내는가에 달렸다고 해도 과언이 아니다. 따라서, 개선하고자 하는 효소의 특성(효소활성, 안정성, 생산성, 가용성 등)에 따라 적절한 선별법을 개발해야 하며, 방대한 라이브러리로부터 돌연변이를 선발하기 위한 대용량 선발 시스템(high-throughput screening system)의 확보는 필수적이다. 대표적인 대용량 선발 시스템으로는 96웰(well) 평판 또는 386웰 평판을 이용하여 각 효소의 활성 측정을 자동화한 평판 리더기(plate reader) 또는 활성 정도에 따라 나타나는 형광 세기를 측정하여 시간당 10^8개의 속도로 특정 세기의 형광을 내는 개체를 분리하는 유세포분리기(florescence-activated cell sorter, FACS)를 활용하는 방법 등이 많이 개발되고 있다.

연습 문제

1 중합연쇄반응에 필요한 요소가 아닌 것을 고르시오.

① DNA 연결효소 ② DNA 중합효소 ③ dNTP
④ RNA 중합효소 ⑤ Mg^{2+} ⑥ 프라이머

2 제한효소의 특징이 아닌 것을 고르시오.

① 주로 4~6개의 염기순서를 인식한다. ② DNA의 5′-말단에 작용한다.
③ 인식 부위의 염기순서가 역대칭 구조이다. ④ DNA를 가수분해하는 효소이다.
⑤ 단일가닥 DNA를 자른다.

3 다음 중 유전자재조합에 필수적인 벡터 DNA의 요건이 아닌 것을 고르시오.

① 클로닝자리 ② 항생제 내성 유전자 ③ 숙주균의 복제원점
④ 촉진유전자(promoter) ⑤ 작동유전자(operator)

4 6개의 염기순서를 식별하는 제한효소의 개수는 이론적으로 몇 개가 가능한지를 말하시오.

5 단백질의 발현 시 유도형 촉진유전자를 사용하는 경우가 많은데, 구성적 촉진유전자와 비교하여 장점을 논하시오.

6 5′-ATGGGTCCAGGATGGAACCGCACGTCTAGCGGTGGCTATCAGCGCTGCTGA-3′로 구성된 DNA로부터 암호화 구역을 찾고, 유전자에서 생산되는 펩타이드의 히스티딘(histidine) 잔기를 아스파테이트(aspartate) 잔기로 치환하기 위한 올리고뉴클레오타이드를 설계하시오. 해당 코돈을 중앙에 위치시킨 뉴클레오타이드 15개 길이로 설계하시오.

정답 및 해설

01 ①, ④ **02** ②, ⑤ **03** ④, ⑤

04 64개. 6개의 염기순서를 식별하는 제한효소의 절단 염기순서의 개수는 $4^6(=4\times4\times4\times4\times4\times4)$개이다. 그러나, 제한효소가 인식하는 6개 염기순서 중 뒤의 3개 염기순서는 앞의 3개에 의해서 결정되므로 가능한 제한효소의 개수는 $4^3(=4\times4\times4)=64$개이다.

05
- 구성 촉진유전자 : 숙주세포가 증식하는 과정에서 항상 발현되는 유전자의 촉진유전자로서, 고가의 유도물질 첨가 없이 배양만으로 유전자를 발현시킬 수 있다.
- 유도 촉진유전자 : 일상적인 배양 과정에서는 촉진유전자로 작동하지 못하여 하류에 있는 유전자의 발현을 억압하지만, 특정한 화합물질의 첨가와 같은 특정 신호에 의해서 촉진유전자로 작동하여 하류의 유전자를 발현하는 촉진유전자이다. 숙주세균에 유해한 단백질을 생산하는 데 유리하다.

06 하나의 유전자 순서로부터 유추할 수 있는 아미노산순서는 총 6종류이다. 5′→3′ 방향으로 첫 번째 뉴클레오타이드부터, 혹은 두 번째 뉴클레오타이드부터, 혹은 세 번째 뉴클레오타이드부터 3개씩 코돈을 읽으면 총 3개의 아미노산 순서를 유추할 수 있으며, 3′→3′ 방향의 경우는 제시된 뉴클레오타이드순서의 상보적인 순서(회색)로부터 상기와 같은 방법으로 세 가지 아미노산순서를 유추할 수 있다.

```
5'to 3'Frame from +3      GlySerArgMetGluPheHisVal***ArgTrpLeuSerAlaLeuLeu
5'to 3'Frame from +2     TrpValGlnAspGlyThrAlaArgLeuAlaValAlaIleSerAlaAla
5'to 3'Frame from +1    MetGlyProGlyTypAsnArgThrSerSerGlyGlyTyrGlnArgCys***
                     5'-ATGGGTCCAGGATGGAACCGCACGTCTAGCGGTGGCTATCAGCGCTGCTGA-3'
                     3'-TACCCACCTCCTACCTTGGCGTGCAGATCGCCACCGATAGTCGCGACGACT-5'
                        HisThrTrpSerProValAlaArgArgAlaThrAlaIleLueAlaAlaSer    3'to 5'Frame from +1
                          ProGlyProHisPheArgValAspLeuProPro******ArgGlnGln     3'to 5'Frame from +2
                         ProAspLeuIleSerGlyCycThr***ArgHisSerAspAlaSerSer      3'to 5'Frame from +3
```

번역을 위해서는 번역 개시코돈인 ATG가 있어야 하며, 동시에 번역 종결코돈이 존재하여야 한다. 이를 만족하는 것은 5′→3′ 방향의 첫 번째 뉴클레오타이드에서 시작하여 만들어지는 펩타이드(MGPGWNRTSSGGYQRC, 굵은 글씨)와 세 번째 뉴클레오타이드에서 시작해서 만들어지는 펩타이드(MEFHV, 밤색)이다. 이 중 히스티딘(histidine)을 가지는 펩타이드는 MEFHV이므로 이 펩타이드의 네 번째 히스티딘을 아스파테이트(aspartate)로 치환해야 한다.

문제에서 요구한 올리고뉴클레오타이드는 His의 코돈인 CAC(밑줄)을 중심으로 상류와 하류로 각 6개의 뉴클레오타이드를 선택하고

타깃 DNA 5′-ATGGGTCCAGGATGGAACCG<u>CAC</u>GTCTAGCGGTGGCTATCAGCGCTGCTGA-3′

올리고뉴클레오타이드 영역 5′-GAACCG<u>CAC</u>GTCTAG-3′

His→Asp로 치환 올리고뉴클레오타이드 5′-GAACCG<u>*GAT*</u>GTCTAG-3′(Asp를 위한 코돈은 어느 것이라도 가능)

제5장

효소반응 메커니즘과 반응영향인자

1. 효소반응 메커니즘 : 촉매작용의 종류

1) 일반 산염기 촉매작용

촉매가 없는 조건하에서 물 분자가 에스터(ester)결합을 공격하면, 전이상태(transition state)에서 물 분자의 산소에는 양(+)전하가, 카보닐(carbonyl) 산소에는 음(−)전하가 생긴다.

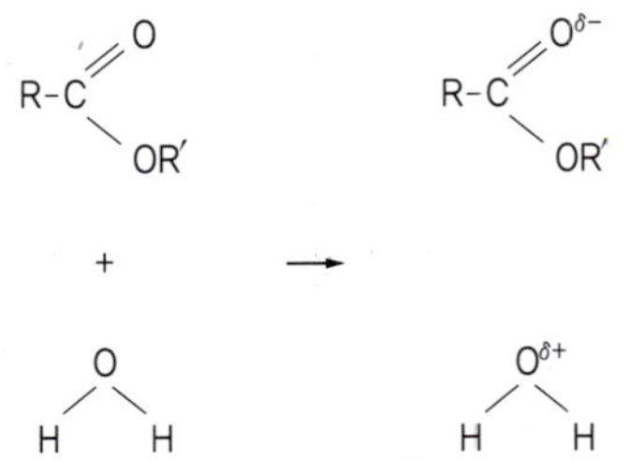

이 경우 아세탈(acetal) 가수분해 시의 전이상태는 카보닐 양이온과 알콕사이드(alkoxide)이온에 가까우며 이들의 전이상태는 생성된 양전하, 음전하 모두가 불안정한 상태이다. 만일, 이들 전하를 안정화시킬 수 있다면 전이상태의 에너지 수위를 낮출 수 있어 촉매반응이 일어날 수 있다.

이 반응에서 전자는 물이 양성자(proton)를 염기로 전달하면 안정화되므로 이를 일반

염기 촉매(general base catalyst)라고 한다.

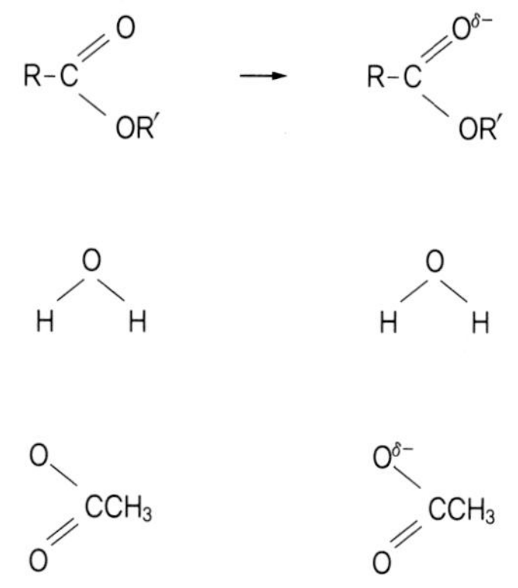

그런가 하면 아세탈에서 벗어난 알코올 상의 전하는 산으로부터의 양성자 전이로 안정화될 수 있으므로 이를 일반 산 촉매(general acid catalyst)라고 한다.

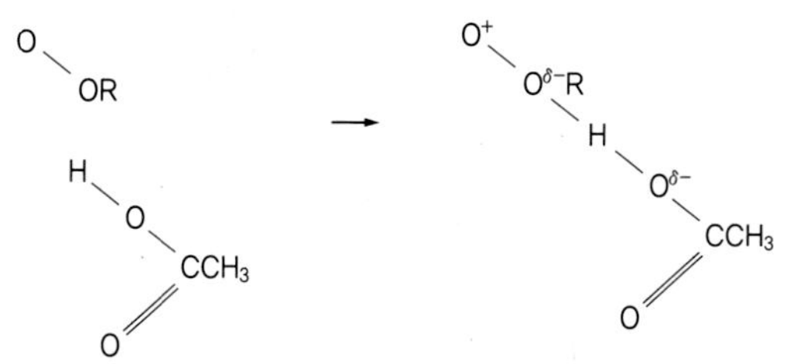

아세트산에 의한 일반 산 촉매

여기서 '일반'이라는 용어를 사용하는 이유는 특수 염기 촉매, 특수 산 촉매와 구별하고자 함이며, 특수 염기 촉매는 수산화물이온, 특수 산 촉매는 양성자가 직접 촉매로서 작용하는 경우를 말한다.

수소 원자는 유기화합물을 구성하는 원자 중에서 특별한 성질을 가지고 있다. 즉, H^+의 형태로서 기질이나 반응 중간물질(intermediate)에서 비교적 쉽게 떨어질 수 있고, 또 밖으로부터 쉽게 첨가될 수 있다. 반응에서 복수의 결합을 동시에 교환할 수 있어야 하는데 이동하기 쉬운 H^+가 바로 이런 중요한 역할을 한다.

페닐-β-D-글루코피라노사이드(phenyl-β-D-glucopyranoside)가 가수분해되는 산촉매 반응(그림 5-1)에서 글루코사이드탄소(glucosidic carbon)에 H^+가 첨가된 후 페놀(phenol) 분자가 떨어져 나가면서 비교적 안정된 카보늄이온(carbonium ion)이 생성되고 이어 여기에 물 분자가 공격을 하면 포도당이 생성된다.

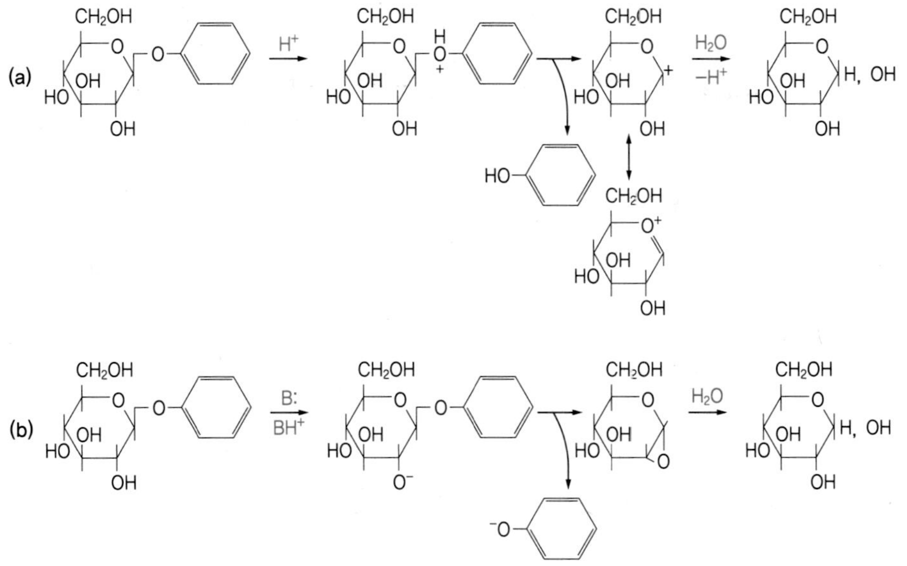

그림 5-1 ● 산과 염기의 촉매반응 : 페닐-β-D-글루코피라노사이드의 가수분해

염기촉매반응의 경우 C2의 하이드록실기(hydroxyl group)로부터 H^+를 탈취한 후 C1과 C2가 에폭시화물(epoxide)을 형성하기 위하여 −O−기가 친핵적 공격(nucleophilic attack)을 받게 되며, 에폭시화물은 매우 불안정한 구조로 빨리 안정화되려 하는데 물 분자의 공격에 의해 포도당이 생성된다. 이와 같이 H^+가 첨가되거나 또는 분리되는 산과의 반응, 염기와의 반응을 산염기촉매반응(acid-base catalysis)이라 한다.

p-나이트로페닐아세테이트(*p*-nitrophenyl acetate)가 산 및 염기에 의해 촉매반응을 일으키는 경우를 〈그림 5-2〉에 나타내었는데, 인산이온이 물 분자로부터 수소를 탈취하고 탈취된 물 분자는 −OH기가 카보닐기를 공격함으로써 복합체를 형성한 다음 아세트산이 끊어지는 가수분해가 일어나는 것으로서, 이는 일종의 일반 염기촉매반응이다.

인산(phosphoric acid), 탄산(carbonic acid), 아민(amine) 또는 $RCOO^-$, RNH_3^+ 등은 대부분 산과 염기 촉매로 작용할 수 있어 이것들이 참여하는 반응도 일반 산염기 촉매나 일반 산염기반응의 일종으로 볼 수 있다. 사실 물이 해리되면 얻어지는 H^+(실제로는 H_3O^+일 것임)이나 OH^-은 산염기 촉매로서 유효하다. 특별히, 이들이 촉매하는 경우를 특정한 산 및 특정한 염기에 의한 촉매작용(specific acid-base catalysis)이라고 표현한다. OH^-은 여러 가지 반응을 하나 염기 촉매로서는 H^+와 반응해야만 한다. 물도 산 또는 염기로서 반응하는데, H^+를 받아들여 H_3O^+이 되든가 H^+를 내어 주어 OH^-가 된다.

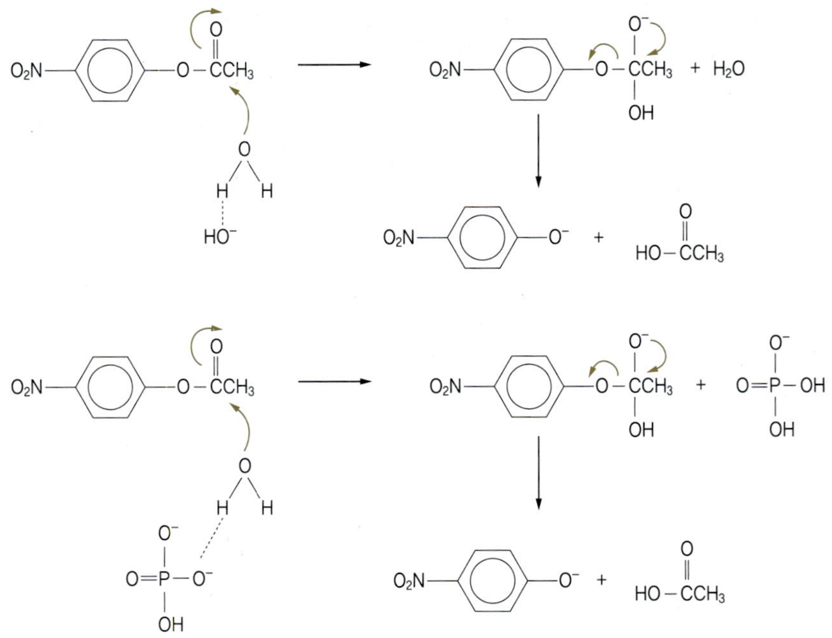

그림 5-2 • 일반 산염기반응 : *p*-나이트로페닐아세테이트

산 촉매, 염기 촉매는 산성이나 염기성 용액이 아니더라도 작용한다. 통상, 수용액의 촉매반응에서 산과 염기는 완충액의 형태로 작용하며 일반적인 산과 염기 촉매반응에서의 반응속도는 완충액의 농도에 따라 변한다. 완충액의 유효한 성분을 알아내는 데는 완충액의 pH를 변화시켜 보면 산으로 CH_3COOH 형태인지, 염기로 CH_3COO^- 형태인지를 알 수 있다. 또, 일정한 pH 조건에서 완충액 농도를 0으로 외삽한 때의 반응속도는 H^+나 OH^- 또는 물 분자가 촉매로 작용한 반응속도를 나타낸다. H^+, OH^-, 물 중 어느 것이 촉매작용을 하는지는 pH를 변화시켜 보면 알 수 있다.

일반 산염기 촉매는 종류에 관계없이 일어나는 현상이지만 그 효율은 산염기의 pK_a에 따라 크게 달라질 수 있으며, 양성자성(prototropic) 그룹의 이온화 정도에 따라 일반적인 산 또는 염기로서 작용할 수 있다. 이 중에서도 이미다졸(imidazole)은 1개의 아미노산 잔기로서 이상적으로 산, 염기 두 가지 역할을 동시에 수행할 수 있기 때문에 일반 산염기반응에 참여할 수 있다.

키모트립신(chymotrypsin)의 촉매자리(catalytic site)의 하나인 57번 히스티딘(histidine)의 이미다졸기는 0.28 nm 떨어진 102번 아스파트산(aspartic acid)의 카복실이온(carboxyl ion)에 대하여 수소이온을 내어줌으로써 H^+를 제공하는 일반 산으로 작용하는가 하면,

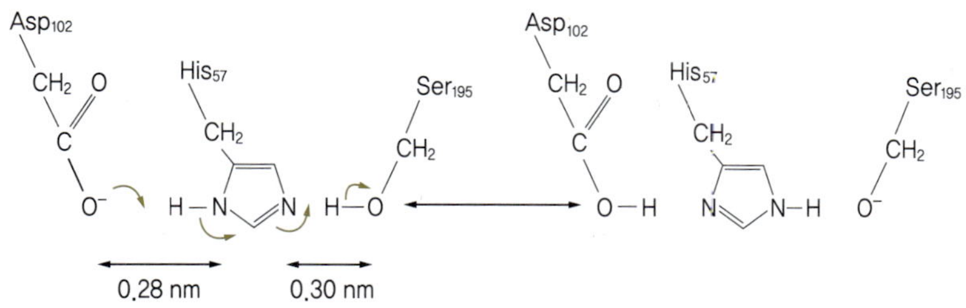

그림 5-3 • 일반 산염기 촉매 : 키모트립신에서 전하 릴레이시스템

또한 이 이미다졸기의 다른 질소가 0.3 nm 떨어진 195번 세린(serine)기로부터 H^+를 공급받아 일반 염기로 작용하기도 한다. 이처럼 원래 상태의 이미다졸로 돌아갔다가 다시 수소이온을 내준 이미다졸기로 전환되는 반응을 반복하게 되는데 이 과정에서 1개의 이미다졸기가 한쪽으로는 H^+를 받아들이면서 또 다른 한쪽으로는 H^+를 제공하는 역할을 하여 마치 전하를 릴레이하는 현상과 유사하여 전하 릴레이(charge relay)시스템이라 부른다(그림 5-3).

〈그림 5-4〉는 키모트립신의 가상적인 촉매반응이다. 기질에 의해서 효소의 촉매자리에 있는 세린의 −OH기가 아실화(acylation)하는 과정과 키모트립신의 가수분해에 의해 탈아실화(deacylation)하는 과정이다. 먼저, 102번 아스파트산의 카복실이온의 산소가 57번 히스티딘의 이미다졸기의 HN<과 수소결합을 할 수 있도록 전자를 끌어다 주면 이미다졸기의 HN<으로부터 수소를 내어 주고 전자를 잡아 끌어당기게 되는데 이것이 이미다졸기 내에서 전하 릴레이에 의해 또 다른 질소(=NH)가 전자를 내어 주어 195번 세린의 −OH기와 비공유결합을 하면서 세린의 산소가 기질의 카보닐기를 공격하여 아실화가 이루어진다. 아실화된 기질과 효소 복합체는 펩타이드결합이 끊어지면서 일종의 전이상태라 할 수 있는 중간 생성물 형태를 이룬다. 이것은 세린기가 아실화되었고 102번의 아스파트산과 57번의 히스티딘이 아미노(amino) 그룹과 차례로 결합된 상태를 만들게 된다.

탈아실화 과정은 위의 아실화 과정에서 아미노 그룹이 이탈된 후 그 자리를 물 분자가 채워 주면서 102번의 아스파트산과 57번의 히스티딘, 그리고 물 분자가 다시 히스티딘과 아실화된 세린기와 결합된 상태로부터 102번의 아스파트산의 카복실이온이 이미다졸기로부터 수소를 탈취하고 수소가 떨어져 나간 이미다졸기는 전자를 서로 전달하여 또 다른 질소로 하여금 외부(195번 세린과 결합하고 있는 물 분자)로터 수소를 끌어올 수 있게 되는데 물 분자는 수소를 이미다졸기에 주고 하이드록실기는 아실화된 부분으로 카보닐기

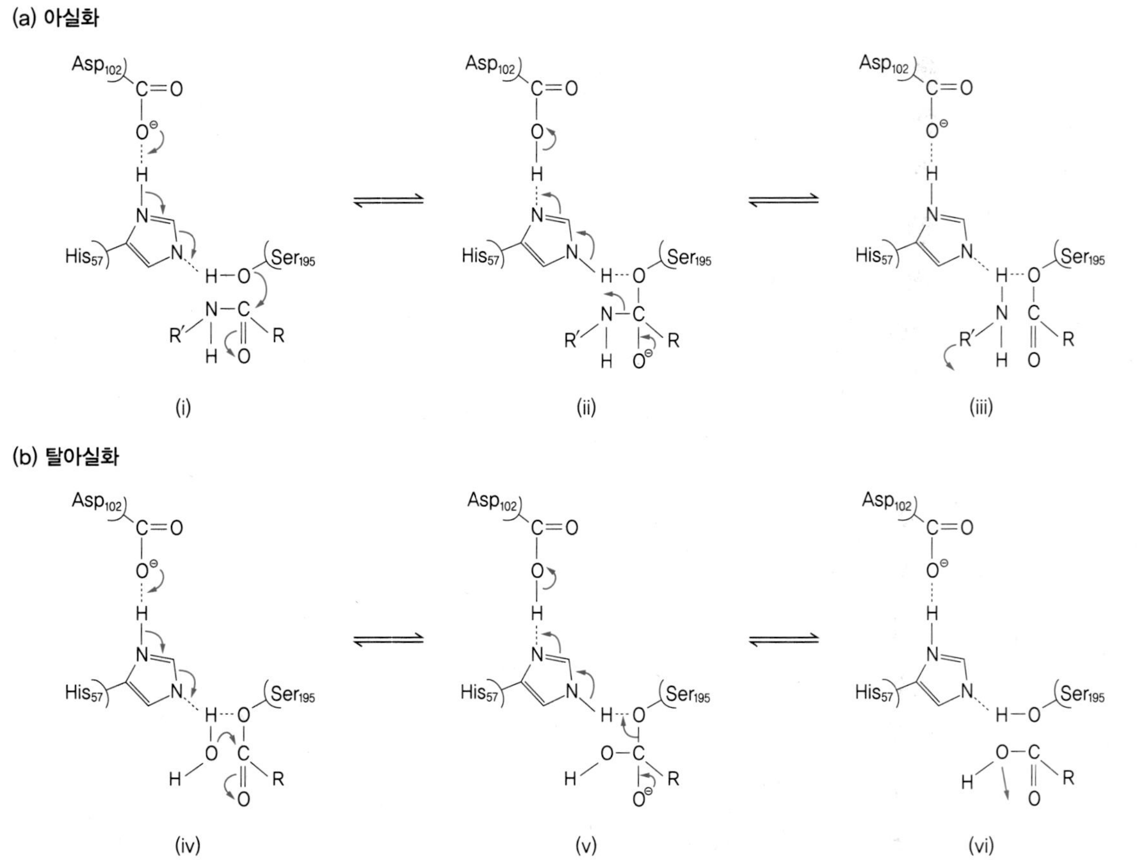

그림 5-4 • 키모트립신의 가상 촉매반응

에 공격하여 세린기로부터 에스터가 완전히 떨어질 수 있도록 유도한다. 이 과정에서 102번 Asp, 57번 His, 195번 Ser이 서로 연결되는 과정을 보여 주며, 또 수소를 내어 주기도 하고 받기도 하므로 일반 산염기 촉매 과정이라 할 수 있다. 이러한 키모트립신의 촉매반응은 가상의 메커니즘으로 현재까지의 연구 결과, 가장 이상적으로 일어날 수 있을 가능성이 높은 메커니즘이라 할 수 있다.

또 다른 좋은 예로서 올리고당의 가수분해 과정에서 라이소자임(lysozyme)의 일반 산염기촉매반응이다. 효소 촉매자리로서 촉매반응에 관여하는 35번 글루탐산(glutamic acid)의 카복실기는 이온화되지 않은 상태로 비극성 상태이다. 이 카복실기의 pK_a 값은 4.3인데 pH를 6.0까지 올려도 이온화되지 않는 상태로 남아 있다가 기질의 글루코사이드 탄소에 연결되어 있는 산소에 H^+를 내어 줌으로써 $-C-O$결합이 상대적으로 약화되면

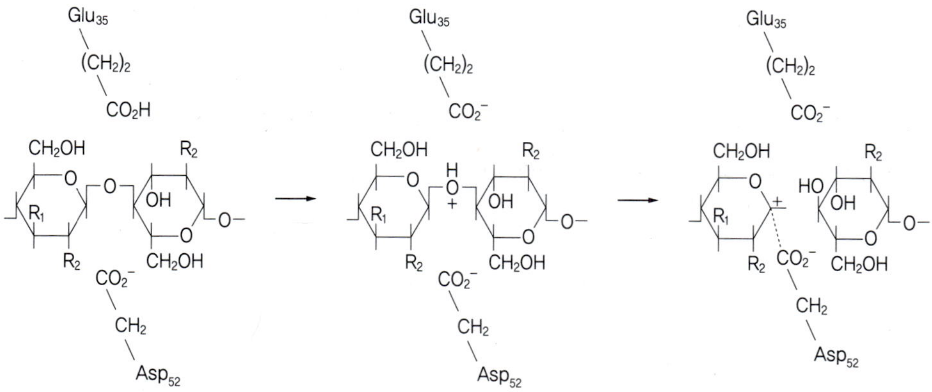

그림 5-5 • 라이소자임의 가상적인 반응 메커니즘

서 끊어지고 카보늄이온을 형성하게 된다. 아울러 52번 아스파트산의 카복실이온은 이 카보늄이온과 비공유결합을 유도하면서 안정된다. 글루코사이드결합의 산가수분해반응과 매우 유사하다(그림 5-5).

산염기 촉매의 유효성은 pK_a 값과 농도에 따라 다른데 물은 산, 염기로서는 약하나, 고농도(55.5 M)이기 때문에 촉매로서 유효하다. $pK_a = -1.6$과 15.6의 H_3O^+와 OH^-는 수용액 중에서 가장 강한 산염기 촉매로서 $pK_a = 6$의 이미다졸에 비해 10의 수제곱만큼이나 유효하지만 중성 pH에서는 농도를 높일 수 없다.

단백질의 아미노산 곁사슬 중 카복실기는 산으로서 가장 강하다(표 5-1). 그러나 중성 pH에서는 산으로서 유효한 COOH형으로는 거의 존재하지 않는다. 카복실기가 산 촉매

표 5-1 • 각 아미노산 곁사슬의 해리기로서 양성자성 그룹과 이들의 pK_a

아미노산 곁사슬의 해리기	pK_a	아미노산
Carboxyl기	3.5 4.6	α-COOH Asp, Glu
Imidazole기	7	His
Amino기	8 10	$-NH_2$ Lys의 ε-NH_2
Thiol기	9	Cys
Phenol기	10	Tyr
Guanidyl기	12	Arg
OH기	13.5	Ser, Thr

로서 유효한 것은 특수한 환경에서 높은 pK_a 값을 가지며, 산성에서 작용하는 효소의 경우에 한정된다. 이미다졸기, 아미노기, 싸이올(thiol)기, 페놀기는 산으로서는 강하지 않으나, 중성에서 나오는 H^+를 가지고 있어서 산 촉매가 될 수 있다.

여기서 주의해야 할 점은 pK_a 이하의 낮은 pH에서는 산 촉매의 효율이 pH에 좌우되지 않는다. 예를 들어 타이로신(tyrosine) 곁사슬의 산 촉매 효과는 pH 7에서나 pH 3에서나 거의 같은 값을 보일 정도로 미미하여 무시할 정도의 값이다. 염기 촉매로서 카복실, 이미다졸은 약하지만 중성 pH에서 H^+를 받아들일 수 있다. 구아니딘(guanidine)기, 하이드록실기는 pK_a 값이 높아 중성 pH에서는 염기 촉매가 되기 어렵다.

2) 친전자성 촉매작용

화학반응이 일어나려면 일반적으로 특정 원자 사이의 전자 분포가 기울어지는 현상, 즉 분극(polarization)이 필요하며 촉매는 이러한 분극이 쉬워지도록 유도하거나 또는 분극된 상태를 안정화시키는 기능을 한다. 친전자성 촉매(electrophilic catalyst)로 불리는 것은 양전하(+)로 분극된 원자를 갖고 있는 상태로, 기질이나 반응 중간체가 음전하(−)로 분극될 수 있는 원자에 접근하거나 반응해서 분극을 촉진시킨다.

산 촉매의 경우도 H^+의 양전하에 의한 반응 중간체가 기본적으로 음전하를 안정화시키려 하므로 작용면에서 친전자성 촉매가 되며, H^+와 마찬가지로 양전하를 갖는 금속이온도 친전자성 촉매로 작용한다. 글리신메틸에스터(glycine methylester)의 가수분해를 예로 들면 여러 개의 2가 금속에 의해 촉매되며, 중성 pH, 상온 부근에서도 상당한 속도로 가수분해반응이 일어난다. 이는 금속이온의 결합에 의해 카보닐의 분극이 촉진되어 물분자나 OH^-의 카보닐탄소에 쉽게 부가반응이 일어나기 때문이라 여겨진다(그림 5-6).

이 경우, 2가 금속이온의 경우 Cu > Co > Mn > Ca~Mg의 순으로 효과를 나타낸다. 이는 통상의 배위결합물을 형성하는 순서와 같으나, 그 사이의 정량적인 관계는 아직 밝혀져 있지 않다. 따라서, 한 종류의 금속이온에서도 여러 형태의 배위결합물이 생길 수 있기 때문에 설명에는 한계가 있다.

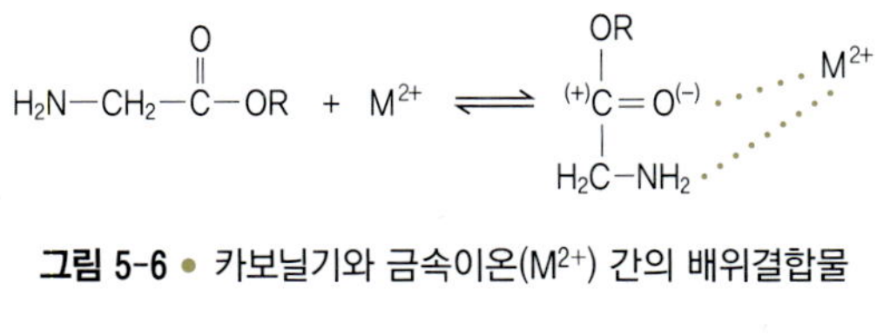

그림 5-6 • 카보닐기와 금속이온(M^{2+}) 간의 배위결합물

금속이온은 안정한 수산화물을 만드는데 유리된 OH^-의 경우 높은 반응성을 보여 주나 중성 pH에서는 10^{-7} M로 농도가 매우 낮다. 한편, 금속이온에 배위한 OH^-는 반응성은 다소 떨어지나 중성 pH에서도 안정되게 존재한다. 금속효소의 경우, OH^- 작용하고 있으며 이 또한 친전자성 촉매의 일종이다.

아미노산의 반응성 곁사슬은 친전자성 시약으로서가 아니고 친핵성 시약, 또는 친핵성 촉매로서의 성질을 나타내는 것이 많다. 단, 카복실기가 산으로서가 아니고 카보닐 화합물로서 작용할 때는 친전자성 촉매로 작용한다. 펩타이드의 주사슬이나 글루탐산, 아스파트산의 곁사슬 중 아마이드(amide)기가 수소결합으로 카보닐기의 분극을 촉진하는 경우도 친전자성 촉매로 볼 수 있다.

3) 친핵성 촉매작용

친핵성 촉매(nucleophlic catalyst)는 친전자성 촉매와 달리 용매 중의 전자밀도가 높은 원자가 기질의 양전하(+)로 분극하는 원자에 접근하거나 반응하여 작용한다. 기질 촉매도 메커니즘은 같지만 이 경우 촉매가 공격하는 것은 기질의 H^+에 한정된다. 일반적으

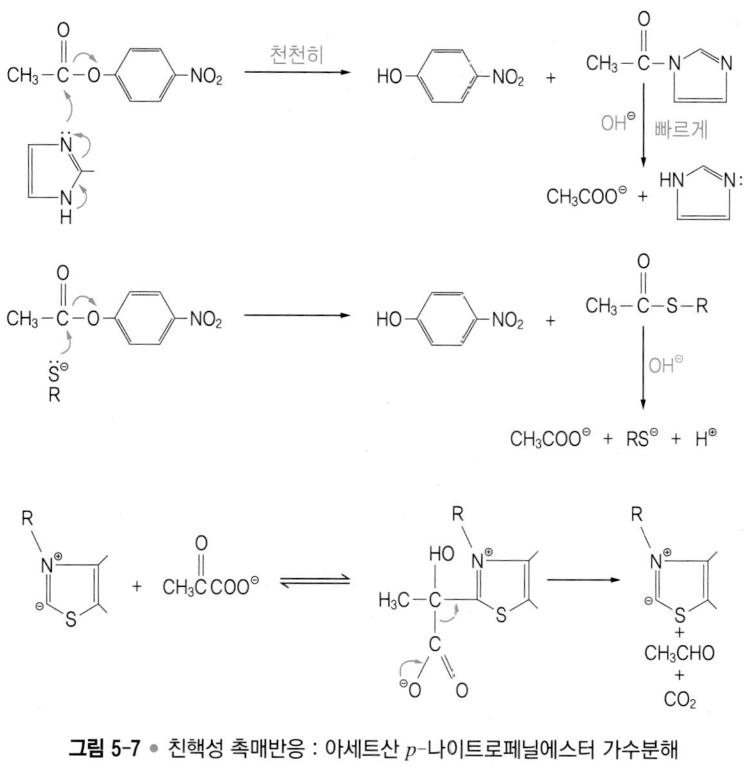

그림 5-7 • 친핵성 촉매반응 : 아세트산 p-나이트로페닐에스터 가수분해

로, 친핵성 촉매는 기질과 공유결합으로 연결된 반응중간물질을 만든다. 아세트산 *p*-나이트로페닐에스터(acetate *p*-nitrophenylester) 가수분해의 이미다졸에 의한 촉매의 경우는 반응중간물질로서 아세틸이미다졸(acetyl imidazole)이 생긴다(그림 5-7).

이미다졸기의 2개의 질소 중 친핵성 질소가 아세틸기의 카보닐기를 공격하여 중간 생성물을 만들고 아세틸기의 산소가 이중결합을 생성하려고 전자를 끌어오면 에스터결합자리의 −C−O결합이 끊어지면서 아세틸이미다졸과 *p*-나이트로페닐(*p*-nitrophenyl)이온을 생성한다. 계속하여 아세틸기도 떨어져 나가 원래의 상태로 되돌아온다. 이 경우 이미다졸기가 있는 것과 없는 것 간에 차이가 있는데, 이미다졸기가 있는 경우가 반응이 훨씬 더 빠르게 일어난다. 이것은 이미다졸기가 매우 안정적이며 쉽게 이탈되는 그룹(leaving group)이기 때문이다. 이와 같은 촉매반응을 친핵성 촉매라 하며 비결합성 전자쌍을 갖고 있는 그룹들이 친핵성을 띠게 되어 효소의 촉매자리에서 이와 같은 역할을 하게 된다. 이런 역할을 하는 것 중에는 라이신(lysine), *N*-말단의 $-NH_2$, 세린이나 트레오닌(threonine)의 −OH, 아스파트산이나 글루탐산의 −COOH, 시스테인(cysteine)의 −SH, 히스티딘의 이미다졸기 등이 있다. 한편, 아마이드는 친핵성으로 작용하지 못한다.

친핵성 촉매는 공유결합 형태의 중간 생성물을 형성한 경우에 적용된다. 친핵성 그룹이 공격하는 그룹은 주로 에스터결합, 아마이드, 카복실기 등이다. 친핵성 그룹이 에스터결합의 카보닐기를 공격한 후 여기에 결합되어 있던 그룹(X)을 분해하는 과정을 보면 다음과 같다.

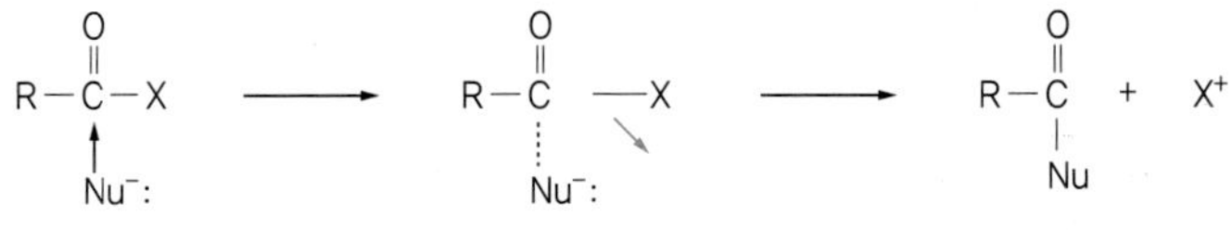

사면체(tetrahedral) 중간 생성물

촉매반응에서 이러한 중간 생성물의 생성으로 활성화 에너지를 낮추어 주는 효과가 예상되는데 이 중간 생성물은 매우 빠르게 생성되고 또 빠르게 끊어지게 된다. 아세토아세테이트(acetoacetate)의 카복실기제거반응을 예로 들어 보자. 중간 생성물을 형성하는 반응의 경우 시프염기(Schiff's base)는 쉽게 바로 수소가 첨가되어지며 원래의 카보닐기에 의해서 제공될 수 있는 힘보다도 훨씬 더 크게 전자를 끌어당기는 힘이 강해져 카복실기제거반응을 돕게 된다(그림 5-8).

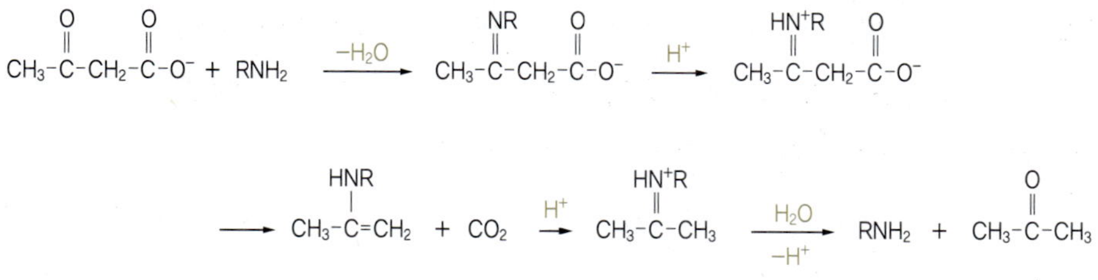

그림 5-8 • 1차 아민이 촉매한 아세토아세테이트의 카복실기제거반응

이처럼 기질에서 전자가 부족한 부분에 친핵성의 잔기가 공격을 하여 촉매반응이 일어나며, 이러한 공격 형태로 이루어지는 촉매반응을 친핵성 촉매라고 한다. 친핵반응을 하는 물질은 많으나 모두 친핵성 촉매로 유효한 것은 아니다. 이 점이 일반 산염기 촉매와는 다른 점이다. 친핵성 촉매로서는 기질과 빠르게 반응해야 하나 다음 단계에서 빨리 떨어져야 하므로 이러한 요구는 많은 경우 모순이 된다. 아실화합물의 가수분해를 예로 들면 친핵 시약의 pK_a와 아세트산 *p*-나이트로페닐에스터에 대한 반응성에 있어 pK_a가 높을수록 아세틸화가 빠르지만 반응에서 생기는 에스터, 아마이드 등은 알코올 성분, 아민 성분의 pK_a가 높을수록 열역학적으로 안정하다. 그러므로, pK_a가 높고, 반응성이 높은 친핵성 시약이 촉매가 될 수는 없다. 실제로 비효소적 반응에서는 오히려 pK_a가 낮고 아실화물이 분리되기 쉬운 물질, 즉 카복실산 음이온, 인산 음이온, 피리딘(pyridine), 이미다졸 등에 촉매작용이 일어난다. 그러나, 기질은 반응성이 높고, 촉매가 쉽게 아실화될 수 있는 활성 에스터 등에서는 한정적이다. 또, 촉매라 하여도 기질과 같은 농도나 기질보다 높은 농도에서 사용해야 한다. 촉매의 아실화 단계는 이차 반응이므로 촉매 농도를 증가시켜 촉진할 수 있다. 이런 경우 약한 친핵성 시약은 강한 친핵성 시약보다 촉매로서 효과적이다. 약한 친핵성 잔기를 작용기로 하는 효소의 경우는 촉매자리에서 실효 농도(effective concentration)를 높여서 작용한다고 생각할 수도 있다.

4) 근접 효과와 배향 효과

효소가 촉매반응을 하려면 기질과 잘 결합해야 하며 이 결합이 보다 효율적으로 일어나려면 촉매자리에 접근한 기질은 물론 효소의 해리기가 특정 위치에 특정 방향으로 배치되어야 한다. 기질과 효소가 반응하기 좋은 방향을 취한다면 촉매반응은 매우 효과적으로 일어난다. 분자 간 결합의 경우, 충돌 중에서 어느 특정한 배향을 가진 충돌에서만 촉매반응을 일으키며 이러한 배향인자는 결국 효소반응속도에 큰 영향을 미친다.

효소가 기질과 결합하기까지는 수많은 기질들과 효소 간의 반응이 일어날 수 있으며 두 가지 이상의 농도에 좌우되는 반응이 전개된다. 이것을 분자들 간에 이루어지는 분자 간 반응이라고 본다면 결합이 이루어져 복합체를 형성한 순간부터는 한 가지 농도에 의해 좌우되므로 1차 반응인 분자 내 반응으로 진행된다. 즉, 분자 간 반응에서 분자 내 반응으로 전환되고 그 효과는 실효 농도로 나타내며 분자 내 반응과 분자 간 반응의 속도상수의 비로 나타낸다. 분자 내 반응은 1차 반응으로 속도상수는 S^{-1}의 단위를 가지며 분자 간 반응은 이차 반응으로 $S^{-1} \cdot M^{-1}$의 단위를 갖는다. 싸이올에스터를 가수분해하는 분자 간 반응, 분자 내 반응의 예를 보면 〈그림 5-9〉와 같다.

촉매자리(catalytic site)와 결합자리(binding site)에 기질이 침투하여 결합이 비교적 견고히 이루어져야 촉매반응에 의해 분해될 수 있다. 만일 기질이 촉매자리로 쉽게 침투하여

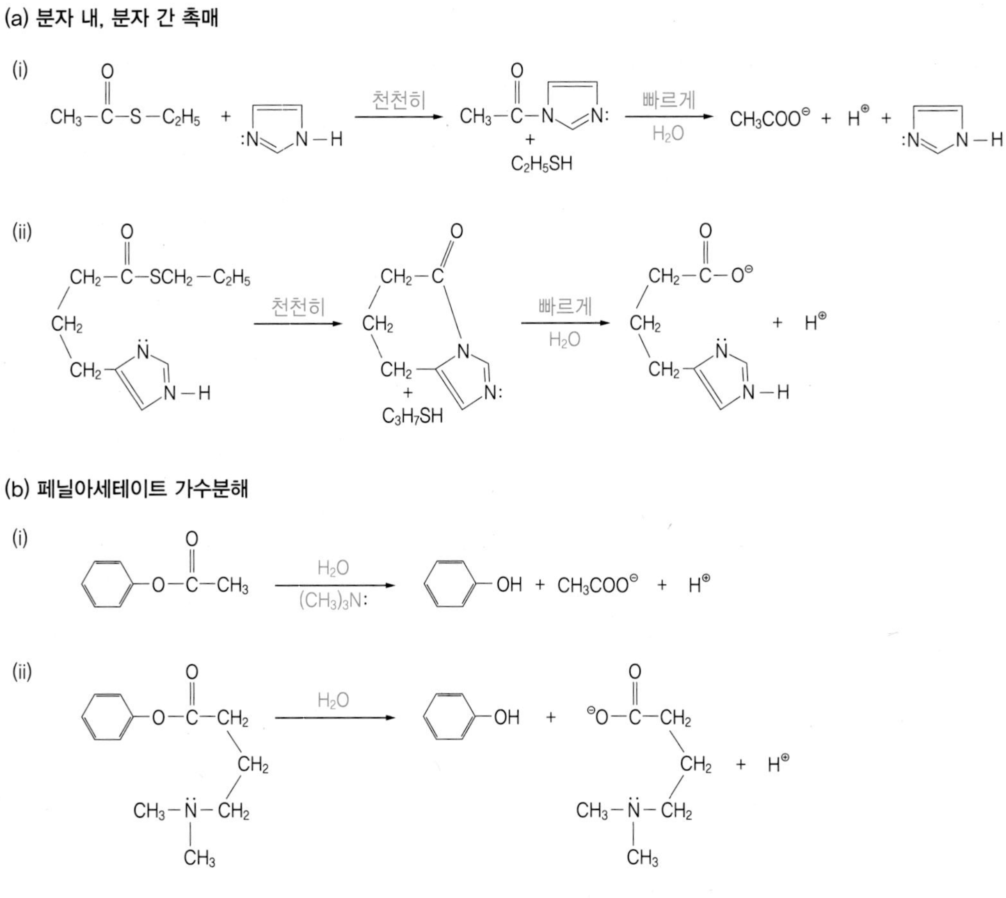

그림 5-9 • 싸이올에스터를 가수분해하는 분자 간 반응과 분자 내 반응

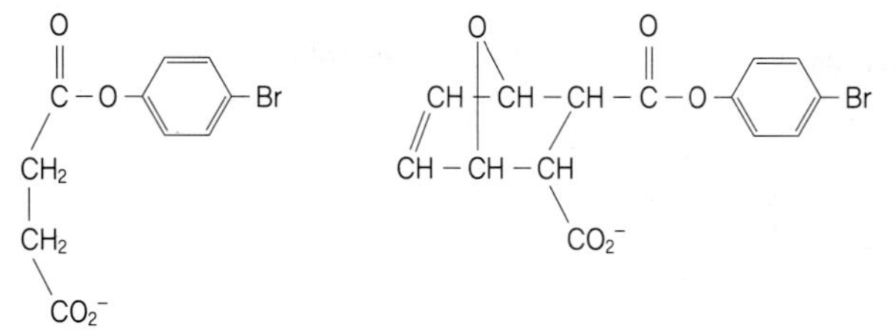

(I) 1 (II) 230

그림 5-10 • p-브로모페닐에스터의 상대적인 가수분해반응속도 비교

결합자리와 결합은 하였으나 결합자리가 2개 이상이 되지 못하면 기질을 고정하지 못하고 쉽게 회전되기 쉬우므로 이런 경우 촉매가 일어나기 어렵고 일어난다고 하더라도 시간이 오래 걸려 촉매 효과는 약하다. 그러나, 3개 이상의 결합자리에서 결합하면 구조적으로 회전이 일어나기 어렵고 효소-기질 복합체가 고정되면서 촉매반응에 의해 분해가 쉬워진다. *p*-브로모페닐에스터(*p*-bromophenyl ester)가 가수분해되는 반응을 보면 물질(II)의 경우 가수분해하고자 할 때 움직임이 제한을 받아 회전이 어려운 상태가 되는데 반하여, 물질(I)은 상대적으로 자유 회전이 쉽게 될 수 있기 때문에 움직이기 어려운 물질(II)가 움직이기 쉬운 물질(I)보다 촉매반응속도가 230배나 빠르게 일어난다(그림 5-10). 효소반응에서 카보닐기에 카복실이온이 친핵적 공격에 의해 이루어지기는 하지만 효소와 기질 복합체가 분자 내에서 구조적인 특성 때문에 회전에 제한을 받게 된다면 그만큼 반응이 빠르게 이루어질 수 있다.

한편, 시스(*cis*)-형태의 구조보다도 트랜스(*trans*)-형태의 구조가 더 느린 반응속도를 보이는데 이는 시스-형태의 구조가 회전이 어려워 기질과 잘 결합할 수 있어 촉매반응이 쉽게 일어나기 때문이다. 이처럼 기질의 배향 효과에 따라 촉매반응속도에 차이가 나타난다.

5) 뒤틀림에 의한 촉매

촉매자리에서 효소와 기질이 결합한 후 뒤틀림(distortion)에 의한 촉매작용을 'rack 메커니즘'이라고 한다(그림 5-11). 효소의 촉매자리는 기질보다도 0.5 Å 정도 길이가 큰데 기질이 효소에 결합될 때 끊어지기 쉬운 결합(bond) 주위가 약간 늘어나거나 안쪽으로 구부러져 부족한 길이를 어느 정도 상쇄시킨다. 마치 전이상태와 유사한 형태로 결합하여 효소-기질의 복합체인 중간 생성물을 형성하고, 이어 보다 더 안정화하려는 열역학적

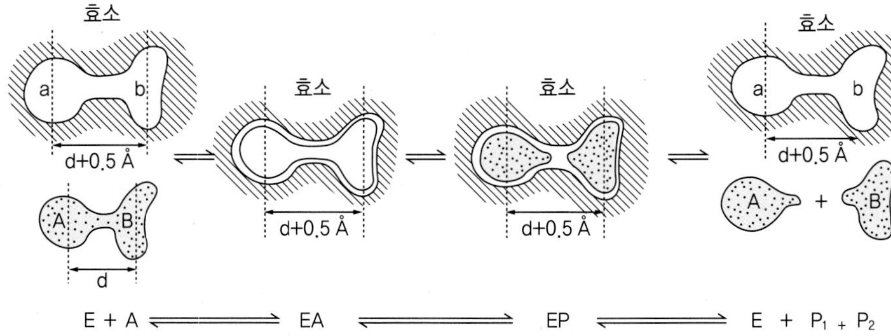

그림 5-11 ● Rack 메커니즘의 예

힘에 의해서 뒤틀림현상이 일어나고 이러한 뒤틀림에 의해서 끊어지는 메커니즘이다.

에틸렌포스페이트(ethylene phosphate)(I)와 구조적으로 유사한 다이메틸포스페이트(dimethyl phosphate)(II)의 가수분해를 비교하여 보면 에틸렌포스페이트(I)가 다이메틸포스페이트(II)보다 1억 배나 빨리 산소와 인(O－P) 간의 결합이 끊어지는 반응이 일어난다(그림 5-12). 즉, 이러한 반응의 전이상태에서는 끊어지기 쉬운 결합이 보다 더 늘려진 형태의 결합이 되었고, 이것은 구조적으로 전이상태에 도달하려는 뒤틀림이 에틸렌포스페이트(I)가 다이메틸포스페이트(II)보다 훨씬 크기 때문이다.

(I) 상대적 반응속도 : 1억배

(II) 1

그림 5-12 ● 에틸렌포스페이트(I)와 다이메틸포스페이트(II)의 상대적인 가수분해 비교

6) 용매 효과와 정전기 효과

화학반응의 속도는 용매에 따라 크게 변한다. 그중 한 요인으로 용매화 현상이 있는데 용매에 녹은 물질은 수많은 수소결합에 의해서 물 분자(용매)와 결합한다. 결합된 물 분자들은 대부분의 경우 용매 간의 반응을 할 수 없게 된다. 효소반응에서는 효소와 기질의 결합으로 그 사이의 물 분자가 배제되기 때문에 용매 제거화에 의한 반응 촉진이 일

어날 수 있다.

물과 유기용매의 커다란 차이로 유전율(dielectric constant, D)이 있다. 유전율은 전하 사이의 상호작용에 영향을 미치며 두 전하 사이의 인력(attractive force, F)으로 $F = \frac{q_1 q_2}{r^2 D}$ 로 나타낸다.

물의 유전율은 약 80이며, 알코올은 24, 벤젠은 2.3이다. 단백질의 D 값은 2~4로 추정되고 있다. 물에서 0.3 nm 떨어진 단위전하 사이의 상호작용 에너지는 1.5 kcal이지만 D=4인 용매 중에서는 30 kcal이다. 이 값은 매우 커서 만약 어느 반응의 활성에너지가 이 정도 내려가면 반응속도는 약 10^{20}배가 된다. 수용액 중의 반응에서 정전기적 효과, 예를 들면 염 농도의 반응속도에 대한 영향 등이 별로 보이지 않는 것은 높은 유전율 때문이다. 정전기적 상호작용은 반응을 촉진하기도 하고 느리게 하기도 한다. 양전하, 음전하가 분극한 전이상태의 반응은 유전율이 낮은 용매 속에서는 느리다. 한편, 양전하, 음전하를 갖는 분자 간의 반응, 촉매의 전하가 기질의 분극을 일으키는 반응 등은 유전율이 낮은 용매 속에서 빨라진다.

7) 효소 촉매반응의 예

효소 촉매반응은 촉매자리에서 여러 과정을 거쳐 일어난다. 맨 처음에는 기질과 효소가 결합하는 것인데, 이것은 기질과 효소의 촉매자리를 구성하는 아미노산 곁사슬 사이의 특이한 결합에 의해 일어난다. 결합 과정을 묘사하는 모델로 두 가지 방법이 제안되었다. 첫 번째 모델은 효소결합자리의 입체적 모양과 기질 구조 형태 사이의 유사성으로 자물쇠-열쇠 모델(lock-and-key model)이다. 자물쇠에 들어가는 열쇠처럼, 또는 입체적 조각그림의 짜 맞추기에서 딱 맞는 조각처럼, 기질은 효소 촉매자리에 정확하게 들어맞도록 결합한다는 제안이다. 두 번째 모델은 단백질들이 어떤 입체적 유연성을 가짐으로써 접근함에 따라 구조가 적합한 형태로 유도되는 유도-적합 모델(induced-fit model)이다(그림 5-13). 이 모델에 따르면, 기질이 효소의 촉매자리와 점진적으로 결합하면서 효소 구조가 변형되어 기질과 효소가 정확하게 들어맞게 된다. 기질이 결합하기 전에는 효소의 기질결합자리가 삼차원적으로 전혀 다른 구조를 가지고 있었지만 효소가 기질과 결합하고 전이상태를 형성하면서 결합구조가 재조정된다. 전이상태에서 기질이 반응할 원자들과 더 가까운 상태로 결합된다. 게다가, 그 기질은 그러한 원자들과 결합하면서 점차 정확한 방향으로 위치한다. 이들 근접성과 방향성 모두 반응속도를 증가시킨다. 이어 결합체가

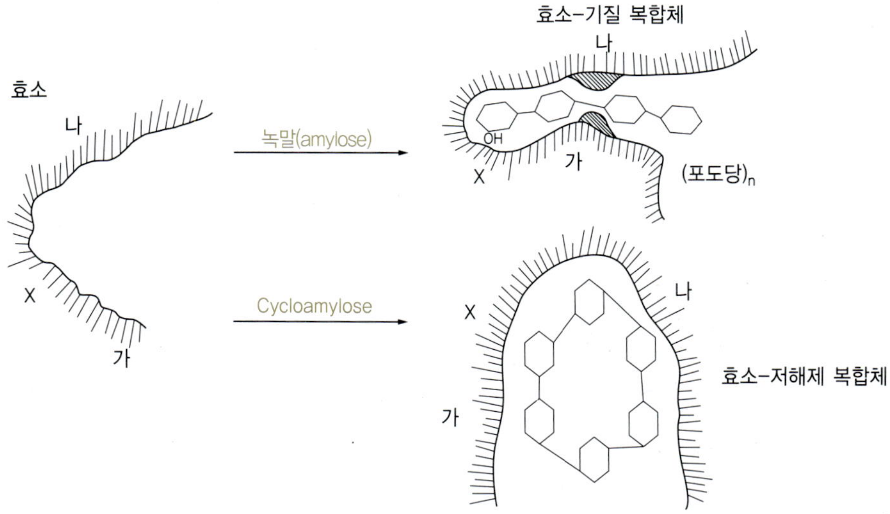

그림 5-13 • 유도-적합모델 : 베타아밀레이스의 반응 메커니즘

절단되고 새로운 결합들이 형성되면서 기질은 생성물로 전환된다. 생성물은 효소로부터 유리되고 유리된 효소는 또 다른 생성물을 만들기 위하여 더 많은 기질과의 반응을 촉진한다. 이처럼 각각의 효소는 그들 나름대로의 특이한 촉매반응 형태가 있다.

키모트립신은 방향족 곁사슬을 가지는 아미노산의 펩타이드결합을 가수분해하는 반응을 촉진시키는 효소이다. 키모트립신은 루신(leucine), 히스티딘, 글루타민(glutamine) 같은 아미노산의 펩타이드결합도 가수분해하지만, 방향족 아미노산과 비교하면 가수분해 빈도가 아주 낮다. 키모트립신은 에스터결합의 가수분해도 역시 촉진시킨다.

키모트립신, 트립신(trypsin), 엘라스틴가수분해효소(elastase) 등의 기질특이성을 고려한 촉매반응을 비교하여 보면 〈그림 5-14〉에서 보는 바와 같이 키모트립신의 촉매자리는 구조적으로 큰 부피를 차지하는 방향족 곁사슬을 갖고 있는 아미노산의 펩타이드결합들이 촉매자리 안쪽 공간으로 쉽게 침투할 수 있다. 즉, 216번, 226번 글리신의 곁사슬이 −H로 차지하는 공간이 적고 그만큼 부피가 상대적으로 큰 기질들이 유입되기가 용이한 특성을 갖고 있다. 그리고, 189번의 세린기는 타이로신의 −OH기와 수소결합에 의해 결합하기가 용이하다. 따라서 타이로신이나 페닐알라닌(phenylalanine)과 같은 방향족 아미노산의 곁사슬이 들어올 확률이 높다. 이런 구조적인 특성 때문에 키모트립신의 기질특이성은 타이로신이나 페닐알라닌의 이웃하는 펩타이드결합을 끊을 수 있다.

반면, 트립신은 189번의 아스파트산의 카복실이온이 음전하를 띠고 있어 라이신이나

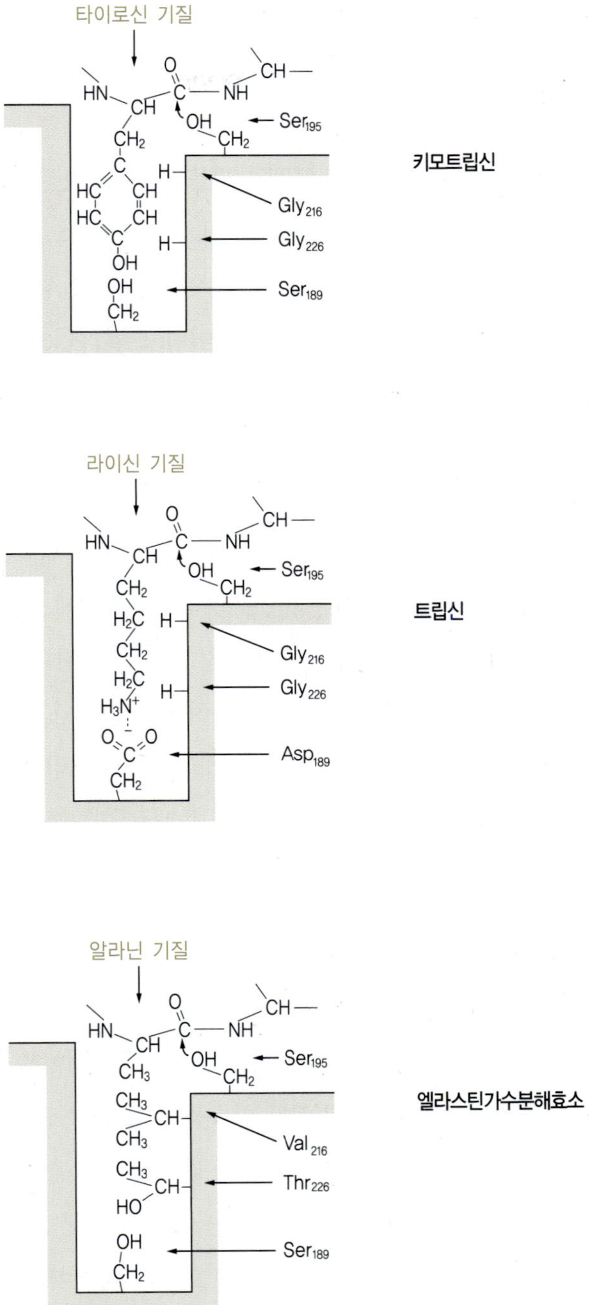

그림 5-14 • 키모트립신, 트립신 및 엘라스틴가수분해효소의 기질과 결합하는 자리의 구조적 특성

아르지닌(arginine)과 같은 양전하를 띠는 극성물질과 이온결합하기가 용이한 구조를 갖고 있으며, 216, 226번 글리신은 키모트립신과 마찬가지로 구조적으로 큰 공간을 차지하

는 곁사슬을 갖는 아미노산들이 침투할 수 있다. 라이신의 경우 다른 아미노산에 비하여 구조적으로 큰 부피를 차지하고, 또 극성을 띠고 있으므로 트립신이 가수분해할 수 있는 대표적인 기질이 될 수 있다.

이와는 달리 엘라스틴가수분해효소의 촉매자리를 보면 189번은 키모트립신과 마찬가지로 세린 구조를 하고 216번은 발린(valine), 226번은 트레오닌으로 곁가지 사슬이 차지하는 부피가 글리신에 비하여 큰 편으로 촉매자리 안의 공간이 상대적으로 적은 편이다. 따라서, 곁가지 사슬이 큰 아미노산들은 침투가 어렵고 알라닌(alanine)과 같은 부피가 작은 소수성 그룹을 갖는 아미노산들이 침투하여 결합한 후 촉매반응이 이루어진다.

키모트립신에 의한 에스터결합의 가수분해반응은 효소의 촉매작용을 연구하기에는 아주 편리한 모델이다. 실험실에서 사용되는 방법은 기질로 *p*-나이트로페닐에스터를 이용하여 반응의 진행 정도를 *p*-나이트로페놀(*p*-nitrophenol)이온의 생성(노란색)을 측정함으로써 확인이 가능하다. 키모트립신에 의한 *p*-나이트로페닐에스터의 가수분해반응에서, 반응속도는 기질인 *p*-나이트로페닐에스터의 농도에 좌우된다. 기질의 농도가 낮을 경우에는 기질이 첨가됨에 따라 반응속도가 증가하지만 기질의 농도가 높을 경우에는 기질을 첨가한다고 하더라도 반응속도는 거의 변하지 않으며 최대 속도에 이른다. 따라서, 기질의 농도가 낮은 상태에서 초기 반응속도를 토대로 비교하면 촉매반응 정도를 확인할 수 있다.

(1) 펩신의 반응 메커니즘

펩신(pepsin) 효소의 반응 메커니즘을 예상하여 보면 〈그림 5-15〉와 같다. 효소는 두 개의 카복실기를 촉매자리에 갖고 있는데, 이 중 하나는 카복실이온 형태로 존재하고 다른 하나는 카복실기 형태로 존재한다. 기질이 침투하면 효소-기질 복합체를 형성하는데 이때 효소의 카복실이온이 펩타이드의 카보닐기에 친핵성 공격을 하여 공유결합 형태의 중간 생성물을 생성한다. 기질의 카보닐기의 탄소는 효소의 카복실이온, $-OH$, $-NH$, R 그룹 등과 결합되어 있는데, 이 중 $-OH$기는 다시 효소의 다른 카복실기의 산소 쪽으로 접근하게 되고 $-OH$로부터 수소를 탈취하려고 하며 이때 펩타이드결합의 $-NH$는 상기 카복실기의 카보닐기를 공격한다. 이렇게 되면 펩타이드결합은 끊어지고 아미노-, 아실-효소를 생성한다. 이는 두 개의 카복실기가 한쪽은 아실기가 붙어서 아실화가 되고, 또 다른 쪽은 아미노기가 붙어서 아미노화가 된 상태가 된다. 여기에 물 분자가 관여하여

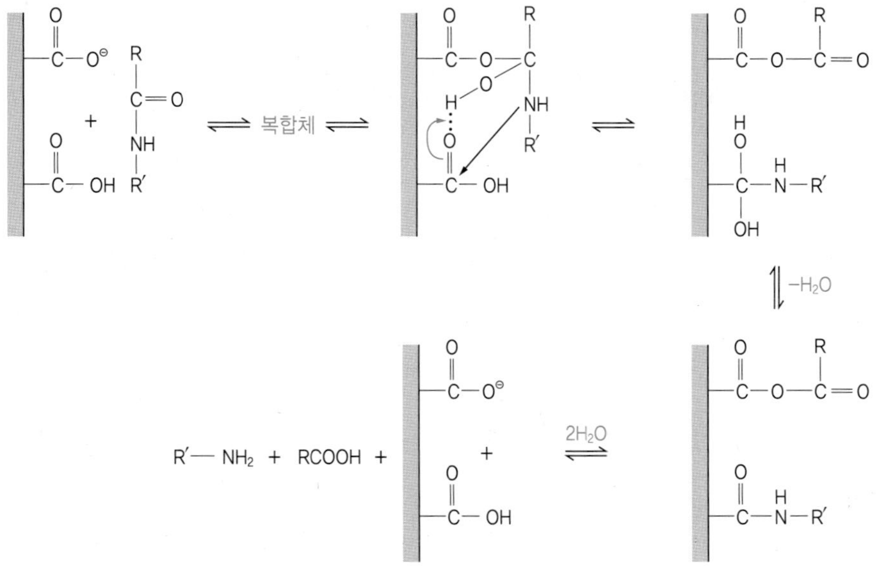

그림 5-15 ● 펩신에 의해 이루어지는 가상적 가수분해반응 메커니즘

펩타이드결합이 끊어진 생성물을 얻게 된다. 이러한 촉매반응은 예상된 메커니즘으로 많은 과학자의 연구 결과에서 이런 가설이 가장 설득력이 있다.

2. 효소반응속도론

1) 반응속도론

반응속도론(reaction kinetics)은 효소의 반응 메커니즘을 이해하는 데에 있어서 매우 중요하다. 뿐만 아니라 산업적으로 효소를 이용하고자 할 때 경제성 여부를 판단하는 기준으로 사용할 수 있다. 효소가 시간당 얼마만큼의 생성물을 생산하는지, 효소의 양을 조절하거나 또는 반응물의 양을 얼마만큼 넣어야 하는지 등을 판단할 때 이와 같은 반응속도론을 이용할 수 있다. 그리고, 어떤 종류의 기질을 사용하는 것이 바람직한지 등 이에 관련된 정보들을 얻는 데 도움을 준다. 대부분의 화학반응식에서 단위시간당 반응물의 감소와 생성물의 생성은 다음과 같이 표현한다.

$$A + B \rightleftharpoons P + Q$$

A 성분의 감소 : $-\frac{dA}{dt} = k(A)^n$　　　B 성분의 생성 : $\frac{dB}{dt} = k(B)^n$

$\frac{dA}{dt}$, $\frac{dB}{dt}$는 시간에 따라 A, B 성분이 변화하는 양을 나타내며 (A), (B)는 주어진 시간에서 반응물 및 생성물 A, B의 양을 나타낸다. 여기서 k는 반응속도상수(reaction rate constant)를, n은 반응차수(reaction order), 즉 0, 1, 2, … 등으로 나타낸다.

(1) 0차 반응

반응속도가 반응물의 농도에 전혀 영향을 받지 않는 경우로 n=0이다.

$$-\frac{dA}{dt} = k \tag{5.1}$$

(식 5.1)을 적분하면 $-\int_{A_0}^{A} dA = k\int_0^t dt$ 이 되고 이것을 다시 풀면 $A_0 - A = k{\cdot}t$이다. A_0는 초기의 기질 농도를, A는 t시간 후 기질의 농도를 말한다. 이들의 관계($A_0 - A$ vs t)를 그래프(그림 5-16)로 나타내면 기울기는 k 값이 된다. 효소반응에서 기질의 농도가 매우 높을 때 0차 반응에 따른다.

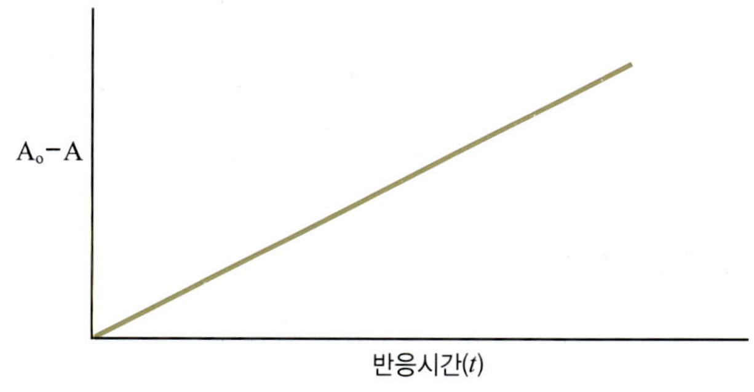

그림 5-16 • 0차 반응 : 반응시간에 따른 생성물의 양과의 관계

(2) 1차 반응

한 가지 반응물의 농도에 따라 반응속도에 영향을 미치는 경우로 n=1이다.

$$-\int_{A_0}^{A} \frac{dA}{A} = k\int_0^t dt \tag{5.2}$$

이를 적분하면 $-\int_{A_0}^{A} dA = k\int_0^t dt$ 이 되고 다시 이것을 풀면 $-(\ln A - \ln A_0) = k{\cdot}t$

$$\ln \frac{A_0}{A} = k{\cdot}t \tag{5.3}$$

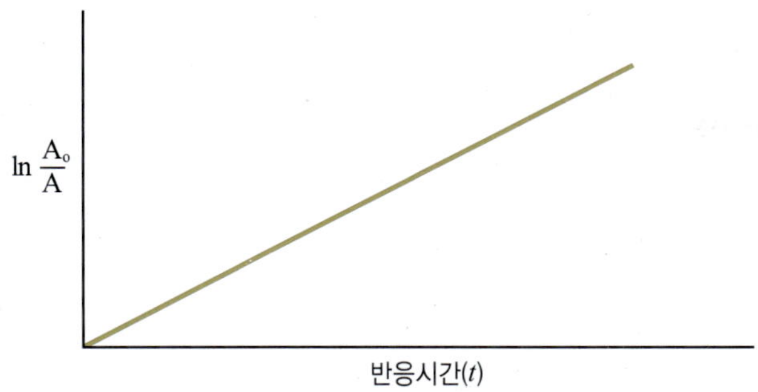

그림 5-17 • 1차 반응 : 반응시간에 따른 기질의 잔존 양(A)과 초기 기질의 양(A_o)과의 관계

이 관계를 그래프로 나타내면 지수함수의 형태로 직선적인 관계를 보인다(그림 5-17).

대부분의 반응들은 1차 반응에 속하며 기질의 농도가 적을 때 초기 반응속도라든가, 효소에 의한 색소 파괴반응, 지방 산패, 비타민 파괴반응 등이 1차 반응을 따른다.

(3) 2차 반응

두 가지 반응물의 농도가 모두 반응속도에 영향을 준다.

$$A + B \longrightarrow P$$

이 반응에서는 다음 미분반응식의 해를 구하면 된다.

$$-\frac{dA}{dt} = k(A)(B) \tag{5.4}$$

$$\frac{1}{[B_o]-[A_o]} \ln \frac{[A_o][B]}{[B_o][A]} = k \cdot t \tag{5.5}$$

효소반응의 경우 특별한 경우를 제외하고는 대부분 0, 1차 반응에 따른다. A, B 반응물에 효소가 촉매반응을 하여 P라는 생성물을 만드는 가역적 반응을 생각하여 보자.

$$A + B \underset{k_{-1}}{\overset{k_1}{\rightleftarrows}} P$$

여기에서 정반응의 반응속도(v_f)는 $v_f = k_1[A][B]$, 역반응의 반응속도(v_b)는 $v_b = k_{-1}[P]$로 나타낼 수 있으며 평형에 도달하였을 경우 정반응방향의 반응속도와 역반응방향의 반응속도는 서로 같다고 보면 평형상수 K는 다음과 같다.

$$K = \frac{k_1}{k_{-1}} = \frac{[P_e]}{[A_e][B_e]} \tag{5.6}$$

여기서 $[A_e]$, $[B_e]$, $[P_e]$는 각각 평형에 도달하였을 때의 농도이고 반응물 A가 감소되는 반응속도는 반응물 B가 감소하는 속도와 같으며 아울러 생성물(P)이 생성되는 속도와 같다.

$$-\frac{dA}{dt} = -\frac{dB}{dt} = k_1[A][B] = \frac{dP}{dt} \tag{5.7}$$

두 가지 성분 농도의 1차 제곱에 비례하므로 반응차수는 2로서 이와 같은 반응을 2차 반응이라고 한다. 반응차수는 반응물질농도의 몇 제곱에 비례하는가를 나타내는 용어이다. 만일 한 가지 농도에만 영향을 받는다면 1차 반응이라 한다.

$$-\frac{dA}{dt} = k_1[A] \tag{5.8}$$

또, $3A + B \longrightarrow P$의 관계가 성립되는 반응이 있다고 가정하면 이 경우 반응차수는 3+1=4로 4차 반응이 된다.

$$-\frac{dB}{dt} = k_1[A]^3[B] \tag{5.9}$$

화학반응이 평형에 도달하는 경우 이 반응은 $\alpha + \beta$차 반응이다.

$$\alpha A + \beta B \underset{k_b}{\overset{k_f}{\rightleftharpoons}} \gamma C + \delta D$$

$$-\frac{dA}{dt} = k_f[A]^{\alpha}[B]^{\beta} - k_b[C]^{\gamma}[D]^{\delta} \tag{5.10}$$

그러나, 반응속도가 어떤 반응물의 농도에 전혀 영향을 받지 않고 최대 반응속도에 비례한다면 이것은 0차 반응이 된다.

$$-\frac{dA}{dt} = V_{max} \tag{5.11}$$

인버테이스(invertase)에 의하여 슈크로스(sucrose)는 포도당과 과당으로 분해되는 전화반응을 한다(표 5-2). 전화된 양을 반응시간에 따라 측정한 결과는 아래와 같고 슈크로

표 5-2 • 인버테이스에 의한 슈크로스의 전화반응

반응시간(분)	전화된 슈크로스의 양(mol/L)	남아 있는 슈크로스의 양(A) (mol/L)
0	0.0	1.0023
30	0.1001	0.9022
60	0.1946	0.8077
90	0.2770	0.7253
130	0.3726	0.6297
180	0.4676	0.5347

스의 초기 농도는 1.0023 mol/L이었을 때 이 반응의 1차 반응속도상수는 다음과 같이 구할 수 있다.

$$\underset{\text{슈크로스}}{C_{12}H_{22}O_{11}} + H_2O \longrightarrow \underset{\text{포도당}}{\alpha\text{-}C_6H_{12}O_6} + \underset{\text{과당}}{\beta\text{-}C_6H_{12}O_6}$$

일반적으로 효소반응의 경우 초기 반응속도에 관심을 두고 비교하는 것이 바람직한데 이는 초기 반응이 1차 반응을 따르기 때문이다. 위 데이터로부터 30분 반응하였을 때의 값이 가장 초기에 해당하므로 이를 적용하여 본다면 $A_o = 1.0023$ mol/L이고 30분 후 남아 있는 양(A) = 1.0023 mol/L(초기 농도) − t시간 후 농도(전화된 당) = 1.0023 − 0.1001 (mol/L)

$$\ln\frac{A_o}{A} = k \cdot t$$

관계식(식 5.3)으로부터 k에 대하여 계산하면

$$k = \frac{1}{t}\ln\frac{A_o}{A} = \frac{1}{30(\text{분})}\ln\frac{1.0023}{1.0023-0.1001} = 0.0035\ (\text{min}^{-1})$$

반응속도 상수 k는 0.0035 (min^{-1})이 된다. 만일 1 kg의 슈크로스를 90% 전화시키는데 필요한 시간을 알고자 한다면

$$t(90\%\ \text{전화}) = \frac{1}{0.0035/\text{분}}\ln\frac{100\%}{(100-90)\%} = 648.1\text{분}$$

2) 효소의 반응속도

효소의 촉매반응은 다음과 같이 먼저 효소와 기질 복합체(ES)를 형성한 후 효소와 생성물이 만들어진다.

$$E + S \underset{k_{-1}}{\overset{k_1}{\rightleftarrows}} ES \underset{k_{-2}}{\overset{k_2}{\rightleftarrows}} E + P \tag{5.12}$$

t시간 반응한 다음 여러 항목에 대하여 다음과 같이 정의를 내린다.

[E] : 유리된 효소 농도, 기질과 결합하지 않은 효소 농도

[S] : 유리된 기질 농도, 효소와 결합하지 않은 기질 농도

[ES] : 효소-기질 복합체의 농도

[P] : 생성물 농도

$[E_O]$: 효소 전체의 총 농도(유리된 것+복합체) : [E]+[ES]

전체적으로 생성물의 생성속도($\frac{dP}{dt}$)를 반응속도로 표현하면

$$\frac{dP}{dt} = k_2[ES] - k_{-2}[E][P] \tag{5.13}$$

생성물이 생성되는 반응속도는 효소기질의 복합체가 정반응방향으로 반응하는 속도와 생성된 생성물(P)로부터 역반응에 의해 효소기질의 복합체가 생성되는 반응속도 간의 차이라 할 수 있으나 이 반응에서 몇 가지 가정을 하면 보다 간단하게 표현할 수 있다.

① 초기 반응속도를 사용한다. 일반적으로 효소 전체 반응의 초기 부분(5~10% 정도)을 측정하게 된다(그림 5-18). 이때 남아 있는 기질[S]의 농도는 초기 기질의 농도$[S_O]$와 같다. 마찬가지로 생성물의 농도[P]는 반응 초기 생성물의 농도$[P_O]$와 같다. 따라서, 복합체로부터 생성물이 생성되는 반응의 역반응은 초기에는 거의 일어나지 않는다($k_{-2} \cong 0$).

따라서, 반응속도 = k_2[ES]로 표현할 수 있으며 만일 이 반응이 비가역적 반응이라고 한다면 더 이상의 문제에 대하여 걱정할 필요는 없다. 그러나, 경우에 따라서 생성물에 의한 저해반응(예: 젖산을 생성하는 경우 pH가 급격히 떨어져 효소의 적정 pH 조건을 벗어나게 됨)이 일어날 수 있기 때문에 이런 점을 무시할 수 없으며 그런 경우

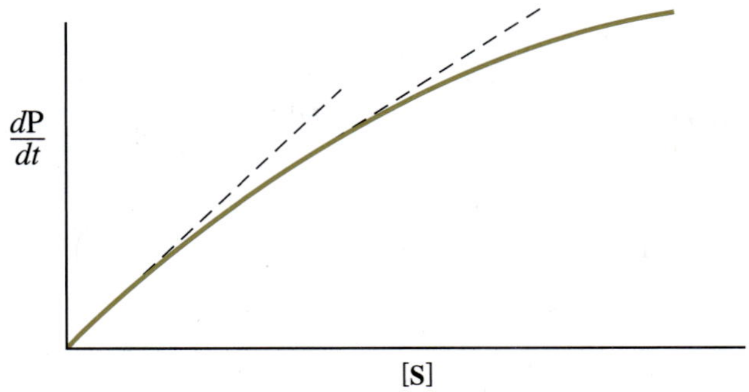

그림 5-18 • 기질 농도에 따른 효소의 초기 반응속도

생성물의 농도를 일정하게 유지하는 것이 중요하다.

② 효소의 농도가 기질의 농도에 비하여 매우 작다고 가정한다면 [E]≪[S]

$$[E_o] = [E] + [ES]$$

$[S] \cong [S_o]$: 초기 반응에서는 거의 일치함

($[S] + [ES] = [S_o]$에서 초기에는 $[ES] \cong 0$이므로)

정상상태(steady state)에서 기질의 농도[S]는 매우 크고 일정한 상태이며 $[E_o]$는 매우 적은 상태로 [ES]는 초기 반응을 측정하는 동안 거의 일정한 농도를 유지한다. (식 5.12)에서 각 항목의 물질에 대하여 질량의 법칙을 적용하면 생성속도 관계식은 다음과 같이 나타낼 수 있다.

$$\frac{d[E]}{dt} = -k_1[E][S] + (k_2 + k_{-1})[ES] - k_{-2}[E][P] \tag{5.14}$$

$$\frac{d[S]}{dt} = -k_1[E][S] + k_{-1}[ES] \tag{5.15}$$

$$\frac{d[ES]}{dt} = k_1[E][S] - (k_2 + k_{-1})[ES] + k_{-2}[E][P] \tag{5.16}$$

정상상태에서는 평형에 도달한 것과 마찬가지로 물질의 증감이 없는 것과 같은 상태로 ES의 생성속도와 ES의 분해속도가 동일하게 되는 상태에 도달하게 된다. 따라서, $\frac{d[ES]}{dt} \simeq -\frac{d[ES]}{dt} \simeq 0$ 이므로 (식 5.16)으로부터 $(k_2 + k_{-1})[ES] = [E](k_1[S] + k_{-2}[P])$이 되고, 또한 보존법칙으로부터 $[E] + [ES] = [E_o]$이므로 이를 재배열한 뒤 [E]에 관한 관계를 대입하면 다음과 같다.

$$(k_2 + k_{-1})[ES] = ([E_o] - [ES])(k_1[S] + k_{-2}[P]) \tag{5.17}$$

(식 5.17)에서 [ES]로 인수분해하면

$$[ES](k_2 + k_{-1} + k_1[S] + k_{-2}[P]) = [E_o](k_1[S] + k_{-2}[P]) \tag{5.18}$$

$$[ES] = \frac{[E_o](k_1[S] + k_{-2}[P])}{(k_2 + k_{-1} + k_1[S] + k_{-2}[P])} \tag{5.19}$$

$k_{-2} \cong 0$라면 $v = \frac{dP}{dt} = k_2[ES] - k_{-2}[E][P]$에 적용하여

$v = k_2[ES]$를 얻을 수 있으며 (식 5.19)를 대입하면

$$v = k_2[ES] = \frac{k_2[E_o]k_1[S]}{(k_2 + k_{-1} + k_1[S])} = \frac{k_2[E_o][S]}{(\frac{k_2 + k_{-1}}{k_1} + [S])} \tag{5.20}$$

이 식에서 [ES] = [E$_o$]일 때 효소반응이 최대 속도를 나타내므로 $k_2[E_o] = V_{max}$로, 또 $\frac{k_2 + k_{-1}}{k_1} = K_m$이라고 명명한다면 (식 5.20)은 미하엘리스-멘텐식(Michaelis-Menten equation)으로 표현하게 된다.

$$v = \frac{V_{max}[S]}{K_m + [S]} \tag{5.21}$$

이 반응식으로부터 기질의 농도에 따른 효소반응속도를 나타내면 〈그림 5-19〉와 같다.

효소반응에서 측정된 반응속도가 V_{max}의 0.33배이었을 때 기질의 농도가 얼마인지를 예상하여 본다면 $v = 0.33V_{max}$이므로 $v = \frac{V_{max}[S]}{K_m + [S]}$ 관계에 대입하여 $0.33V_{max} = \frac{V_{max}[S]}{K_m + [S]}$ 관계로부터 양변의 V_{max}를 삭제하고 정리하면 $0.33[S] + 0.33K_m = [S]$, 즉 [S]의 농도는 K_m의 0.5배가 된다고 예상할 수 있다.

V_{max}는 촉매 상수 k_{cat}와 동일한 값인 효소의 전환횟수(turnover number)의 척도이다.

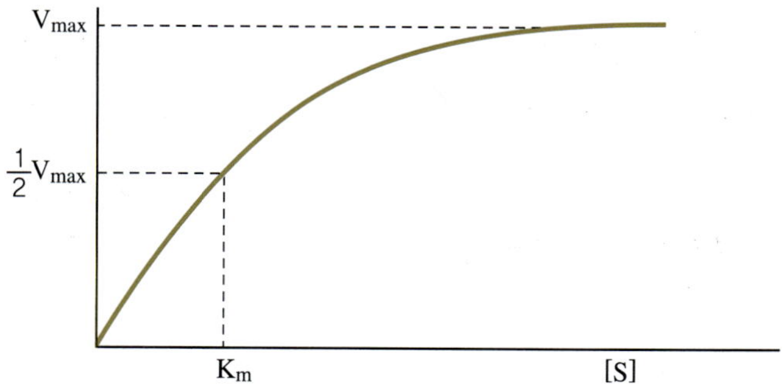

그림 5-19 • 기질 농도에 따른 반응속도와 미하엘리스-멘텐식에서의 K_m 값

$$k_{cat} = \frac{V_{max}}{[E_o]} = \text{전환횟수}$$

전환횟수는 일정한 시간에 효소 1 M이 작용하여 생성물을 만들 때 효소 1 M이 이용하는 기질의 M수를 나타낸다. 다시 말하면 효소가 기질에 포화되어 최대 속도가 나올 수 있는 상황에서의 전환횟수를 말한다. 〈그림 5-19〉에서 반응속도(v)가 최대 반응속도의 1/2이라면 $v = 1/2\,V_{max}$, 따라서 이 값을 (식 5.21)에 적용하여 풀면 $K_m = [S]$이므로 $v = 1/2\,V_{max}$일 때 기질의 농도는 K_m이 된다. 미하엘리스상수(Michaelis constant) K_m에 대한 해석은 효소 촉매자리가 기질에 의해 1/2 채워졌을 때의 기질의 농도이다. 또 다른 해석으로는 기질과의 친화력을 의미하는데 $K_m = \frac{k_{-1} + k_2}{k_1}$에서 ES를 만드는 속도 k_1보다도 ES를 해리시키는 속도($k_{-1} + k_2$)의 비율이 높을수록, 즉 K_m 값이 클수록 기질이 효소에 더 약하게 결합하는 것을 의미한다. 한편, 기질의 농도가 K_m 값보다도 훨씬 큰 경우 미하엘리스-멘텐식은

$$v = \frac{V_{max}[S]}{K_m + [S]} \cong V_{max} \cong k_2[E_o] \cong k_{cat}[E_o] \tag{5.22}$$

이 경우 반응속도는 기질의 농도에 좌우되지 않는데 이것은 효소 촉매자리가 모두 기질로 포화된 상태이며 반응은 최대 속도 V_{max}로 진행된다. 따라서, 0차 반응에 해당된다(그림 5-20). 즉, 효소 농도에 비례하여 생성물을 생성한다.

$\frac{dP}{dt} = V_{max}$ 이므로 이를 적분하여 풀면 다음과 같다.

$$\int_{P_o}^{P} dP = V_{max} \int_0^t dt$$

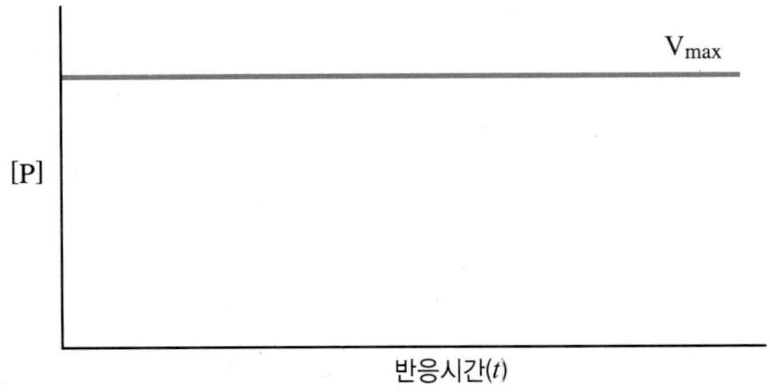

그림 5-20 ● 기질 농도가 K_m보다도 더 큰 조건($[S] \gg K_m$)에서의 미하엘리스-멘텐식 : 0차 반응인 관계([P] vs 반응시간)

$$P - P_o = [P] = V_{max} \cdot t \tag{5.23}$$

따라서, [P]와 반응시간(t)에 대하여 그래프를 그리면 1차 반응으로 기울기는 V_{max}이고 기질의 농도에 영향을 받지 않는다.

또 다른 제한적인 조건으로 기질의 초기 농도가 K_m 값보다도 훨씬 적어 $[S] \ll 0.05K_m$가 된다면 (식 5.21)은

$$v = \frac{V_{max}[S]}{K_m + [S]} \cong \frac{V_{max}[S]}{K_m} = \frac{k_2[E_o][S]}{K_m} = \frac{dP}{dt} = -\frac{dS}{dt} \tag{5.24}$$

이를 적분하면

$$-\int_{S_o}^{S} \frac{dS}{S} = \frac{V_{max}}{K_m}\int_0^t dt = \frac{k_2[E_o]}{K_m}\int_0^t dt \tag{5.25}$$

$$\ln(S_o) - \ln(S) = \ln\frac{S_o}{S} = \frac{k_2[E_o]}{K_m}t \tag{5.26}$$

$\ln\frac{S_o}{S}$와 반응시간(t)에 대한 관계를 그래프로 그리면 1차 반응으로 기울기는 $\frac{V_{max}}{K_m}$이고 기질의 농도에 영향을 받는다(그림 5-21).

또 다른 제한적인 조건으로 기질의 초기 농도가 $0.05K_m \ll [S] \ll 20K_m$인 조건하에서는 미하엘리스-멘텐식은 보다 간단하게 표현하기는 어렵지만 적분을 하면 다음과 같이 나타낼 수 있다. 이것은 앞의 두 경우, 1차 반응과 0차 반응이 모두 합쳐진 것이라 할 수 있으며 혼합차수(mixed order)라 한다.

$$V_{max}\,t = k_2[E_o]t = K_m \ln\frac{S_o}{S} + (S_o - S) \tag{5.27}$$

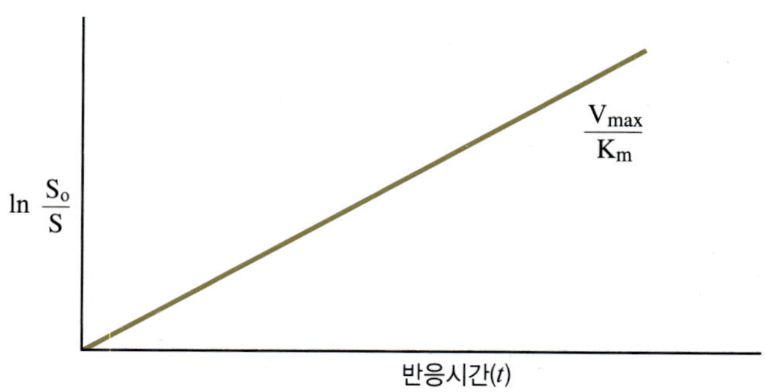

그림 5-21 • 기질 농도가 K_m보다도 훨씬 작은 조건에서 $\ln\frac{S_o}{S}$와 반응시간과의 관계

3) 그래프를 이용한 K_m, V_{max} 값의 계산방법

일정한 효소 농도에서 기질의 농도별로 초기 반응속도를 측정하고 미하엘리스-멘텐식에 따라 K_m 값이나 V_{max} 값을 구한다. 그러나, 둘 중 한 개의 값만 알고 있는 경우는 가능하나 2개 값 모두 모를 경우 통상적으로 이 식을 변형시킨 몇 가지 방법이 제안되었는데 라인위버-버크(Lineweaver-Burk) 이중역수작도법(double reciprocal plot)이 가장 많이 활용된다. 이것은 미하엘리스-멘텐식의 역수를 취함으로써 얻은 식의 절편값과 기울기로부터 구하는 방법이다(그림 5-22).

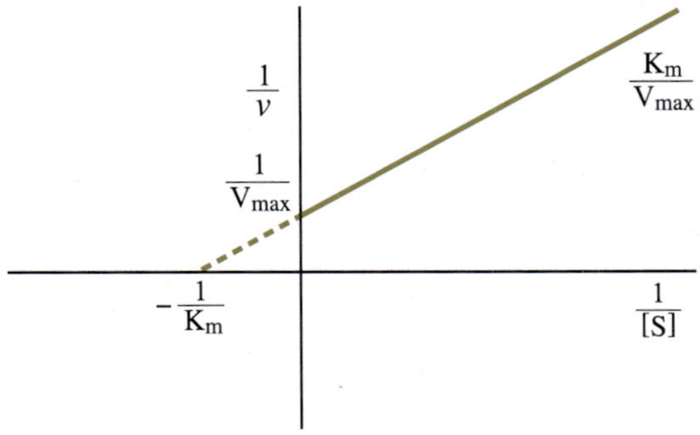

그림 5-22 • 미하엘리스-멘텐식의 라인위버-버크 이중역수작도

$v = \dfrac{V_{max}[S]}{K_m + [S]}$ 식의 역수를 취하면

$$\frac{1}{v} = \frac{K_m + [S]}{V_{max}[S]} = \frac{K_m}{V_{max}[S]} + \frac{[S]}{V_{max}[S]} = \frac{K_m}{V_{max}[S]} + \frac{1}{V_{max}} \tag{5.28}$$

위 관계로부터 $\frac{1}{v}$과 $\frac{1}{[S]}$에 대하여 그래프를 그리면 y 절편값이 $\frac{1}{V_{max}}$로 절편값의 역수를 취하면 V_{max}가 구해지고, 기울기 $\frac{K_m}{V_{max}}$로부터 V_{max}를 대입, K_m를 구한다.

[S]의 농도가 적은 곳에서의 반응속도 측정은 통상적으로 오차가 크나 이 방법에서는 기질의 농도가 적은 곳에 몰려 있기 때문에 최소제곱법에는 그다지 적합하지 않다. 그러나, 기질에 의한 저해가 있는 경우 [S]의 농도가 적은 곳에서의 반응속도(v)를 신뢰할 수 있으므로 적합하다.

라인위버-버크 이중역수작도법 이외에 스캐차드(Scatchard), 이디-호프스티(Eadie-Hofstee), 헤인즈(Hanes) 방법에 의해서도 V_{max}, K_m을 구할 수 있다. 스캐차드방법은 미하엘리스-멘텐식의 분모를 좌변에 곱하여 정리한 후 v에 대하여 푸는 방법으로 $v = V_{max} - K_m\frac{v}{S}$을 얻는다. v와 $\frac{v}{S}$에 대하여 그래프를 그리면 기울기는 $-K_m$이고 v축(y축에 해당) 절편값은 V_{max}가 된다. 이디-호프스티방법은 미하엘리스-멘텐식의 분모를 좌변에 곱하여 정리한 후 $\frac{v}{S}$와 v에 대하여 푸는 방법으로 스캐차드방법에서 표현한 것과 x, y축이 바뀐 상태의 표현이다. 이 방법은 측정한 값들이 x, y축에 있어 오차가 상쇄되어 가장 정확한 K_m 값을 얻을 수 있다.

헤인즈에 의한 표현방법(또는 호프스티작도법이라고도 함)은 라인위버-버크 이중역수작도로 얻은 식에 [S]를 곱하여 얻은 식으로, 기질에 대한 저해가 있는 경우는 부적합하다.

$$\frac{[S]}{v} = \frac{[S]}{V_{max}} + \frac{K_m}{V_{max}} \tag{5.29}$$

효소실험 결과를 라인위버-버크작도(Lineweaver-Burk plot)를 하였더니 x절편이 -8×10^4/M, y절편이 2×10^6 min/M, 기울기가 25였다. 이 실험에 사용된 효소의 농도는 1×10^{-6} M이고 기질의 농도는 8×10^{-6} M이었다면 이 조건에서의 효소반응의 k_2, V_{max}, K_m은 라인위버-버크작도 관계식을 이용하여 구할 수 있다.

위의 관계식으로부터

$$K_m = 1.25 \times 10^{-5}\ \text{M} \qquad V_{max} = 5 \times 10^{-7}\ \text{M/min}$$

$$k_2 = \frac{V_{max}}{[E_o]} = \frac{5 \times 10^{-7}\ \text{M/min}}{1 \times 10^{-6}\ \text{M}} = 0.5/\text{min}$$

4) 복합기질반응

경우에 따라서는 1개의 효소에 2개 이상의 기질이 반응할 수도 있으며 이런 경우 여러 형태의 반응 메커니즘을 예상한다. 기질이 전부 결합된 후 반응물질이 생성되는 형태의 반응 메커니즘을 순차메커니즘(sequential mechanism)이라고 하며, 순서가 정해져 있는 경우를 정서메커니즘(ordered mechanism), 순서 없이 임의대로 이루어지는 경우를 임의메커니즘(random mechanism)이라 한다. 또 기질 전부의 결합이 끝나기 전에 반응산물이 하나라도 유리되는 형식을 핑퐁메커니즘(ping-pong mechanism)이라고 부른다. 먼저, 클리란드(Cleland)의 명명법에 따르면 반응 순으로 같은 방향의 반응물질 수로서 유니(uni), 바이(bi), 터(ter)라고 표현하며, 이어 생성물을 같은 방법으로 유니, 바이, 터라고 표현한다. 따라서, 이런 반응들은 유니-유니(uni-uni), 바이-유니(bi-uni), 바이-바이(bi-bi), 터-바이(ter-bi) 등으로 표현된다. 앞서 생각할 수 있었던 효소반응을 다음과 같이 다르게 표현할 수 있다.

$$E + S \rightleftharpoons ES \longrightarrow E + P$$

$$E \xrightarrow{\overset{A}{\downarrow}} EA \rightleftharpoons E{\cdot}P \xrightarrow{\overset{E}{\uparrow}} P$$

효소와 기질의 복합체(EA)가 생성물을 생성하기 전에 전이상태로 변화한 다음 P를 생성할 것이라고 생각하자. 이런 형태의 반응을 정서유니-유니(ordered uni-uni)반응이라고 하며 만일 기질이 1개가 아니라 2개가 되고 생성물도 2개가 된다면

$$E + A + B \rightleftharpoons E + P + Q$$

$$E \xrightarrow{\overset{A}{\downarrow}} EA \xrightarrow{\overset{B}{\downarrow}} EAB \rightleftharpoons EPQ \xrightarrow{\overset{P}{\uparrow}} EQ \xrightarrow{\overset{Q}{\uparrow}} E$$

여기서 EAB $\rightleftharpoons$ EPQ는 전이상태를 거쳐 기질이 분해되기 전의 상태이다. 이 경우 기질 A가 반드시 효소(E)와 먼저 결합하고 난 뒤에 두 번째 기질인 B가 결합해야만 촉매반응이 일어나는 메커니즘인데, 2개의 기질로부터 2개의 생성물이 생성되는 이러한 형태의 반응 메커니즘을 '정서바이-바이(ordered bi-bi)반응'이라고 한다. 3개의 기질로부터 2개의 생성물이 생성되는 아래와 같은 형태의 반응 메커니즘을 '정서터-바이(ordered ter-bi)반응'이라고 한다.

$$E \xrightarrow{\overset{A}{\downarrow}} EA \xrightarrow{\overset{B}{\downarrow}} EAB \xrightarrow{\overset{C}{\downarrow}} EABC \rightleftharpoons EPQ \xrightarrow{\overset{P}{\uparrow}} EQ \xrightarrow{\overset{Q}{\uparrow}} E$$

젖산(lactic acid) 분해효소 중 하나인 젖산수소제거효소(lactate dehydrogenase)는 기질 젖산(B)과 결합하기에 앞서 먼저 조효소인 NAD^+(A)와 결합한 후 생성물인 피루브산(P)을 생산하고 이어서 조효소의 환원형인 NADH(Q)를 수소이온과 함께 생산한다. 따라서 효소반응을 유도하기 위해서는 첫 번째 기질에 해당하는 NAD^+를 넣은 후 젖산(B)을 넣어야 한다. 그러나, 만일 기질 B인 젖산을 먼저 넣어 준다면 변화가 발생하기는 하나 A, B 순으로 넣은 촉매반응에 비하여 반응시간이 매우 오래 걸린다.

$$\underset{\text{A}}{\underset{\uparrow}{NAD^+}} + \underset{\text{B}}{\underset{\uparrow}{\text{젖산}}} \xrightarrow[\text{dehydrogenase}]{\text{lactate}} \underset{\text{Q}}{\underset{\uparrow}{NADH}} + H^+ + \underset{\text{P}}{\underset{\uparrow}{\text{피루브산}}}$$

이와 같은 정서바이-바이반응 메커니즘은 다음과 같은 식으로 표현할 수 있으며

$$v = \frac{(V_{max}[A_o][B_o])}{(K_{a'}K_b) + (K_b[A_o]) + (K_a[B_o]) + ([A_o][B_o])} \tag{5.30}$$

분자, 분모 모두를 $[A_o][B_o]$로 나누면

$$v = \frac{V_{max}}{1 + \frac{K_a}{[A_o]} + \frac{K_b}{[B_o]} + \frac{K_b K_{a'}}{[B_o][A_o]}} \tag{5.31}$$

$K_{a'}$, K_a, K_b가 각각의 기질에 대한 친화력을 나타낸다면 다른 한편의 기질과 결합하고 있는 상태에서의 친화력으로 일종의 저해 상수값과 같은 것으로 EAB로부터 A가 떨어져 나갈 수 있는 불안정 상태를 의미하는 상수값을 말한다. (식 5.31)을 라인위버-버크 이중 역수작도를 실시하면

$$\frac{1}{v} = (1 + \frac{K_a}{[A_o]} + \frac{K_b}{[B_o]} + \frac{K_b K_{a'}}{[B_o][A_o]}) \times \frac{1}{V_{max}} \tag{5.32}$$

이 된다. 이것을 다시 $[A_o]$에 관해 정리하면

$$\frac{1}{v} = (1 + \frac{K_b}{[B_o]}) \times \frac{1}{V_{max}} + \frac{K_a}{V_{max}}(1 + \frac{K_b K_{a'}}{K_a[B_o]}) \times \frac{1}{[A_o]} \tag{5.33}$$

$y = ax + b$ 형태로 표현한다. 1차적으로 두 번째 기질인 [B]의 농도를 고정하여 놓고 $\frac{1}{v}$과 $\frac{1}{[A_o]}$에 대하여 그림을 그린다(그림 5-23).

〈그림 5-23〉에서 얻은 기울기와 절편을 $\frac{1}{[B_o]}$에 대하여 정리하여 〈그림 5-24〉로 나타내면

$$\text{기울기} = \frac{K_a}{V_{max}}(1 + \frac{K_b K_{a'}}{K_a[B_o]}) = \frac{K_a}{V_{max}} + \frac{K_b K_{a'}}{V_{max}} \times \frac{1}{[B_o]} \tag{5.34}$$

$$\text{절편} = \frac{1}{V_{max}}(1 + \frac{K_b}{[B_o]}) = \frac{1}{V_{max}} + \frac{K_b}{V_{max}} \times \frac{1}{[B_o]} \tag{5.35}$$

〈그림 5-25〉의 절편값과 $\frac{1}{[B_o]}$의 관계로부터 y축 절편값($\frac{1}{V_{max}}$)의 역수를 취하면 V_{max}를 구할 수 있고, 이를 기울기($\frac{K_b}{V_{max}}$)에 대입하면 K_b를 얻을 수 있다. 기울기와 $\frac{1}{[B_o]}$ 관계

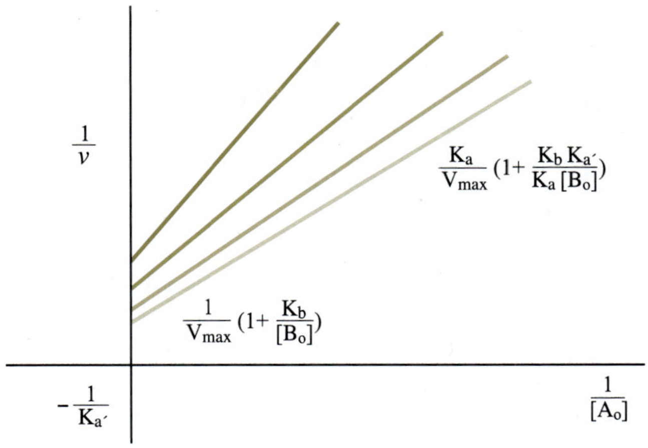

그림 5-23 • 정서바이-바이(ordered bi-bi)반응식의 라인위버-버크 이중역수작도

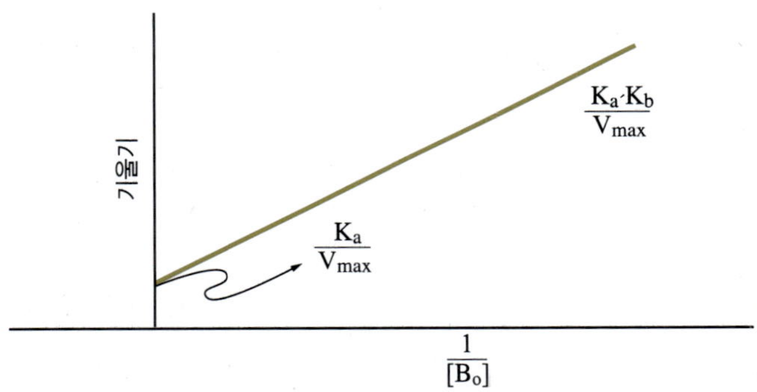

그림 5-24 • 정서바이-바이반응식의 라인위버-버크 이중역수작도로 얻은 기울기와 $1/[B_o]$ 관계

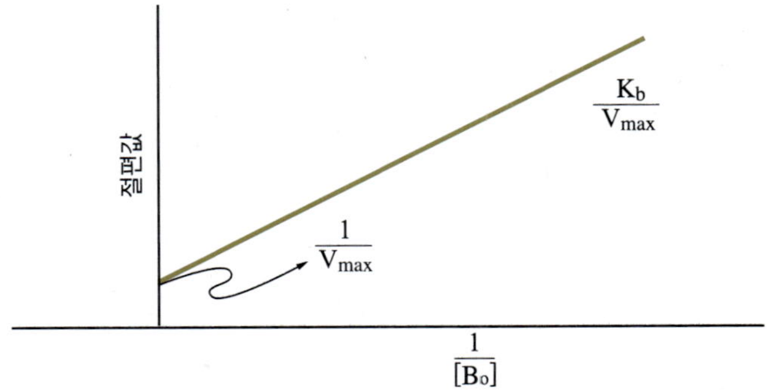

그림 5-25 • 정서바이-바이반응식의 라인위버-버크 이중역수작도로 얻은 절편값과 $1/[B_o]$ 관계

그래프(그림 5-24)에서 y축 절편값($\frac{K_a}{V_{max}}$)으로부터 V_{max}를 대입하면 K_a를 구하게 되고 기울기값($\frac{K_a}{V_{max}} \times \frac{K_{a'} K_b}{K_a}$)에 K_a, K_b, V_{max}를 적용하여 $K_{a'}$를 구한다.

같은 2개의 기질이더라도 정서바이-바이반응과 같이 순서에 따라 결합하는 것이 아니라 임의로 결합하기도 한다. 다음 반응 관계식에서 보는 것처럼 A라는 기질과 결합할 수도 있고 또는 B라는 기질과 결합할 수도 있다. 효소가 A이든 B이든지 간에 어느 쪽과 결합을 하고 난 다음에는 제2차 기질과 결합을 하는 것이며, 뿐만 아니라 생성물(P, Q)의 경우도 P가 먼저 생성될 수도 있고 또는 Q가 먼저 생성될 수도 있다. 어느 경우이든 간에 2차 생성물이 나중에 생성되는 형태의 반응 메커니즘을 '임의바이-바이'반응이라고 한다.

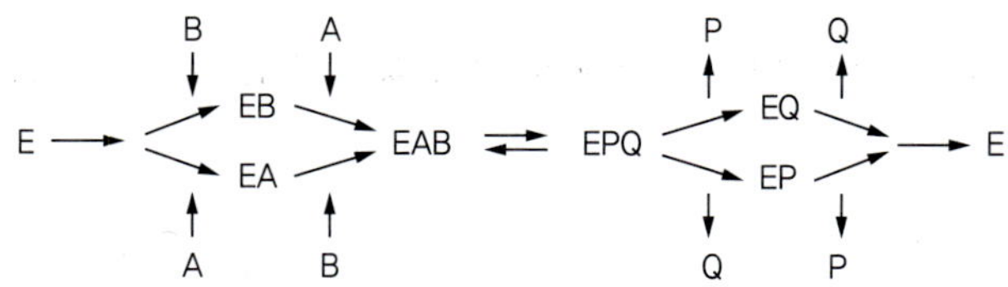

알코올수소제거효소(alcohol dehydrogenase)는 '임의바이-바이'반응의 한 예이다.

세 번째 경우로는 2개의 기질이 동시에 결합하는 것이 아니라 1개의 기질(A)이 결합하면 첫 번째 생성물(P)이 생성되고 이어서 두 번째 기질(B)이 결합하고 다시 두 번째 생성물(Q)이 생성되는 반응으로 일종의 탁구 경기를 연상하게 되므로 '핑퐁(ping-pong)반응 메커니즘'이라고 한다. 이 반응에서는 기질과 효소의 결합이 공유결합에 의해 단단히 이루어지며, 첫 번째 생성물을 생산하고 난 뒤에는 다른 형태(G)로 변형이 되어 두 번째 기질과 결합한 후 두 번째 생성물을 만들어 낸다.

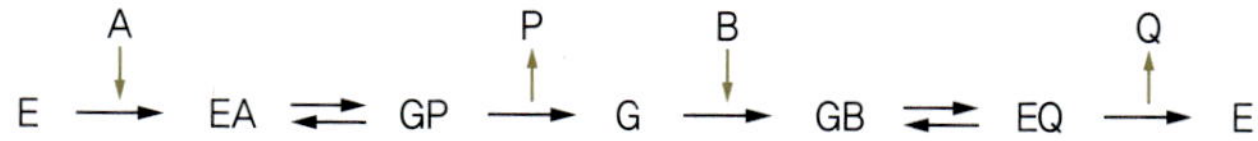

이와 같은 반응을 보여 주는 것으로 포도당산화효소(glucose oxidase)는 포도당(A)과

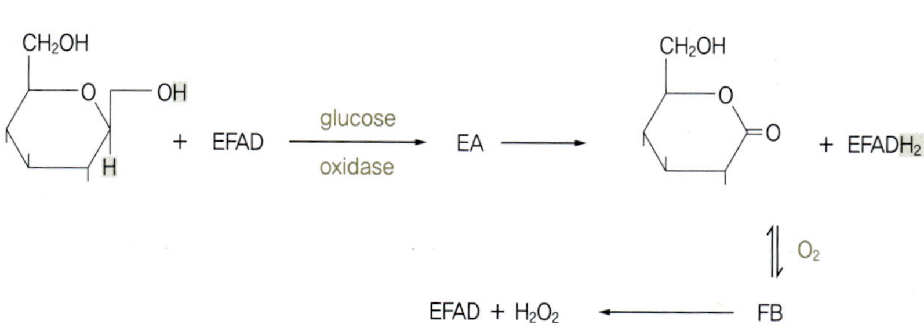

EFAD : 포도당산화효소에 FAD가 결합한 형태

O_2(B)라는 두 개의 기질과 결합하여 글루코노락톤(gluconolactone)(P)과 과산화수소(Q)를 순차적으로 생성한다. 여기서 EFAD는 효소가 조효소인 FAD와 먼저 결합한 상태를 말한다.

다른 반응으로는 '바이-유니 유니-바이 핑퐁(bi-uni uni-bi ping-pong)반응 메커니즘'의 경우 다음과 같이 2개의 기질(A, B)과 결합한 후 첫 번째 생성물(P)을 생산하고 나서 또 다른 1개의 기질(C)과 결합하여 2개의 또 다른 생성물(Q, R)을 만들어 낸다.

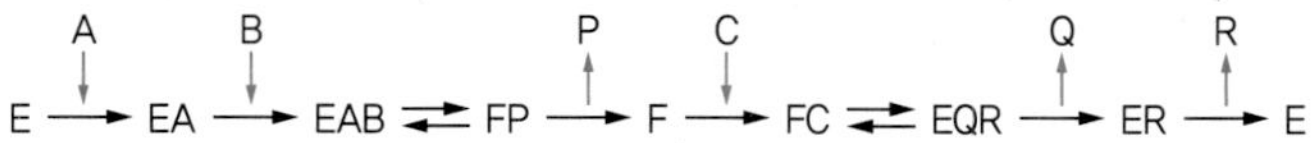

이외에도 여러 가지의 다양한 반응들이 있으며 이러한 반응 메커니즘은 실험을 통하여 확인된다.

한편, 정서바이-바이반응이나 임의바이-바이반응의 경우 좌표상에서 어느 한 점에 수렴하는 양상을 보여 주는 데 비하여 핑퐁반응의 경우 다른 양상을 보여 준다. 〈그림 5-26〉에서 보는 바와 같이 기울기가 일치하는 평형 상태를 보여 준다. 따라서 핑퐁반응인지 아닌지 여부를 확인하는 방법의 하나로 이와 같이 그래프를 작성하여 보면 쉽게 판단할 수 있다.

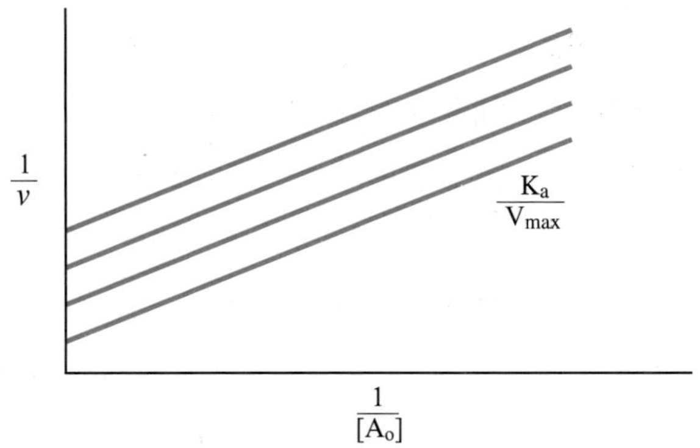

그림 5-26 • 핑퐁(ping-pong)반응의 라인위버-버크 이중역수작도

한 개의 기질이 촉매반응에 관여하는 경우 미하엘리스-멘텐식은

$$v = \frac{V_{max}[S]}{K_m + [S]} = \frac{V_{max}}{1 + \frac{K_m}{[S]}}$$

즉, 효소반응속도(v)는 $\frac{K_m}{[S]}$으로 표현할 수 있다. 그러나 두 개의 기질 반응에서는 한 개의 기질 항목 대신에 $\frac{K_m}{[X]}$ 항목을 사용하여 나타낼 수 있다. 핑퐁반응의 경우 반응식은

$$v = \frac{V_{max}}{1 + \frac{K_a}{[A_o]} + \frac{K_b}{[B_o]}} \tag{5.36}$$

K_a, K_b는 각각 기질 A, B에 해당하는 K_m 값과 같은 기능을 하는 것이다. 따라서 앞에서 설명한 경우 반응에서 표현한 두 개의 기질을 갖는 일반적인 경우처럼

$$v = \frac{V_{max}}{1 + \frac{K_a}{[A_o]} + \frac{K_b}{[B_o]} + \frac{K_b K_{a'}}{[B_o][A_o]}} \tag{5.37}$$

로 나타내지 않는데 이는 두 개의 기질이 모두가 한 개의 복합체(EAB)를 형성하지 않으므로 자연 $K_{a'}$ 항이 0의 값을 갖게 되어 $\frac{K_b K_{a'}}{[B_o][A_o]}$ 항이 삭제되기 때문이다. 위의 (식 5.36)을 라인위버-버크의 이중역수작도로 $\frac{1}{v}$와 $\frac{1}{[A_o]}$의 관계로 나타내면

$$\frac{1}{v} = (1 + \frac{K_b}{[B_o]}) \times \frac{1}{V_{max}} + \frac{K_a}{V_{max}} \times \frac{1}{[A_o]} \tag{5.38}$$

이다. 이때 기울기는 $\frac{K_a}{V_{max}}$로 두 번째 기질 $[B_o]$의 농도는 물론 기질 $[A_o]$에 대하여도 좌우되지 않고 독립적이다. 절편값은 $[B_o]$에 영향을 받아 $[B_o]$에 따라 절편값만 변화된다. 앞에서 설명한 정서바이-바이반응이나 임의바이-바이반응에서와는 다른 양상을 보여 주고 있다. 즉, 중간 복합체인 EAB를 형성하지 않는 반응임을 재확인할 수 있다.

어떻게 정서바이-바이반응인지 아니면 임의바이-바이반응인지 알 수 있을까? 그것은 결합상수(binding constant)를 측정하거나 평형상태에서 투석(dialysis)을 실시하여 보면 알 수 있다. 기질 $[B_o]$가 만일 EA복합체하고만 반응을 하고 [B]가 없어도 EA복합체가 생성될 수 있는 반면에 기질 $[A_o]$가 없으면 EB복합체가 생성될 수 없다고 가정한다면 정서바이-바이반응이라고 할 수 있다.

3. 효소반응속도에 영향을 미치는 인자

효소반응속도에 영향을 미치는 인자로는 기질의 농도[S], 효소의 농도[E], 억제제(inhibitor)의 농도[I], 활성제(activator)의 농도[A] 등이 있으며, 외적인 환경 요인으로는 pH 또

는 반응온도, 이온 세기, 압력, 용매 등이 영향을 미친다. 그 외에도 효소를 고정화(immobilization)하는 경우 어떤 방법으로 고정화하였는가 또는 화학적 수식을 통하여 변형시킨 경우 변형된 형태에 따라 반응속도는 영향을 받는다.

1) 기질의 농도

미하엘리스-멘텐식에서 V_{max} 값에 함축된 의미를 효소의 농도로 표현한다면

$$v = k_2[E_o]\frac{[S]}{K_m + [S]} \tag{5.39}$$

이 식에서 보는 바와 같이 효소의 초기 농도, 즉 이는 전체 효소의 농도를 의미한다.

$$[E_o] = [E_{free}] + [ES] = [E_{total}]$$

위의 식에서 만일 기질의 농도가 포화되거나 일정하다면 효소반응속도는 효소 농도에 비례하는 관계를 갖는다.

$$v \propto [E_o]$$

따라서 효소반응속도와 효소의 농도 간의 관계는 직선적인 비례 관계이다(그림 5-27).

효소의 농도가 증가함에 따라 생성물의 농도도 직선적인 관계로 증가되는 경향을 보여 주어야 하는데 그러하지 못한 경우들이 있다. 예를 들어 산소는 물에 잘 녹지 않는다. 25°C에서 약 2.4×10^{-4} M 정도가 녹는데 포도당산화효소가 반응을 하여 계속하여 산소가 필요한 경우 포도당은 충분하더라도 부족한 산소가 제한요소가 되어 비례적인 관계

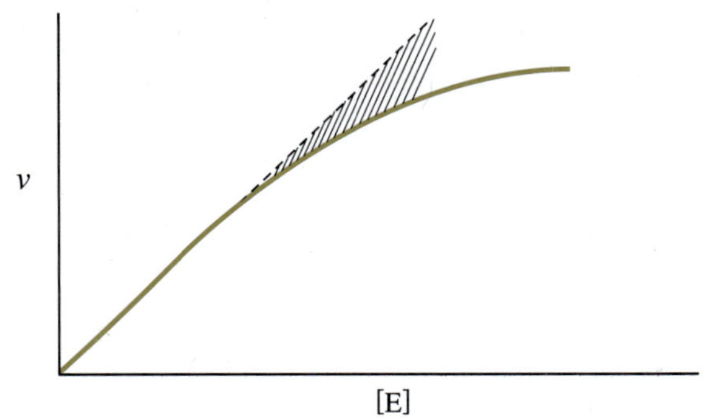

그림 5-27 • 효소 농도에 따른 반응속도

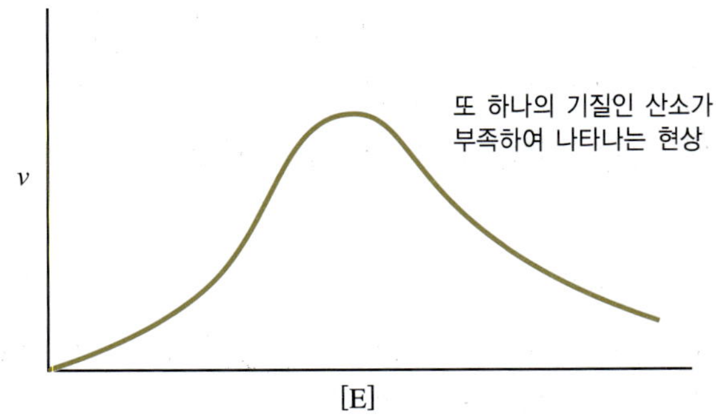

그림 5-28 • 기질이 부족한 경우의 효소반응

의 반응속도를 보여 주기가 어렵다(그림 5-28).

2) 기질의 구조적 차이

반응 초기에는 매우 좋은 기질로 효소반응에 의하여 분해가 잘 이루어지나 점차적으로 반응속도가 감소되는 양상을 보여 준다. 사슬(chain)이 긴 기질이 반응 초기에는 효소의 촉매자리와의 결합이 용이하나 점차 분해되면서 효소의 촉매자리와의 결합이 어렵게 이루어져서 반응속도가 떨어지는 현상이 나타난다(표 5-3). 단백질가수분해효소의 경우 펩타이드결합에 이웃하고 있는 아미노산이 어떤 종류의 아미노산이냐에 따라서 가수분해를 할 수도 있고 또 못할 수도 있으며, 가수분해 정도는 아미노산 종류에 따라 다를 수 있다.

초기 가수분해 과정에서는 해당 단백질가수분해효소가 좋아하는 아미노산의 펩타이드

표 5-3 • 기질의 크기에 따른 효소의 상대적인 반응속도 비교

Polygalacturonase		Cellulase	
기질	상대적인 반응속도	기질	상대적인 반응속도
Digalacturonic acid	0.0	cellobiose	1.2
Tri-galacturonic acid	1.7	cellotriose	46.0
Tetra-galacturonic acid	2.2	cellotetraose	79.0
Penta-galacturonic acid	12.8	cellopentaose	100
Hexa-galacturonic acid	15.8	cellohexaose	96
DP = 12	52		
DP > 100	100		

결합이 많이 산재하여서 효소반응속도가 빨랐으나, 점차 가수분해가 이루어지면서 단백질가수분해효소가 원하는 아미노산의 수가 줄어들기 때문에 효소반응속도는 감소된다.

(1) 다른자리입체성 효소의 반응속도

때로는 정상적인 미하엘리스-멘텐식을 따르지 않는 경우가 있다. 〈그림 5-29〉에서 보는 바와 같이 정상적인 경우(A) 미하엘리스-멘텐식을 따르나, B의 경우와 같이 기질의 농도가 증가함에 따라 효소반응속도가 갑자기 빠른 속도로 증가하다가 높은 기질의 농도에서는 오히려 최대 반응속도(V_{max})가 감소하는 양상을 보인다. 이러한 현상을 양협동성(positive cooperativity)이라고 한다. 반면 C의 경우처럼 초기에는 천천히 효소반응속도가 증가하다가 기질의 농도가 높은 조건에서 갑자기 증가하는 양상을 보이는데 이러한 현상을 음협동성(negative cooperativity)이라고 하며, 'S자(sigmoid)형 기질억제'라고 불리기도 한다. 이런 현상들은 한 개의 기질이 효소와 결합함으로써 보다 더 쉽게, 또는 보다 더 어렵게 다른 기질과의 결합이 이루어진다.

다른자리입체성 효소(allosteric enzyme)는 비공유적 힘에 의한 소단위체(subunit) 구조를 갖고 있으며, 효소의 촉매자리가 아닌 다른 위치에도 물질이 결합할 수 있는 입체다른자리(allosteric site)를 갖고 있다. 따라서 이 자리에 대사와 관련된 물질이 결합하면 소단위체의 결합으로 형성된 효소단백질의 4차 구조가 미세한 변화로 인하여 촉매자리가 다른 형태로 변화되기 때문에 촉매작용에 영향을 받아서 대사작용을 조절할 수 있게 된다.

다른자리입체성 자리는 대사를 조절하는 조절인자와 선택적으로 결합한다. 효소와의 결합이 효소의 입체 구조를 긍정적으로 전환시키면 촉매반응이 촉진되고 반대로 효소의 입체 구조를 부정적으로 전환시키면 촉매반응이 억제되는데, 촉매반응의 억제는 여러 대

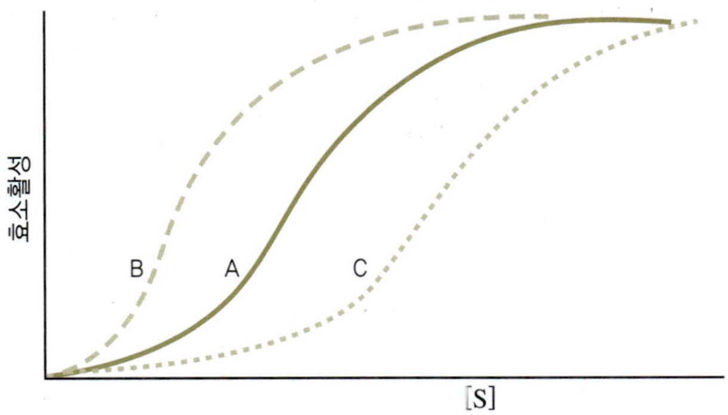

그림 5-29 • 다른자리입체성 효소의 S자(sigmoid)형 곡선

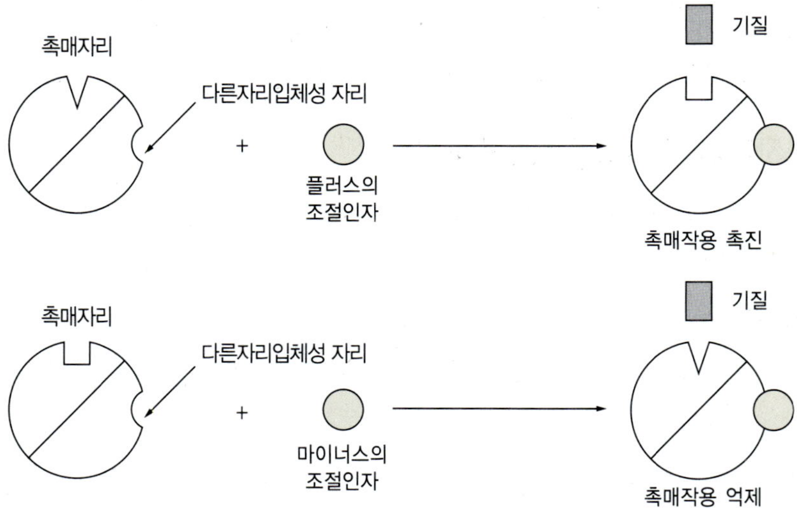

그림 5-30 • 다른자리입체성 대사 과정에서 되돌림억제

사 과정에서 되먹임억제(feedback inhibition)를 유발하여 대사작용을 조절한다.

다른자리입체성 효소는 기질의 농도와 반응속도 간의 관계 곡선이 Sigmoid형 또는 S자형으로 나타난다. 〈그림 5-30〉에서 조절인자가 기질인 경우 다른자리입체성 효소는 2개 이상의 소단위체를 가지며 각 소단위체에 기질 분자가 결합하게 되는데, 처음의 제1 기질이 어떤 소단위체에 결합하면 이 소단위체의 입체 구조가 변화되고 이것이 이웃하는 또 다른 소단위체에 영향을 미쳐서 기질에 대한 친화력이 향상되도록 유도하여 준다. 이렇게 되면 또 다른 기질과 결합하는 것이 보다 쉬워진다. 기질 농도가 매우 낮은 상태에서는 효소가 기질과 결합할 확률이 상대적으로 낮으나 일정 농도 이상이 되면 친화력이 높아져 보다 많은 기질과 효소가 결합하여 반응이 급속도로 빠르게 진행된다.

S자형 반응속도는 미하엘리스-멘텐식에 따르지 않고 (식 5.40)으로 나타낸다.

$$v = \frac{V_{max}\,S^n}{K' + S^n} \quad (n > 1) \tag{5.40}$$

이 식을 변형하면

$$\frac{v}{V_{max}} = \frac{S^n}{K' + S^n} \tag{5.41}$$

$$K' + vS^n = V_{max}\,S^n$$

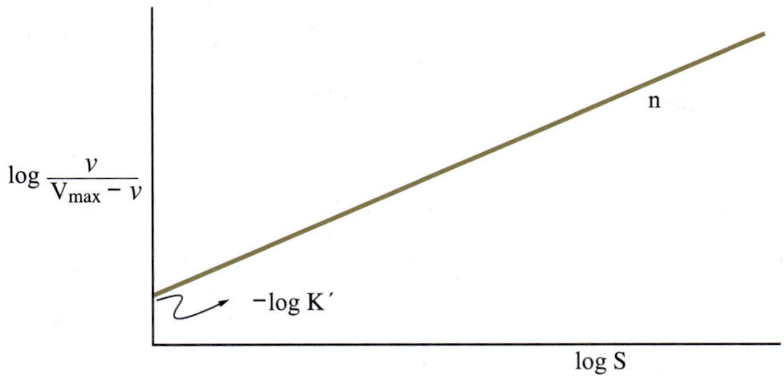

그림 5-31 • 다른자리입체성 효소반응의 힐(Hill)작도

$$\frac{v}{V_{max} - v} = \frac{S^n}{K'} \qquad (5.42)$$

위의 (식 5.42)에 대하여 양변에 log를 취하여 풀면

$$\log \frac{v}{V_{max} - v} = n \log S - \log K' \qquad (5.43)$$

이 관계를 $\log \frac{v}{V_{max} - v}$와 기질 농도 S에 대하여 그래프로 나타낸 것이 힐(Hill)작도법이며, 여기서 계수 n은 힐계수(Hill coefficient) 또는 상호작용계수라고 한다(그림 5-31).

3) pH의 영향

효소는 기질과의 결합이 용이한 pH 범위를 벗어나면 촉매반응을 하기가 어려워지며 경우에 따라서 불활성화된다. 기질의 이온화 상태뿐만 아니라 효소의 이온화도 일어나기 때문에 pH 변화는 효소의 촉매반응에서 매우 중요한 역할을 한다. 그렇다면 효소활성에 영향을 미치는 대표적인 인자 중 하나인 pH에 대하여 알아보자.

효소의 3차 구조를 형성하는 정전기결합은 pH에 따라 부분적으로 약화되기도 하고, 또는 부분적으로 강화되기도 한다. 또 촉매자리의 촉매 부위나 결합자리의 작용기(functional group)가 pH에 따라 결합이 쉽게 유도될 수도 있지만, 반면에 기질과의 결합이 전혀 이루어지지 못하는 경우도 있다. 이러한 경우 효소의 활성은 많은 차이를 나타낸다. pH에 따라 효소의 활성곡선이 차이가 있음을 보여 주는데(그림 5-32) 펩신은 pH 2 부근에서 적정 pH를 보여 주는 데 반하여 알칼리 조건에서는 전혀 활성을 나타내지 못

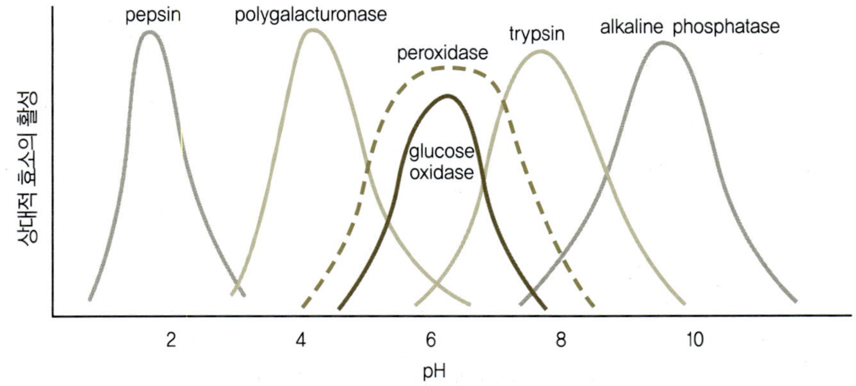

그림 5-32 • 각 효소별 적정 pH 곡선

한다. 반면 포도당산화효소나 알칼리성 인산가수분해효소(alkaline phosphatase)는 적정 pH가 5.6 및 9.5 등으로 오히려 강산성 조건에서 아무런 활성을 보이지 못한다.

효소마다 각기 다른 적정 pH 조건을 나타내는 이유는 무엇인가? 아울러 적정 pH 곡선이 종 모양(bell shape)인 이유는 무엇일까? 어떤 경우는 이 종 모양이 비대칭 모양이고, 어떤 경우는 종 모양의 크기가 좁기도 하고 넓기도 하는 등 다양한 이유는 무엇일까? 이런 이유를 설명하여 줄 수 있는 몇 가지 가능성을 알아보고자 한다.

(1) 효소의 안정성

효소의 안정성이 pH에 따라 달라진다는 사실을 확인하는 실험은 비교적 간단하다. 각기 다른 pH 조건에서 효소단백질을 저장, 보관하면서 pH에 따라 효소단백질의 변성이 일어나는지 여부를 확인하는 실험을 실시한다. 일정 시간이 지난 다음 $\frac{v_{잔존\ 활성}}{v_{초기\ 활성}}$과 pH 간의 관계를 보면 보다 더 확실히 알 수 있다(그림 5-33).

각기 다른 pH 조건에서 저장하면 저장시간에 따라 잔존 활성이 감소하면서 효소가 불활성화된다(그림 5-34).

두 번째, 기질의 농도가 K_m 값보다 매우 큰 경우에 생성물의 생성속도가 지속적으로 직선적인 관계를 보여 주는지를 살펴본다. 반응시간에 따라 직선적인 관계를 보여 준다면 pH에 대하여 안정하나, 어느 정도 시간이 지난 이후부터 직선 관계(그림 5-35)로부터 벗어난다면 이것은 해당 pH 조건하에서 차츰 불안정함을 알 수 있다. 만일 생성물이 생성되면서 pH가 낮아지면(젖산의 생성) 이것은 효소의 안정성에 영향을 주어 촉매반응속도에도 영향을 미친다.

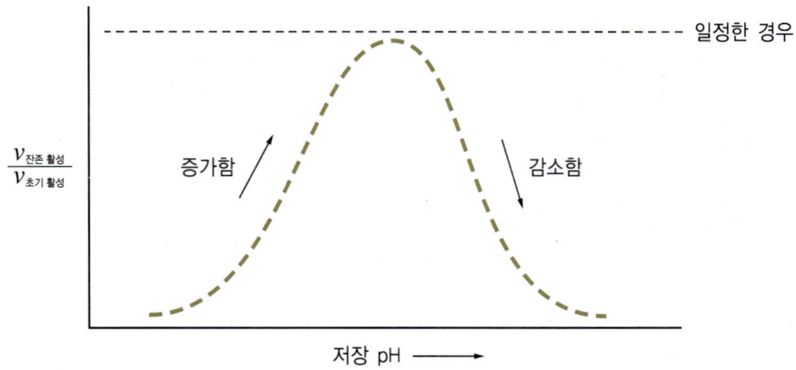

그림 5-33 • 각기 다른 pH 조건에서 저장 시 초기 활성에 대한 잔존 활성의 상대적 비교

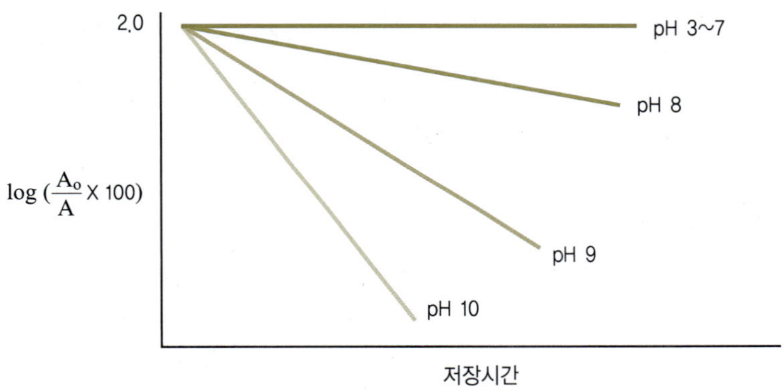

그림 5-34 • 다른 pH 조건에서 저장 시 불활성화 정도

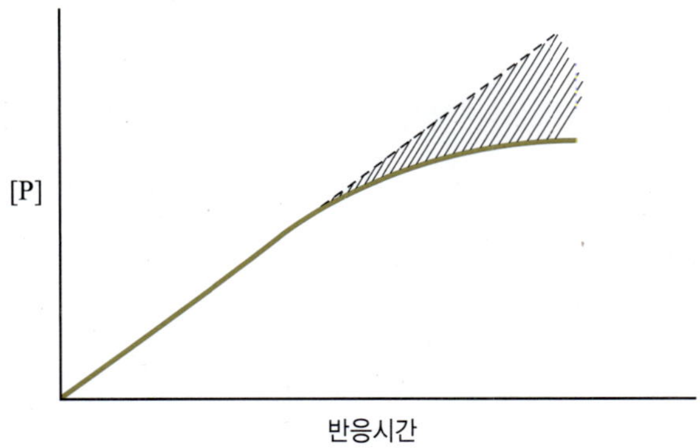

그림 5-35 • 반응시간의 변화에 따른 생성물(P)의 생성

세 번째, 효소반응시간에 변화를 주면서 pH에 의한 영향을 받는지를 관찰하여 본다. pH를 달리하면서 효소반응속도를 측정하는데 반응시간에 따라 달라질 수 있다. 반응시

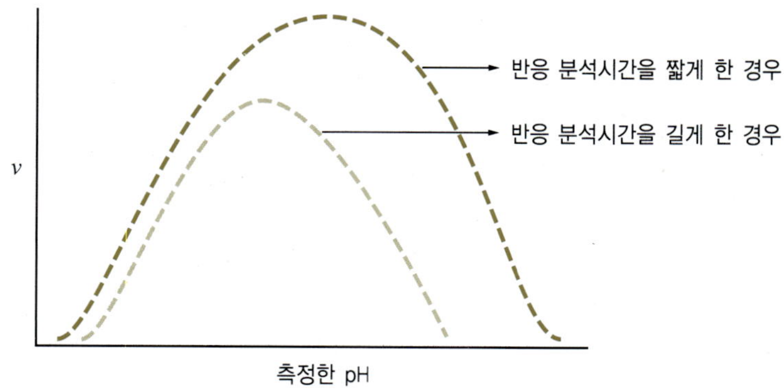

그림 5-36 • 효소반응시간을 달리한 경우 효소반응속도의 비교

간이 짧은 경우 효소반응속도와 pH 간의 관계가 종 모양으로 비교적 넓게 나타났으나 반응시간이 긴 경우 종 모양이 비교적 좁게 나타난다고 가정하면 이 효소는 해당 pH에 대하여 불안정하다는 것을 알 수 있다(그림 5-36).

(2) 이온화 과정

효소 촉매반응 과정 중에 완충용액 성분, 기질 자체, 조효소 성분 등이 pH에 따라 이온화가 가능하다.

$$\text{완충용액} \quad H_2PO_4^- \longrightarrow HPO_4^{2-} + H^+$$
$$\text{기질} \quad AH_2 \longrightarrow AH^- + H^+$$
$$\text{조효소} \quad CoFH \longrightarrow CoF^- + H^+$$

그러나 가장 중요한 것은 효소의 이온화이다. 앞에서 언급한 기질, 완충용액, 조효소 등의 이온화도 중요하지만 효소 자체가 얼마만큼 H^+을 내어 주는가 아니면 이 과정에 관여하는 양성자성 그룹이 어떤 그룹이며 몇 개가 존재하는지가 더 중요하다. 그것은 효소가 보다 자유로운 상태에서 기질과 결합하여 효소-기질 복합체를 형성할 수 있는가를 결정하기 때문이다. 유리된 효소는 pH에 따라 각기 다른 형태를 나타낸다. 예를 들면 효소단백질은 이온화될 수 있는 그룹을 많이 갖고 있기는 하나 이들 중 효소의 촉매자리에 있는 몇 개만이 기질과의 결합체 형성에 참여해 촉매반응에 영향을 미친다.

$$\text{효소의 경우} \quad EH_2 \rightleftharpoons EH^- + H^+$$
$$EH^- \rightleftharpoons E^{2-} + H^+$$

효소와 기질 복합체의 경우 $EH_2S \rightleftharpoons EHS^- + H^+$

$$\begin{array}{c} EHS^- + H^+ \\ \updownarrow \\ ES^{2-} + H^+ \end{array}$$

그리고 효소활성과 pH 간의 관계 곡선에서는 가장 영향을 많이 미치는 두 개의 이온화 그룹만을 볼 수 있다. 효소에서 이온화될 수 있는 그룹들에는 카복실기, 이미다졸기, $-SH$, 아미노기, 페놀기, 구아니딘기 등이 있다. 이런 그룹들의 pK_a 값들은 환경에 따라 다소 변화될 수도 있으며 주변에 반대 전하를 갖는 물질들이 있으면 극성을 띠려는 경향이 높아지나 소수성 그룹이 있으면 극성을 띠지 않는다.

산성 조건에서는 H^+가 많아져 COO^-를 COOH로 만든다. 양전하(+)를 띤 기질(Lys, Arg의 NH_3^+)과 효소의 COO^-이온은 정전기결합에 의하여 결합할 수 있으나 COOH기는 전하를 띠지 않기 때문에 다른 것들과 결합할 수 없다. 반대로 알칼리 조건에서는 OH^-가 많아져 NH_3^+가 NH_2로 되어 전하를 잃어버리는 결과를 초래하여 이온결합을 할 수 없게 된다.

pK_a 값은 실험적 데이터로부터 구할 수 있는데 효소에 있는 그룹 중 한 개만이 촉매반응에 영향을 준다고 가정하자(그림 5-37). 효소가 이온화될 수 있는 경우 활성화 형태(E)와 불활성화 형태(EH^+)로 나누어 생각해 볼 수 있으며 (식 5.44)와 같이 나타낸다.

$$\underset{\text{(불활성화 형태)}}{EH^+} \rightleftharpoons \underset{\text{(활성화 형태)}}{E + H^+} \qquad (5.44)$$

헨더슨-하셀바흐(Henderson-Hasselbalch)식에 따라 이들 간의 관계를 (식 5.45)와 같이

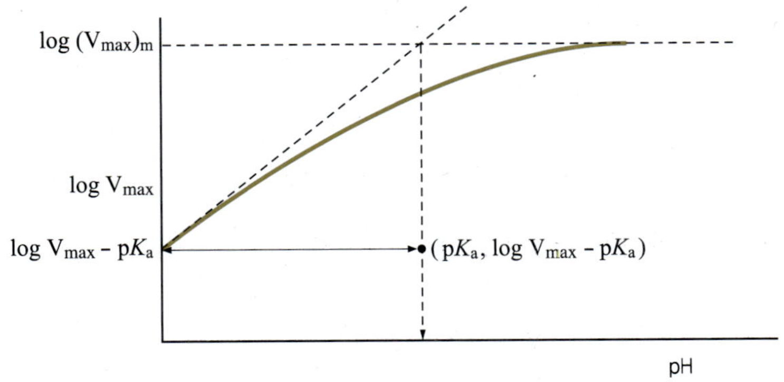

그림 5-37 • pH 변화에 대한 최대 반응속도 : 한 개 그룹만이 촉매반응에 영향을 미치는 경우

나타낼 수 있으며, 이는 pK_a 값이 일정하다고 할 때 pH에 따라 [E], $[EH^+]$의 비율이 결정됨을 알 수 있다.

$$pH = pK_a + \log\frac{[E]}{[EH^+]} \tag{5.45}$$

여기서 E_o(초기의 효소 농도) = E(유리된 형태) + EH^+(수소를 갖고 있는 형태)이다.

만약 i) $pK_a = 5$이면 $pH = 5$에서 50%는 활성화 형태이고 50%는 불활성화 형태이다.

ii) 100% 모두가 활성화 형태라면 $[EH^+]$는 0%로 이때의 효소 반응속도는 최대 속도(V_{max})가 된다.

iii) $pH = pK_a$이면 이때의 반응속도는 최대 반응속도의 반이 된다($\nu = 1/2V_{max}$).

(식 5.44)로부터 불활성화 형태가 수소를 해리하면서 활성화 형태를 만드는 이 반응의 K_a 값은 $K_a = \frac{[E][H^+]}{[EH^+]}$ 이고 이 관계로부터 $[EH^+]$에 대하여 정리하면

$$[EH^+] = \frac{[E][H^+]}{K_a} \tag{5.46}$$

활성화 형태인 [E]의 분율(F : fraction)은

$$F = \frac{[\text{활성화 형태}]}{[\text{전체}]} = \frac{[E]}{[EH^+] + [E]} \tag{5.47}$$

(식 5.47)에 (식 5.46)에서 구한 $[EH^+]$를 대입하면

$$F = \frac{K_a}{K_a + [H^+]} \tag{5.48}$$

모든 형태의 효소 전부가 활성화 형태, [E]일 때의 최고 반응속도를 $(V_{max})_m$로 나타낸다면 $V_{max} = (V_{max})_m \cdot F$로 표시될 수 있으며 (식 5.48)을 적용하여 정리하면

$$V_{max} = (V_{max})_m \frac{K_a}{K_a + [H^+]} \tag{5.49}$$

i) pH가 pK_a 훨씬 아래 있으면($[H^+] \gg K_a$, 산성일 때) 위의 (식 5.49)는

$$V_{max} = (V_{max})_m \frac{K_a}{[H^+]} \tag{5.50}$$

으로 간략하게 된다. 여기에 log를 취하면

$$\log V_{max} = \log(V_{max})_m + \log K_a - \log[H^+] = \log(V_{max})_m - pK_a + pH \qquad (5.51)$$

ii) pH가 pK_a 훨씬 위에 있으면($[H^+] \ll K_a$, 알칼리일 때)

$$V_{max} = (V_{max})_m$$

효소가 두 가지 이온 그룹을 갖고 있는데 이 두 그룹이 모두 효소활성에 영향을 준다면

이러한 관계를 보면 K_a이 V_{max}에 영향을 주고 있음을 알 수 있다. 한 개의 이온화 그룹이 관여하는 경우 (식 5.49)를 변형하면 V_{max}는

$$V_{max} = \frac{(V_{max})_m}{1 + \frac{H^+}{K_a}}$$

2개의 이온화 그룹이 관여한다면 분모에 $\frac{K_{a2}}{H^+}$ 항이 추가되어

$$V_{max} = \frac{(V_{max})_m}{1 + \frac{H^+}{K_{a1}} + \frac{K_{a2}}{H^+}} \qquad (5.52)$$

이 (식 5.52)의 자세한 유도는 딕슨작도법(Dixon plot)을 참고하기 바란다. 이 (식 5.52)로부터 pK_a 값을 보고 효소의 촉매자리에는 어떤 작용기가 있는지 〈표 5-1〉을 통해 알 수 있는데 만약 $pK_a = 4$이면 이 효소의 촉매자리에는 글루탐산이나 아스파트산이 있을 것으로 추정되며 $pK_a = 10$이면 이 효소의 촉매자리에는 라이신이 있을 것으로 추정된다. 따라서 효소의 적정 pH를 관찰하면 대략 어떤 작용기가 촉매자리에 있는지를 예상할 수 있다. 전형적인 종 모양의 pH 관계 곡선으로부터 pK_{a1}, pK_{a2}를 발견할 수 있다.

효소를 E, EH^+, EH_2^{++}, E^{--}, EH^-, EH_2의 형태로 표현할 수 있는데 이러한 표현은 H^+를 주거나 받을 수 있음을 의미한다. 〈그림 5-38〉에서와 같이 종 모양의 pH 관계 그

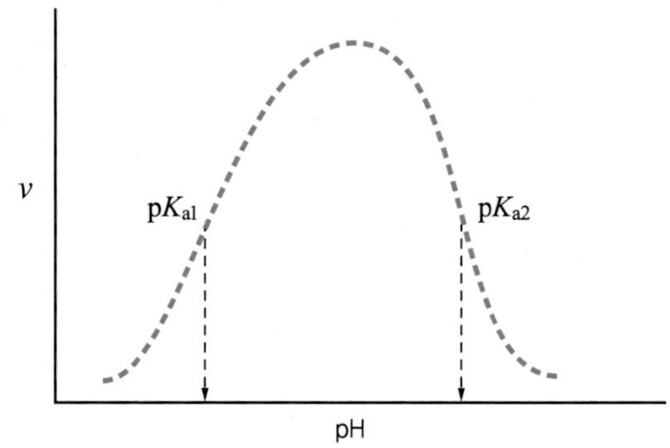

그림 5-38 • 보편적인 효소 촉매반응에서의 pH의 영향

림을 보면 두 개의 이온화 그룹이 있음을 알 수 있는데 효소단백질로부터 두 개의 수소가 이온화되어 평형상태에 도달한 경우

$$\begin{array}{ccccc} S + EH_2 & \rightleftharpoons & EH_2S & \overset{k_2}{\rightleftharpoons} & EH_2 + P \\ \Updownarrow -H^+ & & \Updownarrow -H^+ & & \Updownarrow -H^+ \\ S + EH^- & \rightleftharpoons & EH^-S & \overset{k_2}{\rightleftharpoons} & EH^- + P \\ \Updownarrow -H^+ & & \Updownarrow -H^+ & & \Updownarrow -H^+ \\ S + E^{--} & \rightleftharpoons & E^{--}S & \overset{k_2}{\rightleftharpoons} & E^{--} + P \end{array}$$

기질의 농도가 매우 적은 경우를 생각하여 보자($[S] \ll K_m$).

$$v = \frac{V_{max}[S]}{K_m + [S]} \approx \frac{V_{max}[S]}{K_m}$$

효소반응속도(v)는 위와 같이 간략하게 표현되고 기질의 농도를 일정하게 유지할 경우 v는 $\frac{V_{max}}{K_m}$에 비례하게 되므로 v와 pH 또는 $\frac{V_{max}}{K_m}$와 pH 관계로 그래프를 그려 보면 〈그림 5-39〉와 같다.

$[EH_2]$, $[E^{--}]$ 형태로서는 촉매반응이 거의 일어나지 않고 $[EH^-]$ 형태만이 촉매반응이 일어나 pH에 따라 효소의 형태가 달라지고 나아가 촉매반응에 영향을 주는 것으로 나타난 것은 아마도 다음과 같은 이유이다.

i) 효소나 촉매자리의 구조 변화

ii) 기질과 효소의 결합이 용이하지 못함(K_m 값이 증가됨)

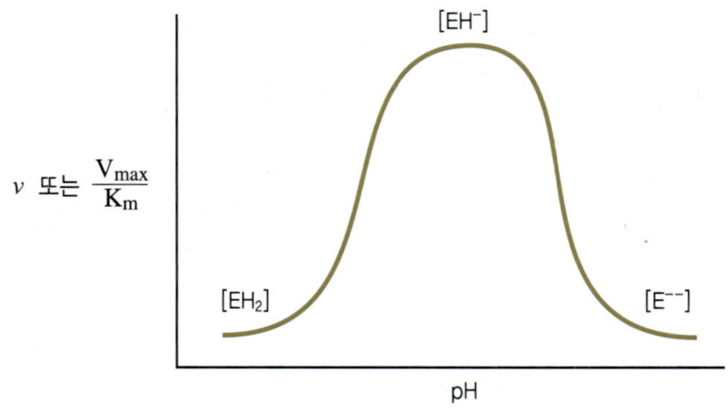

그림 5-39 • pH가 $\frac{V_{max}}{K_m}$에 미치는 영향

iii) ES→E+P 반응에서 k_2 값이 감소(V_{max} 값이 감소)

이런 가능성이 높다면 낮은 pH 조건과 높은 pH 조건에서 효소활성이 감소된 이유를 확인할 수 있는 방법은 무엇인가?

i) 광회전분산(optical rotatory dispersion, ORD)/원편광이색성(circular dichroism, CD), 핵자기공명분광법(nuclear magnetic resonance spectroscopy, NMR), 푸리에변환적외선분광법(Fourier transform infrared spectroscopy, FTIR), 형광광도법(fluorescence spectroscopy : 340~360 nm)을 사용하여 구조적인 변화 때문에 효소활성에 차이가 발생된 것인지를 확인할 수 있다.

ii) 기질과 유사한 구조를 갖는 물질을 이용하여 경쟁억제제처럼 결합 정도를 비교하여 본다. 만일 기질과 효소의 결합이 용이하지 못하면 유사 기질의 K_I 값도 pH에 좌우되며 같은 pK_a를 갖고 있을 것이다. 그러나 K_I 값이 pH에 영향을 받지 않고 독립적이라고 한다면 다른 이유에서 기인된다.

iii) 촉매 과정에서 영향을 주어 pH에 따라 좌우된다면 기질의 농도를 포화시킨 상태에서 실험을 확인해 본다. 기질이 포화된 상태($[S_o] \gg K_m$)에서 실험을 반복하여 보면 기질과 결합된 형태로 나타내고 비교할 수 있다.

이런 경우는 단지 ESH^-만이 생성물을 만들어 내고 ESH_2, ES^{--} 형태는 생성물을 만들어 내지 못하는데 V_{max}만으로 충분히 설명이 가능하다(그림 5-40). 촉매자리에 있는 그룹들은 촉매반응이나 기질과의 결합 중 한 가지에만 참여할 수 있으며 두 가지 모두에

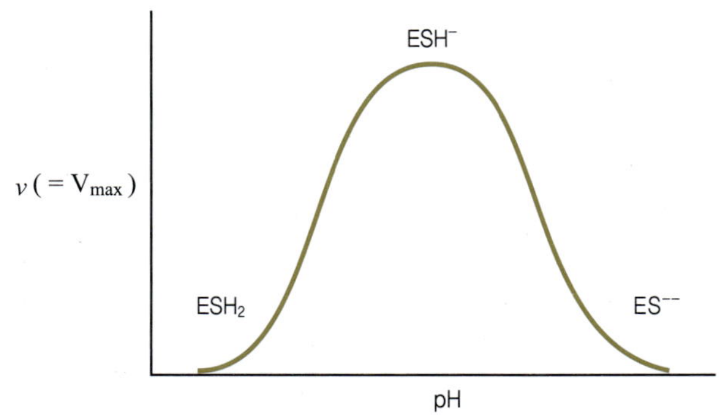

그림 5-40 • 기질과 효소가 결합한 상태에서 촉매반응에 미치는 pH 영향

참여하지는 못한다.

효소와 기질이 결합하는 형태를 생각해 볼 때, 한 개의 그룹만이 결합자리와 촉매반응에 참여한다면 아래와 같이 표현할 수 있으며 이 관계식은 효소의 촉매 과정에서 양성자성 그룹이 하나 있으며 $EHS^- \rightarrow E^{--}S + H^+$(ⓐ)가 일어나면서 수소를 제거하는 과정이 촉매반응을 방해할 뿐만 아니라 $EHS^- + H^+ \rightarrow EH_2S$(ⓑ)가 일어나면서도 촉매반응을 방해한다.

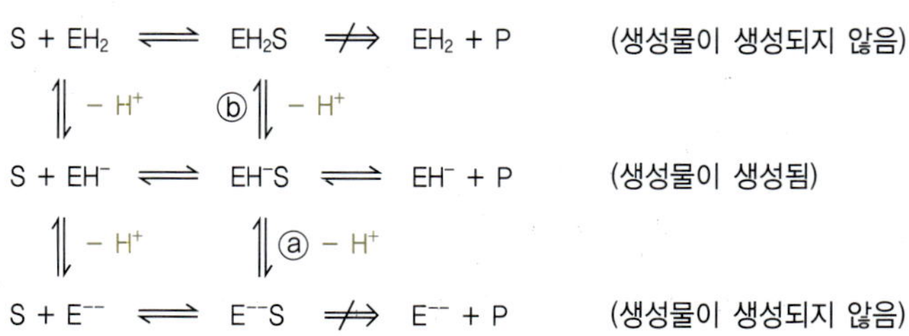

pH에 대한 영향을 관찰할 때 한 가지 종류의 완충용액만을 사용하지 않고 2개 이상의 완충용액을 사용하는 것이 바람직한 이유는 이온 세기를 일정하게 유지하는 것이 중요하기 때문이다. 이온 세기에 따라서 효소활성이 영향을 받을 수 있으므로 완충용액을 달리하여 측정하고자 할 때 중복이 되는 pH 영역에서 내재적인 차이가 없어야 한다. 완충용액이 이온화하면서 일어날 수 있는 영향이 때로는 차이를 줄 수도 있다. 또 완충용액에서 존재하는 양이온(K^+)이 활성제로 작용하는지 여부 등이 확인되어야 한다.

4) 온도의 영향

효소를 분리하는 공정이나 효소를 이용하는 실험, 그 외에 산업 현장에서도 온도 관리는 매우 중요하다. 온도가 중요한 부분을 차지하는 이유 중 하나는 과일이나 곡류 등에 내재된 효소에 의해 식품원료가 연화되거나 이취가 발생하는 문제가 발생하기도 하며 숙성이 진행되는 과정에서 효소에 의해 이루어지는 경우가 많기 때문이다. 바람직하지 못한 효소들의 활동을 억제할 목적으로 저온에서 저장하면 효소의 활동을 약화시킬 수 있어 이런 문제를 잠정적으로 극복할 수 있다.

생물공학 공정을 비롯한 각 산업 분야의 공정에서는 높은 열을 사용하여 효소를 불활성화시킨다. 이처럼 온도의 변화를 주어 일어날 수 있는 현상으로는

i) 효소, 기질, 조효소의 안정성이 영향을 받을 수 있다. 일반적으로는 저온에서 효소들은 안정하지만 효소를 구성하고 있는 소단위체가 서로 연결되어 결합 형태를 이루는 경우는 20~30°C보다도 0~10°C에서 더 불안정한 경우도 있다. 효소용액이 소량이면 효소액 첨가에 의한 온도 변화는 극히 미미하므로 효소용액은 첨가 직전까지 얼음물에 보존한다. 그러나 효소에 따라서는 저온이 오히려 불안정한데 닭의 간장 포스포과당인산화효소(phosphofructokinase)는 20°C 이하의 온도에서는 불안정하기 때문에 효소액을 냉동시키는 것은 피해야 한다. 또한, 효소단백질은 기질이 없는 곳에서 극단적으로 희석되면 그것만으로도 실활되는 경우가 있으므로 될 수 있는 한 희석은 피해야 한다.

효소는 분자량에 따라 열에 대한 저항 정도가 달라질 수 있는데 폴리펩타이드(polypeptide)의 경우 분자량이 크고 이황화결합(disulfide bond)이 많을수록 효소단백질의 구조가 조밀하여 열에 노출되더라도 촉매자리가 보호받을 수 있어 더욱 안정하다. 그리고 순수하게 분리된 효소보다는 탄수화물, 펙틴, 다른 단백질들과 함께 있는 완전히 분리되지 않은 효소는 이러한 물질들이 열로부터 보호하여 주는 역할을 하기 때문에 열변성에 대하여 안정하다. 또한 효소를 고정화할 때 운반체들이 이런 역할을 하기 때문에 적정 온도가 더 높아지는 경우가 발생한다.

효소의 안정성은 온도만의 함수로 영향을 받는 것이 아니라 pH, 이온 세기, 완충용액의 종류, 기질의 존재 유무, 효소의 농도, 그리고 다른 단백질, 배양시간, 활성제나 억제제 등에 의해 복합적으로 영향을 받을 수 있으므로 이러한 인자들을 일정하게 고정시킨 조건에서 검토 비교되어야 한다.

ii) 기질이 용해되는 정도가 온도에 영향을 받을 수 있다. 고체 성분들은 온도가 올라감에 따라 훨씬 더 잘 용해된다. 또 폴리페놀산화효소(polyphenol oxidase)나 포도당산화효소와 같은 효소는 산소를 또 하나의 기질로 사용하는데 온도가 변화되면 〈표 5-4〉에서 보는 바와 같이 용존산소의 농도가 달라지면서 효소반응에 영향을 준다.

표 5-4 • 각기 다른 온도에서의 용존산소의 농도

온도(°C)	용존산소농도(M)	온도(°C)	용존산소농도(M)
0	0.0022	30	0.0011
10	0.0017	35	0.0010
20	0.0014	40	0.0009

iii) 완충용액의 이온화되는 정도가 온도에 영향을 받는다. 카복실 완충용액이나 트라이스(tris) 완충용액의 경우 1°C당 −0.03 pK_a 값의 변화를 가져온다(−0.03 pK_a/°C). 온도 변화에 따라서 기질이나 효소의 이온화 정도에 영향을 주고 활성화된 비율에 영향을 주어 촉매반응에 영향을 준다.

iv) K_m 값이 변화하는 경우인데 기질에 대한 친화력이 영향을 받게 되면 효소 촉매반응에도 영향을 미친다. 포도당산화효소의 경우 각기 다른 산소 농도에서 포도당에 대한 친화력이 다르게 나타나는데 K_m 값이 작으면 효소가 산소와의 결합이 용이하다는 것을 의미하는 것으로 용존산소 농도가 낮은 경우에 K_m이 높게 나타났는데 이것은 100% 포화된 상태에서 K_m이 낮게 나타나 친화력이 높은 것을 나타낸다. 아스코브산산화효소(ascorbate oxidase)의 경우 100% 포화 상태에서 효소반응속도가 더 빠르게 나타난다(표 5-5).

$$\text{Glucose} + \frac{1}{2}O_2 \xrightarrow{\text{glucose oxidase}} \text{Gluconic acid} + H_2O_2$$

$$\text{Ascorbic acid} + \frac{1}{2}O_2 \xrightarrow{\text{ascorbate oxidase}} \text{Dehydroascorbate} + H_2O$$

효소를 분리하는 실험은 일반적으로 낮은 온도(0~4°C)에서 이루어지는데 이는 함께 존재할 수 있는 관심 대상이 아닌 단백질분해효소가 분리하고자 하는 효소가 단백질이므로 이를 분해시키는 것을 방지하기 위해서 저온에서 시행한다. 뿐만 아니라 단백질 변

표 5-5 • 용존산소 농도에서의 효소반응속도와 K_m의 영향

효소	용존산소농도	
	20%	100%
Glucose oxidase 포도당에 대한 K_m	0.042 M	0.013 M
Ascorbate oxidase의 효소반응속도(μL/min)	8.6	16.0

성에 의해 활성을 잃게 될 우려가 항상 존재하기 때문에 효소는 냉장고에 보관하는 것이 바람직하다.

효소활성의 측정은 일반적으로 37°C에서 실시하는 경우가 많지만 국제적인 단위 표시법 등의 영향도 있어서 최근에는 25°C라는 조건을 보다 많이 사용한다. 최적 온도보다 낮은 온도에서 활용하는 것이 효소를 더 오래 이용할 수 있는 장점이 있는데 온도가 높으면 그만큼 효소반응속도는 증가하지만 동시에 효소단백질이 열변성으로 인하여 실활 가능성도 증가한다. 그리하여 효소의 실활 가능성을 최소화할 수 있다.

〈표 5-6〉에서 보는 바와 같이 온도가 높아짐에 따라 상대적으로 반응속도가 증가함을 보여 주고 있다. 물론 효소반응 외에 단백질 변성도 함께 일어난다. 낮은 온도에서는 단백질 변성반응이 매우 천천히 일어나 효소반응속도에 비하면 무시할 정도지만 온도가 높아짐에 따라 점차 빨라지기 시작하고 단백질 변성 온도에 도달한 이후부터는 매우 빠르게 단백질 변성이 일어나 효소 촉매반응에 의한 생성물이 생성되지를 못한다. 〈표 5-6〉에서는 아직 단백질 변성이 심하게 일어나지 않은 경우를 제시하고 있다.

표 5-6 • 온도에 대한 상대적인 반응속도 비교(E_a = 6,000 cal/mol)

온도(°C)	상대적인 반응속도	온도(°C)	상대적인 반응속도
-10	1	40	6.31
0	1.55	50	8.82
20	3.24	60	11.40
30	4.70		

통상 효소활성의 온도 영향을 논하는 경우에도 pH 활성 곡선의 경우와 마찬가지로 온도활성 곡선과 동시에 온도 안정성(열 안정성)에 관한 실험 결과를 대비해서 나타내는 것이 바람직하다. 온도 안정성을 측정하는 데에는 효소용액을 각 온도 조건하에서 일정 시

간 처리한 후 실활이 비교적 적다고 생각되는 온도로 바꾸어서 잔존 활성을 측정한다. 효소활성에 미치는 pH나 온도의 영향은 더욱이 반응계의 이온 강도 또는 염류의 종류에 따라서도 다르다. 어느 종류의 완충용액을 어떤 농도로 사용하였는가, 공존시킨 염류의 종류와 농도 등 여러 가지 조건을 정확하게 기재해 두어야 한다. 사실 pH 활성 곡선에서는 완충용액의 종류를 바꿈으로써 다른 결과가 얻어지기도 한다.

효소반응에서는 여러 반응들이 평형상태를 이루고 있는데 이 반응들은 모두 온도에 민감하다.

$$E + S \rightleftharpoons E\text{-}S \quad \text{(기질과의 반응)}$$
$$E + P \rightleftharpoons E\text{-}P \quad \text{(생성물과의 반응)}$$
$$E + I \rightleftharpoons E\text{-}I \quad \text{(저해제와의 반응)}$$
$$E + Cof \rightleftharpoons E\text{-}Cof \quad \text{(조효소와의 반응)}$$

완충용액의 protonation 반응

효소와 기질이 양성자성 그룹을 갖고 있다면 이들이 이온화되는 반응도 온도에 영향을 받게 된다. 이런 평형상태에서 온도의 영향을 표현한 것은 반트호프(van't Hoff) 반응식이다.

$$\frac{d(\ln K_{eq})}{dT} = \frac{\Delta H^o}{RT^2} \tag{5.53}$$

(식 5.53)의 유도는 다음과 같은 반응으로부터 유도된다.

$$\gamma A + \delta B \rightleftharpoons \alpha P_1 + \beta P_2$$

이 반응의 반응물과 생성물의 농도에서는

$$\begin{aligned} \Delta G &= \Delta G^o + RT \ln \frac{[P_1]^\alpha [P_2]^\beta}{[A]^\gamma [B]^\delta} \\ &= \Delta H^o - T\Delta S^o + RT \ln \frac{[P_1]^\alpha [P_2]^\beta}{[A]^\gamma [B]^\delta} \end{aligned} \tag{5.54}$$

이와 같은 관계가 성립된다. 자유에너지(free energy, G), 반응의 엔탈피(enthalpy, H)나 엔트로피(entropy, S)를 구하기 위해서 반응물의 농도, 생성물의 농도, 온도 등을 측정한다. 어떤 반응의 과정이 자발적으로 일어나는가를 예상할 수 있는 가장 유용한 기준은 일정한 온도와 압력 조건에서 자유에너지의 변화(G)로 판단한다. 자발적으로 일어나는 반응은 자유에너지의 변화가 감소하는 경우로 $\Delta G < 0$인 경우이고, 반대로 외부 환경으로부터 에너지를 요구하여 에너지(열, 압력, 일 등)를 공급받아야만 반응이 일어나는 경우는 자유에너지의 변화가 증가하는 추세를 보일 때로 $\Delta G > 0$인 경우이다. 평형상태에 도달하면 자유에너지의 변화가 없는 상태로 $\Delta G = 0$이다. 따라서 평형상태에서는

$$\begin{aligned} \Delta G = 0 &= \Delta G^o + RT \ln K_{eq} \\ &= \Delta H^o - T\Delta S^o + RT \ln K_{eq} \\ \Delta G^o &= -RT \ln K_{eq} \end{aligned} \tag{5.55}$$

이므로 평형상태에 도달하였을 때의 농도를 측정하고 온도를 선택하면 쉽게 표준 자유에너지를 구할 수 있다.

$$\frac{d(\ln K_{eq})}{dT} = \frac{\Delta H^o}{RT^2}$$

이 반트호프식(식 5.53)은 표준 엔탈피의 변화(ΔH^o)가 온도의 미세한 변화에 의하여 달라질 수 있음을 의미하며 어떤 새로운 특정 온도에서의 새로운 값을 얻고자 하면 적분하여 얻는다. 이 식을 적분하면

$$\int_{K_{eq1}}^{K_{eq2}} d(\ln K_{eq}) = \frac{\Delta H^o}{R} \int_{T_1}^{T_2} \frac{1}{T^2} dT$$

$$\ln K_{eq2} - \ln K_{eq1} = -\frac{\Delta H^o}{R} \left[\frac{1}{T_2} - \frac{1}{T_1} \right]$$

또는

$$\ln \frac{K_{eq2}}{K_{eq1}} = -\frac{\Delta H^o}{R} \left[\frac{T_1 - T_2}{T_1 T_2} \right] = pK_{a1} - pK_{a2} \tag{5.56}$$

로 나타낸다.

예를 들어 효소 내에 촉매반응에 관여하는 그룹의 $\Delta H^o_{이온화} = 7{,}500$ cal이고 20°C에서 이 그룹의 pK_a 값이 7.0이었다면 30°C 온도가 되면 이 그룹의 pK_a 값은 얼마로 변하는지를 알아보자. (식 5.56)으로부터 $-\frac{\Delta H^o}{R} \left[\frac{T_1 - T_2}{T_1 T_2} \right] = pK_{a1} - pK_{a2}$에 대입하여 보면

$$-\frac{7{,}500(cal/mol)}{1.987(cal/mol)} \times \frac{293-303}{293 \times 303} = 7.0 - pK_{a2}$$

따라서 $pK_{a2} = 6.575$으로 7.0보다 낮아진다.

반응속도에 영향을 줄 수 있는 양성자성 그룹으로부터 수소가 이탈되는 현상도 온도에 따라 영향을 받기 때문에 효소단백질 중 어떤 형태의 아미노산이 촉매반응에 관여하는지를 온도의 영향 실험으로부터 확인할 수 있다. 해당 아미노산의 pK_a 값을 변화시키는 양성자성 그룹은 주위 환경에 영향을 받아 때에 따라서는 pH 단위로 1 이상이 달라질 수도 있다는 것이 문제이다. 앞의 〈표 5-1〉은 여러 종류의 아미노산의 곁사슬이 나타낼 수 있는 pK_a 값의 범위를 제시한 것으로 경우에 따라서는 표에 제시된 범위를 벗어난 독특한 경우를 보여 주는 때도 있다. 이런 경우에 대비하여 또 다른 요인으로 파악할 수 있는 정보가 필요하다.

양성자성 그룹으로부터 수소가 이탈되는 과정에서 표준 엔탈피 변화(ΔH^o)를 온도 변화에 따른 반응속도 실험으로부터 구하면 〈표 5-7〉에 해당되는 값으로부터 일차적으로 촉매반응에 관여하는 잔기가 어떤 것인지를 보다 쉽게 알 수 있다. 다만, 두 개 이상이 아닌 한 개의 양성자성 그룹만이 관여할 때에 가능하다. 만일 pK_a 값을 알고 pH에 좌우되는 양성자성 그룹의 수소 이탈 과정 시 엔탈피의 변화($\Delta H^o_{이온화}$) 값을 확보할 수 있다면 어떤 특정한 잔기가 이온화 과정을 주도하는지 여부를 알 수 있다. 각기 다른 온도 조건에서 pH에 따른 V_{max}의 변화를 보면 〈그림 5-41〉와 같다.

온도가 반응속도에 영향을 줄 수 있는데 이것은 아마도 pK_a 값을 변화시킬 수 있기 때

표 5-7 • 효소 촉매반응 시 온도에 영향을 받는 양성자성 그룹

양성자성 그룹	pK_a	$\Delta H^o_{이온화}$(kcal/mol)
-COOH	α 3.0~3.2	~0
	β, γ 3.0~4.7	~0(+1.5)
-imidazolium	5.6~7.0	6.9~7.5
$-NH_3$	α 7.6~8.4	10~13
	ε 9.4~10.6	10~13
-SH	8.0~8.5	6.5~7.0
-페놀기	9.8~10.4	6
Guanidinium	11.6~12.6	12~13

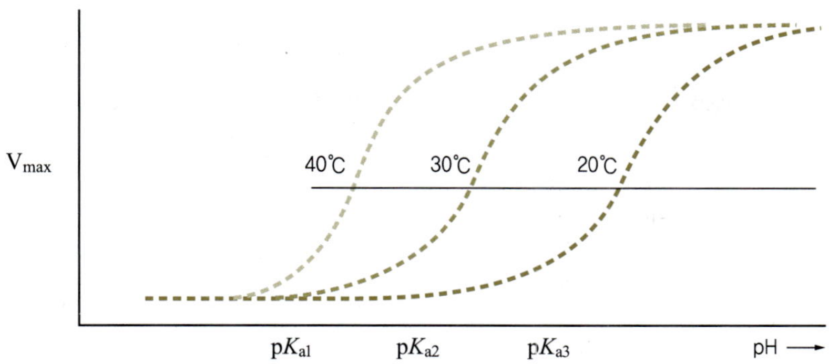

그림 5-41 • pH 변화에 따른 V_{max}의 변화 중 온도에 의한 영향

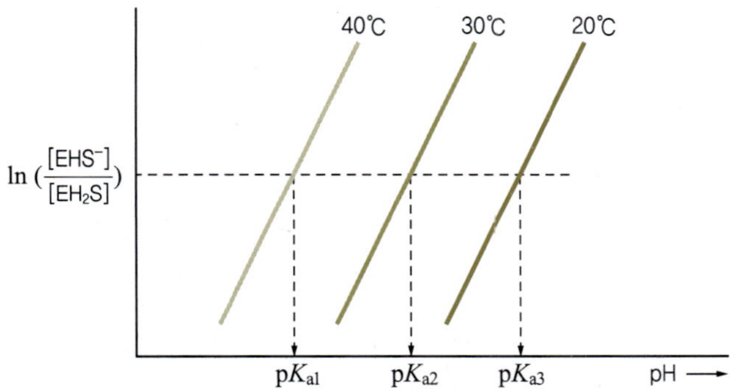

그림 5-42 • pH 변화에 따른 $\ln\frac{[EHS^+]}{[EH_oS]} = 1$의 변화 중 온도에 의한 영향

문으로 반응속도를 고려할 때 온도가 미치는 영향을 꼭 염두에 두어야 한다. pK_a 값을 구하기 위해 〈그림 5-41〉을 재구성하고 $\frac{[EHS^+]}{[EH_oS]} = 1$이 되는 부분을 찾으면 〈그림 5-42〉와 같다.

〈그림 5-42〉로부터 얻은 결과를 이용하여 트라이스의 아미노 그룹이 이온화되는 데 필요한 활성에너지(activation energy)는 11,200 cal/mol이다. 인산기나 카복실기의 이온화 과정의 엔탈피 값은 ≅0이다. 다시 말해 인산기나 카복실기는 온도 변화에 별 영향을 받지 않는 데 비하여 트라이스의 아미노 그룹은 이온화되는 데 약 11,200 cal/mol이 필요하다는 것을 말한다. 이러한 관계를 이용하면 촉매반응에 관여하는 해당 아미노산의 pK_a으로부터 어떤 아미노산인지를 알 수 있다.

$\frac{V_{max}{}^{H^+}}{K_m{}^{H^+}}$와 pH 관계로부터 효소 촉매자리의 양성자성 그룹을 1차적으로 예상할 수 있으며 이어 $\Delta H^o_{이온화}$ 값을 구하여 비교하면 어느 작용기가 관여하는지 파악된다. 예를 들

어 pK_a 값은 4이고, $\Delta H^{o}_{이온화} \cong 0$이라면 카복실기를 갖는 아미노산이 촉매자리에 존재함을 알 수 있으며 pK_a 값은 8.2이고 $\Delta H^{o}_{이온화} \cong 7,800$ cal/mol이라면 -SH기를 갖는 아미노산이 촉매자리에 존재함을 알 수 있다. 이렇게 온도에 의해 영향을 미치는 정도를 사전에 파악함으로써 효소의 구조적인 특성을 예측할 수 있다.

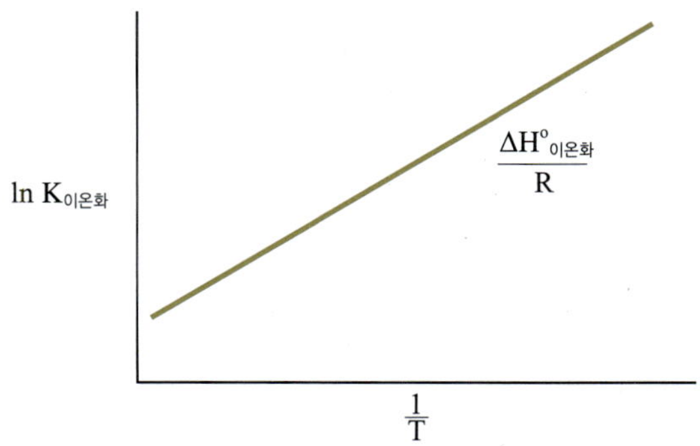

그림 5-43 • 온도 변화에 따른 이온화 반응의 영향

효소의 반응에 있어서 온도의 영향에 영향을 미치는 것 중 효소 자체가 갖고 있는 여러 가지 작용기가 어느 정도의 에너지를 공급해 주면 끊어지는가 하는 것을 〈표 5-7〉에 제시하였다. ΔH 에너지를 공급하면 해당되는 양성자성 그룹은 수소를 내놓고 만다.

일정한 pH 조건에서 이온화되는 그룹이 없다고 가정하더라도 일반적인 화학반응은 온도에 영향을 받아서 온도가 상승하면 반응속도가 점차 빨라진다. 효소반응의 경우를 살펴보면 효소반응속도와 온도 간의 관계가 〈그림 5-44〉처럼 표현된다. 상승 곡선 부분과 하강 곡선 부분으로 나눠지는데 앞의 상승 곡선은 일반적인 화학반응 경우와 마찬가지로 온도에 영향을 받는 부분이고, 그 다음 하강 곡선 부분은 효소단백질이 변성되면서

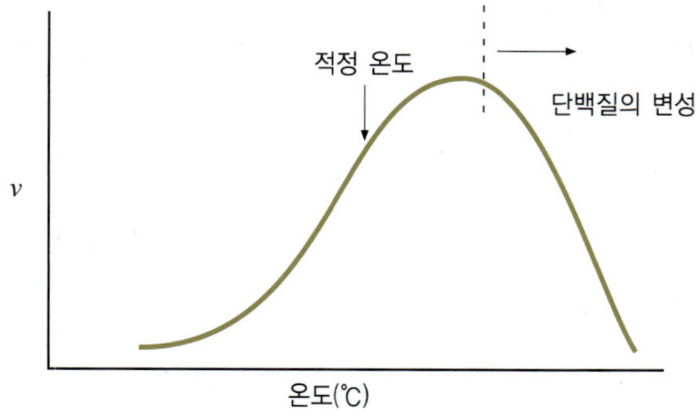

그림 5-44 • 온도 변화에 따른 효소의 반응속도와 효소단백질의 변성곡선

효소의 활성을 잃어버리는 부분이다. 일반적인 화학반응의 경우 온도가 상승함에 따라 반응속도가 지속적으로 상승하는 데 비하여 효소의 경우는 너무 높은 온도 조건에서는 단백질의 3차 구조가 바뀌고 효소활성을 잃어버리게 된다.

많은 효소들이 비가역적 변성을 일으키지만 과일, 채소, 우유 등에 함유된 과산화효소(peroxidase)나 알칼리성 인산가수분해효소 등은 열처리 동안 활성을 잃어버렸다가 오랜 기간 낮은 온도에서 저장하여 두면 다시 재활성화되는 가역적 변성을 보여 주기도 한다. 이는 효소단백질의 2, 3차 구조의 변성을 가져오는 소단위체가 해리되거나, 또는 조효소 등이 일시적으로 이탈되었다가 저온 조건에서 오랜 시간을 지나면서 소단위체가 다시 화합하고 조효소가 재결합되는 등 가역적 변성을 거쳐 효소활성이 회복되는 경우이다.

〈그림 5-44〉에서 온도 상승에 따른 효소활성의 증가와 관련된 정도를 표현하는 방법으로 Q_{10} 값의 개념을 활용하는데 반응온도가 10°C 올라감에 따라 달라지는 반응속도의 비율로 일반적으로 2~3의 값을 가지며 효소반응의 Q_{10} 값은 1.4~3 정도이다. 〈표 5-8〉에서 보면 온도가 10°C 올라감에 따라 반응속도의 증가가 비례적으로 급증하는 양상을 보인다.

$$Q_{10} = \frac{\text{반응속도상수}[T+10℃]}{\text{반응속도상수}[T℃]} \tag{5.57}$$

예를 들어 효소 촉매반응의 속도가 20°C에서보다도 50°C에서 3.85배 빠르다면 이 반응의 Q_{10} 값은 얼마인지 예상하여 보자. (식 5.57)로부터 20°C에서의 반응속도를 1로 하고 Q_{10} 값을 x라고 한다면, 30°C에서의 반응속도가 x가 되며 40°C에서는 x^2, 50°C에서의 반응속도는 x^3이 된다. 따라서 $x^3=3.85$이므로 $x=1.58$이 된다. 즉, Q_{10} 값은 1.58이다.

표 5-8 • 각기 다른 Q_{10} 값을 가지는 반응에서의 상대적인 반응속도비

온도(°C)	상대적인 반응속도		
	$Q_{10}=2$	$Q_{10}=3$	$Q_{10}=4$
0	1	1	1
10	2	3	4
20	4	9	16
30	8	27	64
40	16	81	256

(1) 아레니우스식(Arrhenius equation)

모든 화학반응, 효소반응(변성되기 전), 미생물의 반응속도는 온도에 영향을 받는데 이때 반응속도는 절대온도의 역수에 지수함수로 비례적인 관계를 갖고 있다고 제안된 이 관계식은

$$k = Ae^{\frac{-E_a}{RT}} \tag{5.58}$$

k : 반응속도상수　A : 상수(preexponential contstant)　E_a : 활성에너지

(식 5.58)에 ln을 취하면 다음과 같이 풀어서 표현할 수 있다.

$$\ln k = \ln Ae^{\frac{-E_a}{RT}} = \ln A - \frac{E_a}{RT} = \ln A - \frac{E_a}{R} \cdot \frac{1}{T}$$

$y = \ln A - \frac{E_a}{R} \cdot x$ 형태로 그래프를 그리면 기울기 $= -\frac{E_a}{R}$ 로부터 활성에너지를 구할 수 있다.

각 온도에 따른 반응속도 값이 존재함을 이용하는데 두 온도(T_1, T_2)에서 다음과 같은 반응속도 관계식을 얻고

$$\ln k_1 = \ln A - \frac{E_a}{R} \cdot \frac{1}{T_1} \qquad \ln k_2 = \ln A - \frac{E_a}{R} \cdot \frac{1}{T_2}$$

이 두 식의 양변에 대하여 빼면 두 관계식으로부터 $\ln \frac{k_1}{k_2} = -\frac{E_a}{R}\left(\frac{1}{T_1} - \frac{1}{T_2}\right)$ 관계를 얻는다. 이 식으로부터 활성에너지 값을 구하고 이 값을 알면 실험하지 않은 온도 조건에서의 반응속도상수도 쉽게 예측된다.

어떤 효소를 3, 21, 35, 45°C에서 시간별로 반응을 관찰하여 효소반응속도를 구하였더니 다음과 같았다. 이 조건에서 얻은 자료를 토대로 활성에너지를 구하려면 다음과 같이 계산한다.

온도(°C)	절대온도(K)	$1/T \times 10^3$	ln k(반응속도상수)
3	276.15	3.6	-6.64
21	294.15	3.4	-6.46
35	308.15	3.2	-6.17
45	318.15	3.1	-5.80

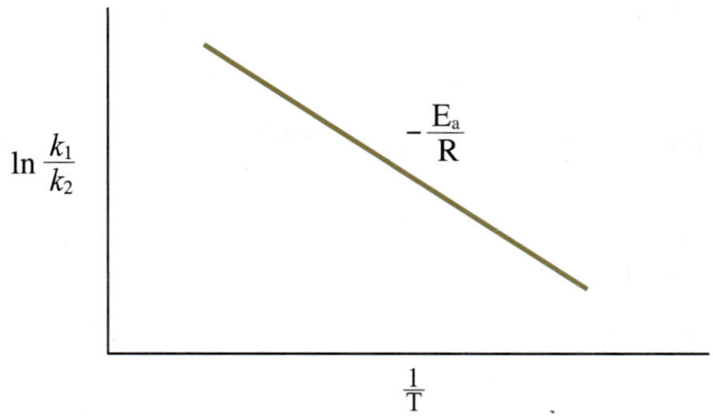

그림 5-45 • 효소반응에서 $\ln \frac{k_1}{k_2}$과 $\frac{1}{T}$ 간의 관계

온도별 효소반응에서 $\ln \frac{k_1}{k_2}$과 $\frac{1}{T}$ 간의 관계를 그린 후 기울기(slope)로부터 활성에너지를 구한다(그림 5-45). 엑셀 프로그램을 이용한다면 통계, 함수 메뉴에서 'slope'를 선택하면 된다. 기울기는 1,671.2(= $-E_a/R$)이며 활성에너지는 1,671.2(1/K) × 1.987 cal/mol·K = 3,332 cal/mol이다. 이때 결정계수(r^2 : correl—엑셀프로그램에서의 함수)는 0.987이다.

(2) 효소의 열불활성화

효소단백질이 변성되는 온도로부터 효소의 불활성화가 시작되는데 바람직하지 못한 효소들은 공정 중 불활성화시킴으로써 제품의 효용 가치를 높일 수 있으나 무한정으로 열처리하는 것은 에너지 손실과 영양가 손실이라는 면을 고려할 때 비효율적이다. 따라서 어느 정도 열처리하는 것이 바람직한지를 파악하는 것이 중요하다. 이 과정은 미생물의 살균에서와 마찬가지로 D값(D-value) 개념을 도입하는데 이는 초기의 활성에 비하여 1/10배 활성으로 줄이는 데 요구되는 시간이다(decimal reduction time). D값은 온도에 따라 각기 다르므로 D_{121}, D_{100} 등으로 해당 온도를 표시하여 해당 온도 조건에서의 효소활성을 10%로 줄이는 데 필요한 시간으로 표시한다. 이를 활용하면 효소가 열에 얼마만큼 안정한지 비교하기가 용이하다. 예를 들어 D_{100} = 10초, D_{100} = 4분인 효소가 있다면 D_{100} = 10초인 효소가 D_{100} = 4분인 효소에 비하여 열에 약하다.

식물체에서 폭넓게 발견되는 과산화효소나 우유의 알칼리성 인산가수분해효소 등은 열에 비교적 안정하다고 알려져 있고 넓게 분포되어 있다. 따라서 식품 공정에서 바람직하지 못한 효소를 불활성화시키기 위해 데치기 공정을 수행하거나 미생물을 살균하는 공정에서 과연 얼마나 열처리를 받았는지 여부를 확인하는 지표로 활용된다. 이들 효소들의 잔존 역가를 측정하면 간접적으로 열처리 정도를 확인할 수 있다.

D값을 구하는 방법은 ① 열처리 시간별로 효소활성을 측정한다. ② 열처리 시간 vs 효소활성 관계를 그래프로 그린다. 이때 semi log 그래프용지를 이용하거나 또는 log(효소활성)을 계산한다. ③ 여기서 1 log scale 감소하는 데(효소의 활성이 1/10로 줄어드는 데) 소요되는 열처리 시간이 D값이 된다.

5) 억제제

효소반응에 영향을 주는 인자 중의 하나로 억제제가 미치는 영향과 그 반응 메커니즘에는 어떤 것들이 있는지 알아보고자 한다. 우선, 억제제의 기본 특성을 왜 이해해야 하는지에 대하여 알아보자.

(1) 효소의 촉매자리가 어떤 구조로 되었는가를 예상

효소단백질의 촉매자리 부분에 억제제가 영향을 미치면 효소활성은 자연히 방해를 받는다. 어떤 억제제들이 효소의 촉매자리나 결합자리에 결합하여 촉매 활동에 영향을 미치는지를 알 수 있다면 효소 촉매자리가 어떤 아미노산 잔기들로 이루어져 촉매반응을 하는지를 파악할 수 있다. 일반적으로 촉매자리와 억제제가 구조적으로 유사한 형태를 갖는 물질들을 이용하여 억제 특성을 알아보기도 한다.

(2) 대사 과정이 어떤 중간 과정을 거치는지를 파악

억제제의 작용을 활용하면 대사 과정이나 대사 공정 중에 연속적인 반응 메커니즘이 어떤 과정을 거쳐서 일어나는지, 또는 중간 과정에서 생성되는 물질이 어떤 것인지를 파악하는 데에도 유용하게 활용이 된다. 예를 들어 A, B, C, … 순으로 효소반응이 이루어지는 가운데 또 다른 부반응으로 W 방향으로 대사 경로가 바뀔 수 있다면 어떻게 이런 것들이 일어나는지를 억제제를 사용하여 확인한다. 다음의 경우 E → F로 가는 과정을 억제시켰더니 E는 생성이 안 되고 P, Q, S가 관찰되었다고 한다면 이와 같은 반응의 절차

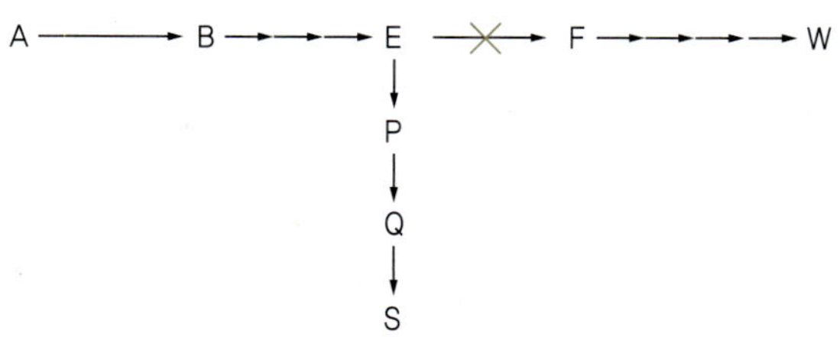

를 알 수 있다.

또는 E → S를 억제시켰는데 여전히 E, F 성분을 얻을 수 있는지, 이러한 확인 과정을 통하여 대사 경로를 확인할 수 있다. 이런 예로 생화학에서 다룬 탄수화물 대사인 해당 작용(glycolysis)이나 산화인산화(oxidative phosphorylation) 과정 등의 대사 경로가 여러 종류의 억제제를 이용하여 밝혀낸 것이다.

(3) 신약 개발 시 적절한 억제물질의 선별에 활용

질병은 여러 요인이 있으나 대부분 대사 과정의 일부가 방해받음으로써 생기는 것으로 이를 치료하기 위해서는 대사 과정의 일부를 억제하는 효소의 억제제를 찾아냄으로써 새로운 신약 개발이 가능하다. 경우에 따라서는 효소의 억제제 자체가 신약이 될 수도 있으나 억제물질을 제거하여 줌으로써 질병을 치료할 수도 있기 때문에 적절한 억제제를 선별하는 작업은 매우 중요하다.

인체의 다른 부위에는 영향을 미치지 않으면서 해당 부위에 관여하는 효소에만 작용하는 선택성을 갖는 억제제를 선별한다면 좋은 신약으로 개발될 수 있다.

(4) 농약으로 사용할 수 있는 억제제

해충에 치명적인 역할을 하는 것 역시 곤충들의 대사 활동을 억제함으로써 가능하다. 따라서 곤충의 신경전달에서 중요한 역할을 수행하는 아세틸콜린에스터레이스(acetyl-cholinesterase)의 억제제인 다이클로로다이페닐트라이클로로에테인(dichlorodiphenyltri-chloroethane, DDT), 포스포네이트(phosphonate), 유기인제 등이 바로 그것이다. 그러나 우리 인체에도 해가 된다면 그것은 바람직하지 못한 농약으로 남게 되므로 곤충에게만 선택적으로 작용하거나 어느 일정 시간이 경과하면 분해되는 물질을 찾는 것이 바람직하다.

(5) 식품 산업 분야에서의 억제제 활용

과일이나 채소류에 함유된 효소로서 바람직하지 못한 반응을 유발하는 것, 예를 들면 갈변화를 유도하는 효소들〔폴리페놀산화효소, 타이로시네이스(tyrosinase), 엽록소가수분해효소(chlorophyllase), 과산화효소〕의 활성을 억제시키기 위하여 사용할 수 있는 억제제로서 아스코브산(ascorbic acid), 아황산염(sulfite) 등이 있다. 이를 활용하면 갈색으로 변화되는 것을 최소화할 수 있다. 또 식이섬유나 펙틴과 같은 식물체 조직을 연화시키는 효소를 억제함으로써 조직감이 연화되는 것을 최소화할 수 있다. 예를 들면 김치의 신선도를 높일 목적으로 펙틴 성분을 분해하는 폴리메틸갈락투로네이스(polymethylgalacturonase)나 폴리갈락투로네이스(polygalacturonase) 등의 억제제를 첨가하면 조직감을 연화시키는 효소를 억제시킴으로써 신선한 김치의 품질을 유지할 수 있다.

(6) 영양학적인 문제 해결

식품 중에 함유된 성분을 잘 흡수하는 데 중요한 역할을 하는 효소를 억제시킨다면 이는 영양가를 떨어뜨리는 효과가 있다. 따라서 이런 물질은 억제제의 구조를 변형시켜 억제 능력을 약화시켜야 한다. 콩에 함유된 트립신억제제(trypsin inhibitor)는 콩단백질의 소화율을 떨어뜨리는 물질로 단백질의 효용 가치를 낮추는 물질이다. 달걀에 함유된 오보뮤코이드(ovomucoid)도 일종의 단백질가수분해효소억제제(protease inhibitor)로서 작용을 하게 되는데 열처리에 의해 변성시킨 후 먹으면 이런 문제는 해결된다.

영양학적 측면에서 이러한 억제제의 기능을 이해하고 이런 문제에 대해 대처해 나가는 것이 매우 중요하다.

(7) 억제제의 종류와 그 예

① 양이온과 결합

많은 경우 효소의 아포효소(apoenzyme)는 금속이온과 결합하여 완전한 기능을 보여주는 완전효소(holoenzyme) 형태를 취하게 되는데, 이러한 효소의 억제제는 금속 대신에 아포효소와 결합하거나 또는 금속이온을 이탈시켜 완전효소 형태를 갖추지 못하도록 유도되어야 한다. 만일 양이온을 제거하여도 비가역적인, 구조적인 변성이 일어나지 않았다면 다시 양이온을 첨가하여 주어 효소활성을 되찾을 수 있다.

- 사이안기(cyan group, $-CN$), 일산화탄소, 아자이드(azide, $-N_3$), 설파이드(sulfide) : 철이온이나 구리이온을 함유하고 있는 효소들은 이런 억제제들과 반응하여 쉽게 억제되는데 사이안기는 금속의 양이온과 결합하여 억제된다. 이러한 효소들 중에는 사이토크롬산화효소(cytochrome oxidase : Fe^{2+}, Cu^{2+}), 카탈레이스(catalase : Fe^{3+}), 과산화효소(Fe^{3+}), 아스코브산산화효소(ascorbic acid oxidase : Cu^{2+}), 알코올수소제거효소(Zn^{2+}) 등이 있다. 설파이드는 피리독살인산(pyridoxal phosphate)의 $>C=O$기를 공격하는 환원제로서 이황화결합을 환원시켜 효소를 억제시킨다.
- 에틸렌다이아민테트라아세트산(ethylenediaminetetraacetic acid, EDTA) : EDTA는 본래 금속 제거제로 널리 이용되는 물질로 Fe^{2+}, Zn^{2+}, Cu^{2+}, Co^{2+}, Mn^{2+}, Mg^{2+}, Ca^{2+},

Mo^{6+} 등의 금속이온과 결합하여 안정성을 유지하는데, 이들 금속이 효소와 안정성을 유지하는 것과 비교하여 EDTA와 안정성을 유지하는 것이 보다 확고하다면 효소는 억제를 받게 된다. 알파아밀레이스(α-amylase)의 경우 Ca^{2+}이 있어야 효소작용이 잘 이루어지는데 pH 7~9에서 EDTA를 첨가하여 Ca^{2+}을 제거하려 하여도 알파아밀레이스와 Ca^{2+} 결합력이 커서 억제가 일어나지 못한다. 그러나 pH를 4 이하 또는 11 이상으로 유지하면 Ca^{2+}이 제거되면서 억제가 일어난다. 카탈레이스(Fe^{3+}), 과산화효소(Fe^{3+})도 pH 7에서는 Fe^{3+}이 단단히 결합되어 빠져나오지 못하나 pH 4가 되면 단백질의 구조적인 변화가 일어나면서 쉽게 이탈된다.

이외에도 1,10-페난트롤린(1,10-phenanthroline), 싸이오유레아(thiourea), 8-하이드록시퀴놀린(8-hydroxyquinoline), 메캅토에탄올(mercaptoethanol), 이미다졸, 다이에틸다이싸이오카바메이트(diethyldithiocarbamate), 8-아미노퀴놀린(8-aminoquinoline), 2,3-다이메캅토프로판올(2,3-dimercaptopropanol), 메캅토에틸아민(mercaptoethylamine) 등이 금속 양이온들과 강하게 결합하여 효소의 활성을 억제한다.

② 싸이올기와 반응

파파인(papain) 효소의 촉매자리에는 싸이올기(−SH)가 있는데 이것은 염화아세테이트와 반응하는 속도가 다른 자리에 있는 싸이올기에 비하여 수만 배나 빨리 반응하는 것으로 알려져 있다. 반면 카복시펩티데이스 A(carboxypeptidase A)의 경우 Zn^{2+}이 있으면 거의 반응하지 않는 것으로 알려져 효소마다 같은 싸이올기를 내포하고 있을지라도 서로 다른 특성을 갖고 있다. 많은 효소들이 촉매자리에 싸이올기를 갖고 있으며 이들이 화학적 수식에 의해 억제되거나 불활성화되는 반응에 대해서는 뒷부분에서 설명하기로 한다.

③ 중금속

수은, 비소, 납, 카드뮴(cadmium)과 같은 중금속들은 아주 적은 농도라 하더라도 싸이올기, 이미다졸기, 카복실기 등과 빠르게 반응하여 억제를 유발한다. 이들의 농도가 0.001 M 이상에서는 단백질 침전제로 작용하여 침전을 유발하기도 한다. 이들 중금속이 메캅타이드(mercaptide)를 형성하는 반응식은 다음과 같다.

$$2R{-}SH + X^{++} \rightleftharpoons R{-}S{-}X{-}S{-}R + 2H^{+}$$
$$R{-}SH + Hg^{+} \rightleftharpoons R{-}S{-}Hg + H^{+}$$

이외에도 여러 가지 화학적 수식이 일어나 효소를 억제시키는데 이에 관한 사항은 뒷

부분에서 설명하기로 한다.

④ 억제제의 형태

가역적 억제제(reversible inhibitor)는 효소와 결합한 후 곧 효소로부터 해리되어 효소를 원래 상태로 되돌려 놓게 되지만, 비가역적 억제제(irreversible inhibitor)는 효소와 결합하여 활성을 없애버리며 다시 원래 상태로 되돌아갈 수 없다. 가역적인 억제반응이 0.001초 정도의 짧은 시간 동안에 이루어지는 데 반하여 비가역적인 억제는 상대적으로 긴 시간이 소요된다. 몇 분 또는 몇 시간 정도에 걸쳐 일어나며 역반응은 매우 천천히 일어나기 때문에 거의 무시되는 경우라 할 수 있다. 효소와 억제제가 가역적으로 결합을 한다면

$$E + I \underset{k_{-1}}{\overset{k_1}{\rightleftarrows}} EI \tag{5.59}$$

가역적인 경우 해리상수는 $K_I = \frac{k_{-1}}{k_1}$로 표현되며 억제제의 해리상수 K_I 값이 10^{-7}~10^{-12}이면 이 반응은 거의 비가역적인 억제라고 할 수 있으며 K_I 값이 10^{-7}보다 훨씬 크다면 0.001초 이내에 가역적 반응에 의해 원래의 상태로 회복된다. 가역적 억제의 경우 투석이나 희석 또는 젤크로마토그라피(gel chromatography) 등의 방법을 통하여 억제제를 제거하면 효소활성이 회복된다. Q_{10} 값이 1.1 이하이면 온도에 영향을 거의 받지 않으나 비가역적인 경우로 Q_{10} 값이 2~3이 되면 온도가 높아지면서 억제반응이 보다 더 빨리 일어난다. 가역적 억제제에는 세 가지의 대표적인 경우가 있다.

- 경쟁억제(competitive inhibition) : 구조적으로 효소의 결합자리에 대응하는 부분과 유사한 부분을 갖고 있는 억제제가 기질과 동시에 효소의 촉매자리에 서로 결합하려고 경쟁하는 경우를 말하며 만일 억제제가 먼저 촉매자리와 결합하고 나면 기질의 접근을 방해하여 기질은 더 이상 효소와 결합할 수가 없다. 예를 들어 석신산수소제거효소(succinic dehydrogenase)의 기질인 석신산(succinic acid)과 유사한 구조를 갖는 말론산(malonic acid)이 결합하면 효소의 활성이 뚝 떨어진다.

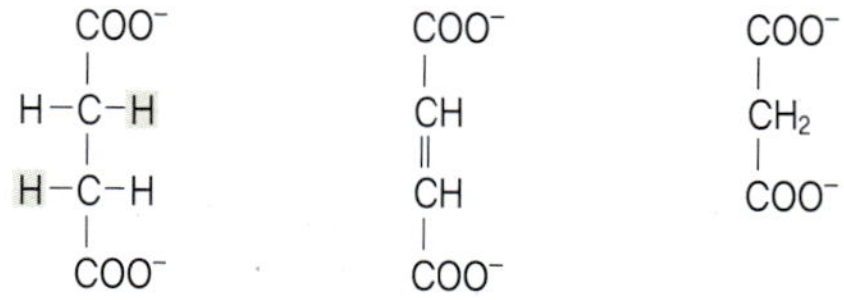

succinic acid　fumaric acid　malonic acid

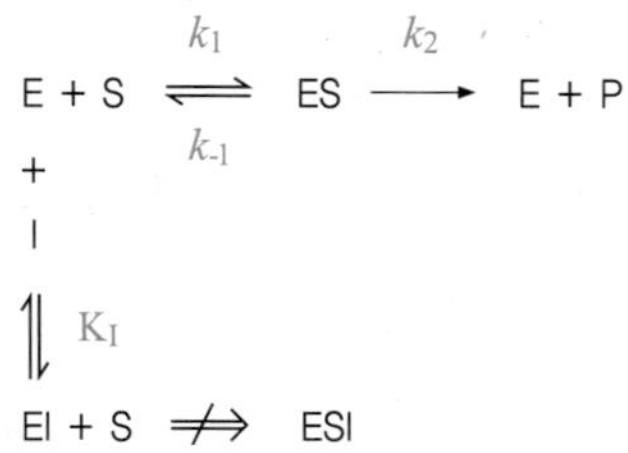

이러한 경우 미하엘리스-멘텐식에서는 어떤 영향을 받게 되는지 살펴보자. 우선 미하엘리스-멘텐식을 유도하는 과정에 적용되었던 모든 가정이 적용되어야 한다.

i) 정상상태 조건하에서

$$\frac{d[ES]}{dt} = 0 = k_1[E][S] - (k_2 + k_{-1})[ES] \tag{5.60}$$

(식 5.60)으로부터 좌우 변을 정리하고 K_m 정의를 도입하면

$$[E][S] = \frac{k_{-1} + k_2}{k_1}[ES] = K_m[ES] \tag{5.61}$$

ii) 이 반응에서의 주도적인 역할은 ES복합체가 생성물을 만드는 과정으로

$$v = k_2[ES] \tag{5.62}$$

라고 할 수 있으며 효소반응의 반응속도는 이 (식 5.62)에 의하여 표현된다.

iii) 효소가 이룰 수 있는 형태는 세 가지가 되며 전체 효소 농도는

$$[E_o] = [E_T] = [E] + [ES] + [EI] \tag{5.63}$$

이때 효소와 억제제의 복합체([EI])에 대한 해리상수 $K_I = \frac{[E][I]}{[EI]}$이므로 (식 5.63)은

$$[E_T] = [E] + [ES] + \frac{[E][I]}{K_I} \tag{5.64}$$

로 나타낼 수 있다. (식 5.64)에 (식 5.61)에서 [E]에 대하여 푼 값을 입력하면

$$[E_T] = [E] + [ES] + \frac{[E][I]}{K_I}$$
$$= \frac{K_m[ES]}{[S]} + [ES] + \frac{\frac{K_m[ES]}{[S]}[I]}{K_I}$$

양변에 [S]를 곱한 다음 [ES]에 대하여 풀면

$$[E_T][S] = [ES](K_m + [S] + K_m\frac{[I]}{K_I})$$

$$[ES] = \frac{[E_T][S]}{(1 + \frac{[I]}{K_I})K_m + [S]}$$

양변에 k_2를 곱한 다음 $v = k_2[ES]$, $V_{max} = k_2[E_T]$를 적용하여 정리하면

$$v = \frac{V_{max}[S]}{K_m(1 + \frac{[I]}{K_I}) + [S]} \tag{5.65}$$

을 얻는다. 이 식은 경쟁억제제가 있을 때 효소반응속도를 나타낸 관계식이다. 이 (식 5.65)에서 억제제의 농도가 증가하면 분모가 커져서 결국 효소의 촉매반응속도(v)는 감소하는 경향을 보인다. K_I 값이 크면 클수록 억제를 적게 받으며 K_I 값이 적으면 억제를 많이 받게 된다. 한편 (식 5.65)의 양변을 역수를 취하여 라인위버-버크 그래프로 그리면 〈그림 5-46〉과 같다.

〈그림 5-46〉에 나타난 관계를 보면 억제제 [I]의 농도가 증가함에 따라서 직선의 기울기 ($\frac{K'_m}{V_{max}}$)가 증가하였으며 x 절편값($\frac{-1}{K_m}$)도 증가하는 것으로 나타났다. 그러나 y 절편값($\frac{1}{V_{max}}$)은 변하지 않고 일정한 값을 갖고 있다. 한편 겉보기 K'_m 값은 $K_m(1 + \frac{[I]}{K_I})$으로 억제제의 농도가 0이면 $\frac{[I]}{K_I}$ 항은 0이 되어 미하엘리스-멘텐식과 같은

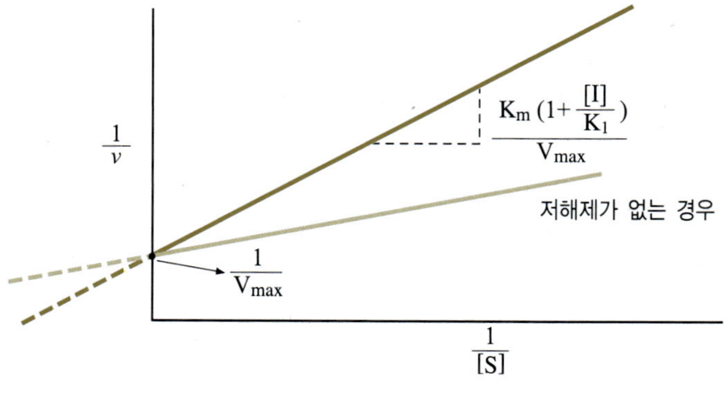

그림 5-46 • 경쟁억제제의 경우 미하엘리스-멘텐식의 라인위버-버크작도

형태로 표시된다. 또 기질의 농도가 크면 클수록 억제제가 없는 경우나 마찬가지로 결국 억제가 안 일어난다. 이것은 기질과 억제제 간의 경쟁에서 결국 억제제가 억제 역할을 못하게 된다. 따라서 경쟁억제제의 경우 기질의 농도가 포화되었으면 억제현상이 거의 일어나지 않는다. K_I 값은 x 절편값과 억제제 [I] 간의 관계 혹은 기울기와 억제제 [I] 간의 관계를 그래프로 나타내면 구할 수 있으며, (식 5.66)에서의 기울기는 〈그림 5-46〉에서 나타난 기울기 값으로 억제제 농도에 따라 변한다.

$$\frac{1}{v} = \frac{K_m(1+\frac{[I]}{K_I})}{V_{max}} \cdot \frac{1}{[S]} + \frac{1}{V_{max}} \tag{5.66}$$

$$\text{기울기} = \frac{K_m}{V_{max}} + \frac{K_m}{K_I V_{max}}[I] \tag{5.67}$$

따라서 (식 5.67)에 대하여 기울기와 억제제 [I]에 대한 그래프로 재구성하면 재구성된 그래프로부터 K_I 값을 구한다(그림 5-47). 즉, 억제제 [I] 농도를 달리하면서 기울기와의 관계를 그림으로 나타내면 이 그림의 절편값은 $\frac{K_m}{V_{max}}$ 이고 기울기는 $\frac{K_m}{K_I V_{max}}$ 이 되어 K_I 값을 구할 수 있다.

억제제가 있는 경우와 억제제가 없는 경우의 기울기나 y 절편값의 비율이 모두 $1+\frac{[I]}{K_I}$ 인 것을 이용하여 [I]를 알고 있다면 K_I를 구할 수 있다.

$$\frac{(y\text{절편값})_i}{(y\text{절편값})_o} = \frac{(\text{기울기})_i}{(\text{기울기})_o} = 1+\frac{[I]}{K_I}$$

$(y$절편값$)_i$, $($기울기$)_i$: 저해제가 있는 경우
$(y$절편값$)_o$, $($기울기$)_o$: 저해제가 없는 경우

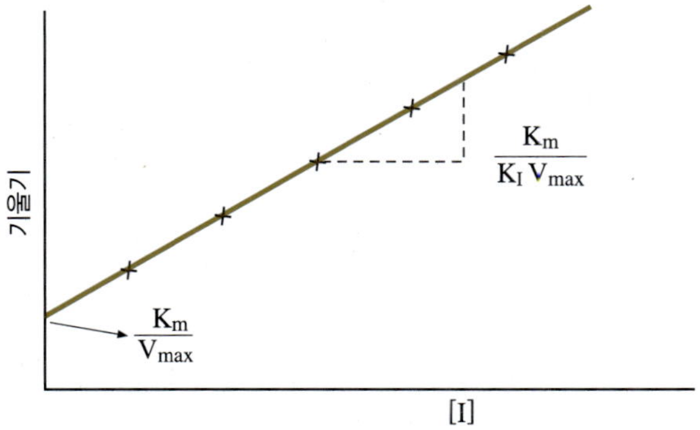

그림 5-47 ● 경쟁억제제의 라인위버-버크작도에서 얻은 기울기와 억제제 간의 관계

모든 경쟁억제제가 위에서 보여준 것처럼 직선적인 경우만 있는 것이 아니라 직선 관계를 벗어난 경우도 드물게 있다.

- 비경쟁억제(noncompetitive inhibition) : 결합에 방해하지는 않지만 반응속도를 방해하는 경우이다. 억제제가 촉매자리가 아닌 다른 자리에 결합하여 효소 촉매자리의 구조를 변형시킨다. 기질 역시 촉매자리에 결합할 수는 있으나 억제제가 없을 때처럼 효율적으로 효소가 작용하지는 못한다. 따라서 억제제와 기질이 동시에 효소와 결합하는 것으로 효소기질복합체(ES)가 억제제와 결합(ESI)할 수도 있고, 또는 억제제가 효소와 결합된 상태(EI)에서 기질과도 결합(ESI)이 가능한 형태의 억제제이다. 그러나 이처럼 효소-기질-억제제 복합체(ESI)의 경우 더 이상의 촉매반응을 할 수는 없다.

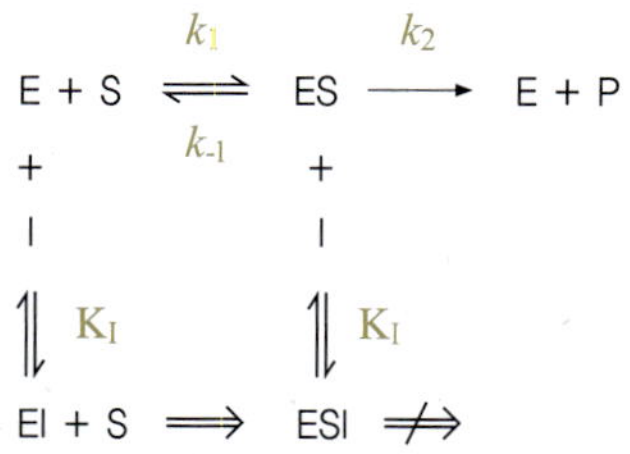

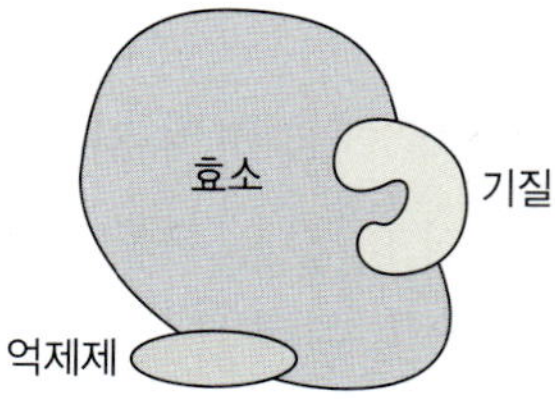

K_I가 [EI]에 있어서나 [ESI]에 있어서 모두 같다는 것이 비경쟁억제제가 가지는 하나의 특징으로 되어 있다. 그리고 경쟁억제제에서 다룬 모든 관계식이 적용되나 또 다른 복합체, 효소-기질-억제제 복합체(ESI)의 경우 $K_I = \frac{[ES][I]}{[ESI]}$와 $[E_T] = [E] + [ES] + [EI] + [ESI]$ 이 추가된다.

이 값을 대입하여 경쟁억제제와 마찬가지로 풀면

$$v = \frac{V_{max}[S]}{(K_m + [S])(1 + \frac{[I]}{K_I})} \tag{5.68}$$

(식 5.68)을 라인위버-버크작도 형태로 바꾸어 나타내면

$$\frac{1}{v} = (1 + \frac{[I]}{K_I})(\frac{K_m}{V_{max}[S]} + \frac{1}{V_{max}}) \tag{5.69}$$

(식 5.69)를 $\frac{1}{v}$과 $\frac{1}{[S]}$ 관계로 그림을 그리면 억제제 농도가 증가함에 따라 y 절편값 $(1 + \frac{[I]}{K_I})(\frac{1}{V_{max}})$과 기울기 $(1 + \frac{[I]}{K_I})(\frac{K_m}{V_{max}})$는 모두 증가하는 양상을 보이며 기

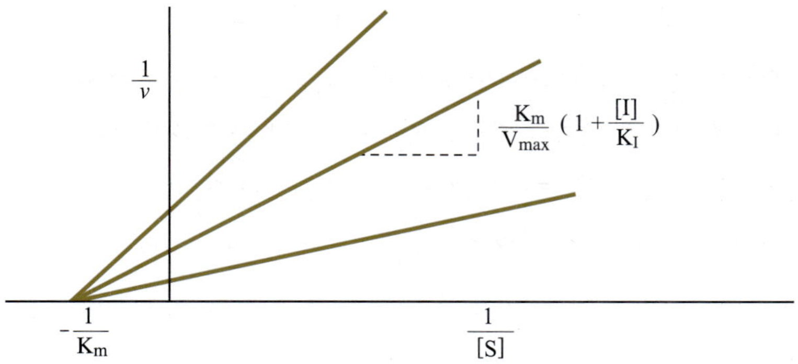

그림 5-48 • 비경쟁억제제의 경우 미하엘리스-멘텐식의 라인위버-버크작도

질의 농도가 증가한다고 하더라도 전체효소($[E_T]$)에서 [ES] 농도가 차지하는 비율이 증가하지 않으므로(이것은 효소 중 일부는 [ESI] 형태로 존재하기 때문) 억제제가 조금이라도 존재한다면 억제제가 없었을 때의 효소반응 최대 속도 V_{max}에 결코 도달하기가 어렵다(그림 5-48). 따라서 K_m 값은 변하지 않는 데 비하여 V_{max} 값만 변하게 된다. 이 점이 경쟁억제제와 다른 점이다. 경쟁억제제의 경우 기질의 농도를 증가시킴으로써 효소의 활성이 회복되었으나 비경쟁억제제의 경우 기질의 농도를 증가시키더라도 효소의 활성이 회복되지 않는다. 또 억제제가 있는 경우와 억제제가 없는 경우의 효소 촉매반응속도 비율을 비교하면 비율이 $\frac{K_I}{K_I+[I]}$으로 기질 농도에 무관하며 억제제의 농도에 의하여 좌우되며 $K_I \gg [I]$이면 $\frac{(v_i)}{(v_o)} \approxeq 1$로 억제제가 없는 경우나 있는 경우나 반응속도에 차이가 없으며 $K_I \ll [I]$이면 $\frac{(v_i)}{(v_o)} \approxeq 0$으로 촉매반응이 거의 일어나지 않는다.

$$\frac{(v_i)}{(v_o)} = \frac{\text{저해제가 있는 경우 반응속도}}{\text{저해제가 없는 경우 반응속도}} = \frac{K_I}{K_I+[I]}$$

- 무경쟁억제(uncompetitive inhibition) : 기질이 효소와 결합한 경우에만 억제제가 결합하여 복합체를 이루게 되는 경우이다. 억제제와 효소가 결합한 경우나 유리된 효소 단독으로는 억제제와의 결합이 이루어지지 않는 형태의 억제제를 말한다. 효소와 억제제가 서로 경쟁을 하지는 않지만 효소와 기질이 결합하면 억제를 하는 형태이다. 물론 이와 같은 효소-기질-억제제 복합체(ESI)의 경우 더 이상의 촉매반응을 할 수는 없다.

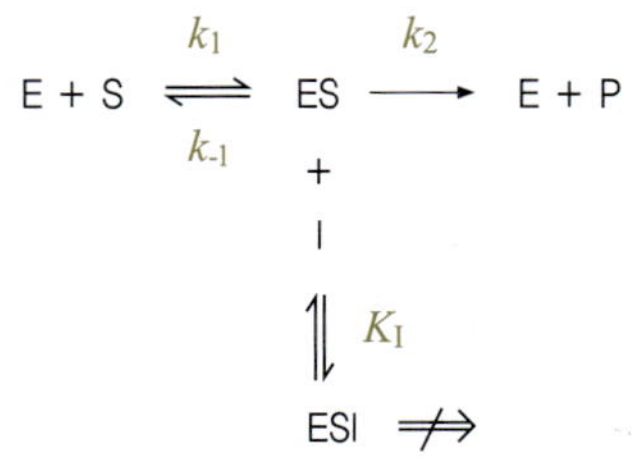

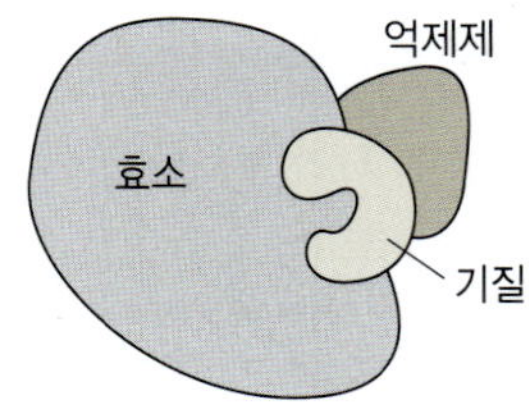

경쟁억제제에 다루었던 모든 관계식이 적용되나 또 다른 복합체, 효소-기질-억제제 복합체(ESI)의 경우 $K_I = \frac{[ES][I]}{[ESI]}$ 이 적용되고 $[E_T] = [E] + [ES] + [ESI]$이 추가된다.

$$\frac{v}{[E_T]} = \frac{k_2 [ES]}{[E] + [ES] + [ESI]}$$

이 식을 경쟁억제제의 경우와 마찬가지로 풀면

$$v = \frac{V_{max} [S]}{(K_m + [S])(1 + \frac{[I]}{K_I})}$$

이 식의 라인위버-버크작도를 식으로 나타내면

$$\frac{1}{v} = \frac{K_m}{V_{max} [S]} + (1 + \frac{[I]}{K_I}) \frac{1}{V_{max}}$$

이 식을 $\frac{1}{v}$과 $\frac{1}{[S]}$ 관계로 그림으로 나타내면 억제제 농도[I]가 증가함에 따라 y 절편값에서 V_{max} 값이 상대적으로 감소되며 이는 K_m 값에도 영향을 미친다(그림 5-49).

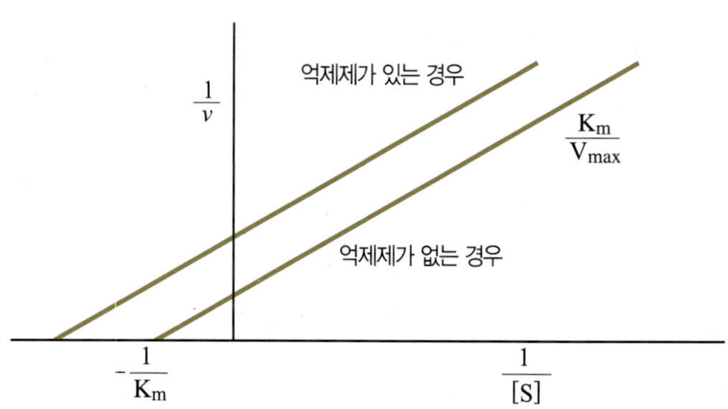

그림 5-49 ● 무경쟁억제제의 경우 미하엘리스-멘텐식의 라인위버-버크작도

기질의 농도가 증가되면 기질과 효소 복합체의 농도가 증가된다. 그러나 억제제의 농도가 증가되면 억제제는 효소-기질 복합체와 결합하게 되고 이 경우 결국 [ES]가 감소되는데 [ES]가 감소한다는 것은 결국 K_m 값이 감소하는 경우를 의미한다.

경쟁억제의 경우와 마찬가지로 y 절편값과 [I] 간의 관계식으로부터 K_I 값을 구한다.

- 기질 억제(substrate inhibition) : 기질이 너무 과잉으로 존재하는 경우 도리어 반응속도가 저하된다. 이것은 효소와 결합한 첫 번째 복합체(ES)에 두 번째 기질이 결합하여 생성된 기질-효소 결합체(ESS)가 오히려 효소의 촉매작용을 억제하기 때문이다.

$$E+S \rightleftarrows ES+S \rightleftarrows ESS \nRightarrow E+P$$

$$E+P \rightleftarrows ES \longrightarrow E+P$$

- 비가역적 억제 : 비가역적인 경우 EI는 공유결합 형태로 효소의 촉매자리와 결합할 확률이 높다($k_1 \gg k_{-1}$).

$$E + I \underset{k_{-1}}{\overset{k_1}{\rightleftarrows}} EI$$

- 화학적 수식을 통한 비가역적 억제제 : 어떤 특정 자리를 선택적으로 화학적 변형을 시키는 것은 아니나 목적하는 그룹의 잔기를 화학적으로 변형시킴으로써 억제하는 방법인데, 이 과정에서 원하는 자리뿐만 아니라 원하지 않는 자리에서도 화학적 수식(chemical modification)이 일어날 수 있다. 주로 친핵적 치환반응이나 전기적 부가반응에 의해 이루어진다. 따라서 효소단백질 표면에 노출된 작용기와 비가역적 억제반응을 할 수 있는 시약 간에 화학적 수식이 이루어진다. 이런 시약들은 우선 반응성이 높은 것이 특징이며 노출된 작용기로의 접근이 용이한 성질이 요구된다. 이들 시약은 효소단백질과 접촉할 수만 있다면 바로 반응성을 보여 줄 수 있어야 한다. 이들 작용기는 효소의 촉매자리에 있을 수도 있지만 그렇지 않은 위치에도 있을 수 있다. 반응 시약들은 특이성을 갖고 제한된 경우만 반응하는 것이 아니다. 많은 경우 이 시약들이 비가역적 억제를 유도하고 있으며 경우에 따라서는 효소의 촉매자리를 규명하는 데에 활용되고 있다. 즉, 어떤 화학적 수식이 이루어졌을 경우 이로 인하여 효소의 활성을 잃어버렸다면 최소한 해당하는 시약과 반응할 수 있는 그룹이 촉매자리에 내재하고 있음을 알 수 있다. 따라서 화학적 수식 방법은 초기에

효소의 촉매자리를 이해하는 데만 활용되었다.

이와 같은 화학적 수식을 유도하는 시약과 단백질 간의 반응으로는 다음과 같은 반응들이 있다. C-, N-말단기와 반응하는 것, 그리고 다른 곁가지 그룹 또는 잔기들과 반응하는 것이다.

석신산무수물(succinic anhydride)과의 반응

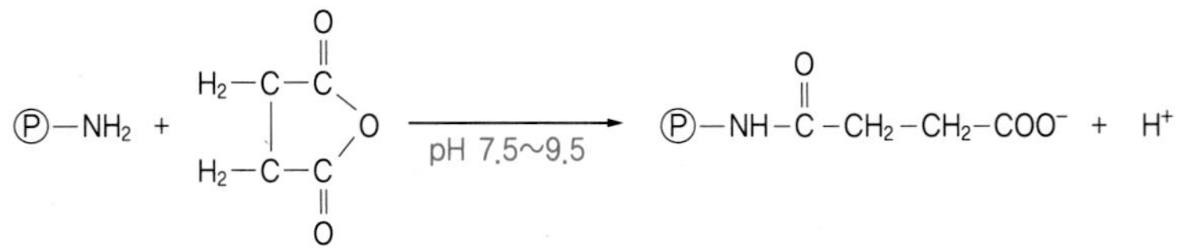

아세트산무수물(acetic anhydride)과의 반응

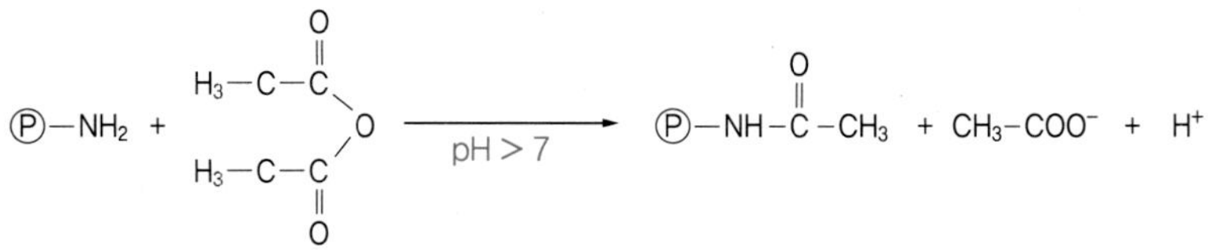

아이소사이아네이트(isocyanate)와의 반응

$$Ⓟ\text{—}NH_2 + HN{=}C{=}O \xrightarrow[\text{pH} > 7]{} Ⓟ\text{—}NH\text{—}C(=O)\text{—}NH_2$$

알데하이드와의 환원적 알킬화

$$Ⓟ\text{—}NH_2 + 2HCHO + \frac{1}{2}NaCNBH_3 \xrightarrow[0^\circ C]{\text{pH } 9} Ⓟ\text{—}N(CH_3)_2 + \frac{1}{2}H_2O + \frac{1}{2}NaHCNBO_3$$

$$Ⓟ\text{—}COO^- + RNH_2 \xrightarrow[R\text{—}N{=}C{=}\overset{+}{N}HR]{\text{pH } 5} Ⓟ\text{—}CONHR$$

에스터화 반응(esterification)

$$Ⓟ\text{—}COOH + ROH \xrightarrow{HCl < 0.1\ M} Ⓟ\text{—}COOR + H_2O$$

환원

$$Ⓟ\text{—}S\text{—}S\text{—}Ⓟ + HSCH_2CH_2OH \longrightarrow Ⓟ\text{—}SH + Ⓟ\text{—}S\text{—}S\text{—}CH_2CH_2OH$$

2-메캅토에탄올 대신에 $HSCH_2COOH$, $HSCH_2(CHOH)_2CH_2SH$(다이싸이오트레이톨, di-thiothreitol) 등을 이용할 수 있으며 이황화결합이 환원되거나 또는 다른 이황화결합과의 이황화 교환반응이 일어나면서 구조적 변화가 예상된다.

인산화 반응(phosphorylation)

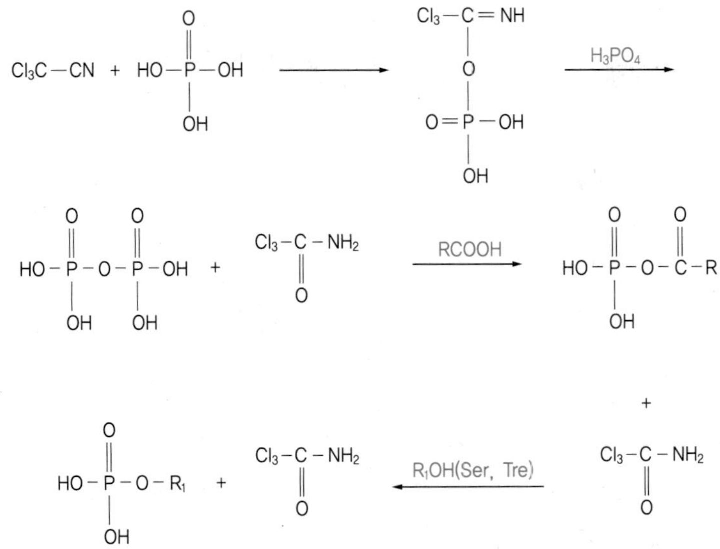

이들 시약이 효소의 불활성화를 유도한다면 이는 단백질을 변성시켜 3차 구조를 변형시킴으로써 효소의 촉매자리가 기질을 받아들일 수 있는 상태가 되지 못하거나 또는 효소 촉매자리가 가려져서 기질의 접근이 용이하지 못한 상태가 되고 만다(그림 5-50). 이러한 차이를 증명할 수 있는 방법으로는 앞에서 설명한 경쟁억제제를 이용하는 것이다. 효소의 기질 농도를 높이거나 경쟁억제제를 첨가하여 충분히 촉매자리가 가려진 상태에서 화학반응이 일어날 수 있는지를 관찰한다. 경쟁억제제의 경우 투석 등에 의하여 가역적인 해리가 일어날 수 있으므로 확인이 가능하다. 만일 화학적 수식으로부터 경쟁억제제에 의해 보호받을 수 있다면 해당 작용기가 촉매자리에 있음을 알 수 있다.

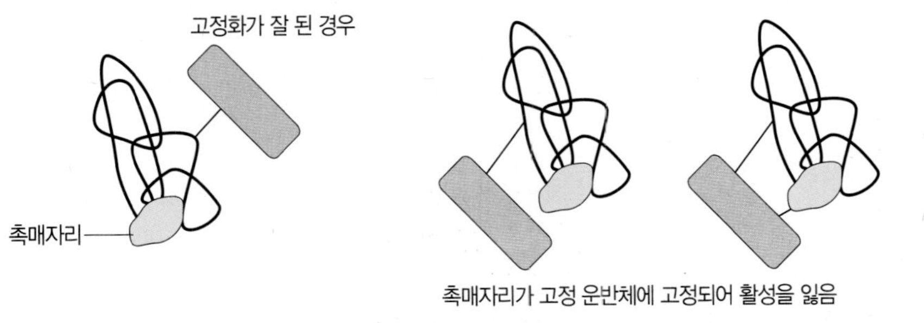

그림 5-50 ● 효소가 고정화되는 과정에 나타날 수 있는 형태로 효소 촉매자리가 밖으로 노출된 경우(왼쪽)와 운반체와 결합하여 촉매자리로 기질의 침입이 어려운 경우(오른쪽) : 억제제에 의한 반응과도 같음

보다 더 확실하게 검증하기 위하여 방사성이 표지된 단백질을 이용하여 반응 후 생성물의 동위원소를 측정하거나 또는 흡광도나 형광성을 측정하는 방법을 사용한다. 경우에 따라서는 단백질이 변성되거나 화학적 수식이 이루어진 효소의 활성 여부로 확인한다. 이외에 화학적 수식이 이루어졌음을 알려 주는 지시계를 활용하는 방법들이 이용된다. 물론 두 가지 방법이 사용되어 한 가지 방법으로는 효소의 활성을 측정하고 또 다른 방법으로는 얼마만큼 많은 작용기가 화학적으로 수식이 되었는지를 확인해야 한다. 예를 들어, 효소 농도에 대하여 1:10 또는 1:5의 비율로 시약을 첨가하여 반응한 후 효소활성을 측정하고 이를 반복하여 효소활성이 완전히 상실될 때까지 반복한다면 최소한도 다음과 같은 세 가지 경우를 예상할 수 있다.

① 화학반응도 일어나지 않고 효소도 변형되지 않는다.

② 효소는 구조적으로 약간 변형되지만 효소활성에는 아무런 영향을 미치지 않는다.

③ 효소가 변형이 되고 아울러 효소활성이 감소된다.

①, ②의 경우는 관심의 대상이 될 수 없으나 ②의 경우 효소에서 변형된 자리가 활성에 영향을 미치지 못한다면 촉매자리와는 아무런 관련이 없다. ③의 경우도 변형시킨 정도와 잔존 효소활성 간의 관계를 살펴보면 여러 가지 화학적 수식에 의해 일어날 수 있는 경우들이 있다(그림 5-51).

첫 번째 경우(i) 반응 시약과 반응한 것은 5개의 잔기이지만 이 중 가장 반응성이 강한 것은 촉매자리 또는 활성기에 가장 가까이 존재함을 알 수 있으며 이 잔기는 효소를 불활성화할 정도로 구조적 변화를 유도한다. 그리고 다른 4개의 잔기를 변형시키는 것은 영향을 미치지 못할 것이다.

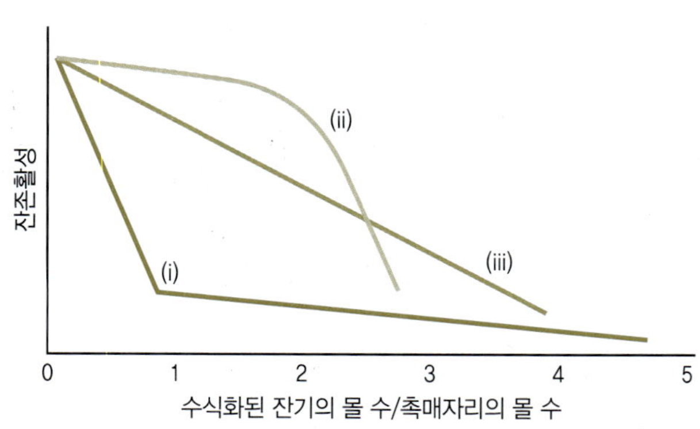

그림 5-51 • 화학적 수식 후 수식화된 잔기의 몰 수와 촉매자리의 몰 수 비교

두 번째 경우(ii) 반응 시약과 반응한 것은 3개의 잔기이지만 이 중 가장 반응성이 적은 것, 아마도 이것은 반응 시약이 접근하기가 가장 어려운 것으로 구조적으로 내부에 가려졌을 가능성이 높다. 반응성이 가장 적은 잔기는 촉매자리 또는 활성기에 가장 가까이 존재할 것이라 생각된다.

세 번째 경우(iii) 반응 시약과 반응한 것은 4개의 잔기인데 이들은 모두 균일하게 반응 시약과 반응하고 있어 촉매자리에 존재하는 잔기의 수를 예측하기는 어렵다. 4개의 잔기가 구조적인 변화를 가져와 활성이 떨어질 수도 있지만, 또 촉매자리가 변형되어 효소활성이 떨어질 수도 있으므로 효소 촉매자리에 4개의 잔기가 존재한다고 단언하기가 어렵다.

한편, 첫 번째 경우와 같은 결과를 발견하게 되는 경우 어떤 잔기가 효소활성에 결정적인 역할을 하는가 하는 것을 확인하기 위하여 효소적 가수분해, 산가수분해 방법에 의해 펩타이드나 아미노산으로 분해시킨 후 분리하여 아미노산순서(sequence) 작업을 통하여 변형된 잔기를 확인한다. 물론 HPLC, 전기이동방법을 통하여 변형되지 않은 잔기를 추적함으로써 어떤 펩타이드에서 변형이 이루어지는지를 확인할 수도 있다.

- 억제제가 함유된 경우 : 효소반응을 억제하는 물질이 첨가되어 있어 비가역적 반응이 일어나 효소반응을 일시 정지시키는 현상을 보여 주기는 하나 효소의 농도가 점차 증가하면서 초기에 나타났던 반응속도와는 달리 비례적인 관계를 보인다. 이것은 효소의 촉매자리와 결합한 억제제의 농도가 상대적으로 적은 양이기 때문에 효소 농도가 적을 때는 반응속도가 나타나지 않을 수도 있으나 효소 농도가 증가하면서 이런 문제를 극복할 수 있기 때문에 비례적 관계를 보여줄 수 있다(그림 5-52). 따라서 효소의 농

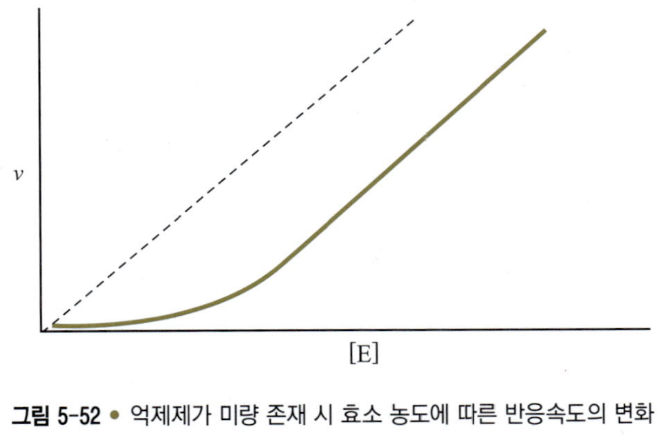

그림 5-52 • 억제제가 미량 존재 시 효소 농도에 따른 반응속도의 변화

도는 억제제의 농도보다도 많아야 한다. 때때로 금속 성분이 이런 현상을 보이는 경우가 있는데 EDTA를 첨가하여 가열함으로써 EDTA가 금속 성분과 결합하도록 유도한 다음 효소반응을 시키는 것이 바람직하다.

6) 기타

기질이나 억제제 그리고 pH나 온도 변화에 따라 효소활성은 많은 차이를 보여 준다. 앞서 설명한 사항들 이외에도 효소활성에 영향을 미치는 요소들로는 조효소가 있다. 조효소가 존재해야만 활성을 보여 주는 경우가 있는데 다음 관계식에서 보는 바와 같이 조효소인 NAD^+가 효소와 결합해야만 기질과 반응을 하는데 역반응에 의해 자꾸 조효소가 해리되는 경우 효소반응이 더 이상 진전될 수 없다. 가역적 반응에서 역반응이 보다 더 경쟁적이기 때문이다. 따라서 보다 많은 효소들이 가능한 한 조효소와 결합될 수 있는 방향으로 조건을 확립해 주어야 한다.

$$E + NAD^+ \leftrightarrows E - NAD^+ \xrightarrow{S} E - NAD^+ - S$$

이외에도 이온 세기에 따라서 단백질이 염용(salting in), 염석(salting out) 현상이 일어나고 단백질의 용해도에 변화가 생기면서 효소활성 또한 변화가 일어난다. 어떤 효소들은 자신이 좋아하는 완충용액이 있어 해당 완충용액을 선택해야 최대 활성값을 얻는다.

연습 문제

1 식품 내에 갈변화에 관여하는 어떤 효소의 작용에 의하여 25°C에서 일어나는 효소적 갈변 관계를 분광광도계를 이용하여 450 nm에서 측정한 결과이다. 이러한 화학반응은 0차 반응인지, 1차 반응인지 확인하시오.

저장 일수(일)	흡광도	저장 일수(일)	흡광도
0	0.018	120	0.097
30	0.042	150	0.119
60	0.062	180	0.126
90	0.075	210	0.147

2 다음 식은 어떤 반응에서 A, B가 반응하여 P를 생성하는 반응이다. 이 반응의 반응식을 완성하시오.

$$-\frac{d\mathrm{B}}{dt} = 3k_1[\mathrm{A}][\mathrm{B}]^3 - 3k_{-1}[\mathrm{P}]^2$$

3 기질 농도에 따른 효소반응속도가 다음과 같다면 이 반응의 V_{max}, K_m 값을 구하시오.

기질 농도(mol/L)	반응속도(μmol/min)	기질 농도(mol/L)	반응속도(μmol/min)
0.01	0.25	0.00001	0.20
0.001	0.25	0.000001	0.071
0.0001	0.25	0.0000001	0.0096

4 25°C 효소반응에서 관찰된 초기 반응속도는 기질 A(0.0015 M)에 대하여 0.000001 mol/L/min이었다. 그리고 이것은 최대 반응속도의 0.8이었다. 만일 이러한 효소반응이 미하엘리스-멘텐식에 따른다면 이 반응의 K_m 값을 구하시오.

5 어떤 효소의 K_m, V_{max}가 각각 0.0001 M, 1.5×10^{-6} M/sec이다. 기질의 농도가 4.5×10^{-4} M이라면 이때의 반응속도(v)를 구하시오.

6 기질의 농도가 2×10^{-5} M이고 효소반응속도(v)가 V_{max}의 30%일 때 K_m을 구하시오.

7 다음과 같은 실험 결과를 토대로 하여 이 효소에 작용하는 억제제가 경쟁억제제인지 아니면 비경쟁억제제인지를 밝히고, K_I 값을 구하시오.

기질 농도(mol/L)	반응속도(μmol/min)	
	억제제(부재 시)	억제제(2.2×10^{-4} M)
0.0001	28	17
0.00015	36	23
0.0002	43	29
0.0005	65	50
0.00075	74	61

8 문제 7에서 효소의 경쟁억제제의 농도는 1×10^{-3} M로 나타났다. 즉, 억제제 1 μmol이 1 mL 반응 혼합물에 존재한다면, 초기의 가수분해 정도가 얼마만큼 감소하는지를 억제제의 부재 시와 관련하여 비율(억제제 존재 시/억제제 부재 시)로 나타내시오.

9 pK_a가 4.5인 한 개의 작용기가 영향을 받는 효소반응이 pH 3~10에서 안정하다면 pH 5와 8에서 $V^{H^+}_{max}$의 비율을 구하시오.

10 효소에 의한 가수분해반응속도가 가장 빠를 것으로 예상되는 것을 고르시오. (단, 모두 촉매자리의 구조와 유사하다고 가정)

① 에틸렌포스페이트 ② 다이메틸포스페이트
③ 프로필렌포스페이트 ④ 다이에틸포스페이트

11 촉매자리에 있는 아미노산이 어떤 그룹인가를 관찰하였다. pK_a 값은 8.3이었고 이온화 엔탈피에너지는 6,700 cal/mol이었다면 어떤 아미노산 잔기가 촉매자리에 있다고 예상되는지 고르시오.

① 라이신의 아미노기 ② 페놀기
③ 아스파트산의 카복실기 ④ 시스테인의 SH기

연습 문제

12 활성에너지를 구하는 데 있어야 할 정보로 가장 적절한 것을 고르시오.

① 두 온도에서의 pK_a 값 ② 네 개의 온도 조건에서의 반응속도 상수들

③ 촉매자리와 결합자리의 곁사슬 그룹 ④ 라인위버-버크작도에서의 y 절편값과 기울기값

13 키모트립신의 가상 메커니즘에서 전하 릴레이시스템에 의한 일반 산염기촉매반응에 관여하는 아미노산 잔기를 고르시오.

① 라이신의 아미노기 ② 히스티딘의 이미다졸기

③ 아르지닌의 구아니딘기 ④ 시스테인의 SH기

14 1차 반응에 따른 효소반응에서 예상되는 직선적인 관계로부터 편차를 보이는 반응으로 인하여 생성물의 생성속도가 예상치보다 적게 나타나는 현상이 나타났을 때 다음 중 적절한 답변이 되지 못하는 것을 고르시오.

① 기질의 농도가 점차 부족해서 ② 젖산과 같은 생성물로 pH가 점차 낮아져서

③ 억제제의 농도가 증가하여서 ④ 연속적인 반응이 일어나기 시작하여서

15 다음과 같은 정보를 얻고자 한다면 어떤 실험을 해야 하는지 설계하여 보시오.

1) △H, pK_a 값을 알고 있을 때 어떤 작용기가 촉매자리에 존재하는지를 알 수 있는가?
2) 효소가 열에 강한지 아니면 약한 것인지를, 또는 열 안정성을 확인해 보고자 한다면 어떤 실험을 해야 하는가?
3) pH 안정성을 확인해 보고자 한다면 어떤 실험을 해야 하는가?
4) 기질특이성이 높은 기질을 찾고자 한다면 어떤 구조적 특성을 갖는 기질을 선택하여 어떤 실험을 해야 하는가?
5) 촉매자리에 어떤 작용기가 존재하는지를 어떻게 알 수 있는가?
6) 효소반응 메커니즘이 정서바이-바이(ordered bi-bi) 메커니즘인지 핑퐁(ping-pong) 메커니즘인지를 어떻게 알 수 있는가?
7) 이 효소의 반응은 1차 반응을 따르고 있는지, 아니면 0차 반응을 따르는지 알고자 한다면?
8) 어떤 효소의 K_m 값을 구하고자 한다면 어떤 실험을 실행한 다음에 라인위버-버크작도를 실시해야 하는가?

01 먼저 0차 반응이라고 가정하고 0차 반응의 관계식에 대입하여 적용한다.

$$k_z = \frac{A_o - A}{\theta} = \frac{(0.018 - 0.147)}{210} = -0.00061$$

각각의 저장 일수에서의 반응속도 상수값을 평균하여 보면

평균반응속도 상수 0.00063 ± 0.00005(7.94%)

이번에는 1차 반응이라고 가정하여 풀어 보면

$$k = \frac{1}{30} \ln \frac{0.018}{0.042} = -0.0282$$

각각의 저장일수에서의 반응속도 상수값을 평균하여 보면

평균반응속도 상수 0.0158 ± 0.0077(48.7%)

이상의 결과에서 표준편차의 비율로 미루어 보아 0차 반응속도에 의해 갈변이 일어났다고 볼 수 있다. 그리고 다른 접근방법으로는 엑셀 프로그램을 이용하여 메뉴 중 함수에서 결정계수(r^2)를 구하여 1에 가까운 값을 갖는 것으로 해당 차수 반응을 결정하기도 한다.

02 문제의 식은 아래와 같이 전환시킬 수 있으며

$$-\frac{1}{3}\frac{dB}{dt} = k_1[A][B]^3 - k_{-1}[P]^2$$

따라서 위와 같은 식은 다음과 같은 반응식으로부터 유도된 것이다.

$$\therefore A + 3B \underset{k}{\overset{k}{\rightleftharpoons}} 2P$$

03 1) 기질의 양이 증가하여도 반응속도가 변화하지 않는 값이 최대 반응속도라 하겠다.
이 실험의 조건에서는 $V_{max} = 0.25\ \mu mol/min$

2) 기질의 농도에 따라 반응속도가 달라지는 경우의 값을 예로 들어 K_m 값을 계산하면 비교적 초기 반응의 값을 적용한다.

$$v = \frac{V_{max}[S]}{K_m + [S]} = \frac{0.25 \times 0.000001}{K_m + 0.000001} = 0.071(\mu mol/min)$$

04 $v = 0.000001$ moles/liter/min $= 0.8\ V_{max}$, $[S] = 0.0015$ M

미하엘리스-멘텐식으로부터

$$v_o = \frac{V_{max}[S]}{K_m + [S]}$$

$$0.9\ V_{max} = \frac{V_{max}[0.0015]}{K_m + [0.0015]} \qquad 0.0015 + K_m = \frac{0.0015}{0.8}$$

$$\therefore K_m = 3.75 \times 10^{-4}\ M$$

05 $K_m = 0.0001$ M, $V_{max} = 1.5 \times 10^{-6}$ M/sec, $[S] = 4.5 \times 10^{-4}$ M일 때의 반응속도

$$v = \frac{V_{max}[S]}{K_m + [S]} = \frac{1.5\times10^{-6} \times 4.5\times10^{-4}}{0.0001 + 4.5\times10^{-4}} = 1.23 \times 10^{-6}\ (M/sec)$$

06

$$0.3\ V_{max} = \frac{V_{max} \times 2\times10^{-5}}{K_m + 2\times10^{-5}}$$

$$K_m = \frac{0.7\ V_{max} \times 2\times10^{-5}}{0.3\ V_{max}} = 0.000047\ M$$

07

억제제가 있는 경우와 없는 경우에 대하여 각각 라인위버-버크작도를 하여 보았더니 V_{max}가 같은 값으로 나타나 이 실험의 억제제는 경쟁억제제이다. 억제제가 없는 경우 라인위버-버크작도를 하여

x절편 $-\frac{1}{K_m} = -3.7 \times 10^3$ 으로 $K_m = 2.7 \times 10^4\ M$

y절편 $-\frac{1}{V_{max}} = 0.01\ min/\mu mol$ 으로 $V_{max} = 100\ \mu mol/min$ 이 된다.

억제제가 있는 경우 x 절편값으로부터

$$-\frac{1}{K_m(1 + \frac{1}{K_I})} = -2.0 \times 10^3\ L/mol$$

$$K_I = \frac{2.0 \times 10^3\ K_m[I]}{1 - 2.0 \times 10^3\ K_m} = \frac{(2.0 \times 10^3)(2.7 \times 10^{-4})(2.2 \times 10^{-4})}{1 - (2.0 \times 10^3)(2.7 \times 10^{-4})}$$

$$K_I = 2.6 \times 10^{-4}\ M$$

08

억제제의 존재와 부재 시의 초기 가수분해 비는 다음과 같이 구한다.

1) 억제제의 부재 시 $v = \frac{V_{max}}{1 + \frac{K_m}{[S]}} = \frac{V_{max}}{1 + \frac{1 \times 10^{-4}}{2 \times 10^{-2}}} = \frac{V_{max}}{1.005}$

2) 억제제의 존재 시 $v = \frac{V_{max}}{1 + \frac{K_m}{[S]}(1 + \frac{[I]}{K_I})}$

$[I] = 1\ \mu mol/mL = 1 \times 10^{-3}\ M = K_I$이므로 위 식은 다음과 같이 줄일 수 있다.

$$v = \frac{V_{max}}{1 + 2\frac{K_m}{[S]}} = \frac{V_{max}}{1.01}$$

이렇게 해서 v(억제제 존재 시/억제제 부재 시)에서의 미소한 감소는 아주 작다.

$$v = \frac{V_{max}}{1.01} \times \frac{1.005}{V_{max}} = \frac{1.005}{1.01} = 0.995$$

즉, 0.995배 정도 변한다.

09

$$\begin{array}{l} EH_2 + S \rightleftharpoons EH_2S \\ \quad \upharpoonleft\downharpoonright\ -H^+ \\ EH^- + S \rightleftharpoons EH^-S \longrightarrow EH^- + P \end{array}$$

pH 5에서 $5 = 4.5 + \log \frac{[EH^-S]}{[EH_2S]}$ $\frac{[EH^-S]}{[EH_2S]} = 10^{0.5} = \frac{0.76}{0.24}$

pH 8에서 $8 = 4.5 + \log \frac{[EH^-S]}{[EH_2S]}$ $\frac{[EH^-S]}{[EH_2S]} = 10^{3.5} = \frac{0.999684}{0.000316}$

$$\frac{v_o(\text{pH }5)}{v_o(\text{pH }8)} = \frac{v^{H^+}{}_{max'}}{v^{H^+}{}_{max}} = \frac{[EH^-S]'}{[EH^-S]} = \frac{0.76}{0.999} \cong 0.76$$

$$\therefore\ v^{H^+}{}_{max'}(\text{pH }5) = 0.76\, v^{H^+}{}_{max}(\text{pH }8)$$

10 ③ (Ring 구조를 갖는 것이 회전이 어려워 촉매가 쉬움) **11** ④ **12** ② **13** ② **14** ③

15
1) 온도 변화에 따른 반응속도실험으로부터 표준 엔탈피 변화(ΔH^o)를 구하면 〈표 5-7〉을 참고하여 촉매반응에 관여하는 아미노산의 작용기를 알 수 있다.
2) 어느 특정 온도에서 효소를 일정 시간(예를 들어 30분) 동안 방치한 후 효소가 최적 활성을 나타내는 온도에서 잔존 활성을 측정하여 초기 활성과 비교하면 효소의 열안정성을 확인할 수 있다.
3) 어느 특정 pH에서 효소를 일정 시간(예를 들어 30분) 동안 방치한 후 효소가 최적 활성을 나타내는 pH에서 잔존 활성을 측정하여 초기 활성과 비교하면 효소의 pH 안정성을 확인할 수 있다.
4) 어떤 억제제가 효소단백질의 촉매자리나 결합자리에 결합하여 효소의 촉매활동에 영향을 미치는지 확인하면 효소의 촉매자리가 어떤 아미노산 잔기로 이루어져 촉매반응을 하는지 알 수 있다.
5) 두 개의 기질(A와 B) 중 하나의 기질(B) 농도를 고정시킨 후 다른 기질(A) 농도에 따른 초기반응속도를 측정하여 라이위버-버크작도를 한다. B 기질의 농도를 바꾸어 주면서 작도를 하였을 경우 직선의 기울기가 변화하면 정서바이-바이 메커니즘이고, 기울기에 변화가 없으면 핑퐁 메커니즘이다.
6) 기질 농도([S])가 증가함에 따라 효소의 초기반응속도(v_0)가 직선적으로 증가하면 1차 반응이고 기질 농도에 상관없이 효소반응속도가 일정하면 0차 반응이다.
7) 다양한 기질 농도([S])에서 효소의 초기반응속도(v_0)를 측정한 결과값으로부터 각각의 역수를 취하여 $\frac{1}{[S]}$를 x축으로, $1/v_0$를 y축으로 하여 최적 직선을 그린다. 직선의 x-절편($= \frac{-1}{K_m}$)으로부터 K_m 값을 계산할 수 있다.

제6장

효소의 생산, 추출 및 정제

1. 미생물 효소 생산 증대 방안

고등한 동식물체는 물론이며, 미생물체의 경우에도 생존에 필요한 효소단백질을 만들어 내기 위한 고유의 전략을 가지고 있어서 필요할 때에는 효소를 생산해 낸다. 효소단백질의 생합성은 생체 내 다른 단백질의 생합성과 동일한 경로에 의하여 이루어진다. 또한 다른 단백질과 마찬가지로 항상 합성과 분해의 동적 평형상태를 유지하면서 생성되거나 감소되어 일정한 수준으로 존재하고 있다. 즉, 모든 생체 세포에 있어서 효소 합성은 언제나 활발하게 진행되고 있으며 외부의 여러 가지 조건 변화에 따라 조절되고 있다.

효소 자원은 동물, 식물, 미생물 등 생물계 전반에 분포되어 있지만, 이 중에서 동식물은 원래 효소 생산을 목적으로 하여 사육 또는 재배되는 것이 아니며, 자원으로서의 여러 가지 제약점(세대 기간이 길고 지리적·계절적·환경적 변화에 따라 수확량이 달라짐)을 갖는 단점이 있다. 반면에 미생물의 경우에는 효소 생산을 목적으로 하는 우량 균주를 쉽게 얻을 수 있으며, 또한 그 배양방법을 고안해서 생산량을 보다 쉽게 증대시킬 수도 있다. 이와 같은 특징은 효소 자원으로서 미생물의 유리한 장점으로 부각되며, 따라서 의료용 효소와 같은 특별한 용도뿐만 아니라 일반적인 효소의 경우에도 미생물에서 구하는 것이 현재의 추세이다. 다만, 효소의 단위생산량이 절대적으로 낮다는 단점은 있다. 분명한

점은 미생물을 효소의 공급원으로 사용하면, ① 세대 기간이 짧기 때문에 단시간에 대량의 효소를 생산하는 것이 가능하며, ② 균종에 따라 특정의 효소를 대량으로 생산할 수 있으며, ③ 인위적으로 조절된 배양이 가능해서 생산 관리가 쉽고, ④ 생산균에 의도적인 돌연변이를 일으켜 생산성을 높일 수 있다는 등의 여러 가지 장점이 있다. 이러한 이유로 인해 특히 미생물 효소 생산에 대한 집중적인 연구가 진행되어 왔으며 이 분야에서 놀랄 만한 발전이 있었기에 이에 관하여 주로 살펴보기로 한다.

1) 효소 생산을 위한 우량 균주의 획득

효소의 생산은 사용하는 균주의 활성 외에도 균주의 배양방법, 균주 배양을 위한 배지의 조성 및 배양 조건에 의해 현저하게 변화하기 때문에 여러 가지 사항들을 검토하여 효소 생산을 위한 미생물 배양의 최적 조건을 결정하는 것이 선행되어야 한다.

미생물을 이용하여 효소를 생산하고자 할 때 제일 중요한 것은 목적하는 효소의 절대 생산량이 많은 미생물을 선택하는 것이다. 이때는 미생물 효소의 여러 가지 특성(효소-기질 반응을 위한 최적 pH 및 온도, 효소 저장 시 pH 및 열 안정성, 효소의 기질특이성 등)이 사용 목적에 적합한지 고려해야 한다. 이러한 목적을 달성하기 위해서 널리 자연계로부터 각종 미생물을 수집하여 최적의 효소 생산균을 검색하는 방법이 시행되고 있다.

그런데 미생물 중에는 효소의 생산과 함께 항생물질과 그 외에 인체에 유해한 물질을 생산하는 경우도 있다. 따라서 효소의 이용 목적이 의약품인 경우는 물론이고 식품 가공에 있어서도 효소 자원이 되는 미생물이 유해물질을 생산하는지의 유무를 확인해야 하며, 유럽 및 미국을 비롯한 선진 국가에서는 식품 가공에 이용하는 효소 생산 미생물을 A~E군으로 5분류하되, A군은 안전성이 이미 확보된 것으로, B군은 제한적으로 사용 가능하며, C군은 안전성이 확보된 후에 사용 가능한 것으로 규정하여 엄격히 관리하고 있다(D 및 E군은 안전성 미확보로 인해 식품용으로 사용 불가).

A, B, C군에 속하는 미생물의 예를 〈표 6-1〉에 나타내었으며, 미생물로부터 유래한 효소의 이용이 점점 확대되고 있는 시점에서 안전성 확보 및 독성 방지를 위한 배려를 소홀히 해서는 안 된다.

효소를 대량으로 생산하기 위한 미생물 배양방법에는 액체배양〔통기배양식 액침배양(submerged culture), 정치배양식 표면배양(surface culture)〕과 고체배양〔트레이배양(tray method), 회전드럼배양(rotary drum type)〕이 있다. 또한 미생물에 의해서 생산되는 효소 중

표 6-1 • 생산 균주의 안정성에 따른 구분

그룹	균주명	요구시험항목
A	*Bacillus subtillis* (동일한 *Bacillus* 속의 *mesentericus, natto* 및 *amyloliquefaciens*) *Aspergillus niger* (동일한 *Aspergillus* 속의 *awamori, foetidus, phoenicis, saitoi* 및 *usami*) *Aspergillus oryzae* (동일한 *Aspergillus* 속의 *sojae* 및 *effusus*) *Mucor javanicus* *Rhizopus arrhizus* *Rhizopus oligosporus* *Rhizopus oryzae* *Saccharomyces fragilis* *Kluyveromyces lactis* *Leuconostoc oenos*	안전성이 충분히 확보되어 요구되는 시험이 없음
B	*Bacillus stearothermophilus* *Bacillus licheniformis* *Bacillus coagulans* *Bacillus megaterium* *Bacillus circulans* *Klebsiella aerogenes*	급성경구성독성시험(mouse 및 rat) 아급성경구독성시험(rat, 4주) 경구독성시험(rat, 3개월) 돌연변이유발성시험(*in vitro*)
C	*Mucor miehei* *Mucor pusillus* *Endothia parasitica* *Actinoplanes missouriensis* *Streptomyces albus* *Bacillus cereus* *Trichoderma reesei(T. viride)* *Penicillium lilacinum* *Penicillium emersonii* *Sporotrichum dimorphosporum* *Streptomyces olivaceus* *Penicillium simplicissium* *Penicillium funiculosum*	급성경구성독성시험(mouse 및 rat) 아급성경구독성시험(rat, 4주) 경구독성시험(rat, 3개월) 돌연변이유발성시험(*in vitro*) 병원성시험, 기형발생시험(rat) 돌연변이유발성시험(*in vitro*, mouse 및 hamster) 최종 제품에서의 독성 검증 최종 제품에서의 독성 검증 발암성시험(rat), 불임성시험

유도효소〔inducible enzyme 또는 적응효소(adaptive enzyme)〕의 경우는 배지에 유도기질을 첨가할 필요가 있다. 효소 분리의 측면만을 고려한다면 세포밖효소(extracellular enzyme)를 생산하는 미생물이 유리하며, 세포안효소(intracellular enzyme)를 생산하는 미생물의 경우에는 효소를 생산한 후 효소의 변성은 최소화하면서 미생물 세포만을 파괴해야 하는 어려움이 있다.

(1) 효소 생산 균주의 탐색

목적하는 효소를 생산하는 균주는 일반적으로 널리 자연계에 분포하고 있으며, 특정의 장소에 국한하여 존재하는 경우도 있다. 목적 효소의 생산 균주를 탐색하기 위하여 특별히 고안된 간편한 방법이 없기 때문에 그 탐색은 자연계로부터 널리 채취된 많은 수의 시료로부터 다양한 종류의 균주를 분리하여 각각을 적합한 배지에 배양해서, 세포밖효소의 경우에는 얻어진 배양액의 효소활성을 예민하게 측정하는 것이 가장 확실한 방법이다. 단, 세포 안에서 효소를 생산하는 경우에는 효소 생산 균주의 세포벽을 파괴한 후 조효소액을 얻어 내어 효소활성을 정확하게 검토해야 한다. 그런데 이러한 세포안효소를 생산하는 경우에는 매우 까다롭고 많은 분리 단계가 첨가되어 현실적으로 어려움이 많아서 기피하는 경향이 있다. 현재 상업적으로 실용화된 효소를 생산하는 미생물의 대부분은 앞에서 설명한 방법에 따라 발견되어 얻어진 것으로서 세포밖효소를 생산하는 종류들이 대부분을 차지한다.

대표적인 예를 살펴보면 아밀레이스(amylase) 종류는 곡류에 번식하는 균체로부터, 나린진가수분해효소(naringinase) 및 헤스페리딘가수분해효소(hesperidinase)는 포도송이에 부착되어 있는 미생물로부터, 셀룰로스가수분해효소(cellulase)와 헤미셀룰로스가수분해효소(hemicellulase)는 목재를 부패시키는 균체로부터, 펙티네이스(pectinase)는 탄화수소 자화성 세균으로부터 각각 얻은 경우로, 이와 같이 목적 효소 생산 균주의 탐색에 있어서 그 대상이 되는 시료의 채취 범위를 어느 정도 줄일 수 있는 경우도 있다. 즉, 천연에 분포할 확률이 그렇게 높지 않다고 생각되는 특이한 효소의 생산 균주를 찾기 위해서는 효소의 기질이 되는 물질이 존재하는 장소, 즉 제조공장 부근의 토양을 탐색의 대상으로 하는 것도 현명한 방법이다. 예를 들면 알칼리성 단백질가수분해효소(alkaline protease) 또는 라이페이스(lipase) 생산균은 세제 공장의 토양으로부터 발견되었다. 그리고 내열성 효소 생산 균주를 탐색할 경우, 퇴비에 서식하는 균주라든지 고온의 온천 분출구에 서식하는 균주를 대상으로 해서 고온에서 견딜 수 있는 효소의 생산 균주를 얻은 예도 있다. 호알칼리성 미생물은 알칼리성 토양 중에서 많이 발견되는 경향이 있다. 즉, 산성 토양(pH 2.0~3.0) 중에서는 거의 검출되지 않으며, 발견되는 수는 통상적인 미생물의 1/10~1/100 정도이다. 호알칼리성 미생물의 종류는 매우 많고, 세균 이외에 방선균, 곰팡이, 최근에는 효모에서도 분리되고 있다. 그러나 이들 중 세균, 특히 *Bacillus*속 이외의 것에 관해서는 아직 잘 알려져 있지 못한 실정이다. 또한 분리된 호알칼리성 미생물로부터 단백질가수분해효소(protease), α-아밀레이스(α-amylase), 카탈레이스(catalase), 자일란가수분해효소(xylanase)를 생산하는 균을 검색해 내었으며, 이들 미생물로부터 생산된 효소는 어느 것이든 중성 부근에서 생장하는 세균이 생산하는 효소에 비해서 알칼리 영역에 작

표 6-2 • 호알칼리성 세균이 생산하는 중요 효소의 반응 최적 pH와 저장 시 고안정성 pH 범위

효소명	반응 최적 pH	고안정성 pH 범위
단백질가수분해효소(protease)	11.5	5.0~10.5
아밀레이스(amylase)	10.0~10.5	8.5
카탈레이스(catalase)	10.0	1.8~8.5
자일란가수분해효소(xylanase)	5.5~9.0	4.9~9.0

용 최적 pH라든지 pH 안정 범위를 나타내는 것이 있는데(표 6-2), 이 특징은 세제용 효소로서 사용되든지 또는 높은 pH 영역에서의 반응 촉매로서 이용하는 데에 유효한 장점을 가지고 있다. 흥미 있는 사실은 종래 균체안효소라고 생각한 카탈레이스가 알칼리성 세균에 의해서 생산되면 균체 밖으로 분비된다는 것이 발견되었다. 또한 이들 알칼리성 세균은 전 세계의 토양에 보편적으로 분포되어 있어 통상의 토양 1 g에서 10^6~10^8개가 발견되는 것으로 알려져 있다.

(2) 목적 효소 생산 유용 균주의 분리

목적하는 효소의 생산 균주를 분리하기 위해서는 그 효소의 기질특이성에 착안하여 분리배지에 기질을 첨가시켜 그 변화를 관찰함으로써 생산 균주를 효율성 있게 채취하는 방법이 있다. 예를 들면 α-아밀레이스의 생산 균주를 분리할 때 1%의 가용성 녹말을 첨가한 한천배지에 시료의 현탁액을 도말하여 배양하고, 생성된 콜로니(colony)에 묽은 I_2/KI 용액을 분무하면 α-아밀레이스 생산 균주의 콜로니 주변은 아이오딘-녹말 반응에 의한 청색 변화가 일어나지 않고 투명 고리(clear zone)가 형성되기 때문에 그 콜로니를 채취하여 순수 분리를 할 수 있다. 이때 투명 고리의 크기와 α-아밀레이스 생산능과는 비례 관계를 나타낸다.

동일한 원리에 의하여 셀룰로스가수분해효소 생산 균주에 관해서는 셀룰로스를 첨가한 배지에 생긴 콜로니 중 그 주변이 투명한 것을 선택하면 된다. 단백질가수분해효소 생산 균주 선발의 경우는 1% 카세인(casein)을 첨가한 배지에 분리된 균주를 접종해서 생장시킨 후에 10% 트라이클로로아세트산(trichloroacetic acid, TCA)을 첨가하여 투명하게 된 균주를 선택한 다음 액체배양을 실시하여 생성된 효소활성을 검토하면 된다. 또한 용균효소(lytic enzyme) 생산균의 분리에는 미생물의 세포 또는 세포벽을 첨가한 배지를 사용해서 주위에 투명 고리를 만든 콜로니를 채취할 수가 있다.

그러나 이상에서 설명한 방법을 사용할 수 있는 경우는 먼저 그 효소가 균체 밖에 생산되는 분비성이며, 효소의 기질이 한천배지 중에서 분해되면 불투명에서 투명으로 변화하든지 또는 기질의 분해 전후에 특정의 시약과 발색반응이 다른 경우에만 한정되어 있는 방법이다. 그런데 이들 방법은 효소를 강력하게 생산하는 미생물일지라도 *Rhizopus*속처럼 균사의 성장이 현저한 곰팡이라든지, 명료한 콜로니를 형성하지 않는 균주에는 적용할 수가 없다. 그리고 균체안효소이지만 생균체를 사용하여 검색하는 경우가 있다. 즉, 기질이 막투과성인 경우는 효소반응을 색의 변화(콜로니 형성 후 발색 시약으로 염색하는 경우도 있음)로 검색하든지 또는 기질만을 유일한 탄소원(또는 질소원)으로 하는 배지를 분리용 배지로 해서 목적하는 균주를 선택하는 방법도 있다. 예를 들면 β-갈락토시데이스(β-galactosidase), 글루코시데이스(glucosidase), β-락타메이스(β-lactamase) 등의 효소들이 이러한 방법에 의해서 분리된 전형적인 보기로 알려져 있다.

(3) 변이주의 획득

호알칼리성 효소 생산 미생물의 발견과 그 효소의 성질에서 볼 수 있는 바와 같이, 특이하고 새로운 미생물 균주는 지금까지 알려지지 않았던 새로운 생성물을 만들어 내기 때문에 새로운 유용 균주의 선택에 많은 도움이 된다. 이들 새로운 미생물은 종래와 전혀 다른 DNA를 가지고 있을 가능성이 높기 때문에 지금까지 생각할 수 없었던 결과를 가져올 수도 있다. 즉, 호알칼리성 *Bacillus*속의 DNA 단편을 재조합 DNA 기술을 사용해서 대장균에 도입하였을 때, 균체밖효소를 분비하지 않았던 대장균이 효소를 균체 밖에 분비하는 능력을 가질 수 있다는 사실이 그 한 예이다.

효소 생산을 위한 유용균으로 선택된 균주는 그대로 상업적으로 이용되는 경우도 있지만 생산성이 높은 변이주로 개량하여 이용하는 경우도 있다. 이처럼 변이주를 얻는 수단으로서 인위적인 돌연변이를 일으키는 방법과 유전자조작에 의한 방법이 있다. 더구나 유전자조작기술은 최근 급속하게 발전하여 앞으로 기대되는 기술로 전망되고 있다. 그러나 현재 우리나라에서 상업적으로 사용되고 있는 효소 생산균의 변이주는 대부분이 돌연변이에 의해서 개량된 것으로서, 유전자조작에 의한 것은 상용화된 것이 드물다.

돌연변이를 유발시키는 기술로는 자외선, X선, γ선 등의 조사에 의한 방법과, 나이트로소구아니딘(nitrosoguanidine), 에틸메테인설폰산(ethylmethane sulfonate), 아질산(nitrous acid) 등의 변이 유발제를 처리하는 방법이 있다. 이 중에서 자외선 조사법과 나이트로소

구아니딘 처리법은 성공 빈도가 높기 때문에 현재 가장 많이 사용되고 있다. 또한 이들 두 가지 방법을 병용함으로써 보다 높은 확률로 유용 균주를 획득하는 경우도 있으며, 곰팡이의 경우는 일반적으로 핵산이 적은 분생포자가 사용된다.

미생물의 효소단백질 합성에 관여하는 조절 기능은 다음의 세 가지로 생각할 수 있는데, ① 유도(induction), ② 최종 생산물에 의한 억제(end-product repression), ③ 중간대사산물에 의한 억제(catabolite repression) 등이다. '유도'는 배지에 기질 또는 기질유사물질이 존재할 때에 비로소 효소단백질 합성이 원활해지는 현상이며, 분해대사계의 효소에서 많이 볼 수 있다. '최종 생산물에 의한 억제'는 균의 대사 경로의 최종 산물에 의해서 효소 합성이 억제되는 현상이며, 그 예는 합성대사계의 효소에서 많이 볼 수 있다. 또한 '중간 대사산물에 의한 억제'는 배지 중에 포도당처럼 용이하게 대사되는 물질이 존재할 때 효소 생산이 억제되는 현상으로서, 종종 '포도당 효과'라고도 불린다.

먼저, 유도에 의해 효소를 생산하는 균주를 돌연변이시킴으로써 유도 기질을 필요로 하지 않고 구성효소(constitutive enzyme)로서 생산하는 변이주를 얻을 수 있다면 배지의 조성을 광범위하게 선택할 수가 있으며, 효소의 생산성을 높이는 것이 용이하게 될 것이다. 또한 최종 생산물에 의한 억제라든지 중간 대사산물에 의한 억제의 경우, 균주의 돌연변이에 의해서 억제가 해제된다면 이론적으로는 무제한으로 효소를 합성할 수 있을 것이다. 균체안효소의 생산 균주에 관해서는 조절 기능이 해제되어서 단위균체량에 대한 효소 생산량이 비약적으로 증대된 변이주를 얻을 수 있다. 한편 균체밖효소의 생산균에 관해서도 유도효소(적응효소)를 구성효소로 변화시켜 생산할 수 있도록 한 변이주라든지 대폭적으로 효소 생산량을 증대시킨 변이주를 얻을 수 있다. 그런데 일반적으로 돌연변이에 의한 변이주는 보관 중에 그 성질이 원래 균주의 특성으로 되돌아가는 경우가 많으므로 개량된 성질을 항상 유지할 수 있는 변이주 보존법에 대한 연구도 앞으로의 과제이다.

어떤 변이 조작을 실시하였을 때 특정의 조절이 해제된다고 하는 통상적인 규칙이 없기 때문에 변이 조작 후에 목적 효소의 생산능 증대 또는 감소된 정도는 효소의 생산량을 측정해서 확인해야만 한다. *Bacillus*속 세균에 의한 균체밖효소의 합성은 포자 형성이 시작됨과 동시에 억제되는데, 이러한 특성을 역이용하여 효소 생산량을 증대시키기 위해서 포자 형성능을 결손시킨 변이주를 획득하는 방법도 있다. 예를 들면 *Bacillus megaterium*의 NAD^+ 의존성 포도당수소제거효소(glucose dehydrogenase)의 생산은 포자 형성 직전에 거의 최고조에 도달하며 포자 형성이 시작되면 현저하게 저하된다. 이와는 달리 포자 형성능을 결손시킨 변이주에서는 효소 합성기간이 수 시간 연장되어 그만큼 생산량이 증가한다. 또한 *Bacillus subtilis*의 포자 형성능에 결손을 주는 항생물질인 리파마이신(rifamycin)에 대한 내성이 있기 때문에 변이 처리를 한 후에 리파마이신 함유 배지에서 생장하는 균을 분리하면 포자 형성능을 잃어버린 균주를 얻을 수도 있다.

앞서 설명한 것과 동일한 일련의 변이 조작에 의해 효소 생산능을 비약적으로 증대시킨 또 다른 예로서, *Bacillus cereus*의 변이주 획득에 의한 β-아밀레이스(β-amylase) 생산 증가의 경우도 있다.

2) 배양방법

유용 균주의 선택과 함께 효소 생산을 위한 미생물의 배양 조건을 검토하는 것은 실험실 규모에서의 효소 연구뿐만 아니라 효소의 상업적 생산을 완성하는 데 가장 먼저 고려해야 하는 중요한 단계이다. 효소 생산을 위한 미생물의 최적 배양 조건을 결정하기 위한 기본적인 작업은 먼저 배양방법(고체배양 또는 액체배양)의 선택에서 시작하여 배지의 조성, 배양 시의 온도, pH 및 통기량 결정에까지 이른다. 더구나 상업적 규모에서 대량생산을 수행하는 경우에는 배지의 살균방법, 종균의 배양 조건 등은 물론이거니와 본 배양에의 접종량, 배양장치의 형식, 통기, 교반, 가온, 냉각, pH의 조절 등 여러 가지 공학적 조건을 상세하게 검토하여 결정하게 된다.

이상의 사항들을 결정함에 있어서 경제성을 고려하는 것은 물론이고, 배양액으로부터 목적 효소의 정제라든지 제품화의 공정이 효율적으로 진행되도록 하는 연구도 필요하다. 예를 들면 균체와의 분리 및 정제를 용이하게 하기 위하여 배양액의 점도에 유의해야 하며, 또한 목적 효소 이외의 물질을 과잉으로 생성하지 않는 배지라든지, 심한 착색이나 이취를 수반하지 않는 배양 조건을 확립하는 것이 중요하다. 우선, 고체배양과 액체배양 중에서 어느 것이 적합한가 하는 것은 미생물의 종류 및 효소의 종류에 따라 다르기 때문에 상세한 비교 실험을 실시해서 결정해야만 한다. 예를 들면 *Rhizopus delemar*의 효소 생산에 관하여 설명하면 다음과 같다.

〈표 6-3〉은 *Rhizopus delemar*의 액체배양과 고체배양을 실시하여 효소 생산량을 비교한 것인데 아밀레이스와 단백질가수분해효소의 생산에는 고체배양이, 라이페이스의 생산에는 액체배양이 적합하다는 것을 알 수 있다. 여기서 라이페이스 생산에 액체배양이 적합하다는 것은 고체배양에서는 단백질가수분해효소가 동시에 생산되어 이 단백질

표 6-3 • *Rhizopus delemar*의 배양방법과 효소 생산

배양방법과 배양 조성	배양 후의 pH	효소 생산량(unit/mL)[1]		
		아밀레이스	단백질가수분해효소	라이페이스
액체배양(27°C, 5일) • 펩톤 5%, 포도당 2% • KH_2PO_4 0.1%, $NaNO_3$ 0.1% • $MgSO_4$ 0.05%, pH 6.1	7.4	0.0	0.0	850.0
고체배양(30°C, 3일)[2] 밀기울 : 물 = 10 : 7(무게비)	6.4	22.0	101.0	1.3

[1] 아밀레이스는 글루코아밀레이스, 단백질가수분해효소는 호산성 단백질가수분해효소의 활성을 각각 나타내었다.
[2] 고체배양에서의 생산량은 배지 중량 5배가량의 물로 추출한 조효소액의 활성을 나타내었다.

가수분해효소에 의해서 라이페이스가 분해되어 실활되기 때문인 것으로 알려져 있다. 한편, 액체배양에서의 아밀레이스라든지 단백질가수분해효소의 생산은 극히 적고 배지 조성을 여러 가지로 변화시키더라도 그다지 생산량은 증가되지 않는다. 이처럼 세 종류의 효소에 대한 생산량이 두 종류의 배양방법에 의해 매우 다르게 나타나는 주된 원인은, 배양방법의 본질적인 상호간의 차이에 의해서 균의 생리나 대사가 현저하게 다르기 때문이다.

효소의 상업적 생산은 물론, 발효공업에서는 미생물을 매체로 하여 값싼 원료를 부가가치가 높은 생산물로 효율적으로 전환하는 것을 가장 중요하게 생각하며 이에 따라 효소 생산을 위한 미생물의 배양 조건을 최적화할 필요가 있다. 일반적으로 미생물의 생장에는 탄소원, 질소원, 무기염류, 생장인자(growth factor) 등이 필요하지만, 발효공업에서는 탄소원이 가장 중요하며 발효공업에 사용되는 탄소원에는 당류, 녹말, 섬유소 등과 같은 천연 탄수화물 원료와 기체상 탄화수소 및 *n*-파라핀(*n*-paraffin) 등의 석유계 탄화수소, 석유화학 공업의 2차 제품인 알코올, 아세트산 등과 같은 탄소화합물 등이 사용된다.

(1) 고체배양

고체배양은 일반적으로 곰팡이의 효소 생산에 적합한 방법으로 지금도 타카다이아스테이스(Taka-diastase)를 비롯하여 *Rhizopus*속에 의한 글루코아밀레이스(glucoamylase), *Aspergillus niger*에 의한 셀룰로스가수분해효소 및 헤미셀룰로스가수분해효소(hemicellulase)와 펙티네이스, *Trichoderma*속에 의한 셀룰로스가수분해효소, *Aspergillus oryzae*에 의한 β-갈락토시데이스, *Mucor*속에 의한 미생물 레닛(rennet)의 제조 등이 고체배양에 의해 제조되고 있다. 또한 현재는 액체배양에서 이루어지는 세균

으로부터의 α-아밀레이스 생산도 20~30년 전에는 고체배양이 이용되는 경우가 있었다.

고체배양의 배지 원료는 대부분 밀기울이 사용되며 종종 밀기울에 쌀겨라든지 대두박을 20% 정도로 혼합한 것이 사용된다. 그러나 밀기울은 그 자체에 각종 영양 성분을 포함하고 있기 때문에 다른 재료를 혼합하더라도 효소 생산에는 큰 효과를 기대할 수가 없다. 또한 *Aspergillus niger*처럼 배양 중에 유기산을 생산하는 경우에는 고지(koji)의 pH가 저하되어 생성된 효소가 실활되기 때문에 이 경우에는 산을 중화하기 위하여 미리 $CaCO_3$나 인산염을 첨가함으로써 적당한 pH를 유지해서 효소의 실활을 방지할 수가 있다. 예를 들면 라이페이스 및 중성 α-아밀레이스는 pH 4.0 이하에서는 불안정하여 $CaCO_3$를 첨가하지 않으면 실활된다. 그러나 호산성 단백질가수분해효소는 pH 5.5 이상에서는 불안정하기 때문에 $CaCO_3$를 첨가하면 오히려 생산의 저하를 가져와서 좋지 않다. 또한 왕겨 등을 밀기울의 20~30%에 상당하도록 첨가하는 것은 밀기울의 통기성이 개선되어 효소의 생산에 이용한 경우도 있다. 밀기울배지에 첨가되는 수분 함량의 차이는 미생물의 생장에는 물론, 효소 생산에도 큰 영향을 미친다. 이 경우에도 수분의 최적 첨가량은 미생물의 종류 및 목적 효소의 종류에 따라 다르며, 원료 밀기울의 품종이나 저장 형태에 따라서도 달라진다. 일반적으로 곰팡이의 효소 생산에는 밀기울 중량에 대하여 70~90%의 물이 첨가된다. 이외에도 밀기울의 원료인 밀의 품종뿐만 아니라 밀기울의 입자 형태도 큰 영향을 미치며 밀기울 내의 녹말 함량도 고려해야 한다.

(2) 액체배양

① 고체배양의 문제점과 액체배양의 등장

인공적인 환경 속에서 미생물을 증식시키는 배양이라는 측면에서 보면, 고체배양은 배지 조성이 간단해서 곰팡이에 의한 효소의 제조에 적합하지만 상업적 측면에서 문제되는 점이 많다. 예를 들면 열의 전도성이 나쁘고 미생물의 급격한 번식에 따라 축적되는 열량의 발산이 원활하지 않기 때문에 고지의 품온이 상승되어 목적 미생물의 번식이 억제되는 한편, 고온성 세균의 번식을 촉진해서 오염의 원인이 된다. 또한 통기성이 떨어져 고지의 층을 어느 정도 이상으로 두껍게 하면 내부는 혐기적 상태가 되어 목적 미생물의 번식이 억제된다. 이 때문에 일반적으로는 80×60×5 cm의 금속상자(vat)에 밀기울배지를 2~3 cm 두께로 깔아서, 주로 고지 표면으로부터의 자연 방열과 호흡에 의존한 배양을 수행한다. 이를 위해서 효소를 대량으로 생산하는 공장에서는 수천 매의 상자가 필요하게 되므로 그 공정에서의 자동화 등은 곤란해진다. 따라서 이를 해결하기 위하여 퇴적배양과 같은 여러 가지 시도들이 수행되어 왔지만 지금까지 명쾌한 해결책은 마련하지 못하고 있는 실정이다.

이외에도 배양 중의 온도 또는 pH의 변화, 세포의 증식, 배지원료의 소비나 성분의 변화 등을 연속적으로 측정하는 것이 어려우므로 액체배양처럼 정밀한 조절을 할 수가 없다. 또한 배양 중 잡균에 의한 오염을 완전히 방지할 수 없기 때문에 오염의 영향이 나타나기 이전에 배양을 종료하도록 신경 써야 한다. 더욱이 번식된 균체만을 분리할 수가 없기 때문에 균체안효소의 생산에는 적합하지 않다.

이상에서 서술한 여러 가지 문제점 때문에 20~30년 전에 많이 수행되었던 고체배양방법이 점차 액체배양방법으로 대체되는 경향을 보이다가 현대에는 거의 모든 효소들이 액체배양에 의하여 생산되고 있다.

② 액체배양

액체배양에는 정치배양, 진탕배양, 통기교반배양 등이 있다. 이들 중 진탕배양법은 실험실 규모에서 널리 사용되고 있는 액체배양법으로 산소세균(aerobic bacterium)을 액체배지 중에 균일하게 배양하는 심부배양법의 일종이며, 진탕에 의해서 배지에 산소 공급을 원활하게 하는 방법을 택하고 있다. 공장 규모에서의 액체배양에 의한 효소 생산은 강제 통기와 진탕배양을 병행하는 방법이 일반적으로 이용된다. 액체배양은 고체배양과는 달리 배지 조성을 비롯하여 통기교반의 조건이나 배지의 pH 등을 배양 중에 변화시키는 것이 가능하다. 따라서 효소의 생산량을 대폭적으로 증대시킬 수 있는 배양 조건의 세밀한 조절이 가능하다. 예를 들면 *Bacillus amyloliquefaciens*에 의한 α-아밀레이스의 생산 효율이 상업화가 시작되었던 때에 비해 10배 이상 향상되었다.

효소단백질의 획득을 목적으로 하는 배양의 경우에는 배지, 온도, 산소 농도, 접종균(전배양), 배양시간 등의 선택도 중요하지만 배양 중 생산되는 효소의 안정성이라든지, 효소의 분리 및 정제의 난이도 등을 고려해서 최적 조건이 결정된다. 또한 균의 증식을 위한 최적 조건과 효소의 생산 등을 위한 최적 조건이 배양시간, 영양소의 요구, pH 등 여러 가지 조건들에 반드시 일치하지는 않는다는 점에 주의해야 한다. 즉, 효소 생산에 있어서 최적의 배양 조건이 그 균의 생장을 위한 최적 조건과 반드시 일치하는 것은 아니다.

다른 한편, 효소의 생산이 미생물의 생장에 따라서 비례하여 증가하는 경우(1차 대사산물의 형태)와 생장 정지 후에 효소 생산이 개시되는 경우(2차 대사산물의 형태) 등이 있다.

따라서 유용균으로 선택된 균주를 배양하여 어느 시기에 어떠한 번식 상태에서 목적 효소가 다량으로 생산되는가를 확인하는 것이 매우 중요하다. 그러나 어떤 종류의 미생물, 특히 세균류는 사멸기에 자가분해(autolysis)와 함께 배양액 중에 다량의 점질물을 생성한다. 이 때문에 효소와 균체와의 분리가 어렵게 되는 경우 효소 정제 공정이라든지 제품화의 곤란을 고려해서 배양을 조기에 끝마치는 경우도 있다.

3) 효소 생산 수율의 증대

앞서 설명한 대로 일반적인 효소 생산은 점차 액체배양방법에 의존하는 경우가 대부분이다. 따라서 지금부터는 액체배양으로 효소를 생산할 때의 효소 생산 수율을 증진시키는 방법론에 대하여 초점을 맞추어 설명하기로 한다.

(1) 유도물질 첨가에 의한 효소 생산

유도효소는 배지 중에 기질 또는 기질 유사물질(유도물질)이 존재하면 효소의 합성이 진행되고, 반면에 유도물질(inducer)이 존재하지 않는 경우 효소의 합성이 억제된다. 유도효소의 생산에 관한 예로서 *Geotrichum candidum*의 라이페이스가 전형적인데, 〈그림 6-1〉에 나타낸 바와 같이 펩톤, 포도당과 소량의 무기염류로 조성된 배지에서 미생물은 잘 번식하지만 라이페이스는 전혀 생산되지 않는다. 그러나 이 배지에 올리브유(olive oil)를 첨가하면 라이페이스의 생산이 유도된다. 〈그림 6-1〉과 〈그림 6-2〉에서 알 수 있는 바와 같이 배지에 지방질의 첨가는 균의 생장에는 전혀 영향을 주지 않으면서 라이페이스

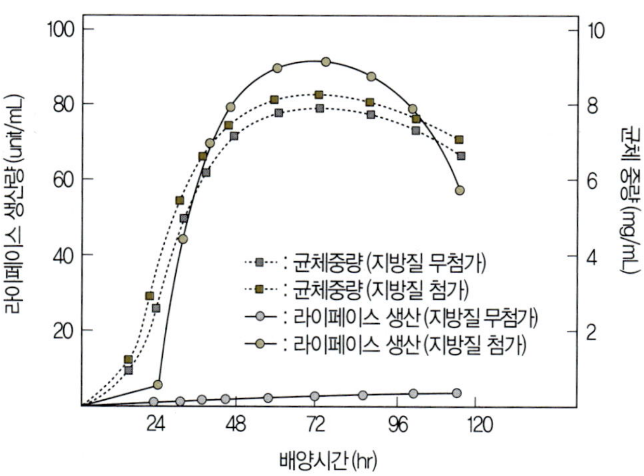

그림 6-1 • *Geotrichum candidum*으로부터 지방질 첨가에 의한 라이페이스의 유도 생산

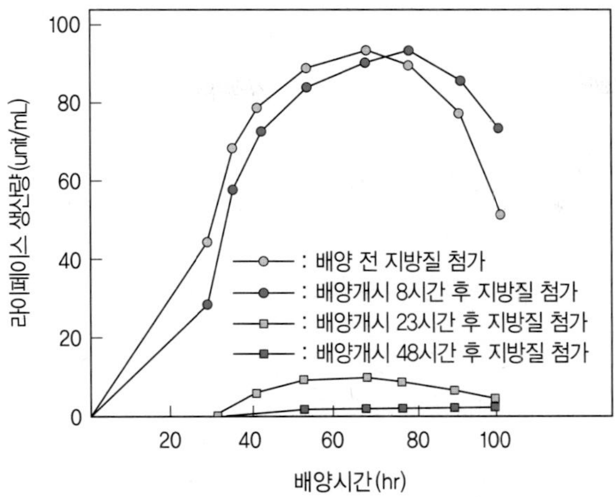

그림 6-2 ● *Geotrichum candidum* 배양 중에 첨가된 지방질의 라이페이스 유도 생산 효과

의 생산에만 현저한 효과를 나타낸다.

효소의 생산을 유도하는 물질은 라이페이스의 기질이 되는 지방질 또는 그 지방질을 구성하는 지방산이다. 특히 올레산(oleic acid)이라든지 리놀레산(linoleic acid) 또는 긴사슬지방산(long chain fatty acid)을 함유한 중성지방질에 의해서 강한 유도 효과를 나타낸다. 그러나 중간사슬(medium chain) 이하의 지방산은 유도 효과를 나타내지 않는데 이러한 결과는 라이페이스의 기질특이성, 즉 중간사슬 이하인 지방산을 함유한 중성지방질에는 작용하기 어렵다는 것과 관련이 있다. 더욱이 이 경우 〈그림 6-2〉와 같이 유도물질을 배양의 초기에 첨가하면 효소 생산이 유도되지만, 일정한 배양시간이 경과한 후에 첨가하였을 경우에는 유도 효과가 나타나지 않는다. 이와 같은 사실은 유도물질 첨가 시의 균 성장 시기도 효소의 유도 생산에 중대한 영향을 미친다는 것을 보여 준다.

다른 예로는 어떤 미생물이 유도물질에 의해 다수의 동질효소(isozyme)를 생산하는 경우, 유도물질을 변화시키면 생산되는 동질효소의 조성이 변화된다는 흥미 있는 결과가 ***Bacillus circulans*** WL-1의 진균류 세포벽 분해효소에서 발견되었다. ***Bacillus circulans*** WL-1균은 미생물 세포벽을 유도물질로 이용해서 세포벽 분해효소를 생성하는데, 벼의 도열병균(*Piricularia oryzae*) 또는 효모(*Saccharomyces cerevisiae*)의 세포벽을 첨가하여 배양한 후에 각각의 조효소액을 폴리아크릴아마이드젤전기이동(polyacrylamide gel electrophoresis)에 의해 정제해 보면, β-1, 3-글루칸가수분해효소(β-1, 3-glucanase) 조성이 유도물질의 종류에 따라 변화한다는 것을 알 수 있다. 즉, 각각의 기질특이성을 살펴보면, 유도물질로 사용한 세포벽을 구성하는 글루칸에 대해서만 특이적으로 강한 활성을 나타내는 효소가 다량으로 생산된다는 것을 알 수 있다.

(2) 분해대사물질 억제 해소에 의한 효소의 생산

일반적으로 아밀레이스, 셀룰로스가수분해효소, 단백질가수분해효소 등과 같은 가수분해효소의 경우에는 탄소원으로서 포도당처럼 영양원으로 이용되기 쉬운 물질이 배지 중에 존재하면 분해대사물질에 의한 억제가 일어나서 효소의 생합성이 억제된다. 이와 같은 억제현상을 해소함으로써 효소 합성을 강하게 진행시킬 수 있으며, 따라서 효소 생산에는 탄소원으로서 이용 속도가 비교적 늦은 다당류라든지 올리고당이 사용된다. 또한 필요한 당질 원료를 처음부터 첨가하는 배치배양(batch culture, 회분식 배양) 대신에 소량씩 연속적으로 첨가함으로써 균의 증식속도를 조절하면서 배양하는 유가배양(fed-batch culture, 반연속식 배양)에 의해서 효소 생산을 높인 경우도 있다. 예를 들면 포도당을 제한하면서 첨가하는 방법을 이용하여 대장균의 β-갈락토시데이스 생산을 60배로 증대시켰으며, 또한 *Aeromonas liquefaciens*의 펙틴리에이스(pectin lyase) 생산을 600배로 증가시켰다.

한편 미생물의 분해대사물질 억제를 회피해서 효소의 생산을 증대시키는 배양법의 연구를 수행하면서, 변이주의 획득 과정에서 이와 같은 억제를 받지 않는 균주를 얻는 것도 중요한 방법론이다.

이상의 예는 어느 것이든 균체밖효소의 유도 생산에 관한 것이지만 균체안효소를 유도에 의해 생산시키는 경우는 먼저, 균체의 증식에 적합한 배지를 사용하여 균체를 대량으로 생산시켜서 적당한 시기에 집균한 후 유도물질을 포함한 배지에 옮겨서 2차 배양하면 단시간의 배양으로 다량의 효소를 생산할 수 있다.

(3) 효소 억제제 첨가에 의한 효소 생산의 촉진

*Bacillus polymyxa*의 배양기에 아밀레이스 억제제를 첨가하면 β-아밀레이스의 생산이 증가된다는 보고가 있다. 즉, *Bacillus polymyxa*의 균체 증식이 최고에 도달하였을 때 아밀레이스 억제제를 10 μg/mL 정도 첨가하면 β-아밀레이스의 생산이 첨가하지 않은 경우보다 2~3배까지 증가한다. 또한 *Streptomyces naniwaensis*가 생산하는 단백질가수분해효소 억제제(acetyl-valyl-4-amino-3-hydroxy-6-methyl-heptanoic acid)를 *Cladosporium*의 배지에 약 6 μg/mL를 첨가해서 배양하면 호산성 단백질가수분해효

소의 생산이 첨가하지 않은 경우보다 약 2배 이상 증가한다는 보고도 있다.

(4) 단백질가수분해효소 생산 억제에 의한 효소 생산의 촉진

균체밖효소의 경우, 생산된 효소가 동시에 생산되는 단백질가수분해효소에 의해서 분해되어 실활되는 현상이 종종 확인되고 있다. *Rhizopus*의 고지 배양에서 라이페이스는 동일한 균주가 생산하는 단백질가수분해효소에 의해서 쉽게 분해되며, *Bacillus cereus*의 β-아밀레이스도 최고 활성에 도달한 후에 급속하게 감소되는데, 이러한 현상도 동일한 균의 단백질가수분해효소에 의한 것으로 추정되고 있다. 그리고 *Aspergillus awamori* var. *kawachi*가 생산하는 글루코아밀레이스도 같은 균주가 분비하는 단백질가수분해효소에 의해 분해되면서 그 기질특이성이 현저하게 변한다.

이와 같이 일단 생성된 효소가 실활된다든지, 유용한 성질을 잃어버리는 것은 효소의 생산 수율 측면에서 큰 손실이기 때문에 이것을 방지하기 위하여 단백질가수분해효소의 생성을 억제하는 배양 조건이 검토되었다. 그 예로서 *Rhizopus*로부터 라이페이스를 생산할 때에는 액체배양에 의하면 단백질가수분해효소의 생산이 전혀 일어나지 않으며 따라서 라이페이스의 생산을 높일 수가 있다. 또한 *Aspergillus awamori* var. *kawachi*도 배지 조성, 배양온도, pH를 적당하게 선택하면 단백질가수분해효소의 생산이 억제되어 글루코아밀레이스의 변이가 전혀 일어나지 않는다.

(5) 계면활성제 첨가에 의한 효소분비율의 촉진

세포 안에서 합성된 효소가 즉시 분비되지 않고 일정한 시간 동안 균체 내에 저장, 간직되어 있다가 서서히 방출되는 분비성 효소의 경우가 있다. 이와 같은 효소는 보다 빨리 분비되는 것과는 달리 균체안효소로서 취급되는 경우가 종종 있다. 이 경우, 효소가 세포 안에 보유하고 있는 상태에 관해서는 세포 안에 존재하는지 또는 세포 표면에 흡착되어 있는지가 불분명하지만 배양시간을 연장하였을 때, 또는 배양 초기의 균체에서도 적절한 추출방법을 강구하였을 때 세포를 파괴하지 않고도 용이하게 추출할 수 있다.

이와 같이 균체 안에 억류되어 있는 분비성 효소의 유출을 촉진하여 생산량을 증대시키기 위해 배양액에 Tween 80, Triton X-100, 페닐 알코올과 같은 계면활성제를 첨가하는 방법이 사용되고 있다. 예를 들면 *Eupenicillium javanicum* 배양 시에 0.1% Tween 80을 첨가하면 셀룰로스가수분해효소 생산은 4배 이상 높아진다. 이 경우에 계면활성제의 첨가는 미생물의 세포벽 용해에 영향을 미쳐 효소의 투과성을 촉진시킨다.

4) 효소 생산에서의 유전자공학 응용

전통적인 발효공업에 사용되는 각종 미생물은 광범위한 선별작업(screening)에 의해 자연계로부터 선정되었으며, 균주의 육종 개량은 자외선 또는 나이트로소구아니딘 등과 같은 돌연변이 유발제를 사용하는 무작위적 돌연변이에 의해서 진행되어 왔다. 이러한 전통적인 방법과는 달리, 최근에 확립된 DNA 재조합기술에 의한 유전자 조작은 단일 유전자 또는 유전자군을 인위적으로 재조합하거나, 나아가서는 종(鍾)을 초월한 생물세포 중에 그것을 도입한 후 숙주 내에서 안정하게 복제 유지시켜 형질 발현까지 일으키는 새로운 방법을 완성하였다. 효소단백질이 유전자의 직접적인 산물인 점을 고려하면, 이 기술의 응용이 각종 실용적인 중요 효소의 생산에 새로운 가능성을 불러일으키고 있는 상황이다.

미생물은 배양의 용이함과 종의 다양성 때문에 각종 응용 효소의 공급원으로서 중요해졌으며, 효소 생산에 관한 유전자 조작 분야에서 우선적으로 고려해야 할 사항은 다양한 미생물 기원 효소의 생산성을 개량해서 우량한 균주를 육성하는 것이다. 현재 실용 가능한 대장균 숙주 벡터(vector)계를 사용한 자기복제(self-cloning)에 있어서도, 플라스미드 벡터(vector plasmid) 또는 파지 벡터(vector phage)의 유전자 증폭 효과에 의하여 트립토판합성효소(tryptophan synthetase)라든지 DNA연결효소(DNA ligase) 등 특정 효소의 생산력을 수십~수백 배로 증가시킬 수 있다는 것이 알려져 있다. 특유의 효소 생산능을 고유한 성질로 가지고 있는 개개의 미생물종에 이 방법을 적용하기 위해서는 각각의 종에 적합한 숙주 및 벡터계가 필요하며, 이것으로부터 대장균 이외의 다양한 상업적 미생물에 대한 숙주 및 벡터계의 개발이 중요하게 되었다.

한편, 응용 효소 중에서 동식물 기원인 것이 점유하는 비율은 현재 점점 낮아지고 있는 반면에 유전자 조작기술을 사용하여 이들 효소를 미생물에 의해 대량으로 생산하는 것이 큰 흐름으로 자리 잡고 있다. 이처럼 이종유전자(異種遺傳子)의 복제와 그 형질 발현기술을 대장균계(係)에서는 거의 완성되어 이미 인슐린과 성장호르몬 등을 대장균의 대량 배양으로 고농도로 얻고 있다. 이 기술을 응용하면 송아지의 응유효소인 레닌(rennin)과 혈전 용해작용을 나타내는 우로키네이스(urokinase) 등과 같은 유용한 동물 효소를 대장균에서 생산할 수 있게 되었다. 또한 방선균의 포도당이성질화효소(glucose isomerase)와 같은 유용 효소의 유전자를 생장속도가 빠른 다른 세균 내에서 복제하면 그 생산성을 대폭 향상시킬 수 있게 된다.

유용 효소 생산의 높은 효율을 위해서는 형질의 발현과 함께 분비의 효율화도 필요하다. 즉, 그람음성세균인 대장균에서는 세포막이 2중 구조로 되어 있어 내막을 통해서 분비된 단백질은 속막(inner membrane)과 바깥막(outer membrane) 사이인 주변세포질(periplasm)에 축적되어 배지 중으로 유출되지 않는다. 이러한 점에서는 본래 세포밖효소 생산능이 강하고 아밀레이스, 단백질가수분해효소 등의 상업적 생산에 사용되어 온 *Bacillus*를 사용하는 것이 유리할 것이다.

5) 효소의 변형

효소의 정제기술은 최근 현저하게 진보하였으며, 관크로마토그래피(column chromatography)에 이용 가능한 분리능이 뛰어난 젤 여과제라든지 이온교환수지의 개발에 의해 종래에는 검출할 수 없었던 극히 미미한 단백질적 차이를 식별하는 것도 용이해졌다. 이러한 기술의 진보로 동일 미생물이 촉매작용의 측면에서 같은 범주로 분류되는 효소를 여러 종류 생산한다는 사실이 밝혀졌다.

이처럼 동일한 미생물이 생산하는 다형성 효소(multiform enzyme)를 자세히 살펴보면 다음의 두 가지로 대별된다. 즉, 각 효소의 분자량이나 등전점 등의 단백질적 성질이 다름에도 기질특이성이나 기질에 대한 작용 메커니즘에서는 차이가 나지 않는 경우와 차이가 있는 경우로 구분된다. 차이가 나지 않는 경우의 예로는 *Rhizopus delemar*나 *Aspergillus oryzae*의 고지(koji) 배양에 의해서 생산되는 글루코아밀레이스이다. 이들 효소는 분자량이나 등전점이 다름에도 불구하고 기질특이성에는 차이가 나지 않는다. 차이가 있는 경우의 예로는 *Aspergillus awamori*에 의하여 생산되는 서로 다른 세 종류의 글루코아밀레이스 등이 있다. 어떤 종류이든 간에 미생물이 생산하는 효소에 다형성이 발현되는 것은, 각각 다른 복잡한 요인에 의한 것이기 때문에 그 메커니즘에 관해서는 아직 추측 또는 추론의 범위를 탈피하지 못하고 있다.

이처럼 다형성이 생기는 원인으로는 각각의 효소가 전혀 다른 유전자에 의해서 합성되었든지, 또는 같은 유전자에서 유래하는 동일 단백질로서 합성된 후에 어떤 인자에 의해 부분적으로 변형되어 겉보기상의 성상을 달리한다든지 하는 두 가지 원인에 기인할 수 있다. 이와 같은 점을 규명한다는 것은 미생물 효소의 생산 메커니즘을 밝히거나 또는 상업적인 이용면에서도 중요한 의미를 가진다. 특히 단백질의 성질도 다르고 기질특이성 및 작용 메커니즘에 차이가 있는 경우는 일단 합성된 효소가 변형되어 유효한 성질을 얻는 경우와 반대로 바람직스럽지 못한 성질로 변화되는 경우가 있는데, 미생물에 의한 유용 효소의 제조기술 측면에서도 주목되는 문제이다.

미생물에 의한 다형성 효소의 생산에 관해서는 *Aspergillius oryzae*의 산성 단백질가수분해효소, *Saccharomyces cerevisiae*의 인버테이스(invertase), *Humicola insolens*의 셀룰로스가수분해효소 등에서도 나타나며, 이 경우 효소 분자 중에 포함되어 있는 당에 의해서 다형성현상이 나타난다. 또한 효모의 인버테이스나 *Humicola insolens*의 셀룰로스가수분해효소 내에 포함되어 있는 당 분자들은 효소 분자의 안정성 부여에 중요한 역할을 하고 있는 것으로 추측되고 있다. 다른 한편, 대장균의 β-갈락토시데이스에 젖당(lactose)을 결합시킴으로써 이 효소의 내열성과 단백질가수분해효소에 대한 저항성이 증대된다.

미생물의 효소에서 다형성 효소가 생산되는 현상은 앞으로 점점 더 많이 발견될 것임에 틀림없다. 그 원인은 미생물의 종류 및 효소 종류에 따른 다양성에 기인한다. 향후 이들의 원인이 차례로 해명됨으로써 유용 효소의 제조기술이 점점 더 확립될 것이며, 동시에 효소의 변형기법도 확립될 것이다. 이러한 기법에 의해서 기존 효소의 이용 목적에 따른 인위적 개량이 가능하게 되면 효소의 이용도 여러 방면으로 확대될 수 있을 것이다.

2. 효소의 추출 및 정제

1) 정제의 필요성

효소를 정제해야 하는 이유는 그 목적에 따라 달라질 수 있다. 만일 우리가 적당한 열처리 조건을 고안하기 위하여 과일이나 채소에 있는 불리한 효소를 불활성화시키는 데에 그 목적이 있다면, 정상적인 가공 공정에서와 마찬가지 상태에서 식물조직에 열처리한 후 시료를 적절한 완충용액으로 균질화시켜 불용성 물질은 원심분리하여 제거한 후 효소를 얻을 수 있을 것이다. 이런 경우 일반적인 정제 과정을 동원하지 않고 조효소액만으로도 충분히 목적하는 바를 이룰 수 있다.

반면 의약용으로 어떤 성분을 분석하는 데 이용한다거나 효소반응 메커니즘을 정확히 이해하고자 한다든지, 이를 토대로 신약을 개발하고자 하거나 또는 억제제가 순수한 효소의 반응을 방해하는지 유무를 확인한다든가 하는 경우에는 가능한 한 순도가 높은 정제된 효소를 사용해야 할 것이다.

일반적으로 효소는 기질에 대한 특이성이 있으므로 여러 가지 기질을 사용하여 혼합물에 포함되어 있는 효소를 분별할 수 있다. 그러나 여러 가지 효소가 공통적 기질에 작용할 수도 있으므로 이런 경우에는 우리가 원하는 효소가 다른 효소와 함께 포함되어 있어 정제를 하여 사용해야 하는 것이다. 예를 들어 단백질가수분해도를 측정할 경우 조직 내에 함께 존재하는 모든 단백질가수분해효소의 분해능이 합해진 효과를 측정하게 되므로 목적하는 효소를 분리해야만 해당 효소의 효과를 정확히 알 수 있다. 예를 들면 pH를 변화시키거나 특정한 기질을 사용함으로써 단백질분해효소의 특성과 활성을 구별할 수 있는데 펩신(pepsin)과 트립신(trypsin)이 함께 존재한다면 두 효소 모두 단백질을 가수분해한다. 그러나 트립신의 최적 pH는 8.0인 데 비해서 펩신의 최적 pH는 2.0이기 때문에 이 두 효소가 같은 용액에 있을 때에도 공통 단백질에 대한 활성은 각기 분리해서 측정해야 한다. 또 다른 경우로, 특정한 기질로서 키모트립신(chymotrypsin)에 대해서는 *N*-아세틸-L-타이로신에틸에스터(*N*-acetyl-L-tyrosine ethyl ester)와 트립신에 대해서는 *α*-*N*-벤조일-L-아르지닌에틸에스터(*α*-*N*-benzoyl-L-arginine ethyl ester)를 사용하여 그 활성을 분리해서 측정할 수 있다.

다만, 효소의 전체 활성만이 필요한 경우라도 분석을 방해하는 억제물질이나 다른 물질을 제거하기 위해 전처리 과정을 통한 예비 분별을 필수적으로 시행해야만 한다. 효소의 특성을 파악하기 위하여 효소를 구성하고 있는 아미노산의 조성, 분자량, 3차 구조, 특정 효소에 대한 기질특이성이나 반응속도론(kinetics)에 대한 연구가 필요한 경우에도 효소를 다른 성분으로부터 정제하는 것은 필수 사항이다.

2) 1차 정제

효소를 어떤 목적으로 사용할 것인지 결정하면 그 다음 단계는 효소를 식물 또는 동물 조직이나 미생물로부터 추출하여 정제를 하게 되는데, 효소를 정제하는 데 필수적인 기기는 저온 냉장고 및 냉장 원심분리기이다. 일반적으로 대부분의 효소들은 0°C 부근에서 안정하고 미생물의 성장도 지연되며, 대부분의 조직이 상대적으로 많은 양의 단백질분해효소를 함유하고 있고, 또한 분리하고자 하는 효소는 단백질이기 때문에 단백질분해효소와 함께 존재한다면 단백질분해효소에 의하여 목적하는 효소단백질의 분해가 일어날 가능성이 충분하므로 1차적인 정제 과정이 반드시 필요하다.

(1) 세포막과 세포벽의 파괴

효소는 세포밖효소가 있는가 하면 〈그림 6-3〉에서 보는 바와 같이 세포막이나 세포 안에 존재하기도 한다. 따라서 정제에 있어 첫 번째 단계는 세포와 세포막을 파괴하여 조직으로부터 효소를 추출하는 것이다.

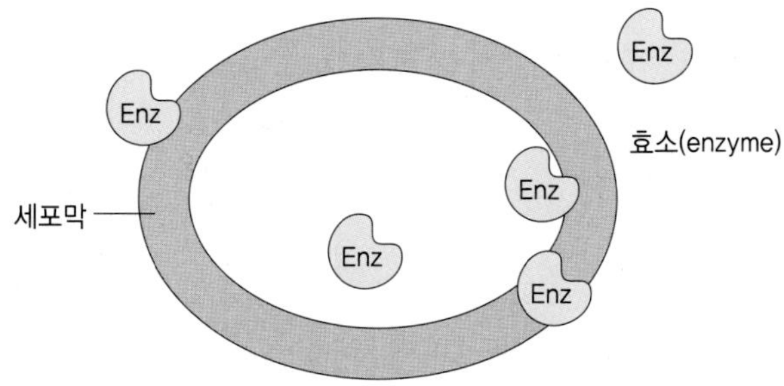

그림 6-3 ● 세포막 주변에 존재하는 효소들의 다양한 형태

동물조직의 세포와 세포기관의 세포막 파괴는 비교적 쉬우며 추출용 완충용액을 이용하여 와링블랜더(Waring blender)에서 균질화시키거나 포터-엘베헴균질기(Potter-Elvehjem homogenizer, 그림 6-4)를 사용할 수 있다. 그러나 식물이나 미생물의 세포벽 파열은 그렇게 간단히 이루어지지 않는다. 식물조직의 경우 가끔 아세톤을 사용하기도 하며 또는 액체 질소에 조직을 얼린 상태에서 윌리(Wiley) 맷돌을 이용하여 갈아 주면 식물세포의 파열이 쉽게 이루어져 세포안효소를 분리할 수 있다.

한편, 미생물 세포는 모래와 함께 갈아 주거나 유리조각을 갖고 있는 와링블랜더에서

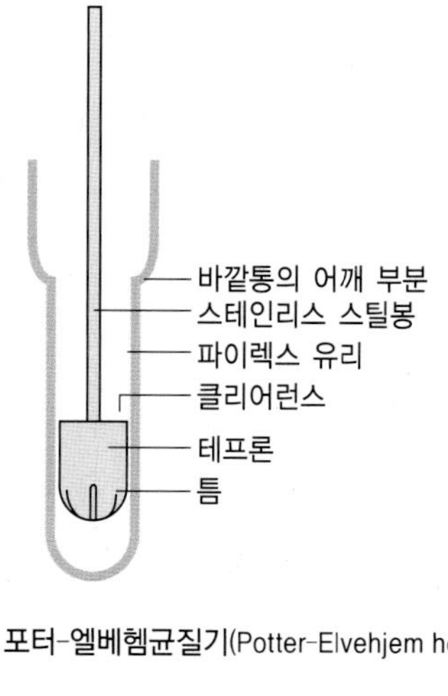

그림 6-4 ● 포터-엘베헴균질기(Potter-Elvehjem homogenizer)

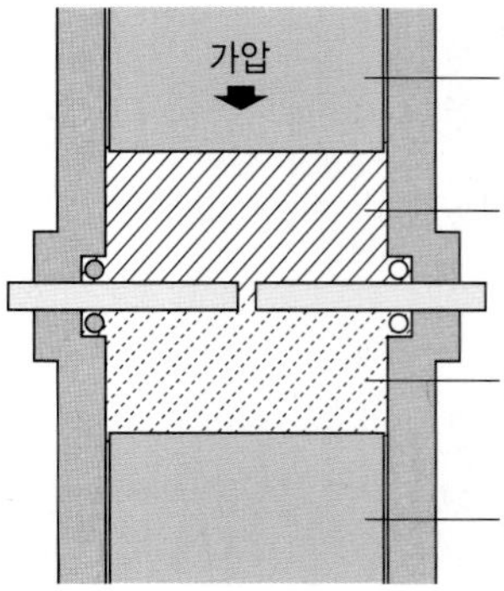

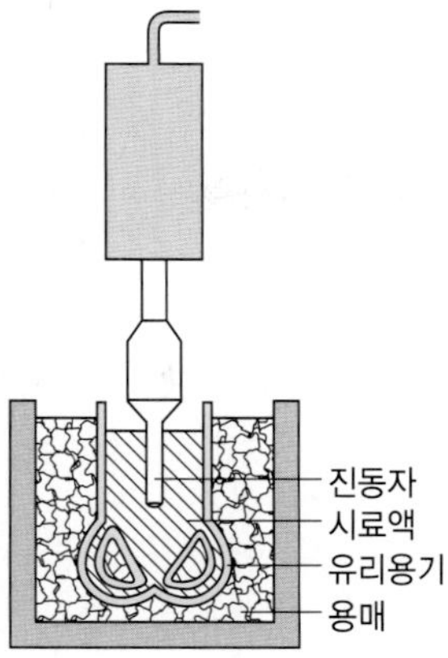

그림 6-5 ● 세포안효소의 추출장치

균질화시키거나, 또는 음파의 진동 또는 초음파(ultrasound)에 의하거나 고압하에서 작은 구멍을 통해 통과시킴으로써 세포를 깨뜨려 파열시킬 수 있다(그림 6-5). 효모세포는 가끔 톨루엔(toluene)을 첨가한 상태에서 자가분해방법으로 파열된다. 많은 미생물의 효소들은 세포밖효소이므로 원하는 효소를 얻기 위해서는 세포 파열이 일어나기 전에 주의를 기울여 세포밖 조효소액을 준비해야 한다.

(2) 추출

추출용액의 선택은 특정한 효소가 용해성인지 또는 세포막과 결합하는지, 그리고 조직의 형태가 어떤 것인지에 따라서 달라진다. 대부분의 경우 완충용액을 사용하는데 추출용액의 양은 조직 부피의 3배를 사용한다.

일반적으로, 식물 효소의 추출용액은 pH 7.5의 완충용액으로 하고 이온 세기를 0.1~0.5까지 유지해 주기 위해 충분한 완충용액과 염을 포함해야 한다. 완충용액은 세포가 파괴될 때 나오는 핵산이나 액포의 유기산으로부터 pH가 급격히 낮아지는 것을 막아 효소의 변성을 최소화하며, 세포막에 부착된 효소를 떼어 내어 녹이려는 경우에는 높은 이온 세기가 요구된다. 한편, 페놀화합물을 많이 함유하는 식물의 경우에는 폴리바이닐피롤리돈(polyvinyl pyrrolidone)이나 폴리에틸렌글리콜(polyethylene glycol, PEG)을 추출용액에 섞어 줌으로써 페놀화합물과 흡착 또는 반응하여 효소가 불활성화되는 것으로부터 보호하도록 한다. 그리고 펙틴질을 많이 함유하는 식물조직은 추출물이 젤(gel) 상태이기 때문에 점도가 높아 기질과의 반응이 원활하지 못하므로 젤을 가수분해시키는 방법을 고려해야만 한다.

지방질이나 인지질의 세포막과 결합하고 있는 효소의 추출에는 특별한 문제점이 있으나 아세톤을 준비함으로써 이러한 어려움도 극복할 수 있다. 어떤 조직이나 용액은 매우 낮은 온도의 아세톤을 처리하여도 쉽게 극복되지 않는다. 널리 이용되는 방법 중의 하나로 세포막-결합 효소의 용해를 위해 보통 33%에서의 아이소뷰탄올(isobutanol)을 사용하기도 한다.

미생물이나 식물 원료 또는 동물의 핵, 리보솜(ribosome)이나 마이크로솜(microsome)으로부터 추출하는 경우 많은 양의 핵산(DNA와 RNA)이 포함되어 있으며, 이러한 다가음이온 거대 분자들은 단백질 분리를 방해하므로 pH를 5.0으로 조정하거나 황산프로타민(protamine sulfate)이나 스트렙토마이신(streptomycin)과 같은 염기성 화합물을 용액에 첨가해 주면 핵산이 침전됨으로써 제거가 용이하다. 데옥시리보핵산가수분해효소(deoxyribonuclease)와 리보핵산가수분해효소(ribonuclease)는 핵산을 가수분해시켜 계속적인 침전과 투석에 의해 제거될 작은 뉴클레오타이드(nucleotide)로 가수분해하는 데 사용될 수 있다. 이 경우 매우 순수한 효소만을 사용해야 오염의 가능성이 적다.

⑶ 별도의 차별화된 처리

많은 양의 용액으로부터 효소를 분리해야 하는 단계에서는 열처리나 pH 처리가 효과적일 수 있다. 비교적 바람직하지 않은 효소단백질들이 열에 약한 경우 열변성에 의하여 바람직하지 않은 효소들을 침전시킴으로써 상대적으로 열에 안정한 바람직한 효소단백질을 선별적으로 분리할 수 있는 것이다. 이러한 처리는 열에 약한 효소단백질이 얼마나 많이 존재하느냐에 따라 달라지는데, 열처리온도나 열처리시간에 따라 차별화된 처리 조건을 조절할 수도 있다.

열처리와 같은 방법으로 pH를 하나의 변수로 사용한다면 pH에 안정한 효소와 안정하지 못한 효소를 선별함으로써 복잡한 효소 정제 과정을 단축시킬 수 있을 것이다. 이들 조건을 결정하기 위해서 추출물의 pH값을 서로 다르게 조정하여 선택된 온도의 수조에 차례로 넣은 다음 시간대를 달리하여 원하는 처리가 완전히 이루어졌을 때 시험관을 얼음 수조로 옮겨 반응을 멈추고, 원심분리 후 상층액(supernatant)에 남아 있는 단백질의 양과 효소활성을 시험하여 선별 분리한다.

3) 정제 과정

분리하고자 하는 효소단백질은 그 특성에 따라 안정도에 차이가 있는데 초기 정제 단계를 거친 후, 효소 상태는 여전히 순수하지 못한 상태이고 주어진 pH 용액에서 효소단백질은 ① 용해도, ② 전하밀도〔극성 또는 표면소수성(surface hydrophobicity) 정도〕, ③ 전하 분포, ④ 수화, ⑤ 크기 또는 분자량, ⑥ 구형 또는 선형 단백질, ⑦ 밀도, ⑧ 특이 반응기, ⑨ 상대적 안정도 등에 따라 차이를 보인다. 이러한 특성과 차이점을 이용하여 정제 과정에서 어떻게 이용할 수 있는지에 대해서도 알아보고자 한다.

(1) 용해도를 이용한 분리정제

단백질의 용해도는 세 가지의 주된 요인, 즉 ① 전하밀도와 전하분포, ② 수화 정도, ③ 인산, 탄수화물, 지방질과 같은 비단백 성분이 존재하는 것에 따라 달라지며 이 차이를 이용하여 단백질을 정제할 수 있다.

① 전하밀도의 조절

효소단백질의 전하밀도는 주로 산성 또는 염기성 아미노산 잔기의 수에 의해 결정된다. 전하를 띤 그룹은 Asp, Glu, His, Lys, Arg 등의 곁가지 외에 폴리펩타이드(polypeptide) 사슬의 말단에 있는 아미노기와 카복실기 등이 극성으로 친수성을 띠기 때문에 이러한 그룹을 포함하고 있는 단백질은 단백질 분자의 바깥쪽에 존재하여 수용액 상에 노출된다. 반대로 소수성을 띠는 아미노산 잔기들은 3차 구조 내부에 존재하려는 경향이 있다.

효소단백질의 전하밀도는 pH의 영향을 받는데 pH가 낮을 때 양성자성(prototropic) 그룹은 수소이온을 받아 양전하(+)를 띠게 되며 pH가 증가함에 따라 점차적으로 알짜전하(net charge) 값이 양(+)의 값에서 0의 값을 거쳐서 음(−)의 값으로 전환된다. 이런 과정 중 양전하(+)와 음전하(−)의 수가 동일해질 때 중성화된다. 이때 알짜전하는 0이고 이때의 pH를 등전점(isoelectric point, pI)이라고 한다(그림 6-6).

효소단백질은 그들의 등전점에서 물에 대하여 불용성이다. pH에 따라 용해도는 변화하는데 등전점에 가까워질수록 용해도는 감소하고 등전점에서 멀어질수록 증가한다. 효소단백질마다 최소 용해도를 나타내는 pH가 각기 다르다. 〈그림 6-7〉에서 단백질 ㉮, ㉯, ㉰는 pH 4.0, 6.0, 8.0에서 최소 용해도를 가진다. pH 6.0에서 가장 현저하게 최소 녹는 점을 보이는 단백질 ㉯는 ㉮와 ㉰보다 덜 가용성이며, 단백질 ㉮와 ㉰는 단백질 ㉯보다

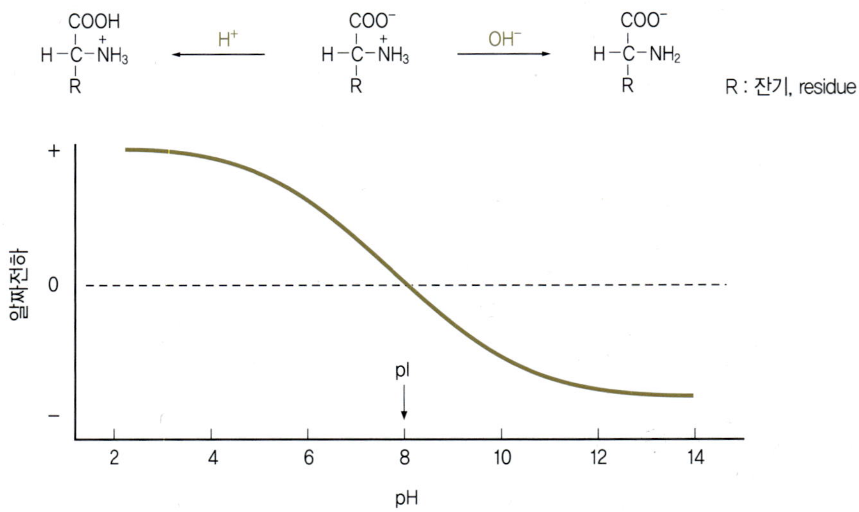

그림 6-6 • 각 pH에서의 알짜전하 변화

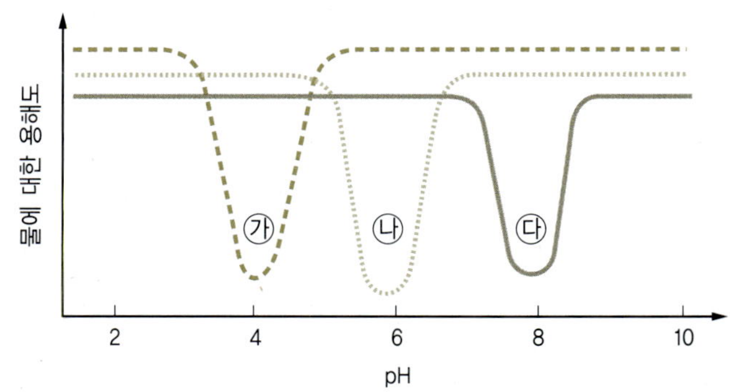

그림 6-7 • 각 효소단백질별 pH에 따른 용해도의 변화

는 더 잘 용해된다. pH 6.0에서 침전을 형성시키는 분획실험은 단백질 ㉮와 ㉰로부터 순수한 단백질 ㉯를 얻는 데에 상당히 효과적이다.

최소로 용해되는 지점에서 각 단백질의 침전물은 그 지점에서의 침전 농도와 용해도에 따라 영향을 받는다. 대부분의 단백질은 적당한 pH(등전점)에서 침전이 이루어지는데, 만약 pH에 따라 침전이 형성되지 않는다면 상층액에 중성염인 황산암모늄($(NH_4)_2SO_4$)을 0%에서 10%씩 계속 증가시켜 나가면서 각 분획을 포화시킨다. 분획에 부가하는 포화 황산암모늄은 시험관의 1/2 정도 침전을 형성할 때까지 각 시험관에 첨가한다. 시험관을 원심분리한 후 상층액과 침전물에 존재하는 효소에 대해 활성과 단백질 함량을 측정한다.

〈표 6-4〉에서는 황산암모늄을 이용하여 효소단백질을 침전시켜 나가는 과정을 한 예

표 6-4 • 황산암모늄염을 이용하여 세 차례의 분획 침전을 시도한 결과

	포화 농도 범위(%)	침전된 효소활성(%)	침전된 단백질 농도(%)	비활성도
1차 시도	0~40	4	25	
	40~60	**62**	**22**	**2.8**
	60~80	32	32	1.0
	80 상층액	2	21	
결론 : 60~80%보다도 40~60% 포화용액에 보다 많은 침전물이 생김 45~70%를 시도해 보는 것이 바람직함				
2차 시도	0~45	6	32	
	45~70	**90**	**38**	**2.4**
	70 상층액	4	30	
결론 : 비교적 좋은 결과이나 1차 시도보다도 정제도가 떨어짐 순도를 고려하여 45~65%를 시도해 봄				
3차 시도	0~45	10	35	
	45~65	**75**	**25**	**3.0**
	65 상층액	15	40	

로서 제시하고 있다. 1차 시도에서 포화 농도를 0~40, 40~60, 60~80, 80% 이상의 4개 그룹으로 나누어 시도하였다. 침전된 단백질의 농도 및 비활성도(specific activity)를 고려한 결과 60~80%보다도 40~60% 포화용액에서 62% 침전되어 보다 많은 침전물이 생기고 정제도는 2.8로 높게 나타났다. 한편, 32%의 효소 침전물 속의 일부를 포함시키기 위해 포화 농도 45~70%를 시도해 보는 것이 바람직하다는 판단을 내릴 수 있으며 이를 토대로 2차 시도를 하였다. 참고로 0~40%와 80% 이상의 상층액에서는 4/25(=0.16), 2/21(=0.095)로 낮은 비활성도를 보였기 때문에 2차 시도에서는 포화 농도를 0~45%, 45~70%, 70% 이상의 3개 그룹으로 나누었다.

이 결과 45~70% 그룹에서 비활성도는 2.4로 높게 나타났으나 1차 시도의 정제도 2.8에 비해서는 떨어졌다. 따라서 3차 시도에서는 침전된 효소의 농도를 감안하여 45% 이상 포화 농도를 고려할 수 있고, 필요 없는 단백질의 농도를 제외시키려면 포화 농도 70%보다 적은 값으로 65% 이하의 포화 농도를 선택하는 것이 바람직하다. 즉, 포화 농도를 45~65%의 구간으로 선정하여야 하며, 이러한 포화 농도의 결정은 오랜 경험을 토대로 반복 실험을 통하여 얻을 수 있다.

단백질 침전을 얻기 위해서는 단백질 분자들이 서로 결합할 만큼 가까이 모여야 하는데 분자 크기와 전하 그룹으로 가리기 때문에 서로 결합된 것의 용해도는 독립적인 분자의 용해도보다 낮다. 이것은 용액의 pH를 단백질의 등전점에 맞춤으로써 또는 분자 사이

의 영향력 있는 결합력을 증가시킴으로써 가능한데 이것은 유전율(dielectric constant, D)을 낮춤으로써 가능하다(식 6.1).

$$결합력,\quad F = \frac{Z^{+} \cdot Z^{-}}{D \cdot r^{2}} \tag{6.1}$$

두 분자 사이의 결합력은 Z^{+}(양전하)와 Z^{-}(음전하)의 곱에 비례하며 등전점에서 최고치를 나타내고 두 분자 간 거리(r)의 제곱과 용액의 유전율(D)에 반비례한다. 다른 모든 요소는 고정된 값이고 유전율이 낮아지면 상대적으로 결합력은 증가한다. 이러한 이유로 물보다 유전율 값이 낮은 아세톤이나 알코올을 첨가하면 단백질의 친수성 부위들이 서로 강하게 결합하여 단백질의 침전이 일어나므로 효소단백질끼리 농축하여 분리·정제하는 데 적용할 수 있는 근거가 된다(그림 6-8).

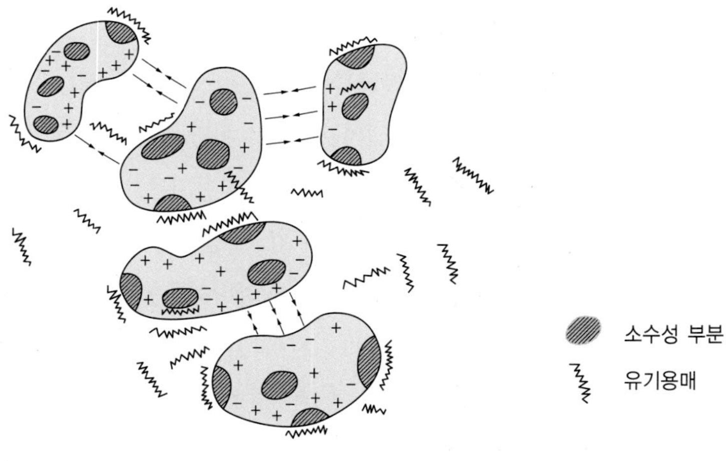

그림 6-8 ● 유기용매에서의 소수성 결합에 의한 단백질 침전

유기용매에 의한 단백질의 침전에서 무기이온이 존재하는 양만큼 pH 조절도 필요하다. 낮은 농도에서 무기이온은 단백질의 효과적인 전하가 증가함에 따라 유전율을 낮추는 효과를 낸다. 이와 같은 유기용매에서의 침전을 유도하기 위하여 낮은 온도에서 시행해야 한다. 따라서 유기용매는 미리 -15°C로 유지하고 효소를 포함한 용액은 0°C로 준비해야 한다. 유기용매를 원하는 농도까지 계속 교반하면서 천천히 첨가하는데, 효소단백질의 침전이 형성된 후 바로 용액에서 분리되어야 하며 완충용액에 다시 용해시키거나 낮은 온도에서 건조시켜 유기용매를 제거한다. 반면, 이러한 유기용매 침전법에 의하여 얻

는 효소의 활성은 낮아질 수도 있다.

유기용매로서 에탄올이나 아세톤 등이 많이 사용되는 이유는 효소 분리 후 휘발도가 높기 때문에 빨리 휘발시켜 제거하는 것이 용이하며 독성이 적고 가격이 저렴하기 때문이다.

② 수화

효소단백질의 용해도는 수화(hydration) 정도에 의해 결정될 수 있다. 보다 많은 전하그룹을 가진 단백질 분자일수록 수화 정도가 높은 것이 일반적이다. 다른 아미노산 잔기의 존재 또한 수화 정도에 영향을 미치는데 지방질은 수화를 감소시키는 반면, 인산, 탄수화물 그룹은 수화를 증가시킨다.

수화 정도는 pH 변화에 의해 어느 정도 변화될 수 있다. 그러나 수화를 감소시키는 일반적인 방법은 단백질 주변의 물에 의한 수화를 와해시키는 화합물을 첨가하는 것이다. 이 목적을 위해 주로 사용되는 화합물이 황산암모늄($(NH_4)_2SO_4$) 또는 염화소듐(NaCl)이다. 이들 중 황산암모늄은 물에 대해 용해도가 높기 때문에 가장 많이 이용되어 왔다. 1가의 염은 다가 염과 비교해 볼 때 침전화된 단백질에 비교적 영향을 미치지 않는다. 또한 단백질의 용해도에 대한 염의 영향은 염의 종류에 따라 다양하고 단백질 종류에 따라서도 다르다.

일반적으로 단백질의 용해도와 염 농도 사이의 관계는 (식 6.2)로 나타낸다.

$$\log S = \beta - K_s' \cdot \mu \tag{6.2}$$

S : 효소단백질의 물에 대한 용해도

β : y축 절편값으로서 염이 존재하지 않을 때의 (가상의) 물에 대한 용해도

K_s' : 염석 상수

μ : 이온 세기로서, $\mu = \frac{1}{2}\sum C_i Z_i^2$, C_i는 i 이온의 농도, Z_i는 이온가(전하)

〈그림 6-9〉는 (식 6.2)에 나타낸 관계를 구성한 것이다. 낮은 이온 세기에서는 염용(salting in) 효과가 나타나 이온 세기가 증가함에 따라 효소단백질의 용해도가 증가한다. 그런데 이온 세기가 증가하다 보면 어느 지점에서 단백질의 용해도가 감소하기 시작하는 점에 이르게 된다. 이 지점을 넘어서면 이온 세기가 증가하면 단백질의 용해도가 오히려 감소하는 양상을 보이는데 이것이 바로 염석(salting out) 효과이다. 효소단백질을 정제함에 있어 이러한 염석 효과를 이용하여 다른 성분과 분리하는 것이 가능하며, 단백질을 농축하는 효과도 누릴 수 있다.

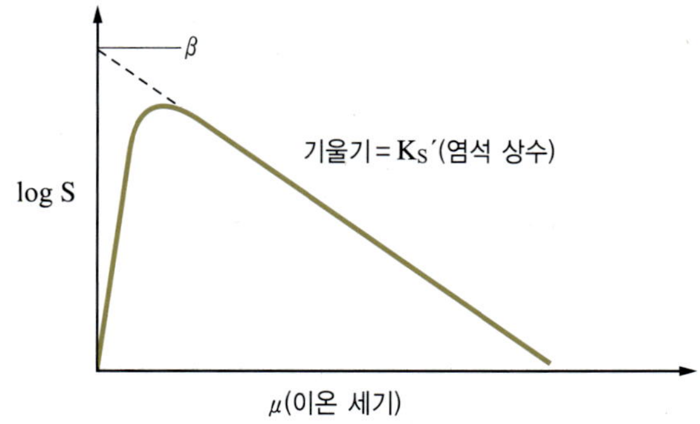

그림 6-9 • 이온 세기에 따른 용해도(log S)의 변화

(2) 흡착을 이용한 분리정제

① 흡착

흡착 젤로서는 수산화알루미늄(aluminum hydroxide)과 인산트라이칼슘(tricalcium phosphate)을 사용하는 것이 일반적인데, 젤의 흡착 특성은 준비 과정과 사용 전 저장시간에 따라 달라질 수 있다. 인산트라이칼슘 젤을 사용하기 위한 첫 번째 과정으로 부유 상태의 젤을 제거하기 위해 원심분리하고 단백질용액을 젤에 첨가하며 15분 간격으로 저어준다. 단백질 농축은 pH 5.0~5.5에서 약 1%의 범위로 단백질 : 젤의 비율을 1 : 20(무게비)으로 유지하면서 인산과 다른 이온 농도를 낮게 한다. 15분 후에 현탁시킨 젤은 원심분리하여 상층액을 가만히 따라 버리고 효소활성과 단백질 농도를 측정한다. 정제된 오염 단백질이나 또는 원하는 효소의 선택적 흡착으로도 가능하다. 만약 원하는 효소가 젤에 흡착되면 젤은 인산 완충액의 농도를 증가시키며 씻어 주어 각각의 유출액을 원심분리하여 모은다.

② 이온교환크로마토그래피

- 이온교환크로마토그래피(ion exchange chromatography) 원리 : 이온교환물질에 대한 단백질의 서로 다른 반응에 기초하는 이 분리법은 매우 효과적이며 원리는 단순하다. 약간의 친수성 기를 가진 불용성 물질(이온교환수지)을 필요로 하는데 이러한 수지물질은 단백질의 알짜전하에 대하여 반대 전하를 가지는 이온성 기를 가지고 있는 것이 특징이다. 또한 단백질은 선택적 결합으로 불용성 물질로부터 즉시 제거할 수 있어야 하며, 이러한 제거 원리에 의한 효소단백질 용출의 선택은 용액의 염 농도를 변화시키거나 pH를 변화시킴으로써 가능하다.

$$(R^- \cdot Na^+) + \text{단백질}^+ \rightleftharpoons (R^- \cdot \text{단백질}^+) + Na^+ \quad (6.3)$$

$$(R^+ \cdot Cl^-) + \text{단백질}^- \rightleftharpoons (R^+ \cdot \text{단백질}^-) + Cl^- \quad (6.4)$$

R^+와 R^-는 양이온과 음이온 교환수지로 불용성 물질을 나타낸다. 처음 (식 6.3)은 양전하를 띤 효소단백질이 양이온 교환수지(R^-)와 정전기적으로 작용한다. Na^+이온(또는 H^+)과 양이온교환수지(cation exchange resin) 또한 정전기적으로 작용하기 때문에 결합에 있어 단백질과 경쟁적이다. 단백질이 모두 흡착되기 위해서는 Na^+이온 농도가 낮아야 한다. 단백질은 염 농도를 일정하게 증가시킴으로써 수지로부터 선택적으로 유출된다. 예를 들면 알짜전하(+++++)를 가진 단백질은, 다른 성질은 모두 같고 용출되기 위해서는 알짜전하(++)인 단백질보다 더 높은 Na^+이온 농도를 필요로 한다.

● 이온교환수지의 종류 : 많은 이온교환수지들은 효소단백질의 분리에 유용하다. Dowex-5(sulfonated polystyrene 양이온교환수지)는 아미노산을 포함하는 작은 양이온성 분자를 분리하는 데 가장 유용하게 사용되지만 일반적으로 단백질 분리에 적용되지 않는다. 이것은 단백질에 대한 이온교환수지의 제한된 수용 능력, 수지에 의한 단백질의 변성, 매우 낮은 단백질 회수성 때문이다.

- 셀룰로스 이온교환수지 : 셀룰로스 이온교환수지 유도체는 셀룰로스를 화학적으로 변형시켜 쉽게 준비되며 단백질에는 무해하다. 또한 다양한 조건하에서도 사용 가능하며 반복 사용할 수 있고, 단백질에 대한 높은 수용 능력을 가진다. 단백질의 분리에 이용되는 조건이 명확하지 않을지라도 관(column)에 과다하게 단백질을 넣어서는 안 되며 지름 2 cm 관의 경우 100~500 mg의 단백질이 적당하다.

  가장 많이 사용되는 것으로는 카복시메틸셀룰로스(carboxymethyl cellulose, CM-셀룰로스)와 다이에틸아미노에틸셀룰로스(diethylaminoethyl cellulose, DEAE-셀룰로스)가 있으며 이외의 것들은 특별한 종류의 분리에 사용되기도 한다.

  이온교환 그룹은 덱스트란(dextran)이 가교결합하고 있는 세파덱스(Sephadex)에 공유결합된 것이다. 이러한 세파덱스 이온교환제 또한 단백질 정제에 상당히 유용하다. 극소의 효소가 지지물질에 나쁜 영향을 줄 수 있다는 면에서 셀룰로스 유도체는 이를 극복한 장점이 있다. 또 입자는 크기가 일정하고 단백질에 대한 수용 능력이 높다. 그러나 유출용액의 이온 세기에 의하여 현저하게 부풀고 유리섬유에 단단하게 흡착되는 단점이 있다.

표 6-5 • 셀룰로스 이온교환수지의 대표적인 종류와 특성[1)]

교환수지		명칭	구조식
음이온 교환수지	GE-	guanidoethyl	$-CH_2CH_2N^+H<^{NH}_{NH_2}$
	QAE-	quaternized aminoethyl	$-CH_2CH_2N^+(CH_2CH_3)_2R$ a) R : $-CH_2CH(OH)CH_3$ b) R : $-CH_3$
	TEAE-	triethylaminoethyl	$-CH_2CH_2N^+(CH_2CH_3)_3$
	DEAE-	diethylaminoethyl	$-CH_2CH_2N(CH_2CH_3)_2$
	PEI-	polyethyleneimine	$-(NHCH_2CH_2)$, 흡착에 의한 고정
	AE-	aminoethyl	$-CH_2CH_2NH_2$
	ECTEOLA-	ephichlorohydrin triethanolamine	$-OCH_2CH(OH)CH_2OCH_2CH_2N(CH_2CH_2-OH)_2$
양이온 교환수지	SP-	sulfopropyl	$-OCH_2CH_2CH_2SO_3H$
	SE-	sulfoethyl	$-OCH_2CH_2SO_3H$
	PE-	phosphoester	$-O-PO_3H_2$
	CM-	carboxymethyl	$-O-CH_3-COOH$

1) 교환수지와 명칭 뒤에는 모두 셀룰로스(cellulose)가 붙으며 구조식의 앞부분에는 $(C_6H_{12}O_6)_n$이 첨가됨

• 앰버라이트(Amberlite) IRC-50 : 앰버라이트 IRC-50(Amberlite XE-64, Duolate CS101, Bio-Rad 70)은 1% 과산화벤조일(benzoyl peroxide) 존재하에서 분리 반응기의 개시제로 작용하는 다이바이닐벤젠(divinylbenzene)에 의해 메타크릴산(methacrylic acid)의 상호 중합에 의해 형성되는데, 물에 불용성이며 양이온 교환 능력을 수행한다. 전형적인 앰버라이트 IRC-50은 1 g당 약 10 mg의 COOH기를 포함한다.

단백질 분리에서 이온교환수지는 잘 알려진 체눈 크기(100~400 mesh)의 것을 이용하며 사용 전에 미리 수지를 평형시키는 것은 pH 0.1 단위 정도의 극히 적은 차이로도 과정의 성공, 실패가 결정될 수 있으므로 절대적으로 필요한 것이다. 앰버라이트 IRC-50을 실제적으로 사용하는 경우의 pH는 6.0~6.5 범위로 한다. 이는 사이토크롬시(cytochrome c), 라이소자임(lysozyme), 키모트립신, 브로멜라인(bromelain) 등과 같은 작은 분자량의 염기성 브로멜라인을 분리하는 경우에만 부가적으로 이용되며, 단백질에 대한 수지의 수용 능력은 낮은 편이다. 이러한 한계에도 불구하고 앰버라이트 IRC-50을 사용하는 이유는 높은 이온 세기 용액에서도 사용할 수 있기 때문이며 초기에 흘리는 용액의 높은 이온 세기는 여러 단백질 구성 성분 간의 작용을 억제하는 장점을 부여한다.

(3) 크로마토포커싱

크로마토포커싱(chromatofocusing)이란 크로마토그래피의 원리와 등전점의 원리를 동시에 이용하는 것으로서 크로마토그래피로 물질을 흡착시킨 후 등전점 차이에 의해 침전·분리시키는 것이다. DEAE-셀룰로스나 CM-셀룰로스는 관 내의 모든 위치에서 단백질들을 흡착하는 반면, 크로마토포커싱 관을 통과하면서 단백질마다 각기 다른 위치에서 흡착이 일어난다.

크로마토포커싱 시스템은 여러 종류의 pK_a 값을 가지는 물질들로 구성되어 있기 때문에 이러한 흡착현상이 가능하며, 이어서 pH 기울기용액을 흘려보내 주면 물질들이 차례대로 분리되어 나온다.

(4) 친화크로마토그래피(affinity chromatography)

효소단백질 반응기의 특성을 활용하여 분리하는 가장 특이적인 방법은 그들의 기질특이성을 이용하는 방법이다. 효소는 입체 특이적으로 촉매자리에 꼭 들어맞는 복합체를 형성한다. 따라서 각 효소의 반응기를 공격하는 불용성 물질로 충전된 관에 정제하지 않은 효소용액이 통과할 때 다른 비효소 단백질들은 관을 아무 반응 없이 곧바로 통과하는 데 반하여, 효소단백질은 복합체와도 상호작용을 하여 일단 결합함으로써 다른 비효소단백질과는 달리 거의 용출되어 나올 수 없을 것이다. 이때 원하는 효소를 용출시키는 용액의 이온 세기, pH, 또는 유전율의 변화에 의해 뒷부분에서 용출될 수도 있다. 이 과정은 최소한의 정제 과정을 통해 순수한 효소로 분리할 수 있기 때문에 효소정제에 중요하게 이용된다.

일반적으로 여러 가지 방법에 의해 정제되고 난 뒤 마지막 과정에서 사용하는 것이 바람직한데, 그렇지 않으면 특정 기에 흡착될 수 있는 과량의 물질에 의해 분리 효과가 떨어질 수 있기 때문이다.

(5) 분자량에 따른 분리정제

① 젤거르기법

- 원리 : 효소단백질은 분자량이 각각 다르며, 이러한 분자량의 차이에 따라 효소단백질을 분리하는 것이 젤거르기(gel filtration)법이다. 세파덱스나 세파크릴(Sephacryl)로 채운 관은 분자량 크기에 따라 단백질을 분리할 뿐만 아니라 분자량을 결정하는 데 이

용될 수 있다. 젤을 통과한 분자의 용출량(부피)과 효소단백질 분자량의 로그(log)값 간에는 직선적인 반비례 관계를 나타내는데, 이 관계로부터 효소단백질의 분자량을 구할 수 있다. 이 경우 효소단백질은 구형 단백질이어야 하며 선형이거나 무작위코일(random coil) 형태를 갖는 효소단백질은 위의 방법에 의하여 분자량을 예측할 수 없다.

분자량이 큰 분자는 작은 분자가 젤에 분산되는 것만큼 분산될 수 없기 때문에 가장 큰 단백질이 가장 먼저 관을 통과해 나오므로 관을 통과하는 경로는 분자량이 작은 단백질의 경로보다 짧다. 한편 〈그림 6-10〉으로부터 도출된 〈그림 6-11〉의 기울기와 선의 위치는 사용된 특정 등급의 세파덱스에 따라 다른데, 동일한 관과 표준곡선을 이용하면 분자량을 모르는 효소단백질의 분자량을 결정할 수 있다. 이 방법의 장점은 효소활성 또는 다른 생물학적 활성에 의해 단백질의 용출부피가 알려져 있다면 관 안에 넣을 물질이 순수하지 않아도 된다는 것이다. 그러므로 처리되지 않는 시료에서 특정 효소의 분자량을 결정할 수가 있다.

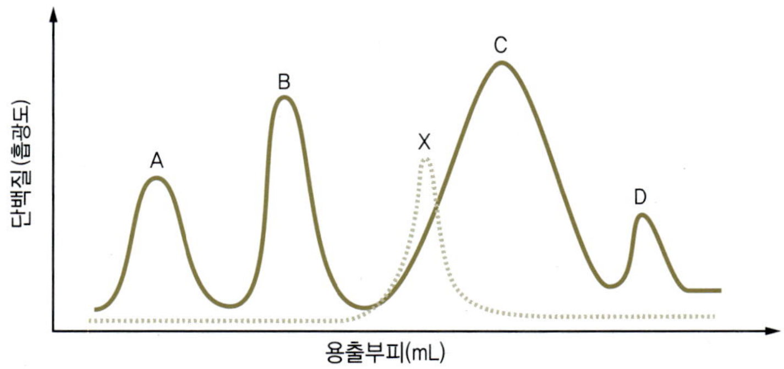

그림 6-10 • 분자량을 알고 있는 단백질(A, B, C, D) 및 미지의 시료(X)를 세파크릴로 분리한 크로마토그램

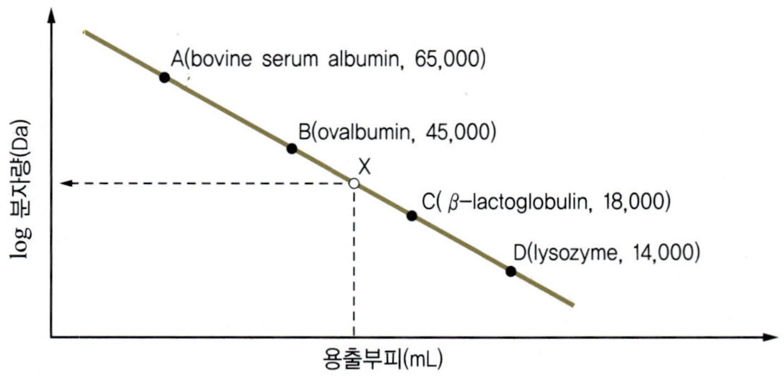

그림 6-11 • 세파크릴에 의한 분자 크기에 따른 용출부피 및 분자량의 상관관계

● 젤 물질의 형태 : 세파덱스 젤은 에피클로로하이드린(epichlorohydrin)에 의해 포도당이 α-1,6(95%) 및 α-1,4(5%) 결합을 하고 있는 긴 중합체인 덱스트란을 가교시킨 분자로 제조된다(식 6.5).

$$2ROH + H_2C-CH-CH-Cl \text{ (O) } \xrightarrow{OH^-} RO-CH_2-CHOH-CH_2-OR \quad (6.5)$$

덱스트란 에피클로로하이드린 　　　　　　　　　 Sephadex

가교 정도는 세파덱스의 등급에 따라 첨가되는 에피클로로하이드린의 양에 의해 조절된다. 세파덱스 상품의 번호가 작을수록 가교된 정도가 크고 분리되는 화합물의 분자량이 작다. 따라서 세파덱스의 번호가 작을수록 더 많이 가교된 것이며 젤을 통과하는 분자량이 작은 것이다. 예를 들면 세파덱스 G-10은 700 이상의 분자량을 가진 분자를 분리할 때 이용되나 세파덱스 G-200은 5,000~800,000 사이의 분자량을 가진 화합물을 분리할 때 이용된다. 제한된 범위를 갖는 세파덱스 젤의 선택성은 단백질 분리에 이용된다. 예를 들어 15,000~30,000 사이의 분자량을 갖는 단백질 혼합물이 있다면 세파덱스 G-200보다 세파덱스 G-50을 사용하여 분리하는 것이 더 효과적이라는 것이다. 분리 범위는 분리되는 물질의 성질에 따라 약간 다르다(표 6-6). 세파

표 6-6 • 크로마토그래피에 사용되는 젤

기본 재료 물질	상품명(발매원)
덱스트란 및 그 유도체	Sephadex G(Pharmacia) Sephacryl S(Pharmacia)
아크릴아마이드 및 그 유도체	Biogel P(Bio-Rad Lab.) Trisacryl GF(LKB)
아가로스	Sepharose(Pharmacia) Biogel A(Bio-Rad Lab.) Ultragel(LKB)
다리형성 아가로스	Sepharose CL(Pharmacia) Ultragel AcA(LKB)
폴리비닐	Toyopearl HW
셀룰로스	Celluofine(生化學工學)
다공질유리	Controlled pore glass-10(Sigma) Controlled pore glass-10(Electro-Nucleonics) Fine porous glass(和光純藥) 등

덱스 젤은 탄수화물이나 단백질과 같은 친수성 화합물의 분리에 사용되는 반면, 지방질이나 스테롤류와 같은 소수성 물질을 분리하기 위해서는 소수성에 작용할 수 있게 처리된 세파덱스-LH를 사용한다(표 6-7). 1×10^8 정도의 크기를 갖는 분자를 분리하는 경우에도 유용한데 이 물질은 우무(agar) 부분과 중성 아가로스(agarose) 부분으로 만들어진 Bio-gel A와 세파로스(Sepharose)로 구성되어 있다. 작은 구멍을 가진 유리구슬(glass bead)도 분자 크기에 따른 물질 분리에 이용된다. 분자 크기에 따라 분리하는 젤거르기로 단백질을 분리할 때 단백질 정제에 이용되는 단계를 고려해야 한다. 최근에는 세파덱스가 갖고 있는 문제점인 압력에 따른 압축 문제를 해결한 세파크릴 제품이 소개되어 폭넓게 사용되고 있다.

표 6-7 • 비극성 유기용매에서 사용 가능한 젤

기본 재료물질	상품명(발매원)
덱스트란 및 그 유도체	Sephadex-LH(Pharmacia)
폴리스타이렌(polystyrene)	Styragel(Waters), Bio-Beads(Bio-Rad Lab.)

② 한외거르기법

투석 시 염을 제거하기 위하여 반투막을 사용하는 방법과 마찬가지로 분자량의 크기에 따라 선택할 수 있는 막을 이용하여 해당되는 분자량보다 큰 것과 작은 것을 일차적으로 선별하는 것으로서, 일종의 체(sieve)와도 같은 원리이다. 투석이 확산 원리에 의하여 분리하는 것이라면 한외거르기(ultrafiltration)는 외부로부터 압력을 가하여 압착에 의하여 분리시키는 것이다. 예를 들어, 분자량이 50,000인 효소단백질을 분리한다고 가정하자. 거르기한계분자량(molecular weight cut off)이 30,000인 막을 이용하여 효소용액을 거르면 이보다 분자량이 작은 물질들은 통과되고 분자량이 30,000 이상인 효소단백질을 포함한 것들이 남게 된다. 이를 다시 거르기한계분자량이 100,000인 것을 사용하여 반복하면 이번에는 분자량이 30,000～100,000인 것들이 통과되고 분자량이 100,000 이상인 것들은 통과하지 못하여 분리되는 방법이다.

③ 초원심분리

초원심분리(ultracentrifugation)는 단백질 정제에 이용되기보다는 정제 효소의 순수성

과 분자량을 결정하기 위한 방법으로 더 많이 사용된다. 초원심분리에 의한 분리는 분자의 밀도, 크기, 모양의 차이에 의해 이루어진다. 중력 상태의 용액에서 단백질은 가라앉지 않지만, 단백질을 포함하고 있는 용액을 고속으로 회전시켜서 중력가속도의 100,000~500,000배의 중력가속도가 생기면 밀도나 크기가 큰 분자는 밀도나 크기가 작은 분자보다 회전 중심 밖으로 힘을 받게 되며, 지방질단백질 같이 밀도가 작은 물질은 원심분리기 위로 뜨게 되어 분리된다.

원심분리에서의 이동속도는 분자량 M, 부피 v(대부분 단백질의 경우 밀도의 역수 값은 v = 0.70~0.76), 단백질의 확산계수 D, 기체상수 R, 절대온도 T(°K), 침강속도 s, 단백질용액의 밀도 ρ로 나타낼 수 있다(식 6.6).

$$M = \frac{R \cdot T \cdot s}{D(1 - v \cdot \rho)} \tag{6.6}$$

침강속도 s는 회전축과 분자와의 거리 x(cm), 회전각속도의 제곱(ω^2)에 따라 다르다.

$$s = \frac{dx/dt}{\omega^2 x} \tag{6.7}$$

1×10^{-13} sec radians^{-2}은 초원심분리를 고안한 Svedberg의 이름을 따서 1스베드베리(Svedberg) 단위로 정의되고 대부분의 단백질 침강속도는 1~200스베드베리 정도이다. 분자량이 클수록 스베드베리 단위가 크다.

단백질의 순도는 침전 형태의 대칭성으로 알 수 있는 방법을 이용하여 결정한다. 침전 경계면은 튜브의 길이에 따른 굴절률의 증가, d_n값을 측정하는 슐리렌광학장치(Schlieren optical system)에 의해 알 수 있다.

효소단백질이 20,000~50,000×g 정도의 낮은 원심력을 받을 때 회전축 근처에 있는 분자의 확산속도에 균형을 맞추기 위한 원심력으로 인하여 분자가 튜브의 바닥 쪽으로 이동되는데, 효소의 분자량(M)은 식 (6.8)과 같은 관계를 성립시킨다.

$$M = \frac{2R \cdot T \ln\left(\frac{C_2}{C_1}\right)}{\omega^2(1 - v \cdot \rho)(x_2^2 - x_1^2)} \tag{6.8}$$

C_1과 C_2는 회전축에서의 거리 x_1, x_2에서 효소단백질 농도를 나타내고 다른 기호는 (식 6.6)에서와 같다. 이 방법은 확산계수 D의 개념이 고려되지 않는다.

슈크로스 밀도기울기 초원심분리(sucrose density gradient ultracentrifugation)는 묽은 완충용액에서 초원심분리보다 몇 가지 장점을 가진다. 대부분의 효소단백질 밀도는 1.31~1.44이므로 밀도가 1.30인 슈크로스 용액 안에 있는 소량의 단백질용액이 상부 1.30에서 바닥 1.45까지의 범위를 가지는 슈크로스의 밀도와 같은 지점에 이를 때까지 바닥 쪽으로 이동한다. 이 지점에서 단백질 분자들이 얇은 띠를 형성하는데 각 띠는 각기 다른 단백질이며 각 단백질이 이루는 띠를 옮길 수 있다.

④ 도데실황산소듐 폴리아크릴아마이드젤전기이동 (sodium dodecyl sulfate polyacrylamide gel electrophoresis, SDS-PAGE)

폴리아크릴아마이드젤전기이동(PAGE)은 100 mg 정도의 단백질을 단일 분리로 정제할 수도 있으나 정제에 이용되기보다는 효소단백질의 순도 결정에 일반적으로 더 많이 이용된다. 이 방법에 의한 효소단백질 분리는 분자의 전하밀도, 전하 분포, 형태, 크기에 의해 이루어진다. PAGE에서 효소단백질이 가지는 단위무게당 전하밀도는 하나의 효소단백질을 분리하는 데 중요한 수단이 되며 용액의 pH에 따라 알짜전하가 변화하여 이동도(mobility)에 영향을 미칠 수 있다. 효소단백질이 전혀 이동하지 않는 경우가 발생할 수 있는데 이때의 pH가 효소단백질의 등전점이다. 등전점 이하의 pH에서는 해당 단백질이 양이온으로서 음극(−) 쪽으로 이동하며, 등전점 이상의 pH에서는 음이온으로서 양극(+) 쪽으로 효소단백질의 이동속도가 증가한다. 중요한 것은 이동 형태가 단백질에 따라 다르다는 것이다.

전기이동에서는 단백질 분자가 전기적 흐름에 의해 이동할 수 있는 안정한 매체를 사용한다. 가장 일반적으로 사용되는 지지체는 폴리아크릴아마이드젤이다. 폴리아크릴아마이드에 의해서 만들어진 젤은 매우 유용한데, 이는 전하뿐만 아니라 분자의 크기에 의해서도 분리가 이루어지기 때문이다. 폴리아크릴아마이드는 최대 분리 능력을 갖게 된다. 즉, 일반적인 PAGE는 해당 pH에서 단백질의 알짜전하가 어떤 상태인가에 따라 이동도가 차이가 나는 데 비해 도데실황산소듐(SDS) 전기이동에서는 소단위체로 구성된 단백질의 경우 SDS에 의하여 수소결합이나 소수성 결합이 끊어져 이를 소단위체 단위로 분리시키고 여기에 많은 음전하가 결합하여 알짜전하에 의하여 이동도가 결정되는 것이 아니라 분자량에 의하여 이동도가 결정되는 것이 일반적인 전기이동과 다른 점이다. 소단위체를 구성하고 있지 않은 단백질의 경우 분자량에 따라 분리될 수 있다.

전기이동에 의해 분리된 후의 단백질 띠 위치는 단백질 염색(Coomassie Brilliant Blue를 주로 이용), 특정 효소의 활성을 감지하는 데에 기준이 되는 효소염색, 항원-항체반응인 면역학적 방법에 의해 확인할 수 있다. 쿠마시브릴리언트블루(Coomassie Brilliant Blue)는 모든 단백질을 염색시키므로 단백질의 위치를 확인할 수 있는 가장 좋은 방법이다.

4) 정제방법의 선택

(1) 선택의 원리

조직 내에는 수백 종류의 단백질이 존재한다는 것을 고려하면 효소를 단 한 가지 정제 방법으로 순수한 형태를 얻기가 어렵다. 적절한 정제 단계를 선택하기 위한 기준을 세워야 하며 어떤 순서나 선택에 있어서 한 가지 기준만 있는 것이 아니며 모든 경우에 같은 순서가 적용되는 것도 아니다. 시간과 효소의 총수율 개념으로, 먼저 양이 많은 물질을 다룰 수 있는 방법을 적용하고 그 후 정제 단계에는 수용 능력이 낮은 방법을 적용하는 것이 가장 좋다. 각 효소에 따라 장점과 경험을 바탕으로 하여 효소의 정제 단계를 선택할 수 있을 것이다.

효소를 혼합물질에서 분리하기 위해 추출이나 원심분리 후 적정 pH를 조절하고 핵산을 제거하기 위해 황산프로타민 또는 스트렙토마이신을 가하여 가열 처리한다. 일반적으로 이 단계에서 용액의 부피는 증가하고 효소의 농도가 낮게 되므로 농축 단계로 이어진다. 이는 황산암모늄이나 유기용매(아세톤 또는 에탄올)에 의한 분리 침전, 이온교환 관에서의 흡착, 예비증발 또는 용액의 부분적 냉동이나 해동에 의한 수분의 선별적 제거에 의해 이루어진다. 또 다른 방법으로는 용액을 한외거르기법으로 농축시키는 조작도 있는데, 선택적인 다공성 막을 사용함으로써 작은 분자(물, 염 등)를 제거하고 단백질 분자를 남긴다. 한외거르기법에 의한 수분 제거율은 사용된 압력, 단백질 농도, 막의 크기에 따라 다르다.

침전 단계를 진행할 때 물질에 최소한의 용매를 첨가하고 더 이상 용액 내에 침전이 생기지 않도록 저어 줌으로써 용해시킨다. 이 과정은 침전물이 불용성인 것으로 보일 때까지 반복한다. 이 과정에서 몇몇 변성된 단백질이 제거되면 정제도가 높아진다. 이런 관점에서 젤거르기법을 사용하는 것이 좋다. 염이 제거되지 않은 경우 하룻밤 정도 투석(dialysis)을 해야 한다. 투석 시에는 완충용액을 미리 같은 온도로 맞추는 것과 더불어 3~5시간 간격으로 자주 교환하는 것이 바람직하며, 이후에 한외거르기법으로 농축시킬 수도 있다.

연속하여, 젤거르기법 및 염화소듐(NaCl) 선형 기울기(linear gradient)를 이용한 이온교환법으로 크로마토그래피를 시행한다. 즉, 효소활성을 갖는 용액을 젤거르기 관에서 분리하고 농축하여 이온교환 관에 다시 적용시킨다. 이온교환 관은 선형 기울기에 의해 용출된 효소의 활성도가 최대치인 점에서의 NaCl 농도보다 낮은 농도를 가지는 완충용액으로 평형을 맞추어 준다. 효소를 포함하는 부분이 분리되고 농축된 후 아래 서술된 한 가지 또는 그 이상의 방법으로 균일화시킨다. 만약 이 단계까지 효소가 균일화되지 않았다면 폴리아크릴아마이드젤전기이동에 의한 정제를 고려하는 것이 좋을 것이다. 이것은 전기이동을 실시하여 염색을 통해 이동도를 확인한 다음, 염색하지 않은 전기이동 젤의 해당 단백질 영역을 오려내어 이 부분만을 다시 이온교환 관에 걸어 분리하는 방법이다.

효소를 순수한 형태로 얻었으면 −20°C의 온도로 냉동건조시켜 냉동 보관할 수 있다. 저장방법에는 경험과 생각이 요구되며 그렇지 않을 경우 막대한 노력이 낭비된다. 만약 용액의 냉동저장이 선택되었다면 냉동 전에 용액을 소량씩 분리하여 사용하는 것이 좋다. 이 방법은 냉동한 효소를 필요할 때마다 해동시켜 사용하면 냉동과 해동을 반복하면서 단백질의 변성으로 효소활성이 떨어질 수 있으므로 필요한 양만큼씩 냉동하여 필요할 때 해동시켜 사용함으로써 이런 문제를 극복할 수 있다.

(2) 분리정제의 예

효소의 분리정제방법은 한 가지 방법만 존재하는 것이 아니라 다양한 방법으로 분리할 수 있다. 다음에 제시하는 것 중 번호 순서를 달리하여 분리하더라도 무방하다. 단지 정제도가 높은 방법을 선택하는 것이 바람직하며 여기에서는 정제도가 높은 방법 위주로 소개하기로 한다.

① 돼지 근육으로부터 세포밖효소인 아네닐산인산화효소(adenylate kinase)의 분리

ⓐ 믹서로 마쇄한 돼지 근육에 0.01 mol/L 염화포타슘(KCl)을 가해 근육으로부터 효소를 분리시키고 치즈클로스(cheese cloth)를 통과시키면 효소는 통과하고 마쇄된 근육은 치즈클로스에 남는다. KCl은 이온교환크로마토그래피에서 NaCl 농도기울기로 흡착된 효소를 용출시키는 것과 마찬가지로 근육과 효소를 분리시킨다.

ⓑ ⓐ의 추출물 pH를 3.5로 5분 동안 유지한 후, 다시 pH를 7.0으로 조정하면 적정 pH가 6.0이나 7.0 사이인 효소는 활성을 잃어 침전되므로 원심분리해서 변성된 단백질 침전물을 제거하고 상층액을 취한다(pH에 불안정한 다른 효소들을 분리).

ⓒ (−)전하를 띤 포스포셀룰로스(phosphocellulose) 관을 통과시키면 (+)전하를 띠는 효소는 관에 흡착되므로 이를 분리하기 위해 아데노신일인산(adenosine monophosphate, AMP) 5.0 mmol/L를 넣는다(여기에서도 NaCl 농도기울기로 흡착된 효소를 용출시키는 것과 마찬가지로 근육과 효소를 분리시킴).

ⓓ 원하는 효소 이외의 이물질을 제거하기 위해 황산암모늄을 처리해 효소를 침전시켜 침전물을 취한 다음 세파덱스 G-75에서 젤거르기법을 시행하면 효소들이 분자량별로 구별된다. 분자량이 큰 것은 먼저 나오고 작은 것은 천천히 나온다.

ⓔ 보관을 위해 황산암모늄을 넣어 주거나 냉동건조하여 분말화한다.

② 시금치로부터 리불로스이인산카복실화효소(ribulose bisphosphate carboxylase)의 분리

ⓐ 완충용액과 함께 시금치 잎을 갈아서 치즈클로스를 통과시킨 뒤 원심분리한다(23,000×g, 45분).

ⓑ 상층액을 취해 18% 폴리에틸렌글리콜(PEG) 4,000을 가한 뒤 원심분리한다(23,000×g, 45분).

$$F = \frac{Z^{+} \cdot Z^{-}}{D \cdot r^{2}}$$

에서 PEG는 D(유전율)를 크게 하여 이 효소의 전하물질 간에 서로 끌어당기는 힘(F, attractive force)을 작게 한다. 상대적 표면에 소수성 잔기가 많은 것은 침전이 되고 친수성 잔기가 많은 것은 잘 녹는 상태가 된다.

ⓒ 상층액을 취해 20.0 mmol/L $MgCl_2$를 가하여 침전시킨 뒤 원심분리한다(16,000×g, 30분). 효소 표면에 카복실기가 있어 $MgCl_2$와 결합해 침전된다.

ⓓ 침전물을 완충용액에 녹여 DEAE-셀룰로스 관을 통과시키면 (−)전하를 띠는 효소가 관에 흡착되므로 0.0~0.4 mol/L $NaHCO_3$를 넣어 효소를 분리한다.

ⓔ 황산암모늄을 처리해 순수한 효소를 얻는다.

③ 소 심장 미토콘드리아의 아데노신삼인산가수분해효소(adenosine triphosphatase)의 분리(세포 안 소기관의 효소)

ⓐ 근육 추출물에 pH 7.3의 0.25 mmol/L 슈크로스를 가하고 원심분리한다(1,600×g, 10분).

ⓑ 침전물을 제거한 뒤 다시 원심분리한다(10,000×g, 10분).

ⓒ 침전물을 슈크로스 용액에 넣고 미토콘드리아의 막을 파괴하기 위해 4분 동안 초음파 처리에 노출시킨 다음 원심분리한다(40,000 × g, 90분).

ⓓ 침전물에 4.0 mol/L 아데노신삼인산(adenosine triphosphate, ATP)을 넣어 10분간 초음파 처리에 노출시킨다.

ⓔ pH를 5.4로 적정한 뒤 Na_2SO_4의 농도를 증가시키면서 DEAE-Sephadex(이온교환수지와 젤크로마토그래피의 기능이 함께 어우러진 수지)에서 이온교환크로마토그래피를 시행한다. 여기에서도 NaCl 농도기울기로 흡착된 효소를 용출시키는 것과 마찬가지로 다른 단백질로부터 효소를 분리시킨다.

ⓕ 효소에 황산암모늄을 가해 순수한 효소를 분리한다.

순수 분리의 정도나 완성 여부로서, ① 전기이동에 의해 단백질 띠가 1개 나타나면 일단 순수하게 분리되었다고 할 수 있으며, ② 각 분획별로 비활성도가 일정하면 순수 분리의 과정이 완성되었다고 할 수 있다.

5) 정량

(1) 활성도

정제 과정의 모든 단계가 끝나면 효소활성도와 단백질 농도를 결정하고 이 두 가지를 비교해야 한다. 효소의 양을 mL당 활성도 단위로 표시하며 또한 표준상태에서 단위시간당 기질을 생성물로 전환하는 데 관여하는 실험상의 변수(회전, 생성된 산의 당량, 전환된 기질이나 생성된 물질의 mole)에 따라 다르게도 표시할 수 있다. 어떠한 단위라도 사용이 가능하지만 다른 연구자에 의해서도 재현될 수 있는 단위를 사용해야 한다. 국제생화학연합회 효소분과에서는 정해진 조건에 있는 효소의 양을 하나의 단위로 정의한다.

단백질 농도는 mL당 mg 단백질(또는 질소)로 표시해야 하고 mL당 효소활성(unit/mL)을 단백질 농도로 나누면 이것이 비활성도(unit/mg 단백질)이며 이를 비교함으로써 정제도를 쉽게 알 수 있는데, 이 두 가지의 비율은 상대적 정제도를 의미한다.

알칼리성 인산가수분해효소(alkaline phosphatase)의 정제(표 6-8)에서 1.8×10^6 unit의 효소와 1.41×10^6 mg의 단백질(9.4 mg/mL $\times 1.5 \times 10^5$ mL)을 포함한 초기 부피는 1.5×10^5 mL이다. 최종 정제된 효소 20 mL에는 효소 5.36×10^5 unit(29.8% 수율)와 단백질 1,032 mg(초기의 0.073%)이 들어 있으며, 초기 추출물에 비해 400배 순수한 효소를 얻을 때 초

표 6-8 • 우유로부터 분리·정제한 알칼리성 인산가수분해효소의 수율 및 정제도

정제 과정	부피 (mL)	활성도 (unit/mL)	전체 활성도 (unit)	단백질 (mg/mL)	비활성도 (unit/mg 단백질)	수율 (%)	정제도
전지우유	1.5×10^5	12	1.8×10^6	9.4	1.3	100	1
1차 처리 여과액	27,120	56	1,518,720	13.1	4.3	84.4	3
60~85% 황산암모늄 침전	130	9,230	1,199,900	46.2	199.8	66.7	154
Charcoal 처리 상등액	280	3,340	935,200	10.7	312.2	52.0	240
40~45% 아세톤 침전	20	26,800	536,000	51.6	519.4	29.8	400

기 단백질의 99.9%, 초기의 효소활성도 70.2%의 손실을 가져온다.

단백질 손실량은 중요하지 않으나 활성도 손실량은 중요하다. 정제도를 높이기 위해서는 효소의 손실이 불가피하다. 효소 손실량은 이용할 수 있는 초기 물질의 양과 최종적으로 필요한 효소의 양에 의해 정해진다. 마지막 단계에서 얻은 효소 1,032 mg으로 효소 활성도에 영향을 주는 여러 조건하에서 많은 분석을 할 수 있으며, 단백질의 화학적, 물리적 성질을 연구하기에도 충분하다. 왜냐하면 단백질의 아미노산 조성을 분석하기 위해 약 20 mg이 사용되며 침강평행법이나 침강속도법으로 단백질의 분자량을 결정하기 위해서는 1~20 mg이 필요하기 때문이다. 정제도는 효소 순도의 절대적 지표가 아니라 상대적 비교값이며 초기 물질에 대한 비활성도의 증가를 나타내는 것이다.

mL당 효소량을 결정할 때 단위시간당 기질 농도의 변화가 효소 농도와 직선적 관계를 나타내기 위해 K_m보다 큰 기질 농도의 표준상태를 이용한다. 기질 생산물로 전환되는 속도를 결정하기 위해 몇 개의 적합한 분석을 이용한다. 그 민감도 때문에 연속분광도분석법이 적합하다. 정확하고 특이성이 있으며 신속하고 활성도 측정이 여러 번 이루어져야 하므로 저렴해야 하며 특별한 경우 기록계에 연결하여 관에서 용출되게 할 수 있는 방법을 선택해야 하기 때문이다.

(2) 단백질 정량

시료에 포함된 단백질을 측정하기 위한 많은 방법들이 있다. 상대적으로 신속하고 정확하며 분석에 너무 많은 시료가 사용되지 않는 방법을 선택해야 한다.

① 켈달법

수백 mg을 요구하는 매크로 테크닉(macro techniques)에서 몇 mg을 요구하는 마이크로 테크닉(micro techniques)에 이르는 많은 수정된 방법이 있다. 이들 방법은 모두 H_2SO_4, H_2O_2, $HClO_4$ 등으로 농축된 초기 물질의 산화에서 CO_2, H_2O, NH_2를 포함한다. 매크로 테크닉에서 암모니아 양은 하이포염소산염(hypochlorite) 또는 네슬러시약(Nessler's reagent)으로 측정할 수 있다. 단백질의 양은 단백질 계수를 6.25로 했을 때 시료에서의 질소량(암모니아 양으로 계산 가능)으로 계산할 수 있다. 단백질은 13~19%의 질소를 함유하고 있는데 평균 질소 함유량은 16%(100%/16% = 6.25)이다. 켈달(Kjeldahl)법의 단점은 분해와 분석에 많은 시간이 소요되고, 시료가 파괴되고 질소를 포함하는 물질만이 검출되며 정제되는 동안 첨가했던 모든 황산암모늄을 완전히 제거해야 한다는 것이다.

② 뷰렛법

뷰렛(biuret)법은 단백질 측정을 위해 가장 많이 사용되는 방법이다. 540 nm에서 알칼리성 용액이 가지는 단백질의 펩타이드결합과 Cu^{2+}와의 반응에 의해 자주색을 나타나게 한 것이다. 모든 단백질은 대개 단백질의 단위무게당 같은 수의 펩타이드결합을 가지므로 색도는 당연히 단백질의 성질에 관계된다. 일반적인 뷰렛법은 분석할 때마다 1~10 mg의 시료가 필요하나 수정된 방법에서는 다소 적은 양의 시료로 가능하다. 이용할 수 있는 물질의 양이 많을 때 이 방법이 가장 유리하다. 이 방법은 단백질만 측정하고 알려진 단백질을 함유하는 용액을 기준으로 한다. 때때로 결정화된 소혈청알부민(bovine serum albumin)이 표준 단백질로 이용된다.

③ 로우리법

로우리(Lowry)법은 알칼리용액에서 단백질의 타이로신(tyrosine) 잔기와 포스포몰리브데이트(phosphomolybdate)의 반응에 의한다. 형성된 파란색은 상당히 안정하고 가끔은 600 nm에서 측정되나 750 nm에서도 최대 흡광도를 가진다. 분석에는 5~100 μg의 미량이 필요하다. 그러므로 이 방법은 뷰렛법보다 200~1,000배 민감하다. 단백질에 함유된 타이로신의 양이 다양하므로 표준으로 소혈청알부민이 사용된다. 단백질의 농도나 양이 적을 때 이용되는 방법이다.

④ 브래드포드법

브래드포드(Bradford)법은 쿠마시브릴리언트블루 G-250이 단백질과 결합하여 붉은색이 푸른색으로 변하고 최대 흡수파장이 495 nm에서 595 nm로 옮겨지는 것을 이용하여 단백질의 농도를 정량하는 방법이다. 이 방법은 2분 안에 측정이 끝나므로 매우 신속한 방법으로 재현성이 높고 감도가 로우리법에 비하여 매우 높다. K^+, Na^+, Mg^{2+}, $(NH_4)_2SO_4$, 폴리페놀(polyphenol), 환원당 등에 영향을 받지 않으며 4,000 dalton 이상의 펩타이드나 단백질은 모두 측정할 수 있다. 비이온성 세척제(Triton X-100), SDS 등에 영향을 받으나 그 양이 0.1% 이내이면 무난하다.

석영 큐벳과 반응을 하기 때문에 유리 또는 플라스틱의 큐벳을 사용해야 하며 단백질의 종류에 따라 검량곡선이 약간 달라질 수 있으므로 검량곡선의 표준물질을 선택하는 것이 매우 중요하다.

⑤ **바이신코니닌산(bicinchoninic acid, BCA)법**

단백질이 알칼리 조건하에서 Cu^{2+}(cupric ion)을 Cu^+(cuprous ion)으로 환원시키는 것을 이용한 방법이다. Cu^+과 초록색의 BCA 시약이 반응하여 연분홍색을 형성한다. 이 방법은 로우리법보다 감도가 좋고 한 단계의 혼합 과정뿐이므로 매우 쉽게 할 수 있는 방법이다. 로우리 시약보다도 매우 안정하며 세척제나 완충용액의 염, 4.0 M 구아니딘염산(guanidine·HCl), 3.0 M 요소(urea) 등의 영향을 받지 않는다. 반면, 발색 정도가 시간에 따라 일정치 못하며 환원당이나 고농도의 황산암모늄 등이 있는 경우 영향을 받고 농도에 따라서 흡광도의 감응도가 직선이지 않은 경우가 있다는 단점을 갖고 있다.

⑥ **분광광도법(spectrophotometry)**

모든 단백질은 적어도 두 곳에서 최대 흡광도를 나타낸다. 그중 한 곳은 방향족 아미노산 잔기 또는 타이로신, 페닐알라닌(phenylalanine)과 트립토판으로 인해 280 nm 부근에서 나타나고 200 nm 아래에서 나타나는 두 번째의 것은 단백질의 펩타이드결합에 의한 것이다.

이외의 화합물도 이 두 지점에서 흡수되어 비색분석을 간섭할 수도 있다. 예를 들어 핵산은 260 nm에서 최대 흡광도를 보인다. (식 6.9)는 핵산을 포함하는 용액 중의 단백질의 양을 결정하기 위한 식으로 제시된 것이다.

$$\text{단백질 농도}(\mathrm{mg/mL}) = 1.55A_{280} - 0.76A_{260} \tag{6.9}$$

효모 핵산이 존재하는 경우 엔올레이스(enolase)를 측정하기 때문에 이 식에 의해 유사한 값들을 얻게 될 것이다(왜냐하면 순수한 효모 핵산, A280/A260 = 0.49 : 순수한 엔올레이스, A280/A260 = 1.75). 280 nm에서 흡광도에 의한 단백질 함량의 측정은 효소가 파괴되지 않으며 신속하고 이론적인 민감도(0.1~0.5 mg/mL)를 가지는 장점이 있다. 그러나 280 nm에서 흡광도의 범위가 넓은 단점도 가진다. 단백질은 대부분 $E_{280}^{0.1\%}$가 0.5~2.5인데 $E_{280}^{0.1\%}$이란 1 cm 큐벳으로 280 nm에서 0.1% 단백질용액의 흡광도를 측정한 값을 의미한다. 215~225 nm의 범위에서 단백질 농도를 측정함으로써 민감도를 증가시킬 수 있다. 예를 들어 소혈청알부민용액은 280, 225, 215 nm에서 각각 0.58, 5.0, 11.7로 나타난다. 또 다른 장점으로는 낮은 파장에서 흡광계수가 단백질의 성질과는 무관하다는 것이다. 단점으로는 210~230 nm 범위에서 어떤 완충 염을 포함하는 다른 많은 기질이 흡수된다는 것과, 이 범위에서 흡광도가 변화하기 때문에 파장이 정확하게 고정되어야 한다는 것이다.

연습문제

1 효소 생산 증대 방안 중 옳지 못한 것을 고르시오.

① 계면활성제(surfactant)의 첨가 ② 분해대사물질 억제(catabolite repression)의 해소
③ 유도물질(inducer)의 첨가 ④ 효소 억제제(inhibitor)의 첨가
⑤ 단백질가수분해효소(protease) 활성제의 첨가

2 효소 생산을 위한 변이균주 개발 시, 많이 이용하는 돌연변이유발기술을 모두 고르시오.

① nitrosoguanidine ② catabolite inhibitor ③ UV 조사
④ hydrochloride ⑤ ethylmethane sulfonate

3 효소 추출을 위한 미생물 세포막 파괴법으로 적당하지 않은 것을 고르시오.

① 초음파 처리 ② 톨루엔 첨가 ③ X-press 사용
④ 유화액 첨가 ⑤ 모래와 함께 마쇄

4 정제된 효소단백질의 분자량을 예측할 수 있는 방법이 아닌 것을 모두 고르시오.

① 젤거르기크로마토그래피 ② 이온교환크로마토그래피 ③ 황산암모늄 침전
④ 초원심분리 ⑤ 전기이동

5 단백질을 정량하는 방법으로 적당하지 않은 것을 고르시오.

① Edman 방법 ② Bradford 방법 ③ Kjeldahl 방법
④ Lowry 방법 ⑤ bicinchoninic acid 방법

6 효소를 동물·식물·미생물체로부터 분리·정제하기 전에 먼저 고려해야 할 사항에 대하여 모두 설명하시오.

7 다음 혼합물들의 이온 세기(ionic strength)를 구하시오.

[1] 0.02 M $Fe_2(SO_4)_3$

[2] 0.01 M $MgSO_4$ + 0.1 M $(NH_4)_2SO_4$

8 다음과 같은 조건일 경우 각각의 효소를 완전하게 분리할 수 있는 방법을 제시하고, 예상되는 결과도 함께 제시하시오.

효소	A	B	C
β값(mg/mL)	60	80	60
Ks′(mg/mL/황산암모늄 mole)	15	3.3	10
pI(등전점)	4	4	6

9 다음과 같이 황산암모늄을 사용하여 효소를 농축·분리하고자 한다. 3차 시도의 경우 몇 %로 포화시켜야 침전물에 있는 효소의 활성도를 최대로 할 수 있는지를 제시하시오.

황산암모늄을 이용하여 3차례의 분획 침전을 시도한 결과

구분	포화 농도 범위(%)	침전된 효소활성도(%)	침전된 단백질 농도(%)	정제도	결론
1차 시도	0~40 40~60 60~80 80 상층액	4 62 32 2	25 22 32 21	2.8 1.0	60~80%보다도 40~60% 포화용액에 보다 많은 침전물이 생김. 45~70%를 시도해 보는 것이 바람직함
2차 시도	0~45 45~70 70 상층액	6 90 4	32 38 30	2.4	비교적 좋은 결과이나 1차 시도보다도 정제도가 떨어짐. 순도를 고려하여 시도해 봄
3차 시도	0~(　　) (　　)~(　　) (　　) 상층액	10 75 15	35 25 40	3.0	

10 아래의 특성을 갖는 효소 A, B, C를 pH 7.0에서 각종 크로마토그래피에 의하여 분리하고자 한다. 어떠한 결과가 예상되는지 그림으로 그리고 자세히 표기하면서 설명하시오.

효소 A, MW=35,000, pI=6.6 : ① DEAE-셀룰로스크로마토그래피
효소 B, MW=43,000, pI=5.4 : ② CM-셀룰로스크로마토그래피
효소 C, MW=65,000, pI=7.4 : ③ 젤여과크로마토그래피

11 어떤 효소단백질의 작용기가 6개의 카복실기(-COOH : $pK_a=4.0$)와 10개의 아미노기($-NH_2$: $pK_a=9.0$)로 구성되었다고 가정하자. 이 효소단백질의 알짜전하(net charge)가 pH에 따라 어떻게 변화하는지 알아보고, 알짜전하가 0인 점을 구하시오.

12 다음의 효소들을 전기이동에 적용하면 띠(band)의 순서가 어떻게 나타날 것으로 예상되는지를 제시하시오.

효소 A, MW=35,000, pI=6.6　　효소 B, MW=45,000, pI=5.4
효소 C, MW=68,000, pI=7.4　　효소 D, MW=65,000, pI=9.3

연습 문제

13 효소를 분리·정제하는 과정에서 얻은 효소가 순수한 것인지를 확인할 수 있는 방법에 대하여 설명하시오.

14 효소반응속도를 반응시간별로 관찰하여 보면 초기에는 직선적인 관계를 보이다가 후에는 직선으로부터 조금씩 벗어나서 감소하는 경향을 보이는데, 이런 이유로 인하여 초기 반응속도로 나타내거나 비교한다. 생성물의 형성속도가 반응시간에 따라 벗어나는 이유가 무엇인지를 설명하시오.

정답 및 해설

01 ⑤ **02** ①, ③, ⑤ **03** ④ **04** ②, ③ **05** ①

06 효소를 분리·정제하기 전에 먼저 고려할 사항은 효소를 확보하기 용이한가(계절, 시기, 시료 중의 함량), 효소의 억제제, 효소의 최적 조건, 효소의 전하 밀도와 분포, 크기, 모양, 시료의 양(작을수록 분해능이 좋음), 관의 선택 등이다.

07 [1] 및 [2]의 혼합물은 각각 다음과 같은 용액으로 해리되며, 이온 세기는

[1] 0.04 M Fe^{+++} + 0.06 M SO_4^{--}

$$\frac{1}{2}[(0.04)(+3)^2 + (0.06)(-2)^2] = 0.3$$

[2] 0.01 M Mg^{++} + 0.11 M SO_4^{--} + 0.2 M NH_4^+

$$\frac{1}{2}[(0.01)(+2)^2 + (0.11)(-2)^2 + (0.2)(+1)^2] = 0.34$$

08 처음에 황산암모늄용액(염)을 넣었을 때 이 이온들이 효소(단백질) A, B, C에 붙어 전하를 띠게 되므로 서로의 반발력에 의해 용해도가 증가하는 염용(salting in)현상이 나타나지만(상향 곡선 부분), 황산암모늄의 농도를 증가시키면 효소단백질이 끌어당기는 힘이 염 쪽으로 끌어당기는 힘보다 약해 효소 주변의 물 분자들이 염 쪽으로 이동하면서 효소들끼리 서로 결합함으로써 용해도가 감소하는 염석(salting out)현상이 나타난다(하향 직선). 이때 x축은 이온 세기(μ)로서 황산암모늄용액의 이온 세기를 나타내고, y축의 절편값은 효소의 용해도가 0일 때 β값이다. y축 절편값이 0일 때 효소가 모두 침전하게 되어 이때의 침전물을 취하면 분리된 효소를 얻을 수 있다. 염석현상이 일어나 침전될 수 있는 조건, 즉 용해도가 0이 되는 값을 각각 계산해 보면, A의 경우 $15\mu = 60$, $\mu = 4$, 즉 A 효소가 침전되는 황산암모늄의 이온 세기는 4가 되며 이는 1.33 M 황산암모늄으로 효소 A를 침전하여 분리할 수 있다. 이때 B와 C는 용해되어 있는 상태이다. C의 경우 $10\mu = 60$, $\mu = 6$, 즉 2 M 황산암모늄으로 조정하면 효소 B는 용해된 상태이고 효소 C는 침전하여 서로 분리할 수 있다.

이 문제에서 제시한 등전점이 모두 다르다면 pH를 조정하여 풀이를 수행할 수도 있으나 등전점이 4인 A와 B, 등전점이 6인 C를 pH에 의해 먼저 분리시키고 A와 B를 염석방법에 의하여 분리할 수도 있다.

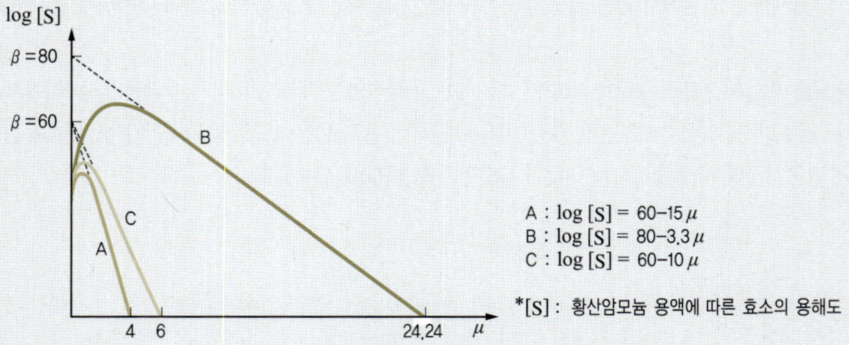

염석 상수값이 각각 다른 경우의 용해도와 이온 세기 간의 관계

09 0~(42) : 1차, 2차 시도를 비교해 보면 40~45% 사이에 정제도가 높을 가능성이 있다.
(42)~(67) : 1차, 2차 시도를 비교해 보면 60~70% 사이에 정제도가 높을 가능성이 있다.
(67%) 단, 42% 대신 43%를, 67% 대신 68% 등을 선택할 수도 있다.

10 ① DEAE-셀룰로스크로마토그래피를 이용하는 경우, 음이온교환수지(pK_a=10.0)의 전하 상태를 보면

$$pH = pK_a + \log\frac{[A^-]}{[HA]} \qquad 7.0 = 10.0 + \log\frac{[A^-]}{[HA]} \qquad \log\frac{[A^-]}{[HA]} = -3.0$$

따라서 pH 7에서 DEAE-셀룰로스 교환수지는 양전하를 띤다. 한편,

효소 A : $7.0 = 6.6 + \log\frac{[A^-]}{[HA]}$ $\qquad \frac{[A^-]}{[HA]} = 10^{0.4}$ 음전하(−)를 띤다.

효소 B : $7.0 = 5.4 + \log\frac{[A^-]}{[HA]}$ $\qquad \frac{[A^-]}{[HA]} = 10^{1.6}$ 음전하(−)를 띤다.

효소 C : $7.0 = 7.4 + \log\frac{[A^-]}{[HA]}$ $\qquad \frac{[A^-]}{[HA]} = 10^{-0.4} = 0.398$ 양전하(+)를 띤다.

음전하를 띠고 있는 효소 A, B는 양전하를 띠고 있는 교환수지와 결합하고, 효소 C는 그대로 방출된다. 효소 A와 B는 [NaCl, Cl⁻] 기울기(gradient)에 의해 음전하의 정도가 약한 효소 A가 먼저 나오고 효소 B는 맨 나중에 나온다.

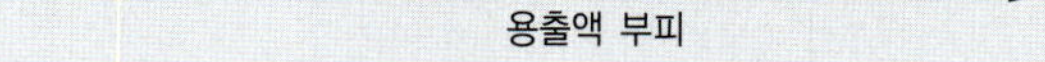

② CM-셀룰로스크로마토그래피를 이용하는 경우, 양이온 교환수지(pK_a=4.3)의 전하 상태를 보면

$$pH = pK_a + \log\frac{[A^-]}{[HA]} \qquad 7.0 = 4.3 + \log\frac{[A^-]}{[HA]} \qquad \log\frac{[A^-]}{[HA]} = 2.7$$

따라서 CM-셀룰로스 교환수지가 음전하를 띤다.

양전하를 띠고 있는 효소 C는 교환수지와 결합하지만, 효소 A, B는 결합하지 않고 공극부피(void volume)로 빠져나간다. 결합된 효소 C는 [NaCl, Na^+] 기울기(gradient)에 의해 분리될 수 있을 것이다.

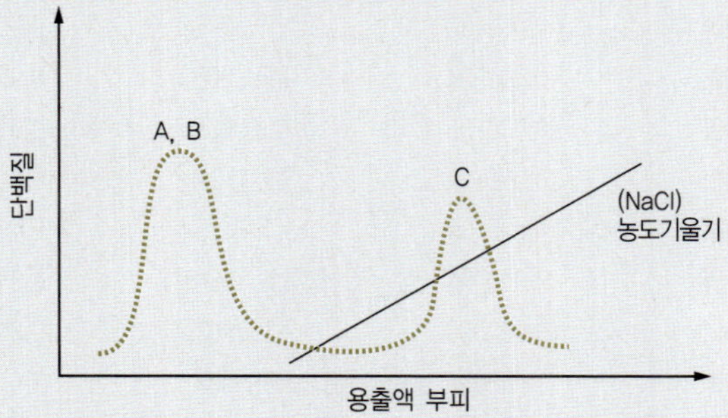

③ 겔거르기법 : 분자량의 차이에 의해서 분리되는데 분자량이 큰 것이 먼저 분리되어 나온다. 단, 효소 A, B, C 모두가 구형 단백질이라고 가정한다.

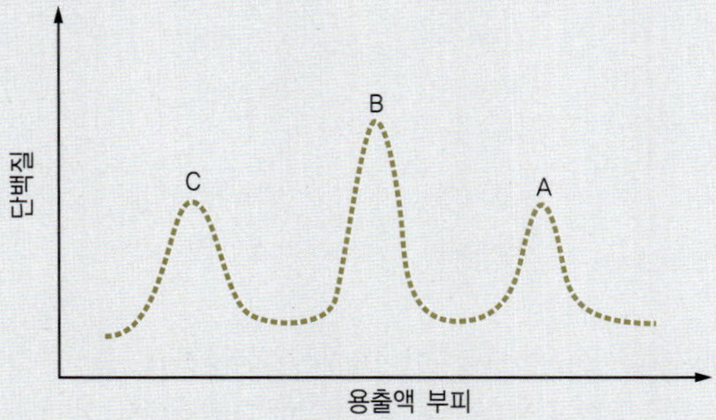

11 먼저, 헨더슨-하셀바흐방정식(Henderson-Hasselbalch equation)에 따르면

$$pH = pK_a + \log\frac{[COO^-]}{[COOH]}$$

따라서, pH 2에서는 $2 = 4 + \log\frac{[COO^-]}{[COOH]}$ 의 관계로부터 6개의 카복실기가 각각 어떤 비율로 존재하는가를 계산할 수 있다.

같은 방법으로 pH 3에서 11까지 반복하며, $[NH_3^+]$의 경우도

$pH = pK_a + \log\frac{[NH_2]}{[NH_3^+]}$ $\quad 2 = 9 + \log\frac{[NH_2]}{[NH_3^+]}$ 에 대입하여 계산한 다음, 알짜전하(net charge)는 $[COO^-]$는 $-$값, $[NH_3^+]$는 $+$값으로 간주하여 각각을 합산하여 계산한다.

다음 표에서 보면 pI는 대략 8.83 부근이다.

pH	$[COO^-]$	[COOH]	$[NH_2]$	$[NH_3^+]$	알짜전하
2	0.059405	5.940594	0.000001	9.999999	9.940593
3	0.545454	5.454545	0.00001	9.99999	9.454535
4	3	3	0.000099	9.999999	6.999900
5	5.454545	0.545454	0.000999	9.999000	4.544454
6	5.940594	0.059495	0.009990	9.990009	4.049415
7	5.994005	0.095994	0.099009	9.9009990	3.906984
8	5.999400	0.000599	0.909090	9.090909	3.091509
8.72	5.999885	0.000114	3.441794	6.558205	0.558319
8.74	5.999890	0.000109	3.546475	6.453524	0.453633
8.76	5.999895	0.000104	3.652566	6.347433	0.347537
8.78	5.999900	0.000099	3.759982	6.240017	0.240117
8.8	5.999904	0.000095	3.868631	6.131368	0.131463
8.82	5.999909	0.000090	3.978419	6.021580	0.021671
8.84	5.99913	0.000086	4.089244	5.910755	-0.08915
8.86	5.99917	0.000082	4.201002	5.798997	-0.20091
8.88	5.99920	0.000079	4.313586	5.686413	-0.31350
8.9	5.99924	0.000075	4.426883	5.573116	-0.42680
9	5.99940	0.000059	5	5	-0.99994
10	5.99994	0.000006	9.090909	0.969090	-5.09090
11	5.99999	0.000000	9.900990	0.099009	-5.90098

12 [1] 폴리아크릴아마이드젤전기이동 : 폴리아크릴아마이드젤은 치밀한 구조를 가지며, 단백질 분자의 자유로운 이동을 방해하기 때문에 분자체의 효과를 나타낸다. 즉, 적당한 조건하에서 전기이동을 하면 전기이동 이동도는 전하에 따라 달라질 뿐만 아니라 분자의 크기에 따라서도 이동속도가 좌우된다. 그러나 일반적으로 분자량보다는 전하에 의한 영향을 더욱 받게 된다. C, D는 양전하를 갖고 있으므로 음극에서 전혀 이동하지 않는다.

[2] SDS 전기이동 : 단백질의 분자량을 결정하는 수단으로 또는 시료의 순도를 알고 싶거나 단백질 혼합물의 양적 분포를 알고 싶을 때에도 쓰인다. SDS는 강력한 계면활성제이기 때문에 대부분의 단백질 구조의 소수성 결합이나 수소결합을 파괴하여 소단위체 형태의 분자량에 따라 다른 이동도를 보여 주는데 문제의 4개 효소는 각기 다른 등전점을 갖고 있으며 2개 이상의 소단위체로 구성되어 있지 않다. 따라서 분자량이 적은 것이 가장 많은 이동을 양극 쪽으로 하게 된다.

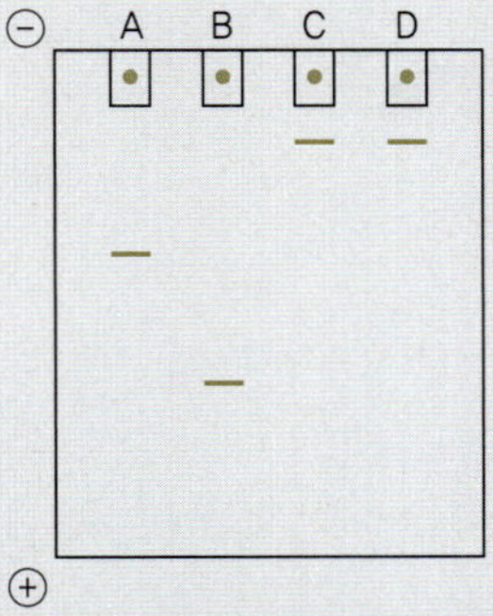

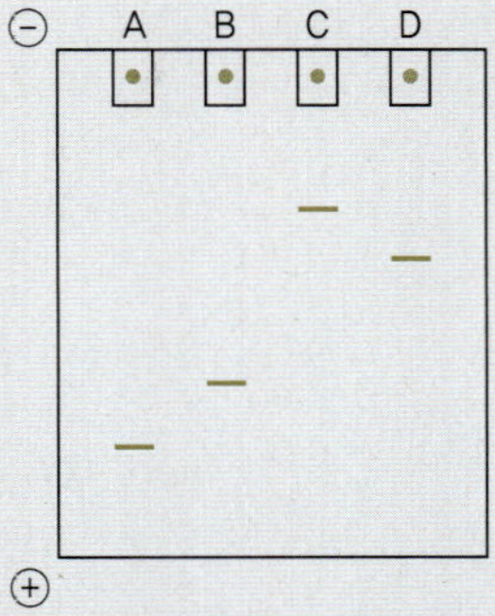

폴리아크릴아마이드젤전기이동 : 전체 전하에 따른 이동도의 차이

SDS 전기이동 : 분자량에 따른 이동도의 차이

13 효소의 순도(purity) 확인방법

① 전기이동을 하여 한 개의 띠가 나오면 순수하다고 본다. 덴시토미터(densitometer)로 젤을 주사(scanning)하여 순도(%)를 계산할 수 있다.

② 순수한 효소는 고유의 pI를 가지므로 등전점전기이동(isoelectric focusing)을 해 보면 단일 띠로 나타난 것은 한 개의 pI를 갖는 것이고, 여러 개의 pI band가 나타난다면 이는 순수하지 않은 것으로 볼 수 있다.

③ 초원심분리를 시행하되 그 결과 정점(peak)이 대칭형으로 나타나면 순수한 것이다.

④ 또 다른 방법으로는 관에서 분리한 분획들의 비활성도(specific activity) 비율이 각 분획마다 일정하면 순수하다고 판정한다.

14

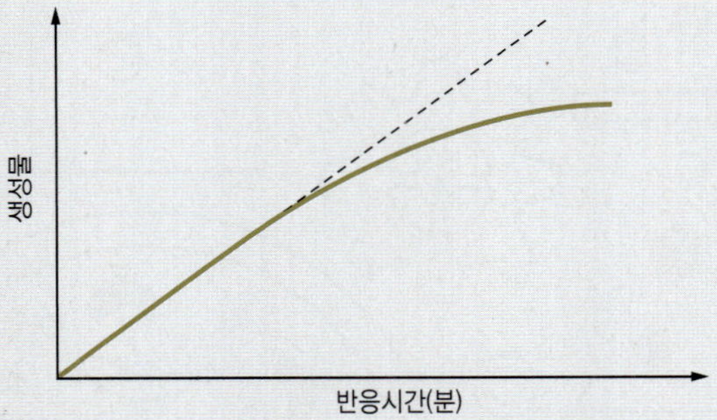

위의 그림과 같이 효소반응 생성물의 초기 형성속도(반응속도)가 반응시간에 따라 직선에서 벗어나는 이유는 ① 생성물에 의한 억제(=효소와 기질 간의 반응에서 생성된 생성물이 억제제로 작용할 수 있기 때문), ② 저농도 기질(=기질의 침윤이 약화되어 생성물이 잘 만들어지지 않을 수 있음), ③ 가역반응〔=가역반응(reversible reaction)이 촉진될 가능성이 있음〕, ④ 온도 및 pH에 대한 불안정성(=반응이 진행됨에 따라서 pH 및 온도 조건에 대해 불안정해져 효소의 불활성화가 유도될 수 있음), ⑤ 이상의 것들이 복합적으로 일어나는 경우 등이다.

PART 2

식품산업에서의 효소 이용

제7장 탄수화물 관련 효소 **제8장** 단백질 관련 효소 **제9장** 지방질 관련 효소 **제10장** 기타 산업에서 효소의 이용

제7장

탄수화물 관련 효소

1. 개요

탄수화물 관련 효소(carbohydrate related enzymes)는 자연계에 존재하는 가장 보편적인 유기물 중의 하나인 탄수화물의 글리코사이드결합(glycosidic bond)을 분해, 생성, 또는 수정하는 역할을 수행하는 효소를 말한다. 탄수화물 관련 효소는 오래전부터 식품산업에 응용되어 왔으며, 특히 녹말(starch)로부터 포도당(glucose)과 과당(fructose)을 생산하는 녹말당(starch sugar)산업은 지금도 식품산업에서 큰 비중을 차지하고 있다.

자연계에 분포하는 탄수화물 종류는 매우 다양하며 구조도 복잡한데 그 이유는 ① 탄수화물의 기본 구성단위인 단당류(monosaccharide)의 종류가 많고, ② 당과 당을 연결하는 결합이 여러 가지가 가능하며, ③ 단당류로부터 다당류(polysaccharide)까지 다양한 중합도를 가질 수 있기 때문이다. 따라서 탄수화물 관련 효소를 다루기 전에 기질로 사용되는 탄수화물의 종류, 구조 및 특성에 관하여 올바른 이해가 필요하며 이를 바탕으로 탄수화물 관련 효소의 종류별 특성 및 식품산업에서의 응용에 대하여 알아보도록 하자.

2. 탄수화물의 종류 및 특성

탄수화물은 지구상에 가장 널리 분포되어 있는 유기물질로 대부분 자연계에서 식물

표 7-1 • 자연계에 존재하는 탄수화물의 종류 및 특성

탄수화물	구성당	위치	기능
셀룰로스	포도당	식물의 세포벽	골격 유지
녹말	포도당	식물 및 종자	에너지 공급
키틴	*N*-아세틸글루코사민	갑각류, 곤충 등	골격 유지
뮤레인	*N*-아세틸글루코사민 *N*-아세틸무람산	박테리아의 세포벽	형태 유지
슈크로스	포도당, 과당	사탕무, 사탕수수, 과일 등	에너지 공급
젖당	포도당, 갈락토스	포유류의 젖	에너지 공급
트레할로스	포도당	효모, 곰팡이, 곤충 등	에너지 공급

및 광합성세균으로부터 생산된다. 이들로부터 생산되는 탄수화물은 1년에 4,000억 t에 달할 정도로 많은 양이며, 사람은 섭취하는 총열량의 50~60%를 탄수화물로부터 얻게 된다. 광합성으로부터 생산되는 탄수화물인 포도당의 화학식은 $C_6H_{12}O_6$이지만 19세기에는 탄수화물의 화학식을 $C_n(H_2O)_n$으로 생각하여 탄소(carbon)에 물이 수화(hydrate)된 형태란 뜻의 '탄수화물(carbohydrate)'로 불리게 되었다. 일반적으로 탄수화물이란 여러 개의 하이드록실기(hydroxyl group, －OH)를 가지고 있는 알데하이드(aldehyde)나 케톤(ketone)을 의미하며, 산화 또는 환원되거나 하이드록실기가 다른 물질로 치환되어 있는 경우도 탄수화물에 포함된다. 자연계에 주로 존재하는 탄수화물은 셀룰로스(cellulose), 녹말, 키틴(chitin), 뮤레인(murein), 슈크로스(sucrose), 젖당(lactose), 트레할로스(trehalose), 그리고 포도당 등이 있다. 기본 구성당인 단당류가 여러 개 또는 다수가 결합된 구조를 가지고 있으며, 이당류(disaccharide), 삼당류(trisaccharide), 올리고당류(oligosaccharide), 그리고 다당류로 구분할 수 있다. 이 단원에서는 탄수화물 관련 효소의 기질로 사용되는 탄수화물의 종류와 그 기본적인 특성에 대하여 살펴보도록 하자.

1) 단당류

(1) 단당류의 종류

단당류는 그 구조에 존재하는 작용기(functional group)에 따라 크게 알도스(aldose)와 케토스(ketose)로 구분할 수 있다. 또한 당에 존재하는 탄소의 개수에 따라 트라이오스(triose), 테트로스(tetrose), 펜토스(pentose), 그리고 헥소스(hexose)로 구분된다. 당은 편광을 회전시키는 광학활성(optical activity)을 가지고 있으며 회전방향에 따라 우회전성

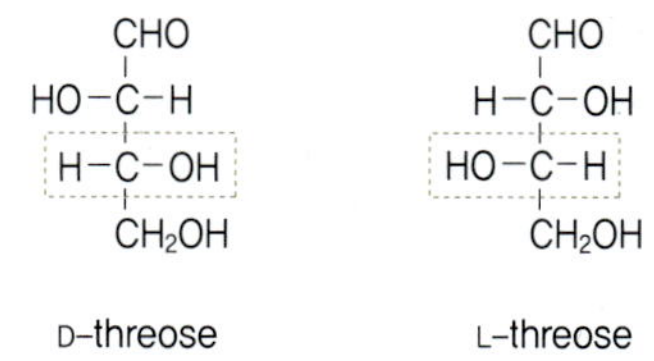

그림 7-1 • 트레오스의 광학이성질체

(dextrorotatory, D-)과 좌회전성(levorotatory, L-)의 두 가지 광학이성질체(optical isomer)로 구분된다. 일반적으로 자연계에 존재하는 당은 극히 일부분을 제외하고 모두 우회전성이며 구조에서 맨 아래쪽 탄소 바로 위에 있는 비대칭탄소(asymmetric carbon)에 결합된 하이드록실기(-OH)가 오른쪽에 위치하게 된다(그림 7-1).

알도스는 당의 1번 탄소(C-1)에 알데하이드기(-CHO)가 존재하는 형태를 가지며 가장 간단한 구조는 트라이오스인 D-글리세르알데하이드(D-glyceraldehyde)이다. 여기에 탄소

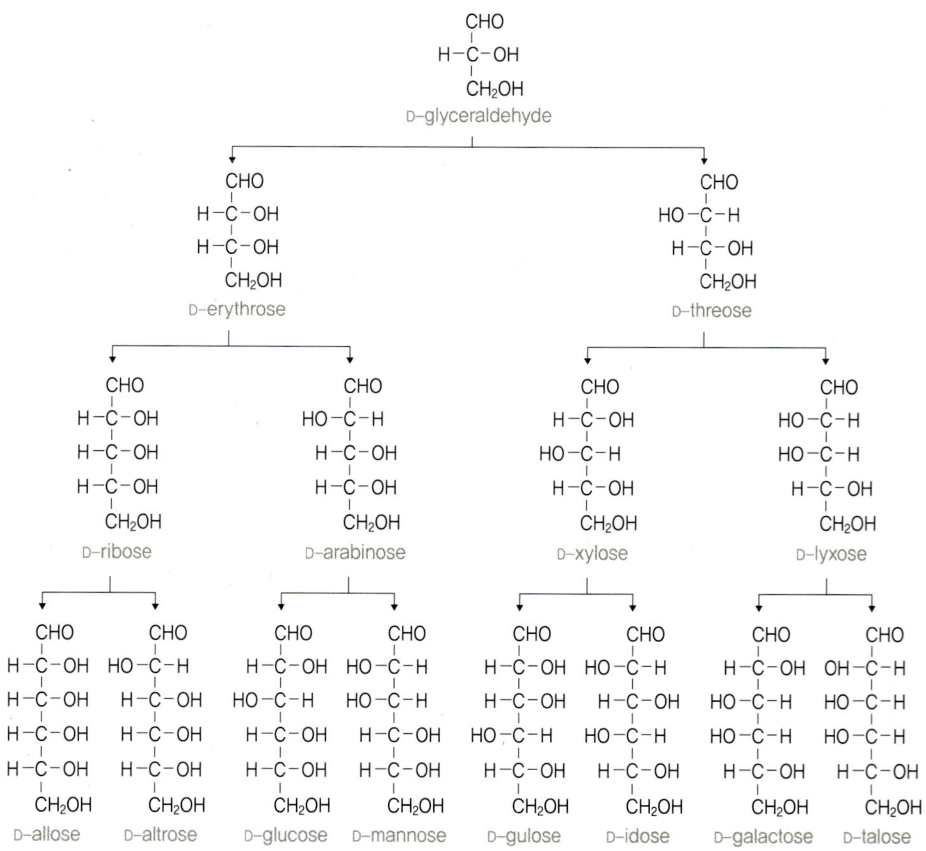

그림 7-2 • 알도스의 종류와 구조(Fischer projection)

가 하나씩 증가할 때마다 종류가 2배로 증가하여 총 8개의 헥소스가 존재한다(그림 7-2). 증가하는 탄소는 비대칭탄소가 되므로 2개의 광학이성질체가 새롭게 생기기 때문이다. 알도스 중에서 헥소스인 포도당(D-glucose), 마노스(D-mannose), 갈락토스(D-galactose)와 펜토스인 리보스(D-ribose), 아라비노스(D-arabinose), 자일로스(D-xylose)가 자연계에 널리 분포되어 있는 대표적인 당이라 할 수 있다.

케토스의 경우는 당의 2번 탄소(C-2)에 케톤기(ketone group, －C＝O)가 존재하며 트라이오스인 다이하이드록시아세톤(dihydroxyacetone)이 가장 간단한 구조이다. 알도스와는 달리 테트로스인 에리트룰로스(erythrulose)부터 비대칭탄소가 존재하므로 케토스는 총 4종류의 헥소스가 가능하며 그중 과당(D-fructose)이 대표적인 당이다(그림 7-3).

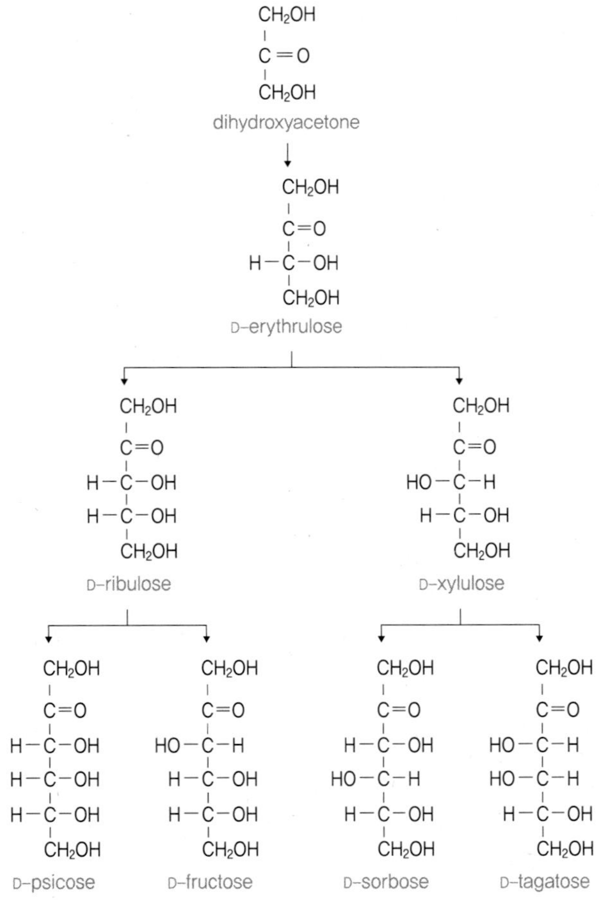

그림 7-3 ● 케토스의 종류와 구조(Fischer projection)

(2) 단당류의 특성

① 고리 구조

〈그림 7-2〉와 〈그림 7-3〉에 제시된 당의 구조는 피셔 분자표기법(Fischer projection)에 의하여 그려진 사슬 구조(chain structure)를 보여 주고 있으나, 펜토스과 헥소스는 물에 용해되면 거의 대부분이 고리 구조(cyclic structure)를 가지게 된다. 포도당의 경우 분자 내 C-1의 알데하이드기(−CHO)와 C-5의 하이드록실기(−OH)가 반응하여 헤미아세탈(hemiacetal, 그림 7-8 참고)을 형성하며 육각형 모양을 갖게 된다(그림 7-4). 또한 과당은 분자 내 C-2의 케톤기(−C=O)가 C-5의 하이드록실기(−OH)와 반응하여 오각형 모양을 갖게 된다. 이때 생성되는 고리 구조의 모양이 육각형은 '피란(pyran)'과, 오각형은 '퓨란(furan)'과 유사하기 때문에 각각 피라노스(pyranose)와 푸라노스(furanose)라 불린다.

당이 고리 구조를 형성할 때 나타나는 중요한 현상 중의 하나가 사슬 구조보다 비대칭탄소가 하나 더 증가하는 것이다. 즉, 포도당의 경우 고리 구조로 변환될 때 1번 탄소가 새로운 비대칭탄소가 되어 두 가지의 광학이성질체가 추가로 생기게 되는데 이를 아

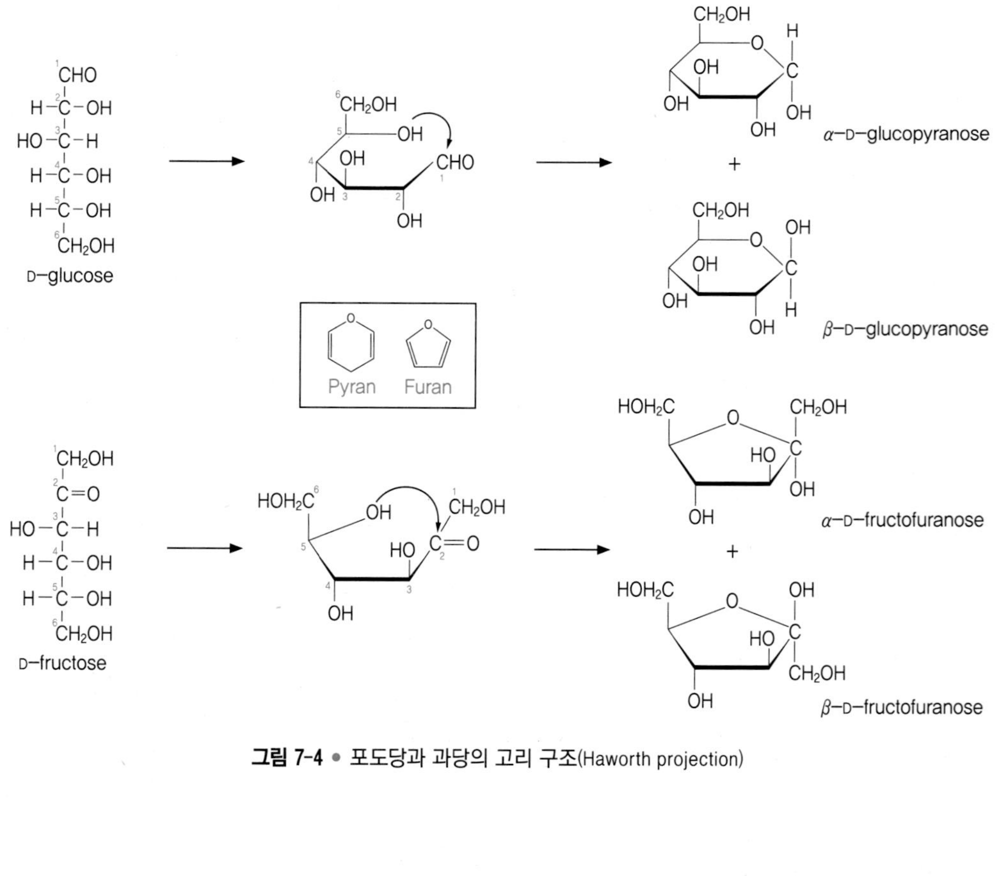

그림 7-4 • 포도당과 과당의 고리 구조(Haworth projection)

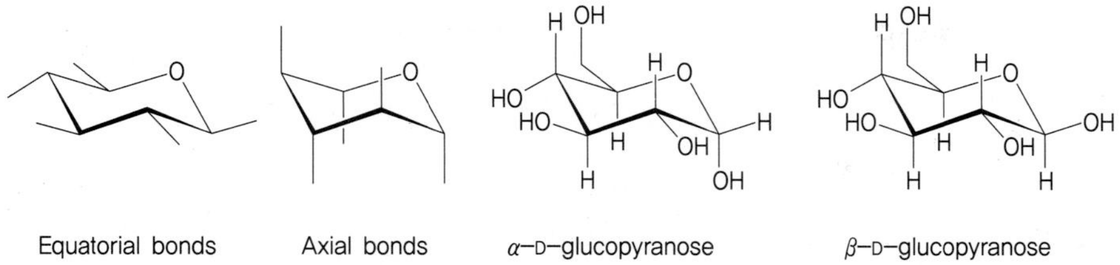

그림 7-5 ● 글루코피라노스의 의자형 입체 구조

노머(anomer)라고 한다. 〈그림 7-4〉에서 보는 바와 같이 포도당의 고리 구조 중 C-1의 하이드록실기(-OH)가 아래쪽에 위치하면 α-아노머〔C-5에 연결된 $-CH_2OH$와 다른 방향, 즉 트랜스(*trans*) 위치〕, 위쪽에 위치하면 β-아노머〔C-5에 연결된 $-CH_2OH$와 동일한 방향, 즉 시스(*cis*) 위치〕가 되며 각각의 이름은 α-D-글루코피라노스(α-D-glucopyranose)와 β-D-글루코피라노스(β-D-glucopyranose)가 된다. 과당의 경우도 포도당과 유사하며 고리 구조 중 C-2의 하이드록실기(-OH)가 아래쪽에 위치하면 α-D-프럭토푸라노스(α-D-fructofuranose), 위쪽에 위치하면 β-D-프럭토푸라노스(β-D-fructofuranose)가 된다.

〈그림 7-4〉는 당의 고리 구조를 하워스 분자표기법(Haworth projection)으로 표시한 것으로 보다 입체적이기는 하나 실제 입체 구조와는 다소 차이가 있다. 즉, 포도당의 경우 그림에서는 고리가 평면으로 보이나 실제로는 평면이 아닌 의자 모양이며(보트형보다 의자형이 안정함), 각 꼭짓점마다 두 개의 결합이 존재하는데 그 결합의 방향은 의자를 평면으로 간주하였을 때 수평(equatorial bond)이거나 수직(axial bond)이다(그림 7-5). 글루코피라노스의 입체 구조를 보면 C-2부터 C-5에 결합된 하이드록실기(-OH)와 $-CH_2OH$는 모두 수평 위치에 존재하게 되며, C-1의 하이드록실기는 α-아노머의 경우 수직 위치에, β-아노머의 경우는 수평 위치에 존재한다. 이 차이는 α-결합으로 이루어진 탄수화물(예를 들어 녹말)과 β-결합으로 이루어진 탄수화물(예를 들어 셀룰로스)의 전체적인 입체 구조에 아주 중요한 영향을 미치게 되며, 결과적으로 물리화학적 특성도 달라진다.

② 변광회전

용액 중에서 포도당은 사슬 구조와 고리 구조가 서로 평형상태를 유지하고 있다. 온도가 30℃일 경우 용액에 존재하는 포도당의 99%가 고리 구조로 존재하며 단지 0.002%만이 사슬 구조를 하고 있다(그림 7-6). 고리 구조 중에서는 β-D-글루코피라노스(62%)가 α-D-글루코피라노스(37%)보다 높은 농도로 존재한다. 따라서 물에 α-D-글루코피라노

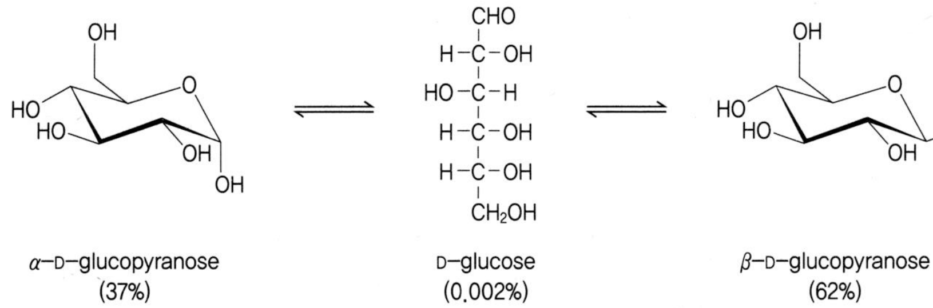

그림 7-6 ● 용액 중 포도당의 평형상태

스만을 첨가하였다고 하더라도 3시간 이상 지난 후 평형상태에 도달하면 용액 중에는 β-D-글루코피라노스가 더 많이 존재하게 된다.

이 현상은 고유광회전도(specific optical rotation, $[\alpha]_D$)의 변화로도 관찰할 수가 있다. 용액에서 $[\alpha]_D$ 값은 α-D-글루코피라노스가 +112.2°이지만 β-D-글루코피라노스는 +18.7°로 α-아노머보다 작은 값을 갖고 있다. 반응 초기에는 α-D-글루코피라노스가 대부분이므로 $[\alpha]_D$는 +112°에 가까운 값을 가지고 있으나 시간이 지날수록 α-D-글루코피라노스는 감소하고 β-D-글루코피라노스가 증가하므로 $[\alpha]_D$의 평균값은 계속 감소하게 되며 평형에 도달하게 되면 각 성분의 비율에 해당하는 평균값인 +52.6°로 유지된다. 이와 같이 고유광회전도가 시간에 따라 변화하는 현상을 변광회전(mutarotation)이라 하며 당류가 가지는 대표적 특성 중의 하나라 할 수 있다.

③ 환원성

알데하이드는 반응성이 강한 작용기로서 자신은 산화되면서 다른 물질을 환원시키는 환원성을 가지고 있다. 따라서 단당류의 사슬 구조에 존재하는 알데하이드기(−CHO)도 환원성을 가지게 되는데 알칼리(alkali) 조건 및 Ag^+, Cu^{2+}, Fe^{3+}와 같은 금속이온의 존재하에서 반응이 촉진된다. 포도당의 경우와 같이 용액 중에 사슬 구조로 존재하는 당은 매우 적은 양이지만 화학반응에 의하여 소진되면 평형상태를 유지하기 위하여 고리 구조의 당으로부터 사슬 구조의 당이 계속 공급되는데 알칼리 조건에서 보다 더 활발히 진행된다. 케토스는 알칼리 조건하에서 알도스로 전환될 수 있으므로 환원성을 가지게 된다.

이와 같은 환원성을 가지기 위해서는 당의 고리 구조에서 C-1(케토스의 경우는 C-2), 즉 아노머탄소(anomeric carbon)에 결합된 하이드록실기(−OH)가 다른 결합에 참여하지 않고 자유로운 상태로 존재해야 한다. 만약에 하이드록실기가 다른 결합에 참여하여 에테르결합(ether bond, R－O－R′)을 하고 있다면 고리 구조에서 사슬 구조로의 전환이 불가능하기 때문이다. 환원성을 가지고 있는 당을 환원당(reducing sugar)이라 하며, 단당류는 모두 환원당이지만 여러 개의 당이 결합되어 있는 경우는 제일 마지막에 위치하는 당의 아노머탄소에 결합된 하이드록실기가 자유로운 상태일 때 환원당이 되며 이때 마지막에 있는 당을 환원성 말단(reducing end), 처음에 위치하는 당을 비환원성 말단(nonreducing end)이라 한다. 슈크로스(α-D-glucopyranosyl-(1→2)-β-D-fructofuranose)나 트레할로스(α-D-glucopyranosyl-(1→1)-α-D-glucopyranose)와 같이 아노머탄소의 하이드록실기가 모두 결합에 참여하고 있는 당은 환원성이 없으므로 환원당이 될 수 없다.

알칼리 조건에서 금속이온을 환원시키는 특성은 환원당을 정성 또는 정량 분석하기 위한 방법으로 널리 이용되고 있다. 예를 들어 펠링용액(Fehling's solution)은 환원당의 정성분석에 이용되며 알칼리 조건하에서 구리이온이 산화구리(I)(Cu_2O)로 환원되어 적색 침전이 생기게 된다(그림 7-7). 이때 환원당의 알데하이드기(－CHO)는 카복실기(carboxyl group, －COOH)로 산화된다.

$$\text{R-CHO} + 2\,Cu^{2+} + 2\,OH^- \longrightarrow \text{R-COOH} + Cu_2O\text{(적색침전)} + 2\,H^+$$

그림 7-7 • 펠링용액을 이용한 환원당의 검출반응

2) 이당류 및 삼당류

이당류는 두 개의 단당류가 결합된 당을 말하며 삼당류는 세 개의 단당류가 결합한 당이다. 단당이 고리 구조가 되면서 생성된 헤미아세탈은 다른 당의 하이드록실기(-OH)와의 축합반응(condensation reaction)을 통하여 안정한 아세탈(acetal)을 형성하면서 글리코사이드결합이 이루어지게 된다(그림 7-8).

이때 글리코사이드결합에 참여하는 아노머탄소의 하이드록실기(－OH) 위치에 따라 α-결합과 β-결합으로 구분되며 결합에 참여하는 탄소의 번호를 함께 적어 주게 된다. 예를 들어 〈그림 7-8〉에서 엿당(maltose)의 경우는 α-(1→4) 결합을 가지게 된다. 엿당의 환원성 말단에 존재하는 아노머탄소의 하이드록실기(－OH)는 α- 또는 β- 위치가 모두 가능하며 이 경우 물결 모양의 결합으로 표시하게 된다.

포도당 두 분자가 형성할 수 있는 결합의 종류는 총 11가지로 이때 생성되는 이당류의 종류 및 구조를 〈그림 7-9〉에서 보여 주고 있다. 다소 특이한 구조를 가지고 있는 비환원

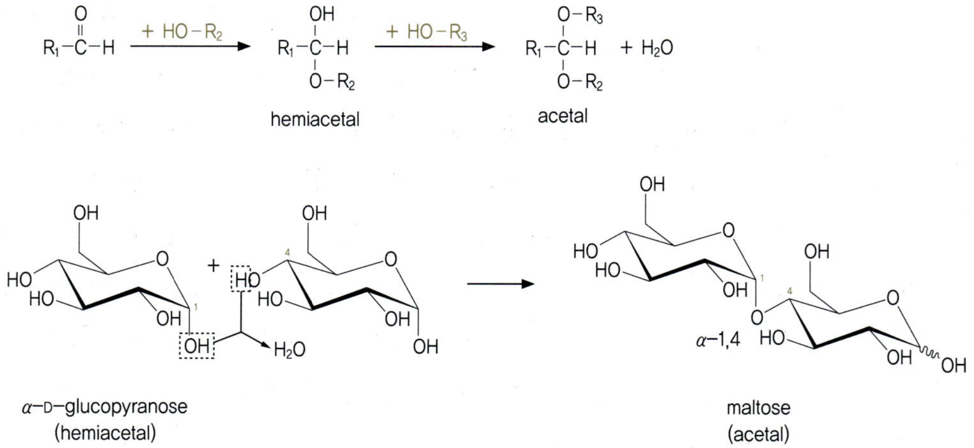

그림 7-8 • 글리코사이드결합의 형성

당인 트레할로스를 제외할 경우 α-결합은 α-(1→2), α-(1→3), α-(1→4), 그리고 α-(1→6)의 네 가지 경우가 가능하며 β-결합도 동일한 경우의 수를 가진다. 트레할로스는 포도당 두 분자가 서로 마주보는 형태로 아노머탄소(C-1)끼리 결합을 형성하고 있어 환원성을 가지지 않으며 결합에 참여하는 아노머탄소의 하이드록실기 위치에 따라 α,α-, α,β- 및 β,β- 결합 등 세 가지의 구조가 가능하다. 〈그림 7-9〉에 제시된 이당류는 대부분 자연계에 그 자체로 존재하기보다는 가수분해효소(hydrolase)에 의해 다당류로부터 분해되거나 글리코실기전달효소(glycosyltransferase)에 의하여 합성되는 경우가 많다. α,α-트레할로스는 자연계에 비교적 널리 분포되어 있으며 미생물에서 세포를 보호하는 역할이나 곤충의 체액에 존재하여 에너지원으로 사용된다.

자연계에 다량으로 존재하는 대표적인 이당류는 슈크로스 및 젖당이며, 삼당류인 라피노스(raffinose)는 콩을 비롯한 식물체에 널리 분포한다. 이들은 모두 서로 다른 종류의 단당류로 구성되어 있는데 그 구조는 〈그림 7-10〉에 제시되어 있다. 슈크로스는 대부분의 식물체에서 발견되나 그중에서도 사탕수수나 사탕무에 특히 많이 들어 있으며, α-D-글루코피라노스의 아노머탄소(C-1)와 β-D-프럭토푸라노스의 아노머탄소(C-2) 사이에 결합이 형성되어 있다. 따라서 슈크로스는 모든 아노머탄소가 결합에 참여하고 있으므로 환원성이 없는 비환원당이 된다. 포유류의 모유에 함유되어 있는 젖당은 β-D-갈락토피라노스와 글루코피라노스가 β-(1→4) 결합으로 연결되어 있는 이당류이다. 라피노스는 α-D-갈락토피라노스가 슈크로스의 포도당 잔기와 α-(1→6) 결합으로 연결되어 있는

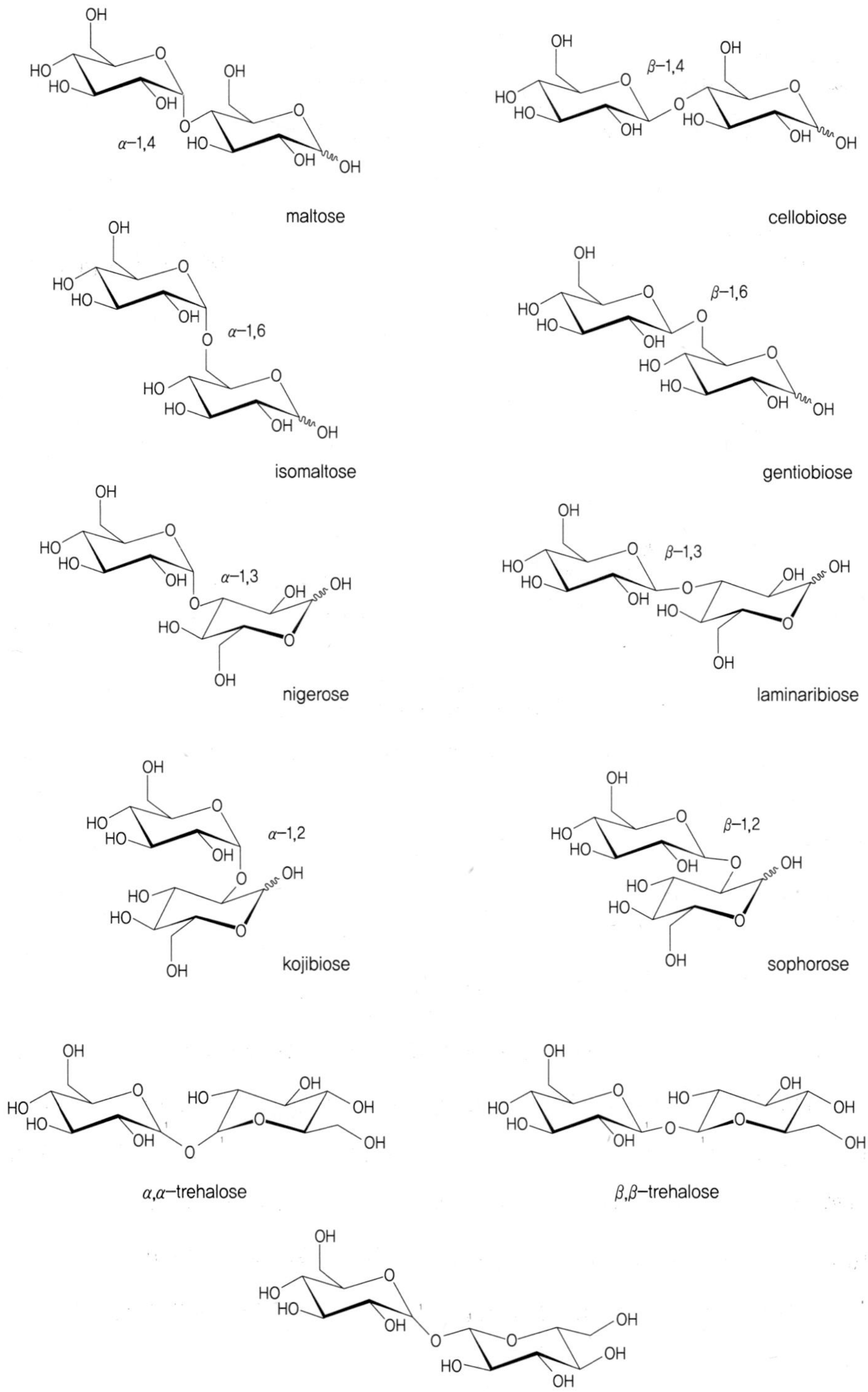

그림 7-9 ● 두 분자의 포도당으로 이루어진 이당류의 종류 및 구조

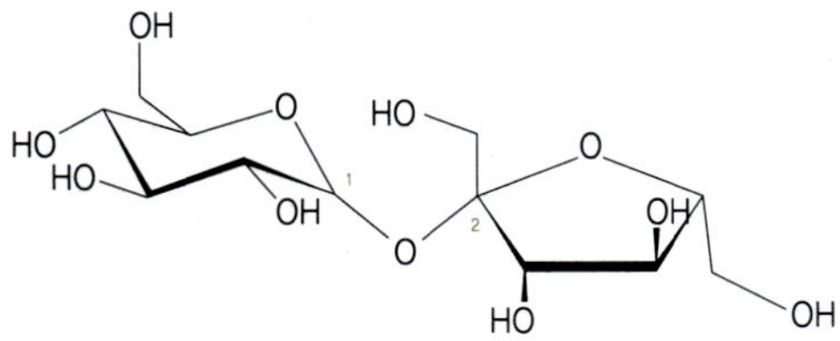

sucrose
[α-D-glucopyranosyl-(1→2)-β-D-fructofuranose]

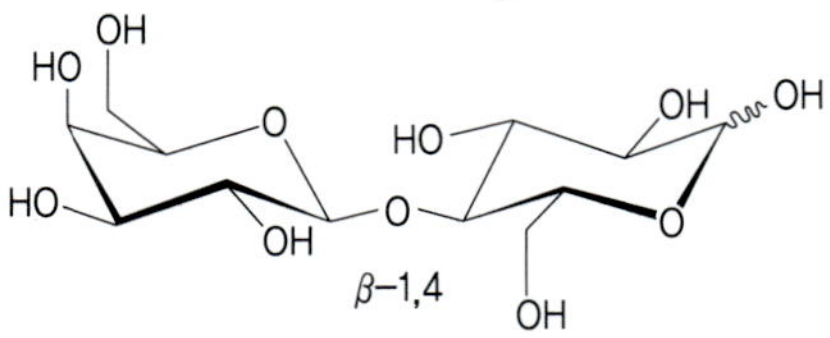

lactose
[β-D-galactopyranosyl-(1→4)-D-glucopyranose]

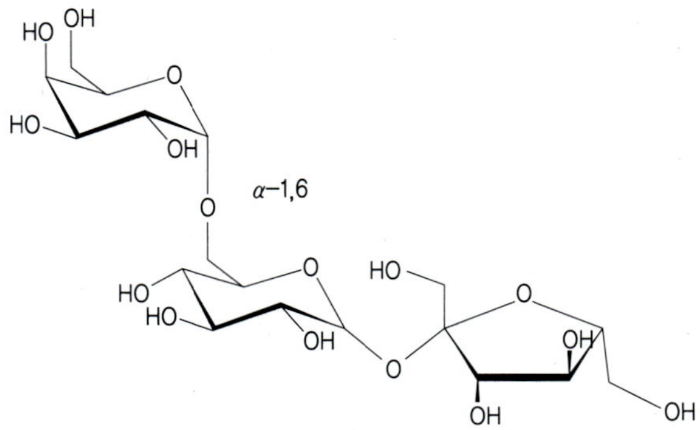

raffinose
[α-D-galactopyranosyl-(1→6)-α-D-glucopyranosyl-(1→2)-β-D-fructofuranose]

그림 7-10 • 슈크로스, 젖당, 라피노스의 구조

삼당류이다.

3) 올리고당류

올리고당은 여러 개의 단당으로 구성된 당을 통칭하는 용어로 명확한 기준은 없으나 보통 3개에서 10개 정도의 단당이 결합되어 있다(그림 7-11). 올리고당은 자연계에 천연적으로 존재하기도 하지만 식품산업에 이용되는 올리고당은 대부분 효소의 가수분해반응(hydrolysis)이나 글리코실기전달반응(transglycosylation)을 이용하여 생산된다. 올리고당은 식품첨가물로서 널리 이용되고 있으며 우리 몸에 유익한 기능을 수행하는 기능올리고당(functional oligosaccharide)도 여기에 포함된다. 이 단원에서는 올리고당의 구조와 기본적인 특성을 소개하고, 올리고당의 생산방법 및 효소의 작용 메커니즘은 뒤에서 자세히 다루기로 한다.

말토올리고당(maltooligosaccharide)은 2~6개 정도의 포도당이 α-(1→4) 결합으로 연결되어 있는 올리고당으로 $(Glc)_n$의 구조를 가지고 있으며 엿당(G2), 말토트라이오스

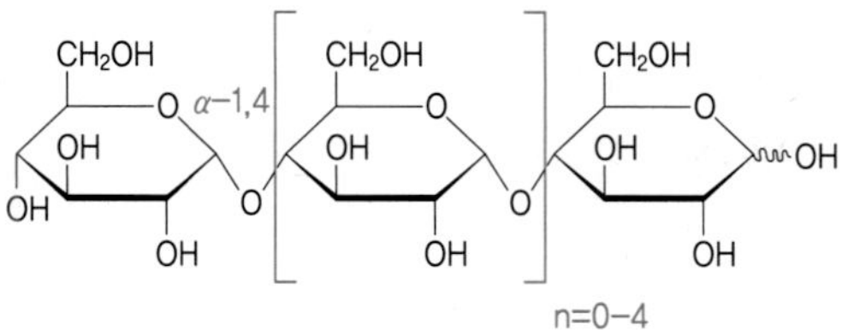

maltooligosaccharides
[α-D-glucopyranosyl-(1→4)$_n$-D-glucopyranose]

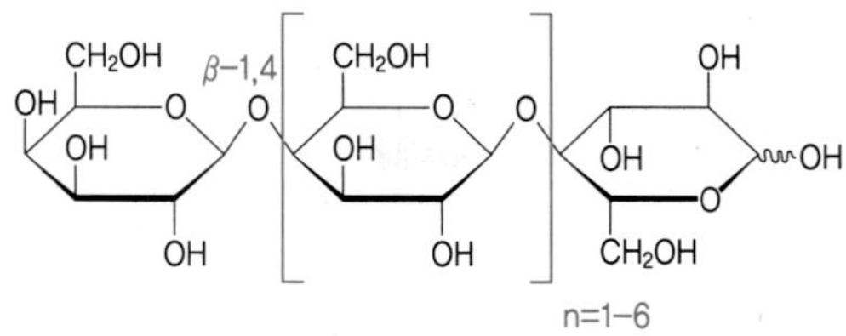

galactooligosaccharides
[β-D-galactopyranosyl-(1→3/4/6)$_n$-D-glucopyranose]

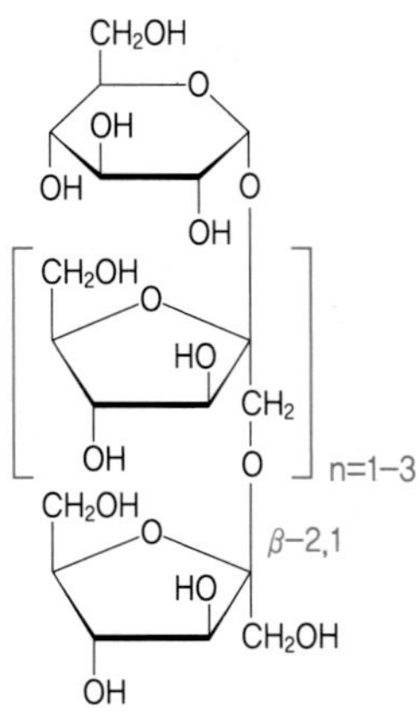

fructooligosaccharides
[α-D-glucopyranosyl-(1→2)-β-D-fructofuranosyl-(2→1)$_n$-β-D-fructofuranose]

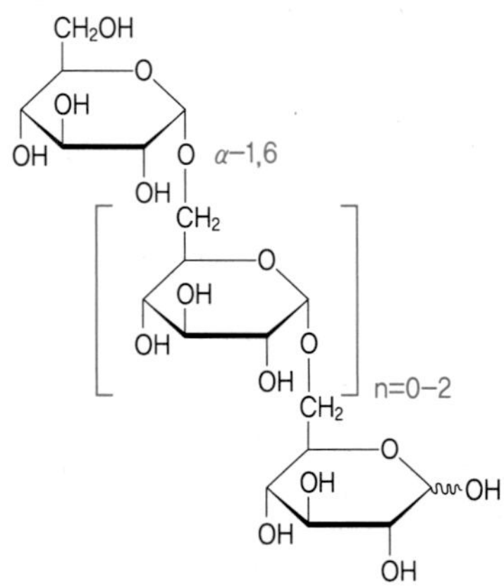

isomaltooligosaccharides
[α-D-glucopyranosyl-(1→6)$_n$-D-glucopyranose]

그림 7-11 • 올리고당의 종류와 구조

(maltotriose, G3), 말토테트라오스(maltotetraose, G4) 등이 주성분이다. 녹말을 알파아밀레이스(α-amylase)로 가수분해하여 생산하며, 단맛이 적고 점도가 낮아 식품의 물성을 개선하기 위한 용도로 널리 사용된다.

프럭토올리고당(fructooligosaccharide, FOS), 갈락토올리고당(galactooligosaccharide, GOS), 아이소말토올리고당(isomaltooligosaccharide, IMO)은 모두 기능올리고당으로 많이 사용되고 있으며, 비피두스균의 증식을 촉진하는 생육인자인 비피두스인자(bifidus factor)로 작용하여 장내 유해세균의 생장 억제에 도움을 준다. 또한 체내에서 소화 및 흡수가 거의 이루어지지 않아 열량이 낮고 충치를 예방할 수 있는 대체 감미료로 이용되고 있다.

프럭토올리고당은 슈크로스의 과당 잔기에 1~3개의 과당이 β-(2→1) 결합으로 연결된 올리고당으로 Glc-(Fru)$_n$의 구조를 가지고 있으며 1-케스토스(1-kestose, GF2), 니스토스(nystose, GF3), 프럭토실니스토스(fructosylnystose, GF4) 등으로 구성되어 있다. 프럭토올리고당은 바나나, 양파, 아스파라거스, 치커리 뿌리 등의 식물체에서 추출할 수 있으나 주로 과당의 다당체인 이눌린(inulin)을 이눌린가수분해효소(inulinase)로 가수분해하거나 슈크로스로부터 베타프럭토퓨라노시데이스(β-fructofuranosidase)의 글리코실기전달반응을 이용하여 생산한다.

갈락토올리고당은 1~7개의 갈락토스가 β-(1→3), β-(1→4), 또는 β-(1→6) 결합으로 연결되고 마지막에 포도당 한 분자가 결합되어 있는 올리고당으로 $(Gal)_n$-Glc의 구조를 가지고 있다. 중합도가 2~3인 경우 위의 결합이 골고루 존재하나 중합도가 커질수록 β-(1→4) 결합이 주가 된다. 갈락토올리고당은 모유에도 소량 존재하는 올리고당으로, 젖당을 기질로 베타갈락토시데이스(β-galactosidase)의 글리코실기전달반응을 이용하여 생산한다.

아이소말토올리고당은 2~4개의 포도당이 α-(1→6) 결합으로 연결되어 있는 올리고당으로 아이소말토스(isomaltose, IG2), 아이소말토트라이오스(isomaltotriose, IG3), 아이소말토테트라오스(isomaltotetraose, IG4) 등이 주성분이다. 아이소말토올리고당은 엿당을 기질로 포도당전달효소(transglucosidase)의 글리코실기전달반응을 이용하여 생산한다.

4) 다당류

다당류는 많은 수의 단당류 또는 그 유도체들이 글리코사이드결합으로 연결된 탄수화물이며, 자연계에 존재하는 탄수화물의 대부분이 다당류이다. 다당류는 종류에 따라 크기가 매우 다양하나 일반적으로 100~100,000개의 단당류가 결합되어 있으며 분자량이 16,000~16,000,000 Da에 이른다. 다당류의 구조 및 특성은 다당류를 구성하는 당의 종류 및 조성과 더불어 글리코사이드결합의 종류에 따라 크게 바뀌게 된다. 예를 들어 녹말과 셀룰로스는 모두 포도당을 기본단위로 하는 다당류이지만 녹말은 α-(1→4) 결합으로 이루어진 반면 셀룰로스는 β-(1→4) 결합으로 이루어져 있기 때문에 그 구조 및 생리학적 기능에 큰 차이를 보인다. 다당류를 구성하는 글리코사이드결합의 종류는 α- 및 β-결합 각각에 대하여 1→2, 1→3, 1→4, 그리고 1→6 결합 등으로 다양하다. 또한 구성당이 직쇄상 또는 분지상으로 연결될 수 있어 다당류의 구조는 매우 복잡하다.

다당류는 구성당의 조성에 따라 한 가지 종류의 단당류로 이루어진 호모다당류(homopolysaccharide)와 두 가지 이상의 단당류로 이루어진 헤테로다당류(heteropolysaccharide)로 구분할 수 있다. 녹말, 셀룰로스, 글리코젠(glycogen)은 모두 포도당을 구성당으로 하는 호모다당류이며, 펙틴(pectin), 헤미셀룰로스(hemicellulose) 등은 헤테로다당류에 속한다.

다당류에 작용하는 가수분해효소는 식품산업에서 매우 유용하게 사용되고 있으며, 식품 소재를 생산하거나 공정을 개선하기 위한 용도로 주로 사용된다.

(1) 녹말

녹말은 셀룰로스와 함께 식물에 존재하는 대표적인 다당류로서 광합성을 통하여 생산된 포도당을 저장하기 위한 탄수화물이다. 녹말은 식물의 줄기, 뿌리, 종자, 덩이줄기(tuber) 등에 분포하며 2~150 μm 크기의 불용성의 미세한 입자(granule) 형태로 존재한다. 녹말은 포도당으로만 이루어진 호모다당류로 아밀로스(amylose)와 아밀로펙틴(amylopectin)으로 구성되어 있다. 아밀로스는 포도당이 α-(1→4) 결합으로 길게 연결된 직쇄상의 다당류이며 아밀로펙틴은 α-(1→4) 결합 이외에 약 5%의 포도당이 α-(1→6)

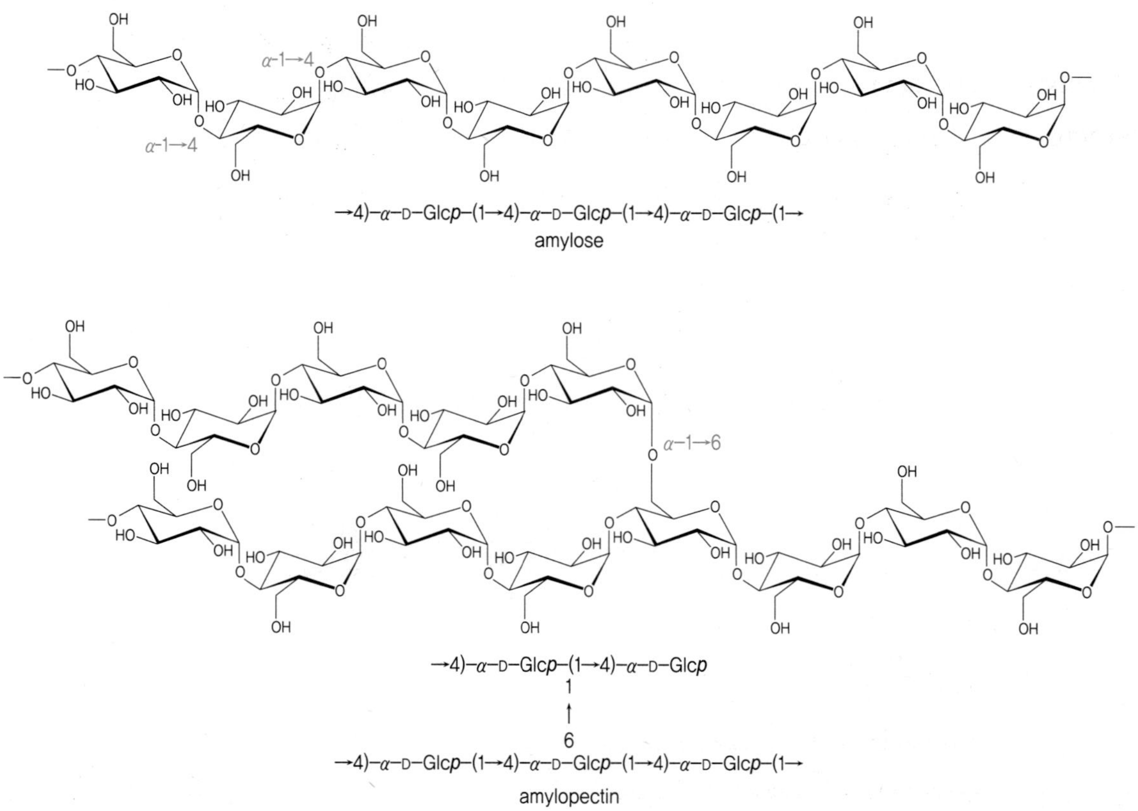

그림 7-12 • 아밀로스와 아밀로펙틴의 부분 구조

결합으로 분지되어 있는 형태이다(그림 7-12). 따라서 아밀로펙틴의 가지당 포도당의 평균 중합도(degree of polymerization, DP)는 20 정도이다. 아밀로스는 약 250~5,000개의 포도당이 모여 이루어지는 반면 아밀로펙틴은 이보다 훨씬 많은 1만~10만 개의 포도당으로 구성되어 분자량이 크다. 일반적으로 녹말의 아밀로펙틴 함량은 70~85%로 아밀로스보다 많은 양을 차지하고 있으며 찹쌀, 찰옥수수, 찰보리 등은 거의 대부분 아밀로펙틴으로만 구성되어 있다.

아밀로스를 구성하는 포도당은 ① 환원성 말단의 1분자, ② 비환원성 말단의 1분자, 그리고 ③ C-1과 C-4가 결합에 참여하고 있는 많은 수의 포도당 분자 등 세 가지 종류로 구분할 수 있다. 아밀로스는 물에 용해되어 있을 때 나선 구조(helical structure)를 가지고 있으며 나선 한 회전당 6~8개의 포도당으로 구성되어 있다. 나선 구조의 내부는 상대적으로 소수성(hydrophobic)을 가지므로 아이오딘이나 지방산 등과 쉽게 결합할 수 있는 특징이 있다.

아밀로펙틴은 비교적 짧은 길이의 아밀로스 사슬이 α-(1→6) 결합으로 서로 연결되어 나뭇가지와 유사한 구조를 가진다(그림 7-13). 아밀로펙틴을 구성하는 포도당은 ① 환원성 말단의 1분자, ② C-1과 C-4가 결합에 참여하고 있는 많은 수의 포도당 분자, ③ 분지된 지점에서 C-1, C-4, C-6가 결합에 참여하고 있는 5%의 포도당 분자, 그리고 ④ 비환원성 말단에 5%의 포도당 분자 등 네 가지 종류로 구분할 수 있다.

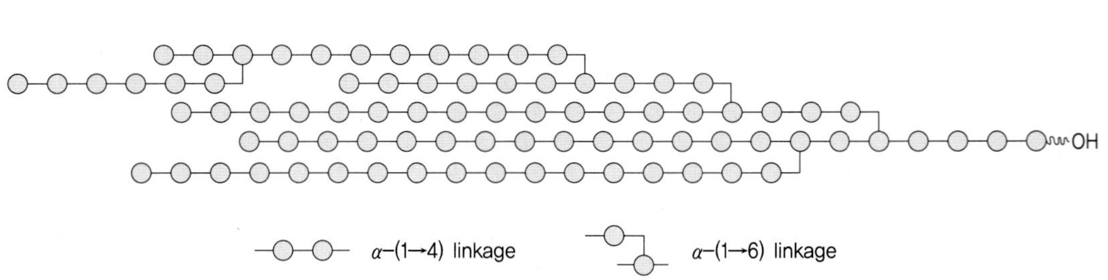

그림 7-13 • 아밀로펙틴 클러스터의 구조

(2) 셀룰로스

셀룰로스는 지구상에서 가장 많이 존재하는 탄수화물로서 고등식물의 세포벽을 구성하는 주성분이다. 셀룰로스는 녹말과 같이 포도당만으로 이루어진 호모다당류이지만 α-(1→4) 결합이 아닌 β-(1→4) 결합으로 이루어진 직쇄상의 구조를 가진다(그림 7-14).

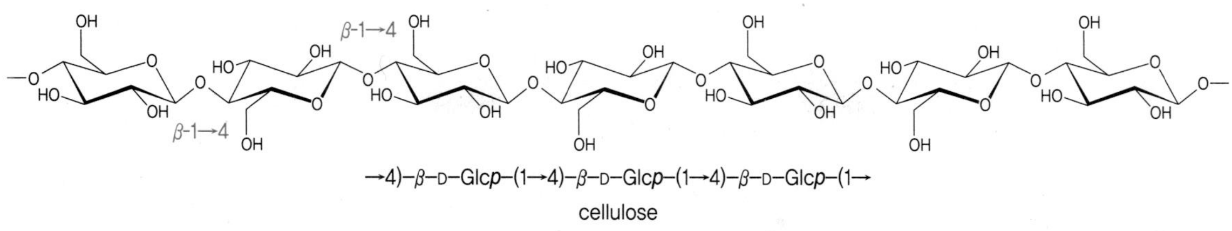

그림 7-14 ● 셀룰로스의 구조

사슬당 2,000~10,000개의 포도당이 β-(1→4) 결합으로 연결된 셀룰로스는 분자 간의 수소결합(hydrogen bond)이 쉬운 구조가 되므로 여러 개의 셀룰로스 사슬들이 서로 평행하게 결합을 형성하여 물에 용해되지 않는 섬유상의 구조를 이룬다. 이와 같은 구조는 매우 견고하여 식물 세포벽에 강한 지지력을 제공하게 된다.

(3) 펙틴

펙틴은 모든 식물에서 발견되는 탄수화물로 세포벽이나 세포와 세포 사이에 존재하는 물질이다. 펙틴은 세포들을 서로 결착시켜 주는 성분으로서 식물의 모양을 유지시켜 주는 중요한 역할을 한다. 펙틴은 특히 과일에 다량으로 존재하는데 과숙이 될 경우 펙틴이 분해되어 조직이 물러진다. 따라서 펙틴은 채소류나 과실류의 가공과 저장 중에 신선도 및 조직감을 유지하기 위한 중요한 요인이 된다. 펙틴은 젤(gel)을 형성하는 능력이 뛰어나 식품에서 잼이나 젤리의 원료로 널리 사용되고 있다.

펙틴은 기본 구성당인 D-갈락투론산(D-galacturonic acid)이 α-(1→4) 결합으로 연결된 직쇄상의 다당류로 D-갈락투론산의 카복실기(−COOH)는 그 자체로, 또는 메틸 에스터(methyl ester, $-COOCH_3$)의 형태로 존재한다. D-갈락투론산은 D-갈락토스의 C-6에 존재하는 알코올기($-CH_2OH$)가 카복실기(−COOH)로 산화된 당이다. 펙틴의 분자량

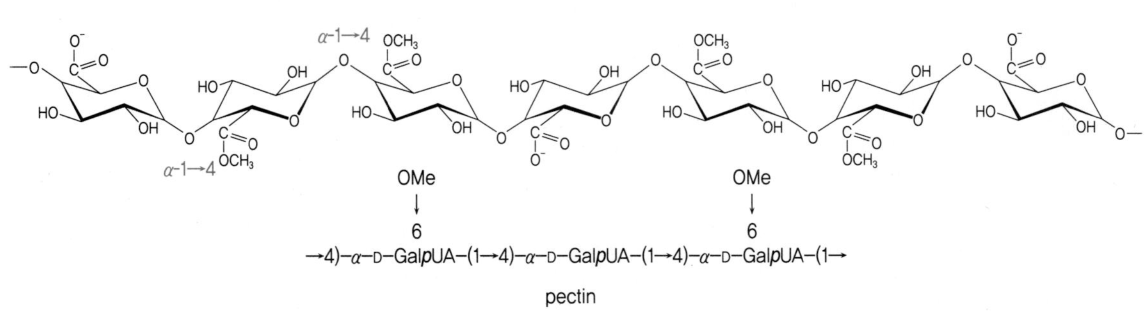

그림 7-15 ● 펙틴의 구조

은 20,000~400,000 정도이며 일부 소수의 D-갈락투론산 잔기에는 L-람노피라노스(α-L-rhamnopyranose)가 α-(1→2) 결합으로 연결되어 있다.

3. 탄수화물 관련 효소

탄수화물의 종류가 다양한 만큼 이와 관련된 효소의 종류와 특성 또한 매우 다양하다. 탄수화물 관련 효소는 수행하는 반응에 따라 ① 글리코사이드결합을 가수분해하는 효소(glycoside hydrolase), ② 당의 일부를 다른 당으로 전달하는 글리코실기전달효소, ③ 다당류의 글리코사이드결합을 β-제거반응(β-elimination reaction)으로 분해하는 효소(polysaccharides lyase), 그리고 ④ 탄수화물에 존재하는 에스터결합(ester bond)을 가수분해하는 에스터가수분해효소(esterase) 등으로 구분할 수 있다. 식품산업에 응용되는 탄수화물 관련 효소는 주로 가수분해효소와 글리코실기전달효소이며 포도당산화효소(glucose oxidase)와 같은 산화환원효소(oxidoreductase)도 많이 이용된다. 글리코실기전달효소는 글리코실기전달반응과 함께 가수분해반응을 동시에 수행하는 경우도 많다.

이 단원에서는 식품에 적용되는 탄수화물 관련 효소의 반응 메커니즘과 작용하는 기

표 7-2 • 기질에 따른 효소의 구분 및 특성

구분	기질	효소	EC번호	효소반응[1]	반응 메커니즘[2]
녹말 관련 효소	녹말	α-amylase	3.2.1.1	GH	R
	녹말	β-amylase	3.2.1.2	GH	I
	녹말	glucoamylase	3.2.1.3	GH	I
	소당류	α-glucosidase	3.2.1.20	GH/GT	R
	풀룰란	pullulanase	3.2.1.41	GH	R
	아밀로펙틴	isoamylase	3.2.1.68	GH	R
	녹말	CGTase	2.4.1.19	GH/GT	R
	녹말/CD/풀룰란	maltogenic amylase	2.4.1.133	GH/GT	R
슈크로스 및 젖당 관련 효소	슈크로스	β-fructofuranosidase	3.2.1.26	GH/GT	R
	젖당	β-galactosidase	3.2.1.23	GH/GT	R
셀룰로스 관련 효소	셀룰로스	endoglucanase	3.2.1.4	GH	R/I
	셀룰로스	exocellobiohydrolase	3.2.1.19	GH	I
	셀룰로스	exoglucohydrolase	3.2.1.74	GH	R
	셀로바이오스	β-glucosidase	3.2.1.21	GH	R/I
펙틴 관련 효소	펙틴	polygalacturonase	3.2.1.15	GH	I
	펙틴	pectin methylesterase	3.1.1.11	CE	-
	펙틴	pectin lyase	4.2.2.10	PL	-

[1] GH : glycoside hydrolases; GT : glycosyl-transferase; CE : carbohydrate esterase; PL : polysaccharides lyase

[2] R : retaining enzyme; I : inverting enzyme

질에 따라 효소를 분류하여 그 특성을 설명한다(표 7-2). 즉, 녹말 관련 효소, 슈크로스 및 젖당 관련 효소, 셀룰로스 관련 효소, 그리고 펙틴 관련 효소 등으로 구분하였으며, 각각에 해당하는 효소에 대한 특성을 위주로 살펴보도록 한다.

1) 가수분해효소와 글리코실기전달효소의 효소반응 메커니즘

탄수화물을 가수분해하는 효소는 반응에 참여하는 글리코사이드결합의 아노머 형태(α- 또는 β-결합)가 반응 후에도 유지되는지의 유무에 따라 유지효소(retaining enzyme)와 전환효소(inverting enzyme)로 구분할 수 있다. 유지효소는 기질의 아노머 형태가 반응 산물에도 동일하게 유지되며(α-결합→α-결합 또는 β-결합→β-결합) 전환효소는 아노머 종류가 반대로 바뀌게 된다(α-결합→β-결합 또는 β-결합→α-결합). 녹말 관련 효소 중 알파아밀레이스와 풀룰란가수분해효소(pullulanase)는 α-결합이 그대로 유지되는 유지효소이며 베타아밀레이스(β-amylase)와 글루코아밀레이스(glucoamylase)는 α-결합이 β-결합으로 전환되는 전환효소이다.

일반적으로 글리코사이드결합을 가수분해할 때 효소의 촉매자리에 존재하는 두 가지 아미노산 잔기가 중요한데 그중 하나는 양성자(proton, H^+)를 제공하는 산(acid)의 역할을 하며 나머지 하나는 친핵체(nucleophile) 또는 양성자를 받는 염기(base)의 역할을 수행한다. 이 두 가지 아미노산은 보통 카복실기(−COOH)를 가지고 있는 아스파트산(aspartic acid) 또는 글루탐산(glutamic acid)으로 구성된다.

(1) 유지효소

유지효소는 이중치환 메커니즘(double displacement mechanism)을 통하여 가수분해반응 또는 글리코실기전달반응이 이루어진다(그림 7-16). 이중치환 메커니즘에서 효소는 기질의 일부분과 공유결합으로 연결된 당-효소의 중간체(intermediate)를 형성한 후 물 분자(가수분해의 경우)나 또 다른 당(글리코실기전달의 경우)에 전달하는 두 단계의 반응을 수행하며 이때 글리코사이드결합의 아노머 형태는 α-결합에서 β-결합으로 전환되었다가 다시 α-결합으로 돌아오거나 또는 β-결합→α-결합→β-결합의 과정을 거친다. 따라서 처음의 아노머 형태가 반응 후에도 그대로 유지된다. 효소의 촉매잔기(catalytic residue)는 카복실기를 가지고 있는 두 개의 아미노산으로 구성되며 그중 하나는 산과 염기로, 나머지 하나는 친핵체로 작용한다.

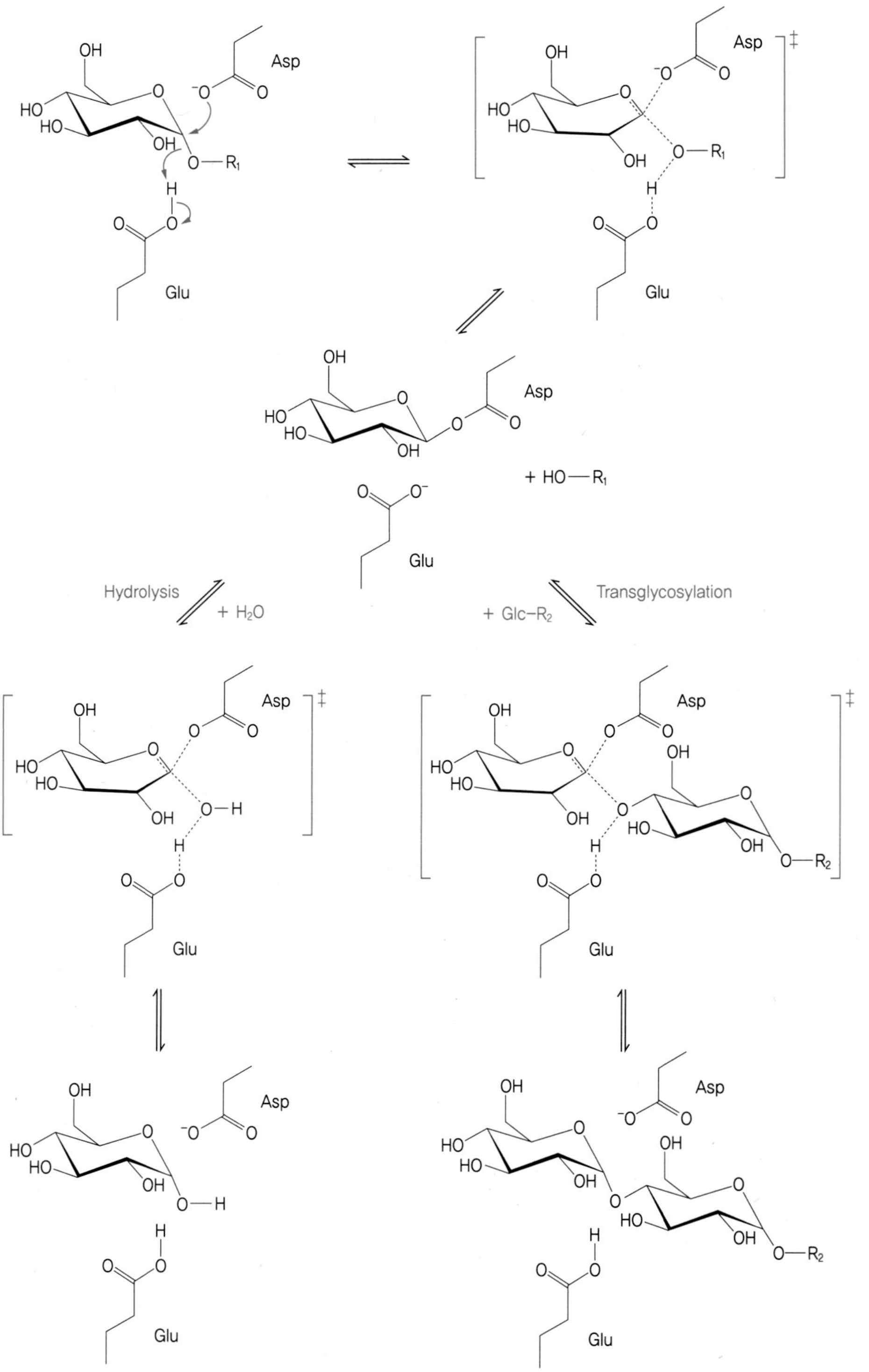

그림 7-16 • 유지효소의 이중치환 메커니즘

이중치환 메커니즘의 첫 번째 단계에서 촉매잔기(그림 7-16에서 Glu)의 카복실기(−COOH)는 양성자를 제공하는 산의 역할을 하며, 또 다른 촉매잔기(그림 7-16에서 Asp)의 카복실기(−COO⁻)는 기질의 C-1을 공격하는 친핵체로 작용한다. 이때 기질의 C-1은 전기음성도가 큰 산소 원자와 인접하고 있어 전자가 부족한 상태(δ^+)이므로 전자가 풍부한 촉매잔기(Asp)의 $-COO^-$에 의하여 공격(nucleophilic attack)을 받게 되며 이 반응은 또 다른 촉매잔기(Glu)의 −COOH로부터 양성자를 제공받아 원활하게 이루어진다. 그 결과 기질의 일부분이 효소의 촉매잔기(Asp)와 공유결합으로 연결된 중간체가 생성되며 기질의 나머지 부분은 떨어져 나가게 된다. 이때 당-효소 간 결합의 아노머 형태는 처음 기질이 가지고 있던 아노머 형태와 반대가 되어 α-결합이 β-결합으로, 또는 β-결합이 α-결합으로 바뀌게 된다.

두 번째 단계에서 당-효소의 중간체는 새로운 친핵체와 반응하게 되며 가수분해반응일 경우 물이 친핵체가 되지만 글리코실기전달반응일 경우는 또 다른 당이 친핵체로서 작용한다. 친핵체에 존재하는 하이드록실기(-OH)의 산소 원자는 전자가 풍부하므로 당-효소 중간체의 C-1 탄소를 공격하며 이때 앞에서 산으로 작용했던 촉매잔기(Glu)가 이번에는 염기로서 작용하여 양성자를 가져오게 된다. 그 결과 당-효소의 중간체로부터 당이 분리되고 효소는 원래의 형태로 되돌아가는데 가수분해반응일 경우 C-1에 하이드록실기(-OH)가 결합되어 가수분해 산물이 생기지만 글리코실기전달반응일 경우는 새로운 글리코사이드결합이 생성되면서 글리코실기전달반응 산물이 만들어진다. 이때 당-효소 중간체가 형성하고 있던 결합의 아노머 형태는 다시 반대로 전환되어 원래 기질이 가지고 있던 아노머 형태로 돌아가게 된다. 결과적으로 이중치환 메커니즘에서 글리코사이드결합의 아노머 형태는 반응 전과 후가 동일하게 유지된다.

(2) 전환효소

전환효소는 단일치환 메커니즘(single displacement mechanism)을 통하여 가수분해가 이루어진다(그림 7-17). 단일치환 메커니즘에서 효소는 공유결합으로 연결된 당-효소의 중간체를 거치지 않고 친핵체로 작용하는 물 분자와 함께 한 단계만으로 반응을 완료한다.

단일치환 메커니즘에서 촉매잔기(그림 7-17의 Glu)의 카복실기(−COOH)는 양성자를 제공하는 산으로 작용하고, 또 다른 촉매잔기(그림 7-17의 Asp)의 카복실기(−COO⁻)는 양성자를 받아오는 염기로서 작용한다. 전자가 부족한 기질의 C-1을 전자가 풍부한 물 분자

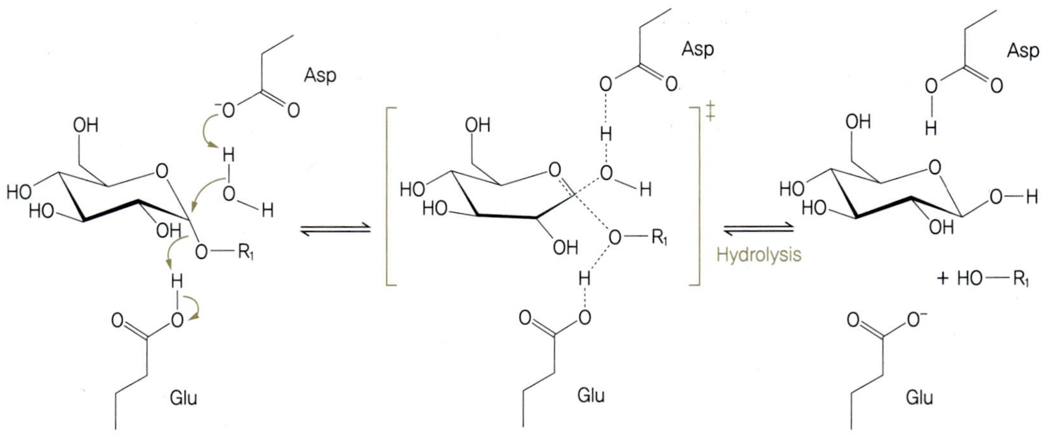

그림 7-17 • 전환효소의 단일치환 메커니즘

의 산소 원자가 공격하면서 반응이 시작되는데 Asp의 $-COO^-$는 물 분자로부터 양성자를 받아 오며, 동시에 Glu의 $-COOH$는 기질에게 양성자를 제공함으로써 전체적인 반응이 원활하게 이루어진다. 결과적으로 글리코사이드결합이 가수분해되어 두 개의 가수분해 산물이 생성되는데 이때 기질의 아노머 형태는 α-결합이 β-결합으로, 또는 β-결합이 α-결합으로 바뀌게 된다. 따라서 단일치환 메커니즘에서 글리코사이드결합의 아노머 형태는 반응 전과 후가 서로 반대가 된다.

2) 녹말 관련 효소

녹말은 식품산업에서 가장 많이 사용하는 원료 중 하나이며, 녹말로부터 생산되는 다양한 종류의 녹말당은 식품 소재로 널리 사용된다. 녹말은 포도당이 α-(1→4) 결합으로만 연결된 아밀로스와 여기에 α-(1→6) 결합으로 분지된 형태를 가진 아밀로펙틴으로 구성되어 있다(그림 7-12 참고). 이 단원에서는 α-결합을 가지는 올리고당에 작용하는 효소도 함께 다루고자 한다. 식품산업에 사용되는 녹말 관련 효소는 주로 가수분해효소와 글리코실기전달효소이며, 글리코실기전달효소는 가수분해활성도 함께 가지고 있다.

(1) 아밀레이스

아밀레이스(amylase)란 녹말을 가수분해하는 효소를 말하며, 1811년 Kirchhoff가 녹말이 아밀레이스에 의하여 분해되는 것을 발견한 이후 아밀레이스의 역사가 곧 효소의 역사라고 할 수 있을 만큼 오래전부터 연구되어 왔다.

아밀레이스는 현재까지 식품산업에서 가장 많이 이용되는 효소이며 그 작용 특성에 따라서 알파아밀레이스, 베타아밀레이스, 글루코아밀레이스, 그리고 알파글루코시데이스(α-glucosidase)로 구분할 수 있다.

① 알파아밀레이스

알파아밀레이스(4-α-D-glucan glucanohydrolase, EC 3.2.1.1)는 녹말을 가수분해하여 덱스트린(dextrin)과 말토올리고당을 생성하는 효소로 녹말을 구성하는 아밀로스와 아밀로펙틴에 모두 작용한다(그림 7-18). 알파아밀레이스는 녹말의 내부에 위치하고 있는 α-(1→4) 결합을 무작위로 가수분해하는 엔도 형식(endo-type)의 효소이며 α-(1→6) 결합은 가수분해할 수 없다. 따라서 아밀로펙틴에 존재하는 α-(1→6) 결합은 알파아밀레이스에 의하여 가수분해되지 못하고 α-(1→6) 결합이 포함된 올리고당이 남게 되는데 이를 알파한계덱스트린(α-limit dextrin)이라 한다. 알파아밀레이스는 유지효소이므로 가수분해 산물의 환원성 말단은 기질과 동일한 α-아노머로 유지된다.

알파아밀레이스는 미생물과 동식물에 널리 분포되어 있는 효소로 녹말을 분해하여 에너지원을 공급하는 역할을 담당하며, 식품산업에 이용되는 알파아밀레이스는 대부분 미생물에서 생산된다. 녹말의 액화에 많이 사용하는 내열성 알파아밀레이스는 *Bacillus licheniformis*나 *B. stearothermophilus*로부터 생산된 효소를 이용하는데 이 효소들은 칼슘이온(Ca^{2+})이 존재할 경우 100°C 이상에서도 활성을 유지하므로 산업적으로 유용하게 사용된다.

알파아밀레이스는 녹말당의 가공, 연료용 에탄올의 생산, 주정의 생산, 제빵 등의 식품산업에 널리 이용되며 섬유의 풀빼기(desizing) 공정, 세제 등의 용도로도 많이 사용된다.

② 베타아밀레이스

베타아밀레이스(4-α-D-glucan maltohydrolase, EC 3.2.1.2)는 녹말 또는 말토올리고당의 비환원성 말단으로부터 엿당을 연속적으로 생성하는 엑소 형식(exo-type)의 효소로 α-(1→4) 결합에만 작용하며 α-(1→6) 결합이 있는 곳에서는 더 이상 진행하지 못하고 반응이 멈추게 된다(그림 7-18). 따라서 아밀로펙틴과 같이 α-(1→6) 결합이 존재하는 기질은 비환원성 말단으로부터 α-(1→6) 결합 전까지의 부분적인 가수분해만 가능하므로 비교적 큰 분자량의 베타한계덱스트린(β-limit dextrin)이 남게 된다. 베타아밀레이스는 전환효소이므로 생성된 엿당의 아노머 형태는 기질과 반대인 β-형태가 된다.

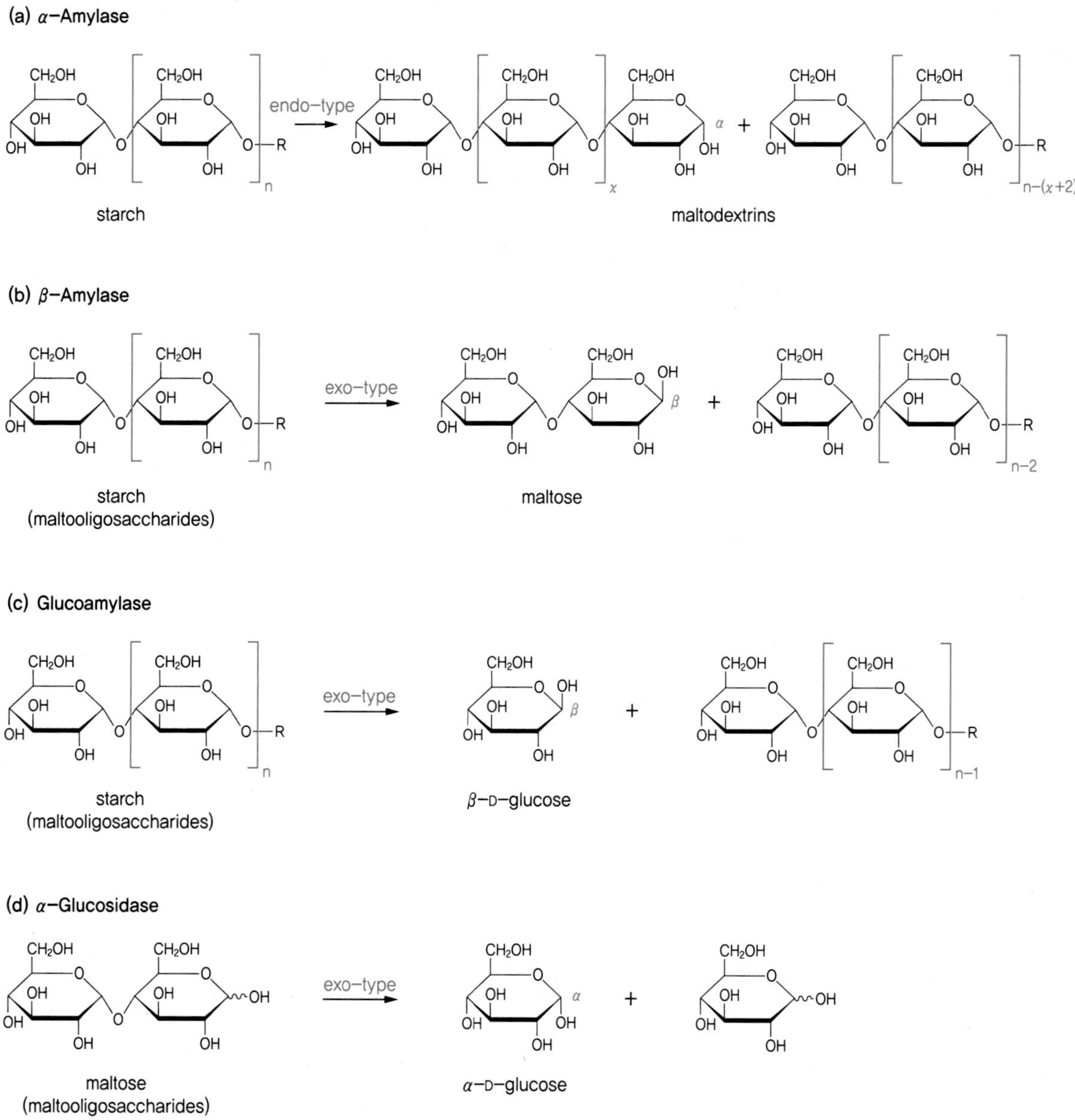

그림 7-18 • 아밀레이스의 효소반응

자연계에 골고루 분포하는 알파아밀레이스와는 달리 베타아밀레이스는 고등식물과 일부 미생물에서만 발견된다. 특히, 고구마의 덩이줄기에는 가용성 단백질의 5%가 베타아밀레이스일 정도로 많은 양이 포함되어 있으며, 식품 소재로 사용되는 엿기름(malt)의 주된 아밀레이스이기도 하다. 미생물 유래의 베타아밀레이스는 *B. cereus*, *B. polymyxa*, *B.*

megaterium 등으로부터 생산된다.

베타아밀레이스는 녹말로부터 엿당시럽(maltose syrup)을 생산하는 데 주로 이용되며, 맥주 가공에서 효모가 발효할 수 있는 발효당(fermentable sugar)을 생산하는 역할을 수행한다.

③ 글루코아밀레이스

글루코아밀레이스(4-α-D-glucan glucohydrolase, EC 3.2.1.3)는 녹말 또는 말토올리고당의 비환원성 말단으로부터 포도당을 연속적으로 생성하는 엑소 형식(exo-type)의 효소로 α-(1→4) 결합뿐만 아니라 α-(1→6) 결합도 가수분해한다(그림 7-18). 따라서 녹말을 100% 가수분해하여 포도당으로 전환시킬 수 있다. 그러나 α-(1→6) 결합을 분해하는 속도가 α-(1→4) 결합에 비하여 느리므로 녹말을 모두 분해하기 위해서는 많은 시간이 소요된다. 글루코아밀레이스는 베타아밀레이스와 같은 전환효소이므로 생성된 포도당의 아노머 형태는 기질과 반대인 β-형태가 된다. 그러나 생성된 β-D-글루코피라노스의 일부분은 변광회전현상으로 인하여 시간이 지남에 따라 α-D-글루코피라노스로 전환되므로 용액 중에 함께 존재하게 된다.

글루코아밀레이스는 주로 곰팡이에 분포하며 소수의 세균(bacteria)과 효모에서 발견된다. 산업적으로 많이 이용되는 글루코아밀레이스는 대부분 *Aspergillus*와 *Rhizopus*로부터 생산된다.

글루코아밀레이스는 녹말로부터 포도당을 생산하는 녹말당산업에 주로 이용되며, 주정 또는 연료용 에탄올을 생산할 때 효모가 이용할 수 있는 발효당을 생산하기 위한 용도로도 활용된다.

④ 알파글루코시데이스

알파글루코시데이스(α-D-glucoside glucohydrolase, EC 3.2.1.20)는 비교적 작은 분자량의 말토올리고당 또는 소당류의 비환원성 말단으로부터 포도당을 연속적으로 가수분해하는 엑소 형식의 효소로 글루코아밀레이스와 유사한 활성을 가지고 있다(그림 7-18). 그러나 글루코아밀레이스는 분자량이 큰 기질에 작용하며 β-D-글루코피라노스를 생성하는 반면 알파글루코시데이스는 작은 분자량의 기질에 작용하며 α-D-글루코피라노스를 생성하는 점이 다르다. 포유류의 소장에서 분비되는 알파글루코시데이스는 슈크로스를 분해하는 슈크레이스(sucrase) 활성과 α-(1→6) 결합을 분해하는 아이소말테이스

(isomaltase) 활성을 함께 가지고 있다. 알파글루코시데이스는 유지효소이므로 생성된 포도당의 아노머 형태는 기질과 동일한 α-형태가 된다. 알파글루코시데이스는 가수분해반응뿐만 아니라 글리코실기전달반응도 함께 수행하므로 포도당전달효소라 불리기도 한다. 포도당전달효소의 글리코실기전달반응은 다음 단원에서 설명하기로 한다.

알파글루코시데이스는 곰팡이와 세균 등의 미생물과 동식물에 분포하고 있으며 산업적으로는 *Aspergillus niger*에서 분리한 알파글루코시데이스(포도당전달효소)가 아이소말토올리고당의 생산에 활용되고 있다.

(2) 분지제거효소

분지제거효소(debranching enzyme)는 아밀로펙틴, 글리코젠, 풀룰란(pullulan) 및 분지덱스트린(branched dextrin)의 α-(1→6) 결합을 선택적으로 분해하는 효소를 말하며 마치 나무의 가지치기와 유사한 역할을 수행한다. 그 결과 α-(1→4) 결합만으로 이루어진 직쇄형의 반응 산물이 생성된다.

분지제거효소로는 풀룰란가수분해효소와 아이소아밀레이스(isoamylase)가 대표적이다. 이들은 탄수화물의 결합 구조를 분석하는 데 유용하게 사용되며, 풀룰란가수분해효소는 녹말당산업에서 다른 효소의 반응을 도와 공정이 효율적으로 진행될 수 있도록 하는 용도로 많이 사용되고 있다.

① 풀룰란가수분해효소

풀룰란가수분해효소(pullulan 6-α-glucanohydrolase, EC 3.2.1.41)는 풀룰란(말토트라이오스가 α-1→6 결합으로 연결된 다당류)의 α-(1→6) 결합을 가수분해하여 말토트라이오스를 생성하며, 아밀로펙틴과 분지덱스트린의 α-(1→6) 결합도 가수분해한다(그림 7-19). 알파한계덱스트린과 베타한계덱스트린의 α-(1→6) 결합을 가수분해하므로 알파아밀레이스 또는 베타아밀레이스와 함께 반응시킬 경우 녹말을 완전히 가수분해할 수 있다. 풀룰란가수분해효소는 α-(1→6) 결합으로 분지된 가지의 중합도가 3~5 정도로 비교적 작은 기질에 작용을 잘 하므로 가지 길이가 긴 기질에 작용하는 아이소아밀레이스와는 차이가 있다. 풀룰란가수분해효소가 가수분해할 수 있는 가지의 최소 중합도는 2이므로 단지 포도당만 α-(1→6) 결합되어 있는 경우는 가수분해할 수 없다(그림 7-34 참고).

풀룰란가수분해효소는 세균 및 식물에서 주로 발견되며 식물에 존재하는 풀룰란가수분해효소는 R-효소(R-enzyme)라고 불리기도 한다. 산업적으로 이용되고 있는 풀룰란

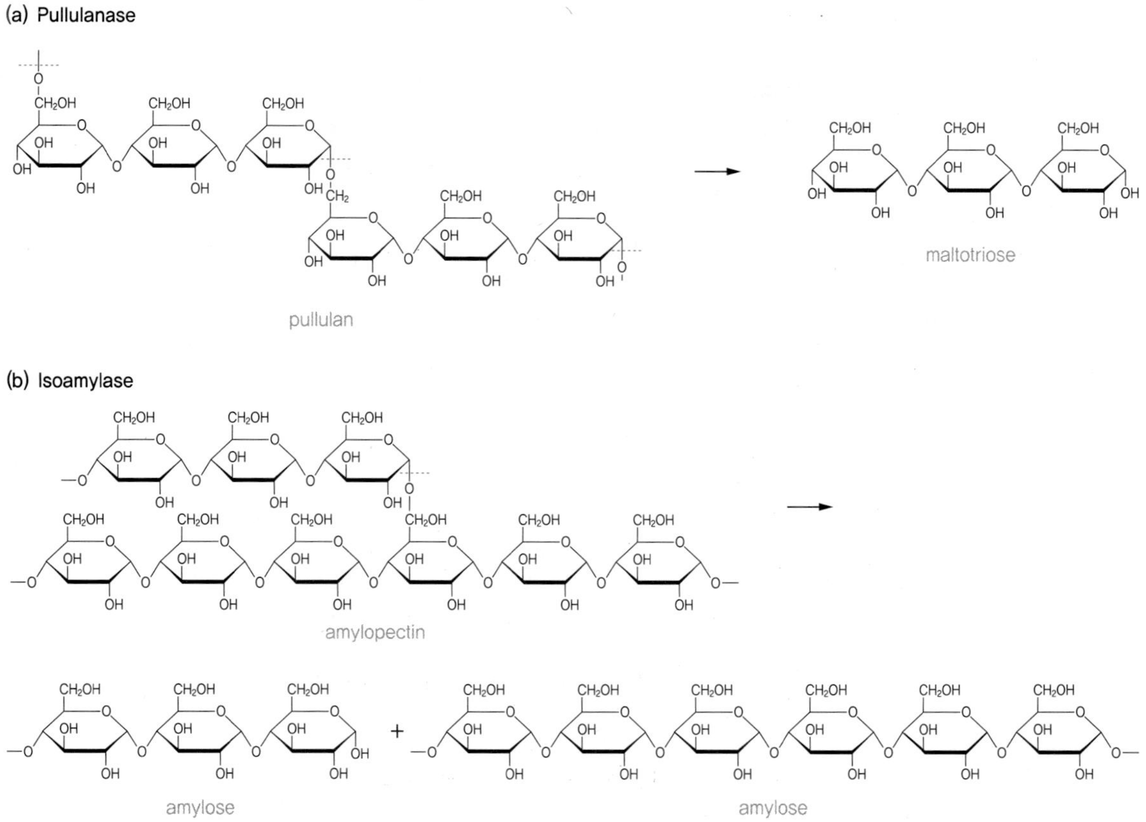

그림 7-19 • 분지제거효소의 효소반응

가수분해효소는 주로 *Bacillus acidopullulyticus*와 *Klebsiella pneumoniae*에서 유래한 것이며 녹말당 가공에서 액화녹말에 글루코아밀레이스와 함께 첨가되어 기질의 α-(1→6) 결합을 가수분해하는 역할을 수행한다.

풀룰란을 가수분해하는 비슷한 종류의 효소로 네오풀룰라네이스(neopullulanase, EC 3.2.1.35)와 아이소풀룰라네이스(isopullulanase, EC 3.2.1.57)가 있으며 이들은 풀룰란의 α-(1→4) 결합을 분해하여 각각 파노스(panose)와 아이소파노스(isopanose)를 생성한다(그림 7-20).

② 아이소아밀레이스

아이소아밀레이스(glycogen α-1,6-glucanohydrolase, EC 3.2.1.68)는 아밀로펙틴과 글리코젠과 같은 기질의 α-(1→6) 결합을 가수분해하는 효소로 풀룰란가수분해효소와 유사한 활성을 가지고 있다(그림 7-19). 그러나 아이소아밀레이스는 풀룰란을 가수분해하지

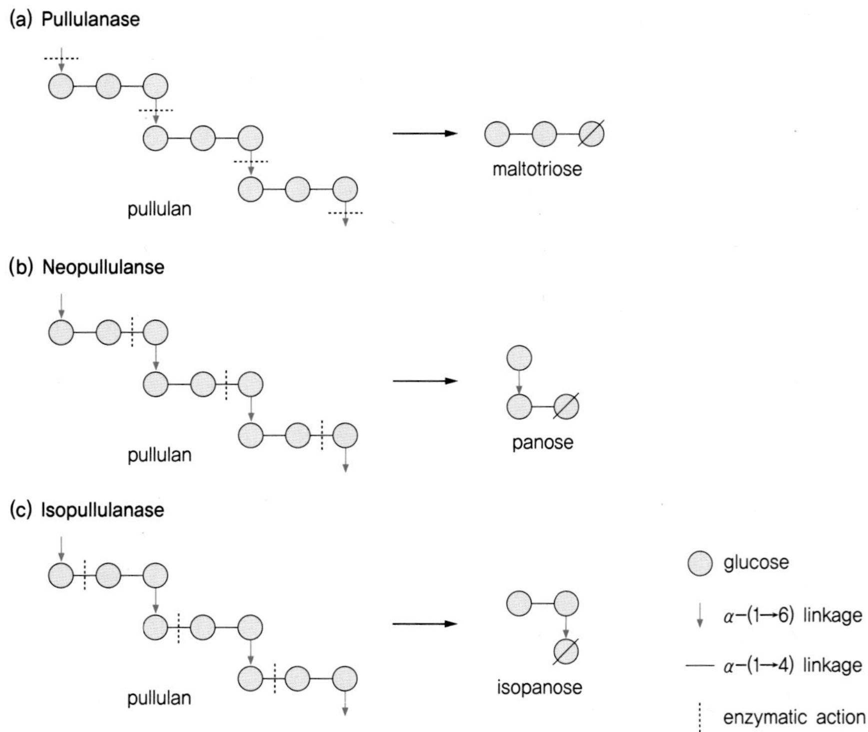

그림 7-20 • 풀룰란가수분해효소들의 효소반응

못하며 가지의 중합도가 2~3 정도인 기질의 α-(1→6) 결합도 가수분해할 수 없는 점이 풀룰란가수분해효소와의 차이점이다.

아이소아밀레이스는 고등식물과 미생물에서 발견되며 *Pseudomonas amyloderamosa*에서 유래한 효소가 산업적으로 생산되고 있다. 아이소아밀레이스는 녹말당 가공에서 풀룰란가수분해효소 대신 사용될 수 있으며 아밀로펙틴 또는 글리코젠의 가지 길이를 분석하여 탄수화물의 구조를 규명하는 용도로도 많이 사용된다.

(3) 글리코실기전달효소

녹말과 관련된 글리코실기전달효소는 기질의 일부분을 받개(acceptor)로 작용하는 또 다른 당으로 전달하는 기능을 수행하며, 이때에 생성되는 글리코사이드결합은 α-(1→4) 또는 α-(1→6) 결합이다. 녹말과 관련된 글리코실기전달효소는 주로 기능올리고당을 생산하는 데 이용되며 사이클로덱스트린글루카노트랜스퍼레이스(cyclodextrin glucanotransferase, CGTase), 포도당전달효소, 그리고 엿당생성아밀레이스(maltogenic amylase)가 대표적이다. 포도당전달효소는 알파글루코시데이스의 글리코실기전달반응활성을 강조한 이름으로 이 효소의 반응 메커니즘 및 산업적 이용은 다음 단원에서 설명하기로 한다.

① 사이클로덱스트린글루카노트랜스퍼레이스

CGTase〔(1→4)-α-D-glucan 4-α-D-[(1→4)-α-D-glucano]-transferase, EC 2.4.1.19〕는 가수분해와 글리코실기전달반응을 동시에 수행하는 효소로, 특히 분자 내 글리코실기전달반응을 통하여 사이클로덱스트린(cyclodextrin, CD)을 생산하는 특징을 가지고 있다(그림 7-21). CGTase는 매우 다양한 반응을 수행하는데 ① 녹말을 가수분해하여 말토올리고당을 생산하는 가수분해반응, ② 말토올리고당의 일부분을 다른 당에 전달하여 중합도가 다양한 말토올리고당을 생산하는 불균등화 반응(disproportionation), ③ 분자 내 글리코실기전달반응을 통하여 CD를 생산하는 고리화 반응(cyclization), 그리고 ④ 고리화 반응의 역반응으로 CD를 개환하여 다른 당에 전달하는 연결반응(coupling) 등이 있다.

CGTase는 녹말로부터 α-CD(포도당 6개가 α-1,4 결합으로 연결된 고리 구조), β-CD(포도

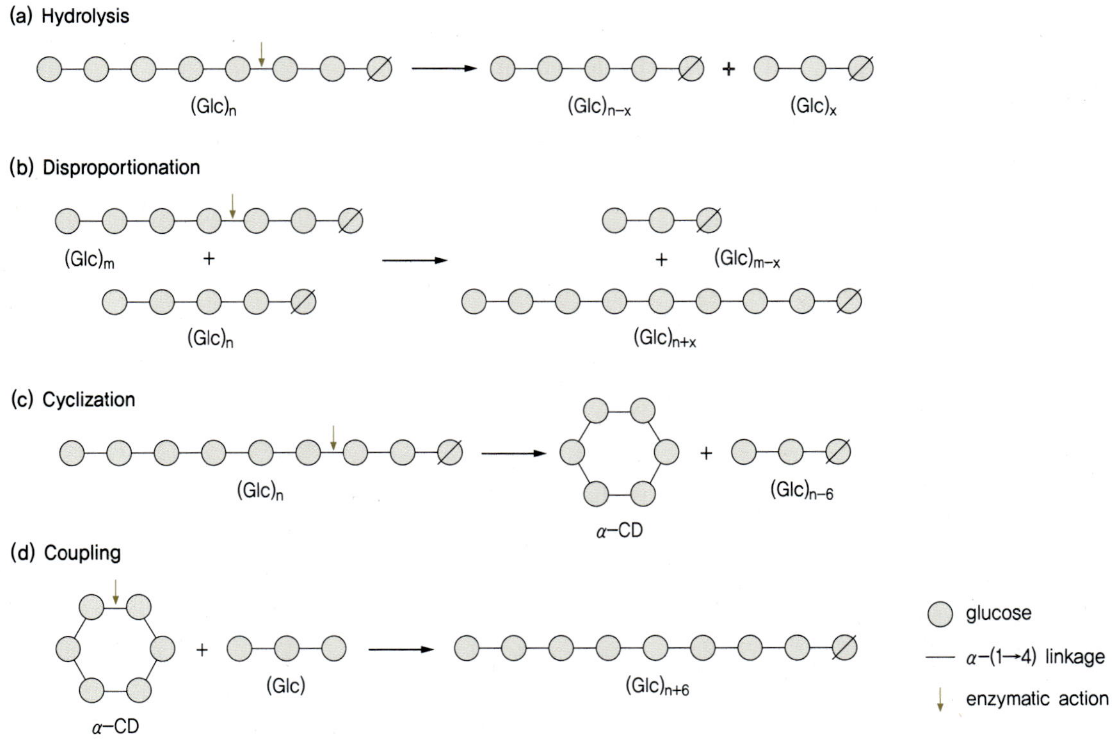

그림 7-21 • 사이클로덱스트린글루카노트랜스퍼레이스의 효소반응

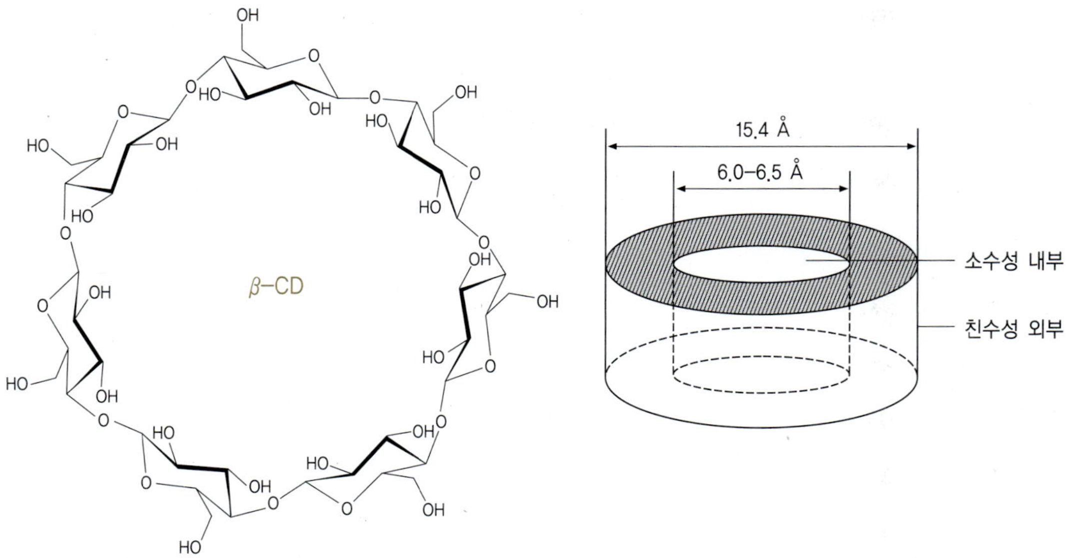

그림 7-22 • 베타사이클로덱스트린(β-CD)의 구조 및 특성

당 7개), 그리고 γ-CD(포도당 8개)를 생산하며 각 성분의 비율은 효소의 기원에 따라 차이가 있다. *Bacillus macerans*에서 유래한 CGTase는 α-CD가 주산물(α-CD : β-CD : γ-CD = 5.7 : 1 : 0.4)이며 *B. megaterium*의 CGTase는 β-CD를 주산물(α-CD : β-CD : γ-CD = 1 : 6.3 : 1.3)로 생산한다. CD는 속이 비어 있는 원통형 구조를 하고 있으며 원통의 내부는 소수성이고 외부는 친수성(hydrophilic)이어서 소수성 물질이 원통의 내부에 포함되는 내포화합물(inclusion complex)을 형성할 수 있다(그림 7-22). 따라서 소수성을 가지는 물질이 CD와 내포화합물을 형성하게 되면 물속에서 용액 상태로 안정하게 유지될 수 있다. 이러한 성질을 이용하여 식품이나 의약품에서 향기 성분이나 소수성 유효 성분을 운반하는 역할로 CD를 사용하고 있다.

CGTase는 미생물 중에서도 세균에서만 발견되며 특히 *Bacillus*균주에서 많이 발견된다. *B. macerans*, *B. megaterium*, *B. circulans*, *B. stearothermophilus*, *Klebsiella pneumoniae* 등이 대표적인 CGTase 생산균주이다.

② 엿당생성아밀레이스

엿당생성아밀레이스(4-α-D-glucan α-maltohydrolase, EC 2.4.1.133)는 녹말을 가수분해하여 엿당을 주산물로 생성하는 효소로 가수분해반응과 동시에 글리코실기전달반응을 수행하는 등 여러 가지 기능을 가지고 있는 효소이다(그림 7-23). 베타아밀레이스와 달리

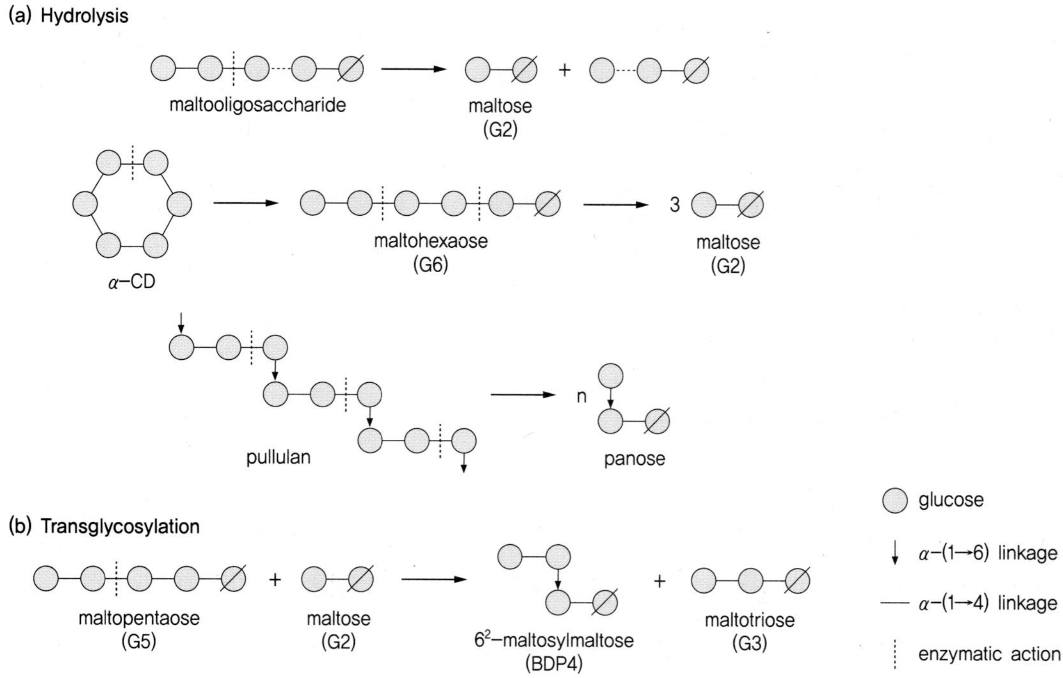

그림 7-23 ● 엿당생성아밀레이스의 효소반응

엿당생성아밀레이스는 유지효소이므로 생산되는 엿당은 α-아노머 형태를 가진다. 엿당생성아밀레이스(maltogenic amylase)는 녹말뿐만 아니라 사이클로덱스트린(CD), 풀룰란을 가수분해하며 녹말과 CD로부터는 주로 엿당을, 풀룰란으로부터는 파노스를 생산한다.

엿당생성아밀레이스는 기질의 비환원성 말단으로부터 엿당 단위를 받개로 작용하는 기질에 α-(1→4) 또는 α-(1→6) 결합으로 전달하는 글리코실기전달반응을 수행하는데 α-(1→4) 결합은 다시 가수분해되므로 α-(1→6) 결합을 가지는 분지올리고당(branched oligosaccharide)이 반응액에 축적된다. 엿당생성아밀레이스의 글리코실기전달반응에 대한 자세한 설명과 산업적 응용은 다음 단원에서 설명하기로 한다.

엿당생성아밀레이스는 미생물 중에서도 주로 세균에서 발견되며 *B. licheniformis*, *B. stearothermophilus*, *B. subtilis*, *Thermus* sp. IM6501, *Lactobacillus gasseri* 등의 균주에서 생산된다.

3) 슈크로스 및 젖당 관련 효소

슈크로스 및 젖당은 자연계에 존재하는 가장 흔한 이당류로 식품의 소재로도 널리 이용되는 당류이다. 슈크로스는 포도당과 과당이 α-(1→2) 결합으로 연결되어 있는 비환원당이며, 젖당은 갈락토스와 포도당이 β-(1→4) 결합으로 연결된 환원당으로 이들은 효소에 의하여 각각의 구성당으로 가수분해되거나 일부분이 다른 당으로 전달되는 글리코실기전달반응에 참여하게 된다. 슈크로스 및 젖당을 기질로 하여 글리코실기전달반응에 의하여 생산된 기능올리고당은 식품 소재로 널리 이용되고 있다.

(1) 베타프럭토퓨라노시데이스

베타프럭토퓨라노시데이스(β-D-fructofuranoside fructohydrolase, EC 3.2.1.26)는 슈크로스를 포도당과 과당으로 가수분해하는 효소로 인버테이스(invertase) 또는 슈크레이스(sucrase)라고 불리기도 한다(그림 7-24). 식품의 발효에 널리 사용되는 효모인 *Saccharomyces cerevisiae*는 원료에 포함된 슈크로스를 분해하여 발효당으로 이용하기

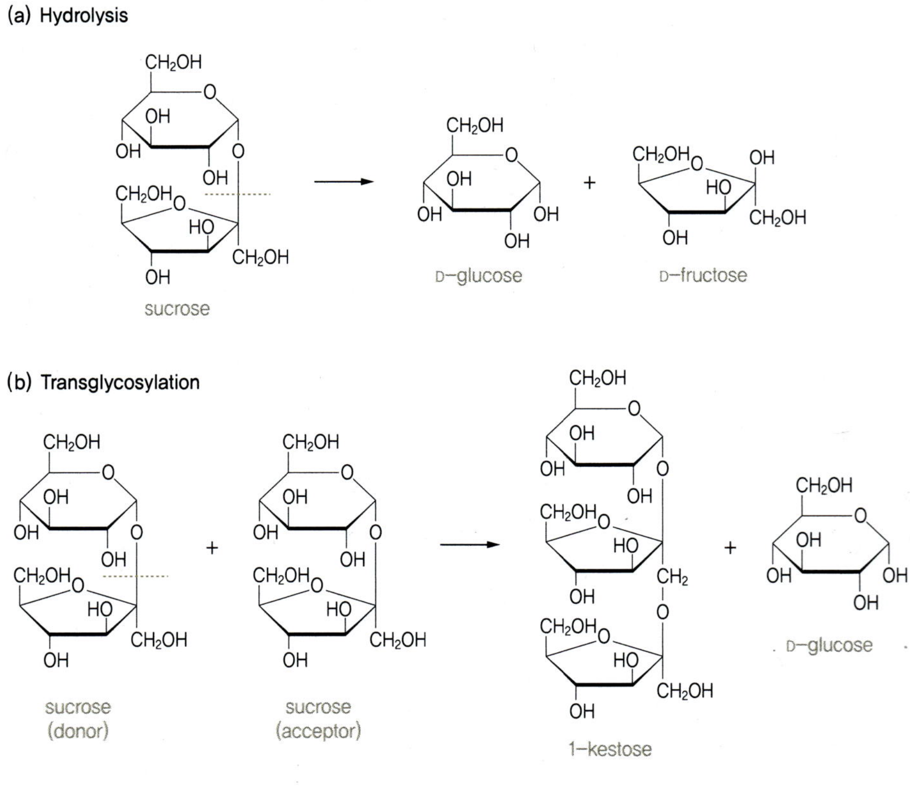

그림 7-24 • 베타프럭토퓨라노시데이스의 효소반응

위하여 이 효소를 분비한다. 식품산업에서 베타프럭토퓨라노시데이스는 중심부가 부드럽고 연하지만 바깥쪽이 단단한 초콜릿 캔디를 생산하는 데 주로 이용되어 왔다. 전체적으로 단단한 초콜릿 캔디를 제조한 후 중심부에 이 효소를 주입하면 내부가 부드럽고 말랑말랑해진다.

베타프럭토퓨라노시데이스는 글리코실기전달반응도 함께 수행하며 슈크로스의 과당잔기를 받개로 작용하는 또 다른 슈크로스에 β-(2→1) 결합으로 전달하여 프럭토올리고당을 생산한다(그림 7-24). 프럭토올리고당은 장내 유용세균의 증식을 돕고 칼로리가 낮은 기능올리고당으로 널리 이용되고 있다. 이와 관련된 내용은 다음 단원에서 자세히 설명하기로 한다.

베타프럭토퓨라노시데이스는 미생물과 동식물에 널리 분포되어 있으며 산업적으로는 *Aspergillus niger*에서 생산되는 효소가 프럭토올리고당의 생산에 사용되고 있다.

(2) 베타갈락토시데이스

베타갈락토시데이스(β-D-galactoside galactohydrolase, EC 3.2.1.23)는 젖당을 갈락토스

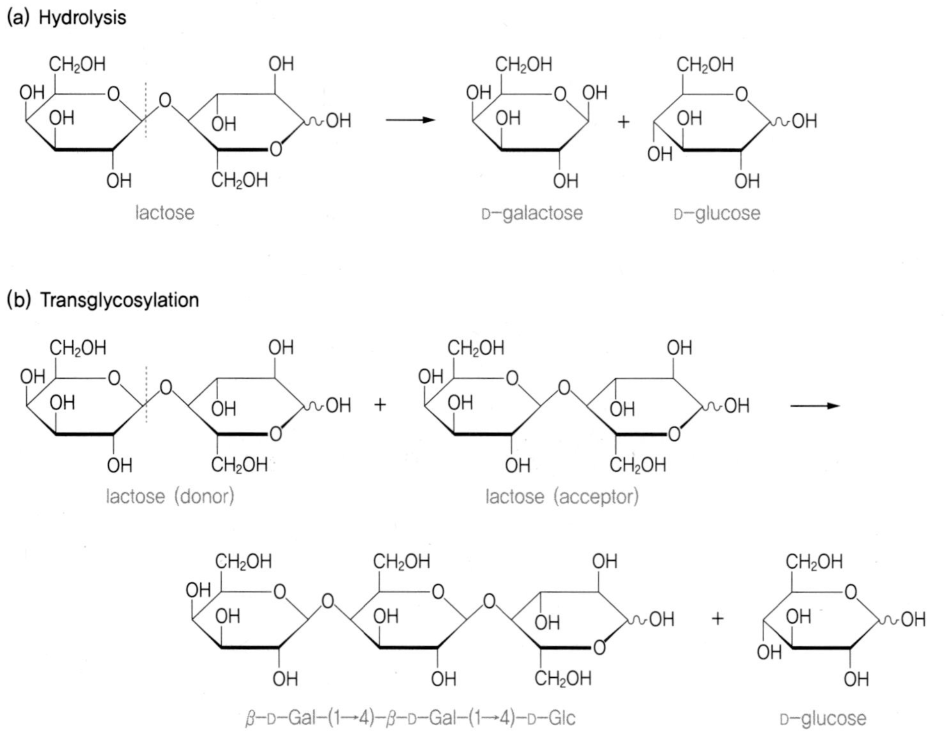

그림 7-25 • 베타갈락토시데이스의 효소반응

와 포도당으로 가수분해하는 효소로 젖당가수분해효소(lactase)라 불리기도 한다(그림 7-25). 베타갈락토시데이스는 유지효소이므로 생성되는 갈락토스는 기질과 동일한 β-아노머 형태를 가지게 된다. 베타갈락토시데이스는 식품영양학적으로 이용 가치가 높은데 젖당의 소화가 어려운 젖당못견딤증(lactose intolerance) 환자를 위하여 우유에 포함되어 있는 젖당을 분해하는 용도로 사용된다. 또한 치즈를 가공하고 남은 유청(whey)에는 고형분의 70% 이상이 젖당이므로 이를 구성당으로 분해하여 유제품, 제빵, 음료, 알코올 발효 등의 다양한 용도로 사용할 수 있다.

베타갈락토시데이스도 가수분해와 함께 글리코실기전달반응을 수행하며, 젖당의 갈락토스 잔기를 받개로 작용하는 또 다른 당에 β-(1→2), β-(1→3), β-(1→4), 또는 β-(1→6) 결합으로 전달하여 갈락토올리고당을 생산한다. 갈락토올리고당은 장내 유용세균의 증식을 돕는 기능올리고당으로 주로 유제품에 사용되고 있다. 이와 관련된 내용은 다음 단원에서 다시 한 번 설명하기로 한다.

베타갈락토시데이스는 곰팡이, 효모, 세균과 같은 미생물과 포유류의 소장에서 발견되며 산업적으로는 효모의 경우 *Kluyveromyces fragilis, K. lactis, Candida pseudotropicalis*에서 생산되는 효소를, 곰팡이의 경우 *Aspergillus niger*와 *A. oryzae*에서 생산되는 효소를 사용한다.

4) 셀룰로스 관련 효소

셀룰로스는 지구상에서 가장 많이 존재하는 탄수화물이지만 불용성이며 견고한 구조를 가지고 있어 효소에 의하여 분해되기 어려운 물질 중의 하나로 헤미셀룰로스, 펙틴 등과 함께 식물의 세포벽을 구성하는 탄수화물이다. 셀룰로스 관련 효소는 주로 셀룰로스

표 7-3 • 셀룰로스가수분해효소의 종류별 반응 특성

효소	계통명	EC 번호	기질	반응산물	가수분해형식
Endoglucanase	4-β-D-glucan 4-glucanohydrolase	3.2.1.4	cellulose	1,4-β-dextrins	endo
Exocellobiohydrolase	4-β-D-glucan cellobiohydrolase	3.2.1.91	cellulose	cellobiose	exo
Exoglucohydrolase	4-β-D-glucan glucohydrolase	3.2.1.74	cellulose	glucose	exo
β-Glucosidase	β-D-glucoside glucohydrolase	3.2.1.21	cellulose	glucose	exo

를 가수분해하는 셀룰로스가수분해효소들(cellulases)이며 효소활성에 따라 크게 네 종류의 효소(endoglucanase, exocellobiohydrolase, exoglucohydrolase, β-glucosidase)로 구분할 수 있다(표 7-3). 셀룰로스가수분해효소는 곡물, 채소, 과일 등을 원료로 가공하는 식품산업에서 제품의 수율을 높이거나 여과 등의 공정을 원활히 하는 용도로 많이 사용된다.

셀룰로스는 내부의 β-(1→4) 결합을 무작위로 분해하는 효소인 글루칸내부가수분해효소(endoglucanase)에 의하여 β-결합으로 이루어진 덱스트린이 생성되며 이는 알파아밀레이스에 의한 녹말의 가수분해와 유사하다(그림 7-26). 또한 셀룰로스는 엑소 형식의 효소인 말단셀로바이오하이드롤레이스(exocellobiohydrolase)와 말단글루코하이드롤레이스(exoglucohydrolase)에 의하여 각각 비환원성 말단으로부터 이당류인 셀로바이오스

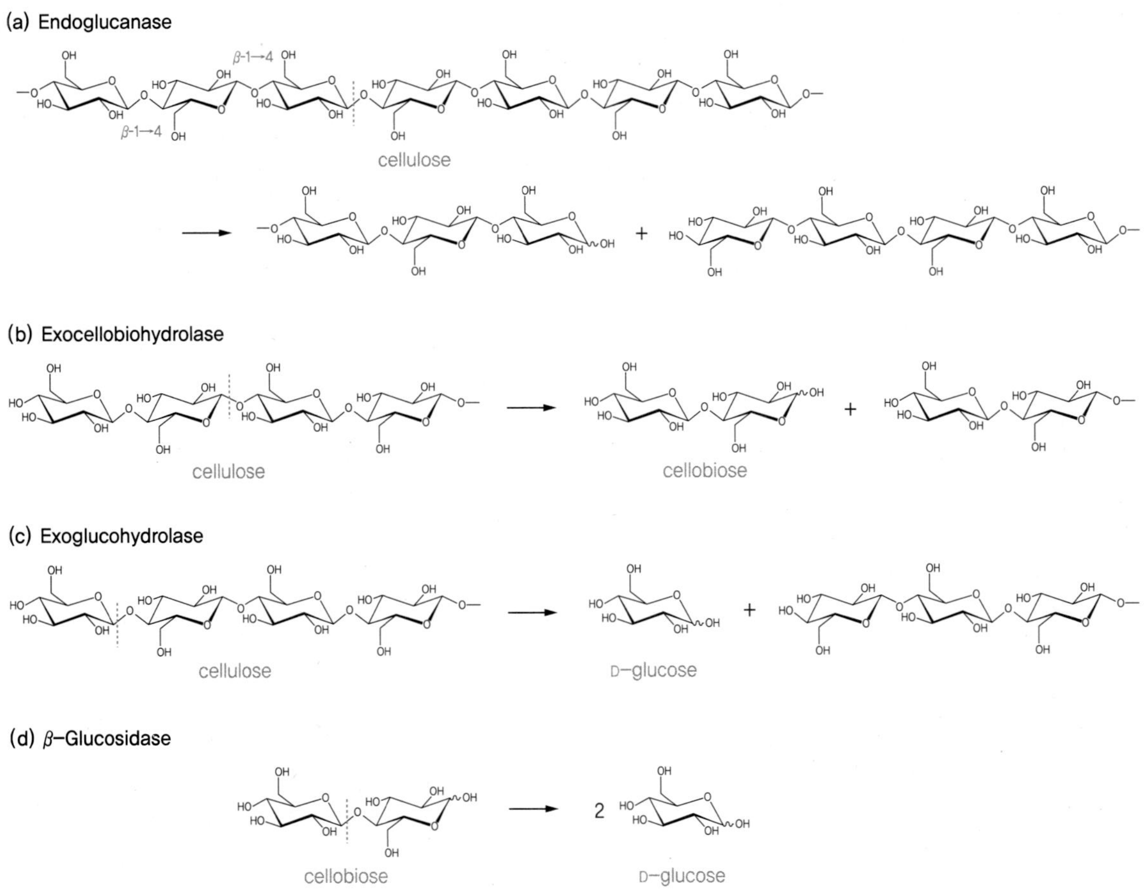

그림 7-26 • 여러 가지 셀룰로스가수분해효소의 효소반응

(cellobiose)와 포도당으로 분해되며 이 효소들은 녹말 가수분해의 경우 각각 베타아밀레이스와 글루코아밀레이스의 활성과 유사한다. 셀로바이오스는 마지막으로 베타글루코시데이스(β-glucosidase)에 의하여 포도당으로 가수분해된다.

셀룰로스가수분해효소는 곰팡이나 세균과 같은 미생물과 식물에 분포되어 있으며 식품산업에서 주로 이용되는 효소는 *Trichoderma reesei*와 *Humicola insolens*로부터 생산된다. 이들은 셀룰로스를 분해하기 위한 여러 가지 효소를 동시에 생산한다.

5) 펙틴 관련 효소

펙틴은 식물의 세포벽에 존재하는 탄수화물로 세포와 세포를 서로 결착시켜 주는 역할을 한다. 펙틴 물질은 5가지 성분으로 구성된 다양하고 복잡한 구조를 가지고 있지만 주요 성분은 호모갈락투로난(homogalacturonan)으로 갈락투론산이 α-(1→4) 결합으로 연결되어 있으며 일부는 C-6의 카복실기(−COOH)가 메톡실기(methoxyl, $-OCH_3$)로 치환되어 있다.

펙틴의 구조가 다양하고 복잡하기 때문에 여기에 작용하는 효소도 다양하나 여기에서는 대표적인 펙틴 관련 효소인 폴리갈락투로네이스(polygalacturonase), 펙틴메틸에스터가수분해효소(pectin methylesterase), 그리고 펙틴리에이스(pectin lyase)에 대하여 설명한다. 펙틴의 구조 및 여기에 작용하는 다양한 효소는 다음 단원에 간단히 소개되어 있다.

펙틴을 분해하는 효소는 셀룰로스가수분해효소와 함께 식물의 세포벽을 분해하는 용도로 사용되며 채소 및 과일을 원료로 가공하는 식품산업에서 수율을 증가시키거나, 여과 및 청정(clarification) 공정이 용이하도록 도와주는 역할을 수행한다.

(1) 폴리갈락투로네이스

폴리갈락투로네이스〔(1→4)-α-D-galacturonan glycanohydrolase, EC 3.2.1.15〕는 펙틴 내부의 α-(1→4) 결합을 무작위로 가수분해하는 효소로 펙틴의 분자량은 급격히 감소하게 된다(그림 7-27).

과일이 과숙되면 조직이 물러지는 현상은 바로 폴리갈락투로네이스의 작용 때문이다. 폴리갈락투로네이스는 펙틴메틸에스터가수분해효소와 함께 과일주스의 청정, 과즙의 추출, 식물세포의 액화 등에 응용되며 이와 관련된 내용은 다음 단원에서 자세히 다루기로 한다.

폴리갈락투로네이스는 고등식물에 널리 분포되어 있으며 곰팡이와 세균 같은 미생물

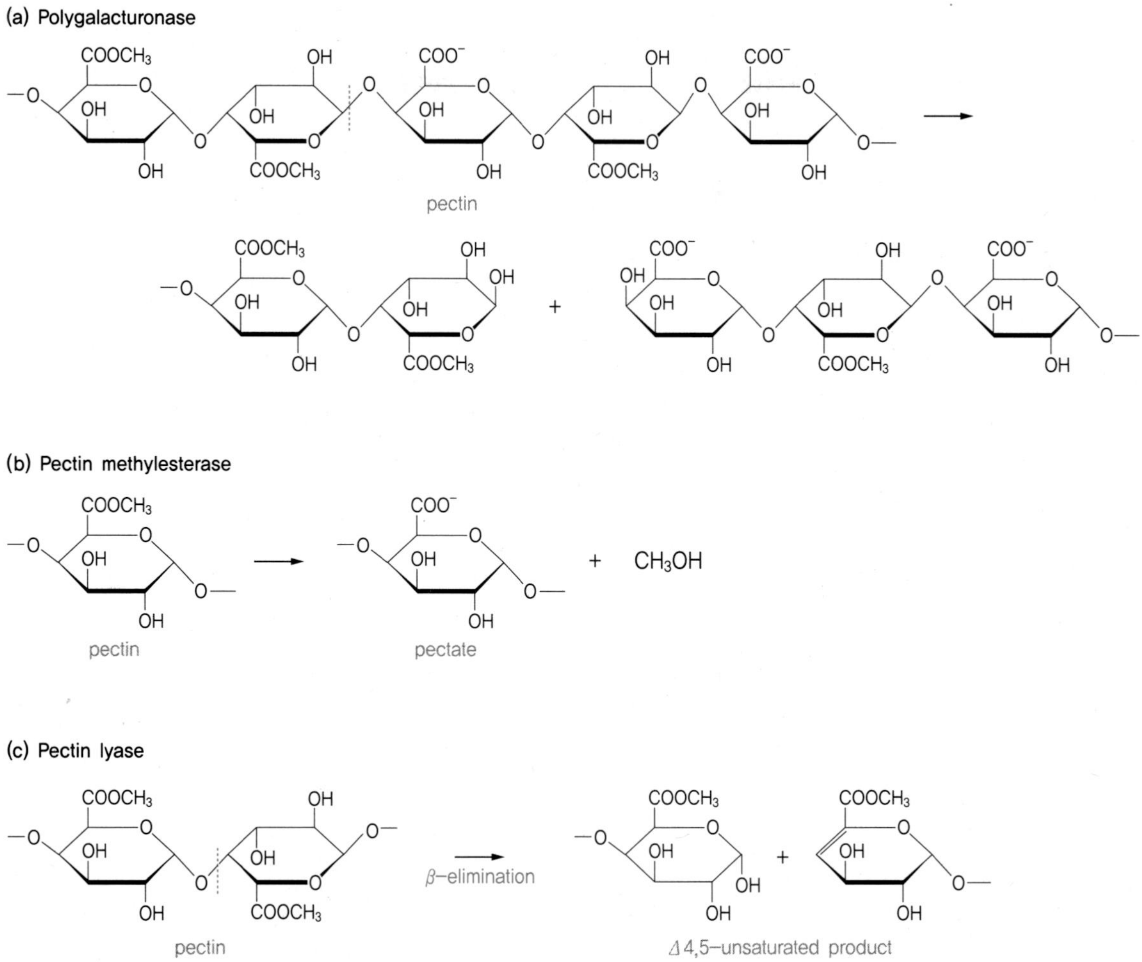

그림 7-27 ● 여러 가지 펙티네이스(pectinases)의 효소반응

에서도 발견된다. *Aspergillus niger*에서 유래한 폴리갈락투로네이스가 산업적으로 널리 이용되고 있다.

(2) 펙틴메틸에스터가수분해효소

펙틴메틸에스터가수분해효소(pectin pectylhydrolase, EC 3.1.1.11)는 펙틴의 카복실기에 치환되어 있는 메톡실기(−OCH_3)를 가수분해하여 −COOH와 메탄올(CH_3OH)을 생성하는 효소로 모든 메톡실기가 가수분해되면 펙틴은 펙트산(pectic acid)으로 전환된다(그림 7-27).

폴리갈락투로네이스와는 달리 펙틴의 기본 골격에는 영향을 주지 않으며 생성된 카복실산(carboxylic acid)의 음이온($-COO^-$)은 칼슘이온(Ca^{2+})과 결합하여 분자 간 가교를 형성할 수 있다. 분자 간 가교의 형성은 식물의 조직감을 증가시켜 주는 역할을 한다.

산업적으로 펙틴메틸에스터가수분해효소는 폴리갈락투로네이스와 함께 응용되며 *Aspergillus niger*에서 유래한 효소가 주로 사용되고 있다.

(3) 펙틴리에이스

펙틴리에이스〔(1→4)-6-*O*-methyl-α-D-galacturonan lyase, EC 4.2.2.10〕는 펙틴 내부의 α-(1→4) 결합을 β-제거반응을 통하여 분해하는 효소로 이중결합으로 불포화된 반응 산물이 생성된다(그림 7-27). 이때 물이 첨가되지 않으므로 가수분해반응과는 차이가 있다.

펙틴리에이스는 주로 곰팡이에서 발견되며 독립적으로 식품산업에 이용되기보다는 다른 펙틴 분해효소와 함께 혼합된 상태로 사용된다.

4. 식품산업에서 탄수화물 관련 효소의 이용

탄수화물 관련 효소는 다양한 분야에서 식품산업에 적용되고 있는데, 녹말당 및 기능올리고당의 생산, 과일주스의 가공 등에 주로 사용되며 그 외에도 제빵, 알코올 발효, 맥주 및 와인의 생산, 유가공 등에 이용된다. 〈표 7-4〉에서 보는 바와 같이 탄수화물 관련 효소가 식품산업에 적용되는 분야는 다양하지만 녹말로부터 포도당과 올리고당을 생산하여 식품 소재나 다른 제품의 중간 원료로 이용하기 위한 용도와, 펙틴 및 헤미셀룰로스 같은 식물의 세포벽 성분을 분해하여 전체적인 공정을 용이하게 하고 수율을 증가시키기 위한 용도로 주로 사용된다. 이 단원에서는 식품산업에서 탄수화물 관련 효소가 응용되는 대표적인 분야인 녹말당 및 기능올리고당의 생산과 과일주스의 가공에 대하여 자세히 다루어 보기로 한다.

탄수화물 관련 효소는 식품산업 이외에 세제, 섬유 및 동물사료와 관련된 산업에도 널리 이용되며 이에 대한 내용은 제10장에서 다루기로 한다.

1) 녹말당의 생산

설탕은 식품에 단맛을 주기 위한 용도로 사용되는 가장 기본적인 식품 소재이지만 비교적 고가인 단점이 있어 사용에 많은 제약이 따르게 된다. 따라서 설탕을 대체하기 위한

표 7-4 • 식품산업에 적용되는 탄수화물 관련 효소 및 역할

식품산업	효소	효소의 역할
녹말당 생산	α-amylase, glucoamylase, pullulanase, β-amylase, glucose isomerase	• 녹말의 액화 및 당화 • 포도당의 이성질화
기능올리고당 생산	β-fructofuranosidase, β-galactosidase, transglucosidase, maltogenic amylase	• 글루코실기전달반응을 이용한 올리고당의 합성
과일주스 가공	pectinase, hemicellulase, cellulase	• 세포벽 성분의 분해 • 주스의 수율 증가 • 침지, 청정 및 여과 공정 개선
제빵	xylanase, α-amylase, glucoamylase	• 반죽의 안정성 및 물성 개선 • 빵의 부피 증가 • 녹말의 노화 억제
알코올 발효	α-amylase, glucoamylase	• 녹말로부터 포도당 및 소당류를 생산하여 효모에 공급
맥주 제조	α-amylase, β-glucanase, xylanase	• 녹말의 액화 • β-glucan에 의한 제품의 혼탁 방지 • 추출 및 여과 공정 개선
와인 제조	pectinase, hemicellulase, cellulase	• 발효액의 점도 개선 • 침지, 청정 및 여과 공정 개선
유가공	lactase(β-galactosidase)	• 젖당을 분해하여 소화에 도움

목적으로 녹말을 효소적 방법으로 가수분해하여 생산된 다양한 녹말당이 산업적으로 널리 사용되고 있다. 옥수수, 밀, 감자 등에서 분리한 녹말에 효소를 첨가하여 가수분해하면 서로 다른 조성과 물성을 가지는 여러 종류의 녹말당을 생산할 수 있으며, 이들은 음료, 제과, 제빵, 아이스크림, 소스 등 매우 다양한 식품에 적용되고 있다. 녹말당은 식품에 단맛을 부여하는 것 이외에도 촉감을 부드럽게 하거나 저장성을 증가시키는 등의 다양한 역할을 수행한다. 녹말당이란 녹말을 산이나 효소를 이용하여 가수분해하여 얻은 제품들을 말하며 말토덱스트린(maltodextrin), 물엿, 포도당, 과당 등이 여기에 포함된다.

예전에는 녹말을 분해하기 위하여 산을 첨가한 후 고온(140～150°C)에서 가열하는 방법을 사용하였으나, 부산물이 많이 생성되고 고온 및 고압하에서 강산에 견디는 고가의 설비가 필요하며 가수분해 후 정제에 많은 시간과 비용이 소요되는 단점이 있었다. 이와 같은 단점을 해결하기 위하여 1960년대부터 효소에 의한 가수분해방법이 도입되기 시작하였으며 초기에는 글루코아밀레이스를 사용하여 녹말당을 생산하였다. 효소를 사용할 경우 수율이 증가하고 순도가 높아지므로 정제가 용이하며 반응 조건이 산가수분해법보다 훨씬 온화하므로 설비를 구축하는 비용이 저렴하다는 장점이 있다. 효소분해법은 내

열성 알파아밀레이스(thermostable α-amylase)가 개발되면서 녹말의 호화(gelatinization)와 액화(liquefaction)를 동시에 수행할 수 있어 공정이 더욱 간단해졌으며, 포도당이성질화효소(glucose isomerase)를 이용하여 포도당을 과당으로 전환시켜 설탕과 유사한 단맛을 내는 고과당시럽(high fructose syrup, HFS)을 생산하게 되었다.

녹말당의 생산과 관련된 효소 시장이 식품산업에 응용되는 효소들 중에서 가장 큰 비중을 차지하는 분야이며, 기존의 녹말당 이외에 다양한 생리 기능성을 가지는 기능성 당을 생산하는 효소의 개발이 끊임없이 진행되고 있다.

(1) 녹말당 생산에 사용되는 효소

녹말당의 생산에 사용되는 효소는 녹말을 가수분해하는 효소가 대부분이며 그 외에 포도당을 과당으로 전환시키는 이성질화효소(isomerase)가 있다. 가수분해효소로는 알파아밀레이스, 글루코아밀레이스, 풀룰란가수분해효소 및 베타아밀레이스가 사용되며 이성질화효소로 포도당이성질화효소가 사용된다.

알파아밀레이스(EC 3.2.1.1)는 호화된 녹말을 액화시키는 효소로서 녹말의 α-(1→4) 결합을 엔도 형식으로 가수분해하여 말토덱스트린을 생산한다(그림 7-28). 이때 녹말의 사슬 길이가 감소하면서 점도가 급격히 감소하게 된다. 알파아밀레이스는 α-(1→6) 결합을 가수분해할 수 없으므로 효소반응을 계속 진행하여도 분해되지 않는 알파한계덱스트린이 남게 된다.

글루코아밀레이스(EC 3.2.1.3)는 녹말 및 덱스트린의 비환원성 말단을 엑소 형식으로 가수분해하여 포도당을 생산한다(그림 7-28). 글루코아밀레이스는 α-(1→4) 결합과 α-(1→6)

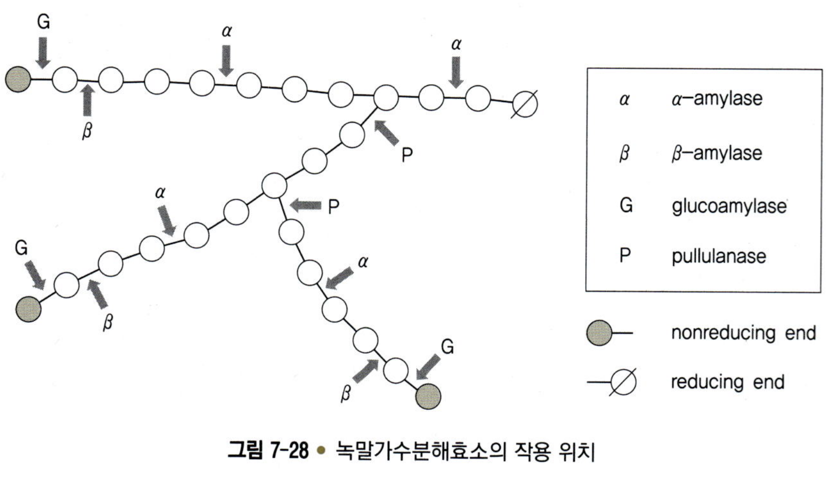

그림 7-28 • 녹말가수분해효소의 작용 위치

결합을 모두 분해할 수 있으므로 이론적으로는 글루코아밀레이스만으로 녹말을 포도당으로 100% 분해할 수 있다. 그러나 α-(1→6) 결합을 분해하는 속도가 α-(1→4) 결합을 분해하는 속도보다 매우 느리므로 많은 양의 효소로 오랜 시간 동안 반응해야 하는 단점이 있다.

풀룰란가수분해효소(EC 3.2.1.41)는 아밀로펙틴 및 덱스트린의 α-(1→6) 결합을 분해하는 효소로, 글루코아밀레이스와 함께 사용하여 녹말이 포도당으로 전환되는 시간을

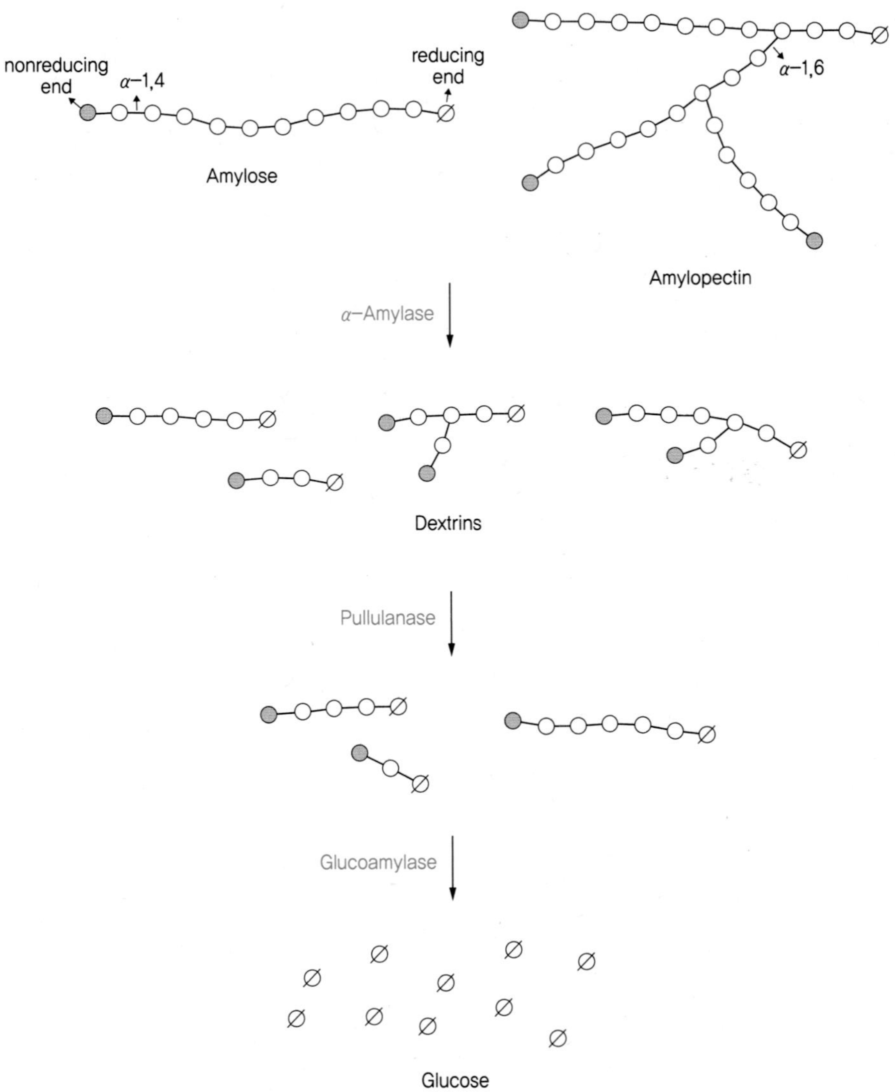

그림 7-29 • 효소를 이용한 포도당의 생산

단축시키기 위한 목적으로 사용된다(그림 7-28).

녹말로부터 포도당을 생산할 때 사용하는 알파아밀레이스, 글루코아밀레이스 및 풀룰란가수분해효소의 작용 메커니즘은 〈그림 7-29〉와 같다.

베타아밀레이스(EC 3.2.1.2)는 녹말 및 덱스트린의 비환원성 말단을 엑소 형식으로 가수분해하여 엿당을 생산한다. 베타아밀레이스는 α-(1→4) 결합만 분해할 수 있으므로 비환원성 말단으로부터 α-(1→6) 결합이 있는 근처까지만 작용하여 비교적 큰 분자량의 베타한계덱스트린이 남게 된다. 베타아밀레이스는 엿당이 주성분인 엿당시럽을 생산하기 위한 용도로 사용된다.

포도당이성질화효소(EC 5.3.1.5)는 알도스인 포도당을 케토스인 과당으로 전환시키는 효소로 포도당과 과당은 서로 이성질체 관계이므로 이성질화효소로 불린다. 이 효소에 의하여 포도당용액으로부터 42% 과당용액을 생산할 수 있으며 포도당과 과당의 화학평형 때문에 그 이상의 과당을 함유하는 용액을 생산할 수는 없다. 따라서 음료 등에 사용되는 55% 과당용액을 제조하기 위해서는 42% 과당용액으로부터 과당만을 높은 순도로 분리한 후 다시 42% 과당용액과 적절히 혼합해야 한다. 포도당이성질화효소는 고가이므로 일반적으로 효소를 고정화하여 연속적으로 사용한다.

(2) 녹말당의 생산 공정

녹말당의 생산 공정은 크게 호화 및 액화 공정, 당화(saccharification) 공정, 그리고 정제 공정으로 구분할 수 있다(그림 7-30). 당화 공정에 사용하는 효소의 종류 및 그 사용

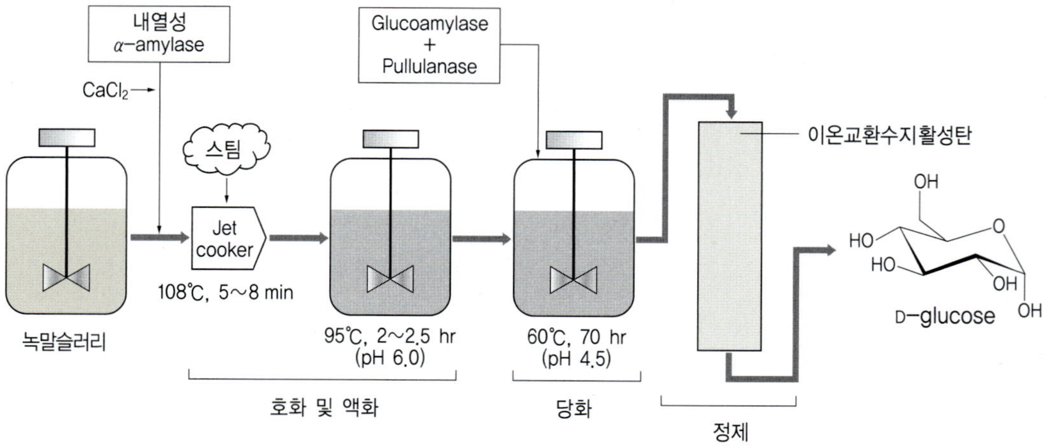

그림 7-30 • 녹말로부터 포도당의 생산 공정도

여부에 따라 말토덱스트린, 포도당, 물엿, 엿당시럽 등을 생산할 수 있으며 고과당시럽은 포도당에 포도당이성질화효소를 작용시켜 생산한다. 생산된 녹말당은 색깔 및 염류를 제거하기 위하여 이온교환수지 및 활성탄을 이용한 정제 공정을 거치게 된다.

① 호화 및 액화 공정

녹말당 제조에 사용하는 원료로 거의 대부분 옥수수녹말을 사용한다. 녹말을 분리하고 남은 부산물을 사료, 미생물배지 등 여러 가지 용도로 재활용할 수 있어서 단가가 저렴하기 때문이다.

알파아밀레이스에 의하여 녹말이 효율적으로 가수분해되기 위해서는 녹말은 반드시 호화되어야 한다. 호화 과정에서 녹말의 마이셀(micelle) 구조가 팽윤되면서 파괴되어 녹말 사슬이 외부로 노출되면 효소의 작용이 보다 용이해지기 때문이다. 옥수수녹말을 물에 현탁한 후 80°C 이상으로 가열하면 호화가 진행되는데, 이때 생기는 가장 큰 물리적 변화는 바로 점도의 증가이다. 점도가 과도하게 증가되면 균일한 혼합이 어려워지고 파이프를 통해 다른 탱크로 이송하기 힘들어지므로 공정에 많은 제약이 따른다. 따라서 초기 녹말의 농도를 충분히 높이기 어려워 생산효율이 저하되고 효소반응 후 물을 제거하는 데 많은 비용이 소요되는 문제점이 생긴다.

알파아밀레이스에 의하여 녹말이 가수분해되면 녹말 사슬의 길이가 짧아지고 점도가 급격히 감소하면서 투명한 용액으로 변하게 되는데 이러한 현상을 액화라 한다. 따라서 초기 녹말의 농도를 높이기 위해서는 녹말의 호화와 동시에 액화를 수행하여 점도를 감소시킬 수 있는 내열성 효소가 절실히 요구된다.

이러한 목적으로 초기에 사용했던 효소는 *B. subtilis* var. *amyloliquefaciens*로부터 분리한 것으로 비교적 높은 온도인 85°C에서 효소활성이 유지되었으나 녹말을 충분히 호화시킬 수 있는 온도인 100°C 이상에서는 불활성화(inactivation)되기 때문에 녹말의 액화를 위하여 두 단계에 걸쳐 효소를 공급해야 하는 불편함이 있었다(그림 7-31). 우선 녹말슬러리(starch slurry)에 효소를 첨가하여 85°C에서 녹말을 액화하는데 이 온도에서는 녹말의 호화가 충분히 이루어지지 못하므로 효소에 의한 부분적인 가수분해만이 진행된다. 이후 녹말의 완전한 호화를 위하여 100°C 이상의 고온에서 가열하게 되는데 이때 효소는 모두 불활성화되며, 추가적인 녹말의 가수분해를 위하여 다시 한 번 알파아밀레이스를 첨가하게 된다. 따라서 공정이 다소 복잡해지며 비용이 많이 소요되고 포도당 함량도 그리 높지 않은 단점이 있었다(표 7-5).

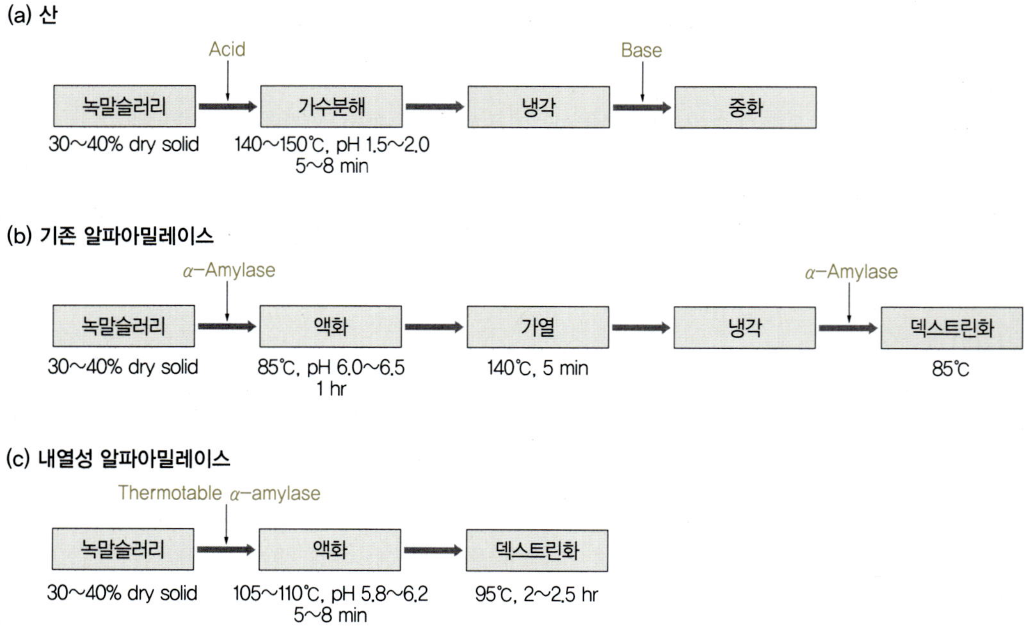

그림 7-31 •녹말의 액화 공정

표 7-5 • 액화 및 당화 공정에 따른 포도당의 함량

액화 공정	당화 공정	DE	포도당 함량(%)
산	산	92	85
산	글루코아밀레이스	95	91
알파아밀레이스 → 가열(고온, 고압) → 알파아밀레이스	글루코아밀레이스	97	93
내열성 알파아밀레이스	글루코아밀레이스	97	94
내열성 알파아밀레이스	글루코아밀레이스 + 풀룰란 가수분해효소	97~98	95~97

이러한 단점을 해결하기 위하여 100°C 이상의 고온에서도 효소활성을 충분히 유지할 수 있는 내열성 알파아밀레이스가 개발되어 현재 산업적으로 널리 이용되고 있다. 여기에 사용되는 내열성 알파아밀레이스는 주로 *B. licheniformis*나 *B. stearothermophilus*로부터 생산된 효소로 70~100 ppm의 칼슘이온이 존재할 경우 제트쿠커(jet cooker)를 이용하여 녹말을 호화시키는 온도인 105~110°C에서도 불활성화되지 않고 효소반응을 진행시킬 수 있다(그림 7-31). 제트쿠커는 고온, 고압의 수증기를 녹말슬러리와 함께 혼합시켜 순간적인 온도 상승으로 녹말을 호화시키는 장비이다. 내열성 알파아밀레이스는 녹말슬러리와

함께 제트쿠커에 주입되며 녹말의 호화와 동시에 액화가 시작된다(그림 7-30 참고). 액화가 진행됨에 따라 녹말슬러리의 점도도 급격히 감소되며 추가적인 효소의 공급 없이 녹말의 액화 공정을 완료할 수 있다. 따라서 공정이 간소해지고 비용도 적게 드는 장점이 있어 현재 대부분의 액화 공정에는 내열성 알파아밀레이스가 널리 사용되고 있다.

알파아밀레이스의 의하여 액화가 완료된 녹말용액에는 다양한 종류의 올리고당이 포함된 덱스트린이 존재하는데 이때 덱스트로스당량(dextrose equivalent, DE)은 10~13 정도가 된다. DE는 용액 중에 존재하는 총탄수화물 중 환원당의 비율을 나타내는 값으로 다음과 같이 계산한다.

$$\text{DE} = \frac{\text{환원성 말단을 포도당 한 분자로 환산한 무게(g)}}{\text{고형분의 무게(g)}} \times 100$$

여기서 '환원성 말단을 포도당 한 분자로 환산한 무게'란 올리고당에 존재하는 환원성 말단을 한 분자의 포도당으로 간주하여 계산한 포도당의 무게를 의미한다. 즉, 용액에 존재하는 모든 올리고당의 환원성 말단의 개수를 동일한 수의 포도당으로 간주하고 이 포도당의 무게를 사용하여 DE를 계산하게 된다. 만약 용액에 존재하는 올리고당이 모두 중합도(DP)가 5인 말토펜타오스(maltopentaose)로 동일하다면 5개의 포도당 중 하나만이 환원성 말단이 되므로 전체 고형분 무게의 20%가 환원성 말단, 또는 환산한 포도당의 양이 되어 DE는 20이 된다. 따라서 용액에 포함되어 있는 올리고당의 중합도가 증가할수록 DE는 감소하게 되며 다음과 같은 관계식을 갖게 된다.

$$\text{DE} = \frac{100}{\text{중합도(DP)}}$$

DE 값이 크다는 것은 환원성 말단의 개수가 많다는 의미이므로 구성하는 올리고당의 평균 중합도가 작고 평균 분자량 또한 작다는 것을 알 수 있다. 일반적으로 녹말당은 DE 값에 따라 그 물리화학적 특성이 변화하게 되며 DE가 커질수록 단맛이 증가하는 대신 점도가 낮아지고, 결정이 되려는 성질은 강해지는 대신 다른 당이 결정으로 되는 것을 억제하는 작용이 감소하게 된다(표 7-6).

② 당화 공정

알파아밀레이스에 의하여 생성된 덱스트린 또는 올리고당은 당화 공정을 거치면서 녹

표 7-6 • 녹말당의 DE 값에 따른 성질

	DE값	
	5	100
평균 중합도(DP)	20	1
평균 분자량	크다	작다
점도	높다	낮다
단맛	낮다	높다
결정성	작다	크다
결정 억제작용	크다	작다
흡습성	크다	적다

말의 최소 구성단위인 포도당으로 분해된다. 여기서 생산된 포도당은 이성질화 공정을 거치면서 과당으로 전환되어 고과당시럽(HFS)의 생산에 이용되며 이 밖에도 아미노산, 글루탐산소듐(monosodium glutamate, MSG), 소비톨(sorbitol), 시트르산(citric acid), 글루콘산(gluconic acid), 아스코브산(ascorbic acid, Vitamin C), 젖산(lactic acid), 항생제 등 다양한 식품 및 바이오 소재를 생산하는 원료로 사용된다.

덱스트린으로부터 포도당의 생산은 글루코아밀레이스에 의하여 이루어지며 일반적으로 곰팡이인 *Aspergillus niger*로부터 생산된 효소를 산업적으로 사용하고 있다. *A. niger*로부터 생산된 글루코아밀레이스의 최적 반응온도는 75°C 정도이나 40시간 이상의 비교

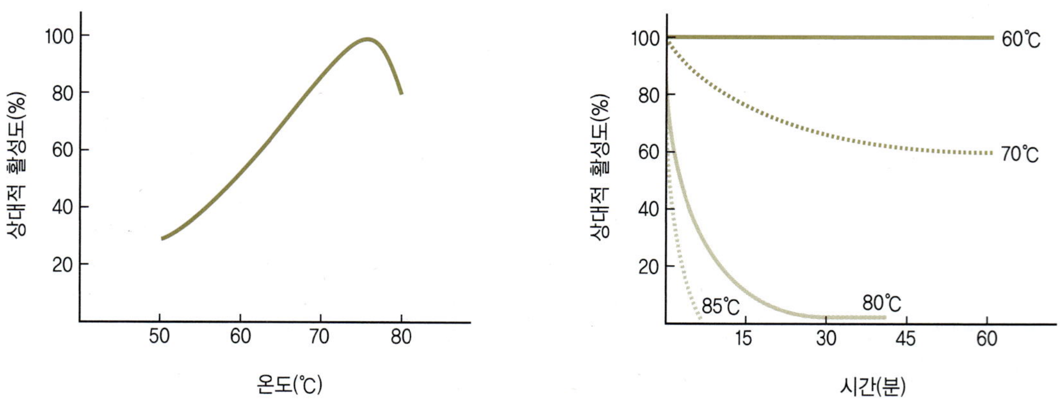

그림 7-32 • *Aspergillus niger*가 생산하는 글루코아밀레이스의 특성
(a) 온도에 따른 활성(30% 엿당을 기질로 하여 pH 4.5에서 30분 반응) (b) 온도에 따른 안정성(35% 포도당 존재하에서 각 온도에서 일정 시간 방치 후 잔류활성 측정)

적 오랜 시간 동안 반응을 유지해야 하므로 열안정성을 고려해 60°C에서 당화 공정이 이루어지게 된다(그림 7-32). 글루코아밀레이스의 반응온도가 액화온도보다 낮으므로 당화 공정 전에 냉각 공정이 필요하며 산을 첨가하여 최적 반응 pH인 4.5로 조정하게 된다.

글루코아밀레이스는 α-(1→4) 결합을 빠른 속도로 가수분해하는 반면, α-(1→6) 결합을 가수분해하는 속도는 매우 느리므로 당화 공정에 소요되는 시간을 단축하기 위하여 풀룰란가수분해효소를 함께 첨가하여 반응시키는 것이 일반적이다. 풀룰란가수분해효소는 α-(1→6) 결합을 선택적으로 가수분해하는 효소로 액화 공정에서 생산된 덱스트린의 α-(1→6) 결합을 분해하여 α-(1→4) 결합만으로 이루어진 말토올리고당을 생산한다(그림 7-29 참고). 생성된 말토올리고당은 글루코아밀레이스에 의하여 손쉽게 포도당으로 분해된다. 산업적으로 이용되는 풀룰란가수분해효소는 *Bacillus acidopullulyticus*와 같은 미생물에서 생산되는 효소이며 반응 최적 온도는 60°C이며 최적 pH는 5.0이다.

당화 공정에 소요되는 시간은 일반적으로 40~72시간 정도이며 생산되는 포도당 함량은 고형분의 약 96% 정도 되는데 포도당의 함량은 초기 녹말의 농도가 높을수록 감소한다(그림 7-33). 이러한 현상이 나타나는 이유는 글루코아밀레이스에 의하여 역반응 산물이 생성되기 때문인데 용액 중 포도당의 농도가 높을수록 역반응 산물이 더 많이 생성된다. 역반응은 가수분해반응의 반대 방향으로 진행되므로 포도당으로부터 엿당이나 아이소말토스와 같은 이당류가 생성된다. 엿당은 글루코아밀레이스에 의하여 다시 포도당으로 가수분해될 수 있지만 아이소말토스에 존재하는 α-(1→6) 결합은 글루코아밀레이

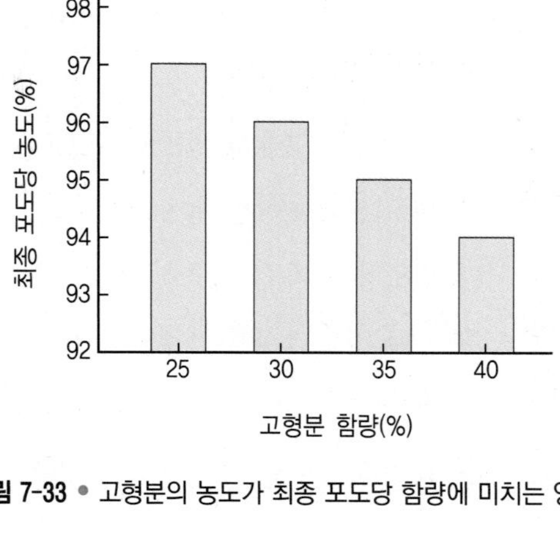

그림 7-33 • 고형분의 농도가 최종 포도당 함량에 미치는 영향

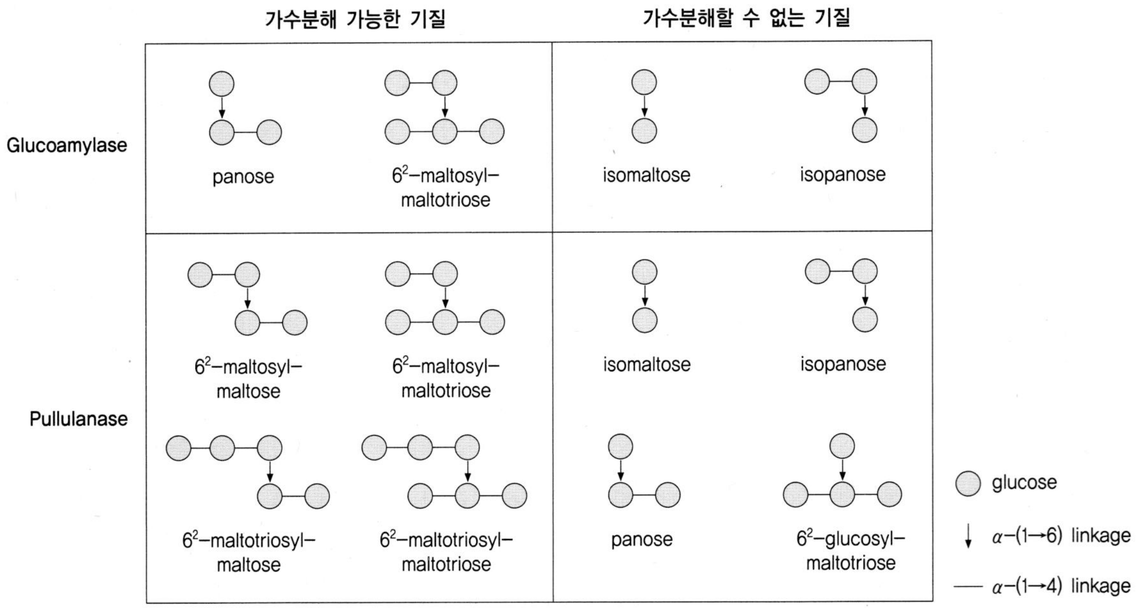

그림 7-34 ● 글루코아밀레이스와 풀룰란가수분해효소의 기질 특이성

스에 의하여 가수분해되지 않아 용액에 축적된다(그림 7-34). 풀룰란가수분해효소도 아이소말토스를 가수분해할 수 없으므로 아이소말토스는 포도당시럽의 주된 불순물 중의 하나로 존재하게 된다. 일반적으로 역반응은 정반응인 가수분해반응에 비하여 속도가 느리므로 너무 오랜 시간 동안 효소반응을 유지하지 않는 것이 중요하다. 아이소말토스 이외에도 파노스와 아이소파노스 같은 짧은 길이의 분지된 올리고당이 용액에 존재할 경우 글루코아밀레이스나 풀룰란가수분해효소에 의하여 분해가 되지 않거나 분해되기 어려워 불순물이 된다. 이와 같은 성분은 액화 과정에서 알파아밀레이스의 작용이 과도하게 이루어지거나 당화 과정에서 풀룰란가수분해효소의 활성이 약할 경우 생성될 수 있으므로 전체 공정의 체계적인 관리가 중요하다.

당화 공정에 사용되는 효소에 따라 포도당 이외에 물엿과 엿당시럽 같은 제품의 생산이 가능하다(표 7-7). 물엿의 경우 글루코아밀레이스를 단독으로 6~8시간의 비교적 짧은 시간 동안 반응시키게 되며 포도당과 아직 반응하지 않고 남아 있는 덱스트린의 혼합물로 구성된다. 이때 DE는 40~44 정도가 된다. 엿당시럽은 엿당이 주성분인 녹말당으로 보리 등에서 추출한 효소인 베타아밀레이스를 글루코아밀레이스 대신 사용한다. 베타아밀레이스는 α-(1→6) 결합을 가수분해할 수 없으므로 높은 수율을 얻기 위하여 풀룰

표 7-7 • 녹말당의 종류별 생산 조건

액화효소	당화효소	제품
내열성 α-amylase (95°C, 2~2.5hr, pH 6.0)	-	말토덱스트린(DE 10~13)
	glucoamylase + pullulanase (60°C, 40~72hr, pH 4.5)	포도당
	glucoamylase (70°C, 6~8hr, pH 4.5)	물엿(DE 40~44)
	β-amylase + pullulanase (55°C, 36~48hr, pH 5.5)	맥아엿(엿당시럽)

란가수분해효소를 함께 사용한다. 효소반응은 DE가 6~10인 액화녹말(liquefied starch)을 기질로 하여 54~58°C에서 36~48시간 동안 진행되며 이때 pH는 5.2~5.6으로 조정한다. 풀룰란가수분해효소를 사용하지 않을 경우 최종제품의 엿당 함량은 50~60%가 되며 풀룰란가수분해효소를 함께 사용할 경우 함량은 75%까지 증가하게 된다. 베타아밀레이스는 포도당 3분자가 결합된 말토트라이오스를 분해하여 엿당과 포도당을 생산하므로 최종제품에는 2% 내외의 포도당이 함유되어 있다.

③ 이성질화 공정

과당은 포도당보다 단맛이 강하며 과당과 포도당이 혼합되어 있는 고과당시럽은 설탕과 단맛이 유사하기 때문에 상대적으로 가격이 비싼 설탕을 대신하여 음료 등의 식품에 감미료로 널리 사용되고 있다.

일반적으로 알도스인 포도당은 알칼리 조건하에서 케토-엔올 토토머화(keto-enol tautomerism) 반응에 의하여 케토스인 과당으로 전환될 수 있다. 반대로 과당은 알도스로 전환될 수 있는데 화학반응에서는 입체 선택성(stereoselectivity)이 없으므로 포도당뿐만 아니라 2번 탄소의 하이드록실기(-OH) 위치가 반대인 마노스가 함께 생성된다. 이와 유사한 화학반응을 매개하는 효소는 포도당이성질화효소로, 포도당을 과당으로 전환시키며 일정 시간이 지나면 평형상태에 도달하게 된다(그림 7-35). 효소는 입체 선택성이 있으므로 마노스는 생성되지 않는다. 원래 포도당이성질화효소는 자일로스를 자일룰로스(xylulose)로 전환시키는 자일로스이성질화효소(xylose isomerase)이지만 자일로스뿐만 아니라 포도당을 기질로 사용할 수 있으므로 포도당의 이성질화에 사용되고 있다. 포도당이성질화효소는 *Streptomyces*, *Acrobacter*, *Actinoplanes*, *Arthrobacter*, *Bacillus* 등의

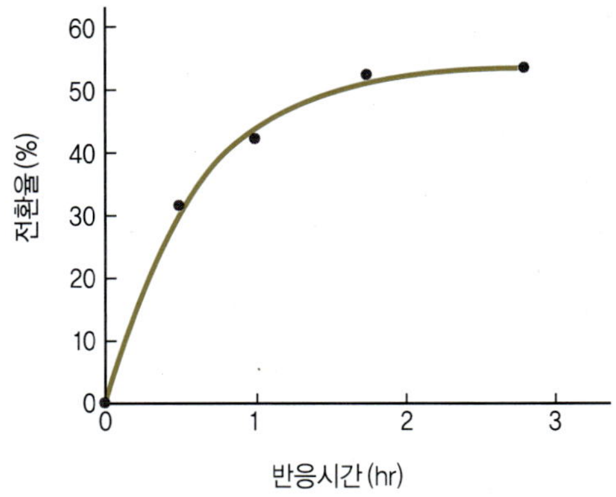

그림 7-35 • 포도당으로부터 포도당이성질화효소에 의한 과당으로의 전환율(기질 : 0.01% 포도당, 온도 : 60°C, pH : 7.0)

다양한 미생물로부터 생산된다.

포도당이성질화효소를 용액 상태로 반응시킬 경우 반응시간이 오래 소요되고, 효소의 첨가량이 많아 반응 중 착색이 되거나 부산물이 생성되는 단점이 있는 동시에 공정에 소요되는 비용도 증가하게 된다. 이러한 문제를 해결하기 위하여 효소를 고정화하여 대용량의 관(column)에 충전한 형태인 고정층반응기(fixed-bed reactor)를 산업적으로 많이 사용하고 있다. 고정효소(immobilized enzyme)는 연속적인 반응이 가능하고 재사용할 수 있기 때문에 비용이 저렴하며 반응시간을 단축시키고 부반응을 감소시키는 장점이 있다.

일반적으로 설탕의 단맛과 유사한 과당시럽의 과당 함량은 55%로 포도당이성질화

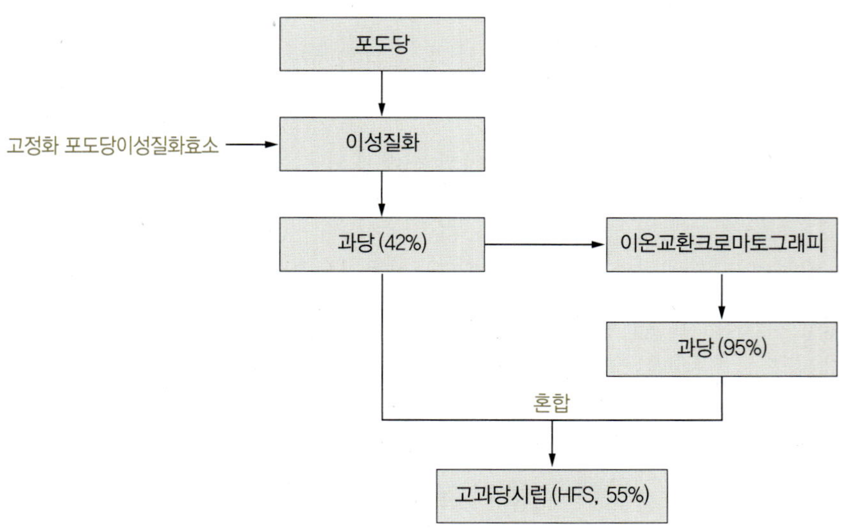

그림 7-36 • 포도당이성질화효소를 이용한 고과당시럽의 생산

효소로부터 생산되는 과당시럽의 함량(42%)보다 높다. 따라서 과당을 고순도로 정제하여 95% 함량의 과당시럽을 생산한 후 42% 함량의 과당시럽과 혼합하여 함량을 55%로 조정하게 된다(그림 7-36). 과당의 정제에는 이온교환크로마토그래피(ion exchange chromatography)방법이 사용되며 $-SO_3^-$를 작용기로 하는 양이온교환수지인 Diaion UBK555가 대표적이다. 이와 같이 생산된 55% 함량의 과당시럽을 고과당시럽이라 하며 음료 등에 널리 사용되고 있다.

2) 기능올리고당의 생산

우리 몸에 유익한 기능을 수행하는 기능올리고당은 장내 유용 세균인 비피두스균의 증식을 촉진하고 충치를 예방하며 열량이 낮아 설탕이나 물엿, 엿당시럽 등을 대체할 수 있는 감미료로 사용된다. 현재 산업적으로 많이 생산되는 기능올리고당은 프럭토올리고당(FOS), 갈락토올리고당(GOS), 아이소말토올리고당(IMO) 등이며 엿당생성아밀레이스로부터 생산되는 분지올리고당(BOS)도 산업적으로 응용 가능성이 높은 올리고당이라 할 수 있다. 이들은 주로 효소의 글리코실기전달반응에 의하여 생산된다(그림 7-37).

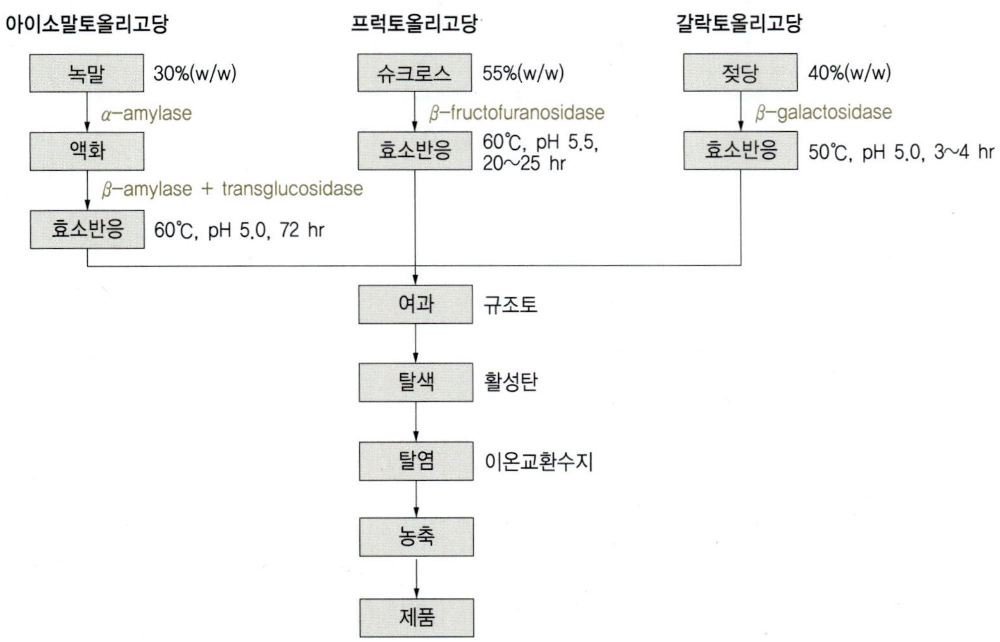

그림 7-37 • 산업적으로 생산되는 기능올리고당의 제조 공정

(1) 프럭토올리고당(FOS)

프럭토올리고당은 슈크로스의 과당 잔기에 과당이 β-(2→1) 결합으로 연결된 올리고당으로 Glc-$(Fru)_n$의 구조를 가지고 있다(그림 7-11 참고). 산업적으로 프럭토올리고당은 베타프럭토퓨라노시데이스의 효소반응에 의하여 생산된다. 베타프럭토퓨라노시데이스는 슈크로스의 과당 잔기를 받개에 β-(2→1) 결합으로 전달하는 글리코실기전달반응을 수행하며 그 결과 슈크로스에 과당이 연속적으로 결합된 1-케스토스(GF2), 니스토스(GF3), 프럭토실니스토스(GF4)와 같은 프럭토올리고당이 생산된다(그림 7-38). 베타프럭토퓨라노시데이스는 다양한 미생물에서 생산되나 *Aspergillus niger*에서 생산되는 효소가 주로 산업적으로 응용되고 있다.

프럭토올리고당의 생산 공정은 〈그림 7-37〉에 제시되어 있다. 슈크로스에 베타프럭토

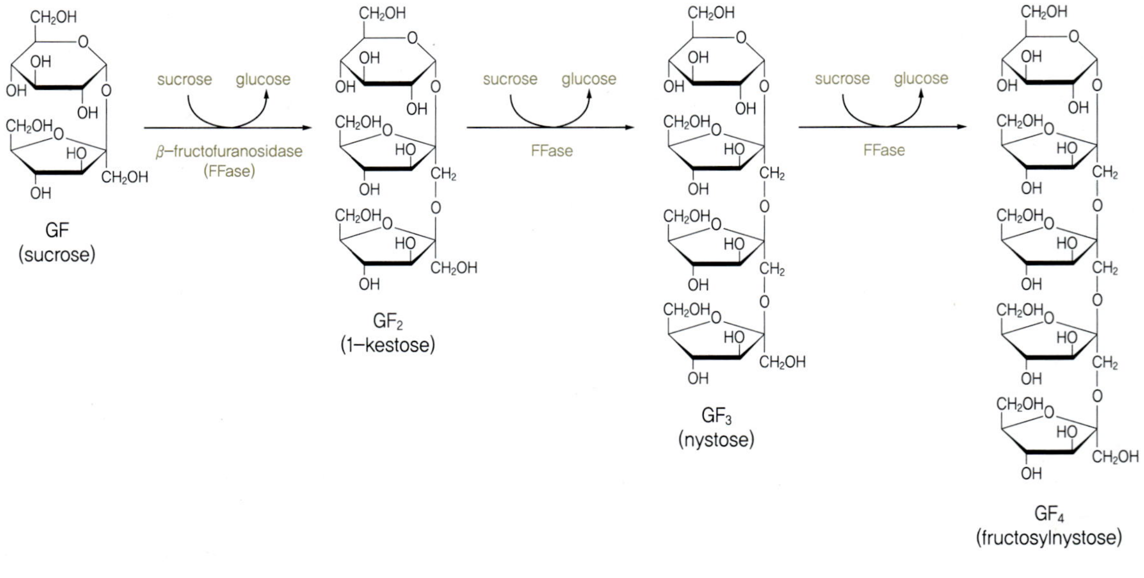

그림 7-38 • 베타프럭토퓨라노시데이스의 글리코실기전달반응을 이용한 프럭토올리고당의 생산

표 7-8 • 프럭토올리고당(Neosugar)의 당 조성

(단위 : %)

Product	Glucose (fructose)	Sucrose	Fructooligosaccharides(FOS)			
			GF2	GF3	GF4	FOS total
Neosugar	< 33	< 12	25	25	11	66
Neosugar (purified)	-	< 5	35	50	11	96

퓨라노시데이스를 첨가하여 프럭토올리고당을 생산한 후 정제 과정을 거쳐 제품으로 생산한다. 프럭토올리고당은 상업적으로 'Neosugar'라는 명칭으로 불리고 있으며 그 조성은 〈표 7-8〉과 같다.

프럭토올리고당에는 글리코실기전달반응의 부산물인 다량의 포도당과 함께 과당 및 슈크로스가 상당량 포함되어 있으므로 고순도의 프럭토올리고당을 생산하기 위하여 이온교환수지를 이용한 정제를 통하여 이들을 제거해야 한다. 프럭토올리고당의 단맛은 설탕의 60%(Neosugar) 또는 30%(정제된 Neosugar) 정도이다.

(2) 갈락토올리고당(GOS)

갈락토올리고당은 여러 개의 갈락토스가 다양한 β-결합으로 연결되고 마지막에 포도당 한 분자가 결합되어 있는 올리고당으로 $(Gal)_n$-Glc의 구조를 가지고 있다(그림 7-11 참고, 표 7-9). 갈락토올리고당은 베타갈락토시데이스의 글리코실기전달반응을 이용하여 생산되며 이 효소는 젖당의 갈락토스를 받개로 작용하는 다른 당에게 전달하는 역할을 수행한다. 베타갈락토시데이스의 반응 메커니즘은 베타프럭토퓨라노시데이스와 유사하나 β-(1→2), β-(1→3), β-(1→4), 또는 β-(1→6) 결합 등의 다양한 결합을 형성하며 받

표 7-9 • 갈락토올리고당(GOS)의 당 조성

Degree of polymerization(DP)	Oligosaccharides	Content(%)
DP1		**22**
	Glucose	21
	Galactose	1
DP2		**38**
	Lactose	10
	β-D-Gal-(1→3)-D-Glc	10
	β-D-Gal-(1→2)-D-Glc	6
	β-D-Gal-(1→6)-D-Glc (allo-lactose)	6
	Others	6
DP3		**22**
	β-D-Gal-(1→4)-β-D-Gal-(1→4)-D-Glc	10
	β-D-Gal-(1→4)-β-D-Gal-(1→6)-D-Glc or β-D-Gal-(1→6)-β-D-Gal-(1→4/6)-D-Glc	5
	β-D-Gal-(1→4)-β-D-Gal-(1→2)-D-Glc	2
	β-D-Gal-(1→4)-β-D-Gal-(1→3)-D-Glc	2
	Others	3
DP4~DP8		**18**
Total GOS		**68**

개로 작용하는 당의 종류도 다양하여 프럭토올리고당보다 복잡한 당 조성을 가지게 된다(표 7-9). 갈락토올리고당은 중합도가 2~3인 올리고당이 큰 비중을 차지하고 있으며 이들은 다양한 β-결합으로 구성되어 있다.

갈락토올리고당의 생산 공정은 프럭토올리고당의 경우와 유사하며 기질로 젖당을 사용하고, 효소로 베타갈락토시데이스를 첨가한다. 여러 미생물에서 베타갈락토시데이스가 생산되나 특히 *Aspergillus oryzae*가 생산하는 효소를 많이 사용한다(그림 7-37 참고). 갈락토올리고당은 요구르트와 같은 유제품과 건강기능식품의 소재로 사용되고 있다.

(3) 아이소말토올리고당(IMO)

아이소말토올리고당은 여러 개의 포도당이 α-(1→6) 결합으로 연결되어 있는 올리고당으로 파노스의 경우와 같이 α-(1→4) 결합도 함께 포함되어 있다(그림 7-11 참고). 아이소말토올리고당은 알파글루코시데이스의 일종인 포도당전달효소의 글리코실기전달반응으로 생산되며 엿당을 기질로 사용한다. 포도당전달효소는 엿당의 비환원성 말단에 위치한 포도당을 받개로 작용하는 당에 전달하며 이때 생성되는 결합은 주로 α-(1→6) 결합이다(그림 7-39). 포도당을 가지고 있는 당은 받개로 작용할 수 있으며 포도당, 엿당,

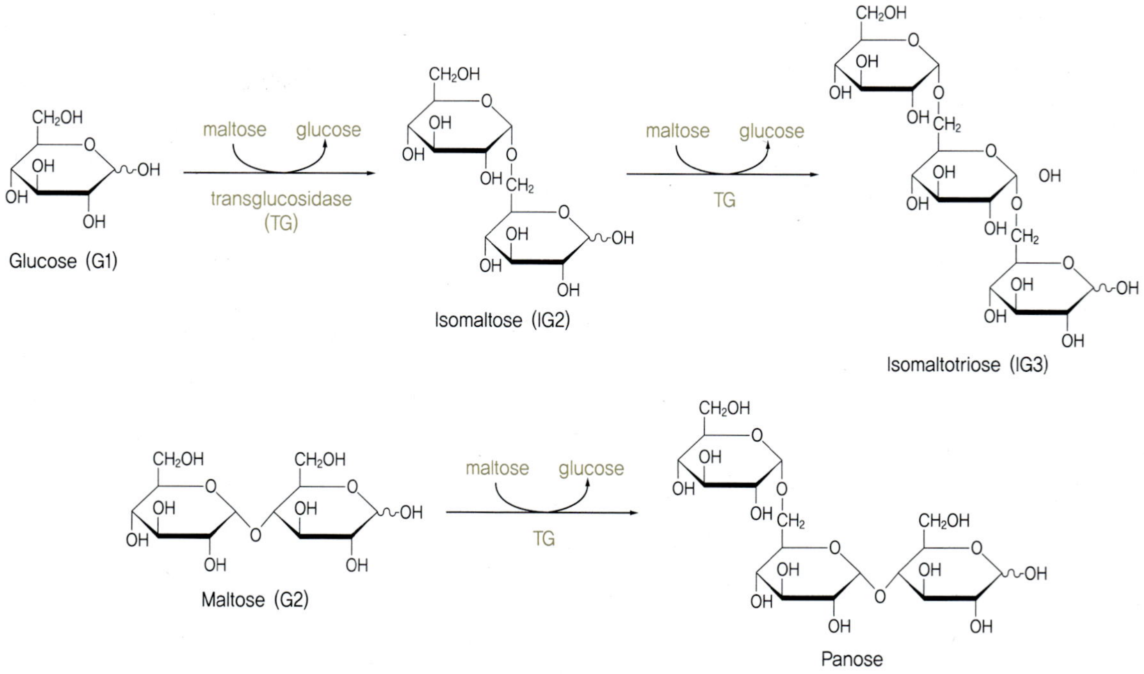

그림 7-39 • 포도당전달효소의 글리코실기전달반응을 이용한 아이소말토올리고당의 생산

표 7-10 • 아이소말토올리고당(IMO)의 당 조성

Degree of polymerization(DP)	Oligosaccharides	Content(%)
DP1		**40**
	Glucose	40
DP2		**29**
	Maltose	7
	α-D-Glu-(1→6)-D-Glc (IG2)	17
	Others	5
DP3		**22**
	Maltotriose	1
	α-D-Glu-(1→6)-α-D-Glu-(1→4)-D-Glc (panose)	13
	α-D-Glu-(1→6)-α-D-Glu-(1→6)-D-Glc (IG3)	3
	Others	2
DP4~DP8		**12**
Total IMO		**52**

아이소말토스로부터 각각 아이소말토스, 파노스, 아이소말토트라이오스가 생산된다.

포도당전달효소는 글리코실기전달반응과 가수분해반응을 함께 수행하므로 아이소말토올리고당에는 엿당의 가수분해산물인 포도당이 40% 정도로 상당량 포함되어 있다(표 7-10). 포도당을 제외한 아이소말토올리고당의 주성분은 아이소말토스(17%)와 파노스(13%)이며 중합도가 4 이상인 올리고당도 12% 정도 포함되어 있다.

아이소말토올리고당의 생산 공정은 알파아밀레이스를 이용한 녹말의 액화로부터 시작되며 DE는 6~10 정도가 되도록 한다(그림 7-37 참고). 액화녹말로부터 포도당전달효소의 기질인 엿당을 공급하기 위하여 베타아밀레이스가 포도당전달효소와 함께 첨가되며 베타아밀레이스에 의하여 생산된 엿당은 포도당전달효소에 의하여 글리코실기전달반응에 참여하게 된다. *Aspergillus niger*가 생산하는 포도당전달효소가 현재 산업적으로 이용되고 있다.

(4) 분지올리고당(BOS)

분지올리고당은 α-(1→6) 결합을 가지고 있는 말토올리고당의 혼합물로서 아이소말토올리고당과 유사한 구조 및 특성을 가지고 있으나 구성하는 올리고당의 평균 중합도가 큰 특징을 보인다. 분지올리고당은 아이소말토올리고당과 비교할 때 생산 공정이 단순하며 포도당과 같은 부산물의 농도가 낮은 장점을 가지고 있어 산업적으로 응용 가능

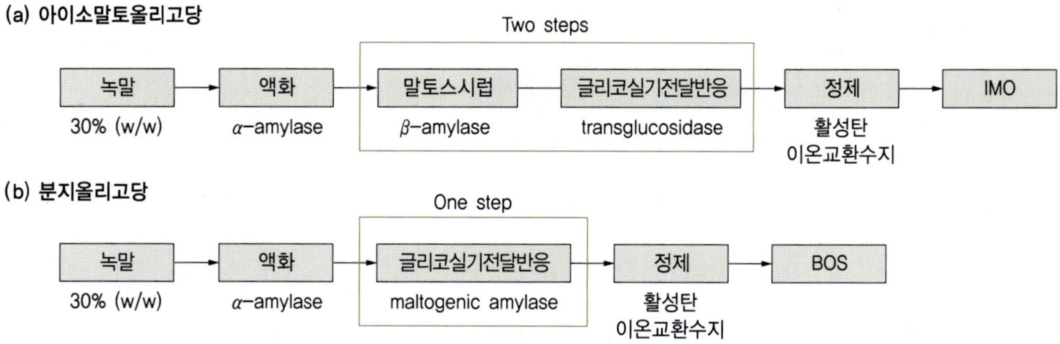

그림 7-40 • 아이소말토올리고당(IMO)과 분지올리고당(BOM)의 생산 공정

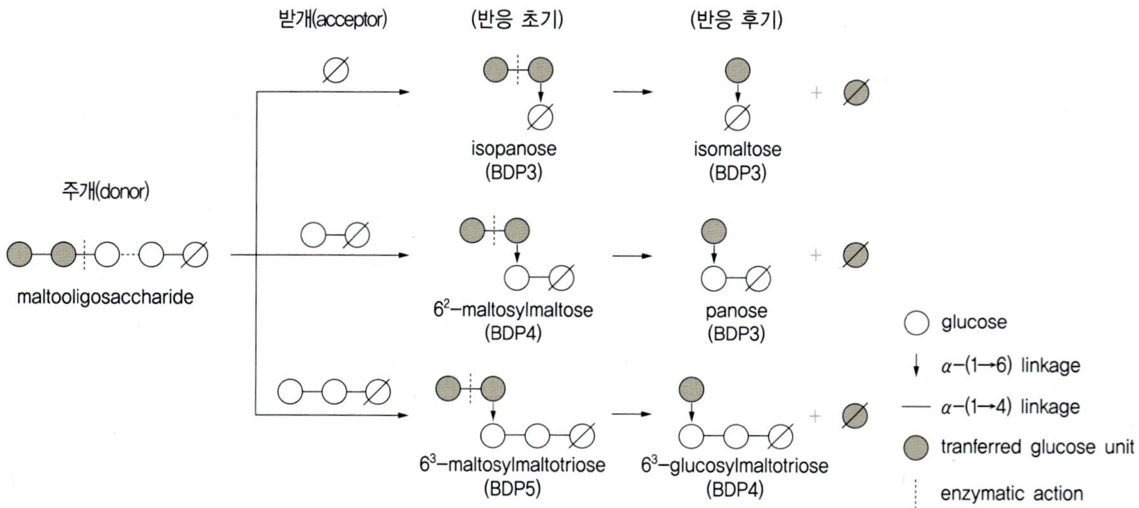

그림 7-41 • 엿당생성아밀레이스의 글리코실기전달반응을 이용한 분지올리고당의 생산

성이 높은 기능올리고당 중의 하나이다(그림 7-40). 분지올리고당은 엿당생성아밀레이스의 글리코실기전달반응으로 생산되며 액화된 녹말을 기질로 이용한다. 엿당생성아밀레이스는 기질에 포함된 말토올리고당의 비환원성 말단으로부터 주로 엿당 단위를 받개로 작용하는 당에 전달하는 역할을 수행하며 이때 α-(1→6) 결합이 생성된다(그림 7-41). 엿당생성아밀레이스는 포도당전달효소와 달리 주로 엿당을 글리코실기전달하므로 아이소말토올리고당보다 분자량이 큰 분지올리고당(6^2-maltosylmaltose, 6^3-maltosylmaltotriose 등)이 생성된다. 또한 기질로 엿당 대신 액화녹말을 이용하므로 엿당시럽을 제조하기 위한 베타아밀레이스 처리 공정은 필요하지 않다.

반응 초기에 생성된 분자량이 큰 분지올리고당은 반응을 오래 유지시킬 경우 엿당생

표 7-11 • *Bacillus stearothermophilus*에서 유래한 엿당생성아밀레이스(BSMA)를 이용하여 생산한 분지올리고당(BOS)의 당 조성

Degree of polymerization(DP)	Oligosaccharides	Content(%)
DP1		**10**
	Glucose	10
DP2		**17**
	Maltose	14
	BDP2 (isomaltose)	3
DP3		**22**
	Maltotriose	6
	BDP3 (panose + isopanose)	16
DP4		**26**
	Maltotetraose	2
	BDP4 (6^2-maltosylmaltose)	24
≥ DP5		**25**
	≥ Maltopentaose	10
	≥ BDP5	15
Total BOS		**58**

성아밀레이스에 의하여 다시 가수분해되므로 분자량이 다소 감소하게 된다. 예를 들어 BDP4(중합도가 4인 분지올리고당)인 말토실말토스(6^2-maltosylmaltose)는 비환원성 말단의 포도당이 가수분해되어 BDP3(중합도가 3인 분지올리고당)인 파노스가 생산되며 이 두 가지 당은 분지올리고당의 주요 성분이 된다.

엿당생성아밀레이스는 *Bacillus*, *Thermus*, *Lactobacillus* 등 여러 종류의 세균이 생산하는 것으로 보고되어 있지만 *B. stearothermophilus*에서 유래한 효소(BSMA)의 글리코실기전달반응에 대한 연구가 많이 이루어져 있으며 분지올리고당 이외에 다양한 받개〔아스코브산, 소비톨, 에리트리톨(erythritol), 나린진(naringin), 푸에라린(puerarin) 등〕를 이용한 글리코실기전달반응 산물의 합성에 유용하게 사용될 수 있다.

3) 과일주스 가공

식품산업 중에서 과일주스의 가공은 구성 성분이 매우 다양한 소재인 과일을 대상으로 하므로 매우 복잡하고 정교한 기술을 필요로 한다. 과일주스를 가공하는 데 있어 가장 중요한 사항은 최소한의 비용으로 과일 고유의 맛과 저장성을 유지하거나 향상시키는 데 있다. 일반적으로 과일주스는 농축된 형태로 가공하는데 부피를 줄여 저장 및 운

반을 용이하게 하고 미생물에 의한 오염을 줄여 저장성을 높이기 위해서이다. 이러한 목적을 달성하기 위하여 효소의 역할이 매우 중요하며 전 세계에 있는 거의 대부분의 주스 가공 공장에서 효소를 사용하고 있다.

과일주스의 가공에 주로 사용되는 효소는 펙틴분해효소, 헤미셀룰로스분해효소, 셀룰로스분해효소 등이며 이들은 모두 과일의 세포벽 성분을 분해하는 효소로 과육의 침지(maceration), 액화 또는 주스의 펙틴 제거(depectinization) 공정 등에 사용되어 과즙의 수율을 증가시키고 여과 및 청정 등의 공정을 쉽도록 하여 우수한 품질의 과일주스를 생산할 수 있게 도와준다. 또한 공정에 소요되는 시간을 단축시킴으로써 공장의 생산 능력이 향상되는 효과가 있는데, 과일이 어느 특정한 기간 동안만 대량으로 생산되는 특성을 감안한다면 이는 주스 가공에 있어 중요한 요소가 된다. 과일주스 가공에 사용되는 효소는 한 종류가 아닌 여러 가지 종류의 효소가 혼합된 형태이며, 이는 구성 성분이 다양한 세포벽을 분해하기 위해서 다양한 기능을 동시에 수행할 수 있는 효소들이 필요하기 때문이다.

(1) 과일의 세포벽 성분

과일을 구성하는 세포를 둘러싸고 있는 세포벽의 분해는, 과일로부터 훨씬 용이하게 주스를 얻을 수 있기 때문에 과일주스의 가공에서 가장 중요한 사항이라고 할 수 있다. 세포벽은 내부의 압력과 외부의 충격을 흡수하여 식물의 조직을 견고하게 유지시켜 주는 역할을 수행하고 있다. 세포벽의 구조는 기본 골격인 셀룰로스가 헤미셀룰로스와 펙틴에 의하여 형성된 수용성 젤 위에 떠 있는 형태이며, 특히 펙틴은 세포와 세포를 서로 단단히 결착시켜 주는 물질로 작용한다. 펙틴물질은 다음과 같은 다섯 가지의 성분으로 구성되어 있다(그림 7-42).

- 호모갈락투로난 : 갈락투론산이 α-(1→4) 결합으로 연결되어 긴 사슬형의 구조를 하고 있으며 일부는 C-6의 카복실기에 메탄올(methanol)이 에스터화되어 있고 또 다른 일부는 C-2 및 C-3에 위치하는 하이드록실기가 아세틸기로 치환되어 있다.
- 자일로갈락투로난(xylogalacturonan) : 호모갈락투로난을 구성하는 일부 갈락투론산의 C-3에 자일로피라노스(α-D-xylopyranose)가 가지 형태로 결합되어 있는 구조이다.
- 람노갈락투로난 II(rhamnogalacturonan II) : 호모갈락투로난의 기본 골격에 다양한 종류의 당이 복잡한 구조로 분지되어 있는 형태로 서로 다른 펙틴 분자를 연결시켜

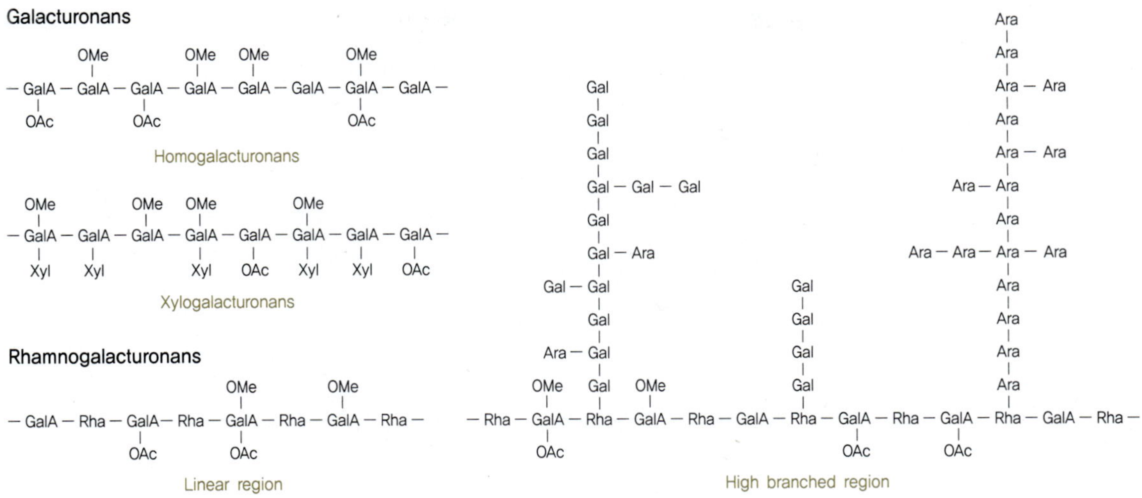

GalA : galacturonic acid	Rha : rhamnose	Ara : arabinose	OAc : acetyl group
Xyl : xylose	Gal : galactose	OMe : methyl ester	

그림 7-42 • 펙틴물질의 구조

주는 역할을 한다.

- 람노갈락투로난(rhamnogalacturonan) : α-(1→2) 결합으로 연결된 람노스(L-rhamnose) 잔기와 α-(1→4) 결합으로 연결된 갈락투론산 잔기가 서로 번갈아가며 연결된 구조를 기본 골격으로 하며 람노스 잔기의 C-4 위치에 1~50개 정도의 아라비노스나 갈락토스로 구성된 다당류가 분지되어 있다.
- 아라비난(arabinan), 갈락탄(galactan), 아라비노갈락탄(arabinogalactan) : 펙틴의 기본 골격에 분지되어 있는 다당류로 아라비노스, 갈락토스 또는 이 두 가지의 당이 함께 결합되어 있다.

헤미셀룰로스는 강염기하에서 식물의 세포벽으로부터 추출되는 다당류를 말하며 아라비난, 갈락탄, 자일로글루칸(xyloglucan), 자일란(xylan) 등으로 구성되어 있다. 그중에서 자일로글루칸이 헤미셀룰로스의 주요 성분으로 셀룰로스와 결합하여 펙틴 조직에 파묻혀 있는 형태로 존재한다. 자일로글루칸의 구조는 포도당이 β-(1→4) 결합으로 연결된 기본 골격에 자일로피라노스가 분지되어 있는 형태를 가지고 있다. 사과의 경우 자일로글루칸은 전체 탄수화물의 24%를 차지하며, 셀룰로스와 자일로글루칸의 결합된 형태는 세포벽 성분의 57% 정도를 차지할 정도로 많은 양을 포함하고 있어 주스 가공에 있어 이들을 분해하는 과정은 매우 중요하다고 할 수 있다.

(2) 세포벽 분해효소

일반적으로 과일에는 세포벽을 분해할 수 있는 효소를 일부 가지고 있으나 그 활성이 너무 약하여 주스 가공에 사용하기 어렵다. 따라서 다양한 종류의 미생물로부터 분리한 세포벽 분해효소를 사용하며, 이들은 크게 펙틴분해효소, 헤미셀룰로스분해효소, 셀룰로스분해효소로 구분할 수 있다(표 7-12).

과일주스 가공에서 세포벽을 분해하는 효소 이외에 녹말가수분해효소를 사용하기도

표 7-12 • 세포벽 분해효소의 종류 및 효소활성

효소		EC 번호	효소 활성
Pectinases	Pectin lyase	EC 4.2.2.10	펙틴의 기본 골격을 형성하는 당결합을 β-elimination 반응으로 분해함(endo-type)
	Pectin methylesterase	EC 3.1.1.11	펙틴의 methoxyl group을 가수분해하여 메탄올과 low methoxyl pectin을 생산함
	Polygalacturonase Endo- Exo-	 EC 3.2.1.15 EC 3.2.1.67	펙틴의 기본 골격을 형성하는 글리코사이드결합을 무작위(endo-)로 또는 비환원성 말단(exo-)으로부터 가수분해함
	Pectin acetylesterase	EC 3.1.1.6	펙틴의 acetyl group을 가수분해함
	Rhamnogalacturonase		Rhamnogalacturonase의 galacturonic acid와 rhamnose 사이의 결합을 가수분해함
	Arabinase Endo- Exo-	 EC 3.2.1.99 EC 3.2.1.55	Araban, arabinoxylan, arabinogalactan의 글리코사이드결합을 무작위(endo-)로 또는 비환원성 말단(exo-)으로부터 가수분해함
Hemicellulases	Galactanase β-1,4- β-1,3-	 EC 3.2.1.89 EC 3.2.1.90	Arabino-1,4-β-D-galactan과 arabino-1,3-1,6-linked-β-D-galactan을 가수분해함
	Xylanase Endo- Exo-	 EC 3.2.1.8 EC 3.2.1.37	β-1,4 xylan을 arabinosidases, glucuronidase, acetylesterase와 함께 가수분해함
	Xyloglucanases		셀룰로스를 둘러싸고 있는 xyloglucan을 가수분해함
	Mannanases	EC 3.2.1.78	β-1,4 mannan, galactomannan, glucomannan을 가수분해함
Cellulases	Endo-glucanase	EC 3.2.1.4	셀룰로스의 β-1,4 결합을 무작위로 가수분해함
	Exo-glucanase	EC 3.2.1.74	셀룰로스의 β-1,4 결합을 가수분해하여 포도당을 생산함
	Cellobiohydrolase	EC 3.2.1.91	셀룰로스의 비환원성 말단으로부터 cellobiose 단위로 가수분해함
	β-Glucosidase	EC 3.2.1.21	Cellobiose를 가수분해하여 포도당을 생산함

한다. 완전히 숙성되기 전에 일찍 수확한 사과는 녹말을 포함하고 있어 주스가 혼탁해지는 원인이 된다. 따라서 과일에 포함된 녹말을 분해하기 위하여 알파아밀레이스와 글루코아밀레이스를 사용한다. 일반적으로 과즙은 약산성을 띠므로 pH 3.0~4.0에서 최적 활성을 나타내는 효소가 필요한데 일반적으로 *Aspergillus niger*와 같은 곰팡이에서 유래한 효소를 이용한다.

감귤류 주스에 존재하는 쓴맛 성분인 나린진을 제거하기 위하여 나린진가수분해효소

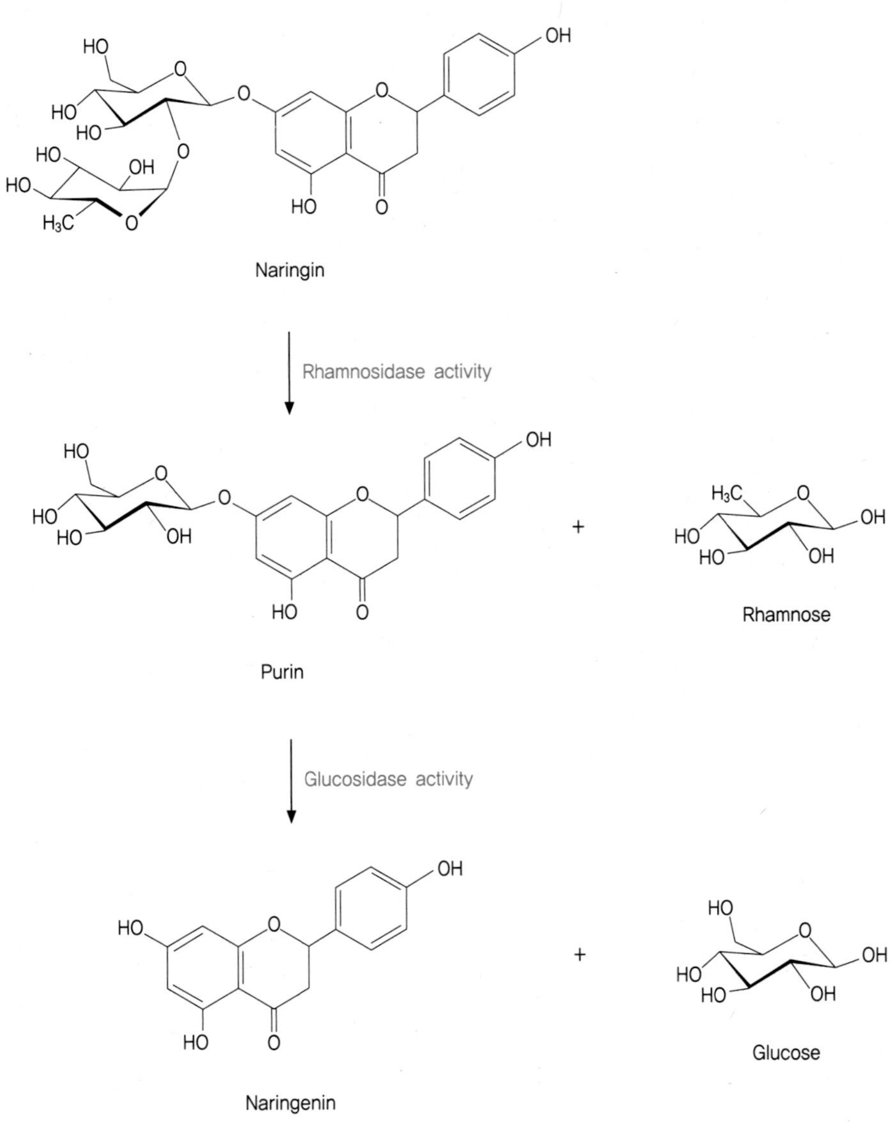

그림 7-43 • 나린진가수분해효소에 의한 나린진의 효소적 분해

(naringinase)를 사용한다. 나린진가수분해효소는 람노시데이스(rhamnosidase) 활성과 글루코시데이스 활성을 동시에 가지고 있으므로 나린진으로부터 람노스와 포도당을 순차적으로 제거하여 쓴맛이 없는 아글리콘(aglycon)인 나린제닌(naringenin)을 생성한다(그림 7-43).

(3) 효소를 이용한 사과주스의 가공

과일주스의 가공에서 효소는 침지 공정, 펙틴 제거 공정, 그리고 액화 공정에 사용된다(표 7-13). 침지 공정에서 마쇄된 과육의 세포벽에 존재하는 펙틴과 헤미셀룰로스는 각각 펙티네이스와 헤미셀룰로스가수분해효소(hemicellulase)에 의하여 분해된다. 이때 마쇄된 과육의 점도가 급격히 감소하여 이후 압착 공정을 용이하게 하고 과즙의 수율이 높아지게 된다. 압착 공정을 통과한 주스에 존재하는 여분의 펙틴을 분해하기 위한 펙틴 제거 공정에도 펙티네이스가 첨가되며 이는 이후의 청정 공정을 용이하게 해준다.

표 7-13 • 과일주스의 가공에 효소가 적용되는 공정

효소	적용 공정
PE	사과주스의 청정(clarification) 공정
PG	마쇄된 과육의 침지(maceration) 공정
PE+PG	착즙(extraction) 공정, 펙틴 제거(depectinization) 공정, 청정 공정
PL	마쇄된 과육의 침지 공정, 착즙 공정
PE+PG (or PL)+ hemicellulases+cellulases	세포벽 분해 공정, 과일의 액화(liquefaction) 공정

* PE : pectin esterase; PG : polygalacturonase; PL : pectin lyase

액화 공정은 단 한 번의 효소 첨가로 거의 대부분의 세포벽 성분을 분해하여 주스를 생산하는 가공방법에 사용된다. 액화 공정에 사용하는 효소는 펙티네이스, 헤미셀룰로스가수분해효소, 셀룰로스가수분해효소가 혼합된 형태이며 원료로부터 95%에 이르는 높은 수율로 과즙을 회수할 수 있다는 장점이 있다.

지금부터는 여러 가지 과일주스 중 가공 공정에서 효소의 역할이 잘 규명된 사과주스의 가공에 대하여 알아보도록 한다.

① 사과주스 가공 시 효소의 필요성

사과주스는 우리가 많이 섭취하는 대표적인 과일주스 중의 하나로 전 세계 사과 생산량의 10% 정도인 400만 t의 사과가 매년 사과주스 가공에 사용된다. 사과는 수확 후 저장기간에 따라 가공 적성이 달라지는데 신선한 사과일수록 압착이 쉽고 과즙의 수율도 향상된다. 그러나 농산물의 특성상 사과도 특성 시기에 과잉으로 공급되므로 공장에서 해당 기간에 모든 사과를 가공하는 것은 불가능하다. 따라서 길게는 1년 정도 저온에서 공기조절저장(controlled atmosphere storage, CA저장)을 하는데 이때 숙성이 진행되면서 사과의 세포벽을 구성하는 펙틴, 헤미셀룰로스, 셀룰로스의 결합 구조가 변화하게 된다. 즉, 물에 용해되지 않는 프로토펙틴(protopectin)이 사과 내부에 존재하는 펙티네이스에 의하여 물에 용해되는 펙틴으로 변화하며, 세포의 탄성이 감소하고 셀룰로스는 탈수되어 좀 더 두껍고 견고한 구조를 형성하게 된다. 사과의 저장기간이 오래될수록 펙틴의 함량이 높아져 압착 공정이 어려워지며 과즙의 수율은 감소한다. 이와 같은 문제는 펙티네이스와 같은 효소의 첨가로 해결할 수 있는데, 효소에 의하여 펙틴이 분해되면 점도가 감소하여 압착 공정이 용이해지기 때문이다. 이와 같이 과일주스의 가공에서 효소는 매우 중요한 역할을 담당하고 있다.

② 사과주스의 가공 공정

사과주스의 가공방법은 크게 두 가지로 나눌 수 있다(그림 7-44). 첫 번째는 효소가 두 단계에 걸쳐서 사용되는 2단계 공정으로 전통적인 방법이라 할 수 있으며 효소는 침지 공정과 펙틴 제거 공정에 각각 첨가된다. 침지 공정에서 효소를 사용하지 않을 경우 압착 공정에서 불용성의 펙틴이 젤을 형성하여 과즙이 과육으로부터 추출되는 것을 방해하므로 수율 및 압착효율이 떨어진다. 이를 해결하기 위하여 침지 공정에는 다양한 종류의 효소가 포함된 펙티네이스가 첨가되며 사과의 세포벽이 효소에 의하여 부분적으로 가수분해되어 점도가 크게 떨어지게 된다. 점도가 감소하면 이후의 압착 공정이 용이해져 얻게 되는 주스의 부피가 증가하므로 과즙의 수율이 좋아진다. 또한 압착 공정을 좀 더 신속하게 진행할 수 있으므로 공장의 생산 능력이 증가하는 장점이 있다.

펙틴은 주스의 혼탁을 유발하는 주요 성분이다. 압착 공정 후 주스에는 1 L당 2~5 g의 펙틴을 함유하고 있으며 펙틴이 존재할 경우 농축 공정 중 젤이 되거나 혼탁이 생기게 된다. 또한 펙틴의 콜로이드(colloid)는 이후 청정 과정을 어렵게 하므로 이를 제거하는 펙

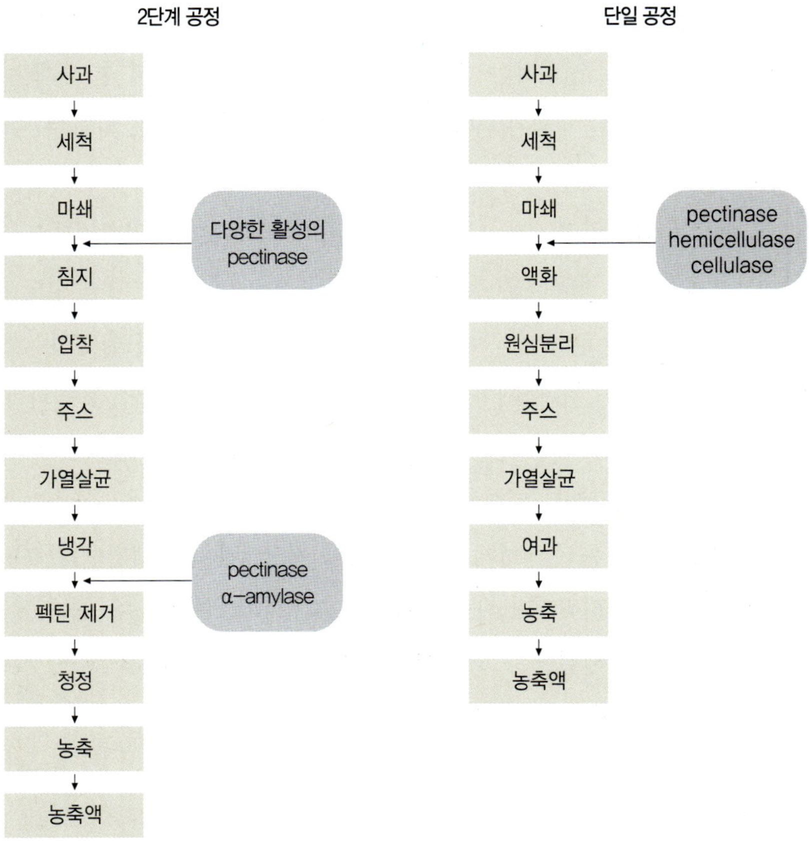

그림 7-44 • 사과주스의 가공 공정

틴 제거 공정이 반드시 필요하다. 펙틴 제거 공정에는 펙티네이스가 사용되며 만약 사과가 녹말을 포함하고 있다면 알파아밀레이스를 함께 첨가한다. 녹말은 주스가 가열될 때 호화되어 물에 용해되므로 여과 공정에서 제거되지 않지만 낮은 온도에 방치할 경우 녹말이 노화(retrogradation)되면서 서로 결합하여 혼탁이 생기기 때문이다. 펙티네이스에 의하여 잔류하는 펙틴이 분해되면 주스의 점도가 감소하여 여과, 청정 및 농축 공정이 보다 수월해진다.

두 번째 방법은 효소를 한 번만 사용하는 단일 공정으로 펙티네이스, 헤미셀룰로스가수분해효소, 셀룰로스가수분해효소가 혼합된 복합효소를 액화 공정에 첨가한다. 복합효소는 사과의 세포벽을 거의 대부분 분해하여 물에 용해되는 산과 중성당을 생성하므로 사과의 저장기간에 관계없이 95% 정도의 높은 수율로 주스를 생산할 수 있는 장점이 있다(표 7-14). 또한 단일 공정을 사용할 경우 잔유물이 적어 압착 대신 원심분리를 이용하

표 7-14 • 공정별 사과주스의 수율

	공정	주스의 수율(%)
신선한 사과	효소 미사용	82~84
	2단계 공정	85~87
	단일공정	93~95
저장 사과	효소 미사용	72~75
	2단계 공정	83~85
	단일공정	93~95

여 간편하게 주스를 얻을 수 있으므로 2단계 공정보다 설비가 간단하고 총가공시간이 단축되는 효과가 있어 경제적이며, 안정성과 풍미가 좋은 우수한 품질의 사과주스 농축액을 생산할 수 있다.

1 환원당은 자신이 산화되면서 다른 물질을 환원시키는 환원성을 가지고 있다. 다음 중 환원당이 아닌 것을 모두 고르시오.

① Fructose ② Sucrose ③ Maltose
④ Trehalose ⑤ Lactose ⑥ Raffinose
⑦ Cellobiose ⑧ Panose(α-D-Glc-(1→6)-α-D-Glc-(1→4)-D-Glc)
⑨ β-D-Gal-(1→4)-β-D-Gal-(1→4)-D-Glc
⑩ 1-kestose(α-D-Glc-(1→2)-β-D-Fru-(1→2)-β-D-Fru)

2 물에 D-글루코스(D-glucose)를 용해시켜 상온에서 일정 시간 방치한 후 고유광회전도($[\alpha]_D$)를 측정한 결과 +65.0°가 나왔다. 이때 용액 중의 α-D-글루코피라노스(α-D-glucopyranose)와 β-D-글루코피라노스(β-D-glucopyranose)의 함량(%)을 각각 구하여라. (단, α-D-글루코피라노스와 β-D-글루코피라노스의 고유광회전도는 각각 +112.2°와 +18.7°이며 그 외 다른 형태의 당은 없는 것으로 간주)

3 다음은 포도당 두 분자로 이루어진 이당류들이다. 각 당들이 연결되어 있는 글리코사이드결합의 종류를 적으시오. (예 maltose : α-(1→4) 결합)

① isomaltose : ( ) ② cellobiose : ( )
③ gentiobiose : ( ) ④ nigerose : ( )
⑤ laminaribiose : ( ) ⑥ α,α-trehalose : ( )

4 다음 제시되어 있는 탄수화물 관련 효소 중에서 녹말을 가수분해할 수 있는 효소를 모두 고르시오.

① β-Amylase ② Cellulase ③ β-Glucosidase
④ CGTase ⑤ Polygalacturonase ⑥ Maltogenic amylase

5 녹말로부터 포도당을 생산할 때 액화된 녹말에 글루코아밀레이스(glucoamylase)와 함께 풀룰란가수분해효소(pullulanase)를 첨가한다. 만약 이 공정에서 실수로 풀룰란가수분해효소가 첨가되지 않고 글루코아밀레이스만으로 반응이 진행되었다면 생산되는 제품에는 어떠한 문제가 있을지 설명하시오.

6 기능올리고당은 장내 유용 세균의 증식을 도와주며 충치를 예방하고 칼로리가 낮아 설탕을 대체하는 감미료로 많이 사용된다. 다음의 기능올리고당을 생산하는 데 사용되는 효소를 보기에서 고르시오.

〈보기〉 α-amylase, transglucosidase, pullulanase, β-galactosidase, CGTase, β-glucosidase, β-fructofuranosidase, maltogenic amylase, polygalacturonase, isoamylase

① 프럭토올리고당 : (　　　　　　　) ② 아이소말토올리고당 : (　　　　　　　)
③ 갈락토올리고당 : (　　　　　　　) ④ 분지올리고당 : (　　　　　　　)

7 사과주스의 가공에서 마쇄된 과육으로부터 압착 공정을 용이하게 하고 과즙의 추출 수율을 높이기 위하여 침지 공정(maceration)에 사용하는 효소는 무엇인가?

① Amylases ② Cellulases ③ Pectinases
④ Debranching enzymes ⑤ Naringinase

8 다음 중 식물의 세포벽을 분해하는 데 필요한 효소를 모두 고르시오.

① Amylases ② Cellulases ③ Pectinases
④ Debranching enzymes ⑤ Naringinase ⑥ Hemicellulases

9 다음에 제시되어 있는 효소가 기질을 가수분해하여 생산하는 반응 산물이 무엇인지 적으시오.

	기질		반응 산물
① β-Amylase :	녹말	→	(　　　　　)
② Glucoamylase :	녹말	→	(　　　　　)
③ β-Galactosidase :	젖당	→	(　　　　　)
④ Invertase :	슈크로스	→	(　　　　　)
⑤ β-Glucosidase :	셀로바이오스	→	(　　　　　)
⑥ Pullulanase :	풀룰란	→	(　　　　　)
⑦ Maltogenic amylase :	풀룰란	→	(　　　　　)

10 다음 중 알파아밀레이스(α-amylase)가 활용되지 않는 산업 분야를 고르시오.

① 녹말당 가공 ② 과일주스 가공 ③ 제빵
④ 알코올 발효 ⑤ 와인 제조

11 녹말당의 DE가 다음과 같을 때 각각의 평균 중합도(DP)를 계산하시오.

① DE 10 ② DE 20 ③ DE 50 ④ DE 100

정답 및 해설

01 ②, ④, ⑥, ⑩ 당의 아노머탄소(알도스인 경우는 C-1, 케토스인 경우는 C-2)가 모두 결합에 참여하고 있으면 비환원당이다.

02 α-D-글루코피라노스 : 49.5%, β-D-글루코피라노스 : 50.5%

α-D-글루코피라노스의 함량을 x%라 하면 β-D-글루코피라노스의 함량은 (100 − x)%가 되며, 이 두 가지 성분이 혼합되어 있는 용액의 고유광회전도는 다음과 같이 구할 수 있다.

$$(112.2 \times 0.01x) + [18.7 \times (1 - 0.01x)] = 65.0$$
$$0.935x = 65.0$$
$$x = 49.5(\%)$$

03 ① α-(1→6) ② β-(1→4) ③ β-(1→6) ④ α-(1→3) ⑤ β-(1→3) ⑥ α-(1→1)

04 ①, ④, ⑥

05 포도당의 함량이 감소한다.

글루코아밀레이스는 α-(1→4) 결합을 잘 가수분해하지만 α-(1→6) 결합을 분해하는 속도가 상대적으로 느리다. 따라서 풀루란가수분해효소가 α-(1→6) 결합을 선택적으로 가수분해해 줄 경우 짧은 시간 안에 포도당으로의 당화 공정을 완료할 수 있다. 만약 이 공정에서 풀루란가수분해효소가 첨가되지 않았다면 기질의 α-(1→6) 결합이 가수분해되지 않고 남아 있게 되며 글루코아밀레이스에 의한 α-(1→6) 결합의 가수분해가 완전하게 이루어지기 어려우므로 최종 산물에는 α-(1→6) 결합을 가지고 있는 올리고당(isomaltose, panose 등)의 함량이 높아진다. 따라서 포도당의 함량은 감소하게 된다.

06 ① β-fructofuranosidase ② transglucosidase ③ β-galactosidase ④ maltogenic amylase

07 ③

08 ②, ③, ⑥

09 ① 엿당(maltose) ② 포도당(glucose) ③ 포도당(glucose)과 갈락토스(galactose)
④ 포도당(glucose)과 과당(fructose) ⑤ 포도당(glucose) ⑥ 말토트라이오스(maltotriose)
⑦ 파노스(panose)

10 ⑤

11 ① 10 ② 5 ③ 2 ④ 1

DE와 중합도(DP)와의 관계는 다음과 같다. $DP = \frac{100}{DE}$

제8장

단백질 관련 효소

1. 단백질가수분해효소

1) 개요

단백질은 생명현상을 영위하는 유기체를 구성하는 중요한 성분의 하나이며, 아미노산의 펩타이드(peptide)결합에 의해 중합된 생체 고분자이다. 이러한 단백질은 생체 내의 기능적 용도에 따라 유전자의 발현 후 다양한 수식에 의해 변형되기도 하고, 일부 펩타이드 사슬이 가수분해되어 최종 활성형으로 존재하기도 한다.

단백질가수분해효소(protease)는 생체 내에서 단백질을 펩타이드나 아미노산 등 작은 단위의 분자로 가수분해하는 기능을 담당하고 있으며, 동물 조직 및 세포, 미생물 등에 다양한 기질특이성을 갖는 형태로 존재한다. 단백질가수분해효소는 단백질을 분해하는 기능을 가진 효소들의 총칭으로 단백질 분해효소(proteolytic enzyme) 또는 단백질가수분해효소(proteinase)로 불리기도 한다. 생체 및 소화기관 내에서 단백질가수분해효소의 역할은 매우 다양하다. 인간의 소화기관 내에서 각 효소의 작용 기관 및 반응 특성에 따라 펩신(pepsin), 트립신(trypsin), 키모트립신(chymotrypsin), 카복시펩티데이스(carboxypeptidase), 아미노펩티데이스(aminopeptidase) 등으로 분류되며, 단백질 음식을 흡수 가능한 아미노산 단위로의 전환을 담당한다. 단백질가수분해효소 중 트롬빈

(thrombin)은 혈액 응고에 관여하며, 혈액 내의 대식세포의 경우 외부로부터 침입한 외래 단백질을 분해하는 가수분해효소가 존재한다. 세포안 소기관인 리소좀(lysosome)은 카텝신(cathepsin)을 포함한 다양한 산성 단백질가수분해효소를 담고 있다. 또한 특수한 단백질가수분해효소의 경우 비활성형의 풋단백질〔proprotein 또는 효소원(zymogen)〕을 활성형 단백질로 전환하는 역할을 담당하기도 한다.

단백질가수분해효소는 식품 가공산업에서 가장 중요한 효소군으로, 다양한 목적으로 그 효소적 특성을 활용하고 있다. 제8장에서는 다양한 단백질가수분해효소를 효소의 급원, 작용 특성 등에 따라 분류하고, 식품산업에서의 다양한 응용분야를 기술하고자 한다. 단백질가수분해효소에 의한 단백질의 펩타이드결합 가수분해작용의 공통적 반응 형식은 〈그림 8-1〉과 같다.

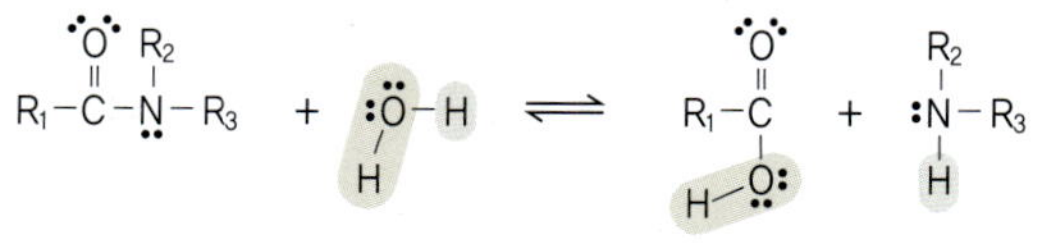

그림 8-1 • 단백질가수분해효소의 펩타이드결합 가수분해반응

2) 단백질가수분해효소의 분류

지금까지 알려진 단백질가수분해효소의 종류만 해도 수백 개에 이르며, 앞으로 수천 개 혹은 그 이상으로 증가할 날이 머지않았다. 따라서 단백질가수분해효소들을 효과적으로 분류할 수 있는 체계가 필요하지만 그 특이성 또는 계통에 따른 분류가 사실상 불가능하다. 국제생화학연합회의 명명법에 따르면 몇몇 특수한 펩타이드말단가수분해효소(exopeptidase)를 제외하고는 펩타이드가수분해효소(peptidase, EC 3.4.1.1~3.4.4.25)로 통칭하도록 하고 있다. 단백질가수분해효소는 펩타이드결합, 에스터결합, 아마이드결합 등을 가수분해하고, 펩타이드 합성 혹은 전달반응, 산소교환반응에도 촉매로 작용한다. 또한 동일한 단백질 기질이라 하더라도 효소의 작용 특성에 따라 폴리펩타이드 사슬 내의 작용자리가 상이하다. 단백질가수분해효소의 세부적인 분류는 그들의 반응 pH, 반응양식, 기질특이성, 작용자리 특성에 따라 분류하고 있는데, 크게는 펩타이드결합 작용자리에 따라 펩타이드내부가수분해효소(endopeptidase)와 펩타이드말단가수분해효소로 분

류할 수 있다.

펩타이드내부가수분해효소군의 단백질가수분해효소들은 작용 메커니즘(mechanism)에 따라 분류된 세린(serine)계 단백질가수분해효소(EC 3.4.21.x), 시스테인(cysteine)계 단백질가수분해효소(EC 3.4.22.x), 아스파트산(aspartic acid)계 단백질가수분해효소(EC 3.4.23.x)와 금속계 단백질가수분해효소(EC 3.4.24.x) 및 기타 군(EC 3.4.99.x) 등을 포함한다. 이들 효소의 촉매자리에는 필수적으로 각각 세린, 시스테인, 아스파트산 등의 잔기가 각각 위치하고 있고, 금속계 단백질가수분해효소는 아연 등의 금속이온이 효소활성을 위해서 반드시 필요하다. 펩타이드말단가수분해효소에는 대표적으로 아미노펩티데이스와 카복시펩티데이스 군 등이 있고, 현재까지는 식품산업에서의 응용 범위가 제한적이기는 하지만 쓴맛 펩타이드를 제거하는 용도로 사용되고 있다.

(1) 작용 최적 pH에 따른 분류

효소반응의 최적 작용 pH에 따라 산성, 약산성, 중성, 알칼리성 단백질가수분해효소로 분류한다. 그러나 기질의 종류에 따라 최적 pH가 달라지므로 절대적인 것이 아니어서 실용적인 분류에 지나지 않는다. 작용 pH는 효소단백질 특성의 일부를 나타내는 것으로 그 효소의 기원, 특별히 작용하기 쉬운 기질을 병행하여 표기할 필요가 있다.

(2) 펩타이드작용 결합자리에 따른 분류

① 펩타이드내부가수분해효소

펩타이드내부가수분해효소는 폴리펩타이드나 단백질의 내부 펩타이드결합을 끊어 다양한 크기의 펩타이드를 분리시킨다. 다음에 설명하는 펩타이드말단가수분해효소와는 달리 C-말단이나 N-말단을 필요로 하지 않는다. 펩신, 트립신, 키모트립신, 파파인(papain)과 동물조직 내의 카텝신 등이 여기에 속한다.

② 펩타이드말단가수분해효소

펩타이드말단가수분해효소는 *N*-말단의 α-아미노기 또는 C-말단의 α-카복실기에 특이적인 작용을 나타내므로 단백질이나 폴리펩타이드 사슬의 말단부터 단일 또는 2~3개의 아미노산을 순차적으로 잘라 낸다. 아미노펩티데이스와 카복시펩티데이스 등이 여기에 속한다. 이들을 포함한 기타 펩타이드말단가수분해효소군 효소들의 명칭 및 작용 메커니즘은 〈표 8-1〉과 같다.

표 8-1 • 국제생화학 및 분자생물학 연합체에서 분류한 단백질가수분해효소의 구분

EC 번호		가수분해 타입	작용 특성
EXOPEPTIDASES	3.4.11.-	aminopeptidase	*N*-말단 잔기 방출
	3.4.13.-	dipeptidase	다이펩타이드에만 작용
	3.4.14.-	dipeptidyl peptidase tripeptidyl peptidase	*N*-말단 다이펩타이드 방출 *N*-말단 트라이펩타이드 방출
	3.4.15.-	peptidyl dipeptidase	C-말단 다이펩타이드 방출
	3.4.16.-	carboxypeptidase (serine)	C-말단 잔기 방출
	3.4.17.-	carboxypeptidase (metallo)	C-말단 잔기 방출
	3.4.18.-	carboxypeptidase (cysteine)	C-말단 잔기 방출
	3.4.19.-	omega peptidase	*N*- 또는 C-말단으로부터 변형된 잔기 방출
ENDOPEPTIDASES	3.4.21.-	serine endopeptidase	
	3.4.22.-	cysteine endopeptidase	
	3.4.23.-	aspartic endopeptidase	
	3.4.24.-	metallo-endopeptidase	
	3.4.99.-	작용 메커니즘이 알려지지 않은 endopeptidase	

(3) 효소의 작용 메커니즘에 따른 분류

펩타이드내부가수분해효소의 경우 *N*-이나 C-말단부로부터 단일아미노산, 다이펩타이드(dipeptide), 트라이펩타이드(tripeptide)로 끊어 내는 작용 메커니즘에 기초한 펩타이드말단가수분해효소의 분류법에 따라 그 분류가 이루어질 수 없다. 따라서 1960년 Hartley가 제안한 단백질가수분해효소 작용 메커니즘에 기초한 효소의 분류법에 따라 펩타이드내부가수분해효소를 네 가지의 효소군으로 분류하는 것이 편리하다. 이 분류방법에 따라 펩타이드내부가수분해효소는 세린계, 시스테인계, 아스파트산계 및 금속계 단백질가수분해효소 등으로 구분된다. 4종류의 촉매자리 존재는 반응기에 특이적인 특정 억제제를 사용하게 됨으로써 처음으로 알려졌다. 효소활성 억제제의 억제작용 메커니즘을 통해 파악된 연구 결과에서, 세린계 단백질가수분해효소군과 시스테인계 단백질가수분해효소군의 경우에는 효소반응을 할 때 기질-효소 복합체 형성 시 효소와 기질 간에 공유결합을 형성하는 것으로 파악되었으며, 아스파트산계 단백질가수분해효소군과 금속계 단백질가수분해효소군의 경우에는 기질-효소 복합체 형성 시 공유결합을 형성하지 않는다. 전자의 두 효소군은 일반적으로 촉매자리에 강한 친핵체를 가지고 있고, 후자의

두 효소군은 촉매자리에서의 친핵체에 의한 공격이 없는 반면 효소 촉매자리의 작용기(functional group)에 의한 공격을 포함한다. 후자의 효소들은 대개 효소의 활성이 pH, 즉 산 또는 염기에 전자보다 더 의존적이다.

① 세린계 단백질가수분해효소

세린계 단백질가수분해효소는 단백질가수분해효소군 중에서 가장 광범위하게, 그리고 가장 완벽하게 연구되어 온 효소군으로, 효소 촉매자리에 세린 잔기를 지니며 다이아이소프로필-플루오로인산(diisopropyl-fluorophosphate, DFP) 및 유기인산화합물 등에 의해 활성이 억제된다. 원핵세포와 진핵세포 생물 등 다양한 유기체에서 발견되며, 트립신, 키모트립신, 트롬빈, 엘라스틴가수분해효소(elastase), 수브틸리신(subtilisin) 등이 포함되는데 수브틸리신은 바실루스속(*Bacillus*)의 미생물이 분비하며 *Bacillus licheniformis*에서 분리한 알칼레이스(alcalase)는 세제용으로 개발되었으나 콩단백질이나 어육단백질 등을 분해하는 식품용으로도 사용되고 있다. 이들 효소는 모두 펩타이드내부가수분해효소로서

표 8-2 • 다양한 세린계 단백질가수분해효소군의 촉매자리 Ser과 His 잔기 주변의 아미노산순서

효소 종류	아미노산 서열
	Ser 주변의 아미노산 잔기 배열
trypsin, bovine	-Asp-Ser-Cys-Gln-Gly-Asp-Ser*-Gly-Gly-Pro-Val-Val-Cys-Ser-
trypsin, pig	-Asn-Ser-Cys-Gln-Gly-Asp-Ser*-Gly-Gly-Pro-Val-Val-Cys-Gly-
chymotrypsin A, bovine	-Ser-Ser-Cys-Met-Gly-Asp-Ser*-Gly-Gly-Pro-Leu-Val-Cys-Lys-
chymotrypsin B, bovine	-Ser-Ser-Cys-Met-Gly-Asp-Ser*-Gly-Gly-Pro-Leu-Val-Cys-Gln-
elastase, pig	-Ser-Gly-Cys-Gln-Gly-Asp-Ser*-Gly-Gly-Pro-Leu-His-Cys-Leu-
thrombin, bovine	-Asp-Ala-Cys-Glu-Gly-Asp-Ser*-Gly-Gly-Pro-Phe-Val-
α-lytic protease, *sorangium*	-Cys-Met-Gly-Arg-Gly-Asp-Ser*-Gly-Gly-Ser-Trp-Ile-Thr-Ser-
subtillisin, *B. subtillis* Carlsberg	-Ala-Thr-Leu-Asn-Gly-Thr-Ser*-Met-Ala-Ser-Pro-His-Val-Ala-
alkaline, phosphatase, *E. coli*	-Pro-Asp-Tyr-Val-Thr-Asp-Ser*-Ala-Ala-Ser-Ala-
phosphoglucomutase, rabbit	-Asx-Leu-Gly-Val-Thr-Ala-Ser*-His-Asx-Gly-Glx-Ser-Ala-Gly-
	His 주변의 아미노산 잔기 배열
trypsin, bovine	-Val-Val-Ser-Ala-Ala-His*-Cys-Tyr-Lys-Ser-Gly-Ile-Gln-
chymotrypsin A, bovine	-Val-Val-Thr-Ala-Ala-His*-Cys-Gly-Val-Thr-Thr-Ser-Asp-
chymotrypsin B, bovine	-Val-Val-Thr-Ala-Ala-His*-Cys-Gly-Val-Thr-Thr-Ser-Asp-
elastase, pig	-Val-Met-Thr-Ala-Ala-His*-Cys-Val-Asp-Arg-Glu-Leu-Thr-
thrombin, bovine	-Ala-Ala-Thr-Ala-Ala-His*-Cys-Lev-Lev-Tyr-Pro-
α-lytic protease, *sorangium*	-Phe-Val-Thr-Ala-Gly-His*-Cys-Gly-Thr-Val-Asn-Ala-Thr-
subtillisin, *B. subtillis* Carlsberg	-Thr-Asp-Gly-Asn-Gly-His*-Gly-Thr-His-Val-Ala-Gly-Thr-

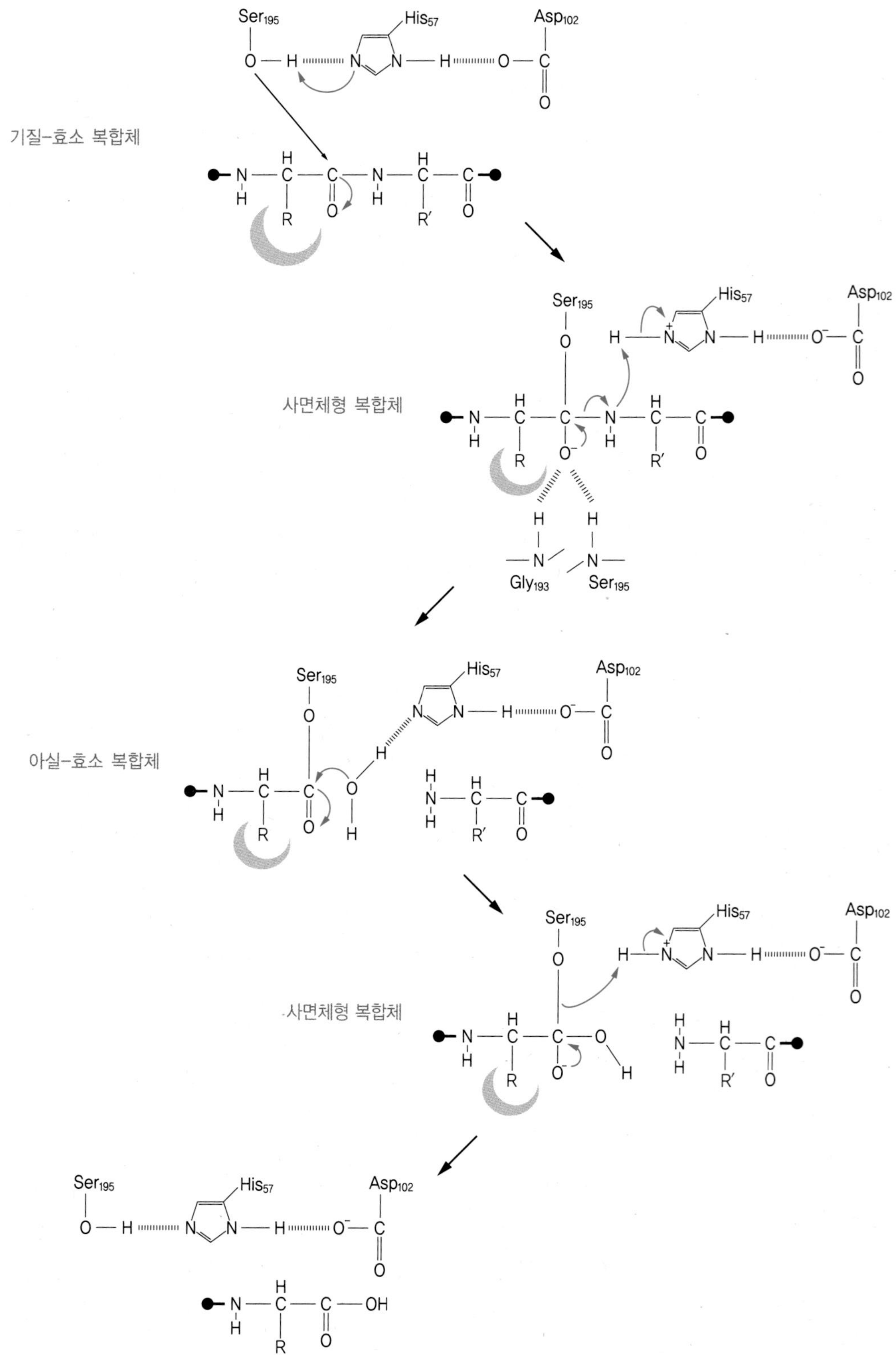

그림 8-2 ● 세린계 단백질가수분해효소군의 촉매반응 단계의 모식도

의 촉매활성 기능을 갖고 있으며, 히스티딘(histidine, His) 잔기 유래 이미다졸(imidazole) 그룹과 아스파트산 잔기 유래 카복실기를 촉매자리에 갖고 있다. 다양한 세린계 단백질가수분해효소들은 필수적인 세린, 히스티딘 잔기를 중심으로 좌우 근처의 아미노산순서가 유사한 특징을 갖는다(표 8-2).

세린계 단백질가수분해효소에 의한 촉매반응 메커니즘의 중요한 특징을 알아보도록 하자. 키모트립신의 경우를 예로 든다면, Ser_{195}의 산소와 기질에 위치한 아실기(acyl group) 사이의 에스터결합 형성과 첫 번째 생성물로서 효소반응에 의해서 새로이 노출된 유리아미노기를 갖고 있는 펩타이드 단편을 방출한다. 이러한 에스터결합의 형성은 다른 일련의 기질과의 반응에서도 탈리되는 펩타이드 단편의 종류만 달라질 뿐 동일하게 이루어진다. 세린계 단백질가수분해효소에 의한 펩타이드결합의 가수분해 촉매 과정 중에서 인지되어야 할 또 다른 중요한 요소는 Ser_{195}의 산소에 의한 공격으로 펩타이드결합의 카보닐기(carbonyl group)로부터 생성되는 산소 음이온에 대해서 수소결합이 가능한 2개의 −NH−기가 효소의 골격(backbone) 내에 존재한다는 것이다(그림 8-2). 물론 이 2개의 −NH−기가 효소의 입체 구조 안정에도 필수적이기 때문에 촉매자리에서의 반응에 기여하는 역할을 정량적으로 판단하기는 쉽지 않다.

이 반응은 아실(acyl)-효소 중간 생성물을 형성하기 위한 기질의 오른쪽 절반의 방출을 통해 사각 구조의 중간 산물을 형성하는 과정에서 진행된다. 이 중간 산물의 분해는 최종 산물을 생산하기 위한 효소 촉매반응을 통한 물 분자의 공격으로 이루어진다.

② 시스테인계 단백질가수분해효소

시스테인계 단백질가수분해효소군은 세린계 단백질가수분해효소군과 마찬가지로 공유결합 중간체를 형성한다는 공통점을 가진다. 식물체 단백질가수분해효소 중에는 파파인, 브로멜라인(bromelain), 피신(ficin), 카텝신 등이 이 효소군에 속하며, 스트렙토코쿠스속(*Streptococcus*) 유래의 분해효소 역시 여기에 속한다. 이 효소군이 단백질 분해능을 나타내기 위한 촉매자리의 중심에는 설프하이드릴기(sulfhydryl group, −SH) 가 존재하며, 싸이올(thiol)류 시약이나 중금속 또는 그 유도체인 알킬화제(alkylation agent), 산화제 등에 의해 활성 억제를 받는다. 파파인의 경우를 예로 든다면 기질에 대한 친핵성 공격은 Cys_{25} 잔기의 황 원소에 의해 이루어지고 His_{159} 곁사슬은 다시 수소의 받개(수용체)/주개(공여체)의 역할을 담당하게 된다. 매우 반응성이 큰 시스테인 잔기의 화학적 수식을 통한 변형이 효소의 활성을 파괴하고, 활성을 위해서는 시스테인이 유리된 상태로 존재해

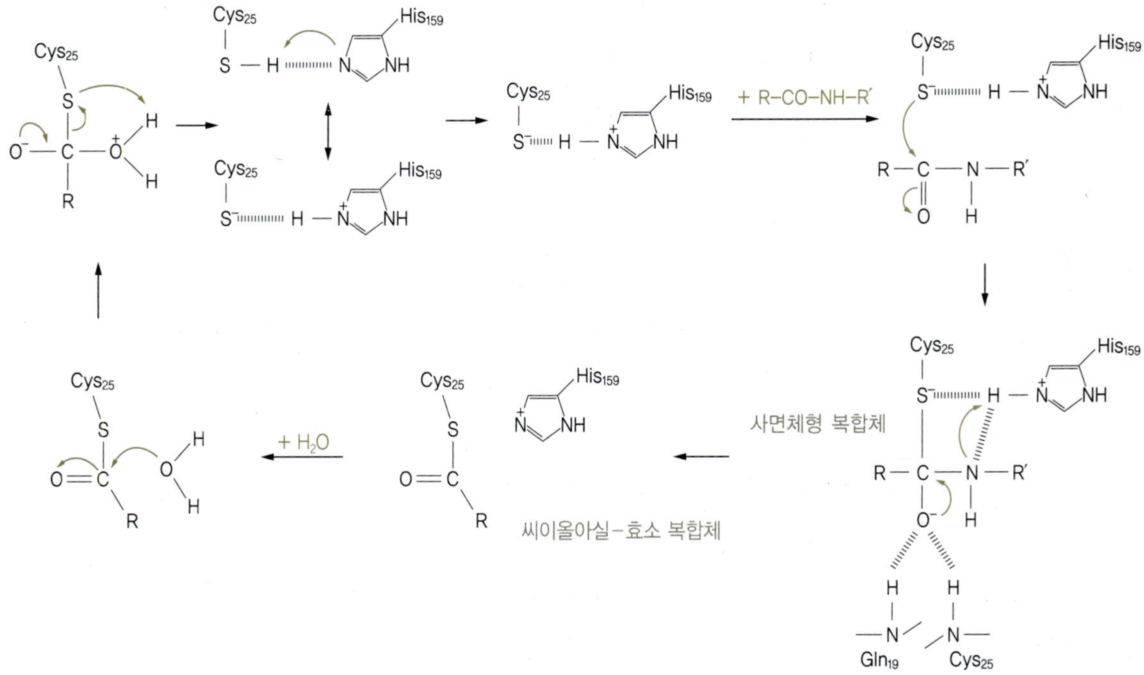

그림 8-3 • 시스테인계 단백질가수분해효소군의 촉매반응 단계의 모식도

야 한다는 것과 촉매자리의 구조가 히스티딘을 근처에 가지고 있어야 한다는 것은 이 효소군의 반응 메커니즘을 이해하는 데 있어서 중요한 발견이다. 〈그림 8-3〉은 시스테인계 단백질가수분해효소군의 반응 메커니즘을 간략하게 표현한 내용을 담고 있다.

이 반응에서 촉매성 시스테인은 중성(neutral)과 양쪽성이온(zwitterion) 형태 사이에 토토머(tautomer) 간의 평형관계에 관여한다. 음이온성 황 원소가 단백질 기질의 카보닐기를 직접 친핵성 공격을 하는 것으로 알려져 있다. 이 그림에서는 아실-효소 중간체 형성을 통한 반응을 표시하였다. 이 중간체의 분해는 또다시 효소 촉매에 의한 물 분자 공격에 의해서 이루어진다.

이 효소군의 반응 메커니즘에서, Gln_{19}와 Cys_{25} 잔기로부터 유래된 2개의 −NH−기는 세린계 단백질가수분해효소군에서와 마찬가지로 산소음이온 구멍(oxoanion hole)과 같은 역할을 한다.

③ 아스파트산계 단백질가수분해효소

세린계나 시스테인계 단백질가수분해효소군과는 달리 이 효소군에서는 효소의 작용

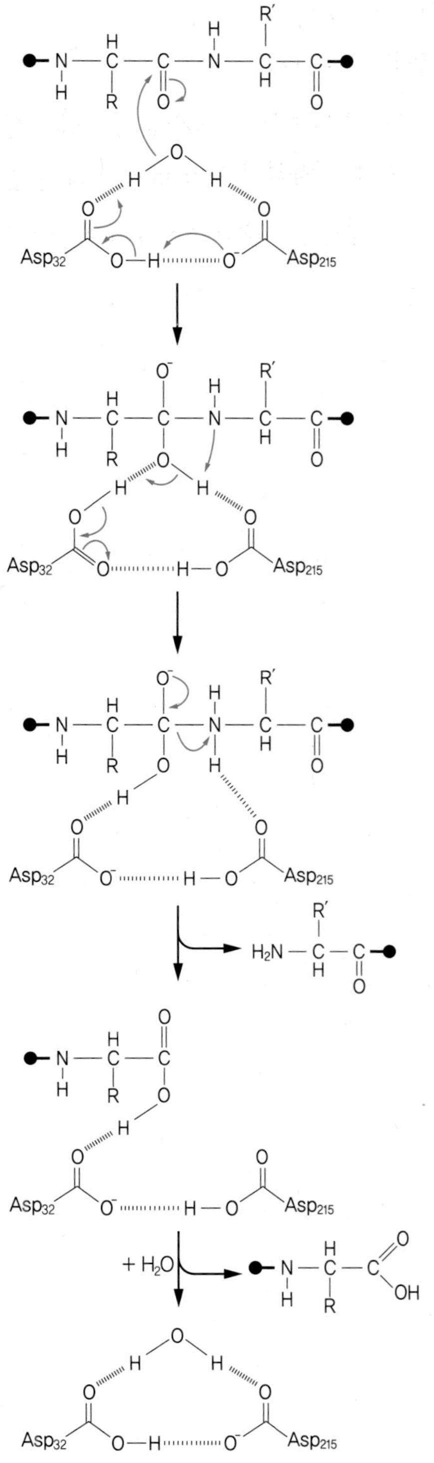

그림 8-4 ● 아스파트산계 단백질가수분해효소군의 촉매반응 단계의 모식도
(a) 아스파트산계 효소군의 일반적인 산-염기 촉매반응 메커니즘에 대한 내용을 담고 있다. 사각 구조를 가진 중간체의 분해는 기질의 양쪽 절반을 모두 포함한 상태로 최종 산물 복합체로 나타나며, 어느 한쪽의 해리가 아실(acyl)-최종 산물 복합체나 아미노 산물 복합체의 형성으로 뒤따른다. (b) 전형적인 아스파트산계 단백질가수분해효소의 촉매자리에서 이용 가능한 다수의 수소결합에 의한 상호작용을 보여 준다. 그림에 표시된 특정 수소결합들은 촉매반응으로의 이행에 있어서 매우 중요하다.

기에 의한 친핵성 공격을 이용하지 않고 펩타이드결합을 분해한다. 따라서 효소와 기질의 단편 사이에 공유결합 중간체를 형성하지 않는다(그림 8-4). 이 효소의 촉매자리는 2개의 아스파트산 잔기(돼지 펩신의 경우를 예로 든다면 Asp_{32}와 Asp_{215} 잔기)로 구성되어 있다. 이 아스파트산 잔기의 카복실기는 강력한 친핵체로 작용하지 않기 때문에 이 효소의 반응에서는 친핵체에 의한 친핵성 공격을 이용하지 않는다. 반면에 이 2개의 아스파트산 잔기로부터 유래된 카복실기는 낮은 pH 조건하에서 촉매반응을 유도한다. 이 효소의 촉매자리의 중요한 특징은 활성중심에 아스파트산 잔기와 또 다른 아스파트산의 탄산이온(carbonate ion)이 관여한다는 것이다. X-선 회절 결정분석법 연구를 통한 구조 분석은 2개의 아스파트산 곁사슬들이 단백질 구조 내에서 펩타이드결합 분해를 위한 적절한 위치에 배치되어 있으며, 이들 2개의 카복실기의 산소 원자들 사이에 수소결합을 공유하기에 충분히 근접해 있음을 밝혀 주었다. 이 아스파트산 잔기들 유래 곁사슬의 기능을 통해 물 분자가 펩타이드결합을 공격할 수 있게 한다. 한 아스파트산 잔기에서 물 분자가 양성자를 쉽게 잃도록 균형을 유지시킴으로써 물 분자의 공격성을 활성화시키면, 다른 아스파트산 잔기는 폴리펩타이드의 카보닐기를 편극시켜 물 분자의 공격에 대한 반응성을 증가시킨다. 이 그룹의 효소들 중에서는 펩신에 대한 연구가 많이 이루어져 있으며, 키모신(chymosin)은 치즈 생산을 위해 널리 이용되기 때문에 상업적으로 가장 유용한 효소이다. 많은 미생물 유래 단백질가수분해효소들이 이 효소군이 속하며, *Endothia parasitica*, *Mucor pusillus*, *Mucor miehei* 등 3종의 곰팡이 유래 효소들이 유용한 키모신 대체 효소로 활용되기도 한다. 또한 *Aspergillus oryzae* 등으로부터 유래된 단백질가수분해효소는 고지 형태로 생산되는데, 대개 아스파트산계를 비롯하여 세린계, 금속계 단백질가수분해효소 등의 혼합된 형태로 장류의 발효, 술의 발효 및 제빵 시 사용되고 있다.

④ 금속계 단백질가수분해효소

단백질가수분해효소의 활성을 위해서는 금속이온이 촉매자리 형성에 참여하고, 입체구조를 안정화시키는 역할을 하는 경우가 많다. 이 효소 그룹은 아스파트산계 단백질가수분해효소군과 마찬가지로 공유결합을 통한 기질-효소 복합체를 형성하지 않고, 반응을 진행시키는 데 '산소음이온 구멍'을 경유한 수소결합에 의존하기보다는 금속이온에 의한 조절을 이용한다. 금속이온은 가수분해를 돕기 위해 강한 친전자성 끌림을 제공한다. 아미노펩티데이스, 카복시펩티데이스, 콜라겐분해효소(collagenase) 등은 금속이온으로 아연을 갖고 있다. 자연 상태에서 이 그룹의 효소는 사각 구조의 네 번째 위치에 물

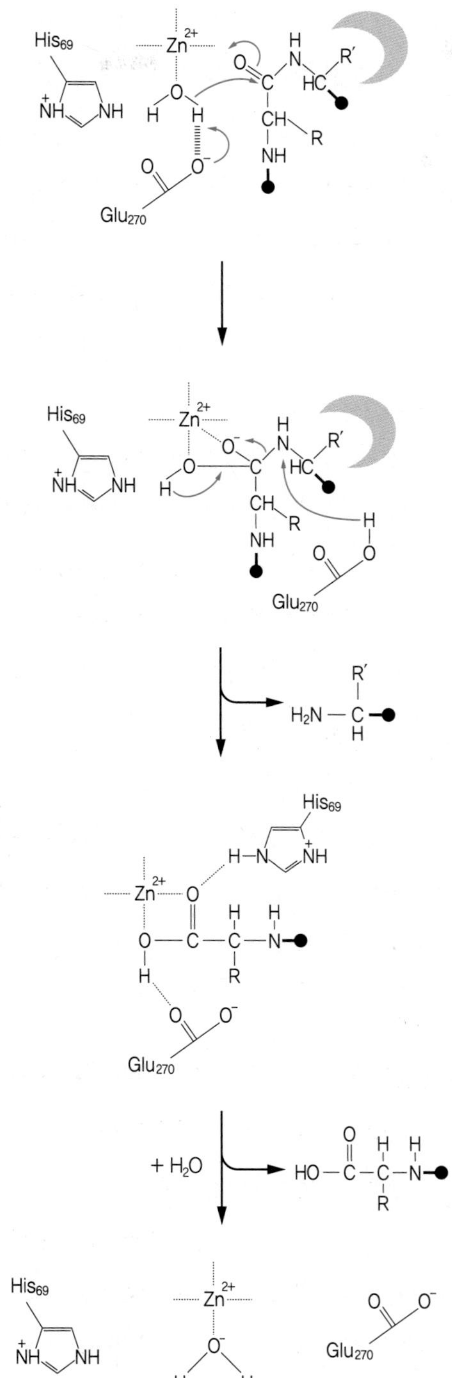

그림 8-5 • 금속계 단백질가수분해효소군의 촉매반응에 관여하는 단계의 모식도

분자를 정렬시키고 있다. 이 물 분자는 단백질 기질의 카보닐기가 금속 원소와의 정렬을 이루게 되면 본래의 위치로부터 이탈되나 여전히 촉매자리에는 존재하는 것으로 여겨진다. 카복시펩티데이스의 경우에는 이 물 분자가 270번째 아미노산인 글루탐산(glutamic acid, Glu) 잔기에 수소결합하고 있다(그림 8-5). 이 잔기의 카복실기는 일반적인 염기로 작용하여 물 분자의 수소이온을 제거하고 이 물 분자로 하여금 펩타이드결합의 카보닐기를 공격하도록 도움을 준다. 다시 수소이온은 이탈하는 질소 원소에 전이되어야 하며, 이 수소이온은 글루탐산으로부터 오게 된다. 따라서 글루탐산은 일종의 수소이온 운반체 역할을 하게 된다.

금속계 단백질가수분해효소군에는 서몰리신(thermolysin)과 *Bacillus amyloliquefaeciens* 유래 중성 단백질가수분해효소가 있는데 전자는 *Bacillus stearothermophilus*가 분비하는 효소로서 상업적 생산 효소 중 가장 열에 안정한 장점을 가지고 있다. 상품명 'Neutrase'로 시판되고 있는 중성 단백질가수분해효소는 열 안정성은 낮은 편이지만 양조산업, 제빵산업과 두유 제조에서 수율의 제고를 위하여 이용되고 있다.

⑷ 단백질가수분해효소 급원에 따른 분류

단백질가수분해효소는 효소가 유래되는 생물체의 종류에 따라 동물성, 식물성, 미생물성 효소군으로 분류할 수 있다. 이 단원에서는 각 기원별 대표적 효소들의 종류와 특징을 간략하게 설명하기로 한다. 대표적인 단백질가수분해효소들의 상세한 작용 원리와 응용 범위는 후반부의 단백질 관련 효소의 식품산업의 응용 단원에서 기술하기로 한다.

① 동물성 단백질가수분해효소

- 펩신(EC 3.4.23.1) : 1836년 독일의 생리학자 Theodor Schwann에 의해 최초로 발견되고 1926년 미국의 화학자 John Northrop에 의해 최초로 결정화에 성공한 동물성 단백질가수분해효소로서, 펩시노겐의 형태로 체내에서 분비되며 염산의 작용으로 자가촉매 과정을 통해 44개 아미노산의 가수분해로 펩신으로 활성화된다. 일반적으로 pH 1.5~2.0에서 효소 기능을 하며, 최적 작용온도는 37~42°C 범위이다. 단일 폴리펩타이드 사슬로 구성된 이 효소의 분자량은 약 35 kDa, 등전점(isoelectric point)은 pH 1.0, pH 5.0 이상에서는 매우 빠른 속도로 변성해 활성을 잃게 된다. 또한 폴리 라이신(poly-L-lysine)에 의해 활성이 억제되는 것으로 알려져 있다. 펩신은 카세인(casein), 글로불린(globulin), 글루텐, 콘드로이틴(chondroitin), 엘라스틴, 콜라겐, 히스톤 등을 가수

분해하나 오보뮤코이드(ovomucoid), 뮤신(mucin), 프로타민(protamine), 케라틴 등은 분해하지 못한다. 활성화된 펩신은 특이적으로는 페닐알라닌(phenylalanine, Phe), 트립토판(tryptophan, Trp), 타이로신(tyrosine, Tyr) 등 방향족 아미노산 잔기의 *N*-말단 쪽 또는 다이카복실산(dicarboxylic acid) 유래 α-아미노산 잔기에 인접된 펩타이드결합을 가수분해한다.

- 트립신(EC 3.4.21.4) : 트립신은 이자(pancreas)에서 분비되는 트립시노겐(trypsinogen)에서 자가촉매적 또는 엔테로펩티데이스(enteropeptidase)에 의한 가수분해를 통해 활성화된다. *N*-말단으로부터 여섯 번째의 펩타이드결합, 즉 라이신(lysine, Lys)-아이소루신(isoleucine, Ile) 결합의 절단을 통해 Val-(Asp)4-Lysine 순서의 헥사펩타이드(hexapeptide)가 유리되어 활성형의 트립신이 생성된다. 이 과정을 통해 생성된 트립신은 트립시노겐을 더욱 활성화시키고, 따라서 소량의 엔테로펩티데이스만이 이 활성화 반응의 시작을 위해 필요하다. 트립신의 작용은 펩타이드, 아마이드, 에스터류의 아르지닌(L-arginine) 또는 라이신의 카복실기 쪽의 펩타이드 또는 아마이드 결합을 가수분해한다. 그러나 두 아미노산 중 어느 하나라도 프롤린(proline, Pro)이 뒤따라 결합되어 있는 경우에는 가수분해를 하지 못한다. 이 활성화 메커니즘은 대부분의 세린계 단백질가수분해효소군에서 공통적으로 갖고 있으며, 이자의 자가분해를 방지할 수 있도록 한다. 트립신의 최적 작용 pH 및 온도는 각각 8.0과 37°C 내외이다.
- 키모트립신(EC 3.4.21.1) : 키모트립신은 트립신과 마찬가지로 척추동물의 이자에서 비활성 형태의 키모트립시노겐(chymotrypsinogen)으로 분비되어 트립신의 작용에 의해 키모트립신으로 활성화된다. 키모트립신의 작용은 펩타이드, 아마이드, 에스터 결합 등에서 페닐알라닌, 타이로신, 트립토판 등의 벤젠고리 구조를 갖는 아미노산의 C-말단 쪽 펩타이드결합을 특이적으로 절단한다. 이들 방향족 곁사슬이 효소 촉매자리의 소수성 포켓에 적합하다(그림 8-6). 이 효소의 등전점은 pH 8.1~8.6이고 pH 3.0~3.5에서 안정하고 높은 pH에서는 불안정하다. 또한 칼슘이온(Ca^{2+})의 첨가로 효소는 활성화되나, 중금속에 의해서는 활성이 억제를 받는다. 키모트립신의 생체 내 작용으로 트립신과 유사하게 혈압 강하, 혈액 응고, 피브리노겐(fibrinogen) 감소 기능을 갖고 있다.
- 레닛(rennet, EC 3.4.24.4) : 레닛은 어린 포유류의 위액에 존재하는 효소로 모유를 분해하기 위해 생산되며, 산업적으로는 치즈 생산에 이용된다. 레닛은 우유를 응고시키는 단백질가수분해효소를 포함하여 많은 효소들을 갖고 있다. 레닛 내에서 활성을 갖는

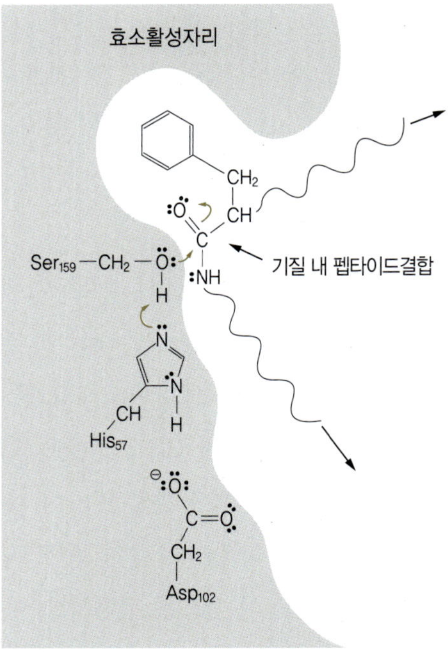

그림 8-6 • 키모트립신 촉매자리의 소수성 포켓 모식도

단백질가수분해효소는 레닌(rennin) 또는 키모신으로 부르지만 펩신이나 라이페이스(lipase) 등의 다른 중요한 효소들도 포함하고 있다. 레닛은 펩신에 가까운 기질특이성을 가지며, 우유의 응고 시에는 카세인이 레닛의 작용을 통하여 부분적인 가수분해가 일어나 *p*-카세인으로 전환된다.

② 식물성 단백질가수분해효소

식물성 단백질가수분해효소는 동물성, 미생물성 단백질가수분해효소보다는 그 종류와 수가 다양하지 않다. 대표적인 효소로는 파파인, 브로멜라인, 피신 등이 알려져 있으며, 이들 효소의 단백질가수분해작용 특성은 비교적 유사한 편이다.

- 파파인(EC 3.4.22.2) : 파파인은 시스테인계 단백질가수분해효소로, 촉매자리에 시스테인 잔기의 기능을 통해 효소적 촉매활성을 가질 수 있으며 KCN 처리를 통해서도 효소의 활성화를 도모할 수 있다. 3개의 이황화결합(disulfide bond)으로 안정화된 212개의 아미노산 잔기로 이루어진 단백질체이다. 촉매자리를 이루고 있는 삼각구조(catalytic triad)는 키모트립신과 유사하며, Cys_{25}, His_{159}, 아스파라진(asparagine, Asn)의 3개의 아미노산 잔기로 구성되어 있다. 이 효소의 등전점은 pH 8.75, 최적 pH는 7.0~

7.5의 범위이다. 육류 가공, 식품산업에서 연육제로 사용하고 있다.

- 브로멜라인(EC 3.4.22.4) : 파인애플과(Bromeliaceae) 식물체 조직으로부터 분비되는 단백질가수분해효소를 총칭하며, 그 추출 조직에 따라 과실과 줄기 브로멜라인으로 구분한다. 추출된 조효소액에는 이 효소뿐만 아니라 과산화효소(peroxidase)와 산성 인산가수분해효소(phosphatase) 등도 함유되어 있다. 브로멜라인은 시스테인계 단백질가수분해효소의 일종으로 시스테인, 황화수소(H_2S) 등에 의해 활성화되고, 수은, 은 등의 중금속에 의해 억제를 받는다. 일반적으로 사용되고 있는 브로멜라인은 파인애플의 과실, 근경 착즙의 아세톤 건조분말의 형태로 생산된다. 최적 작용온도는 50~60°C, pH는 4.5~5.5의 범위이다.
- 피신(EC 3.4.22.3) : 피신도 시스테인계 펩타이드내부가수분해효소의 일종으로 시스테인이나 BAL(2,3-dimercaptopropanol)로 활성화되고 중금속의 첨가나 촉매자리 SH기의 산화로 억제된다. 이 효소의 등전점은 pH 9.0으로 알려져 있으며, 기질특이성, 안정성, pH, 활성 곡선 등은 파파인과 거의 비슷한 특성을 보인다. 산성 pH 4.0에서 많은 종류의 단백질을 분해하고, 우유응고효소(milk clotting enzyme)로서 활용 가능하다. 또한 항원-항체 반응에 의한 적혈구세포의 응집을 증진시키는 역할을 하여 ABO식 혈액형 결정을 위해 이용하고 있다.

③ 미생물성 단백질가수분해효소

미생물성 단백질가수분해효소는 경제적인 측면에서의 장점을 바탕으로 산업적 규모로 대량생산되고 있다. 곰팡이, 세균, 방선세균 등을 이용하여 생산하고 다양한 용도로 이용하고 있으며, 대개 한 종류의 미생물부터 2~3종류의 단백질가수분해효소를 분비한다. 동일한 균주에서 발현된 효소라 하더라도 효소의 종류 및 활성에 따라 서로 다른 방법으로 생산되기도 한다.

- 곰팡이 유래 단백질가수분해효소 : 국내에서 제조되는 간장, 된장의 양조에는 곰팡이 유래 단백질가수분해효소가 주로 이용되고 있다. *aspergillus*와 *Penicillium*의 균주들은 일반적으로 2~3종류의 가수분해효소(산성, 중성, 및 알칼리성 효소)를 생산하고, *Rhizopus*는 주로 산성 가수분해효소를 생산한다.
  - 산성 단백질가수분해효소 : *Aspergillus oryzae* 균주는 알칼리성 가수분해효소를 주로 생산하는 반면에 *Aspergillus niger* 계통의 균주는 내산성을 갖춘 산성 가수

분해효소를 많이 생산한다. 산성 가수분해효소는 주로 흑국균에 많이 함유되어 있으나 *Aspergillus oryzae*, *Penicillium*, *Rhizopus* 등에도 유사한 단백질가수분해효소가 함유되어 있다. *Aspergillus saitoi*가 생산한 가수분해효소는 pH 2.0~3.0에서 가장 안정한 것으로 알려져 있다. *Aspergillus oryzae*나 타카다이아스테이스(Taka-diastase) 유래 단백질가수분해효소는 에틸렌다이아민테트라아세트산(ethylenediaminetetraacetic acid, EDTA)으로 억제되고 아연, 코발트 이온 등에 의해 활성화된다.

- 중성 및 알칼리성 단백질가수분해효소 : 알칼리성 단백질가수분해효소는 *Aspergillus oryzae* 이외에 다른 *aspergillus*로부터 생산된다. 이들 중성 및 알칼리성 효소의 등전점은 각각 pH 4.1과 5.1 근처이고, 최적 반응 pH는 각각 6.0~7.0과 8.0~10.0의 범위이다. 다양한 활성억제제에 대하여 활성 간섭을 받지 않는 편이나 감자로부터 유래된 억제제가 존재하는 것으로 알려져 있다. 주로 세린계 단백질가수분해효소군에 속하여 활성에는 세린 잔기가 관여하고 이 촉매자리 부근의 아미노산 잔기 순서는 Thr−Ser−Met−Ala 등으로 구성된 것으로 추정된다.

- 세균성 단백질가수분해효소 : 세균성 단백질가수분해효소 중 *Bacillus subtilis*로부터 유래된 효소가 가장 잘 연구되어 있고, 그 작용 pH 범위에 따라 중성과 알칼리성 가수분해효소로 분류된다. 대표적으로 *Bacillus subtilis*의 단백질가수분해효소를 결정화한 수브틸리신이 있다. 수브틸리신은 *Bacillus subtilis*와 그와 유사한 균주에서 생성되는 알칼리성 단백질가수분해효소로서 키모트립신 및 트립신과 그 성질이 유사하다. 일반적으로 pH 7.0~10.0 범위에서 최적 pH를 나타내며 알칼리 영역에서 자가소화를 일으켜 불안정하고, 약산성 영역에서 안정하며 칼슘이온에 의해 안정화되는 특성을 나타낸다.
- 효모와 방선세균 유래 단백질가수분해효소 : 효모와 방선세균 유래 단백질가수분해효소는 곰팡이 등 다른 미생물 기원의 효소와는 그 특성이 다소 상이하며, 이들 효소는 식품산업에 아직 많이 적용되지 못하고 있는 실정이므로 이들에 대한 자세한 설명은 생략하기로 한다.

2. 단백질가수분해효소 억제제

단백질가수분해효소 억제제는 펩타이드가수분해효소〔일반적으로 단백질가수분해효소로

칭하기 때문에 단백질가수분해효소 억제제(proteinase inhibitor)로 불림]의 작용을 억제하는 물질이다. 자연계에 존재하는 많은 종류의 이들 억제제 역시 대부분 단백질로 이루어져 있다. 특정 억제제가 효소활성을 억제하는 효소 종류, 또는 활성 억제작용 메커니즘 등에 의해서도 단백질가수분해효소를 분류하기도 한다.

1) 세린계 단백질가수분해효소 억제제(세르핀)

효소의 활성을 억제하는 단백질들로 처음 확인된 구조의 단백질군을 세르핀(serpin)이라 하는데 이 명칭은 다양한 세르핀이 키모트립신을 비롯한 세린계 단백질가수분해효소들을 억제하기 때문에 유래된 명칭이다(serine proteinase inhibitors). 이들 세르핀 분자들

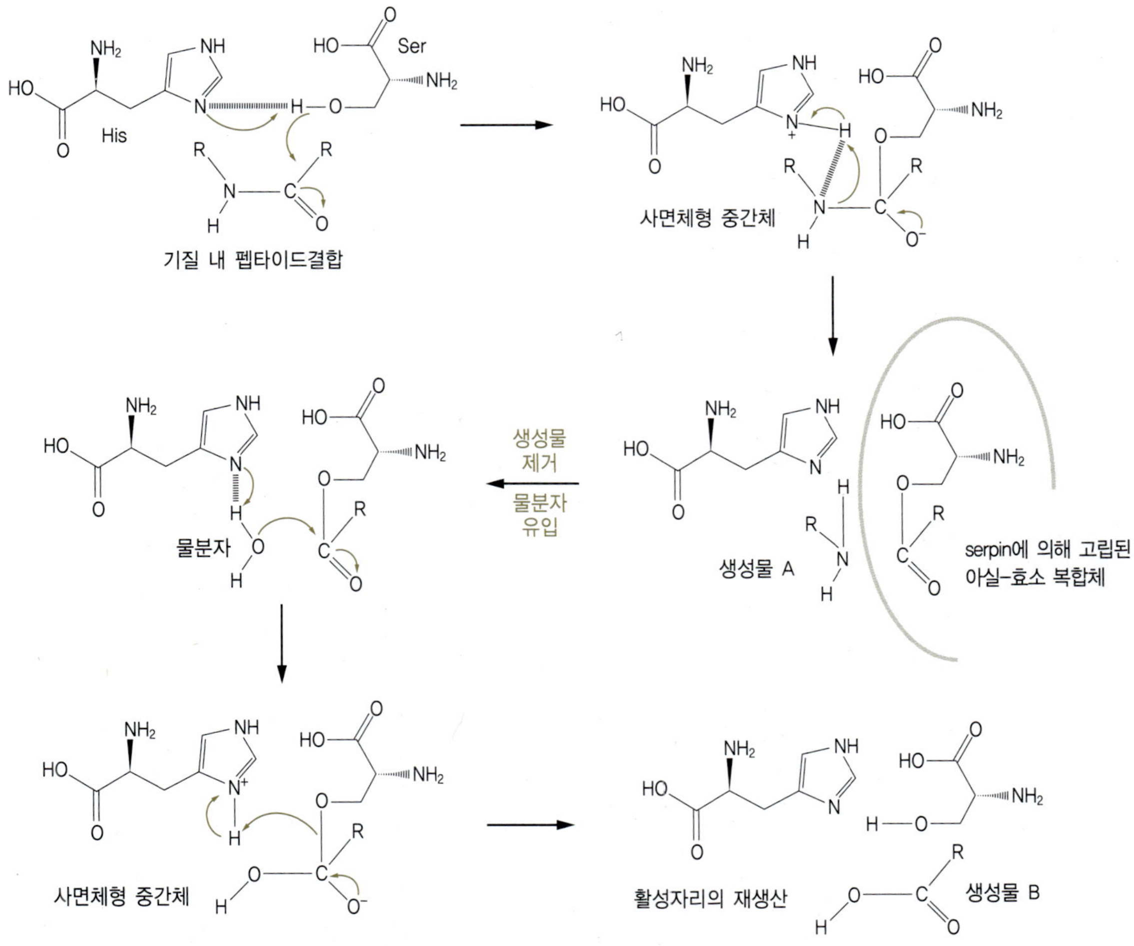

그림 8-7 • 세르핀에 의한 단백질가수분해효소 억제반응 메커니즘

은 응집(coagulation)이나 염증 생성 과정을 조절하기 때문에 의약분야에서의 관심이 매우 높다. 효소 억제제 구조의 중요한 목표는 구조적으로 가깝게 연결된 단백질가수분해효소에 대한 선택성을 최대화하는 것이다. 따라서 혼합물 내 단일 효소의 활성을 억제할 수 있어야 한다.

Kunitz STI 단백질가수분해효소 억제제는 콩과 식물에 존재하는 트립신 또는 키모트립신에 특이적으로 작용하는 콩트립신억제인자(soybean trypsin inhibitor, STI)의 일종이다. Diisopropyl-phosphofluoridate(DIPF 또는 DFP)는 가장 널리 사용된 단백질가수분해효소 억제제로 강한 독성을 가지고 있으며, 의약품과 살충제로 이용된다. 이 억제물질은 비교적 안정하지만 수분 존재하에서 플루오린화 수소(HF)를 생성하면서 가수분해된다.

DIPF는 단백질가수분해효소인 키모트립신이 갖고 있는 28개의 세린 잔기 중 단 1개의 세린 잔기만을 수식하는데, 이는 이 반응에 참여하는 세린 잔기의 반응성이 가장 크다는 것을 의미한다. 사실상 이 반응성이 큰 세린 잔기가 촉매자리에 존재한다(그림 8-8). 단백질가수분해효소 억제제는 대부분 그룹 특이적 반응물(group-specific reagent)의 일종으로 특정 아미노산의 특이적 곁사슬 그룹과 반응한다.

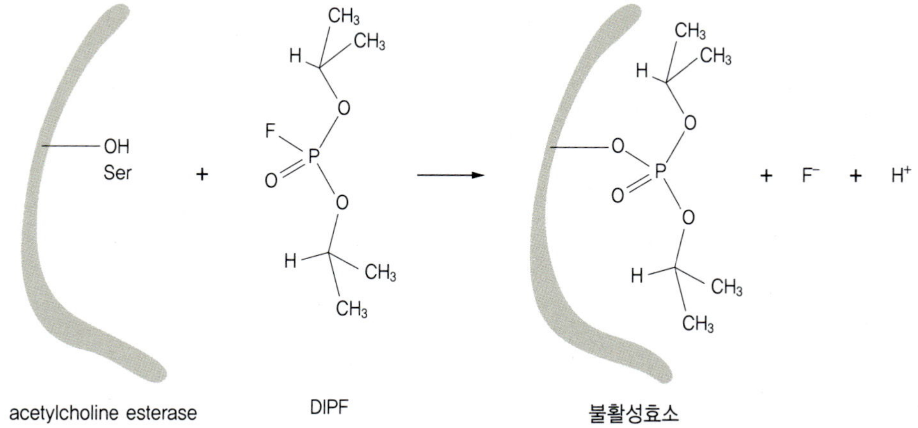

그림 8-8 • DIPF에 의한 단백질가수분해효소 억제반응 메커니즘

Phenylmethylsulfonyl fluoride(PMSF 또는 phenylmethanesulfonylfluoride)는 비가역적인 세린계 효소억제제로 알려져 있지만 모든 종류의 세린계 효소의 반응을 억제하는 것은 아니다. 이 억제제는 파파인과 같은 몇몇의 시스테인계 효소를 억제하기도 한다. 단백질가수분해반응에 대한 억제는 0.1~1.0 mM 농도의 사용으로 그 효과를 나타낼 수 있

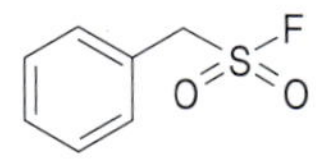

그림 8-9 • 단백질가수분해효소 억제제 PMSF의 화학적 구조

다. PMSF는 촉매자리의 세린 잔기에 특이적으로 결합한다. 즉, 단백질 내의 다른 세린 잔기와는 결합하지 않는다.

$$\underset{\text{세린계 protease}}{\text{enzyme(active)}-\text{Ser}-\text{O}-\text{H}} + \underset{\text{PMSF}}{\text{F}-\text{SO}_2\text{CH}_2\text{C}_6\text{H}_5} \longrightarrow \underset{\text{비가역적 효소-PMS 복합체}}{\text{enzyme(inactive)}-\text{Ser}-\text{O}-\text{SO}_2\text{CH}_2\text{C}_6\text{H}_5} + \underset{\text{hydroflouride}}{\text{H}-\text{F}}$$

Tosyl phenylalanyl chloromethyl ketone(TPCK) 억제제는 동일한 세린계 단백질가수분해효소이지만 키모트립신을 선택적으로 억제하고 트립신에는 영향을 주지 못한다. 이러한 억제제의 특성은 단백질가수분해의 선택성을 고도로 요구하는 질량분석법(mass spectrometry) 등의 응용을 위해 매우 중요하다.

Antipain 억제제 역시 플라스민(plasmin), 트롬빈, 트립신과 같은 세린계 효소를 억제하고, 칼페인(calpain), 파파인 등의 시스테인계 효소도 억제하는 것으로 알려져 있다.

2) 시스테인계 단백질가수분해효소 억제제(시스타틴)

시스타틴(cystatin)은 시스테인계 효소작용을 억제하는 억제제로서 흰자위에 포함되어 있는 시스타틴은 4개의 보존된 시스테인 잔기가 2개의 이황화결합을 이룬 상태로 약 115개 아미노산으로 구성되어 있고, 당결합 또는 인산결합된 형태로도 존재한다. 또 다른 종류의 시스타틴은 비교적 간단한 구조를 이루어 약 100개 아미노산으로 구성되며 이황화결합이나 탄수화물은 가지고 있지 않다. 시스타틴은 파파인 등 대부분의 시스테인계 펩타이드내부가수분해효소를 억제하며, 펩타이드말단가수분해효소인 다이펩티딜펩타이드가수분해효소(dipeptidyl peptidase) 또한 억제한다. 모든 시스타틴 분자는 다양한 종류의 펩타이드가수분해효소를 억제하기 위한 단일 활성 그룹을 가지고 있지만, 시스타틴 종류에 따라 효소에 대한 결합 능력을 나타내는 K_i 값에는 큰 차이를 보인다.

대표적인 예로는 아이오도아세트아마이드(iodoacetamide)가 있는데 이 화합물은 핵심적인 시스테인 잔기와 반응하여 효소를 불활성화시킨다(그림 8-10). 다른 많은 종류의 알킬화제와 마찬가지로 아이오도아세트아마이드는 매우 독성이 강하여 발암물질로서 작

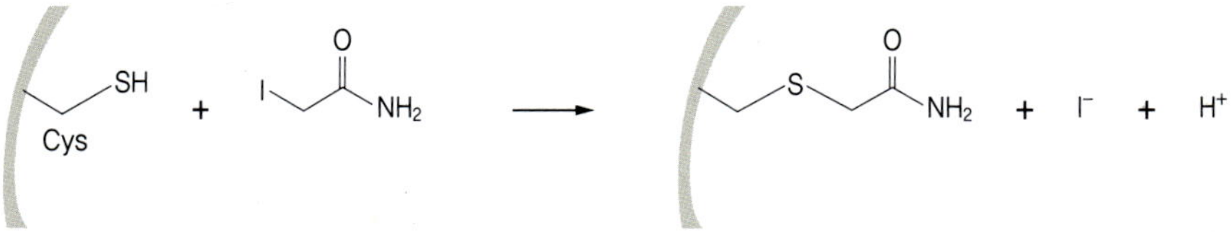

그림 8-10 • 아이오도아세트아마이드에 의한 효소 불활성화 메커니즘

용하며 생식 능력에도 영향을 주는 것으로 알려져 있다.

3) 아스파트산계 단백질가수분해효소 억제제

포유류로부터 유래된 대부분의 아스파트산계 단백질가수분해효소(펩신, 키모신, 카텝신 D, 레닛)는 *Streptomyces*로부터 분비되는 헥사펩타이드 유사화합물인 펩스타틴 에이(pepstatin A)에 의해 활성 억제가 일어난다. 이 화합물은 특이적인 2개의 아미노산 잔기인 스타틴〔statin(4-amino-3-hydroxy-6-methylheptanoic acid)〕을 Iva−Val−Val−Sta−Ala−Sta의 헥사펩타이드 순서 내에 갖고 있다. 이 억제제는 선택성이 상당히 높아 시스테인계, 세린계, 중성 단백질가수분해효소는 억제하지 않는다. 따라서 기원이 다양한 효소들의 특성을 밝히는 데 있어서 유용하게 사용되고 있다.

4) 금속계 단백질가수분해효소 억제제

이 효소군의 억제제는 촉매반응에 관여하는 금속이온의 킬레이트화(chelation)를 시도하는 데 초점이 맞추어질 수 있다. 시험관 내에서는 EDTA, 1,10-페난트롤린(1,10-phenanthroline), 기타 킬레이트화합물(chelate compound)은 효소의 촉매자리로부터 금속이온을 제거할 수 있는 수준까지 금속이온의 농도를 낮출 수 있다. 고전적인 포스포라미돈(phosphoramidon)과 베스타틴(bestatin) 등의 억제제는 펩타이드결합의 분해를 위한 전이상태(transition state)에 근접한 상태에서 강하게 효소와 결합함으로써 더 이상 다른 기질에 대한 반응을 이룰 수 없도록 한다. 마지막으로 α_2-매크로글로불린(macroglobulin) 등의 단백질 억제제가 금속계 가수분해효소의 활성을 억제하는 것으로 알려져 있다.

3. 식품산업에서 단백질 관련 효소의 이용

1) 개요

식품 내의 단백질 가공효소로는 크게 단백질가수분해효소와 단백질 구조 변형효소로 구분할 수 있다. 특정 단백질가수분해효소들은 수 세기에 걸쳐 가공식품산업에 이용되어 왔다. 동물의 제4위에서 얻은 주로 키모신(레닌)을 포함한 레닛은 치즈 생산에 전통적으로 사용되었다. 파파야(papaya)의 미성숙 과육이나 잎에서 얻은 파파인은 고기의 육질을 연하게 하는 데 이용되었다. 이러한 단백질가수분해효소의 식품학적 발견은 많은 미생물 유래 단백질가수분해효소의 탐색 및 적용 범위를 넓혔다. 이들 단백질가수분해효소는 다양한 pH 범위에서 이용될 수 있고, 분해 가능한 특정 펩타이드결합에 대하여 높은 특이성을 갖도록 선택할 수도 있다. 또한 단백질의 가수분해는 등전점에서의 단백질 용해도를 증가 또는 감소시키는 방향으로 유도할 수 있다. 따라서 단백질가수분해효소는 맥주의 저온 처리, 육류의 연화, 빵·시리얼의 가공 공정 중 곡류 내 단백질의 안정화 등에도 이용되어 왔다.

2) 치즈 가공 시 단백질가수분해효소의 이용

(1) 레닛 처리 공정의 작용 원리

우유단백질(milk protein)의 약 80%는 본질적으로 소수성인 카세인으로 이루어져 있다. 이 카세인은 4가지 종의 인단백질(phosphoprotein)로 세부적으로 분류되는데, 이들의 매우 낮은 용해도 때문에 응집된 형태로 존재한다. 이들 4가지 종인 α_{S1}-, α_{S2}-, β-, κ-카세인이 각각 약 4 : 1 : 4 : 1.6의 몰 비율로 구성되어 있다. 카세인은 응집되어 카세인마이셀(casein micelle)을 형성하고, 이들이 다시 더욱 큰 카세인마이셀을 형성한다. 카세인마이셀의 외곽 표면은 상대적으로 높은 함량 비율의 κ-카세인 분자들을 갖고 있는 카세인마이셀로 구성되어 있다. κ-카세인 분자의 친수성을 띤 음이온 부분이 마이셀의 주변으로 돌출되어 있는데, 이는 정전기적, 열역학적 반발력에 기인한 마이셀의 안정성을 확보해 준다. 우유응고효소는 특이적으로 κ-카세인의 특정 부분인 Phe_{105}-Met_{106}의 펩타이드결합을 가수분해하여 전체 마이셀의 안정성을 감소시켜 마이셀 사이에 응집반응(agglutination reaction)이 일어나도록 한다. 이때 가수분해된 κ-카세인을 카세이노마크로펩타이드(caseinomacropeptide)라고 한다. 칼슘이온은 카세인마이셀 응집을 용이하게 해

주는 반면에 효소의 활성에는 영향을 끼치지 않는다. 이 효소반응은 pH 변화에는 매우 민감한 반면, 온도에는 상대적으로 덜 민감한 편이다. 응집속도는 25~35℃ 사이에서 가장 큰 영향을 받는다. 따라서 레닛 처리 공정은 효소반응과 카세인마이셀의 응집반응으로 설명될 수 있다.

따라서 치즈 가공 시 레닛의 펩타이드결합 가수분해 활성은 우유에 존재하는 κ-카세인의 페닐알라닌과 메싸이오닌(methaionine, Met) 잔기 사이의 펩타이드결합의 가수분해반응이 식품 가공산업에서 단백질가수분해효소를 이용한 좋은 예이다. κ-카세인은 우유의 콜로이드 성질을 안정화시킴으로써 자신의 소수성 N-말단 부분이 다른 불용성 α-, β-카세인 분자의 소수성 부분과 결합한 상태로 존재한다. 반면에 음전하의 C-말단 부분은 물과 결합하면서 카세인 분자가 너무 커지는 것을 막는다. 친수성 글리코실(glycosyl), 포스포릴(phosphoryl), 올리고펩티딜(oligo-peptidyl)기, 그리고 p-카세인을 방출시킴으로써 이러한 두 영역 사이의 불안정한 펩타이드결합을 가수분해하고, 우유가 응고되어 커드가 형성되면, 그 후에 압축하고 굳혀서 치즈를 만든다(그림 8-11). 응고 과정

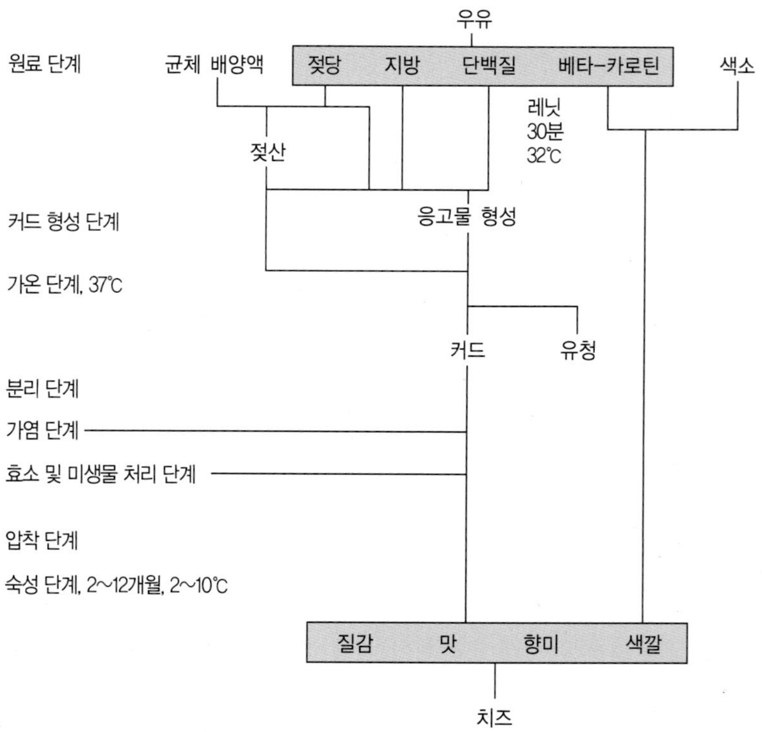

그림 8-11 • 치즈 제조 공정 흐름도

은 칼슘이온의 존재 여부에 관계되고, 온도 의존적이며 쉽게 조절될 수 있다. 어린 송아지(calf) 레닛은 주로 키모신과 펩신이 상대적으로 적지만 변성되기 쉬운 펩신으로 구성되어 있고, 이러한 고가의 효소 대신 미생물 유래의 값싼 대안을 찾기 위한 시도가 지속적으로 수행되어 왔다. 미생물로부터 추출한 레닛은 성공적으로 그 효소의 작용이 증명되었고, 미국 치즈의 70%, 세계 치즈의 33%를 차지한다.

(2) 우유응고효소의 종류

치즈산업에서 상업적으로 이용 가능한 우유응고효소제제는 유전자변형생물체(Genetically Modified Organisms, GMO) 또는 비유전자변형생물체(non-GMO) 유래 동물성 레닛과 미생물 유래 우유응고효소들이 있다. 동물성 레닛은 어린 포유류 새끼의 위 점막으로부터 생산되며 주로 소에서 얻는다. 동물성 레닛은 키모신과 펩신의 혼합물이다. 키모신과 펩신의 비율은 동물의 연령에 의존적으로 변하며 젖을 뗀 어린 송아지에서 약 95%로 가장 높다.

어린 송아지 레닛의 제한적인 이용성으로 미생물 유래의 대체 우유응고효소에 대한 탐색이 지속적으로 이루어졌으며, 현재는 미생물 유래의 우유응고효소가 전 세계적인 요구량의 상당한 부분을 차지하고 있다. 이러한 미생물 우유응고효소는 발효 공정을 통해서 생산되며, 가장 광범위하게 적용되는 효소들은 *Rhizomucor miehei*, *Rhizomucor pusillus*, *Cryphonectria parasitica* 등으로부터 유래되었다.

세 번째 우유응고효소군은 유전적으로 변형된 미생물로부터 생산된 것들이다. 키모신 type B를 담고 있는 소의 유전자를 *Aspergillus oryzae*와 *Kluyveromyces lactis* 등의 곰팡이나 효모의 주염색체에 클로닝(cloning)한다. 키모신 type A는 대장균에 클로닝되고 발현되었으나, 더 이상 상업적으로 이용할 수 없다. 수차례에 걸친 노력들이 *Rhizomucor miehei*, *Rhizomucor pusillus*의 유전자를 다른 발현 숙주 균체로 클로닝하기 위해 수행되어 왔으나, 기술적인 가능성만을 시사한 채 상업적 적용에는 도달하지 못했다.

현재 우유응고효소는 상업적으로 액체(liquid), 분말(powder), 정제(tablet), 페이스트(paste) 형태로 다양한 활성을 갖춘 제품들이 이용 가능하며, 동물성 레닛은 키모신과 펩신의 표준화된 비율로 제조된다.

(3) 우유응고효소의 특성

모든 우유응고효소는 아스파트산계 펩타이드내부가수분해효소군에 속한다. 두 개의 아스파트산 잔기가 효소의 촉매자리에 위치해 있으며, 단백질가수분해 메커니즘에서 매우 중요한 역할을 수행한다. 모든 우유응고효소는 다소간의 차이는 있지만 *Streptomyces*로부터 유래된 올리고펩타이드(oligopeptide)인 펩스타틴에 의해 억제를 받는다. 미생물 우유응고효소들 사이에 아미노산 상동성은 매우 높은 반면 포유류의 효소들과는 많은 차이를 보인다. 키모신과 펩신은 비활성형인 효소원의 형태로 배출되는 반면에 미생물 효소는 그렇지 않다. 위와 같이 낮은 pH 환경에서는 효소를 활성화하기 위해 프로펩타이드(propeptide)가 떨어져 나간다. 〈표 8-3〉에 수록된 정보는 우유응고효소들의 기본적인 생화학적 특성을 정리한 내용이다.

동물성 레닛의 키모신은 type A와 B로 구분된다. 키모신 type A는 레닛 반응 시보다 높은 특이적 활성을 갖고 있는 반면 안정성이 떨어진다. 키모신은 중성 pH의 치즈 우유에서 페닐알라닌-메싸이오닌결합을 특이적으로 가수분해하는 능력이 뛰어나기 때문에 다른 효소들과 비교될 수 있는 표준 레닛반응 공정 효소로 이용한다. 보다 낮은 pH에서는 아스파트산계 효소는 특이성을 잃고 비특이적으로 자기 스스로를 포함하여 무작위로 단백질을 분해한다. κ-카세인의 104~105번 아미노산 잔기 사이의 결합을 분해하는 *Cryphonectria parasitica* 유래 우유응고효소를 제외하고는 다른 우유응고효소들은 κ-카세인의 페닐알라닌-메싸이오닌결합을 분해한다. 일반적으로 미생물 유래 우유응고효소는 동물성 레닛에 비해 단백질 분해활성이 높다. 우유의 응고와 전체적인 단백질 분해능의 비율이라는 측면에서 다양한 우유응고효소들은 서로 간에 차이를 보이며, 이 비율이 높은 것은 우유응고효소의 특성상 매우 중요하다.

우유 응고(milk clotting)와 단백질가수분해효소(protease)의 비율(MC/PA)이 우유응고효소의 품질을 나타내는 특성으로 이용되며, 이 비율은 pH에 따라 변화한다. pH 6.5에서

표 8-3 • 상업적으로 이용 가능한 우유응고효소의 생화학적 특성

응고제	급원	번호	분자량(kDa)	등전점	당단백질 여부	최적온도(°C, 우유응고)
chymosin	bovine	3.4.23.4	35.7	4.98	no	40~44
mucorpepsin	*R. miehei*	3.4.23.23	38	4.58	yes	58~62
mucorpepsin	*R. pusillus*	3.4.23.23	30~39	4.41	yes	42~45
endothiapepsin	*C. parasitica*	3.4.23.22	33.8	4.89	no	42

표 8-4 • 우유응고효소별 치즈 생산 수율의 비교실험 결과

응고제	수율 손실(%)
calf rennet	0.0
calf nennet/pepsin (1:1)	0.09
bovine rennet	0.14
mucorpepsin (*R. pusillus*)	0.45
mucorpepsin (*R. miehei*)	0.59
endothiapepsin	1.11

발효 공정을 통해 생산된 키모신이 가장 높은 비율을 보이며, 어린 송아지 레닛, 소의 펩신, *Rhizomucor pusillus*, *Rhizomucor miehei*, *Cryphonectria parasitica* 유래 단백질 가수분해효소들의 순으로 MC/PA 비율이 높다. 이 MC/PA 비율은 치즈 제조 공정에서 가장 중요한 경제적인 고려사항의 하나로 치즈의 수율과 직접적인 관련을 가진다. 높은 단백질 분해활성은 유청(whey) 분획(fraction)으로 빠져나가는 카세인단백질 단편들이 상당히 많은 양으로 발생하는 것을 의미하며, 이로써 치즈 커드(curd) 형성에 기여하지 못하게 된다. 〈표 8-4〉는 상업용 우유응고효소들 간의 치즈 수율의 비교실험 결과를 보여준다.

비록 수율의 차이가 크지 않더라도 엄청나게 많은 양의 우유 처리 공정을 고려한다면, 경제적 측면과의 연관성도 상당할 것이다.

열에 대한 안정성 역시 우유응고효소의 특성에 있어서는 또 하나의 중요한 요소이다. 에멘탈치즈(Emmental cheese)의 경우 치즈 제조 공정 중 우유응고효소의 제거를 위해 50°C로 열처리 공정을 수행하는데, *Cryphonectria parasitica* 유래 우유응고효소는 낮은 열안정성을 갖고 있기 때문에 이 효소를 주로 사용한다. 유청에 잔존하는 우유응고효소의 단백질가수분해효소 활성은 많은 식품 가공 공정에 활용되며, 저온살균(pasteurization : 72°C, 12초)을 통해 활성이 상실된다. 열안정성은 돼지 펩신 > 소 펩신 > *Cryphonectria parasitica* > 키모신 > *Rhizomucor pusillus* > *Rhizomucor miehei*의 순서로 높은 것으로 알려져 있다. 모든 우유응고효소들의 열안정성은 pH의 감소에 따라 증가하는 경향을 보인다.

(4) 치즈의 숙성

치즈의 숙성은 대부분 카세인단백질의 가수분해로부터 기인한다. 우유 자체로부터 유래된 단백질내부가수분해효소(endoprotease)인 플라스민과 우유응고효소가 카세인 폴리펩타이드 단편 생성의 원인이다. 플라스민은 비활성형의 플라스미노겐(plasminogen)으로 우유 내에 존재하는 트립신과 유사한 알칼리성 단백질내부가수분해효소이다. 이 효소는 주로 카세인마이셀과 결합되어 있다. 플라스민은 플라스미노겐이나 플라스민 활성화를 억제하는 물질이 유청으로 분리될 때 다소간 활성을 갖게 된다. 초기 접종 세균배양액에서 유래된 단백질말단가수분해효소(exoprotease)는 생성된 펩타이드를 더욱 분해하여 유리 아미노산(free amino acid) 수준으로 분해한다. 이러한 아미노산들은 초기 접종 배양액의 효소 시스템에 의해 합성될 향미 성분의 전구물질로서의 역할을 하게 된다. 이 과정을 통해 다양한 형태의 초기 접종 배양액은 치즈의 종류에 따라 독특한 향미 특성을 나타내게 된다. 이와 같은 간단한 기술을 통해 치즈의 숙성 과정에서 우유응고효소의 중요한 역할이 명확해진다. 상대적으로 낮은 pH에서, 즉 치즈 내에서의 우유응고효소는 더욱 비특이적 가수분해반응을 진행한다. 다양한 우유응고효소들은 카세인단백질을 분해하는 능력에 있어서 상당한 차이를 보인다. 이러한 이유 때문에 모든 종류의 치즈에 모든 종류의 우유응고효소들이 적절하지는 않다. 미생물 유래 우유응고효소는 장기간 숙성 치즈에 일반적으로 적합하지 않고 쓴 향미를 내는 것으로 여겨진다. 치즈의 숙성 과정 중 단백질가수분해효소의 존재는 쓴맛을 내지만, 간균인 *Bacillus amyloliquefaciens* 유래의 단백질가수분해효소는 체더치즈(Cheddar cheese)의 풍미를 개선시킬 수 있다.

(5) 우유 단백질가수분해 산물 생산 시 단백질가수분해효소의 적용

단백질가수분해 산물을 위한 용도로 비교적 새로운 영역의 응용분야가 개발되어 왔다. 우유 유래 카세인과 유청 단백질(whey protein)은 자연적으로 이용 가능한 중요한 물질들 중의 하나이다. 단백질의 가수분해는 이들의 기능성을 위해 중요한 영향을 끼친다. 단백질가수분해에 의한 단백질의 단편화는 분자적 모양과 크기, 정전기적 특성 및 소수성에 변화를 주어 용해도, 거품 발생 능력(foaming capacity), 에멀션 및 젤 형성 능력 등의 물리적·화학적 특성에 큰 영향을 준다. 알레르기 발현 가능성을 낮추고, 맛이 현저하게 변화되며, 대부분의 경우 쓴맛이 증가한다. 이러한 특성들은 모두 조절이 가능하며 단백질의 가수분해 정도에 의해 결정된다. 이러한 단백질의 가수분해 정도는 가공 공정 조건이나 사용하는 단백질가수분해효소의 종류에 따라 달라진다. 가수분해율은 10% 미만으로부터 40% 이상까지 다양할 수 있다.

다양한 동물성(췌장 펩신, 트립신 등), 식물성(파파인, 브로멜라인), 그리고 미생물성(*Bacillus subtilis*, *Bacillus licheniformis*) 단백질가수분해효소들이 사용된다. 미생물 유래 아미노펩티데이스는 쓴맛 펩타이드로부터 소수성 잔기를 제거하므로 맛의 개선을 위해 자주 사용된다. 일반적으로 단백질가수분해효소가 비특이적 단위체로 단백질을 분해할 때, 단백질의 가수분해 정도는 가수분해율(degree of hydrolysis, DH)로 나타내며 그 계산식은 다음과 같이 표현된다.

$$DH(\%) = 100 \times \frac{\text{분해된 펩타이드결합 개수}}{\text{최초에 존재하는 펩타이드결합 개수}}$$

(6) 단백질의 물리적 성질 개선을 위한 트랜스글루타미네이스 적용

낙농 유제품의 질감과 유동적 특성을 결정하는 데 있어 중요한 역할을 하는 효소가 트랜스글루타미네이스(transglutaminase, EC 2.3.2.213)이다. 이 효소는 단백질 간의 글루타민 잔기의 γ-카복스아마이드(γ-carboxamide)기와 라이신 잔기의 ε-아미노기 사이에 아실 전달반응을 촉매한다. 이 과정을 통해 높은 분자량의 단백질성 고분자가 형성되어 유청 단백질, 카세인, 콩, 어육단백질 등의 식품 성분의 수화(hydration), 젤 형성 능력, 에멜션, 거품 발생 능력에 영향을 미친다. 다리결합(cross linkage) 정도는 단백질 성분의 3차원 구조에 의존한다. 카세인이나 변성 단백질의 비구형 구조는 이 효소에 의한 다리결합을 용이하게 만들어 준다. 이 효소의 낙농 유제품에서의 적용 범위가 요구르트 제조, 시너레시스(syneresis)의 억제, 신선한 치즈 제조 시 탈지우유(skim milk)에서의 레닛 응고(rennet coagulation) 효과, 크림(cream) 휘핑(whipping) 등으로 제시되어 있다.

3) 고기연화제로서의 단백질가수분해효소의 적용

육가공 공정에서 단백질가수분해효소의 적용 대상이 되는 육류의 식용 부위는 일반적으로 뼈대근육(skeletal muscle)을 의미하며, 이 근육조직의 질감은 근육세포조직과 결합조직의 비율에 의해 결정된다. 근육세포조직의 함량이 결합조직에 비해 높은 골격근을, 연한 질감을 갖춘 고기라 할 수 있다. 대개 동물은 나이가 들수록 근육 내의 결합조직의 함량 비율이 높아짐에 따라 고기가 질겨진다. 식육이 질겨지는 원인으로는 이외에도 급속한 냉각에 의한 저온 단축, 열안정성이 높은 결합조직의 증가, 불충분한 연화 처리시간 등을 들 수 있다. 파파야, 파인애플, 무화과 등에는 단백질 분해활성이 높은 효소가 존재하며, 이들의 단백질 분해활성은 고기의 연화를 위해 활용된다.

파파인은 파파야(*Carica papaya*) 과실의 유액을 추출하여 정제하지 않은 건조물 상태로 생산된다. 천연 상태의 건조된 조추출물로부터 활성형의 파파인을 가용화하고 추출하는 정제 단계를 거쳐 최종적으로는 분말이나 액체로 공급된다. 시스테인계 단백질가수분해효소군에 속하는 파파인은 기질특이성이 트립신과 유사하나 그 특이성의 범위가 넓은 편이다. 211개의 아미노산 잔기로 구성된 단일 펩타이드 사슬인 이 효소의 분자량은 23 kDa, 등전점 pH 9.6, 작용 최적 pH는 6.0~7.0으로 알려져 있다. 시스테인, 설파이드(sulfide), 아황산염(sulfite) 등 황화합물(sulfur compound)과 EDTA와 같은 중금속 킬레이트 화합물의 존재하에서 활성이 증대되며, 중금속이나 카보닐화합물(carbonyl compound) 등에 의해서 활성 억제를 받는다. 파파인의 단백질가수분해작용 메커니즘은 비교적 잘 밝혀져 있다. 효소의 촉매자리에 키모트립신과 마찬가지로 촉매자리 삼각 구조를 갖고 있으며, 이는 Cys_{25}, His_{159}, Asp_{158}으로 구성된다. 촉매자리에서의 펩타이드결합의 가수분해 반응은 His_{159}에 의한 Cys_{25}로부터의 수소제거이온반응으로 개시된다. Asp_{158}은 His_{159}의 이미다졸 고리 구조가 수소제거이온반응을 일으키는 데 도움을 준다. 이때 수소 제거된 Cys_{25}은 펩타이드결합의 카보닐 탄소에 대한 친핵성 공격을 수행한다. 여기서 *N*-말단 쪽 펩타이드는 유리되고, 아실기-효소 공유결합 중간 복합체를 형성한다. 이후 물 분자에 의해 효소로부터 아실기 역시 탈리되어 펩타이드의 C-말단 쪽 펩타이드를 유리시킨다.

육류의 근육원섬유단백질(myofibrillar protein)에 대한 파파인의 최적 작용온도는 40~70°C이고 냉장저장 조건에서는 거의 활성을 나타내지 않는다. 식용 동물의 도축 후에는 체내의 근조직에서 혐기적 해당 과정이 진행되고, 이를 통한 pH의 저하로 환원된 글루타싸이온(glutathione)이 생성되면 파파인 효소가 활성화된다.

브로멜라인은 파인애플(*Ananas comosus*)의 모든 부위에 존재하는데, 줄기 부위가 브로멜라인 생산을 위한 가장 보편적인 급원이 된다. 이는 과일 수확 후 가장 손쉽게 이용할 수 있기 때문일 것이다. 브로멜라인 역시 시스테인계 효소로 콜라겐에 대한 분해 능력이 우수하며, 고기 연화제(meat tenderizer)로서 파파인과 함께 가장 널리 사용되는데 연육 소의 약 90% 이상은 직접 가정에서 사용된다. 브로멜라인은 주로 분말 형태로 공급되고 있으며, 익힌 파인애플이나 통조림 제품은 이 효소의 낮은 열안정성 때문에 고기

연화 효과를 기대하기가 어렵다. 브로멜라인은 283개의 아미노산 잔기로 구성되어 있으며, 33 kDa의 분자량, pH 9.55의 등전점을 나타내는 염기성 당단백질이다. 적정 효소 작용온도는 50~60℃, 최적 작용 pH는 4.5~5.5의 범위이다. 의학적인 이용으로는 항암 효과(antitumor effect), 항혈액 응고, 상처 치유, 관절염, 약물 흡수 촉진 등에 우수한 효능을 발휘하며, 소염제 및 소화제 등의 용도로도 사용한다.

피신은 무화과나무(*Ficus carica*)의 유액에 함유되어 있는 효소로서, 앞서 언급한 파파인이나 브로멜라인과 같이 시스테인계 단백질가수분해효소군에 속한다. 일반적으로 건조 분말 상태로 이용되는 피신은 분자량 20.6 kDa, 등전점 pH 9.0으로 효소의 안정성, 최적 반응온도 및 pH, 기질특이성, 기타 생화학적 특성이 파파인과 매우 유사하다. 파파인의 경우 결합조직 내 단백질인 콜라겐에 대한 활성이 높지 않은 반면에, 브로멜라인과 함께 피신은 콜라겐뿐만 아니라 다른 근육원섬유단백질에도 강한 활성을 갖는다.

4) 맥주의 양조 공정 중 단백질가수분해효소의 적용

맥주는 보리를 비롯한 곡류로부터 생산된 당액의 알코올 발효를 통해 제조되는 음료로서, 주재료 중 효소반응에 관여하는 것은 엿기름(malt)와 효모(yeast)이다. 맥주 제조를 위한 양조 공정은 일반적으로 담금, 전발효, 후발효, 여과 및 포장으로 이루어진다. 수분이 존재하는 환경에서 이루어지는 곡류의 발아 과정 중에는 많은 효소가 생산되고 방출되는데, 이 중에 다양한 단백질가수분해효소가 생산되어 곡물에 함유되어 있는 단백질을 분해한다. 호데인(hordein)과 같은 불용성 곡물 저장단백질은 이들 단백질가수분해효소에 의해 저분자화되어, 거대 수용성 펩타이드, 작은 펩타이드를 거쳐 아미노산으로까지 가수분해를 통해 전환된다. 거대 펩타이드는 맥주 양조 시 단백질의 공급원으로서의 역할을 하며, 맥주의 거품 형성 시 중요한 성분으로 작용한다.

맥주 양조 공정에서 만약 후발효 공정 중 단백질이 고온 및 저온 침전법(precipitation method)에 의해 불충분하게 제거된다면 폴리펩타이드 사슬은 맥주 생산의 최종 숙성 및 저온저장 단계에서 폴리페놀(polyphenol)류와의 상호작용을 하게 되고 이로써 바람직하지 못한 소위 저온 혼탁(clouding)이 발생한다(그림 8-12). 이 경우 파파인, 그리고 다소 효과가 떨어지기는 하지만 브로멜라인과 피신 등의 수용성 단백질가수분해효소가 최종 여과 공정 이전에 맥주의 콜로이드 안정성(colloidal stability)을 개선시키는 데 사용된다. 이를 통해 저온 혼탁을 조절하고, 포장된 맥주제품의 유통기한을 늘려 줄 수 있다. 파파야

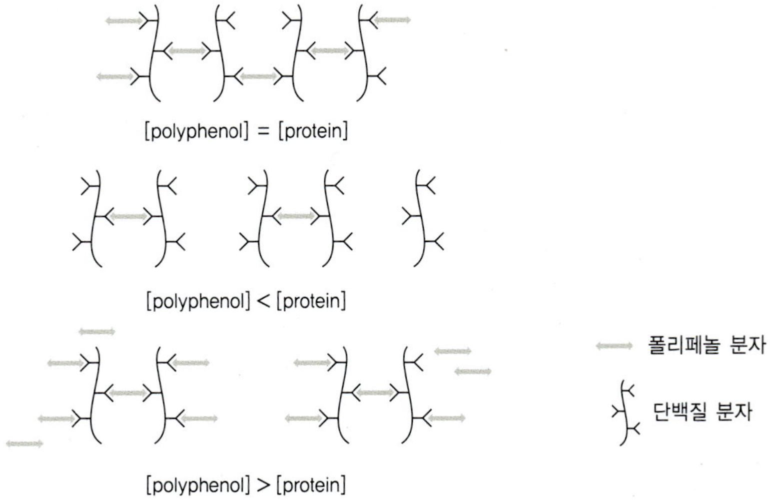

그림 8-12 • 폴리페놀과 단백질 간의 수소결합을 통한 상호작용

의 열매에서 추출된 파파인은 30~45°C, pH 4.0~5.5에서 효과적이다. 숙성 탱크에 첨가되어 최종 저온살균을 통한 살균 공정에서 불활성화되기 직전까지 펩타이드내부가수분해효소는 폴리페놀류와 반응할 수 있는 고분자 단백질을 분해시키게 된다.

5) 와인 제조 시 발생하는 부유물에 대한 단백질가수분해효소의 적용

포도주 저장 시 혼탁을 유발하는 부유물질의 발생은 포도 과실에서 유래된 단백질과 관계가 있는데, 이로 인해 포도 품종이나 양조방법에 따라서 제조된 와인의 투명도는 달라진다. 최종제품 내의 침전물은 포도주의 상품적 가치에 영향을 주는데, 제조 공정상에서는 양조 과정 중 정제 및 여과 공정에서 많은 양의 침전물이 걸러진다. 벤토나이트(bentonite)를 흡착제로 사용하여 와인의 침전물을 걸러내는데, 이 흡착제는 비선택적으로 침전물을 걸러 낸다. 그러므로 벤토나이트를 사용한 침전물의 흡착, 제거는 와인 속의 유용한 성분들까지 같이 제거될 수 있다는 단점이 있다. 많은 양의 벤토나이트의 사용은 포도주의 관능 품질에도 영향을 미치는 것으로 알려져 있으므로 미생물 유래 단백질가수분해효소를 활용한 선택적인 처리방법을 이용하는 것이 가능할 것이다. 다만, 포도단백질의 가수분해 산물은 이차 발효 또는 말로락트발효(malolactic fermentation)가 가능한 미생물의 영양원으로서 이용될 수 있다는 점에서 주의가 요구된다.

6) 제빵 가공 시 단백질 관련 효소의 적용

제빵 가공 시에는 사용되는 단백질가수분해효소 종류에 따라 약간의 밀단백질의 가수분해에 의한 변형이 더욱 반죽(dough)의 신장률(elongation percentage)을 높여 주기도 하고, 글루텐 구조의 과도한 분해로 인해 점탄성(viscoelasticity)을 잃는 경우도 있다. 이러한 반죽의 물성학적 특성에 주는 영향뿐만 아니라, 일부 단백질가수분해효소는 최종제품의 향미와 색깔에 영향을 주는 것으로도 알려져 있다. 밀가루는 물과 혼합되었을 때 점탄성의 글루텐 그물 구조(network structure) 형성이 가능한 독특한 특성을 갖는다. 이 글루텐 그물 구조는 반죽 내에 기체를 포집할 수 있고 밀가루에 독특한 제빵 가공 적성을 부여한다. 따라서 밀단백질의 품질과 함량은 밀가루의 중요한 품질 지표가 된다.

일반적인 부풀어 오른 빵 제품에 너무 강력한 밀가루의 사용은 적정한 반죽의 팽창이 불가능하므로 알맞은 빵 부피를 갖는 데 제한이 있을 수 있다. 대개 곰팡이 유래 단백질가수분해효소는 적절한 수준으로 밀단백질을 분해시켜 글루텐의 변형을 유도하고, 이로써 신장률이 증대되며 빠른 부푼 빵 모양의 형성이 가능해져 최종제품의 구조와 부피에 좋은 영향을 주게 된다(그림 8-13). 이와 같은 품질의 개량은 시스테인이나 메타아황산수소소듐(sodium metabisulfite, $Na_2S_2O_5$)과 같은 화학적 환원제 사용으로도 가능하다. 그러

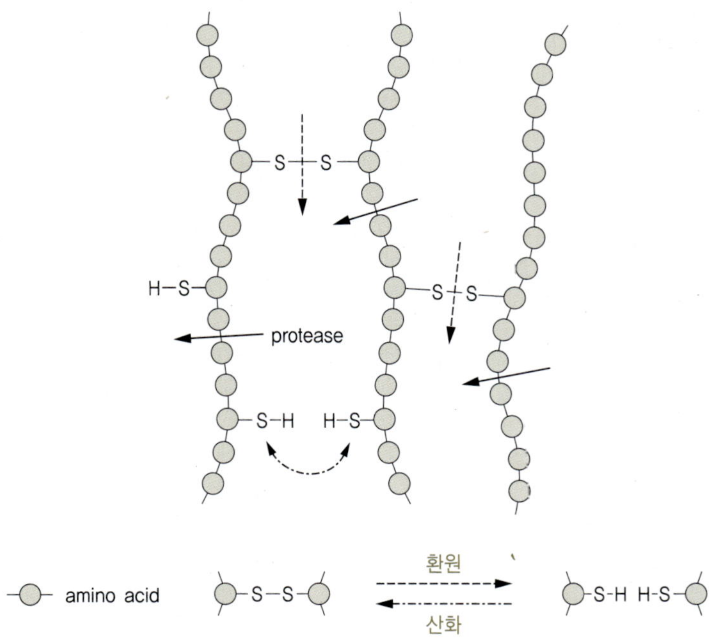

그림 8-13 • 글루텐단백질의 구조와 효소적 분해 또는 화학적 환원반응을 통한 구조의 변형

나 생체로부터 유래된, 식품표기법상에 제한을 받지 않는 효소의 사용을 더욱 선호하는 방향으로 진행되고 있다.

크래커, 비스킷, 웨이퍼(wafer), 피자 반죽 등에는 상대적으로 낮은 점탄성을 가진 박력분이 이용된다. 강력한 글루텐 그물 구조가 오히려 최종제품의 적절한 모양과 물성을 형성하기 어렵게 만든다. 이들 제품의 경우 주로 *Bacillus* 유래의 특이성이 낮은 단백질가수분해효소를 적용하여 밀가루 품질에 크게 좌우되지 않도록 할 수 있다. 어떠한 종류의 밀가루를 사용하더라도 단백질가수분해효소를 함께 사용하면 원하는 반죽의 물성학적 특성을 얻을 수 있다.

빵 제조 시 말단-타입 펩타이드가수분해효소의 적용은 제품의 향미와 빵 껍질 색깔에 영향을 줄 수 있다. 펩타이드가수분해효소의 작용으로 생성된 아미노산 또는 펩타이드 생성물은 제품의 향미에 영향을 준다. 아미노산은 방향성 화합물 생성의 중간 생성물이며 펩타이드류는 잠재적인 산화제, 맛 증진제, 감미제, 그리고 쓴맛 성분들이다. 글루텐단백질로부터 펩타이드가수분해효소반응의 생성물인 유리 아미노산의 일부는 메일라드반응(Maillard reaction)을 통하여 당 성분과의 반응을 통해 향미와 빵껍질 색깔에 기여한다.

제빵 공정에서 반죽을 만들 때 트랜스글루타미네이스(protein-glutamine γ-glutamyl-transferase, EC 2.3.2.13) 효소의 사용은 라이신과 글루탐산 잔기 사이에 공유결합을 형성하여 단백질 간의 다리결합을 도입한다. 글루텐단백질의 다리결합 형성 능력을 기초로 빵과 기타 베이커리 제품의 반죽 강화제로 사용할 수 있다.

7) 항원결정부위(antigenic determinant) 제거 및 엄폐를 위한 단백질 관련 효소의 적용

단백질가수분해효소 처리를 통해서 알레르기항원(allergen) 감소 효과를 얻기 위한 필수 조건은 효소와 표적항원 사이의 충분한 접촉과 적용 효소의 기질에 대한 높은 특이성이다. 효소에 의한 알레르기항원 감소의 성공적 예로는 브로멜라인작용에 의한 밀가루 알레르기항원의 감소이다. 항원 구조(Q-X-Y-P-P)와 효소의 특이성에 의한 적절한 결합이 항원 감소에 중요한 요소로 작용하였고 이 반응으로 인한 부작용 역시 통제가 가능해서, 이 밀가루를 사용하여 제조한 머핀 생산이 지속되고 있다. 단백질가수분해효소의 특이성은 콩의 알레르기항원을 감소시키는 경우에도 중요한 요소로 작용한다. 검토 대상이 된 8개의 단백질가수분해효소 중에서 2개의 효소(Proleather : 일본 Amano사에서 개발한 단백질가수분해효소, Protease N : 일본 Amano사에서 개발한 *Bacillus subtilis* 유래의 단백질가수분해효소)가 콩 알레르기 환자의 면역글로불린 E(immunoglobulin E, IgE)와의 결합을 줄이는 데 효과적인 것으로 밝혀졌다.

또한 식품 성분 중 단백질 간의 다리결합 형성은 저알레르기식품(hypoallergenic food)의 생산에 적용된다. 밀가루 역시 이러한 효과를 위해 트랜스글루타미네이스에 의한 다리결합현상을 활용할 수 있다. 단백질 사이의 다리결합 형성은 알레르기성 항원물질을 둘러싸게 되고 이들 항원의 면역계로의 접근을 막는다.

1 다음 중 국제생화학 및 분자생물학 연합체에서 분류한 펩타이드내부가수분해효소군의 명칭이 아닌 것을 고르시오.

① 세린계 펩타이드내부가수분해효소 ② 알라닌계 펩타이드내부가수분해효소
③ 시스테인계 펩타이드내부가수분해효소 ④ 아스파트산계 펩타이드내부가수분해효소

2 다음 중 세린계 펩타이드내부가수분해효소군에 속하는 효소들을 모두 고르시오.

① 펩신 ② 키모트립신 ③ 파파인
④ 브로멜라인 ⑤ 카텝신

3 다음 효소군 중에 촉매반응 시 기질-효소 복합체를 형성하는 과정에서 기질과 효소 간의 공유결합에 의한 중간체를 형성하는 것을 모두 고르시오.

① 시스테인계 펩타이드내부가수분해효소 ② 아스파트산계 펩타이드내부가수분해효소
③ 금속단백질가수분해효소 ④ 세린계 펩타이드내부가수분해효소

4 치즈 제조를 위한 커드 형성 시 우유응고효소인 레닛의 작용 대상이 되는 카세인단백질 및 작용 펩타이드결합이 무엇인지 고르시오.

① β-카세인/메싸이오닌-페닐알라닌 ② α_{S2}-카세인/페닐알라닌-트립토판
③ β-카세인/페닐알라닌-메싸이오닌 ④ κ-카세인/페닐알라닌-메싸이오닌
⑤ κ-카세인/메싸이오닌-페닐알라닌

5 단백질가수분해효소 억제제 중 아스파트산계 효소에 대해 선택성이 높은 억제제를 고르시오.

① PMSF ② EDTA ③ 안티파인
④ 아이오도아세트아마이드 ⑤ 펩스타틴 에이

6 실험적으로 새로 발견된 단백질가수분해효소의 특성을 알아보고자 한다. 이 효소가 펩타이드내부가수분해효소 또는 펩타이드말단가수분해효소의 특성을 갖고 있는지의 여부를 구별하여 결정할 수 있는 방법을 제시하시오.

7 시스테인계 단백질가수분해효소의 촉매자리에 존재하는 시스테인의 기능을 효소반응 중의 역할을 중심으로 설명하시오.

연습 문제

정답 및 해설

01 ② **02** ①, ② **03** ①, ④ **04** ④ **05** ⑤

06 단백질 평균 분자량 저하속도 측정법을 강구한다. 무작위로 분해하는 내부-타입과, C-말단이나 *N*-말단으로부터 차례대로 가수분해하는 말단-타입 사이에는 분해 처리시간 동안 분자량 감소 정도에 차이가 있다. 물론 말단-타입에 비해 펩타이드내부가수분해효소 처리 단백질의 분자량 감소속도가 현저하게 빠를 것으로 예상된다.

07 시스테인계 단백질가수분해효소의 촉매자리에는 반응성이 큰 시스테인 잔기와 함께 히스티딘이 존재한다. 효소 내의 촉매자리 환경에서 시스테인 잔기 곁사슬의 설프하이드릴기의 수소이온은 쉽게 탈리되며, 이 음이온성 황 원소가 단백질 펩타이드결합 내의 탄소를 직접적으로 친핵성 공격을 한다. 공유결합을 통한 효소-기질 간 중간체의 형성 후 다시 물 분자의 공격을 통해 효소로부터 중간체의 분해가 이루어짐으로써 펩타이드결합의 분해가 완성된다.

제9장

지방질 관련 효소

1. 지방질 관련 효소의 구분

지방질 관련 산업은 이미 알고 있는 바와 같이 원료물질인 지방질, 즉 기질 물질이 물에 전혀 녹지 않는 성질을 갖고 있다는 결정적인 단점으로 인하여 발전 속도가 매우 느리게 진행되어 왔다. 즉, 지방질 관련 효소들은 물에 잘 녹는 단백질 물질이지만 그의 상대되는 기질 물질들은 거의 대부분 물에 녹지 않는 종류이기 때문에 지방질산업에 관련된 효소에 대한 연구가 매우 미진하였으며, 이에 따라 지방질 관련 산업에서의 효소 이용은 미약할 수밖에 없었다.

그런데 자세히 살펴보면 지방질 관련 효소에 대한 역사가 상당히 깊다는 것을 알 수 있다. 예를 들어 유가공의 역사를 생각해 보면 치즈 가공 시에 라이페이스(lipase) 또는 에스터가수분해효소(esterase)가 관련되어 향기 성분과 물성 측면에서 큰 기여를 하고 있었음을 알 수 있다. 또한 효소학의 역사를 살펴보면 1915년 Rohm에 의하여 세제산업에 라이페이스를 이미 사용하기 시작하였다는 중요한 단서도 발견하게 되는데, 이상에서의 중요한 역사적 사실로부터 아주 오래전부터 효소를 지방질 관련 산업에 적용하기 시작하였다는 것을 알 수 있다.

그러나 불행하게도 여태껏 다른 산업분야보다 효소의 적용 예가 크게 성공하지 못하

표 9-1 • 지방질 관련 효소의 구분

중요 효소명	관련 반응
지방산합성효소(fatty acid synthase)	지방산 생합성
지방산 불포화효소(fatty acid desaturase)	지방산 내 이중결합 생성
아실기전달효소(acyl transferase)	중성지방질 생성
라이페이스(lipase)	지방질 가수분해/합성
에스터가수분해효소(esterase)	중간사슬지방질 가수분해/합성
포스포라이페이스(phospholipase)	인지방질 가수분해/합성
리폭시제네이스(lipoxygenase)	지방질 산화
HMG-CoA 환원효소(HMG-CoA reductase)	콜레스테롤 전구물질 생성
콜레스테롤 산화효소(cholesterol oxidase)	콜레스테롤 산화
콜레스테롤 환원효소(cholesterol reductase)	콜레스테롤 환원

였다는 것도 분명히 인정해야 할 사실이다. 따라서 이 장에서는 지방질 관련 산업에 효소가 이용되는 예를 살펴보고 다른 분야에서보다 효소의 적용이 뒤쳐진 현황 및 원인 등을 확인하고자 하며, 이는 지방질 관련 효소의 산업현장에 적용 가능성을 타진하고 앞으로의 효소 적용분야 확대에 밑거름이 되는 기회가 될 것이다.

먼저, 라이페이스를 비롯한 다양한 지방질 관련 효소들의 분포를 살펴보면 〈표 9-1〉과 같다. 이들 중에서 스핑고지방질, 당지방질 및 콜레스테롤 관련 효소 등은 의약품산업에 편중되어 적용되는 효소이므로 설명을 생략하고, 라이페이스, 포스포라이페이스(phospholipase, 인지방질가수분해효소) 및 기타 지방질 식품산업에 관련된 효소에 대하여 중점적으로 설명하기로 한다.

2. 지방질 분해효소의 활용

라이페이스란 긴사슬지방산(long chain fatty acid, C16:0 이상)과 글리세롤이 에스터결합하고 있는 중성지방질을 가수분해하거나 합성하는 반응을 촉매하는 효소를 말하며, 짧은사슬지방산(short chain fatty acid, C4:0~C6:0)과 글리세롤이 에스터결합을 하고 있는 지방질을 기질로 하는 반응을 촉매하는 에스터가수분해효소와는 구분하여 나눌 수 있다. 그런데 라이페이스와 에스터가수분해효소가 공통적으로 지방산과 글리세롤 사이의 에스터결합을 가수분해하거나 합성하는 반응을 촉매하는 효소이므로 종종 혼용하여 쓰기도 한다. 여기에서는 지방질 관련 효소 중 가장 널리 알려져 있고, 효소 급원도 다양하게 존재하는 라이페이스에 대한 설명부터 시작하기로 한다.

1) 효소의 공급원

(1) 이자 라이페이스

동물성 라이페이스의 전형적인 보기로서, 돼지 이자의 과립형 세포에서 분비되는 효소로 널리 알려져 있다. 효소활성을 위한 최적의 pH는 8.0~8.1이며 −SH 함유물질 또는 에틸렌다이아민테트라아세트산(ethylenediaminetetraacetic acid, EDTA) 등에 의하여 억제된다.

(2) 우유 라이페이스

우유 내에 함유되어 있는 라이페이스는 에스터가수분해효소의 일종이며 분자량은 7,000 정도이다. 효소활성을 위한 최적의 pH는 6.0~10.0으로 널리 분포되어 있지만 온도에 매우 민감하다. 즉, 20°C에서 48시간 이후에는 80%가 불활성화되며, 30°C에서 24시간 동안 저장하면 활성이 완전히 소실되는 것으로 알려져 있다. 최적 반응온도는 30~37°C이며 각종 금속이온(Co, Cu, Ni 등)들에 의하여 효소활성이 심하게 억제된다.

(3) 식물성 라이페이스

식물성 라이페이스는 다양한 종류의 식물 종자들에서 유래한다. 예를 들면 호밀, 소맥, 오크(oak), 콩〔대두, soybean(soya bean 또는 soy)〕, 면화 등의 씨앗 내부에 라이페이스 효소가 다량 함유되어 있으며, 특히 이러한 종류의 씨앗들이 발아할 때 높은 효소활성을 갖는 것으로 알려져 있다. pH 4.3에서 최적의 활성을 나타내지만 pH 5.0 이상 또는 pH 4.0 이하에서는 효소의 활성이 급격히 감소하는 특징이 있으므로 pH 변화에 매우 민감한 것으로 보고되고 있다. 또한 구리이온에 의하여 효소활성이 억제되며, 시스테인(cysteine) 및 EDTA에 의하여 활성이 회복된다.

(4) 미생물 라이페이스

수많은 종류의 미생물로부터 라이페이스 생산능이 보고되었지만 여기에서는 지방질 관련 산업에서 사용되는 상업화된 종류에 한정하여 설명하고자 한다.

① 사상균 라이페이스

*Mucor*에서 유래한 라이페이스(최적 pH 7.0, 최적 온도 37°C), *Aspergillus*에서 유래한 라이페이스(최적 pH 범위 3.5~7.5, 최적 온도 40°C), *Rhizopus delemar*로부터 유래한 라이페이스(최적 pH 5.6, 최적 온도 45°C), *Rhizopus japonicus*로부터 생산한 라이페이스(최적 pH 7.0, 최적 온도 45°C) 등이 중요한 효소 종류로 손꼽히고 있다. 그 외에도 *Geotrichum candida*, *Penicillum cyclopium*, *Phycomyces nitens*, *Humicola lanuginosa* 등으로부터 분리된 라이페이스도 현재 상업적으로 사용되고 있다.

② 세균성 라이페이스

세균성 라이페이스로서 가장 널리 알려진 종류는 *Chromobacterium viscosum* 및 *Pseudomonas fluorescens* 등이 생산하는 효소들이다. 두 종류 모두 열에 강한 효소를 분비하는 것으로 유명하며 효소의 최적 반응온도는 65°C를 상회하고 분말 상태의 라이페이스는 90°C에서 10시간 처리 후에도 활성이 잔류하는 경우도 있다. 이외에 *Arthrobacter ureafaciens*에서 유래하는 라이페이스도 상업적으로 사용되며 이 효소의 최적 pH는 8.0, 최적 온도는 60°C이다.

③ 효모 라이페이스

*Candida cylindracea*로부터 유래한 라이페이스가 상업적으로 가장 많이 이용되고 있으며 최적 pH는 6.0~7.0, 최적 반응온도는 40~45°C이다. *Candida paralipolytica*의 라이페이스도 많이 사용되는데 지방질의 가수분해보다는 오히려 합성반응에 많이 적용된다.

2) 지방질 관련 공업에서의 이용

(1) 지방질의 가수분해

지방질 관련 산업분야에서 역사가 가장 오래된 전통적인 반응으로, 올리브기름 또는 콩기름(대두유, soybean oil)을 원료물질로 사용하고 *Candida cylindracea*로부터 유래한 라이페이스를 촉매로 하여 30°C에서 10~20시간 가수분해반응을 진행시켰을 때 92.7%의 분해율을 보였다. 〈그림 9-1〉과 〈그림 9-2〉에 이 공정 및 반응물 조성을 나타내었다.

한편, 지방질이 가수분해반응에 의하여 유리 지방산이 노출되면 지방질의 산값(acid value, AV, 산가)이 높아져 품질이 떨어지는 것으로만 여겨져 왔으나, 최근에는 고도불포화

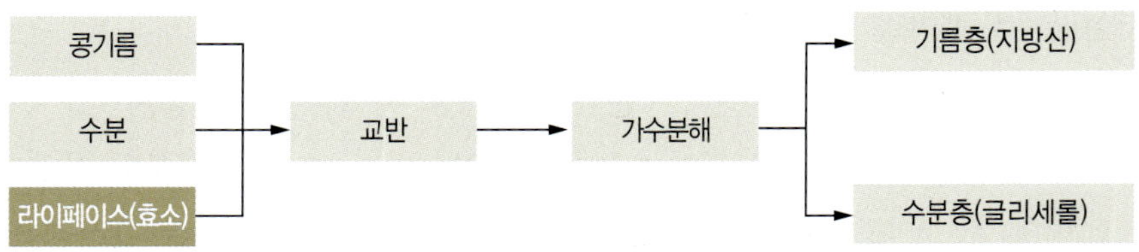

그림 9-1 • *Candida cylindracea*에서 유래한 라이페이스를 촉매로 하여 지방질을 가수분해하기 위한 공정도

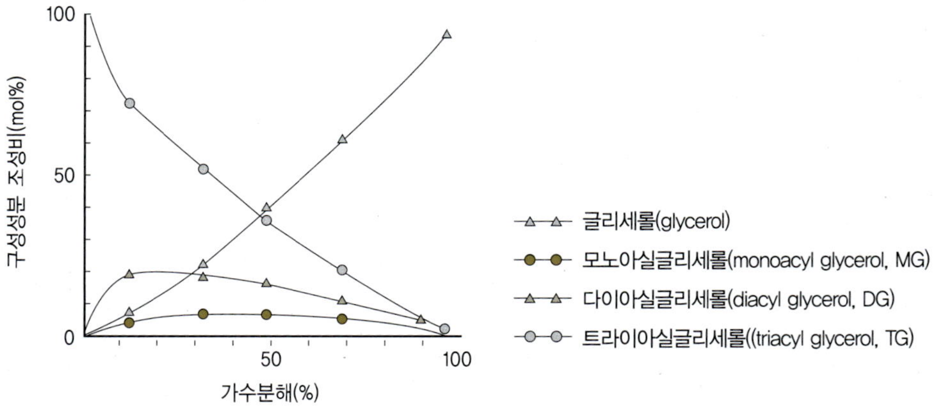

그림 9-2 • *Candida cylindracea* 유래 라이페이스를 이용하여 지방질을 가수분해하면서 생성되는 반응 조성의 대표적 변화도

지방산 함유 지방질의 가수분해반응을 이용하여 기능성 지방산을 생산하기도 한다. 단, 이때 생산된 고도불포화지방산의 기능성을 잃지 않도록 저장 안정성을 높이는 조치가 필수적으로 동반되어야만 한다.

① 라이페이스 촉매에 의한 가수분해

달걀노른자위, 생선기름, 오징어 표피조직으로부터 추출한 인지방질을 리포자임(Lipozyme)효소(고정화된 라이페이스효소)를 사용하여 가수분해하면 고농도의 도코사헥사엔산(docosahexaenoic acid, DHA) 및 에이코사펜타엔산(eicosapentaenoic acid, EPA)을 얻을 수 있으며(그림 9-3), 특히 이때 효소반응기의 수분활성도를 0.44로 조절하면 최대의

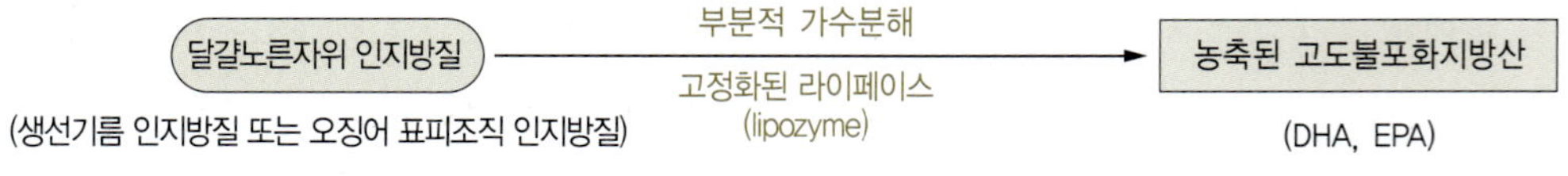

그림 9-3 • 달걀노른자위 인지방질의 효소적 가수분해반응을 이용한 고농도 고도불포화지방산 제조 공정도

수율을 얻을 수 있다.

② 변형된 라이페이스 촉매에 의한 가수분해

대부분의 경우 변형되지 않은 라이페이스를 촉매로 사용하여 재구성지방질〔restructured lipid 또는 구조지방질(structured lipid)〕을 제조하여 왔다. 그런데 최근 단백질공학(protein engineering) 기술을 이용하여 라이페이스의 특정한 자리만을 변형시키는 위치지정돌연변이(site directed mutation)를 야기시키면(라이페이스 효소의 촉매자리를 구성하는 특정한 아미노산 잔기들만을 변형시키면) 기질에 대하여 새로운 특성을 갖는 라이페이스를 얻게 되고, 이렇게 변형, 즉 수식(修飾)화된 라이페이스를 이용하여 새로운 지방산을 생산할 수 있다.

예를 들면 *Rhizopus delemar*에서 유래한 라이페이스의 아실기 결합자리 내에 있는 206번 아미노산 잔기인 발린(valine)을 트레오닌(threonine)으로, 95번 페닐알라닌(phenylalanine)을 아스파트산(aspartic acid)으로 변화시키면(그림 9-4), ① 효소반응액의 pH가 중성일 때는 중간사슬지방질(medium chain triacylglycerol)을 가장 효율적으로 가수분해하여 중간사슬지방산(medium chain fatty acid, C8 : 0~C14 : 0)을 주로 생산하고(그림 9-5), ② pH가 산성 쪽으로 치우칠 때는 짧은사슬지방질(short chain triacylglycerol)을 가수분해하여 짧은사슬지방산만을 특이적으로 생산한다(그림 9-6).

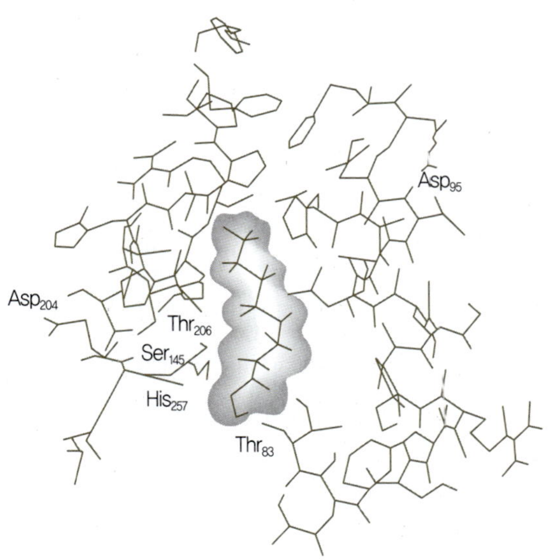

그림 9-4 • 구성 아미노산의 교체에 의하여 변형, 수식화된 *Rhizopus delemar* 유래 라이페이스 효소의 분자 구조

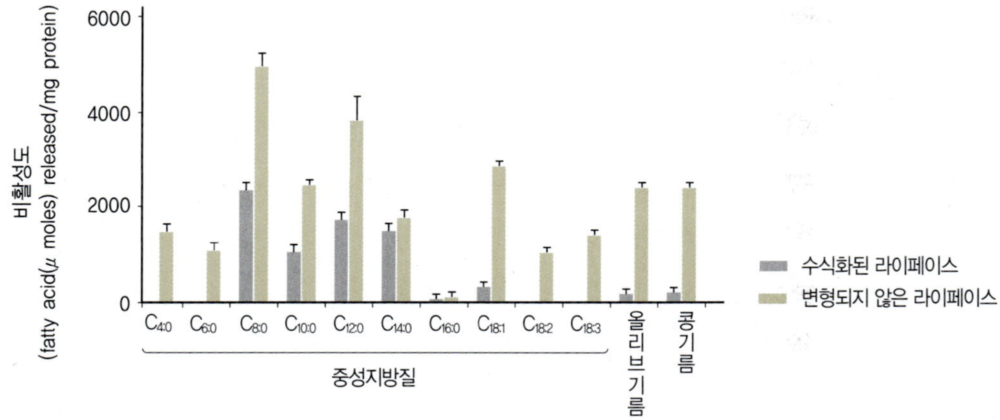

그림 9-5 • 변형, 수식화된 *Rhizopus delemar* 유래 라이페이스에 의한 지방질의 가수분해반응 생성물 조성 변화에 미치는 기질 종류의 영향

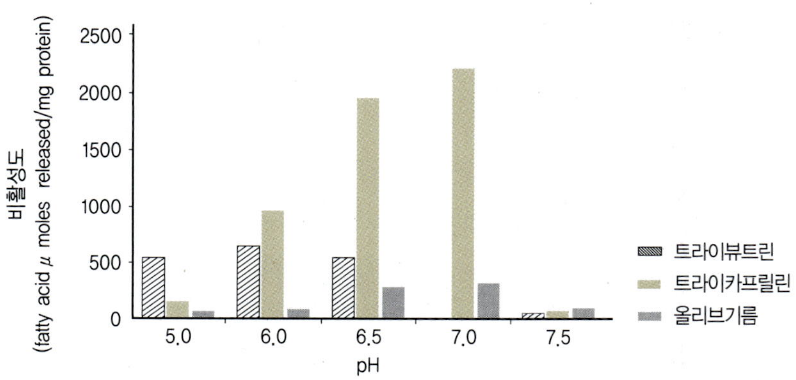

그림 9-6 • 변형, 수식화된 *Rhizopus delemar* 유래 라이페이스에 의한 지방질의 가수분해반응 생성물 조성 변화에 미치는 효소-기질 반응액 pH의 영향

(2) 재구성지방질 제조반응

우리 식생활에 있어서 지방질은 그들만이 지니는 영양학적, 관능적 그리고 기능적인 독특한 특성을 가지고 있다. 즉, 지방질은 체내에서 소화될 때 1 g당 9 kcal의 열량을 내며 필수지방산의 공급원이 될 뿐만 아니라 지용성 비타민의 운반 매체(또는 용제)로서의 역할을 수행한다. 또한 지방질은 음식의 향기와 맛을 돋우고, 그 기능적 특성으로 인하여 여러 가지 형태와 리올로지성질(rheological property)이 다르며, 각종 생활습관병을 예방할 수 있는 재료물질로 사용되기도 한다.

최근에는 이러한 기능적 특성을 갖는 지방질을 특별히 생산하기 위하여, 일상적인 지방질로부터 재구성된 지방질을 제조하는 기술에 대한 관심이 높아지고 있다.

화학 공정에 의한 지방질화합물의 생산은 일반적으로 에너지 집약적이며 선택성의 결여로 인한 부반응이 많이 일어나므로, 원료를 보다 효과적으로 이용할 수 없고 반응 생성물의 분리에 많은 어려움이 수반되는 단점이 있다. 그러므로 이러한 불리한 점을 극복하기 위하여 효소에 의한 신물질 생산에 대한 연구가 활발히 진행되어 왔다. 즉, 최근에는 미수계(microaqueous system) 내에서 유리된 라이페이스나 고정화된 라이페이스를 사용하여, 효소공학적으로 재조합된 지방질을 생산하여 기능성 지방질을 제조하는 방법과 지방질의 개질 등이 시도되고 있다. 이러한 효소공학적 또는 반효소공학적인 재구성지방질의 제조방법은 비교적 낮은 온도에서 반응이 야기되고 조작 및 공정이 간편하며 다른 부반응이 일어나지 않으므로 높은 수율로 재구성지방질을 생산할 수 있다. 그러나 안정성이 높은 라이페이스가 항상 미생물에 의하여 다량으로 만들어지는 것이 아닐뿐더러 라이페이스의 안정성을 위한 획기적인 생물반응기가 설계되어 있지도 않기 때문에 대량생산은 매우 어렵다. 더구나 복잡한 정제 공정이 필요하므로 생산가가 높아 실용성이 크지 않다. 이러한 문제점들을 해소시킬 수 있다면 지방산, 긴사슬지방질 및 유화제, 스테로이드 등을 저렴하게 대량으로 제조할 수 있을 것으로 기대된다.

여기에서는 원료 지방질의 에스터교환반응에 효소공학적 또는 반효소공학적 기술을 도입하여 재구성지방질을 생산하는 공정들을 소개함으로써 경쟁력 있는 지방질 소재 생산을 위한 신기술들에 대하여 중점적으로 설명하고자 한다.

① 에스터화 반응

- 글리세롤과 지방산과의 합성반응 : 에스터화 반응(esterification) 중 가장 널리 사용되는 공정이며, 〈그림 9-7〉에서 볼 수 있듯이 모노-(monoacyl glycerol, MG), 다이-(diacyl glycerol, DG) 및 트라이-아실글리세롤(triacyl glycerol, TG) 등의 다양한 종류의 재구성지방질이 생산될 수 있다. 이러한 반응 과정 중에는 반응계 내의 조건들(기질들의 구성비율, 수분 함량, 기질 투여속도 등)을 일정하게 조절함으로써 특정 종류의 재구성지방질만을 고농도로 얻을 수 있다(그림 9-8, 표 9-2).

  예를 들어 〈그림 9-9〉에서 볼 수 있듯이, 글리세롤과 운데칸산(undecanoic acid)을 기질로 사용하여 미수계 반응계 내에서 합성반응을 진행하는 경우, 미수계 반응계를 구성하고 있는 유기용매의 소수성 정도(hydrophobicity)를 변화시킴으로써 다양한 종

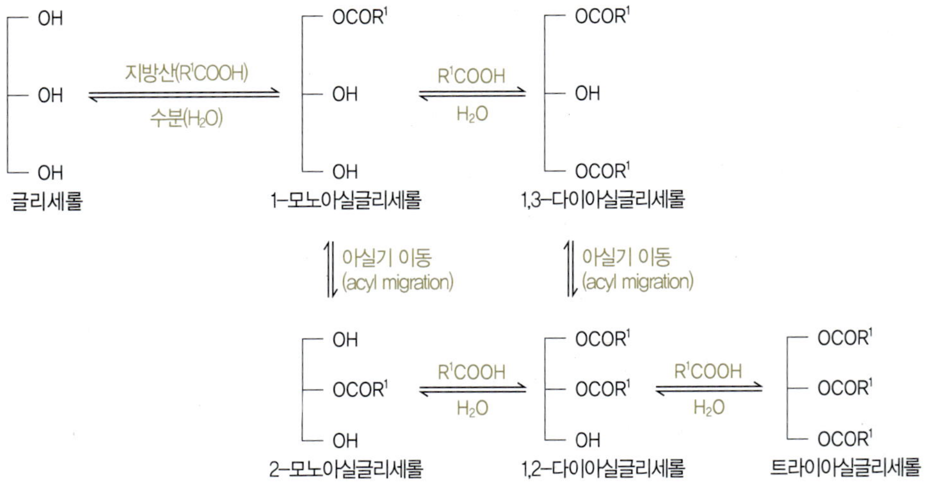

그림 9-7 • 효소적 에스터화에 의하여 다양한 종류의 구성지방질을 생산하는 반응 메커니즘 모식도

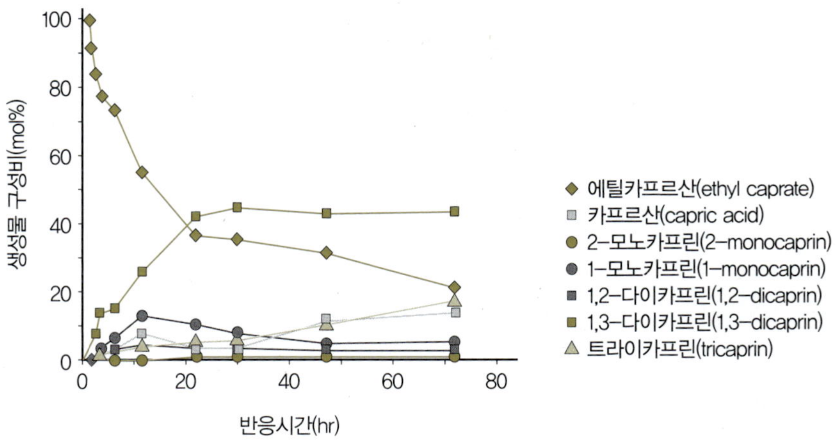

그림 9-8 • 라이페이스 효소에 의한 에스터화에서 반응시간에 따른 생성물 구성의 대표적 변화도

표 9-2 • 라이페이스 효소 촉매에 의한 에스터화 또는 에스터결합전달반응 관련 기질(아실기 주개(donor)) 조건 변화에 의한 특정 지방질의 생산

아실기 주개	주개 : 글리세롤 혼합 몰 비율	반응 초기 속도 (μmoles of donor reduced/hr·mg)	다이카프린(dicaprin) 생성 최고 수율(mmol)
카프르산에틸 (ethyl caprate)	3:1	9.6	3.6
카프르산(capric acid)	3:1	63.0	3.8
트라이카프린(tricapric)	2:1	27.0	3.6

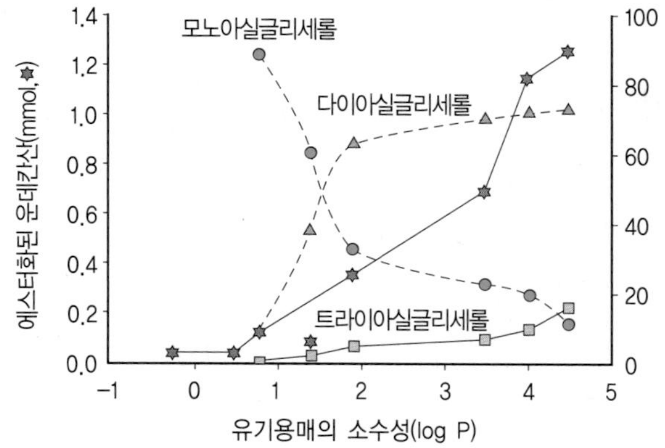

그림 9-9 ● 글리세롤 골격에 운데칸산($CH_3(CH_2)_9COOH$)을 에스터화시키는 반응에 대한 반응기 내 유기용매 소수성 정도(log P)의 영향

류의 신소재 지방질을 생산할 수 있다.

또한 기질의 구성비율 및 종류의 변화, 유기용매 소수성 정도의 변화 등에 의하여 다양한 종류의 재구성지방질을 제조할 수도 있는데, *Candida cylindracea*에서 유래한 라이페이스를 사용하면 1-모노카프린(1-monocaprin)을 주로 생산하며, *Pseudomonas aeroginosa*, *Rhizopus miehei*, *Chromobacterium viscosum* 등에서 유래한 라이페이스에 의해서는 트라이카프린(tricaprin, C10 : 0으로 구성된 중성지방질)을 주로 제조한다.

● 글리세롤 이외의 알코올기 에스터화 : 글리세롤뿐만 아니라 각종 방향유(정유, essential oil), 왁스(wax) 또는 당 계통의 물질 내에 함유되어 있는 -OH기를 에스터화하는 반응을 이용하여 새로운 종류의 재구성지방질을 제조하는 경우도 많다.

예를 들면 *Pseudomonas*에서 유래한 라이페이스 촉매하에서, 제라니올〔geraniol, 터펜알코올(terpene alcohol)의 일종인 방향유〕의 -OH기에 아세트산무수물(acetic anhydride)의 아세트산을 에스터화함으로써 아세트산제라닐(geranyl acetate)을 얻을 수 있으며, 아세트산제라닐은 독특한 과일 향기를 발생시키는 향기 성분으로 식품공업에서 널리 사용되고 있는 물질이다.

한편 하이드록시기가 포함된 지방산인 lesquerolic acid와 알코올을 서로 혼합·합성하여 lesquerolic acid 왁스(wax) 또는 다이올에스터(diol ester)를 *Rhizomucor miehei*에서 유래한 라이페이스 촉매하에서 생산함으로써, 점성이 낮으면서 기능성은 향상된 윤활제, 계면활성제, 습윤제 및 식품유화제로 사용할 수 있게 되었다(그림 9-10).

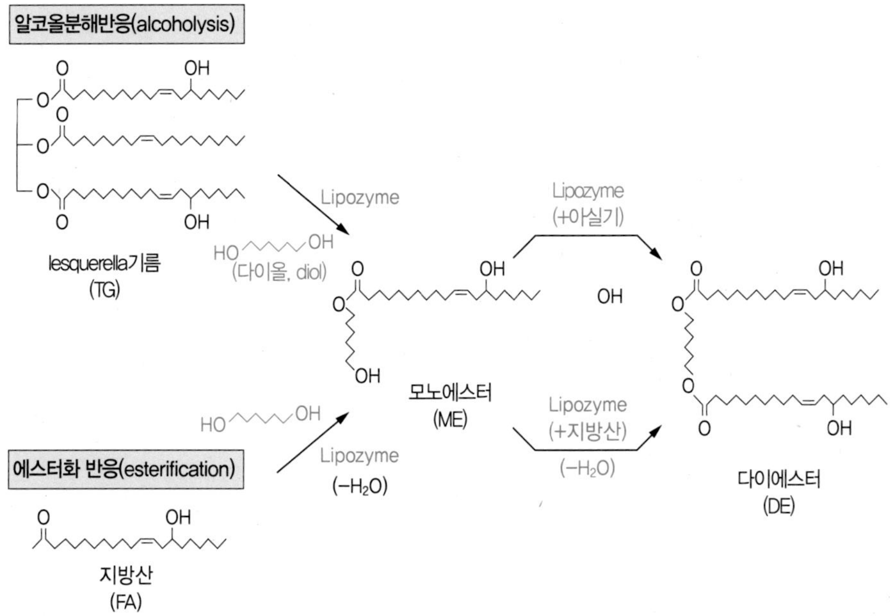

그림 9-10 • *Rhizomucor miehei* 유래 라이페이스 효소 촉매에 의한 lesquerolic acid 왁스 또는 다이올에스터의 생산

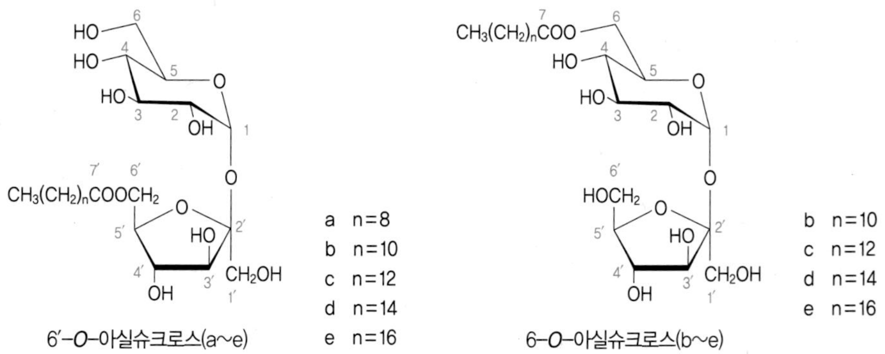

그림 9-11 • 6-*O*-아실슈크로스 및 6′-*O*-아실슈크로스의 화학 구조식

또한, 슈크로스(sucrose)를 구성하고 있는 많은 −OH기 중 포도당과 과당 내에 존재하는 $-CH_2OH$의 −OH기만을 지방산과 특이적으로 에스터화하여(*Mucor miehei* 또는 *Chromobacterium viscosum*에서 유래한 라이페이스 촉매하에서) 6-*O*-아실슈크로스(6-*O*-acyl-sucrose) 또는 6′-*O*-아실슈크로스(6′-*O*-acyl-sucrose)를 생산함으로써 에멀션 안정성이 탁월한 새로운 형태의 식품유화제(그림 9-11)를 제조할 수 있다.

② 에스터교환반응

- 지방질 사이의 에스터교환 : 서로 다른 종류의 지방질 사이에서의 에스터교환(interesterification)을 야기하는 반응 중 가장 보편적으로 이루어지고 있으며 역사도 가장 오래되었다. 일반적으로 중성지방질 사이에서 에스터교환이 이루어져 왔다. 그러나 최근에는 저칼로리의 영양학적 특성이 강한 재구성지방질 생산에도 초점이 맞추어져 있다. 예를 들면 트라이스테아린(tristearin, C18:0으로 구성된 중성지방질) 및 트라이카프린 사이의 아실기들을 효소적(*Rhizomucor miehei*에서 유래한 라이페이스)으로 서로 교환하여 중간사슬지방산을 함유하는 저칼로리의 재구성지방질을 생산할 수 있다(그림 9-12).

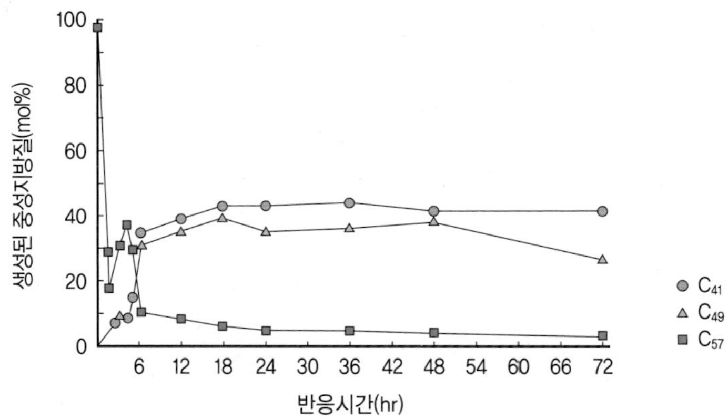

그림 9-12 • 서로 다른 지방질 사이에서의 에스터교환에 의한 저칼로리 재구성지방질의 효소공학적 생산

또한 *Carica papaya*의 유백색 점질액에서 추출·정제한 라이페이스를 촉매로 사용하고, 수소화콩기름(hydrated soybean oil, 대두경화유)과 트라이뷰트린(tributyrin, C4:0으로 구성된 중성지방질)을 기질로 사용하여 저칼로리 재구성지방질인 새로운 형태의 기능성 중성지방질 유사체를 생산하기도 한다.

전통적 방법을 개선한 예를 들면 팜유와 트라이스테아린을 *Mucor miehei*에서 유래한 라이페이스를 촉매로 하여 지방질 사이의 에스터교환반응을 야기시켜 '코코아

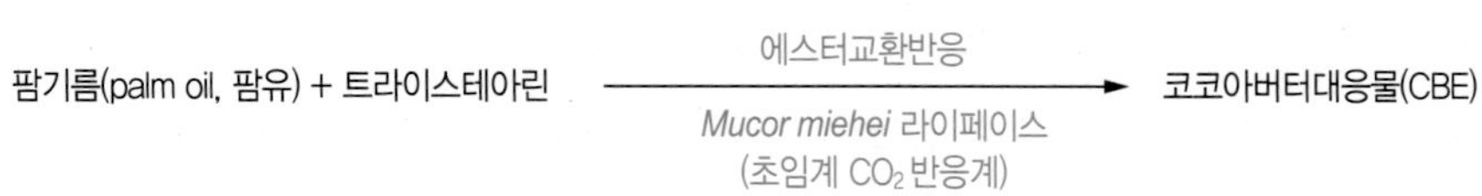

그림 9-13 • 팜기름과 트라이스테아린 사이의 효소적 에스터교환에 의한 코코아버터대응물(CBE) 제조에 대한 모식도

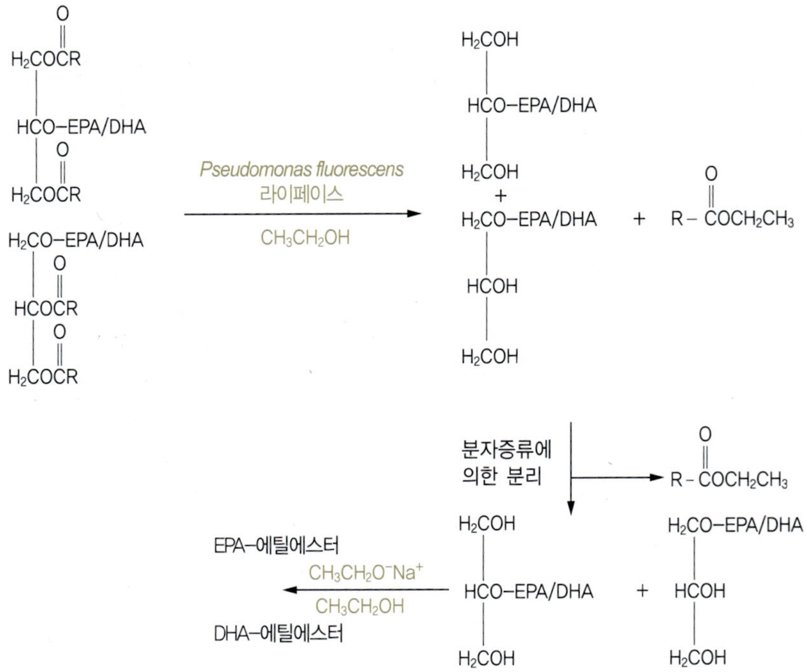

그림 9-14 • 어유의 에탄올첨가분해에 의한 고도불포화지방산-에틸에스터의 효소공학적 생산

버터대응물(cocoa butter equivalent, CBE)'을 제조하는 경우이다(그림 9-13).

- 지방질과 알코올 사이의 에스터교환반응 : 〈그림 9-14〉에 나타낸 바와 마찬가지로, 어유를 *Pseudomonas fluorescens*에서 유래한 라이페이스 촉매하에서 에탄올첨가분해(ethanolysis)시킴으로써 고도불포화지방산이 많이 함유된 에틸에스터를 고농도로 생산할 수 있으며, *Chromobacterium viscosum*에서 유래한 라이페이스 촉매하에 올리브유를 글리세롤분해(glycerolysis)시켜 식품유화제를 생산할 수도 있다.

한편 콩기름을 메탄올 또는 아이소프로판올 등과 함께 알코올첨가분해(alcoholysis)를 일으켜 콩기름의 메틸 또는 아이소프로필 에스터를 생산함으로써 디젤(diesel) 연료 대체물질로 사용할 수 있다. 또는 콩 내의 중성지방질 및 인지방질을 에탄올첨가분해시킴으로써 바이오디젤 연료물질(biodiesel fuel)로서의 기능을 수행할 수 있는 재구성지방질을 생산할 수도 있다.

- 지방질과 지방산 사이의 에스터교환반응 : 〈그림 9-15〉에 나타내었듯이 중성지방질과 지방산을 에스터교환하여 코코아버터대응물(CBE), 코코아버터대용물(cocoa butter substitute, CBS), 중간사슬의 중성지방질 및 EPA, DHA와 같은 고도불포화지방산을 함

중성지방질 + 지방산 —산분해첨가(acidolysis) / 라이페이스→ 지방산교환에 의한 재구성지방질 (restructured lipid)

그림 9-15 • 중성지방질과 지방산 사이의 에스터교환에 의한 기능성 재구성지방질 생산을 위한 개념도

유한 재구성지방질을 제조할 수 있다.

예를 들면 트라이팔미틴〔tripalmitin, 팔미트산(palmitic acid, P)으로 구성된 중성지방질〕과 스테아르산(stearic acid, S)을 소비탄모노올스테아레이트(sorbitan monostearate)로 변형·수식된 라이페이스 촉매하에 에스터교환반응을 일으킴으로써 코코아버터와 유사한 물질(PPS, SPS 등을 함유한 중성지방질)을 제조할 수 있다.

③ 가수분해반응과 다른 반응과의 조합

지방질 가수분해의 경우, 반응이 진행됨에 따라 수분을 계속 소모하게 되며 이에 따라 소모된 수분 함량만큼 계속적으로 일정량의 수분을 공급해 주어야만 반응속도가 떨어지지 않고 가수분해가 진행된다. 그러나 가수분해반응 중 소모되는 수분 함량을 측정한다는 것은 쉽지 않은 작업 과정이다. 따라서 수분을 소모하는 과정인 가수분해반응과 수분을 발생시키는 여러 가지 화학적 반응과를 서로 연계시키면 수분 함량을 조절해야 하는 어려움을 해결할 수 있는 장점을 갖추게 된다.

- 가수분해반응과 에스터화반응과의 연계 : 먼저, *Candida cylindracea*에서 유래한 라이페이스를 촉매로 사용하여 **ω**3계 고도불포화지방산이 다량 함유된 정제 어유를 가수분해하고, 연속하여 에스터화반응을 수행함으로써 **ω**3계 고도불포화지방산이 고농도로 함유된 재구성지방질을 제조할 수 있다(그림 9-16).

  또한 DHA 함량이 높은 참치기름을 가수분해한 후 로르산(lauric acid) 알코올을 첨가시켜 에스터화함으로써 고농도의 DHA 로르산 에스터를 제조할 수 있으며(그림 9-17), 다른 한편 보리지기름(borage oil)을 가수분해한 후 즉시 에스터화하면 고농도의 γ-리놀렌산 로릴알코올 에스터를 생산할 수도 있다.

  그리고 이상의 가수분해반응과 에스터화 반응을 두 종류의 효소를 사용하여 연속적으로 반응을 일으켜 재구성지방질을 생산하는 방법을 '2단 효소공학적 방법(two-step enzymatic method)'이라고 한다.
- 가수분해반응과 에폭시화와의 연계 : 비효소적 화학 촉매와 라이페이스를 동시에 사용하는 화학적·효소적 방법(chemoenzymatic method)에 의하여 불포화지방산 또는 식

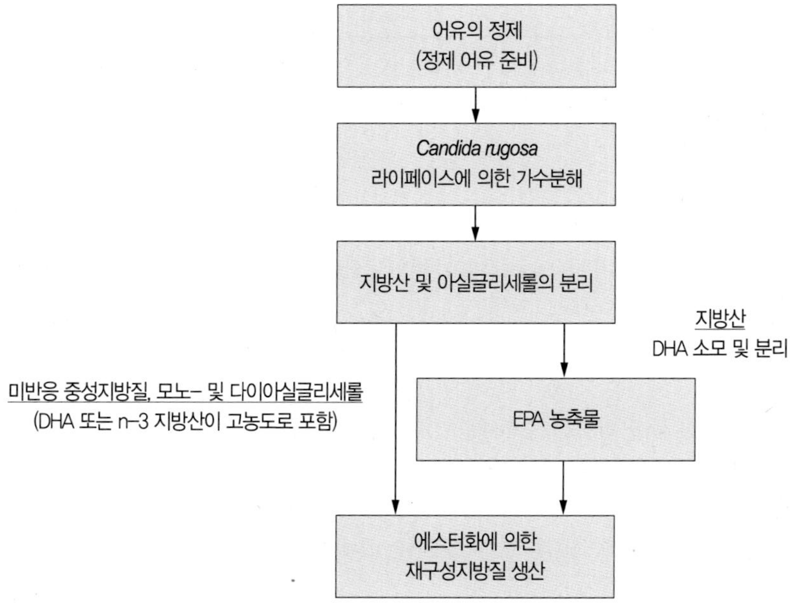

그림 9-16 • 지방질의 가수분해와 에스터화의 연속적 수행에 의한 ω3계 고도불포화지방산이 고농도로 함유된 기능성 재구성지방질의 생산을 위한 개념도

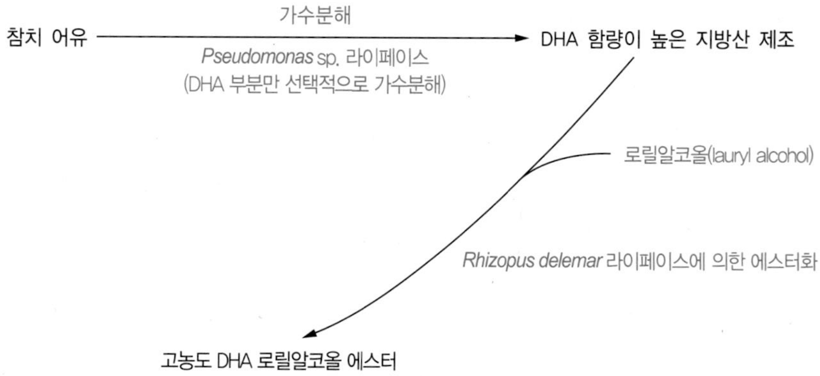

그림 9-17 • '2단 효소공학적 방법'에 의한 고농도 DHA 로릴알코올 에스터의 생산에 대한 모식도

물유 내에 있는 이중결합자리를 에폭시화(epoxidation)함으로써 각종 에폭시화합물을 만들 수 있다(그림 9-18).

- 가수분해 이외의 반응과 기타 화학반응과의 연계 : 라이페이스에 의한 에스터화 합성반응 및 무기화학적 방법을 동시에 이용하여 새로운 형태의 곰팡이 생장 억제제를 제조할 수 있다(표 9-3).

다른 예로서, 리놀레산을 기질로 하고 콩에서 추출한 리폭시제네이스〔lipoxygenase

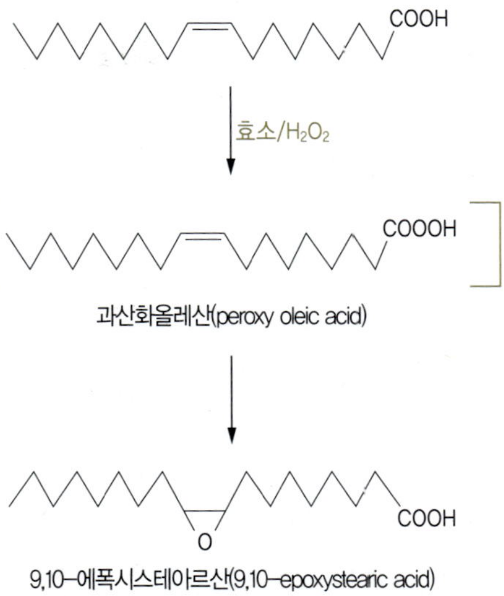

그림 9-18 • 가수분해반응과 에폭시화와의 연계에 의한 에폭시화합물 생산에 대한 반응 흐름 설명도

표 9-3 • 라이페이스 효소 촉매에 의한 곰팡이 생장 억제제의 생산

효소	mg	de[1](%)	전환율(%)
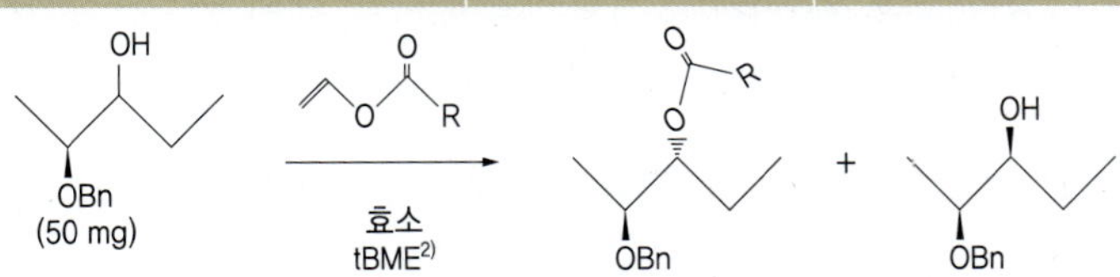			Bn = 뷰테인(butane) R = CH_2Cl C_2H_5 C_3H_7
1. Meito lipase OF	65	97.8	71.9
2. Novo Lipozyme IM-20	65	99.0	60.0
3. Amano PS-30	57	98.0	39.5
4. Novo SP 524	52	99.1	50.7
5. Sigma pork pancreatic lipase	96	96.9	24.2
6. Sigma Acylase I	94	98.4	29.3
7. Novo SP 526	50	98.2	22.9

[1] de : diastereometric excess
[2] tBME : *tert*-뷰틸메틸에스테르(*tert*-butyl methyl ether)

(linoleate:oxygen oxidoreductase)]를 효소 촉매로 이용하여 과산화물을 제조한 후 다이아조메테인(CH_2N_2)에 의한 메틸화 및 타이타늄아이소프로폭사이드(titanium isopropoxide)와 반응시킴으로써 곰팡이 생장 억제력이 강한 methyl 11(R),12(R)-epoxy-13(S)-hydroxy-9(Z)-octadecenoate를 생산할 수 있다(그림 9-19).

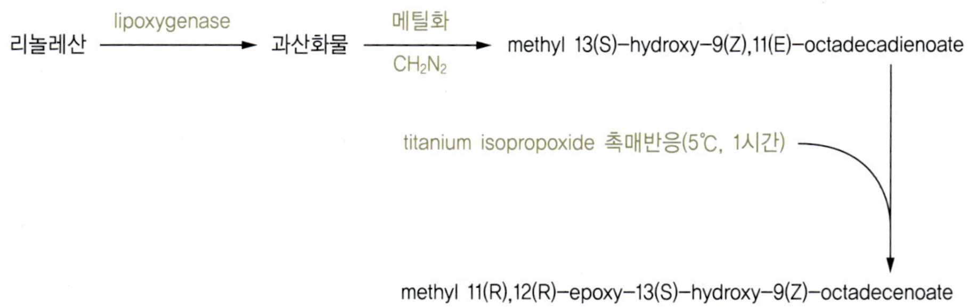

그림 9-19 • 리폭시제네이스효소 촉매 산화반응 및 다이아조메테인(CH_2N_2) 첨가 메틸화반응 연계에 의한 methyl 11(R),12(R)-epoxy-13(S)-hydroxy-9(Z)-octadecenoate 생산을 위한 개념도

3) 주류공업에의 이용

주류공업에서 중요한 원료로 사용되는 곡물 내에 존재하는 중성지방질을 라이페이스 효소 촉매에 의하여 가수분해함으로써 고급 주류를 제조할 수 있다. 즉, 곡물을 물에 침지하는 과정의 초기에 라이페이스를 첨가하여 효소반응을 시작하고 후속되는 스팀가열 과정 중에 효소반응이 절정에 도달하였다가 중지됨으로써 곡물 내의 중성지방질을 가수분해하여 유리지방산으로 전환시켜 쉽게 휘발시킬 수 있으며, 이로 인하여 유익한 향미 성분을 보완할 수 있고 동시에 양질의 알코올 발효를 유도할 수 있는 장점도 있다(표 9-4).

표 9-4 • 알코올 발효 시 라이페이스 첨가에 의한 향미 성분 보완 효과

침지온도(°C)	15				30			
정미배합비(%)	70		80		70		80	
라이페이스 첨가 유무	-	+	-	+	-	+	-	+
$C_{14:0}$	6	5	17	8	9	8	16	11
$C_{16:0}$	41	38	178	84	55	44	143	110
$C_{18:1}$	13	9	189	66	22	11	180	78
$C_{18:2}$	57	38	382	194	67	54	362	192
합계	**117**	**90**	**764**	**302**	**152**	**116**	**702**	**390**

4) 기타 산업에의 이용

라이페이스 효소는 이상에서 열거한 산업분야 외에도 기타의 여러 산업에서도 응용되고 있다. 예를 들면 세제산업의 경우 호알칼리성(최적 pH 9.0~11.0) 라이페이스를 기름때

제거에 사용한다든지, 또는 화장품산업에서 동일한 원리에 의하여 피부 지방 노폐물 제거를 위한 세안제, 크림, 샴푸 등에 라이페이스를 첨가하는 경우도 있다.

3. 기타 효소의 지방질 관련 산업에의 적용

라이페이스 효소가 단독적으로 사용되는 경우에 대해서는 앞에서 이미 설명하였다. 그런데 실제 산업현장에서는 라이페이스 단독으로 적용되는 경우도 있지만 다른 종류의 효소들과 함께 사용되어 여러 가지 상승효과를 거두고도 있다. 따라서 기타의 효소들과 라이페이스가 함께 사용되고 있는 예를 살펴보면 향후 효소를 사용하는 범위를 확대해 나갈 수 있는 동기를 얻을 수 있을 것으로 기대되어 여기에서는 라이페이스 외의 다른 효소가 적용되는 경우를 살펴보고자 한다.

1) 제빵 및 제과 공정에의 이용

제빵, 제과의 주원료인 밀가루에는 아밀레이스(amylase)라든지 단백질가수분해효소(protease) 등과 같은 천연적으로 존재하는 여러 종류의 효소들이 포함되어 있지만, 그것들의 활성은 양질의 빵이라든지 과자를 제조하는 데에는 충분하지 않기 때문에 제분 공정 또는 제빵, 제과의 공정에서 다른 급원의 효소를 적당하게 보충함으로써 제품의 품질을 향상시킬 수 있다. 예를 들면, 제빵공업에 처음으로 이용된 효소는 맥아에서 유래한 아밀레이스인데, 1934년부터 ***Aspergillus*** 등의 곰팡이 유래 아밀레이스가 이용되고 있으며 현재 미국에서는 전체 식빵 제조의 약 60%에 이들 효소 종류가 이용되고 있다. 또 다른 예로는 리폭시제네이스도 제빵 공정에 이용된다. 이 효소는 콩, 밀 등의 곡류에 존재하며 미국이라든지 캐나다에서 제빵공업에 널리 이용되고 있다. 실제 공정에서는 탈지콩(defatted soybean) 분말을 리폭시제네이스 효소제제로 하여 밀가루에 0.5% 혼합하는 것이 일반적이다. 주된 효과는 밀가루에 대한 표백작용으로서 리폭시제네이스 효소에 의해서 밀가루 중의 불포화지방질(리놀레산 및 이의 글리세롤 에스터)이 산화되며, 다른 한편으로 카로텐(carotene) 색소가 커플링(coupling) 산화되어 탈색되는 것으로 여겨지고 있다. 이외에 밀가루의 불포화지방산의 산화에 따른 카보닐화합물 등의 향기물질이 생성되어 빵의 향미가 개선되는 것으로도 보고 있다.

밀가루에 첨가하여 버터유(butter milk)라든지 탈지유(skim milk)를 사용하는 제과나 제빵에는 β-갈락토시데이스(β-galactosidase)를 첨가해서 과당으로부터 발효성 당을 생성시켜, 효모에 의한 반죽물의 발효를 촉진시킬 수 있다. 또한 버터라든지 우유를 넣어서 반죽한 반죽물의 숙성에 라이페이스를 넣으면 제품의 향미가 향상되고 빵의 노화를 방지한다는 예가 보고되어 있어 주목받고 있다.

2) 유제품 생산에의 이용

(1) 카탈레이스

우유 살균 시 과산화수소(H_2O_2)-카탈레이스(catalase, 과산화수소분해효소) 효소 처리를 하는 경우가 있다. 이 방법은 젖소로부터 짜낸 우유에 H_2O_2를 첨가하고 살균한 후 과잉의 H_2O_2는 카탈레이스 효소를 사용하여 분해·제거하는 것으로서, 치즈 제조 시 유효한 살균법의 하나이다. 이러한 처리로서 우유 중의 병원균뿐만 아니라 유해한 산 생성균을 살균시킬 수 있으며, 우유에 원래부터 포함되어 있으면서 치즈 숙성에 방해가 되는 효소군을 불활성화시킬 수도 있다. 이 경우에 사용되는 카탈레이스는 간장이라든지 세균(*Micrococcus lyzodeikticus*)에서 유래하는 것이다. 그런데 어떤 종류의 치즈 제조에는 이러한 처리가 제품 쓴맛의 원인이 되며, 수분 함량이라든지 경제성 측면에서 적당하지 않은 경우도 있다.

(2) 단백질가수분해효소

치즈 제조에 가장 큰 역할을 수행하는 효소는 우유응고효소인 레닛(rennet)이다. 이 효소는 포유기 소의 제4위로부터 얻는 것으로서 우유 카세인(casein)을 분해하여 응고시킴으로써 치즈 제조에 중요한 커드(curd)를 형성시킨다. 레닛은 포유기의 소가 자원이기 때문에 얻기가 어렵고 값도 비싸며, 치즈의 수요 증가로 레닛의 공급이 따라갈 수 없는 상태가 되었으며, 또한 이유기 이후 소의 위에서 얻는 효소는 펩신(pepsin)을 포함하고 있기 때문에 쓴맛이 있는 치즈 제품을 생산하게 되어 바람직하지 못하다. 최근 미생물 급원에서 레닛과 동일한 우유응고작용 능력을 가진 단백질가수분해효소가 발견·개발되어 넓게 실용화가 되어 있다.

(3) β-갈락토시데이스

유제품 원료로서 우유라든지 탈지유 등의 농축 형태를 냉동하는 일이 많은데, 이 경우 저장 중에 우유의 에멀션계가 파괴된다든지, 카세인단백질의 응고 또는 침전에 의한 불용화가 촉진되어 농축 형태를 원래의 물성으로 바꾸는 것이 불가능해진다. 또한 아이스크림의 냉동저장에 있어서도 동일한 현상이 나타나게 되는데, 이러한 현상을 방지하기 위해서는 β-갈락토시데이스를 이용하여 젖당을 포도당과 갈락토스(galactose)로 분해하는 것이 좋다. 이 방법은 유제품의 소화성 향상이라든지, 단백질의 침전을 방지하는 데에도 효과가 있으며, 제조 공정에서의 어려움을 해결하는 데 도움이 되고 있다. 또한 β-갈락토시데이스를 우유에 첨가하면 유아의 영양 효과를 높이며, 성인에서도 젖당 소화 기능이 결핍된 젖당못견딤증(lactose intolerance, 유당불내증) 환자의 젖당 섭취를 가능하게 한다.

(4) 포도당산화효소 카탈레이스

마요네즈는 물속기름형(oil in water, O/W) 에멀션의 전형적인 모델 식품으로, 공기를 포함시키면서 제조한다. 즉, 마요네즈 내부에서는 지방질이 공기 중의 산소와 쉽게 접촉할 수 있으며 이에 따라 제품이 변질되기 때문에 포도당산화효소(glucose oxidase)와 카탈레이스 효소를 동시에 첨가·사용하는 포도당산화효소-카탈레이스계를 사용해서 O_2를 제거하면 색의 균일성도 보존되며 변색도 방지할 수 있다. 동시에 향기 성분의 품질 저하를 방지하고 장시간 보존할 수 있게 된다.

3) 향미 생성에의 이용

일반적으로 향미효소(flavarase)라고 부르는 것이 사용되고 있는데, 그 역할에 따라서 세 가지로 분류할 수 있다.

첫째, 향미물질의 전구물질에 향미효소가 작용하면 휘발성 향기물질을 생성하는데 이들의 효소는 단일한 경우도 있지만 여러 가지 효소의 협동작용에 의한 경우도 있다. 식품을 가공할 때 가열 등의 처리 조작에 의해서 휘발성 향미가 없어지는 경우가 있는데, 이때 열처리 가공식품에 적당한 방법으로 얻어진 효소를 작용시키면 향미가 좋아진다든지 또는 원래의 맛으로 돌아오게 되는 경우이다. 예를 들면 건조 양배추를 물에 처리할 때 신선한 양배추로부터 추출한 효소인 싸이오글루코시데이스〔thioglucosidase 또는 미로시네이스(myrosinase)〕를 첨가하면 신선한 것과 같은 향미가 재생되는 현상을 볼 수 있다.

둘째, 식품에 적합하지 않은 불쾌한 악취를 분해 제거함으로써 그 식품의 이용을 가능하게 한다든지, 식품의 향미를 향상시키는 효소이다. 그 예로는 생선 냄새의 제거라든지 콩의 풋내 제거에 기여하는 단백질가수분해효소가 있다. 즉, 콩의 불쾌한 냄새 성분은 콩단백질(soy protein, 대두단백질)과 강하게 결합되어 있기 때문에 이것을 펩신이라든지 트립신(trypsin)으로 부분 분해하여 제거하는 방법이 있다. 또한 소비자의 기호도가 높지 않은 생선이라든지, 생선통조림 제조 시에 발생하는 폐 어육이라든지, 내장, 뼈 등을 단백질가수분해효소로 처리해서 어유나 fish soluble을 제조하는 등의 공정에서 단백질가수분해효소를 사용하면 공정 시간이 단축되는데, 이때 효소반응을 미세하게 조절하지 않으면 쓴맛과 악취가 생성된다. 이러한 결점을 방지하기 위해서는 공정의 적절한 과정에서 단백질가수분해효소를 불활성화시키면 좋다.

마지막으로는, 특정의 향미를 농축 상태로 제조하는 목적에 이용하는 효소이다. 그 원료는 천연식품이 바람직하지만 반드시 향미 전구물질로서 식품 중에 존재해야만 하는 것은 아니다. 그 예로는 유제품의 향미 제조에 사용되는 라이페이스가 있다. 현재 일본에서는 *Rhizopus*라든지 *Candida*를 기원으로 하는 라이페이스를 치즈제품 제조 시에 첨가하여 향미를 향상시키기 위한 방법으로 이용하고 있다.

4) 소화효소제 생산에의 이용

부가하는 탄수화물가수분해효소〔α-아밀레이스, β-아밀레이스, 글루코아밀레이스(glucoamylase) 등〕, 중성지방질을 가수분해하는 라이페이스 효소, 단백질가수분해효소 등이 인체 내 소화체계로부터 유출되는 각종 효소를 보충한다는 점에서, 전통적인 효소제의 이용에는 합목적성이 있다. 효소는 오늘날에 와서는 어느 것이든 순도 높게 정제되고 있지만 그것이 단독으로 이용되는 것은 예외적이다. '식품의 소화'라는 측면에서 보면, 식품 구성물이 다양하기 때문에 특이성이 다른 여러 효소가 혼합된 것을 이용하는 편이 합리적이기 때문이다. 예를 들면 판크레아틴(pancreatin)은 돼지 이자의 건조분말인데, 단백질가수분해효소군 외에도 아밀레이스, 리보핵산가수분해효소(ribonuclase), 라이페이스 등 각종의 가수분해효소를 고농도로 함유하고 있다. 단지 경구 투여(oral administration)의 경우 산성의 위를 반드시 경유해야 하기 때문에 투여하는 효소제품은 내산성이 요구된다. 그리고 장관(腸管)에 들어가면 주변 환경의 pH가 중성에서 약알칼리성으로 전환된다.

이러한 효소에 대한 탐구는 동물의 장기와 식물은 물론 널리 미생물에서 공급원을 구하게 되었으며, 현재 시판되고 있는 소화효소제에 배합되어 있는 단백질가수분해효소는 대부분 미생물 기원의 것으로 되어 있다. 예를 들면, 낮은 pH에서부터 넓은 pH 영역에 걸쳐서 안정하며 활성이 있는 단백질가수분해효소를 생산해 내는 *Aspergillus*가 널리 사용되고 있다. 라이페이스 MY는 *Candida cylindracea*가 생산하는 효소로서 종래의 라이페이스보다 강력하며 넓은 pH 영역에서 작용한다. 한편, 내산성이 없는 효소에 관해서는 미세 캡슐화 방법에 관한 연구 결과에 힘입어 위액의 산으로부터 보호되도록 만들어 투여하고 있다.

연습 문제

1 다음 중 지방질 관련 효소가 아닌 것을 모두 고르시오.

① esterase ② lipoxygenase ③ β-galactosidase

④ cholesterol reductase ⑤ cellulase

2 라이페이스를 적용할 수 있는 분야가 아닌 것을 고르시오.

① 지방질의 글리세롤리시스 ② 지방질의 특이적 산화 ③ 지방질의 가수분해

④ 지방질 사이의 에스터교환 ⑤ 글리세롤 골격에의 지방산 에스터 합성

3 완전 정제한 올리브기름에 라이페이스를 첨가하여 가수분해반응을 유도하였을 때 생성 가능한 성분으로 거리가 가장 먼 것을 고르시오.

① 스테아르산 ② 1-모노올레인 ③ 1,3-다이올레인

④ 올레산 ⑤ 글리세롤

4 만일 트라이올레인(triolein)과 트라이팔미틴(tripalmitin)을 무작위적 효소반응자리를 갖는 라이페이스를 촉매로 사용하여 최적 조건하에서 에스터교환반응을 완전히 수행하여 트라이올레인보다 녹는점이 높은 중성지방질을 얻었다면 어떤 형태의 중성지방질이라고 판단하는지를 말하시오.

5 최근 선진국에서 유행하고 있는 화학적·효소적 방법(chemoenzymatic method)에 의한 지방질의 개질에 대하여 설명하시오.

정답 및 해설

01 ③, ⑤ **02** ② **03** ①

04 전체의 효소반응 생성물을 100%라고 한다면 75.0%는 아래에 표시한 녹는점이 높은 새로운 형태의 중성지방질이 만들어지며 트라이올레인 및 트라이팔미틴은 각각 12.5%로 남아 있을 것이다.

ⓅⓅⓅ + ⓄⓄⓄ ⟶ ⓅⓄⓅ + ⓅⓅⓄ + ⓄⓅⓄ + ⓄⓄⓅ + ⓅⓅⓅ + ⓄⓄⓄ

[50%] [50%] [25%] [25%] [25%] [25%] [25%] [25%]

05 효소적 방법에 의하여 지방질을 개질하고자 할 때 경제성이 결여되는 경우가 종종 발생하는데, 이런 경우 화학적 방법(예를 들면 화학적 특이적 산화)을 동원하여 먼저 변형시킨 기질과 또 다른 기질인 지방질과 연계시켜 반응시키는 방법을 화학적·효소적 개질방법(chemoenzymatic method)이라고 한다.

제10장

기타 산업에서 효소의 이용

1. 기타 식품산업에서 효소의 이용

식품에의 응용을 위한 효소의 사용은 지난 20여 년간 지속적으로 증가해 왔는데 녹말 가공, 맥주 양조, 과실 가공 및 낙농제품 등의 전통적 적용 범위뿐만 아니라 제빵산업 등의 응용분야에서는 빠른 속도로 효소의 사용이 증가하고 있다. 새롭게 산업화된 효소들의 출현은 대부분 유전자재조합기술에 기반을 둔 대량생산기술의 발전으로 활용 가능한 효소가 다양해졌음을 의미한다. 머지않은 미래에는 식품산업에서의 응용을 위한 새로운 효소 개발이 산업적으로 생산되는 전체 효소 사용량에 있어서 큰 비중을 차지하는 주요한 분야로 발전할 것으로 기대된다.

1) 육류 가공

조리된 고기는 씹기에 편하고 동시에 바람직한 질감을 유지한다면 부드러울 것으로 예상된다. 부드러움은 현재까지도 밝혀지지 않은 수많은 요소에 의해 영향을 받는다. 이는 사후경직(rigor mortis)과 관련된 생화학적 반응들뿐만 아니라 이것의 종결에도 적용된다. 사실상 수많은 생체 내 효소들이 이 과정에 참여하고, 여기에는 카텝신(cathepsin)을 비롯한 생체 내 단백질가수분해효소들도 포함된다. 이들 효소들은 육류의 숙성기간이나 노화 과정 동안 근육단백질을 변화시킨다.

숙성 과정 메커니즘에 관해서는 많은 연구가 수행되어 왔다. 사체나 육편의 자연적 숙성은 1~2°C에서 약 10일 정도가 소요된다. 느린 숙성은 아주 부드러운 육질을 생산하는 장점이 있으나 수분 손실과 수축의 단점 또한 나타낸다. 특수 저온저장 창고(1~2°C, 83~86%RH)에서 최적의 육류를 숙성시킨 경우 3~4주의 저장기간 동안 약 7% 정도에 해당하는 수분 손실을 초래한다. 1940년 이래로 자연적 숙성이 아닌 외래 효소제제를 육류 연화제로 이용하려는 시도가 이어져 왔다. 연결조직과 근단백질을 소화시킬 수 있는 단백질가수분해효소들이 이러한 연화 목적을 위해 선택되어 왔다.

파파인(papain), 브로멜라인(bromelain), 피신(ficin) 등이 실제 상업적 규모에서 연육소로 이용되는 효소들이다. 이들 효소의 사용과 관련된 문제점은 처리한 효소들이 육류조직 내에 균일하게 분포할 수 있는지 여부이다. 이들 효소의 조직 내 분포에 영향을 주는 인자들로는 확산속도, 처리시간, 염 농도 및 효소 농도 등을 들 수 있다.

일반적으로 주방에서 조리 시 추천하는 방법으로 효소액을 단순히 고기 표면에 뿌리거나, 또는 육편을 효소액에 침지시키는 방법을 사용한다면, 단순히 고기의 표면만 부드러워지고 내부는 여전히 질긴 상태로 남아 있게 된다. 보다 효과적인 처리를 위해서는 효소제제(예를 들어 0.002% 브로멜라인과 2% NaCl)를 사용해서 고기 표면에 처리한 후 효소가 잘 스며들 수 있도록 꼬챙이 등을 사용해서 반복적으로 찌르는 과정을 거친다. 실제로 단백질가수분해효소의 고기 연화 효과는 가열조리 중에 크게 나타난다.

상업적으로 이용하는 방법들은 사전(premortem) 및 사후(postmortem) 처리 과정으로 나뉠 수 있다. 사후 처리의 경우에는 압력을 가하는 조건에서 단백질가수분해효소액을 반복적으로 주입하여 사체조직 내로 퍼뜨린다. 사전 처리방법(1960년에 개발된 swift technique)의 경우에는 매우 순도가 높은 멸균된 파파인 효소액을 동물을 도축하기 2~10분 전 혈관에 주사한다. 또 다른 방법은 산화를 통해 가역적으로 불활성화된 파파인 효소액을 주입하여 조리 마지막 단계에서 효소 내의 메캅토기(mercapto group)들을 유리시켜 효소를 다시 활성화시킨다.

이자 단백질가수분해효소는 어류의 숙성에 사용되며, 세균 유래 효소는 골육이나 부분 육편을 분해하여 용해시키는 데 활용된다.

2) 어류 가공

최근까지도 수산업분야에서 산업화된 효소들은 매우 제한된 양으로 사용되어 왔다.

현재는 전통적인 수산 가공 공정을 조절하거나 도움을 주는 방법에 대한 관심이 증가하여 탈피, 막 제거, 어란 정제 등에 효소의 활용이 이루어지고 있다.

어간장(fish sauce)은 연간 생산량이 25만 t에 이르며 몇몇 아시아 국가에서 전통적으로 생산된다. 생산 과정은 고농도의 염과 내장을 포함한 작은 어류를 혼합하여 6~18개월 동안 상온에서 밀봉한 용기 안에 저장하는 것으로 이루어진다. 이 저장기간 동안 가수분해효소들은 서서히 단백질을 분해시켜 어류조직을 펩타이드(peptide)나 아미노산의 형성을 통해 분해시켜 간다. 이러한 어간장 숙성 공정을 가속화시키는 방법에도 관심들을 가지고 있다. 브로멜라인, 피신, 파파인과 같은 식물 유래 효소들은 상당히 짧은 기간 내에 어류조직을 소화시키며, 곰팡이로부터 유래된 효소들은 단백질 분해의 초기 속도를 증가시킨다.

효소적 가공 공정은 전통적인 청어 염장에도 중요한 역할을 하여, 단백질가수분해효소들은 염장된 청어의 향미와 질감 모두에 바람직한 효과를 준다.

단백질가수분해효소의 또 다른 용도는 손이나 기계적인 방법으로는 탈피하기 어려운 참치와 같은 어류의 탈피 공정에 적용하는 것이다. 이 탈피 공정은 10~90분 동안 단백질가수분해효소를 넣은 따뜻한 수조에 어류를 침지시키는 것을 기본 공정으로 한다. 침지 공정의 완료 후 물 분사를 통해 대부분의 껍질을 제거한다. 또한 이들 효소는 오징어의 탈피 및 연화 과정에 사용하기도 한다.

이들 효소의 또 다른 용도는 어란의 정제 공정이다. 여기서 효소는 연어나 송어 알과 알주머니를 덮고 있는 지지체 또는 연결조직을 가수분해해서 기존 공정을 이용할 때의 수율 50~65%보다 높은 85%의 회수가 가능하다.

3) 단백질 다리결합 가공

육류단백질의 품질은 육질과 수분결합을 위한 중요한 요소이다. 육류제품에 채소단백질 등과 같은 성분들의 첨가는 수분결합능과 다른 특성들을 개선시키는 것으로 알려져 있다. 반면에 단백질 분자들 간의 다리결합을 통해 육류단백질을 변형시킴으로써 육류제품의 품질을 개선시킬 수 있다. 이를 위해서는 단백질 다리결합 효소로 알려진 트랜스글루타미네이스(transglutaminase)를 사용한다. 트랜스글루타미네이스의 다리결합능은 단백질 네트워크의 분자적 구조의 강도를 증진시키는 생리학적 기능성을 갖고 있다. 작용 기질에 대한 특이성이 단백질 간의 성공적인 다리결합을 형성시키기 위한 중요한 요소이다.

트랜스글루타미네이스는 펩타이드와 1차 아민류뿐만 아니라 단백질 간에 다리공유결합을 도입함으로써 아실기(acly group) 전이반응을 촉매한다. 단백질 간의 다리결합에 있어서 단백질 사슬 내의 라이신(lysine, Lys) 잔기의 ε-아미노기(ε-amino group)와 글루타민(glutamine, Gln) 잔기의 γ-카복스아마이드(γ-carboxamide)기는 각각 아실기의 받개(receptor)와 주개(donor)의 역할을 한다(그림 10-1).

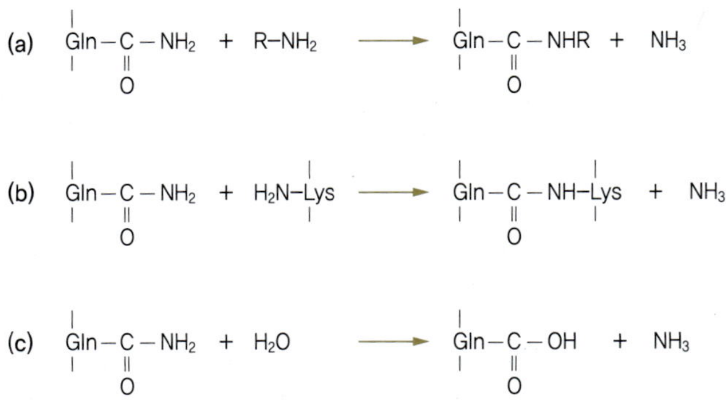

그림 10-1 • 트랜스글루타미네이트의 촉매반응 양식 모식도
(a) 아실기의 1차 아민으로의 전이반응 (b) 펩타이드상에 결합된 라이신 잔기를 통한 다리결합반응 (c) 아미노기제거반응(deamination reaction)

미생물 유래 트랜스글루타미네이스는 현재 상업적으로 이용하고 있다. 육류 가공산업에서는 젤화제(gelling agent)로서, 그리고 수분 결합능 개선과 연관된 다양한 응용 범위를 갖고 있다. 또한 육편들을 결착시켜 재구성고기를 생산할 수 있다. 육류 결착시스템은 트랜스글루타미네이스와 카세이네이트(caseinate)를 동시에 사용하는 것에 기초를 둔다. 트랜스글루타미네이스로 처리된 카세이네이트는 풀과 같은 역할을 하여 식품 성분을 함께 잡아 주는 역할을 한다. 이 결착방법을 사용해서 큰 크기의 재구성고기와 어육 필릿(fillet)이 아주 작은 고기조각으로 제조될 수 있다. 또한 염류와 인산을 사용하지 않고 으깬 고기를 서로 결착시켜 소비자들의 선호도가 높은 제품을 개발할 수도 있다.

4) 향미 증진 가공

수 세기 동안 가수분해된 단백질은 식품의 맛을 증진시키는 데 사용되어 왔다. 콩단백질은 미생물 발효 과정에서 효소적 분해를 통해 간장을 생산하는 데 사용된다. 또한 콩과 다른 채소단백질은 화학적 분해를 통해 식물단백질가수분해물(hydrolyzed vegetable protein, HVP)이라는 향미제를 생산하는 데 사용될 수 있다. 그러나 이러한 화학적 분해는 고농도의 염류와 바람직하지 않는 화합물의 형성 등을 포함한 수많은 단점을 포함하고 있다. 최근에는 HVP와 다른 향미 증진 단백질을 생산하는 데 효소반응을 활용함으로써 비교적 좋은 결과를 얻고 있다.

수프(soup)나 소스(sauce)의 향미를 위한 콩과 밀 가수분해 산물과, 육제품, 수프, 소스의 향미 증진을 위한 육류 가수분해 산물 등을 포함하는 효소적 향미 증진의 다양한 적용이 이루어지고 있다. 유단백질의 가수분해는 지방질의 가수분해와 함께 치즈제품의 향미 증진에 기여한다.

자연에 존재하는 식품 단백질은 식품 내에서 화학적으로 향미 형성에 관여하지 않는다. 그러나 단백질가수분해 산물들인 펩타이드나 아미노산이 향미를 가지고 있다는 것은 잘 알려져 있다. 아스파트산(aspartic acid, Asp)이나 글루탐산(glutamic acid, Glu)이 신맛을 가지고 있는 것을 제외하고는 대부분의 아미노산은 쓴맛이나 단맛을 가지고 있다. 전통적으로 향미 증진제로서 이용해 온 이들 가수분해 산물은 가열 처리를 통해서 단백질을 산분해하여 생산해 왔다. 이러한 방법으로 생산된 향미는 식품산업에서 널리 이용되고 있다. 그러나 최근에는 산분해 과정에서 생성되는, 건강에 이롭지 못한 산물들에 대한 부정적인 인식이 높아짐에 따라 단백질의 효소적 가수분해에 기초를 둔 향미 생산 공정으로 대체되어 가고 있다. 일반적으로 효소작용에 의해 생산된 단백질가수분해 산물은 쓴맛을 가진다. 이러한 쓴맛은 어느 정도 구성 아미노산의 종류나 펩타이드 사슬 길이에 의존해서 나타난다. 가수분해율(degree of hydrolysis, DH)이 높아질수록 쓴맛의 강도는 다시 떨어지기 전까지 최대치에 도달하게 된다(그림 10-2).

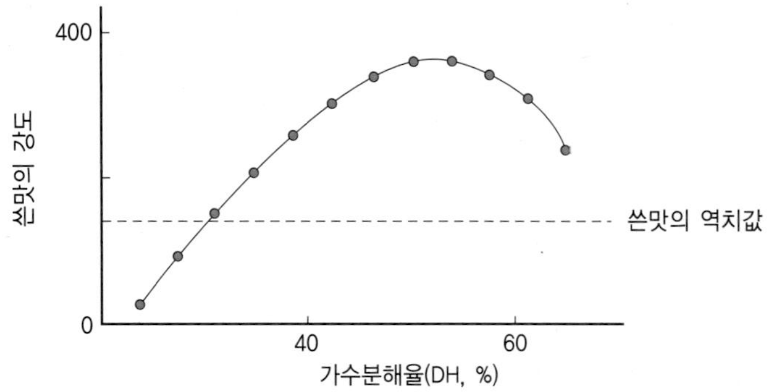

그림 10-2 • 쓴맛과 단백질의 DH에 따른 품질 간의 연관성

쓴맛 펩타이드는 높은 함량의 소수성 아미노산을 갖고 있는 반면, 높은 함량의 친수성 아미노산으로 구성된 펩타이드는 대개 부드러운 맛을 갖고 있다. 보편적인 식품단백질 내의 아미노산 조성에 대한 정보를 통해 카세인(casein), 옥수수(maize), 헤모글로빈(hemoglobin) 등으로부터 유래된 분해산물은 상당히 쓴맛을 나타내는 경향이 있는 반면에 육류, 어류, 젤라틴(gelatin) 단백질의 가수분해 산물은 쓴맛이 덜 할 것이라 예측이 가능하다.

단백질의 효소적 가수분해 산물에 의해 생산된 향미는 동물성, 식물성 등 단백질의 급원 및 사용한 효소의 종류에 따라 달라진다. 또한 특정 단백질가수분해효소를 선별하여 적용함으로써 어느 정도까지는 쓴맛 펩타이드의 형성을 막을 수 있다.

향미를 생산할 수 있는 단백질가수분해효소의 능력은 발효소시지의 숙성을 촉진시키는 데 사용하기도 한다. 단백질내부가수분해효소(endoprotease)와 단백질말단가수분해효소(exoprotease)의 복합적인 사용으로 숙성기간을 30~50%까지 단축시킬 수 있다(표 10-1).

표 10-1 • 건조 발효소시지의 숙성기간 단축을 위해 사용되는 단백질가수분해효소

효소 종류	가수분해 타입	급원
aspartyl-proteinase	산성	*Aspergillus oryzae*
파파인	시스테인계	*Carica papaya*
알칼레이스(alcalase)	세린계	*Bacillus licheniformis*
브로멜라인	endo계	*Ananas comosus*
neutrase	금속계	*Bacillus subtilis*
곰팡이 단백질가수분해효소	산성, 중성, 알칼리성 효소의 혼합물	*Aspergillus oryzae*
flovozyme	exo 및 endo 타입, peptidase를 포함한 가수분해효소 혼합물	*Aspergillus oryzae*
pronase E	protease, amino- 및 carboxypeptidase의 혼합물	*Streptomyces griseus*

2. 식품 성분분석용 효소

식품 성분의 정량적 분석을 위한 효소활성의 응용은 그 기원이 19세기 중반까지 거슬러 올라간다. 그럼에도 효소 자체로의 식품분석을 위한 효소의 사용은 불과 20~25년 전에 이루어졌다. 이는 고순도 효소의 대량생산, 정교한 분광학적 검출, 효소 처리 과정과

시료 준비방법의 체계화 등의 확립을 통해 가능해졌다.

식품 연구에서는 다양한 식품 구성 성분들의 함량을 결정하고, 가공 공정과 잇따르는 저장 과정 동안 일어나는 변화를 모니터링해야 한다. 효소들의 개별 성분에 대한 탁월한 특이성 때문에 효소적 방법은 현재 식품 성분의 정량분석 목적을 위해 널리 사용되고 있다. 식품산업계에서는 사용하고자 하는 원재료의 품질 관리, 생산량의 조절이 수행되며, 자사의 최종제품과 타사의 경쟁제품 모두 정량적으로 분석한다. 효소적 방법은 쉽고 빠르며 특이적 분석방법으로서의 장점이 상당히 명확하기 때문에 식품산업계에서는 빠르게 채택하여 왔다.

공인된 정량분석법을 통한 시료의 검사는 시료의 정기적 분석 여부 및 관련 법규, 규정, 가이드라인에 따라 이루어지는지 여부에 관한 점검을 포함한다. 이러한 정기적 점검은 식품산업계에서 관련 법규에 따라 그 책임을 다하고 있는지를 결정하기 위하여 수행된다. 효소적 방법은 효소적 분석을 통해서 얻는 정확한 결과 때문만이 아니라 효소적 방법의 매우 높은 유연성, 즉 서로 다른 종류의 시료에의 적용성 때문에 식품분석을 위한 목적으로 사용되어 왔다. 국가별 식품 및 식품 소재의 통관법에 의거하여 효소적 분석방법을 활용하여 많이 검사한다. 현재 정량적 또는 정성적 분석을 위한 효소의 사용은 국가적 차원에서, 그리고 국제적 협회에서 권장하고 있다. 사실상 국제적으로 표준화된 효소적 분석방법들을 광범위하게 이용할 수 있다.

이 단원에서는 식품의 성분별 효소적 분석방법을 그 작용 메커니즘의 원리와 함께, 주로 적용되고 있는 식품 및 식품 원료를 소개하여 식품 성분분석을 위한 효소의 이용에 관한 이해를 돕고자 한다.

1) 탄수화물군

식품 성분으로서 탄수화물군은 매우 빈번하게 분석되는 대상으로, 식품 내의 당 구성성분은 식품의 총괄적 분석에 있어서 매우 중요하다. 이들 당 성분들은 식품 칼로리 값의 상당한 부분을 차지하고 있으며, 특정 식품의 진위를 가리는 경우에 서로 다른 당의 상대적 함량 비율로 유추가 가능하다. 예를 들어 특정 식품 내에 젖당이 존재한다는 것은 우유를 사용했음을 의미한다. 또한 육류제품의 경우 녹말의 사용은 팽창제(leavening agent)와 점성증가제(thickener)로서의 역할을 목적으로 한다.

(1) 포도당

포도당(glucose)은 식품 탄수화물군 중 가장 널리 풍부하게 존재하는 당으로 일반적으로 헥소스인산화효소(hexokinase) 방법을 사용하여 결정한다. 포도당은 헥소스인산화효소(EC 2.7.1.1)에 의해 인산화되어 포도당-6-인산(glucose-6-phosphate)으로 전환된 이후, 포도당-6-인산수소제거효소(glucose-6-phosphate dehydrogenase, EC 1.1.1.49)의 반응으로 NADPH를 생성한다. 생성된 NADPH는 분광광도계를 이용한 흡광도 측정을 통해 확인할 수 있다.

$$\text{D-glucose} + \text{ATP} \xrightarrow{\text{hexokinase}} \text{D-glucose-6-phosphate} + \text{ADP}$$

$$\text{D-glucose-6-phosphate} + \text{NADP}^{+} \xrightarrow{\text{glucose-6-phosphate dehydrogenase}} \text{D-gluconate-6-phosphate} + \text{NADPH} + \text{H}^{+}$$

포도당 정량을 위한 다른 효소적 방법들 중에는 효소의 기질에 대한 특이성이 높지 않은 경우〔포도당수소제거효소(glucose dehydrogenase) 방법〕, 효소반응 중 시료 내에 존재하는 다른 환원제가 간섭하는 경우〔포도당산화효소-과산화효소(glucose oxidase-peroxidase, GOPOD) 방법〕 등의 단점을 가지고 있기도 하다. 포도당산화효소-과산화효소 방법은 포도당은 포도당산화효소(EC 1.1.3.4)에 의해 포도당을 산화시킨 후 *o*-다이아니시딘(*o*-dianisidine)의 산화에 의한 발색을 통해 이루어지며, 혈당 측정 및 실험실 내에서의 포도당 정량을 위해 활용되고 있다.

$$\text{glucose} + O_2 + H_2O \xrightarrow{\text{glucose oxidase (GOD)}} \text{gluconate} + H_2O_2$$

$$H_2O_2 + O\text{-dianisidine (환원형)} \longrightarrow \text{peroxidase (POD)} \longrightarrow \text{dianisidine (산화형)}$$

(2) 과당

포도당 인산화를 위해 사용한 헥소스인산화효소는 과당(fructose)에도 작용하기 때문에 인산화된 과당을 포도당 인산이성질화효소(glucose phosphate isomerase)반응을 이용하여 포도당-6-인산으로 전환한 후 앞에서 기술한 포도당 정량방법에 따라 측정할 수 있다. 와인이나 과일주스 제품 내의 포도당과 과당은 첨가가 금지된 당류를 검출하기 위해 분석한다.

$$\text{D-fructose} + \text{ATP} \xrightarrow{\text{hexokinase}} \text{D-fructose-6-phosphate} + \text{ADP}$$

$$\text{D-fructose-6-phosphate} \xrightarrow{\text{glucose phosphate isomerase}} \text{D-glucose-6-phosphate}$$

$$\text{D-glucose-6-phosphate} + \text{NADP}^+ \xrightarrow{\text{glucose-6-phosphate dehydrogenase}}$$
$$\text{D-gluconate-6-phosphate} + \text{NADPH} + \text{H}^+$$

(3) 갈락토스

갈락토스(galactose)의 측정은 특정 유제품(요구르트, 자연치즈) 식품군에 국한되어 관심의 대상이 될 수 있다. 또한 다음에 기술하는 효소적 분석방법은 우무(agar), 구아(guar), 카라기난(carrageenan), 아라비아검(gum arabic), 로커스트콩검(locust bean gum), 트라가칸트검(gum tragacanth) 등 점성증가제의 산성 분해물 분석에도 적용될 수 있다.

$$\text{D-galactose} + \text{NAD}^+ \xrightarrow{\text{galactose dehydrogenase}} \text{D-galactonic acid} + \text{NADH} + \text{H}^+$$

(4) 마노스

마노스(mannose)는 식품분석에 있어서 크게 관심의 대상이 되고 있는 당 성분은 아니다. 다만, 갈락토스와 마찬가지로 점성증가제의 중요한 성분으로 존재하며 우무, 구아, 카라기난, 아라비아검, 로커스트콩검, 트라가칸트검 등의 물질을 산가수분해한 후 다음의 일련의 효소적 반응을 거쳐 측정이 가능하다.

$$\text{D-mannose} + \text{ATP} \xrightarrow{\text{hexokinase}} \text{ATP} + \text{mannose-6-phosphate}$$

$$\text{mannose-6-phosphate} \xrightarrow{\text{phosphomannose isomerase}} \text{fructose-6-phosphate}$$

(5) 슈크로스

이당류인 슈크로스(sucrose)는 본래 동물체 내에는 존재하지 않으며, 다양한 식물체 내에 널리 분포한다. 효소적 가수분해를 통해 동량의 포도당과 과당의 혼합물이 생성되며,

포도당으로의 전환을 거쳐 정량할 수 있다.

슈크로스는 β-프룩토시데이스(β-fructosidase, EC 3.2.1.26)반응을 통해 포도당과 과당으로 가수분해되고, 과당은 헥소스인산화효소에 의해 인산화되어 과당-6-인산(fructose-6-phosphate)으로 전환된다. 그 다음 포도당 인산이성질화효소(EC 5.3.1.9)에 의해 포도당-6-인산으로 이성화가 진행되고, 마지막으로 포도당-6-인산수소제거효소에 의해 수소제거반응(dehydrogenation)을 거쳐 NADPH가 생산된다. 생산된 NADPH를 측정하여 슈크로스를 정량할 수 있다.

$$\text{sucrose} + H_2O \xrightarrow{\beta\text{-fructosidase}} \text{D-glucose} + \text{D-fructose}$$

$$\text{D-fructose} + \text{ATP} \xrightarrow{\text{hexokinase}} \text{ADP} + \text{fructose-6-phosphate}$$

$$\text{fructose-6-phosphate} \xrightarrow{\text{glucose phosphate isomerase}} \text{glucose-6-phosphate}$$

$$\text{glucose-6-phosphate} + \text{NADP}^+ \xrightarrow{\text{glucose-6-phosphate dehydrogenase}} \text{D-gluconate-6-phosphate} + \text{NADPH} + H^+$$

슈크로스, 포도당, 과당의 경우 주스, 잼, 토마토퓌레, 감자 등 과채류, 빵과 과자, 벌꿀, 아이스크림, 사탕류, 후식류, 다이어트식품, 설탕 정제제품, 음료 등에서 정량분석을 수행한다. 때로는 과량의 포도당의 존재가 슈크로스와 과당 분석의 정확성을 떨어뜨리기도 한다. 이러한 경우 과량의 포도당은 포도당산화효소와 카탈레이스(catalase)의 효소 혼합처리에 의해 가능한 한 완벽하게 제거해야 한다.

또 다른 슈크로스 분석방법으로는 인버테이스(invertase, EC 3.2.1.26), 뮤타로테이스(mutarotase, EC 5.1.3.3) 및 포도당산화효소(EC 1.1.3.4)의 작용을 통해 생성되는 과산화수소가 전극 표면에서 산화되면서 산화 전류가 발생하게 되는 원리를 이용한 측정이 가능하다. 물론 앞에서 언급된 추가적인 효소적 반응에 의해 분석이 이루어질 수 있다.

$$\text{sucrose} + H_2O \xrightarrow{\text{invertase}} \alpha\text{-D-glucose} + \text{D-fructose}$$

$$\alpha\text{-D-glucose} \xrightarrow{\text{mutarotase}} \beta\text{-D-glucose}$$

$$\beta\text{-D-glucose} + O_2 \xrightarrow{\text{glucose oxidase}} \text{gluconate} + H_2O_2$$

(6) 엿당

엿당(maltose)의 효소적 분해는 두 분자의 포도당을 생산하며, 포도당은 앞에서 언급된 바와 같이 정량한다. 엿당은 엿기름(malt)제품, 맥주, 유아식품, 그리고 주로 녹말의 부분적 가수분해산물〔포도당시럽(glucose syrup), 녹말당(starch sugar), 맥주 내의 덱스트린(dextrin) 등〕 등이 정량분석의 대상이 되는 식품군이다.

글루코아밀레이스(glucoamylase, EC 3.2.1.3) 또는 엿당가수분해효소(maltase, EC 3.2.1.20), 그리고 포도당산화효소의 작용을 통한 반응 진행으로 엿당을 정량할 수 있다.

$$\text{maltose} \xrightarrow{\text{glucoamylase or maltase}} \beta\text{-D-glucose}$$

$$\beta\text{-D-glucose} + O_2 \xrightarrow{\text{GOD}} \text{gluconate} + H_2O_2$$

(7) 젖당

우유 내에 주요 탄수화물군인 젖당(lactose)은 영아 식이에 중요한 구성 성분이다. 유아식, 빵류, 비스킷, 아이스크림, 초콜릿, 후식, 소시지 등 가공식품의 생산에서는 우유 또는 유제품의 함량 결정 및 이들의 첨가 여부를 판별하기 위해 분석을 실시한다. 젖당은 β-갈락토시데이스(β-galactosidase, EC 3.2.1.23)반응을 이용해 포도당과 갈락토스로 가수분해시킨 후 정량할 수 있다. 대부분의 식품 중에는 갈락토스가 매우 소량 존재하기 때문에 갈락토스를 이용하여 정량할 경우, 정확한 정량 결과를 얻을 수 있다. 반면에 포도당을 이용하여 젖당을 정량할 수는 있지만, 식품 내에 존재하는 포도당의 간섭으로 상대적으로 정확한 정량 결과를 얻기는 어렵다.

$$\text{lactose} + H_2O \xrightarrow{\beta\text{-galactosidase}} \text{D-galactose} + \text{D-glucose}$$

(8) 녹말

녹말(starch)의 정량적 분석은 지난 100여 년 동안 식품분석에 있어서 중요한 역할을 해왔다. 녹말은 가수분해된 포도당의 형태로 정량된다. 이 목적을 위해 산가수분해를 적용 시 다른 포도당 결합 다당체와 소당류 등도 함께 산에 의해 분해될 수 있다. 특히 포도당이 과당으로 전환되는 등 바람직하지 못한 부반응이 일어날 수 있다. 아밀레이스(amylase)는 녹말을 포도당으로 완벽하게 분해하지 못하므로 효소적 분해를 통한 정량적 분석에는 적합하지 않다. 현재까지 알려진 녹말가수분해효소로는 아밀로글루코시데이스(amyloglucosidase, EC 3.2.1.3)가 가장 효율적인 포도당으로의 전환을 보여 준다. 그러나 녹말과 더불어 엿당과 소당류 또한 이 효소에 의해 포도당으로 분해된다는 점을 간과해서는 안 된다.

$$\text{starch} + (n-1)\cdot H_2O \xrightarrow{\text{amyloglucosidase}} n\cdot\text{D-glucose}$$

$$\text{D-glucose} + \text{ATP} \xrightarrow{\text{hexokinase}} \text{D-glucose-6-phosphate} + \text{ADP}$$

$$\text{D-glucose-6-phosphate} + \text{NADP}^+ \xrightarrow{\text{glucose-6-phosphate dehydrogenase}}$$
$$\text{D-gluconate-6-phosphate} + \text{NADPH} + \text{H}^+$$

식품 시료에 존재하는 녹말은 반드시 완벽하게 용해되어야 하며, 이는 가압살균에 의한 가열, 농축된 염산 및 다이메틸설폭사이드(dimethyl sulfoxide, DMSO)를 처리함으로써 이루어진다. 모든 과정은 수행 지침에 따라 주의 깊게 이루어져야 한다. 소당류〔말토덱스트린(maltodextrin), 포도당시럽, 녹말당 등〕는 녹말을 용해시키지 못하는 에탄올-물 혼합액에 의한 추출 과정을 통해 반드시 분리, 제거되어야 한다. 녹말의 정량분석은 팽창제로서 녹말을 함유하는 분말, 빵, 비스킷, 그리고 육류제품 등의 식품군에서 실시한다. 소당류의 경우에는 과일주스, 음료, 사탕류, 잼, 아이스크림 등에서 정량분석을 실시하며, 덱스트린(저분자 녹말)은 발효성 당의 존재 여부를 파악하기 위해 주로 맥주에서 정량 대상이 된다.

2) 유기산군

유기산(organic acid) 및 이들의 염 형태는 대사 과정 중에 자주 나타나며, 식품산업에서는 다양한 범위의 중요성을 갖는다. 식품 내에서 이들의 존재는 맛에 상당한 영향을 주며 발효가 진행되었을 가능성을 의미하기도 한다.

(1) 아세트산

아세트산(acetic acid)은 휘발성 유기산으로 다음 일련의 반응을 통해 특이적으로 정량이 가능하다. 아세틸조효소 합성효소(acetyl-CoA synthetase, EC 6.2.1.1)에 의해 아세틸조효소가 합성되고, 이는 다시 시트르산합성효소(citrate synthetase, EC 4.1.3.7)에 의해 시트레이트(citrate)로 합성된다. 최종 단계에서 L-말산수소제거효소(L-malate dehydrogenase, EC 1.1.1.37)에 의해 옥살아세트산(oxaloacetic acid)과 L-말산(L-malic acid)의 농도가 화학평형을 이룬 후 아세트산 정량이 가능하다. 정량분석을 위한 계산을 위해서는 화학적 동적 평형 관계를 반드시 고려해야 한다. 아세트산 정량을 위한 아세트산 인산화효소(acetate kinase)의 사용은 이 효소가 프로피온산(propionic acid)에도 작용하기 때문에 적당치 않다.

아세트산의 정량은 와인, 과채류 제품, 치즈, 드레싱, 식초 등에서 발효 여부를 체크하기 위해 적용되고 있다.

$$\text{acetic acid} + \text{ATP} + \text{CoA} \xrightarrow{\text{acetyl-CoA synthetase}} \text{acetyl-CoA} + \text{AMP} + \text{pyrophosphate}$$

$$\text{acetyl-CoA} + \text{oxaloacetate} + H_2O \xrightarrow{\text{citrate synthetase}} \text{citrate} + \text{CoA}$$

$$\text{L-malate} + \text{NAD}^+ \xrightarrow{\text{L-malate dehydrogenase}} \text{oxaloacetate} + \text{NADH} + H^+$$

(2) 글루탐산

글루탐산(glutamic acid)은 글루탐산수소제거효소(glutamate dehydrogenase, EC 1.4.1.3)에 의해 수소제거반응을 거쳐 α-옥소글루타레이트(α-oxoglutarate)로 전환되는 과정을 포함한다. 이때 생성되는 NADH는 다이아포레이스(diaphorase)와 INT(iodonitrotetrazolium chloride)를 이용해 정량할 수 있다.

$$\text{L-glutamate} + \text{NAD}^+ + H_2O \xrightarrow{\text{glutamate dehydrogenase}} \alpha\text{-oxoglutarate} + \text{NADH} + NH_4^+$$

이 반응의 화학평형은 글루타메이트(glutamate)의 환원적 합성반응인 역방향으로 현저하게 치우쳐 있다. 본래 정량적인 전환을 통하여 α-옥소글루타레이트를 잡아내기 위해서는 하이드라진(hydrazine)이 사용되었다. 그러나 현재는 다이아포레이스 효소와 INT를 사용하여 더욱 편리하게 이루어지고 있다. 이 발색반응은 매우 민감하여 모든 시료 내의 환원성 물질로 인한 간섭을 피하기 위해 시료 전처리 과정에서 제거해야 한다.

$$\text{NADH} + H^+ + \text{INT} \xrightarrow{\text{diaphorase}} \text{NAD}^+ + \text{formazan}$$

INT : iodonitrotetrazolium chloride

(3) 아스코브산

비타민 C 활성을 갖는 물질로 알려진 아스코브산(ascorbic acid)은 인간에 있어서 매우 중요한 생물학적 역할을 담당하고 있다. 과채류 제품생산을 위한 산업현장에서는 식품첨가물로 자주 사용된다. 화학적-효소적 반응 과정이 아스코브산의 정량적 분석에 적용된다.

$$\text{L-ascorbic acid}(XH_2) + \text{MTT} \xrightarrow{\text{5-methylphenazinium methyl sulfate(PMS)}} \text{dehydroascorbic acid}(X) + \text{formazan}^- + H^+$$

MTT : 3-(4,5-dimethylthiazolyl-2)-diphenyl-tetrazolium bromide

아스코브산 무첨가 식품 시료 대조군으로부터 아스코베이트(ascorbate)의 산화적 제거로 효소반응을 통한 정량분석의 특이성을 증대시키기도 한다.

$$\text{L-ascorbic acid} + \frac{1}{2}O_2 \xrightarrow{\text{ascorbate oxidase}} \text{dehydroascorbic acid} + H_2O$$

아스코브산은 과채류 제품, 육제품, 우유, 와인, 분말에서 측정된다. 비타민의 함량은 일반적으로 반드시 표기해야 하는 성분이다. 데하이드로아스코브산(dehydroascorbic acid)은 환원제를 이용한 다음의 화학적 반응을 통해 아스코브산으로 환원시킨 후에 앞에서 언급한 반응을 통해서 결정될 수 있다.

$$\text{dehydroascorbic acid} + \underset{\text{(reduced)}}{\text{dithiothreitol}} \longrightarrow \text{L-ascorbic acid} + \underset{\text{(oxidized)}}{\text{dithithreitol}}$$

(4) 시트르산

시트르산(citric acid)은 체내 대사 과정의 주요 산물이다. 식물체에 상당량이 함유되어 있으며 우유에도 존재한다. 다음의 반응에 의해서 측정된다.

$$\text{citrate} \xrightarrow{\text{citrate(pro-35)-lyase}} \text{oxaloacetate} + \text{acetate}$$

$$\text{oxaloacetate} + \text{NADH} + H^+ \xrightarrow{\text{L-malate dehydrogenase}} \text{L-malate} + \text{NAD}^+$$

옥살아세트산의 피루브산(pyruvic acid)으로의 전환을 통한 카복실기 제거 과정은 화학적으로 또는 효소적으로 일어날 수 있다. 일반적으로 옥살아세트산 카복실기제거효소(oxaloacetate decarboxylase)는 시트레이트 리에이스(citrate lyase) 효소제제 내에 불순물로 존재한다. 그렇지만 이 효소의 오염에 의한 반응으로 야기되는 옥살아세테이트(oxaloacetate)의 손실이 부정확한 결과를 나타내지는 않는다. 생성된 피루브산 역시 L-젖산수소제거효소(L-lactic dehydrogenase)반응을 통해 정량분석될 수 있기 때문이다. 과채류 제품, 빵류, 치즈, 육류 제품, 음료, 와인, 차, 사탕류 등의 식품군이 모두 시트르산의 분석 대상이다.

(5) 폼산

세균과 곰팡이류의 최종 대사산물로서의 폼산(formic acid)은 다양한 식품의 저장 보존제로 사용되고 있다. 그러나 이 유기산의 사용은 첨가 규정에 따라 이루어져야 한다. 폼산은 다음 반응에 따라 정량분석이 가능하다.

$$\text{formate} + NAD^+ + H_2O \xrightarrow{\text{formate dehydrogenase}} \text{hydrogen carbonate} + NADH + H^-$$

(6) 글루콘산

포도당의 산화를 통해 글루콘산(gluconic acid)이 생성된다. δ-글루코노락톤(δ-glucono-lactone)은 소시지 생산 공정에서 숙성제로 사용되고 있다. 효소인 글루콘산 인산화효소(gluconate kinase)가 글루콘산을 측정하는 데 활용된다.

$$\text{D-gluconate} + ATP \xrightarrow{\text{gluconatekinase}} \text{D-gluconate-6-P} + NADH + H^+$$

$$\text{D-gluconate-6-P} + NADP^+ \xrightarrow{\text{6-phosphogluconic acid dehydrogenase}}$$
$$\text{D-ribulose-5-P} + NADPH + NADP^+ + H^+ + \text{6-PGDH} + CO_2$$

δ-글루코노락톤 역시 알칼리 분해(pH 10~11)로 글루콘산으로 전환한 후 위의 반응을 통해 측정할 수 있다.

$$\text{D-glucono-}\delta\text{-lactone} + H_2O \longrightarrow \text{D-gluconate}$$

(7) 아이소시트르산

시트르산 회로(citric acid cycle)의 중간 산물인 아이소시트르산(isocitric acid)의 측정은 과일주스 분석에 있어서 매우 중요한 의미를 갖는다. 과일 내에서의 시트르산과 아이소시트르산의 비율은 상당히 일정한 수준으로 유지된다. 따라서 아이소시트르산의 정량분석은 시트르산이 과일주스에 의도적으로 첨가되었는지를 판단하는 데 사용될 수 있다. 아이소시트르산 수소제거효소(isocitrate dehydrogenase)가 이 유기산을 정량적으로 분석하는 데 사용된다.

$$\text{D-isocitrate} + \text{NADP}^+ \xrightarrow{\text{isocitrate dehydrogenase}} \alpha\text{-oxoglutarate} + \text{NADPH} + \text{CO}_2 + \text{H}^+$$

아이소시트르산의 락톤(lactone) 또는 에스터(ester) 형태는 다음과 같이 먼저 알칼리 처리에 의해 쉽게 분해될 수 있기 때문에 유리된 아이소시트르산은 위의 반응을 통해 측정할 수 있다.

$$\text{D-isocitric acid lactone (esters)} + \text{H}_2\text{O} \xrightarrow{\text{pH 9~10}} \text{isocditric acid (+ alcohol)}$$

(8) 젖산

식품 성분분석에 있어서 효소를 활용하는 가장 중요한 사례 중의 한 가지는 젖산(lactic acid)의 입체이성질체의 구분을 위한 효소적 정량분석이다. 동물체에서는 L-(+)-젖산만이 존재하는 것으로 알려져 있다. L-(+)-젖산은 근육 등의 조직에서 해당 과정의 최종 산물로 축적된다. 반면 D-(−)-젖산은 특정 *Lactobacillus* 등의 젖산세균에 의해 생성된다. 두 가지 젖산의 입체이성질체들의 정량분석은 다음의 효소적 반응들에 의해 특이적으로 수행될 수 있다.

$$\text{L-lactate} + \text{NAD}^+ \xrightarrow{\text{L-lactate dehydrogenase}} \text{pyruvate} + \text{NADH} + \text{H}^+$$

$$\text{D-lactate} + \text{NAD}^+ \xrightarrow{\text{D-lactate dehydrogenase}} \text{pyruvate} + \text{NADH} + \text{H}^+$$

젖산수소제거효소반응의 화학평형은 젖산을 생성하는 쪽으로 기울어져 있다. 본래 정량적 전환을 위해, 하이드라진의 첨가로 생성된 피루브산을 잡아주는 데 사용되었으나,

현재에는 다음과 같은 효소반응의 적용이 훨씬 편리해졌다.

$$\text{pyruvate} + \text{L-glutamate} \xrightarrow[\text{(GPT)}]{\text{glutamic-pyruvic transminase}} \text{L-alanine} + \alpha\text{-oxoglutarate}$$

L-젖산은 과채류 제품, 육류 첨가제, 제빵용 제제 등에서 측정된다. D-/L-젖산 모두는 미생물 생육을 체크하기 위하여 요구르트, 치즈 등 유제품에서, 그리고 젖산의 양이 관능 특성과 직접적 연관을 갖고 있는 와인이나 맥주에서 측정한다.

(9) 말산

TCA 회로(tricarboxylic acid cycle) 내의 중간산물인 L-말산은 과일 및 채소 등에 존재한다. 정량분석을 위해서는 옥살아세트산으로 전환시키기 위해 말산수소제거효소 및 NAD^+ 존재하에 말산(malic acid)을 산화시킨다. 이 반응을 통해 생성된 옥살아세트산은 더 이상 하이드라진에 의한 포집에 의존하지 않고 글루탐산-옥살아세트산 전달효소(glutamate-oxaloacetate transferase, GOT)에 의해서 정량적 전환이 이루어질 수 있다.

$$\text{L-malate} + NAD^+ \xrightarrow{\text{L-malate dehydrogenase}} \text{oxaloaxetate} + NADH + H^+$$

$$\text{oxaloaxetate} + \text{L-glutamate} \xrightarrow[\text{(GOT)}]{\text{glutamic oxalic transaminase}} \text{L-aspartate} + \alpha\text{-oxaloglutarate}$$

L-말산은 과일제품과 와인류에서 분석된다. 총 말산 함량만을 위한 화학적 분석방법과 비교하여 효소적 방법은 제품에 인위적으로 첨가된 극미량의 저품질 D- 또는 L-말산을 측정해 낼 수 있다. 다만, 문헌상에는 효소적 반응을 통한 D-말산의 측정이 기술되어 있으나, 현재는 요구되는 효소의 상업화가 이루어지지 못해 구입할 수 없다.

(10) 옥살산

체내에서 형성되는 신장 결석의 반 이상은 칼슘옥살레이트(calcium oxalate) 형태로 구성되어 있다. 또한 옥살산(oxalic acid)은 장내에서 칼슘 흡수에 영향을 주기 때문에 중요하다. 옥살산은 다음 반응과 폼산수소제거효소(formate dehydrogenase)의 반응을 통해 측정이 가능하다.

$$\text{oxalate} \xrightarrow{\text{oxalate decarboxylase}} \text{formate} + CO_2$$

옥살산은 맥주〔칼슘 옥살레이트는 거품분출 효과(gushing effect)의 원인임〕, 과일, 채소, 코코아제품 등에서 측정된다. 또 다른 효소적 정량방법으로 옥살레이트산화효소(oxalate oxidase)를 사용하는 방법이 있는데, 다양한 요인들이 이 효소반응을 간섭하기 때문에 식품분석에서는 권장하지 않는다.

(11) 피루브산

체내 대사반응의 중요 중간산물인 피루브산(pyruvic acid)은 다음의 효소반응에 의해 측정할 수 있다.

$$\text{pyruvate} + \text{NADH} + \text{H}^+ \xrightarrow{\text{L-lactate dehydrogenase}} \text{L-lactate} + \text{NAD}^+$$

와인류에서는 피루브산이 이산화황(SO_2)과의 결합능을 갖는 성분으로 작용하기 때문에 분석 대상이 된다. 또한, 시유 또는 저온살균 우유의 품질을 평가하는 경우, 피루브산의 측정을 통한 미생물 개체 수 측정의 대체 방안으로 활용되기도 한다.

(12) 석신산

석신산(succinic acid) 또한 시트르산 회로의 중간체로 다음 반응을 통하여 측정이 가능하다.

$$\text{succinate} + \text{ITP} + \text{CoA} \xrightarrow{\text{succinyl-CoAsynthetase}} \text{IDP} + \text{succinyl-CoA} + \text{P}_i$$

$$\text{IDP} + \text{PEP} \xrightarrow{\text{pyruvate kinase}} \text{ITP} + \text{pyruvate}$$

신선 과일 및 과일제품이 석신산 측정의 대상이 되며, 이는 과실의 숙성 정도를 나타내는 척도가 된다. 달걀 내에 석신산이 존재한다는 것은 오염에 따른 미생물 활동이 진행되고 있음을 암시하는 신호이다. 석신산의 분석을 위한 기타 식품 시료들로는 치즈, 콩제품, 와인 등이 있다.

3) 알코올류 및 당알코올류

식품분석용 효소들은 또한 식품 내의 에탄올(ethanol), 글리세롤(glycerol) 등과 같은 알코올, 소비톨(sorbitol), 자일리톨(xylitol) 등 당알코올(sugar alcohol), 또는 콜레스테롤의 정량적 분석을 위해 사용된다.

(1) 알코올류

① 에탄올

효모를 비롯한 많은 미생물에 의한 혐기적 대사 과정을 통해 에탄올이 생산된다. 에탄올의 정량적 분석을 위해 채택된 다음의 반응은 최초로 보편적인 사용이 이루어진 효소적 정량분석들 중의 하나이다. 생성된 아세트알데하이드(acetaldehyde)는 본래 정량적 전환을 위한 세미카바자이드(semicarbazide) 사용으로 포집을 통해 정량적 분석이 이루어졌다. 반면 아세트알데하이드의 효소적 산화반응을 통한 분석은 더욱 빠르고 더 효율적이다. 에탄올 농도는 와인, 샴페인, 맥주, 주정 등 알코올음료의 품질 지표로서 활용된다. 과일로부터 제조된 제품의 에탄올 함량은 부패한 원재료를 사용했는지 여부를 가늠케 한다.

$$\text{ethanol} + \text{NAD}^+ \xrightarrow{\text{alcohol dehydrogenase}} \text{acetaldehyde} + \text{NADH} + \text{H}^+$$

$$\text{acetaldehyde} + \text{NAD}^+ + \text{H}_2\text{O} \xrightarrow{\text{alcohol dehydrogenase}} \text{acetic acid} + \text{NADH} + \text{H}^+$$

② 글리세롤

자연계에 널리 분포하며, 상당한 양은 지방질에 결합된 상태로 존재한다. 와인류에서 글리세롤의 정량분석은 에탄올 : 글리세롤 비율과 글리세롤 : 글루콘산 비율이 직접적으로 와인에 글리세롤을 첨가하였는지 여부를 판별할 수 있는 근거가 되기 때문에 매우 중요한 의미를 갖는다. 맥주, 주정 등도 글리세롤 분석 대상 식품군이다.

$$\text{glycerol} + \text{ATP} \xrightarrow{\text{glycerol kinase}} \text{glycerol-3-phosphate} + \text{ATP}$$

$$\text{ADP} + \text{PEP} \xrightarrow{\text{pyruvate kinase}} \text{ATP} + \text{pyruvate}$$

$$\text{pyruvate} + \text{NADH} + \text{H}^+ \xrightarrow{\text{L-lactate dehydrogenase}} \text{L-lactate} + \text{NAD}^+$$

(2) 당알코올류

소비톨은 과당의 환원반응을 통해 얻을 수 있다. 소비톨은 당뇨를 겪고 있는 사람들에게 당질 대체제로서 관심이 높다. 소비톨의 효소적 분석은 다음에 제시된 반응을 통해 이루어지는데 적용 효소인 소비톨수소제거효소(sorbitol dehydrogenase, EC 1.1.1.14)가 다른 종류의 폴리올(polyol)에도 작용하기 때문에 그 특이성이 높지 않다. 소비톨과 자일리톨은 소비톨수소제거효소에 의해서 수소가 제거되어 각각 D-과당와 자일룰로스(xylulose)를 생산한다. 소비톨의 경우에는 과당 정량방법을 이용하여 소비톨을 정량하는 방법과 NADH를 이용하는 방법이 있는데, 이 두 방법을 통한 분석 결과값의 차이를 통해서 식품 시료 내의 자일리톨 함량을 알아낼 수 있다.

① 소비톨

$$\text{D-sorbitol} + NAD^+ \xrightarrow{\text{sorbitol dehydrogenase}} \text{D-fructose} + NADH + H^+$$

이 분석은 다음의 반응들에 의해 생산된 과당을 정량적으로 측정함으로써 소비톨에 특이적으로 이루어질 수 있다.

$$\text{D-fructose} + ATP \xrightarrow{\text{hexokinase}} ADP + \text{fructose-6-phosphate}$$

$$\text{fructose-6-phosphate} \xrightarrow{\text{glucose phosphate isomerase}} \text{glucose-6-phosphate}$$

$$\text{glucose-6-phosphate} + NADP^+ \xrightarrow{\text{glucose-6-phosphate dehydrogenase}}$$
$$\text{D-gluconate-6-phosphate} + NADPH + H^+$$

또 다른 적용 가능한 분석으로는 다음의 반응에서처럼 NADH를 활용하는 방법이다.

$$\text{D-sorbitol} + NAD^+ \xrightarrow{\text{sorbitol dehydrogenase}} \text{D-fructose} + NADH + H^+$$

② 자일리톨

앞에 제시된 반응 조건에서 자일리톨 역시 소비톨수소제거효소반응에 참여하게 됨으로써 자일리톨의 정량적 측정이 가능하다. 과당 생성 및 INT-다이아포레이스를 통한 소비톨의 정량적 분석 결과값 간의 차이는 시료 내에 존재하는 자일리톨의 양을 가늠할 수 있게 한다.

$$\text{xylitol} + NAD^+ \xrightarrow{\text{sorbitol dehydrogenase}} \text{xylulose} + NADH + H^+$$

$$NADH + H^+ + INT \xrightarrow{\text{diaphorase}} NAD^+ + \text{formazan}$$

다이어트식품, 사과류 제품, 아이스크림, 과자류, 비스킷 등의 제품군에서 소비톨의 분석이 이루어지며, 자일리톨은 다이어트식품, 껌, 과자류 등에서 분석되고 있다.

4) 기타 식품 성분의 효소적 분석법

(1) 트라이아실글리세롤

라이페이스(lipase, EC 2.7.1.1)와 카복실에스터화효소(carboxylesterase, EC 3.1.1.1)에 의해서 중성지방질인 트라이아실글리세롤(triacylglycerol)은 글리세롤과 지방산으로 분해되고, 글리세롤은 글리세롤인산화효소(glycerol kinase, EC 2.7.1.30) 반응을 통해 인산화 과정이 진행된다. 이 반응에 의해 생성된 ADP는 피루브산인산화효소(pyruvate kinase)반응으로 다시 인산화가 이루어지고, 포스포엔올피루브산(phosphoenol pyruvate)은 인산기제거(dephosphorylation) 과정을 통해 피루브산으로 전환된다. 피루브산은 L-젖산수소제거효소(EC 1.1.1.27)에 의해 수소첨가반응의 진행으로 환원되며, 동시에 NADH의 농도는 감소한다. 감소된 NADH의 양을 측정하여 중성지방질의 양을 정량할 수 있다.

$$\text{triacylglycerol} + 3H_2O \xrightarrow{\text{lipoprotein lipase or carboxylesterase}} \text{glycerol} + 3\text{fatty acids}$$

$$\text{glycerol} + ATP \xrightarrow{\text{glycerol kinase}} \text{glycerol-3-phosphate} + ADP$$

$$ADP + \text{phosphoenolpyruvate} \xrightarrow{\text{pyruvate kinase}} ADP + \text{pyruvate}$$

$$\text{pyruvate} + NADH + H^+ \xrightarrow{\text{L-lactate dehydrogenase}} \text{L-lactate} + NAD^+$$

(2) 아미노산류

아미노산(amino acid)은 아미노산산화효소(amino acid oxidase, AAO, EC 1.4.3.2) 작용에 의한 반응을 통해 산소를 소비하고 암모니아와 과산화수소를 생성한다. 따라서 소모된 산소의 양이나 생성된 암모니아, 또는 과산화수소의 양을 측정하면 아미노산의 정량이 가능하다.

$$\text{L-amino acid} + O_2 + H_2O \xrightarrow{\text{AAO}} \text{RCOCOOH} + \text{L-lactate} + H_2O_2$$

(3) 콜레스테롤

콜레스테롤은 다양한 생리적 기능을 갖춘 중요한 스테로이드(steroid)의 일종이다. 반면에 혈관조직에 지나친 콜레스테롤의 침착은 동맥경화를 유발한다. 콜레스테롤산화효소(cholesterol oxidase, EC 1.1.3.6)를 이용하여 유리된 콜레스테논(cholestenone) 또는 과산화수소를 검출하여 콜레스테롤을 정량할 수 있다. 또는 콜레스테롤에스터(cholesterol ester, EC 3.1.1.13)와 콜레스테롤산화효소를 각각 개별적으로 고정화하고 처음에는 시료 용액이 콜레스테롤에스터에 접촉하도록 두 효소를 분리된 2개의 층으로 충전한 반응 관(column)을 과산화수소 전극 셀에 연결시킨 센서로 콜레스테롤을 정량할 수 있다. 또한 다음 일련의 카탈레이스(EC 1.11.1.6)반응 및 발색반응을 통해 정량이 가능하다.

$$\text{cholesterol} + O_2 \xrightarrow{\text{cholesterol oxidase}} \Delta^4\text{-cholestenone} + H_2O_2$$

$$H_2O_2 + \text{methanol} \xrightarrow{\text{catalase}} \text{formaldehyde} + 2H_2O$$

$$\text{formaldehyde} + NH_4^+ + \text{2acetylacetone} \longrightarrow \text{lutidine dye} + 3H_2O$$

콜레스테롤은 라면 및 기타 가공식품의 달걀 함량을 측정하는 데 사용된다. 일반적으로 동물성 지방으로부터 제조된 식품의 콜레스테롤 함량은 매우 중요하다. 식물성 물질을 함유한 식품의 콜레스테롤 함량을 측정할 때는 라노스테롤(lanosterol)을 제외한 3-β-하이드록실(3-β-hydroxyl) 반응기를 갖고 있는 식물스테롤(phytosterol)류는 이 효소반응을 간섭한다.

(4) 암모니아

질소와 수소를 포함한 가장 간단한 화합물이 바로 암모니아다. 과일주스, 우유, 비스킷, 치즈, 다이어트식품, 육제품 등이 암모니아 측정 대상이다. 암모니아의 정량분석을 위해서는 글루탐산수소제거효소(EC 1.4.1.3)에 의해 α-옥소글루타레이트를 L-글루타메이트로 전환시키는 반응을 이용한다. 이때 반응액 중 암모니아의 농도는 감소되고, 감소한 암모니아의 양을 정량하는 방식으로 식품 내 암모니아의 함량을 정량할 수 있다.

$$\alpha\text{-oxoglutarate} + NADH + H^+ + NH_4^+ \xrightarrow{\text{glutamate dehydrogenase}} \text{L-glutamate} + NAD^+ + H_2O$$

(5) 질산염

안정한 효소 사용을 통한 질산염(nitrate)의 정량분석은 1986년에 처음으로 보고되었다. 질산염의 정량분석은 매우 중요하다. 이 화합물은 아질산염(nitrite)과 나이트로사민(nitrosamine)의 전구물질로서 위해한 물질로 분류된다. 물, 음료, 육류, 유제품, 과채류, 유아식품들은 질산의 측정 대상이 되는 품목들이다. 실제로는 식품 내에 잔류하는 질산 성분의 주원인인 화학비료 역시 측정 대상이다.

$$\text{nitrate} + NADH + H^+ \xrightarrow{\text{nitrate reductase}} \text{nitrite} + NAD^+ + H_2O$$

(6) 아황산염

아황산염(sulfite)의 효소적 분석은 1983년에 처음 보고되었다. 아황산염은 식품 가공기술로서 주로 보존제로 사용되며 다양한 기능을 나타내어 효소의 불활성화, 갈변화 방지, 와인 성분 중 아세트알데하이드와의 결합 등의 기능을 갖고 있다. 일반적으로 양배추, 부추, 양파, 마늘, 고추냉이 등 황 함유식품 시료가 일반적인 증류방법이나 효소적 방법에 의해 측정될 때 지나치게 높은 함량을 나타내기도 한다. 반면 와인 분석 시 효소의 사용은 매우 정확한 결과를 보여 준다.

$$SO_3^{2-} + O_2 + H_2O \xrightarrow{\text{sulfite oxidase}} SO_4^{2-} + H_2O_2$$

$$H_2O_2 + NADH + H^+ \xrightarrow{\text{NADH peroxidase}} 2H_2O + HAD^+$$

(7) 요소

요소(urea)는 단백질 대사의 가장 중요한 최종 산물이며 대부분은 간에서 암모니아로부터 합성되고 신장을 통해 배출된다. 요소의 측정 대상 식품군으로는 육제품과 우유이고, 여기서 요소 함량은 소위 식이 중 단백질 지수를 평가하는 자료로 활용된다. 폐수와 수영장 물의 요소 함량은 이들 물속의 소변 농도를 나타낸다. 요소가수분해효소(urease,

EC 3.5.1.5)에 의해 요소는 암모니아로 가수분해되고, 생성된 암모니아를 정량하는 분석방법에 의해 요소의 정량분석이 가능하다.

$$\text{urea} + H_2O \xrightarrow{\text{urease}} 2NH_3 + CO_2$$

3. 기타 비식품산업분야에서 효소의 이용

1) 세제산업

(1) 세탁용 세제의 조성

가정에서 사용하는 세탁용 세제는 다양한 섬유 표면으로부터 넓은 범위의 복합적인 오물을 제거하기 위해 사용한다. 용해도가 높은 오물이나 얼룩 성분들은 세탁 과정에서 쉽게 제거된다. 그러나 거의 대부분의 얼룩 성분들은 세탁 조건에 따라 계면활성제, 세척강화제, 표백제 등의 사용으로 대개 부분적으로 제거되는 정도여서 그 결과가 만족스럽지 못하다. 이러한 경우 적절한 세제효소는 오물과 얼룩을 제거하는 데 도움을 줄 수 있다. 세제 성분이 전적으로 물리화학적 반응에 의존하는 반면에 효소는 오물을 더욱 작고 가용화될 수 있는 조각으로 분해하는 작용을 한다. 그러나 얼룩을 말끔히 제거하기 위해서는 여전이 효소와 계면활성제, 기계적 교반 등의 공동 작용이 필요하다. 〈표 10-2〉는 일반적인 세탁용 세제의 조성을 보여 준다.

단백질가수분해효소와 아밀레이스는 각각 단백질과 녹말 얼룩을 제거할 수 있다. 지방과 기름은 대개 낮은 세척온도(< 40°C)에서는 일반적인 세제로 제거하기가 어렵다. 이 경우 라이페이스를 사용해서 지방질 성분이 고형화되어 있는 온도에서도 동물과 식물 유래 지방/기름의 제거능을 향상시킬 수 있다. 미립자상의 오물은 그 입자 크기가 작을수

표 10-2 • 세탁용 세제의 조성 예시

(단위 : 중량%)

세제 조성	액체	농축 액체	저표백용 입자	고표백용 입자	압축입자	태블릿
계면활성제	10~50	10~30	7~22	10~20	10~20	15~28
세척 강화제	0~10	5~15	20~70	20~40	20~45	15~30
표백제	0	0	0~5	11~27	13~28	10~25
효소	0~6	0~1	0~1	0.3~0.8	0.5~1.5	0~3
1% 용액의 pH	7.5~9	7.5~9	9.5~11	9.5~11	9.5~11	9.5~11

록 제거하기가 더욱 어렵다. 면섬유의 미립자상의 오물은 실 표면의 셀룰로스(cellulose) 보푸라기를 제거하는 데 사용하는 셀룰로스가수분해효소(cellulase)를 이용함으로써 효과적으로 제거할 수 있다. 다양한 종류의 오물들은 단백질성, 녹말성, 지방질성 물질의 점착력을 이용하여 섬유 표면에 결착한다. 이렇게 결착된 오물들의 경우 효소가 직접 오물을 공격하지 않더라도 오물을 제거하는 데 도움을 줄 수 있다.

얼룩을 분해하거나 제거할 수 있는 가능성을 갖춘 효소들이 모두 세제제품에 적용하기에 적합한 것은 아니다. 효소의 성능은 세제용액 pH, 이온세기, 세탁온도, 세탁시간, 세제의 성분 조성, 기계적 조작 등의 요인들에 의해 영향을 받는다. 계면활성제, 표백제, 다른 효소들 역시 효소의 성능과 안정성에 영향을 준다. 때에 찌든 옷감은 다양한 형태의 기질을 포함하고 있기 때문에 효소 기질에 대한 특이성이 충분히 넓은 범위를 담당할 수 있어야 한다. 예를 들어 단백질가수분해효소에 대한 단백질 기질은 산화적으로 변형되어 있거나 탄수화물 등과 복합 단백질의 형태로도 존재할 수 있다.

세제효소는 세제용액의 pH 7~11 범위, 4~60°C의 세탁온도에서 활성을 가져야 한다. 더욱이 효소는 세탁 과정뿐만 아니라 세제에 첨가된 상태로 저장 시에도 계면활성제, 세탁 강화제, 표백제, 다른 효소 등의 세제 성분과 공존할 수 있어야 한다. 특히 이들 효소는 단백질을 변성시킬 수 있는 계면활성제와 표백제 및 상기 조건에서 단백질가수분해효소의 분해에 대한 저항성을 가져야 한다.

⑵ 세탁용 세제효소의 종류

① 단백질가수분해효소

단백질가수분해효소는 단백질을 펩타이드나 아미노산 등 작은 크기의 분자로 가수분해한다. 세제 내용물에서 옷감(세탁)이나 단단한 표면(식기 세척) 상의 단백질 얼룩은 세제의 다른 성분들에 의해서 제거되고 용해될 수 있는 작은 분자로 분해된다. 단백질가수분해효소는 전 세계적으로 가정용 세탁 세제의 대부분에 포함되는 내용물로 자리 잡고 있다. 단백질가수분해효소의 성능은 분명하며, 그 효과를 고려할 때 효소 가격은 매우 낮은 편이다.

상업용 세제의 단백질가수분해효소 대부분은 수브틸리신(subtilisin, E.C. 3.4.21.62)으로 *Bacillus subtillis*라는 세균의 명칭에서 유래되었다. 수브틸리신은 세포 외로 배출되는 세린계 펩타이드내부가수분해효소(endopeptidase)이다. 이들 상업용 세제효소들의 구조는

표 10-3 • 상업적으로 이용 가능한 세제용 단백질가수분해효소

제품명	균주	적용 pH 범위	적용 온도 범위
Alcalase	*Bacillus* sp.	6~10	10~80
Esperase	*Bacillus* sp.	7~12	10~80
Everlase	유전자재조합 *Bacillus* sp.	8~11	15~80
Savinase	유전자재조합 *Bacillus* sp.	8~11	15~75
Durazym	유전자재조합 *Bacillus* sp.	8~11	15~70

매우 유사하고 모두 넓은 범위의 기질특이성을 갖추고 있으며, 다만 최적 활성 pH 및 온도, 표백제에 대한 민감도, 칼슘이온 요구성 등에서 차이를 나타낸다. 〈표 10-3〉은 상업적으로 이용 가능한 단백질가수분해효소와 이들의 반응 범위에 대한 예시를 보여 준다.

이들은 모두 분자량 20,000~30,000 Da 정도의 범위 내에 있고, 효소의 촉매자리에 세린(serine) 잔기를 가지고 있다. 〈그림 10-3, 10-4〉는 상업용으로 이용되는 저알칼리성과 고알칼리성 단백질가수분해효소의 다이메틸카세인(dimethylcasein, DMC) 기질에 대한 pH 및 온도에 따른 효소활성 분포를 제시하고 있다.

단백질가수분해효소의 성능은 세제의 pH와 이온 강도에 따라 크게 영향을 받는다. 계면활성제 역시 세탁액의 효소 성능과 안정성에 영향을 주는데 일반적으로 비이온성 계면활성제보다는 양쪽성, 그리고 다시 이보다는 음이온성 계면활성제가 많은 영향을 끼치게 된다.

모든 세제용 단백질가수분해효소는 가장 보편적으로 사용되는 음이온성 계면활성제인 알킬벤젠설포네이트(alkylbenzene sulfonate, LAS)와 알킬설페이트(alkyl sulfate, AS)에 의해서 불안정해진다. LAS 농도 및 세탁온도가 높아지면 효소의 불활성화는 더욱 심해진다. 그렇지만 에톡실화 알킬설페이트(ethoxylated alkyl sulfate) 등과 같은 비이온성 계면활성제의 존재하에서는 LAS의 바람직하지 않은 효과를 다소 없앨 수 있다. 거의 모든 세제가 어느 정도의 비이온성 계면활성제를 함유하고 있어 세탁 내용물 내에서의 단백질가수분해효소 안정성은 큰 문제가 되지 않는다.

삼인산소듐(sodium triphosphate) 등 인산계 세탁 강화제와 제올라이트(zeolite)와 시트레이트 등 비인산계 세척 강화제는 세탁액 내의 유리된 칼슘을 제거한다. 세제의 세탁 성능은 칼슘 농도가 증가할수록 떨어진다. 단백질가수분해효소의 활성에는 뚜렷한 경향을 나타내지 않으나 고농도의 칼슘은 효소의 성능을 감소시키는 경향을 보인다. 따라서 세

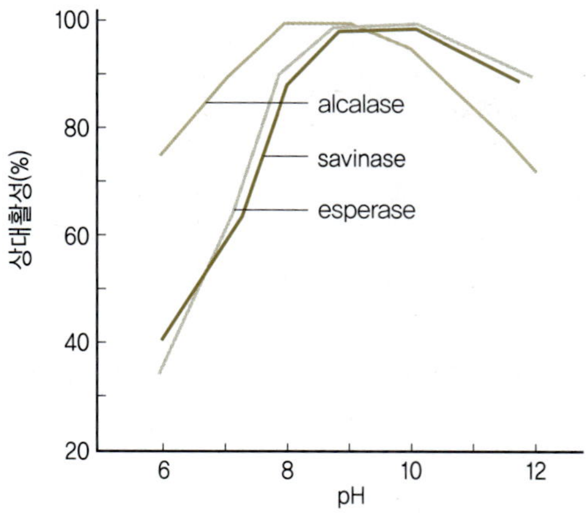

그림 10-3 • 세제용 단백질가수분해효소 활성의 pH 의존성
(반응 조건 : 25°C, 반응시간 : 10 min, 기질 : DMC)

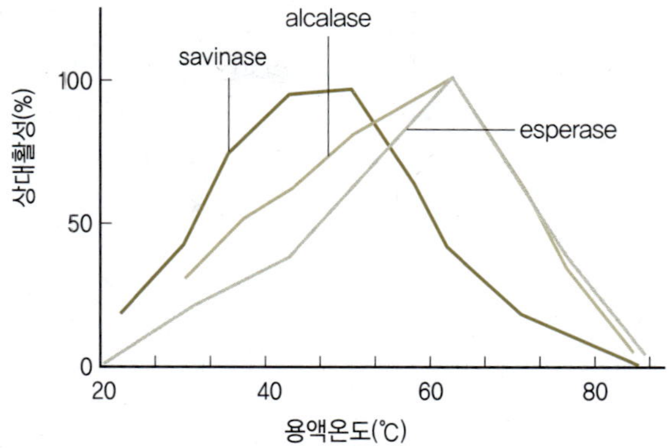

그림 10-4 • 세제용 단백질가수분해효소 활성의 온도 의존성
〔반응 조건 : pH 8.5(alcalase), pH 10.1(savinase, esperase), 반응시간 : 10 min, 기질 : DMC〕

탁 강화제를 세제에 첨가하는 것이 바람직하다. 물론 소량의 칼슘이 효소의 안정성을 유지하기 위해 필요하지만 가장 효과적인 세탁 강화제를 사용하더라도 세탁 과정 동안의 안정성에는 큰 지장이 없다.

세제 내의 표백제는 직물의 단백질성 오물을 산화시키는데 이는 오물의 제거를 더욱 어렵게 만들 수도 있다. 이 경우 세제용 단백질가수분해효소의 사용으로 표백제에 의한 악영향을 부분적으로 상쇄시킬 수 있다. 대부분의 세제용 단백질가수분해효소는 산소계 표백제 존재하에서 세탁 과정 동안 안정하다. 그러나 표백제 첨가 세제의 저장 안정성은 문제가 될 수 있다. 특히 단백질가수분해효소 분자 내의 메싸이오닌(methaionine, Met)은 분말 세제 내의 표백제에 의해서 저장기간 동안 산화될 수 있고, 결국 단백질가수분해효소의 불활성화로 이어질 수 있다.

② 녹말가수분해효소

상업적으로 이용 가능한 세탁용 아밀레이스는 *Bacillus amyloliquefaciens* α-아밀레이스와 *Bacillus licheniformis*와 *Aspergillus* 유래의 내열성 α-아밀레이스 등이다. α-아밀레이스는 세탁용 세제로서 선호되는 타입의 아밀레이스로서 좀 더 낮은 세탁온도와 약한 세제 성분 조성에서 전반적인 세제의 성능을 향상시킨다. 관심의 대상이 되는 또 다른 녹말가수분해효소는 β-아밀레이스와 풀룰란가수분해효소(pullulanase)이다. 하지만 현재까지 세제에 적용되어 산업화되지는 못하고 있다. 아밀레이스군과 풀룰란가수분해효소 혼합제제의 사용으로 더욱 완벽한 녹말 분해가 가능해질 수 있다. 〈표 10-4〉에는

표 10-4 • 상업용 α-아밀레이스 세제효소 적용 조건

제품명	균주	적용 pH 범위	적용 온도 범위
Termamyl	유전자재조합 *Bacillus* sp.	6~11	25~100
Duramyl	유전자재조합 *Bacillus* sp.	6~10	25~100
Fungamyl	*Aspergillus* sp.	4~7	15~60
Natalase	유전자재조합 *Bacillus* sp.	5~10	10~60
BAN	*Bacillus* sp.	5~8	15~90

세제로 활용되는 α-아밀레이스 군의 반응 조건을 제시하였다.

α-아밀레이스는 녹말을 함유하고 있는 오물의 분해를 촉매하여 섬유에 다른 오물과 얼룩을 결착시키는 녹말성 접착제를 가수분해함으로써 세탁 효과를 높인다. 그렇지만 생 녹말 자체는 α-아밀레이스에 의해 상당히 느린 속도로 분해된다. 효소에 대한 반응성을 높이기 위해서는 녹말의 호화나 팽창이 필요하다. 대부분의 음식물 얼룩은 녹말을 함유한 조리식품으로 인해 다양한 정도의 호화가 일어난 상태로 존재한다. 식품 가공 공정이 녹말의 호화온도에 도달하지 않았다면 녹말은 부분적으로 또는 호화가 일어나지 않은 상태로 존재하거나 부분적으로 노화된 상태로 존재한다. 이러한 녹말은 고온 세탁방법을 택하지 않고서는 옷감 표면으로부터 제거하기가 어렵다. 아밀레이스를 사용하면 고온 세탁 과정이 불필요해지고 상대적으로 낮은 세탁온도에서도 세제의 세탁 성능을 향상시킬 수 있다.

호화된 녹말은 섬유의 표면에 필름을 형성하여 세탁 후 미립자상의 오물을 더 많이 포집하게 된다. 이러한 미립자상 오물과 결합된 녹말 얼룩은 녹말 자체보다도 더 제거하기 어렵다. 결과적으로 반복적인 세탁 과정 동안 옷감은 점점 더 잿빛으로 변하게 된다. 녹말은 필름 형성능이 우수하다고 여겨지는 아밀로스(amylose) 함량에 따라 다른 양상을 보일 수 있다.

세탁용 세제에 사용되는 세균성 α-아밀레이스는 세제용 단백질가수분해효소와 공존할 수 있어 세탁 과정에서 이 두 효소는 함께 역할을 수행할 수 있다. 가루나 액상 형태의 세제를 저장하는 동안에도 아밀레이스는 단백질가수분해효소가 존재하는 상황에서 안정하다. 칼슘 의존성 α-아밀레이스의 안정성은 세제 성분 조성에 소량의 칼슘염을 첨가함으로써 증진시킬 수 있다.

표백제를 함유한 세제의 경우 표백제에 저항성을 갖는 α-아밀레이스가 단백질공학과

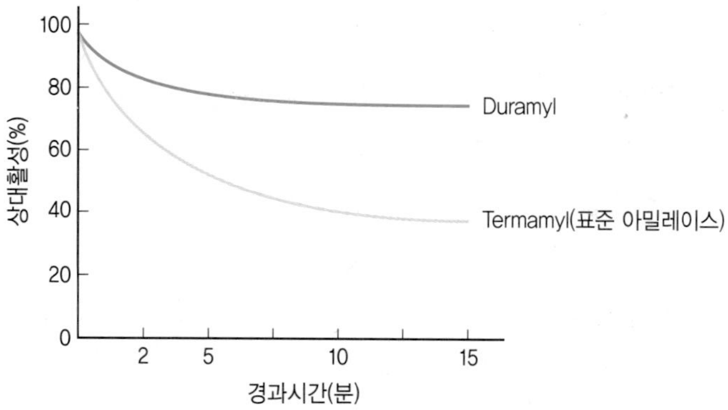

그림 10-5 • 표백제에 안정한 α-아밀레이스(Duramyl)의 잔존 활성을 표준 아밀레이스(Termamyl)와의 비교 측정 결과 (반응 조건 : 100 mM 과산화수소, pH 9.0, 40°C, 0.1 mM Ca^{2+})

유전자 기법을 통해 개발되어 왔다. 〈그림 10-5〉는 표백제 함유 용액에서 경과시간에 따른 향상된 잔존 효소활성에 의해 보여지듯이 아밀레이스 효소 안정성을 획득한 사례를 제시한 경우이다. 또한 단백질공학과 유전자 기법을 이용해 낮은 최적 활성온도를 갖는 α-아밀레이스도 개발되었다.

③ 지방질분해효소

라이페이스는 지방과 기름에 존재하는 트라이아실글리세롤을 분해한다. 이들의 강한 소수성 때문에 지방질은 낮은 온도에서의 세탁으로는 제거하기가 어렵다. 라이페이스는 트라이아실글리세롤을 좀 더 친수성의 모노아실글리세롤(monoacylglycerol)과 다이아실글리세롤(diacylglycerol), 유리지방산, 그리고 글리세롤로 가수분해한다. 이들 가수분해 산물은 알칼리 세탁 조건에서 모두 수용성이다.

리포레이스(Lipolase)는 세제로 이용 가능했던 최초의 라이페이스인 동시에 경제적으로 타당성을 인정받은 유전공학에 의해 생산된 최초의 세제용 효소이다. 세제용 라이페이스의 더딘 개발은 가수분해수율이 떨어지고 세제제품에 적용 시 적절한 특성을 갖는 라이페이스를 찾아내는 데 어려움을 겪었기 때문이다. 단백질공학과 유전공학 기법은 세제로의 응용을 위한 라이페이스 효소의 성능 향상에 기여한 바가 크다. 예를 들어 Lipoase의 단백질공학적 변형체인 Lipolase ultra(Novozyme)는 20°C 미만의 낮은 온도에서도 향상된 세탁 성능을 발휘하였다. 단백질공학을 활용해 Lipolase의 지방질이 접촉하는 영역의 음전하를 띠는 아스파트산(Asp) 잔기를 소수성의 루신(Leu) 잔기로 교체함으로써 지방질성 오물과 효소 간의 정전기적 반발력을 감소시켜 촉매자리를 보다 소수성 환경으로 만들어 주어 섬유 표면상의 지방질 접촉영역에 대한 친화력을 증진시킨 결과이다.

계면활성제와 지방산/비누 등과 같은 표면활성 분자들은 라이페이스 효소의 활성을 강력하게 억제한다. 가수분해 혼합물에 지방산이 존재하기 때문에 pH는 라이페이스 활성과 분해된 얼룩 성분의 제거에 큰 영향을 끼친다. 얼룩 성분의 효율적인 제거를 위해서는 pH 8 이상이 필요하다. 즉, pH 8 이상의 높은 pH에서 가수분해반응은 라이페이스 자체 역시 낮은 농도의 유리 칼슘 존재하에서 반응이 효과적이지만, 칼슘 비누의 형성으로 소량의 유리 칼슘이온에 의해 용이하게 이루어진다. 지방질성 오물이 라이페이스에 의해 더 많이 가수분해될수록 옷감의 얼룩 성분의 친수성 증가로 제거하기는 훨씬 용이해진다.

또한 라이페이스는 놀랍게도 건조 단계의 일정 경과시간 동안 활성화된다. Lipolase는 옷감의 수분 함량이 20~30%일 때 최대로 활성화된다(그림 10-6). 이는 옷감이 건조되는 동안 잔존하는 지방질 성분의 분해가 상당히 진행될 수 있음을 의미한다. 이 가수분해활성은 지방질 제거라는 측면에서 직접적인 효과를 나타내지는 않지만, 다음 차례의 세탁 과정에서 좀 더 효과적인 얼룩 제거가 이루어질 수 있다. 반복적인 세탁 과정에서 세제 라이페이스의 성능은 〈그림 10-7〉에 제시되어 있다.

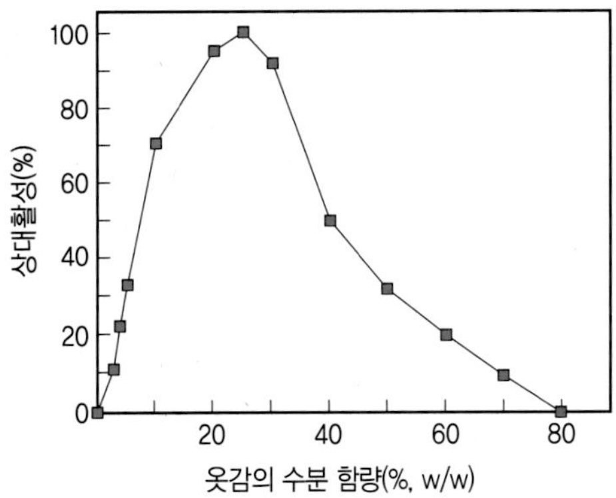

그림 10-6 • 세탁물 건조 과정 중 라이페이스의 활성

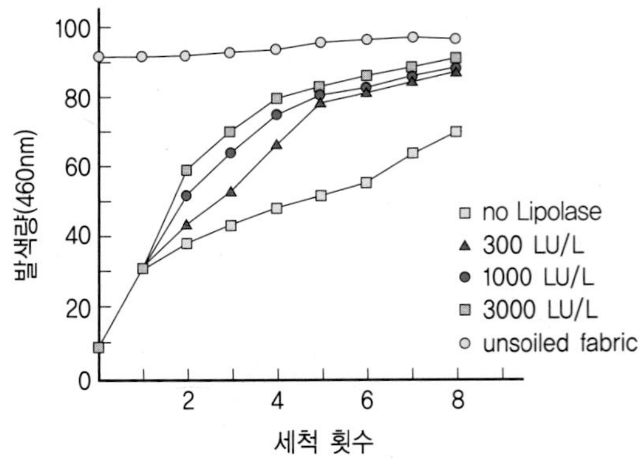

그림 10-7 • 반복적인 세탁 과정에서 세제 내의 라이페이스 성능 (반응 조건 : 30°C, 20 min, pH 9.7, 돼지기름(lard) 지방질로 더럽혀진 폴리에스터 천 조각의 수단 레드(sudan red)를 이용한 발색 측정, LU/L=lipase units per liter)

④ 기타 세제용 효소

셀룰로스가수분해효소는 셀룰로스의 β-1→4-결합을 분해하여 천연 면섬유, 면과 합성섬유의 혼방섬유상에 직접 적용할 수 있다. 셀룰로스가수분해효소 분자는 기능적으로

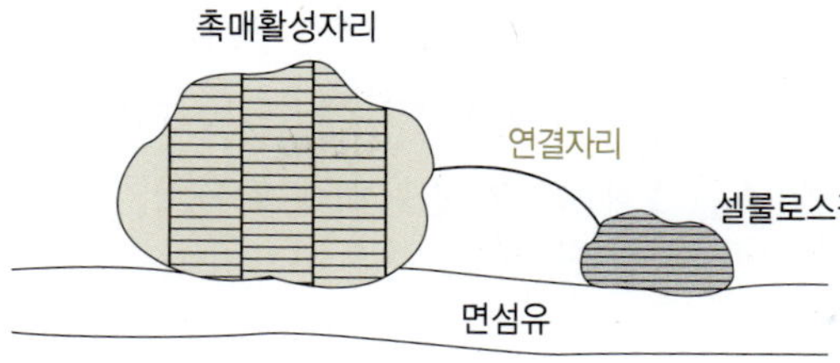

그림 10-8 • 셀룰로스 기질에 결합되어 있는 셀룰로스가수분해효소 모식도

분화된 3가지 타입의 도메인(domain)으로 구성되어 있다. 〈그림 10-8〉에서 보듯이 촉매활성 중심자리, 연결자리, 셀룰로스 결합자리로 이루어진다.

활성 중심자리는 endo- 또는 exo- 타입 활성, 기질특이성, 생성 반응 산물의 형태와 같은 촉매 특성을 결정한다. 셀룰로스 결합자리의 존재는 효소가 불용성 결정질인 셀룰로스에 결합하고 가수분해 효과를 얻기 위해 특히 중요하다. 이들 셀룰로스가수분해효소는 미립자상 오물의 제거, 섬유 유연성 및 색깔의 명도 증진에 탁월한 효과를 발휘한다. 직물은 착용기간, 세탁 과정, 회전건조 과정 동안 기계적 충격을 받아 손상을 받게 된다. 미립자상의 오물은 손상된 셀룰로스 섬유에 달라붙어 직물의 선명도를 떨어뜨리고 잿빛을 가중시킨다. 또한 손상된 섬유는 직물 표면을 더욱 단단하게 만들어 유연성을 떨어뜨리고 옷감의 크기와 모양도 변형시키는 것으로 여겨진다. 셀룰로스가수분해효소가 손상된 면섬유의 표면에서 노출된 섬유 조각을 제거함으로써 섬유가 유연해지고 색깔이 더욱 선명해지는 것으로 알려져 있다.

지나치게 많은 양의 셀룰로스가수분해효소를 사용하게 되면 반복적인 세탁으로 면 직물에 손상을 가할 수 있다. 결과적으로 손상은 기계적으로 노출된 세탁물 부분을 통한 섬유 강도의 저하 및 과도한 유연성으로 나타난다.

2) 섬유산업

과거의 섬유산업(textile industry)은 노동집약적이며 화학 성분이 포함된 오폐수 등의 오염물질이 다량으로 방출되어 심각한 환경오염을 초래하였던 산업 중의 하나였다. 근래에는 많은 공정이 자동화되었으며 친환경적 방법을 사용하여 이러한 문제가 많이 해소되었는데 여기에는 효소가 매우 중요한 역할을 담당하였다. 섬유의 가공 공정 중 효소가 많이 사용되는 공정으로는 옷감의 풀을 제거하는 풀빼기(desizing) 공정, 데님(denim) 옷감의 청색을 흐리게 하여 색이 바랜 듯한 멋을 내는 스톤워싱(stone-washing) 공정, 그리고 표백(bleaching) 후 남아 있는 과산화수소(H_2O_2)를 제거하는 공정 등이 있다. 여기에서는 각 공정에 효소가 어떠한 역할을 수행하는지 간단하게 알아보기로 한다.

(1) 풀빼기 공정

섬유 가공과 관련된 공정 중 가장 기본적인 것 중의 하나가 실을 이용하여 옷감을 직조(weaving)하는 공정이다. 이때 실에는 상당한 기계적인 힘이 가해지므로 실이 끊어지는 것을 방지하기 위하여 실에 점성이 있는 풀을 먹이는 사이징(sizing) 공정이 필요하게 된다. 풀(size) 재료로는 주로 녹말이 사용되나 직조가 완료된 후 풀이 옷감에 남아 있을 경우 염료나 표백제 등의 화학 성분에 대한 흡착력이 떨어져 염색이 불완전하게 되는 등의 문제가 생길 수 있으므로 옷감에 남아 있는 풀을 완전히 제거하는 풀빼기 공정은 필수적이다. 녹말은 물에 잘 녹지 않으므로 단지 물에 세척하는 것만으로는 풀을 완전히 제거할 수 없다. 녹말을 제거하기 위하여 산화제(oxidizing agent)나 수산화소듐(NaOH)을 사용하는 화학적 방법도 있으나 고압하에서 가열해야 하는 불편함이 있고 옷감이 쉽게 상하는 단점을 가지고 있다. 따라서 요즘 대부분의 섬유공장에서는 풀빼기 공정에서 α-아밀레이스를 사용하는 효소적 방법을 적용하고 있다. 즉, α-아밀레이스에 의하여 녹말이 가수분해되면 분자량이 적은 덱스트린이나 올리고당으로 전환되어 물에 쉽게 용해되기 때문에 녹말을 간단히 제거할 수 있다(그림 10-9). 효소는 기질에만 특이적으로 작용하므로 효소적 방법은 옷감에 전혀 손상을 주지 않는 장점도 가진다.

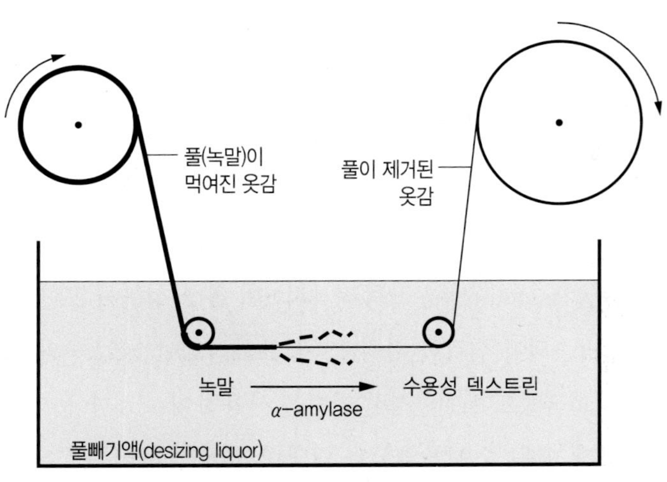

그림 10-9 • α-아밀레이스를 이용한 풀빼기 공정

예전에는 맥아, 이자, 또는 곰팡이에서 유래한 α-아밀레이스를 풀빼기 공정에 사용하기도 하였으나 가격에 비하여 효소반응속도가 느리고 화학 성분 및 열에 대한 안정성이 상대적으로 약하여 그 사용에 제한이 있었다. 근래에는 세균에서 분리한 α-아밀레이스를 주로 사용하며 100°C 내외의 고온에서 안정한 내열성 효소도 널리 사용되고 있다(표 10-5). 내열성 α-아밀레이스는 효소반응의 최적 온도가 높아 반응속도가 빠르고 풀빼기에 사용되는 화학 성분에 대한 저항성이 강한 장점을 가지고 있어 풀빼기 공정에 가장 적합한 효소라고 할 수 있다. 내열성 α-아밀레이스의 활성을 높이고 열에 대한 안정성을 증가시키기 위하여 칼슘이온(Ca^{2+})의 첨가가 필수적이며 일반적으로 0.5 g/L의 농도로 염화칼슘($CaCl_2$)을 풀빼기액(desizing liquor)에 첨가한다.

표 10-5 • 풀빼기 공정에 사용되는 α-아밀레이스의 특성

기원	적용 온도(°C)	적용 pH	활성제(activator)
맥아	55~65	4.5~5.5	Ca^{2+}
이자	40~55	6.5~7.0	-
곰팡이	50~55	4.5~5.5	Ca^{2+}
박테리아	60~75	5.5~7.0	Ca^{2+}
호열성 박테리아(내열성 α-아밀레이스)	85~110	5.0~7.5	Ca^{2+}

풀빼기 공정은 예비 세척(prewashing), 효소 흡착(impregnation), 녹말가수분해(starch hydrolysis), 그리고 최종 세척(after-wash)의 단계로 이루어진다.

① 예비 세척

이 단계는 직물을 미리 물에 세척하여 젖게 함으로써 다음 단계에서 효소의 흡착을 용이하게 하며, 왁스 성분이나 물에 녹는 기타 불순물을 제거해 주는 단계이다.

② 효소 흡착

예비 세척 단계와 유사하나 효소가 포함된 용액을 사용하며 직물에 효소가 흡착되도록 하는 단계이다. 효소의 활성을 최대로 하기 위하여 가능한 한 온도를 높이는 것이 좋으며 내열성 α-아밀레이스를 사용하는 경우 75~80°C에서 작업이 이루어진다.

③ 녹말가수분해

효소에 의한 녹말의 가수분해는 효소 흡착 단계에서부터 시작되어 이 단계에서 완료된다. 녹말이 가수분해되는 동안 직물이 건조되지 않도록 주의해야 하며 내열성 α-아밀레이스를 사용하는 경우 90~110°C로 유지되는 공간에서 약 30~60초간 방치한다.

④ 최종 세척

녹말의 가수분해 산물을 완전히 제거하는 단계로 95~100°C의 높은 온도에서 진행되며 합성세제나 수산화소듐(NaOH)을 물에 첨가하여 분해 산물의 제거를 돕는다.

(2) 데님 가공

데님직물은 실 상태에서 염색한 다음 제직하여 가공한 직물로 옷감이 질기고 오래 입을 수 있기 때문에 1850년대 미국 캘리포니아 금광의 광부들이 작업복으로 애용하였다. 이것이 계기가 되어 오늘날 청바지를 비롯한 다양한 의류에 널리 이용되고 있다. 데님직물의 염색에는 쪽의 색소인 인디고블루(indigo blue) 염료를 사용하여 어두운 청색을 띠게 되는데 유행에 따라 청색이 바래서 오래 입은 듯한 느낌을 주기 위하여 인디고 색소를 흐리게 하는 데님 가공 공정이 필요하게 되었다. 이 공정은 다공성의 화산석인 부석(pumice)을 사용하는 스톤워싱 방법과, 셀룰로스를 분해하는 효소인 셀룰로스가수분해효소를 사용하는 바이오워싱(bio-washing) 방법으로 구분할 수 있다.

스톤워싱은 오래전부터 사용되었던 방법으로 부석을 물과 함께 데님의류가 들어 있는 텀블링 기계에 넣고 돌리게 되면 부석과 옷의 마찰로 청색이 부분적으로 제거되는 원리를 이용한다. 스톤워싱을 하게 되면 청바지의 경우 옷감이 두꺼운 부분인 주머니, 허리띠 끼우는 고리, 재봉선 주위의 청색이 다른 부분보다 흐려지는 특징이 있다. 그러나 스톤워싱 방법은 옷감이 많이 상하게 되어 강도가 떨어지거나 옷이 쉽게 해지는 단점이 있다. 또한 공정 후 돌의 마찰로 생기는 고운 가루가 폐수에 포함되어 주변 하천을 오염시키는 요인이 되기도 한다.

바이오워싱 방법은 부석 대신에 셀룰로스가수분해효소를 이용하여 데님의류의 청색을 탈색시키는 방법이다. 인디고블루 염료는 면사(cotton fiber)의 맨 끝에 결합되어 있으므로 효소를 이용하여 면사의 끝부분을 제거하면 색이 제거되는 원리이다. 셀룰로스가수분해효소는 셀룰로스를 구성하는 포도당의 β-1→4결합을 분해하는 효소로 곰팡이인 *Trichoderma*나 *Humicola*에서 주로 생산되며 최적 pH는 4~5 정도이다. 바이오워싱 방법은 스톤워싱 방법에 비하여 옷감의 손상이 적고 오염물질의 배출이 적은 친환경적 방법이라 할 수 있다. 바이오워싱 단계에서는 셀룰로스가수분해효소와 함께 계면활성제,

색소의 재흡착 방지물질(anti-redeposition agents) 등이 사용되며 세척 시간과 온도에 따라서 다양한 형태의 결과를 얻을 수 있다.

(3) 표백 공정

과거 의류 및 직물의 표백을 위하여 염소계 표백제를 많이 사용하였으나 부식성이 매우 강하여 환경오염의 주범으로 주목받게 되자 최근에는 과산화수소(H_2O_2)를 표백제로 이용하는 방법을 널리 사용하고 있다. 표백을 완료한 후 사용하고 남은 과산화수소를 완전히 제거하지 못할 경우 의도하였던 색이 나오지 않거나 얼룩이 생길 수 있기 때문에 과산화수소를 제거하기 위하여 충분한 세척, 즉 클린업(clean-up) 과정이 필요하며 이때 많은 양의 세척수가 필요하게 된다. 이 과정에 효소가 중요한 역할을 담당할 수 있다. 즉, 표백이 끝난 후 카탈레이스를 첨가하여 남아 있는 과산화수소를 분해하여 제거하면 이후 세척 과정이 아주 간단해진다. 카탈레이스는 과산화수소를 물과 산소로 분해하는 효소로 미생물의 발효로 얻을 수 있다(그림 10-10).

$$H_2O_2 \xrightarrow{\text{catalase}} O_2 + 2H_2O$$

그림 10-10 • 카탈레이스에 의한 과산화수소의 분해

표백제의 클린업 공정에 카탈레이스를 사용할 경우 남아 있는 과산화수소를 효율적으로 제거할 수 있으므로 세척수의 사용량을 감소시켜 에너지 소비를 줄일 수 있고 배출되는 물의 양이 적어지므로 공정에 소요되는 비용을 절감할 수 있는 친환경적 공정이라고 할 수 있다.

3) 사료산업

동물 사료산업(feed industry)은 전 세계의 농업과 관련된 산업 중에서 매우 중요한 위치를 차지한다. 동물 사료는 주로 배합사료(compound feed)의 형태로 사용되며 돼지, 가금류, 젖소, 육우 등의 가축을 기르는 데 필요하다. 연구자들은 사료를 통해 가축에게 영양소를 보다 더 효율적으로 공급하여 증체량(body weight gain)을 최대화하기 위한 노력을 해 왔으며 그중 하나의 방법이 효소를 이용하는 것이다.

동물 사료에 있어서 효소는 다음의 두 가지 용도로 활용될 수 있다. 즉, 사료에 포함되

어 있는 일반 영양소의 이용성을 증가시키기 위한 목적과, 곡물의 외피와 콩류에 다량 함유되어 있는 피트산(phytic acid)으로부터 유기인산(organic phosphate)의 이용성을 향상시키기 위한 목적으로 효소가 사용될 수 있다.

(1) 일반 영양소의 이용성 증가

돼지, 가금류 등 위가 하나인 단위동물(monogastric animal)은 식물의 세포벽을 분해할 수 있는 소화효소가 없기 때문에 사료에 포함된 곡물로부터 영양소를 충분히 섭취하기가 어려워 사료효율(feed efficiency)이 떨어진다. 이와 같은 현상은 사료에 사용된 곡물의 종류에 따라 차이가 나는데 밀이나 옥수수를 사용할 때보다 보리를 사용할 때 가축의 성장이 더디게 된다. 실제로 공급되는 사료의 양은 동일하지만 보리의 경우 가축의 체내에서 소화가 불완전하여 흡수되는 영양소가 적어지기 때문이다. 보리는 밀이나 옥수수보다 섬유소의 함량이 월등히 높아 이들을 분해할 수 있는 효소가 없는 단위동물의 경우 영양소의 효율적인 흡수가 어려워지는 것이다. 〈그림 10-11〉에서 보는 바와 같이 보리는 건조중량의 약 12%가 섬유소로 되어 있어 밀(7.6%)이나 옥수수(5.8%)보다 함량이 높은 것을 알 수 있다. 따라서 섬유소를 분해할 수 있는 효소를 사료에 첨가할 경우 곡물을 통한 영양소 섭취가 증가되어 사료효율이 증가하게 된다.

보리는 섬유소 중에서 특히 β-글루칸(β-glucan)의 함량이 높은 편이다(그림 10-11). β-

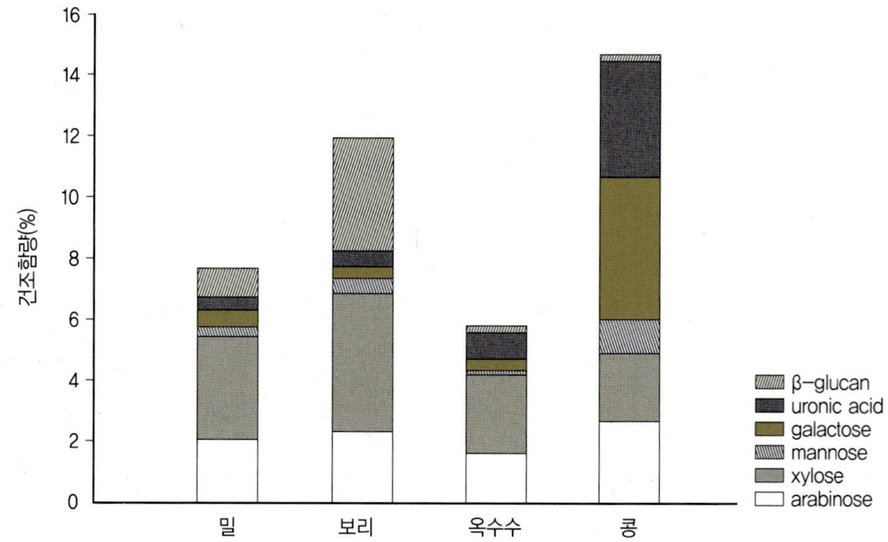

그림 10-11 • 사료 성분의 섬유소 함량

글루칸은 소화관 내에서 물을 흡수할 경우 점도가 증가하게 되고 보리 내배유의 세포벽에 위치하고 있으므로 녹말과 단백질의 소화율을 저하시키는 요인이 된다. 따라서 보리를 사용하는 사료의 경우 β-글루칸을 분해하는 효소인 β-글루칸가수분해효소(β-glucanase)를 사용하는 것이 효과적이다. β-글루칸은 포도당이 β-(1→3), β-(1→4), 또는 β-(1→6) 결합 등으로 서로 연결된 다당체(polysaccharide)로 β-글루칸가수분해효소는 β-글루칸의 글리코사이드결합(glycosidic bond)을 가수분해하는 효소를 말한다. 닭의 사료에 β-글루칸가수분해효소를 첨가한 경우 대조군에 비하여 몸무게가 증가하였으며 공급한 사료의 양을 가축의 몸무게 증가량으로 나눈 사료전환율(feed conversion ratio, FCR)도 개선되는 것을 확인할 수 있다(표 10-6).

표 10-6 • 양계에서 보리가 포함된 사료에 첨가된 β-글루칸가수분해효소의 영향

β-글루칸가수분해효소 첨가량	42일 후 몸무게	사료전환율(FCR)
0%(대조군)	2.02	1.92
0.01% 첨가	2.06	1.85
0.02% 첨가	2.13	1.83

밀의 경우는 일반적으로 품질이 우수한 사료 원료로 인정받고 있으나 효소를 이용할 경우 영양소의 이용성을 보다 더 향상시킬 수 있다. 밀의 섬유소에는 아라비노자일란(arabinoxylan)과 같이 오탄당으로 이루어진 펜토산(pentosan)의 함량이 다른 성분보다 훨씬 높다(그림 10-11). 아라비노자일란은 식물의 세포벽에 존재하는 일종의 헤미셀룰로스(hemicellulose) 성분으로 β-(1→4) 결합으로 연결된 자일로스(xylose)의 기본 골격에 아라비노스(arabinose)가 α-(1→3) 결합으로 분지된 구조를 가지는 다당류이다. 따라서 아라비노자일란을 가수분해할 수 있는 자일란가수분해효소(xylanase)를 사료에 첨가하면 영양소 섭취가 보다 원활해져 사료효율이 증가하게 된다.

콩은 동물 사료에서 식물성 단백질 공급원으로 널리 쓰이고 있는 곡물로 여러 가지 종류의 갈락토올리고당(galactooligosaccharide)을 함유하고 있다. 라피노스(raffinose), 스타키오스(stachyose) 등이 여기에 속하며 슈크로스의 포도당과 한 개 또는 여러 개의 갈락토스가 α-(1→6) 결합으로 연결되어 있는 구조를 가지고 있다(그림 10-12). 갈락토올리고당은 소화효소에 의해 분해되지 않고 대장으로 내려가 장내 미생물에 의하여 대사되는데 이때 생산되는 휘발성 지방산(volatile fatty acid)이 흡수되어 에너지원으로 이용될

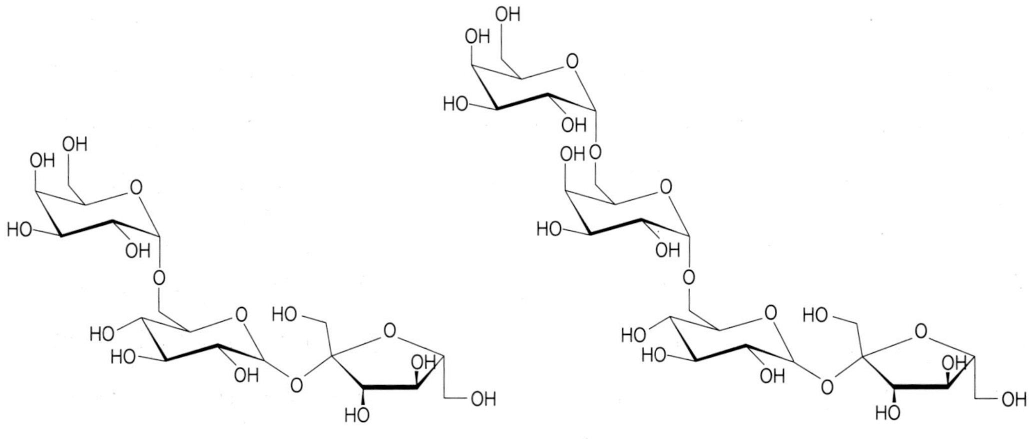

라피노스(raffinose)　　　　　　스타키오스(stachyose)

그림 10-12 • 콩에 함유된 갈락토올리고당의 구조

수 있다. 그러나 원래 올리고당이 가지고 있던 열량의 50~60%만이 에너지로 활용되므로 비효율적이다. 따라서 갈락토올리고당을 효소로 분해하여 그 구성 당이 소장에서 흡수된다면 대장에서 미생물이 대사하는 것보다 많은 에너지를 섭취하는 효과가 있다. 이러한 용도로 α-갈락토시데이스(α-galactosidase)를 사용할 수 있다. α-갈락토시데이스는 갈락토올리고당의 말단에 위치한 갈락토스를 분해하는 효소로 최종 산물로 갈락토스와 슈크로스를 얻게 된다. 이들은 소장에서 쉽게 흡수되어 대사되므로 효소를 첨가하지 않은 사료와 비교하여 더 많은 열량을 얻을 수 있게 되고, 결과적으로 사료효율이 증가하게 된다.

(2) 피트산으로부터 유기인산의 이용성 증가

피트산은 지방족 고리의 6가 알코올인 이노시톨(inositol)에 6개의 인산기가 결합된 구조(inositol hexakisphosphate)이며 식물에서 인(P)을 저장하는 주된 물질로 씨앗에 존재하는 총 인의 75~80%가 피트산에 저장되어 있다. 동물 사료에도 약 1.0~1.2%의 피트산이 포함되어 있으나 대부분 소화기관에 흡수되지 않고 대변으로 배출된다. 피트산은 양이온에 대한 강력한 킬레이트제(chelator)로 작용하여 영양적으로 중요한 양이온(Ca^{2+}, Co^{2+}, Cu^{2+}, Mg^{2+}, Mn^{2+}, Zn^{2+} 등)과 결합한 복합체로 존재하는데, 단위동물의 경우 이 복합체를 분해할 수 있는 효소가 없으므로 영양소로 흡수되지 못하고 배출된다. 또한 배출된 피트산은 수질 오염을 일으키는 환경문제를 초래하기도 한다. 따라서 사료를 통한 영양소의 공급을 원활히 하고 환경오염을 감소시키기 위하여 피트산을 분해할 수 있는 효소인 피테이스(phytase)를 사료에 첨가하게 된다. 피테이스는 〈그림 10-13〉과 같이 피트산으로부터 인산기(phosphate group)를 가수분해하는 효소로 식물 자체에도 포함되어 있으나 활성이 약하여 미생물의 발효로 얻은 피테이스를 사료에 첨가한다. 닭이나 돼지의 사료에 피테이스를 첨가하여 공급할 경우 사료로부터 인과 칼슘의 이용성이 증가하며, 돼지의 경우 배출되는 인의 총량이 약 35% 감소하는 효과를 얻을 수 있다.

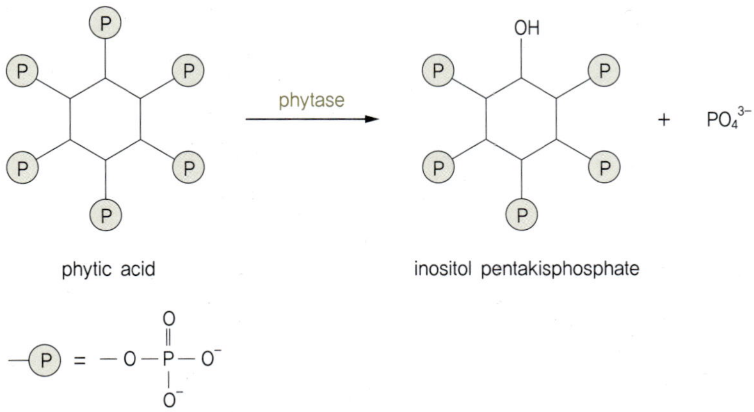

그림 10-13 • 피테이스에 의한 피트산의 가수분해

4) 식품 및 비식품 산업에서의 효소 응용 사례

〈표 10-7〉에서 볼 수 있듯이 효소의 기능성과 실제 효소제품 숫자의 차이는 대부분의 효소가 하나의 특정한 적용을 위해 제조되었다는 사실로 설명된다. 효소제품은 서로 다른 성분 조성을 가지고 있고, 각각 효소 성능이 특정한 용도에 사용할 수 있도록 디자인되었다. 상대적으로 적은 숫자의 기능에서 다양한 용도의 제품으로의 차별화는 넓은 범위의 pH, 온도, 안정성 등 효소의 고유한 특성을 다양한 급원(동물, 세균, 효모, 곰팡이)으로부터 효소를 선택하고 생산함으로써 이루어진다. 이러한 차별화의 요구는 산업용 효소 분야에서 사용되는 서로 다른 조건들을 살펴보면 명확해진다. 과일주스 산업에서는 산성 pH와 상대적으로 낮은 온도에서 작용하는 효소를 공정에서 사용해야 한다. 반면에 세제산업에서는 pH 11.0에 이르는 알칼리, 40~60°C의 온도 범위, 대부분의 효소에는 치명적인 계면활성제에 의한 변성 조건에서 활성을 가져야 한다. 지금까지 가장 극한의 온도 안정성은 녹말액화 과정에서 α-아밀레이스로부터 얻어졌다. 이 효소는 물의 끓는점

표 10-7 • 식품 및 비식품 산업에서의 효소 응용 사례

EC 번호	효소명	구분	적용 범위	특성
Class 1 : oxidoreductases				
1.1.3.4	glucose oxidase	5.1.1	제빵	글루텐 강도 증가
		5.1.3	양조	저장기간 향상
		5.1.4	유가공	우유 저장기간 향상
		5.2.5	텍스타일	옷감 표백
		5.3	산업적 이용	치약
1.1.3.5	hexose oxidase	5.1.1	제빵	글루텐 강도 증가
1.10.3.2	lactose	5.2.5	텍스타일	섬유의 스톤워싱 과정의 재오염 방지
		5.2.6	펄프와 종이	종이 표백
		5.3	산업적 이용	코르크 처리
1.11.1.6	catalase	5.1.3	양조	저장기간 향상
		5.1.4	유가공	우유 저장기간 향상
		5.2.5	텍스타일	과산화수소 제거
1.11.1.7	peroxidase	5.1.1	제빵	반죽의 물성 향상
	lactoperoxidase	5.1.4	유가공	우유 저장기간 향상
1.13.11.12	lipoxygenase	5.1.1	제빵	빵가루 표백
Class 2 : transferases				
2.3.2.13	transglutaminase	5.1.4	유가공	요거트, 휘핑크림의 텍스처 향상
2.4.1.5	dextransucrase	5.1.3	양조	아이소말토올리고당 맥주
Class 3 : hydrolases				
		5.1.1	제빵	품질 향상
		5.1.4	유제품	치즈 응고
3.1.1.3	triacylglycerol lipase	5.2.1	세탁세제	기름 오염 제거
		5.2.6	펄프와 종이	피치화합물 제거
3.1.1.11	pectin methylesterase	5.1.2	과일주스	사과주스, 레드베리주스, 감귤류 껍질 박피
3.1.3.8	3-phytase	5.1.3	양조	당화
		5.2.4	동물 사료	동물 사료의 인산염 제거
3.1.3.26	6-phytase	5.1.3	양조	당화
		5.2.4	동물 사료	동물 사료의 인산염 제거
3.2.1.1	α-amylase	5.1.1	제빵	반죽의 선도 보존
		5.1.2	과일주스	사과주스 생산
		5.1.3	양조	당화 발효

(계속)

EC 번호	효소명	구분	적용 범위	특성
		5.2.1	세탁세제	녹말질 오염 제거
		5.2.2	식기 세척기	녹말질 오염 제거
		5.2.3	곡물 습식 분쇄	녹말 가수분해
		5.2.4	동물 사료	옥수수 사료의 소화율 증진
		5.3	산업적 이용	오일 천공기의 점성 조절
		5.2.5	텍스타일	텍스타일 호발 공정
3.2.1.2	β-amylase	5.1.3	양조	당화
		5.1.2	과일주스	과주스 생산
3.2.1.3	glucoamylase,	5.1.3	양조	당화
	amyloglucosidase	5.2.3	곡물 습식 분쇄	말토올리고당 가수분해
		5.3	산업적 이용	치약
		5.1.3	양조	발효
3.2.1.4	endo-1,4-β-glucanase, cellulase	5.2.1	세탁세제	흙 오염 제거, 섬유 유연, 색상 보정
		5.2.5	텍스타일	면직물 가공
3.2.1.6	endo-1,4(3)-β-glucanase, cellulase	5.2.4	동물 사료	가금류 사육
3.2.1.8	endo-1,4-β-xylanase	5.1.1	제빵	반죽 취급의 용이, 안정성 증진
		5.2.4	동물 사료	곡물의 소화 증진
		5.2.5	텍스타일	아마섬유 침지
		5.2.6	펄프 및 종이	종이 표백
3.2.1.55	arabinosidase	5.1.2	과일주스	사과주스 생산
3.2.1.67	exopolygalacturonase	5.2.5	텍스타일	면직물 세척
3.2.1.78	endo-1,4-β-mannanase	5.2.1	세탁세제	구아검류의 오염 제거
		5.2.5	텍스타일	아마섬유 침지
		5.2.6	펄프와 종이	종이 표백
		5.3	산업적 이용	오일 천공기의 점성 조절
3.2.1.91	exo-cellobiohydrolase	5.2.1	세탁제제	흙 오염 제거, 섬유 유연, 색상 보정
		5.2.5	텍스타일	면직물 가공
		5.2.6	펄프와 종이	기계적 처리 섬유
3.4.x.x	protease	5.2.5	텍스타일	실크 정련, 울섬유 수축 방지
		5.3	산업적 이용	의치 세정제
3.4.21.62	subtilisin	5.2.1	세탁세제	단백질 오염 제거
		5.2.2	식기 세척	단백질 오염 제거

(계속)

EC 번호	효소명	구분	적용 범위	특성
		5.2.4	동물 사료	동물 사료의 단백질 소화 증진
		5.3	산업적 이용	막 세정
3.4.21.63	oryzin	5.2.4	동물 사료	동물 사료의 단백질 소화 증진
3.4.22.x	cysteine endo-peptidases	5.1.3	양조	필터 보조
3.4.23.4	chymosin	5.1.4	유제품	치즈 응고
3.4.23.18	aspergillopepsin I	5.2.4	동물 사료	동물 사료의 단백질 소화 증진
3.4.23.22	endothiapepsin	5.1.4	유제품	치즈 응고
3.4.23.23	mucorpepsin	5.1.4	유제품	치즈 응고
3.4.24.28	bacillolysin	5.2.4	동물 사료	동물 사료의 단백질 소화 증진
Class 4 : lyases				
4.1.1.5	α-acetoacetate decarboxylase	5.1.3	양조	향미 증진을 위한 다이아세틸 성분 제거
4.2.2.2	pectate lyase	5.2.5	텍스타일	면직물 세정
4.2.2.10	pectin lyase	5.1.2	과일주스	사과주스, 레드베리주스, 감귤류 껍질 박피
Class 5 : isomerases				
5.3.1.5	xylose isomerase	5.2.3	곡물 습식 분쇄	과당 생산

이상의 고온과 압력하에서 성능을 발휘한다. 이 경우 α-아밀레이스는 106~108°C에서 수 분간 그리고 90~95°C까지 냉각되는 2시간 동안 녹말의 액화 과정에서 효소반응을 유지해야 한다.

〈표 10-7〉는 촉매될 수 있는 반응의 다양성을 보여 준다. 〈그림 10-14〉에 표현했듯이 대부분의 산업화 효소는 가수분해효소군이다. 거의 70%에 이르는 산업용 효소가 3군인 이 그룹에 속해 있다.

산화환원효소(oxidoreductase, EC 1.x.x.x; class 1)는 약 15%를 차지하는 두 번째로 산업화가 많이 이루어진 효소군이다. 그룹 2, 4, 5의 효소군들이 거의 산업에 적용된 예가 드물고, 그룹 6의 경우는 전혀 없다. 이로써 자연이라는 실험장에서 이용 가능한 화학반응을 주재하는 생촉매의 엄청난 다양성에 비해 산업적 효소로서의 응용은 절대적으로 미미한 수준이라는 것을 알 수 있다. 따라서 인간에 의해 발굴을 기다리고 있는 자연으로부터 얻어낼 수 있는 생촉매적 활용 가능성은 무궁무진하다고 하겠다. 새롭지만 아직 상업화되지 못한 응용 사례를 좀 더 자세히 살펴보면, 흐름에 변화가 있다는 것을 인식할

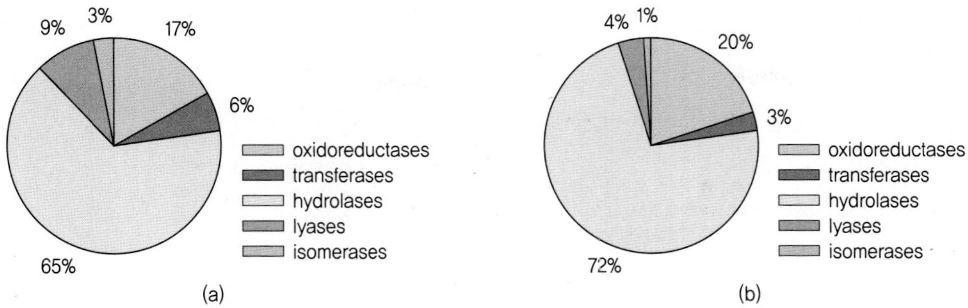

그림 10-14 ● IBU 효소분류체에 따른 기술적 효소 기능성 분포(a)와 기술적 효소의 산업적 응용 범위(b)

수 있다. 새롭고 아직 탐색의 손길이 뻗치지 못한 기능성에 대한 요구, 새로운 개발이란 측면에서는 더욱 명백하다. 특히나 산화환원효소의 활용은 더욱 더 많은 관심을 받게 될 것이다. 또 다른 현상은 특정 효소들이 독립적인 효소제제로 사용되기보다는 혼합물의 형태로 사용된다는 것이다.

1 다음에 열거된 효소들 중 포도당 정량을 위해 사용되는 효소가 아닌 것을 고르시오.

① hexokinase ② glucose 6-phosphate dehydrogenase
③ glucose phosphate isomerase ④ glucose oxidase
⑤ peroxidase

2 일반적으로 와인이나 과일주스 등의 제품에는 포도당과 과당이 함께 존재한다. 과당의 함량을 포도당의 함량으로부터 구분하여 정량할 수 있는 효소적 분석방법을 고안하시오.

3 젖당(lactose)의 효소적 정량분석 시 정확한 정량 결과를 얻기 위해 주로 분석의 대상이 되는 당을 고르시오.

① 과당 ② 갈락토스 ③ 맥아당
④ 포도당 ⑤ 슈크로스

4 시트르산(citric acid)의 효소적 정량분석 시 사용되는 시트레이트 리에이스(citrate lyase) 효소에는 옥살아세트산 카복실기제거효소(oxaloacetate decarboxylase)의 활성이 잔존한다. 이 효소에 의해서 생성되는 산물은 무엇이며, 이 물질의 정량을 위해서 사용되는 효소는 무엇인지 고르시오.

① 피루브산/L-lactate dehydrogenase ② 옥살산/L-lactate dehydrogenase
③ 피루브산/L-malate dehydrogenase ④ 옥살산/L-malate dehydrogenase

5 식물성 성분을 함유하고 있는 식품 내의 콜레스테롤을 정량 시 활용하는 효소적 분석방법에 간섭하는 식물스테롤(phytosterol) 화합물 구조 내에 존재하는 반응기는 무엇인지 고르시오.

① 3-β-acetyl group ② 3-β-methoxyl group
③ 3-β-propyl group ④ 3-β-hydroxyl group

6 옷감에 남아 있는 풀(녹말)을 제거하기 위하여 α-아밀레이스(α-amylase)를 사용하는 효소적 방법으로 풀빼기(desizing) 공정을 수행하였다. 풀빼기 공정이 효과적으로 완료되었는지 확인하는 방법에는 어떤 것이 있을지 설명하시오.

7 데님직물의 가공 과정 중 바이오워싱(bio-washing) 공정은 옷감의 염색에 사용된 청색 염료를 부분적으로 제거하기 위하여 수행한다. 다음 중 바이오워싱 공정에 사용되는 효소를 고르시오.

① 알파아밀레이스(α-amylase) ② 셀룰로스가수분해효소(cellulase)
③ 카탈레이스(catalase) ④ 펙티네이스(pectinase)
⑤ 프로테이스(protease)

연습 문제

8 표백 공정에 사용된 과산화수소(H_2O_2)를 분해하기 위하여 카탈레이스(catalase)가 널리 사용되고 있다. 카탈레이스를 사용할 경우 얻을 수 있는 장점을 모두 고르시오.

① 옷감의 강도 증가 ② 에너지 절약 ③ 화학물질의 사용량 감소
④ 세척수의 사용량 절감 ⑤ 환경오염 방지

9 돼지를 기르는 데 사용하는 배합 사료의 원료로 보리를 사용하였다면 다음 중 어떤 효소를 첨가하는 것이 사료효율을 높이는 데 도움이 되는지 고르시오.

① 알파갈락토시데이스(α-galactosidase) ② 펙티네이스(pectinase)
③ 자일란가수분해효소(xylanase) ④ 베타글루칸가수분해효소(β-glucanase)
⑤ 베타아밀레이스(β-amylase)

10 곡물의 섬유소를 분해하는 효소를 사료에 첨가할 경우 사료효율이 증가할 것으로 예상되는 가축을 모두 고르시오.

① 닭 ② 젖소 ③ 육우
④ 돼지 ⑤ 오리

11 다음 중 사료에 피테이스(phytase)를 사용할 경우 얻을 수 있는 장점에 대하여 올바르게 설명한 보기를 모두 고르시오.

① 인(P)의 이용성 증가 ② 미네랄의 이용성 증가 ③ 녹말의 이용성 증가
④ 분뇨 배출량의 감소 ⑤ 환경오염 감소

정답 및 해설

01 ③

02 과당 분석방법의 적용으로 헥소스인 산화효소(hexokinase)반응에 의해서는 포도당과 과당 모두 인산화 과정을 거치게 되어, 이후 효소에 의한 반응 단계는 결국 포도당과 과당의 총 함량으로 분석된다. 따라서 과당 분석방법에 따른 정량분석 실시 후, 포도당 분석방법에 따른 결과값을 빼주게 되면 과당 함량분석이 가능하다.

03 ② **04** ① **05** ④

06 녹말은 아이오딘용액에 의하여 진한 남색으로 발색이 된다. 따라서 풀빼기 공정을 거친 옷감의 일부를 잘라 아이오딘용액을 몇 방울 떨어뜨려 진한 남색으로 발색되면 녹말이 충분히 제거되지 않았다는 것을 의미하므로 풀빼기 공정을 재조정할 필요가 있다. 만약 아이오딘용액에 의하여 옅은 갈색을 띤다면 녹말이 모두 가수분해되었다는 뜻이므로 풀빼기 공정이 원활하게 진행되고 있음을 알 수 있다.

07 ② **08** ②, ④, ⑤ **09** ④ **10** ①, ④, ⑤ **11** ①, ②, ⑤

PART 3

효소 이용의 최근 동향 및 미래

제11장 효소 센서　제12장 생명정보학　제13장 식품용 효소의 안전성 및 관련 규정

제11장

효소 센서

1. 효소 센서의 도입

센서는 물리량의 변화를 감지하는 장치를 일컫는 용어이다. 현재 개발하고 있는 센서를 분류하면 물리량을 계측하는 물리 센서와 화학물질 측정을 대상으로 하는 화학 센서로 나눌 수 있는데, 오늘날의 많은 첨단장치에는 이러한 센서가 들어 있지 않은 것이 없을 정도로 중요한 역할을 하고 있다.

화학 센서의 측정 대상 대부분은 무기화학물질이므로 유기물질을 똑같이 선택적으로 측정할 수 있는 전극이 필요하였다. 예로서 의료분야에서 체액 중 저분자에서 고분자에 이르기까지 생체 관련 물질의 측정이 진단과 치료에 불가피해졌는데, 이 목적으로 효소는 특정의 분자를 식별해서 이들의 반응을 촉매하기 때문에 진단시약으로 1940년대부터 사용되어 왔던 것이다.

Clark는 효소의 특이성에 착안하여 이것을 전극과 조합하여 효소의 기질 함량을 계측하는 원리를 처음으로 제안하였다. 이 전극에 Updike와 Hicks는 포도당산화효소(glucose oxidase) 효소고정막(enzyme-immobilized membrane)과 효소 전극을 조합하여 처음으로 센서 형태를 갖추었다. 이러한 시도가 계기가 되어 효소 센서(enzyme sensor)의 연구는 본격적인 국면으로 접어들게 되었다. 처음에는 단일 또는 복수의 효소가 분자

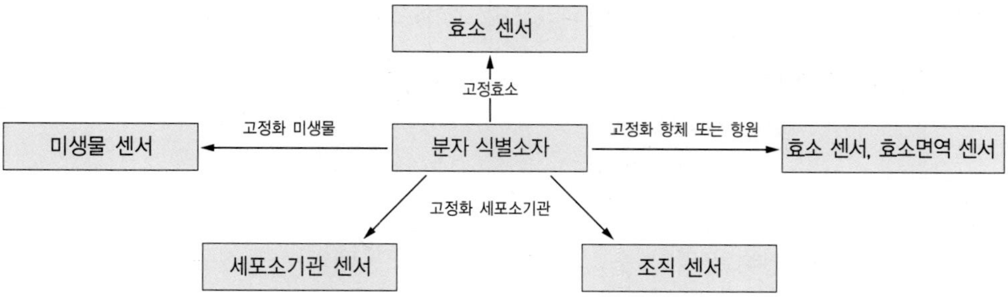

그림 11-1 ● 바이오센서의 분류

식별소자로서 사용되었으나 차츰 다양한 분자 식별소자를 도입한 센서로 발전하게 되었다. 다시 말하면 생체 내에서는 서로 친화성이 있는 물질, 예로서 효소-기질, 효소-조효소, 항원-항체, 호르몬-받개(receptor) 등이 존재하고 있어 이들의 어느 한편을 막에 고정화해서 분자 식별소자로 쓰면 다른 한편을 선택적으로 계측할 수가 있다. 더욱이 세포소기관이나 세포조직도 분자 식별소자로서 적용 가능하게 되었고, 이들의 센서를 총칭해서 바이오센서(biosensor)라고 한다. 바이오센서는 분자 식별소자에 따라 효소 센서, 면역 센서, 효소면역 센서, 세포소기관 센서, 미생물 센서, 조직 센서 등으로 분류한다(그림 11-1).

또한 바이오센서는 변환기(transducer)에 의해서도 분류된다. 예로서 효소를 분자 식별소자로 이용하고 있는 센서에 대해 생각해 보면 효소를 막에 고정화해서 이 막을 측정 대사물질이 들어 있는 시료액과 접촉시킨다. 이때 효소는 자신의 기질을 선택적으로 식별하므로 막 위에서 반응이 일어나는데, 이 반응으로 전극활성물질을 생성하는 경우에는 전극을 써서 이를 계측할 수가 있다. 적용하는 변환기에 따라 전극 바이오센서, 반도체 바이오센서, 바이오-서미스터(thermistor), 발광계측형 바이오센서(광학 바이오센서) 등으로 분류할 수 있다. 그런데 대부분의 바이오센서는 단일 화학물질을 측정 대상으로 하는 단기능 센서로 개발되어 왔으나 맛, 냄새 등과 같이 미량의 다양한 화학물질로 구성되어 있는 것을 동시에 계측하여 이것을 어떠한 유형으로든지 인식 가능한 다기능 센서도 개발하고 있다.

바이오센서를 다르게 분류하면 생체물질(단백질)을 소자로 쓰는 센서로부터 생체계(조직)를 소자로 하는 센서, 생체계를 모델로 삼는(생체 진단용) 센서 등으로 확대하여 나눌 수 있으며, 효소 센서는 생체물질(단백질)을 소자로 쓰는 센서이다.

바이오센서로서 가장 먼저 등장한 것은 효소 센서인데 앞에서 살펴본 바와 같이 그 원리는 1962년 Clark 등에 의하여 제안되었으며, 효소 고정화(enzyme immobilization) 기술이 일치하여 단순히 물리량의 측정만 가능한 전극에 화학적 기능성을 부여한 것이다.

2. 효소 센서의 측정 원리

물리 센서에서는 전혀 생각할 수 없는 대사 기능을 통해 화학물질을 검지하는 능력을 가진 우수한 계측장비 중의 하나인 바이오센서는 생체 관련 물질을 막에 포괄 또는 고정화하여 그것을 전기화학장치나 신호변환기에 연결시킨 장치(그림 11-2)이다. 이는 분석하고자 하는 시료를 생체 촉매에 흡착하여 복합체를 형성한 후 상호 화학반응이나 전기화학반응 등에 의하여 형성되거나 소모되는 전자 또는 전류, 가스(산소, 이산화탄소, 암모니아 등), 수소이온 농도, 열 등을 물리적 신호로 전환시킨 다음, 증폭장치를 통해 확대시켜 기록계, 검출기 등에 의하여 정량할 수 있도록 만들어진 장치로서 다양한 종류가 활용되고 있다(그림 11-3).

예를 들면 다음의 반응에서 고성능액체크로마토그래피(high performance liquid chromatography, HPLC)를 이용하여 생성된 글루콘산(gluconic acid)을 측정할 수 있고, 과산화수소 전극을 사용하여 과산화수소를 측정하거나 미세하지만 효소반응에서 나타나는 엔탈피(enthalpy)의 변화를 섬세한 온도계를 이용하여 측정할 수도 있으며, 또한 산소 전극을 이용하여 효소반응에 의해 소모되는 산소의 양을 측정하기도 한다. 이와 같은 다양한 방법으로 새로이 생성되는 물질이나 소모되는 기질을 측정하면 화학양론에 따라 포

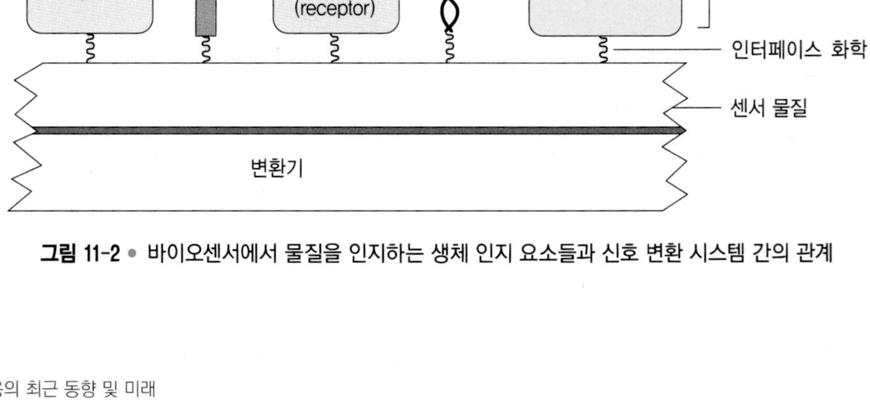

그림 11-2 ● 바이오센서에서 물질을 인지하는 생체 인지 요소들과 신호 변환 시스템 간의 관계

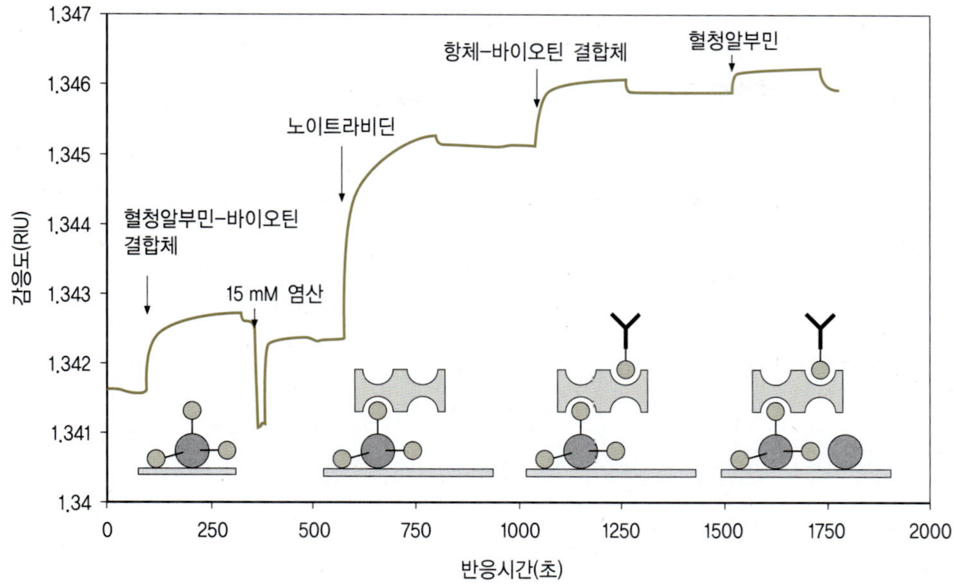

(a)

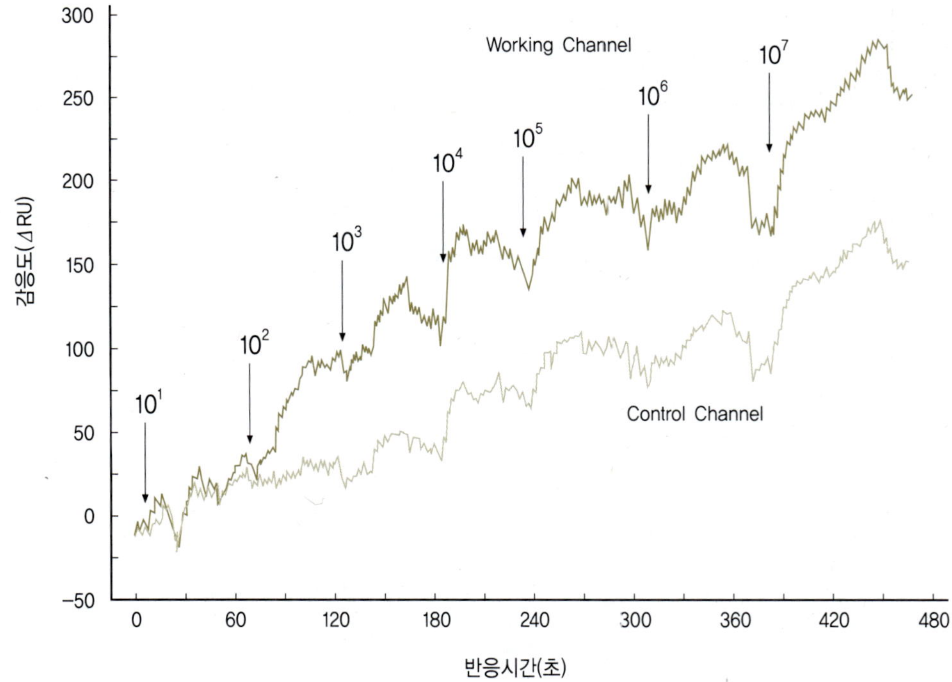

(b)

그림 11-3 • (a) 검출방법의 하나로 항원-항체 반응을 이용하여 감응도와의 관계를 나타냄 (b) 표면 플라스몬 공명(surface plasmon resonance, SPR)을 이용한 바이오센서로 식중독(*C. jejuni*) 균수에 따른 감응도를 이용하여 검출하는 방법

도당(glucose)의 양을 산출할 수 있다.

$$\text{포도당} + O_2 \xrightarrow{\text{glucose oxidase}} \text{글루콘산} + \text{과산화수소} + \Delta H$$

기질이 함유된 용액에 효소 센서를 넣으면 기질이 효소고정막 내에 확산되어 들어가 효소가 고정화된 막 내에서 반응이 진행되며, 그 결과 전극활성의 소비물이나 생성물의 농도 변화에 대하여 전류 또는 전위 변화로 응답하고 목적하는 기질의 농도에 따라 전류(또는 전압) 변화와의 관계로부터 기질을 정량하게 된다. 예를 들면 포도당이나 요산의 산화반응에서 감소하는 산소량을 산소 검출용 백금 전극으로 된 효소 센서로 측정할 경우 효소고정막 중에 산소가 소실되어 산소 분압이 감소된다. 즉, 백금 전극에서 산소 환원전류는 감소하고 전류 변화량은 기질 농도에 비례한다.

또 암모니아 전극으로 된 효소 센서도 요소를 정량할 경우는 막 내에서 생성된 암모니아가 전극의 가스 투과성 막을 통과해서 암모니아 전극 내부액(염화암모니아용액)의 pH를 변화시켜 그 pH 변화로 내부의 유리 전극이 응답하게 되는데, 이 경우에 얻는 전위 변화량은 기질 농도의 로그값에 비례한다(그림 11-4).

기질용액을 가하고 나서 전기신호로서 측정값을 얻을 때까지의 시간을 응답시간이라고 하며, 측정할 때에 응답시간은 짧을수록 좋다. 응답 특성은 하층부 전극의 특성에 의해 좌우되며 효소반응의 특성에도 연계되므로 효소의 활성도, 기질 농도, 효소고정막의 두께, pH, 온도, 이온 강도, 액의 혼합 상태 등에 따라 좌우되는 것이다. 보통 효소 센서

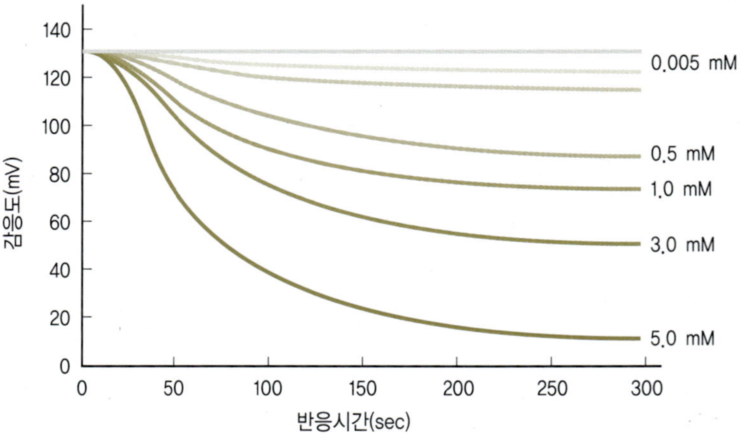

그림 11-4 • 요소의 양에 따른 요소가수분해효소 전극의 속도론(kinetics)

의 효소고정막은 효소의 활성을 높게 하고, 가능한 한 얇은 막을 사용한다. 또한 측정 중에는 용액을 교반막대로 혼합하면 기질이 효소고정막으로 확산되는 속도가 빨라지며, 효소고정막 내에서의 반응이 신속히 진행되어 응답시간이 짧아진다.

3. 효소 센서의 제작

1) 센서 시스템의 설계

효소 센서는 〈그림 11-5〉에서와 같이 전극의 감응 면에 효소고정막을 장착한 구조로 되어 있으며, 효소고정막 중에서 일어나는 효소반응 시 전극활성물질에 대하여 예비 전극이 응답하도록 설계되어 있는데, 이와 같은 밀착형 이외에 고정효소(immobilized enzyme)를 충전한 관(column)을 흐름(flow)시스템 내에 조합해 넣은 분리형 형태도 있다. 흐름시스템의 경우는 전극 대신 분광광도계(spectrophotometer) 등을 검출소자로 사용하기도 한다.

효소반응에는 효소에 의해 반응물이 소비되거나 과산화수소, 암모니아, 이산화탄소, 수소이온, 시안화합물이온 등이 생성된다. 따라서 효소 센서의 기초 전극으로서 이들의 이온이나 가스에 응답하는 전극이 선택되는데, 전극은 측정방식에 따라서 전위차법(potentiometry) 및 전류측정법(amperometry)으로 분류할 수가 있다. 전위차법에는 이온 검출방식(pH 전극, 시안화합물이온 전극, 아이오딘화합물이온 전극 등)의 전극이 있고, 전류측정법에는 산소 검출방식과 과산화수소 검출방식의 전극이 있다. 또 하나의 효소반응만으

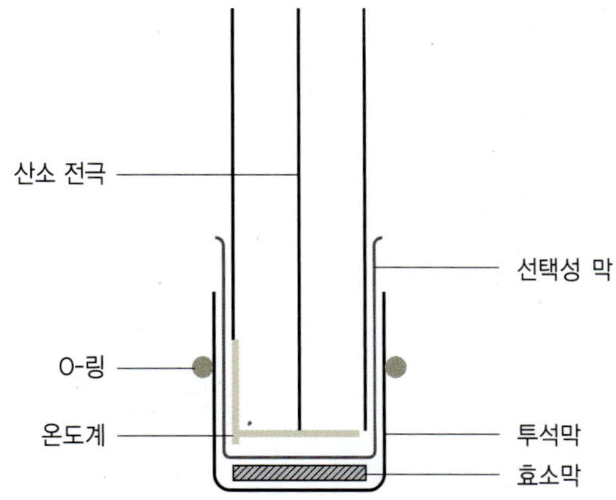

그림 11-5 • 효소 센서의 형태(효소 전극의 모형-전극 밀착형)

로는 전극이 불활성화되더라도 다른 반응을 첨가함으로써 전극을 활성화할 수도 있다.

2) 효소의 고정화

전극이 감응 면에 장착되는 효소고정막은 효소 현탁액을 그대로 투석막(dialysis membrane)으로 씌워서 고정할 수도 있으나 대개의 경우는 비수용성 고분자 항체에 결합시킨 고정효소가 사용된다. 고정효소의 제조법에 관해서는 총설이나 단행본 등에 많이 소개되고 있으므로 여기에서는 상세한 것은 생략하기로 한다. 이것은 효소가 용액 상태에서는 비교적 불안정한 데 비해 적당한 고분자 지지체에 고정화되면 안정성이 높아지고, 효소 본래의 촉매능과 높은 기질특이성을 오랫동안 보존할 수 있다. 이러한 이유 때문에 고정효소로 제조한 효소 센서는 반복하여 기질을 측정할 수 있다는 장점을 갖는다.

3) 센서 조립

앞의 〈그림 11-5〉는 산소 전극에 효소-폴리아크릴아마이드젤(polyacrylamide gel) 막을 부착한 것인데, 이외에도 효소-콜라겐막을 산소 전극의 테플론(Teflon) 막에 부착할 수도 있으며, 고체막 전극의 감응 면에 효소용액을 바르고 투석막으로 피복하여 고리형 고무줄로 간단하게 고정시켜 사용할 수도 있다. 또 다른 예로는 암모니아 전극의 가스 투과성 막에 효소용액을 투석막으로 피복하여 효소고정막으로 사용하기도 한다. 〈그림 11-6〉은 효소 전극으로 구축한 흐름시스템의 예이다.

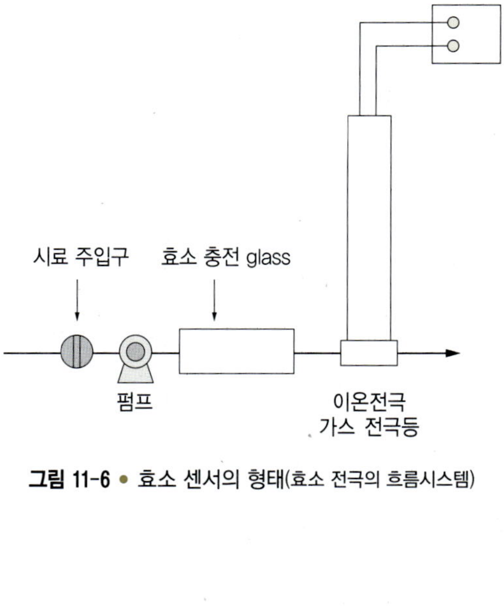

그림 11-6 • 효소 센서의 형태(효소 전극의 흐름시스템)

4. 효소 센서의 응용

각각의 대상 기질 함량을 측정하기 위해 어떤 종류의 전극을 사용하여 효소 센서를 만들어야 하는가? 또 전극활성물질이 없는 경우에는 어떤 효소반응시스템을 도입시켜야 측정이 가능할 것인가? 등에 대해서 알아보기로 한다.

1) 포도당

$$\text{포도당} + O_2 \xrightarrow{\text{glucose oxidase}} \text{글루코노락톤} + \text{과산화수소} + \Delta H$$

위 반응의 경우에는 산소 검출 전극이나 과산화수소 검출 전극 또는 아이오딘(iodine) 전극으로 만들어진 효소 센서를 이용하여 포도당의 정량이 가능하다.

(1) 산소 측정에 의한 포도당 정량법

글루코노락톤(gluconolactone)을 pH 측정용 유리 전극으로 측정할 수 있다. 예를 들면 GOD 및 알부민(albumin)-글루타르알데하이드(glutaraldehyde) 막을 장착한 포도당 센서를 만들어 -0.6V vs 포화칼로멜 전극(SCE)에서 전류 변화를 측정하는 것으로 전류 변화량과 포도당 농도 사이에서 직선적 상관관계를 바탕으로 포도당을 정량한다. 또 산소 전극의 테플론 막에 GOD, 알부민-*p*-폼알데하이드(formaldehyde) 막을 장착한 센서를 포도당 분석기(glucose analyzer, 상품화되어 있음)에 부착함으로써 반응속도법에 의하여 포도당을 정량하기도 한다.

(2) 헥사페로사이안(Ⅲ) 이온의 정전위 전해에 의한 포도당 정량법

백금 전극에 GOD를 투석막으로 피복한 센서를 사용하면 응답시간은 40~50초이며, 효소의 활성을 고려해 보면 8주 정도 사용이 가능하다.

$$\text{포도당} + O_2 \xrightarrow{\text{glucose oxidase}} \text{글루코노락톤} + \text{과산화수소}$$

$$Fe(CN)_6^{4-} \xrightarrow{\text{백금 전극}} Fe(CN)_6^{3-} + e^-$$

(3) 퀴논을 전자받개로 하는 유동 센서

글루타르알데하이드 처리를 한 다공성 유리에 GOD를 고정화하여 퀴논(quinone)과 하이드로퀴논(hydroquinone)의 농도비를 측정하여 포도당 함량을 정량분석할 수 있다.

(4) 과산화수소를 검출하는 형식의 포도당 센서

① 다이아조(diazo)법으로 효소를 고정화하거나, ② 포괄법으로 효소를 고정화한 막을 사용하거나 또는 ③ 효소용액 상태 그대로 사용했을 경우 센서를 사용하는 방법의 세 가지 형태로 효소를 고정화하여 과산화수소를 검출함으로써 포도당을 분석할 수 있는데, 이들 중 다이아조법에 의해 과산화수소를 분석하는 것이 가장 안정하다.

전 세계적으로 볼 때 포도당을 분석하는 효소 센서가 가장 많이 보급되어 활용되고 있으며, 특히 혈당을 측정할 목적으로 제조된 다양한 형태의 효소 센서장치가 널리 활용되고 있다. 〈그림 11-7〉은 시중에서 판매되는 형태의 혈당계인데, 앞에서 설명한 GOD를 고정화하여 혈액 속의 포도당 농도를 분석하여 숫자로 제시하여 주는 전형적인 보기이다.

2) 슈크로스, 엿당, 갈락토스

(1) 슈크로스

$$\text{슈크로스} + H_2O \xrightarrow{\text{invertase}} \alpha\text{-D-포도당} + \text{과당}$$

$$\alpha\text{-D-포도당} \xrightarrow{\text{mutarotase}} \beta\text{-D-포도당}$$

$$\beta\text{-D-포도당} + \text{산소} \xrightarrow{\text{glucose oxidase}} \text{글루콘산} + \text{과산화수소}(H_2O_2)$$

① 슈크로스 센서

인버테이스(Invertase), 뮤타로테이스(mutarotase) 및 GOD의 작용에 의해 반응을 진행시

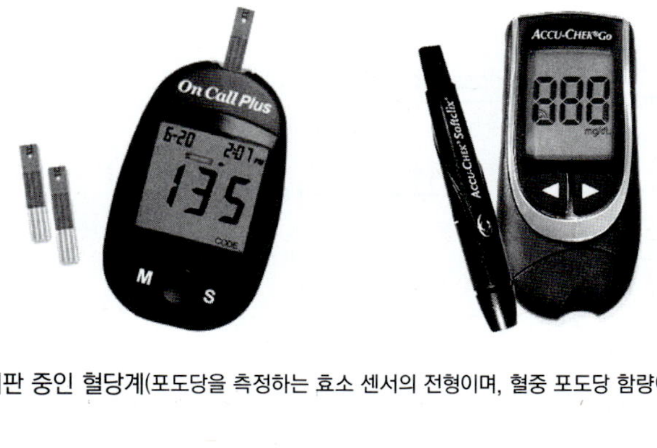

그림 11-7 • 시판 중인 혈당계(포도당을 측정하는 효소 센서의 전형이며, 혈중 포도당 함량이 숫자로 즉시 표시됨)

키되 산소 또는 과산화수소의 양을 측정할 수 있는 전극을 사용하여 슈크로스(sucrose) 센서를 제작한다. 인버테이스와 뮤타로테이스 2종 효소를 알부민-글루타르알데하이드 막으로 고정화하고 이것과 GOD 효소를 고정화한 2개의 막을 순차적으로 부착하여 제조한다. 결국 2개의 막에 3종의 효소를 함유한 막으로 구성된 효소 센서이다. 3개 효소의 적정 pH 범위인 pH 4.0~8.0 사이에서 측정이 가능하다.

(2) 엿당

$$\text{엿당} \xrightarrow{\text{glucoamylase 또는 maltase}} \beta\text{-D-포도당}$$

$$\beta\text{-D-포도당} + \text{산소} \xrightarrow{\text{glucose oxidase}} \text{글루콘산} + \text{과산화수소}$$

① 엿당 센서

콜라겐 막의 양면에 GOD와 글루코아밀레이스(glucoamylase)를 각각 고정화하고 글루코아밀레이스 막이 엿당(maltose) 용액에 접촉하도록 하여 GOD보다 먼저 반응하도록 한다. 과산화수소를 측정할 목적으로 과산화수소 전극에 장착한 방법이다.

(3) 갈락토스(galactose)

$$\text{갈락토스} + \text{산소} \xrightarrow{\text{galactose oxidase}} \text{galactohexodialdose} + \text{과산화수소}$$

3) 콜레스테롤

$$\text{콜레스테롤 - 에스테르} \xrightarrow{\text{cholesterol esterase}} \text{콜레스테롤} + \text{유리지방산}$$

$$\text{콜레스테롤} + \text{산소} \xrightarrow{\text{cholesterol oxidase}} \text{Cholest-4en-3-one} + \text{과산화수소}$$

이 센서는 콜레스테롤산화효소(cholestrol oxidase)를 콜라겐 막에 고정화한 후 산소 전극에 붙여 제조한 센서로서, 콜레스테롤을 정량하거나 과산화수소를 검출하는 방식으로 측정이 가능하다. 또는 콜레스테롤 에스터가수분해효소(cholesterol esterase)와 콜레스테롤산화효소를 각각 고정화하고 처음에는 시료액이 콜레스테롤에스터가수분해효소에 먼저 접촉하도록 유도하는데, 이를 위해 고정화된 효소층을 순차적으로 충전 배열한 관을 과산화수소 전극에 연결시킨 센서이다. 전체 콜레스테롤의 정량을 실시할 수 있고, 다음의 반응식을 삽입하여 $[Fe(CN)_6]^{4-}/Fe(CN)_6]^{3-}$계의 산화환원전위의 변화를 측정해서 전체 콜레스테롤의 정량도 가능하다.

$$\text{과산화수소} + 2K_4[Fe(CN)_6] + 2H^+ \longrightarrow 2H_2O + 2K_3[Fe(CN)_6] + 2K^+$$

4) 인지방질, 중성지방질

(1) 인지방질

$$\text{포스파티딜콜린} \xrightarrow{\text{phospholipase}} \text{포스파티딕산} + \text{콜린}$$

$$\text{콜린} + \text{과산화수소} \xrightarrow{\text{choline oxidase}} \text{베타인} + \text{과산화수소}$$

사이안화브로민(CNBr) 처리한 옥틸 세파로스(octyl-sepharose)에 두 종류의 효소를 고정화하여 관에 충전한 다음, 과산화수소 전극에 연결한 센서이다. 두 효소와 반응을 하고 난 생성물의 하나인 과산화수소를 측정함으로써 간접적으로 포스파티딜콜린(phosphatidylcholine)을 정량하는 방법이다. 이 효소 센서의 효소는 최소한 2개월 정도는 안정하며 50회 분석할 동안 센서 내 효소활성은 불과 4% 정도 감소한다.

시료 중의 인지방질(phospholipid) 함량을 알아보고자 표준용액 시료를 효소 센서에 주입한 다음 얻은 전류값과 포스파티딜콜린 농도 간의 관계를 살펴보면 0~3 g/L의 범위에서 직선관계를 나타내는데, 이러한 센서는 혈청에도 적용이 가능하다.

(2) 중성지방질

$$\text{지방(triglyceride)} \xrightarrow{\text{lipoprotein lipase}} \text{글리세롤} + \text{지방산}$$

$$\text{글리세롤} + NAD^+ \xrightarrow{\text{glycerol dihydrogenase}} \text{다이하이드로아세톤} + NADH + H^+$$

$$NADH + 2Fe(CN)_6^{3-} \xrightarrow{\text{diapolase}} NAD^+ + 2Fe(CN)_6^{4-} + H^+$$

$$Fe(CN)_6^{4-} \xrightarrow{\text{백금 전극}} Fe(CN)_6^{3-} + e^-$$

지방질단백질라이페이스(lipoprotein lipase)에 의해 중성지방질(neutral lipid)이 글리세롤과 지방산으로 분해되고 여기서 얻어진 글리세롤은 글리세롤수소제거효소(glycerol dehydrogenase)에 의해 NAD^+를 NADH로 환원시킨다. 환원된 NADH를 diapolase와 함께 첨가된 $2Fe(CN)_6^{3-}$가 $2Fe(CN)_6^{4-}$로 전환되면서 전환된 양을 백금 전극으로 측정할 수 있다.

또 다른 접근방법으로, 위의 반응에 의해 생성된 고급지방산을 pH 전극으로 측정할 수도 있는데, 이것은 γ-아미노프로필트라이에톡시실란(γ-aminopropyltriethoxysilane)과 글루타르알데하이드 처리를 한 폴리스타이렌 시트(polystyrene sheet)에 고정화한 효소를 관에 충전하고 복합 유리 전극에 연결한 방법이다.

5) 요소

요소(urea)는 분석이 어려우나 암모니아는 분석이 용이하다. 요소는 요소가수분해효소(urease)의 작용으로 암모니아와 이산화탄소로 분해하는데 반응이 진행됨에 따라 pH가 상승하며 암모니아 또는 암모늄이온(ammonium ion), 이산화탄소 등이 생성되는데 이를 암모니아 전극 및 pH 전극에 요소가수분해효소막을 조합함으로써 요소 센서를 구성할 수 있다.

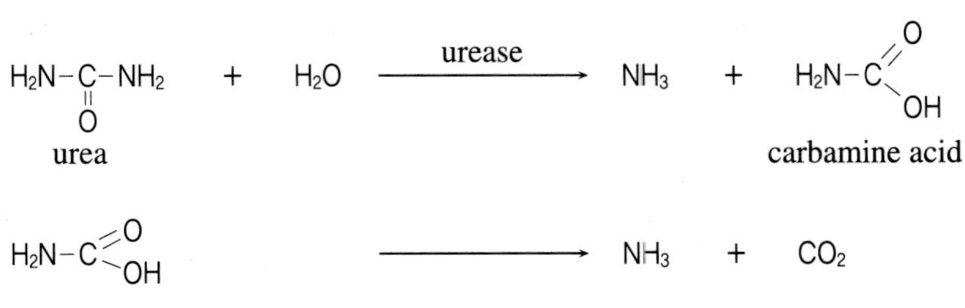

각 센서를 사용하여 전위(E)를 측정하면 전위(E)와 요소 농도의 로그값 사이에 다음과 같은 관계가 성립한다. 즉, 기울기가 59 mV/(△log[요소]=1)의 표준곡선을 얻을 수 있고 이를 바탕으로 요소의 함량을 정량화할 수 있다.

$$E = E_o = 0.059 \log[\text{요소}] \qquad (25℃)$$

암모늄이온에 응답하는 양이온(cation) 전극에 요소가수분해효소를 지닌 폴리아크릴아마이드젤을 장착한 요소 센서의 경우 기초 전극의 성질상 Na^+ 및 K^+ 이온에도 응답하기 때문에 선택성은 양호하지 않다. 암모니아 전극은 가스 투과성 막을 장착하고 있으나 이것은 가스만 투과하고 양이온은 투과하지 않으므로 이런 문제를 극복할 수 있으나 시료 상에 가스 성분이 이미 존재하는 경우 측정을 방해한다.

요소가수분해효소를 알부민에 글루타르알데하이드로 고정화시킨 것이나, 다공질 고분자막의 셀(cell) 내에 요소가수분해효소를 폴리아크릴아마이드젤로 고정화한 막을 암모니아 전극과 연결시킨 것 등이 요소 측정 센서로 사용할 수 있다. 또는 이산화탄소 전극과 요소가수분해효소용액을 조합한 센서나 pH 유리 전극과 똑같은 수소이온 농도에 응답하는 안티모니(antimony) 전극/이산화이리듐(iridium dioxide) 전극 각각에 고정화 요소가수분해효소를 장착한 요소 센서를 사용할 수도 있다.

연속적인 분석을 위하여 흐름시스템을 도입하는 경우 다공성 유리구슬(glass-bead)에 고정화한 요소가수분해효소를 충전한 관과 암모니아 전극이나 나일론 튜브 관에 분광광도계를 부착하여 제조한 센서를 사용할 수 있다. 이 경우 암모니아와 페놀(phenol)과의 발색반응을 이용한다.

요소 센서는 막걸리의 요소 농도를 측정하거나 투석 환자의 혈액 투석(그림 11-8) 후 요소의 함량을 측정하는 데 활용되기도 한다.

6) 요산

요산(uric acid)은 요산산화효소(uricase)의 작용으로 산소를 소비해서 알란토인〔allan-

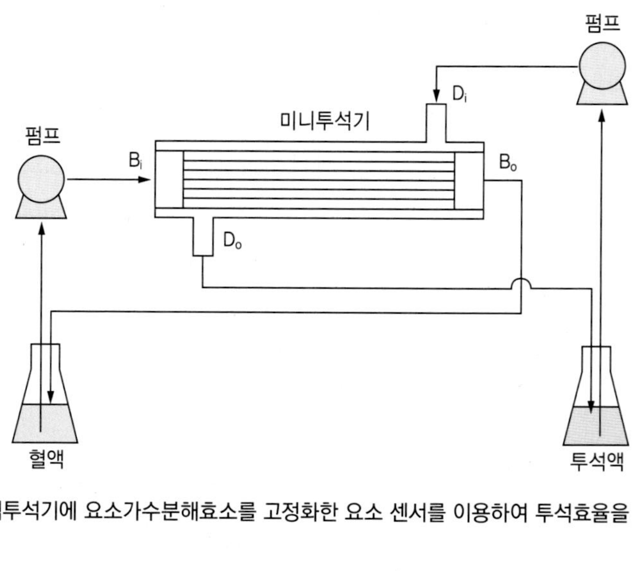

그림 11-8 • 혈액투석기에 요소가수분해효소를 고정화한 요소 센서를 이용하여 투석효율을 측정하는 데 활용

toin(5-ureidohydantoin)], 과산화수소 및 이산화탄소를 생성하므로 다음과 같은 세 가지 형태의 효소 센서를 제작할 수 있다.

- 산소 전극에 요산산화효소, 알부민-글루타르알데하이드 효소고정막을 장착한 요산 센서 : 수개월 동안 연속 사용이 가능하며, 오줌이나 혈청 중의 요산을 정밀하고 신속히 정량한다. 요산산화효소를 고정화한 콜라겐 막은 반복 사용함으로써 활성이 서서히 저하되는데, 10회 반복 사용으로도 70% 이상의 활성이 보존된다.
- 과산화수소를 검출하는 센서 : 아세트산(acetic acid) 셀룰로스(cellulose)계 비대칭 막의 다공질 층에 아세틸글루코사민(acetylglucosamine)으로 고정화한 요산산화효소로 된 센서가 있다.
- 이산화탄소 전극에 요산산화효소, 하이드록시에틸셀룰로스(hydroxyethylcellulose)를 장착한 요산 센서 : 적어도 10일간은 활성의 저하가 보이지 않으며, 측정 전위의 오차는 2 mV 정도이다.

7) 젖산

효모의 젖산수소제거효소(lactate dehydrogenase, LDH)는 $[Fe(CN)_6]^{3-}$의 존재하에 젖산(lactic acid)을 산화해서 피루브산(pyruvic acid)을 생성하며(α-ketopropionic acid; 2-oxopropanoic acid), 이 반응에서 생기는 $[Fe(CN)_6]^{4-}$를 백금 전극으로 측정해서 젖산을 정량한다. 효소 센서로 반응액을 분석하기 위해서는 약 1분 정도 소요되며 0.05~7 mM의 농도 범위에서 젖산을 정량한다.

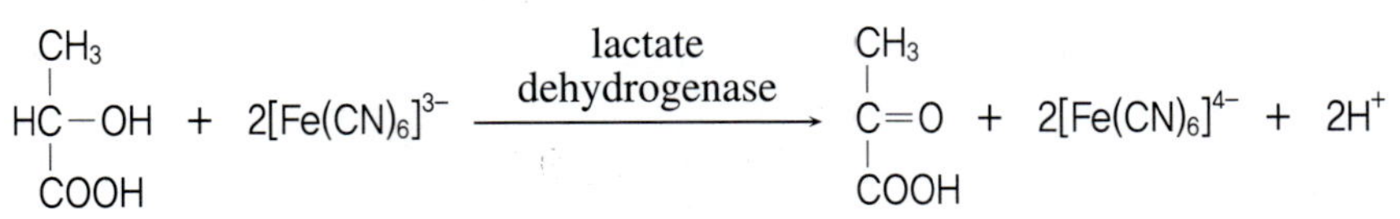

젖산 피루브산

산화한 원전극의 다이뷰틸페로센(dibutyl-ferrocene)을 지닌 염화비닐 막에, 젖산수소제거효소를 젤라틴에 고정화한 막을 장착한 센서로서 반응 중의 $[Fe(CN)_6]^{3-}/[Fe(CN)_6]^{4-}$ 농도 변화를 전압계로 추적하여 젖산을 정량할 수 있으며, 또 다른 방법으로는 NAD^+에 의한 젖산의 산화반응을 젖산수소제거효소가 촉매할 경우 다음 식의 반응과 같이 진행되는데, 이때 생성되는 NADH를 측정해서 젖산을 정량한다.

$$\text{젖산} + NAD^+ \xrightarrow{\text{lactate dehydrogenase}} \text{피루브산} + NADH + H^+$$

$$NADH \longrightarrow NAD^+ + H^+ + 2e^-$$

이 외에도 NAD^+를 *n*-옥틸알데하이드〔*n*-octyl aldehyde(caprylic aldehyde, octanal)〕를 지닌 탄소 전극에 직접 고정화한 센서를 사용하거나 젖산산화효소(lactate oxidase)를 다공성 아세틸셀룰로스 막에 흡착시킨 다음, 산소 전극에 장착하여 투과막으로 피복한 센서를 사용하여 $0.05 \sim 0.8 \times 10^{-4}$ g/mL 농도 범위의 젖산을 정량할 수 있다.

8) 옥살산

옥살산(oxalic acid)은 옥살산카복실기제거효소(oxalic acid decarboxylase)의 작용으로 이산화탄소와 폼산(formic acid), 옥살산산화효소(oxalic acid oxidase)에 의하여 이산화탄소와 과산화수소를 각각 생성한다.

$$\text{옥살산} \xrightarrow{\text{oxalic acid decarboxylase}} \text{이산화탄소} + \text{폼산}$$

옥살산카복실기제거효소를 알부민-글루타르알데하이드 효소고정막에 도입하여 이산화탄소 전극에 장착한 옥살산 센서는 극히 안정하며 1개월 후의 검량선이 센서 제작 직후의 상태와 거의 차이가 없고 옥살산 농도 $2 \times 10^{-4} \sim 10^{-2}$ M의 범위에서 분석이 가능하다.

$$\text{옥살산} + \text{산소} \xrightarrow{\text{oxalic acid oxidase}} \text{이산화탄소} + \text{과산화수소}$$

또 알킬화한 나일론 튜브에 옥살산산화효소를 고정화한 다음, 효소반응에서 생성된 과산화수소를 4-아미노페나존(4-aminophenazone)과 페놀의 발색($\lambda_{max} = 520$ nm)을 이용하는 흐름주입분석(flow injection analysis)으로 연속적인 분석이 가능하다.

9) 피루브산

피루브산은 피루브산산화효소(pyruvate oxidase)의 작용으로 산소를 소비하며 아세틸인산(acetylphosphate), 아세트산, 이산화탄소 및 과산화수소를 생성하는 것을 이용하여 측정한다.

$$\text{피루브산} + \text{인산} + \text{산소} \xrightarrow{\text{pyruvate oxidase}} \text{아세틸인산} + \text{아세트산} + \text{이산화탄소} + \text{과산화수소}$$

피루브산산화효소를 다공성 아세틸셀룰로스 막에 흡착시키고, 이것을 산소 전극에 장착시킨 다음 다시 투석막으로 피복한 피루브산 센서를 만든다. 이 센서는 응답시간이 2~3분 소요되며 정상 전류를 얻을 수 있고 0.06~0.8 mM 농도 범위의 피루브산을 정량할 수 있다.

다음의 반응은 젖산분석 시 사용된 방법으로 반응 중 감소하는 NADH(λ_{max} = 340 nm)의 흡광도를 측정하는 시스템을 이용하여 피루브산을 정량할 수 있다.

$$\text{피루브산} + \text{NADH} + \text{H}^+ \xrightarrow{\text{lactate dehydrogenase}} \text{젖산} + \text{NAD}^+$$

10) 환원형의 비타민 C(아스코브산)

아스코브산화효소(ascorbate oxidase)를 콜라겐 막과 함께 산소 전극에 고정화시킨 아스코브산(ascorbic acid) 센서가 제작되어 과일이나 음료 중의 아스코브산 측정에 응용된다. 이 센서의 응답은 1분 정도 소요되며, 5×10^{-5}~5×10^{-4} M의 아스코브산 농도 범위 빈산의 표준곡선은 직선적인 관계를 보여 주며 3주 정도 안정한 편이다.

11) 아미노산

L-아미노산은 아미노산산화효소(amino acid oxidase, AAO)의 작용으로 산소를 소비하여 암모니아와 과산화수소를 생성한다. 따라서 소모된 산소나 생성된 암모니아, 과산화수소를 측정하면 아미노산(amino acid)의 정량이 가능하다. 보통 백금 전극에 L-아미노산산화효소, 알부민-글루타르알데하이드 막을 장착하고, -0.6V vs. SCE 전극으로 과산화수소의 생성량을 측정해서 L-페닐알라닌(L-phenylalanine), L-루신(L-leucine) 등의 아미노산을 정량하는 데 이용된다.

$$\text{L-아미노산} + \text{산소} + \text{물} \xrightarrow{\text{amino acid oxidase}} \text{RCOCOOH} + \text{암모니아} + \text{과산화수소}$$

다이아조법으로 고정화한 L-아미노산산화효소막과 과산화수소 전극 또는 L-아미노산산화효소와 양이온 전극으로 된 센서를 이용하기도 하며, D-아미노산산화효소를 사용하여 D-아미노산의 정량도 가능하다. 아미노산 정량의 경우 아미노산산화효소를 사용하면 많은 아미노산에 작용하므로 선택성이 분명치 못한 것이 단점이며, 다른 효소 센서에 비하여 선택성이 떨어지는 편이다.

12) 알코올

$$\text{알코올} + \text{산소} \xrightarrow{\text{alcohol oxidase}} \text{알데하이드} + \text{과산화수소}$$

알코올산화효소(alcohol oxidase)의 경우 활성도가 낮으며 과산화수소의 검출이 어려워 일반적으로 산소의 감소를 측정하는데, 환원 전류 변화가 명료하여 혈중 에탄올의 측정에 적용한다. 또 다른 방법으로는 알코올수소제거효소(alcohol dehydrogenase, ADH)를 이용하는 방법으로 생성된 NADH를 산화시켜 나오는 전류 변화를 측정하여 알코올을 정량하는 것이다.

$$\text{알코올} + NAD^+ \xrightarrow{\text{ADH}} \text{알데하이드} + NADH + H^+$$

$$NADH \xrightarrow{\text{백금 전극}} NAD^+ + H^+ + 2e$$

13) 크레아틴

$$\text{크레아틴} + \text{물} \xrightarrow{\text{creatinase}} \text{N-methylhydantion} + \text{암모니아}$$

크레아틴 센서는 정제된 크레아티네이스(creatinase)를 트라이폴리인산(tripolyphosphoric acid)으로 활성화시켜 크레아티네이스용액과 함께 암모니아 전극에 고정화하여 제조한다. 수명은 4일 정도이지만 나일론-코일 반응기에 효소를 고정화하고 암모니아 전극과 조합한 흐름 센서 시스템을 사용하면 수개월간 안정하며, 혈장의 크레아틴(creatine)을 주로 측정한다.

14) 아미그달린

$$\text{아미그달린} + 2H_2O \xrightarrow{\beta\text{-glucosidase}} \text{벤즈알데하이드} + \text{포도당} + HCN$$

아미그달린 센서는 사이아노젠글리코사이드(cyanogenic glycoside)인 아미그달린(amygdalin)을 β-글루코시데이스(β-glucosidase)로 분해하여 생성된 사이안화물(cyanide)을 선택적 이온 전극으로 분석하여 아미그달린을 정량한다.

사이안화이온 전극에 β-글루코시데이스, 폴리아크릴아마이드젤의 박막을 유리막대기에 고정화시켜 제조하는데, pH 10.0~11.0 이하에서 효소의 안정화가 유지되어 이때 사용하는 것이 바람직하다.

15) 페니실린

$$\text{페니실린} + \text{물} \xrightarrow{\text{penicillinase}} \text{페니실로산(penicilloic acid)}$$

페니실린 센서는 페니실린가수분해효소(penicillinase)를 포함하고 있는 폴리아크릴아마이드젤을 복합 pH 유리 전극에 고정화하여 제조하며, 발효조 내의 페니실린(penicillin) 공정 제어에 이용된다.

이상에서 열거한 대로 효소 센서들이 식품분야나 의료분야에서 활용되는 예는 다양하며, 이들에 대하여 간단하게 요약하여 정리하면 〈표 11-1〉과 같다. 이들 외에도 수많은 종류의 효소 센서들이 다양한 응용분야에서 활용되고 있다.

표 11-1 • 효소 센서를 이용한 식품 또는 의료 분야에서의 이용

분석물	응용분야	이용되는 생물체 성분	신호전달체(Transducer)
포도당	맥주 산업	Glucose OD[1]	산소 전극 α-글루코시데이스
포도당	바나나 숙성	Glucose OD	Amperometric electrode
포도당	청량음료	Glucose OD 과일주스	Amperometric 과산화수소 전극
포도당	청량음료	Glucose OD	산소 전극
슈크로스	과일주스	Mutarotase Invertase	
젖당	우유	Galactose OD	과산화수소 전극
L-젖산	식품	Lactate OD	과산화수소 전극
L-말산	과일주스	Malate OD NADH oxidase	산소 전극

(계속)

분석물	응용분야	이용되는 생물체 성분	신호전달체(Transducer)
아미노산	식품	Amino acid OD	산소 전극
글루탐산	간장	L-Glutamate OD	과산화수소 전극
에탄올	포도주	Alcohol OD	산소 전극
비타민 C	주스	Ascorbate OD	산소 전극
레시틴	식품첨가물	Choline OD Phospholipase	산소 전극
아황산염	식품	Sulfite OD	Amperometric electrode
PHB esters	주스	PHB[2] hydroxylase	산소 전극
라이신	발효	Lysine decarboxylase	CO_2 전극
타이로신	대두분	Tyrosine decarboxylase	CO_2 전극
아스파탐	식품	L-Aspartase	암모니아 전극
요소	탁주	Urease	암모니아 전극

[1] OD : Oxidase

[2] PHB : *p*-Hydroxybenzoic acid

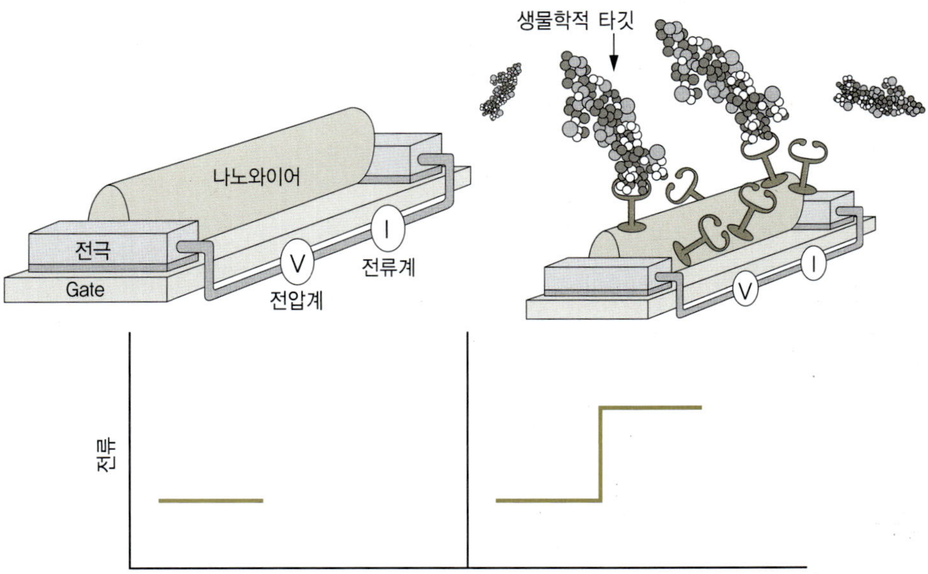

그림 11-9 • 나노와이어 F효과(field effect) 나노바이오센서와 생체물질과의 결합 후 전류의 변화

효소 센서란 특정한 기질만을 대상으로 반응하는 효소-기질 특이성과 전기화학분석의 신속성, 간편성을 조합함으로써 다양한 유기물을 포함하는 생체 시료 내의 특정한 물질

만을 선택적으로 신속히 측정할 수 있다. 이때 효소의 종류가 다양하고 여러 가지 반응을 조합할 수 있으므로 다양한 효소 센서를 개발할 수 있으며, 식품산업은 물론이고 의료계, 환경산업, 농업분야 등 각 분야에서의 활용과 발전이 기대된다.

최근 나노분야와 접목하여 보다 작은 물질 형태로, 즉 나노 크기 정도의 물질과 반응을 유도하여 특이성을 더욱 향상시키는 시도들이 이루어지고 있다. 탄소나노튜브(carbon nanotube) 등에 효소 또는 검출하고자 하는 물질만을 선택적으로 모니터링할 수 있는 시스템들이 소개되고 있어 향후 보다 정확한 분석이 가능할 것으로 기대된다.

나노와이어(nanowire)를 반도체의 통로로 이용하여 나노와이어에 결합한 인지 판별 능력이 있는 효소가 목적하는 물질과 결합한 뒤 전류상의 변화를 감지할 수 있도록 전환시켜 미지의 물질을 보다 선택적으로 정확하게 측정할 수 있음을 보여 주는 것이다(그림 11-9). 이처럼 새로운 나노분야와 효소분야가 서로 상호 보완적인 역할을 한다면 그 발전 가능성은 무한할 것이다.

1 다음 중 바이오센서가 아닌 것을 고르시오.

① 미생물 센서 ② 세포소기관 센서 ③ 조직 센서
④ 면역 센서 ⑤ 압력 센서

2 효소 센서를 비롯한 바이오센서에서 사용되는 변환기(transducer)가 변환시키는 대상이 아닌 것을 고르시오.

① DNA ② 전자 또는 전류 ③ 가스(산소, 암모니아)
④ $[H^+]$ ⑤ 열

3 효소 센서가 측정하는 대상물로 적절하지 못한 것을 고르시오.

① 반응물의 농도 ② 생성물의 농도 ③ 산소 농도
④ NAD 농도 ⑤ DNA 크기

4 포도당 센서를 구성하고 있는 요소가 만일 산소 전극, 선택성 막, 효소막, 투석막, 온도계, o-ring이라면 투석막을 장치해야 하는 이유가 무엇인지를 고르시오.

① 효소의 안전성을 유지하기 위해
② 효소의 고정화를 위해
③ 시료용액의 여러 성분들이 축적되는 파울링(fouling)현상을 막기 위해
④ pH에 대한 안정성을 유지하기 위해
⑤ 고정효소가 떨어지지 않기 위해

5 포도당 센서를 이용해 포도당을 측정하려 하는데 적절한 접근방법이 아닌 것을 고르시오.

① 반응물인 산소 농도의 변화량 ② 산소 농도의 감소속도(시간당 감소량)
③ 과산화수소 농도 변화량 ④ NAD^+의 생성량

6 슈크로스 센서를 제작하는 데 필요치 않은 효소를 고르시오.

① 인버테이스 ② 뮤타로테이스(mutarotase)
③ 포도당산화효소 ④ 글루코아밀레이스

연습 문제

7 바이오센서의 안정성을 유지하기 위해서(오랜 기간 사용하는 점에 초점) 어떤 방법이 바람직한 접근방법인지를 고르시오.

① 효소의 고정화를 잘해야 한다.
② 센서 보관 시 완충용액에 담가 보관한다.
③ 센서 보관 시 냉장고에 보관한다.
④ 사용 후 잘 씻어 보관한다.

8 젖당 센서를 제작하는 데 필요치 않은 것을 고르시오.

① 젖산수소제거효소
② 젖산산화효소
③ 산소 전극
④ 암모니아 전극

9 알코올 센서를 제작하는 데 필요치 않은 것을 고르시오.

① 알코올수소제거효소
② 알코올산화효소
③ NAD^+
④ CO_2 전극

정답 및 해설

01 ⑤	02 ①	03 ⑤	04 ③	05 ④
06 ④	07 ①	08 ④	09 ④	

제12장

생명정보학

1. 생명정보학의 소개

최근 분자생물학의 분야는 유전체(genome)와 관련된 과학 및 기술의 발전과 더불어 생물학적 정보를 다루는 생명정보학(bioinformatics) 분야의 폭발적인 성장을 이끌었다. 특정한 어떤 생물이 가지고 있는 유전정보를 '유전체'라고 하는데 'gene(유전자)'과 'chromosome(염색체)'의 합성어로, 일반적으로 DNA로 구성된 유전정보를 말한다. 유전체의 크기는 생명체 종류에 따라 다양한데 인간의 경우 30억 개가 넘는 염기쌍을 가지고 있다(표 12-1).

표 12-1 • 생물체에 따른 유전체의 크기

생물체	유전체의 크기(base pairs, bp)
바이러스(Epstein-Barr virus)	0.172×10^6
박테리아(*E. coli*)	4.6×10^6
효모(*S. cerevisiae*)	12.5×10^6
선충(*C. elegans*)	100.3×10^6
식물(애기장대 : *A. thaliana*)	115.4×10^6
초파리(*D. melanogaster*)	128.3×10^6
인간(*H. sapiens*)	3223×10^6

현재까지 인간의 유전체를 비롯하여 고세균(archaea), 박테리아(bacteria), 곰팡이(fungi), 식물 및 동물에 이르기까지 다양한 유전체정보가 밝혀졌으며 앞으로 이러한 정보는 기하급수적으로 증가할 것으로 예상된다. 따라서 이와 같은 방대한 양의 데이터를 저장, 구성 및 식별하고 이를 확인, 분석하기 위한 전문화된 도구 및 전산화된 데이터베이스가 절대적으로 필요하게 되었고, 이것은 생명정보학이 탄생하게 된 동기가 되었다. 따라서 생명정보학은 생물학뿐만 아니라 화학, 전산학, 공학, 수학, 의학, 식품학 등 다양한 학문이 서로 협력하는 실질적인 융합학문이라 할 수 있다. 여기에서는 생명정보학에 대한 간단한 소개와 함께 식품효소학에 적용할 수 있는 예제를 중심으로 생명정보학에 대한 기본적인 이해를 돕고자 한다.

1) 바이오 정보

지구상에 존재하는 생명체들은 각자의 형태와 성질을 가지며 이를 형질(characteristics)이라 한다. 생명체들이 개체 분화를 하면서 이러한 형질이 다음 세대로 전달되는 것을 유전(heredity)이라 한다. 형질이 유전되기 위해서는 형질에 관한 정보가 유전되어야 하며, 이를 유전정보라 한다. 일반적으로 생명체의 유전정보는 DNA에 저장되어 있다. 특정 유전자로부터 생산되는 단백질의 종류는 DNA의 뉴클레오타이드순서에 의하여 결정되며 효소 또한 단백질의 한 종류이므로 유전자의 뉴클레오타이드순서에 의하여 그 구조 및 기능이 결정된다. 즉, 유전자의 뉴클레오타이드순서는 효소단백질의 아미노산순서를 결정하게 되며 세포가 가지고 있는 염색체에 포함된 유전자의 종류에 따라 생산되는 효소의 종류가 결정되는 것이다. 따라서 생명정보학에서 다루는 바이오 정보(biological information)는 바로 DNA의 뉴클레오타이드순서 및 단백질의 아미노산순서가 그 기본이 된다.

유전자의 뉴클레오타이드순서는 아데닌(A), 구아닌(G), 티민(T), 사이토신(C)의 네 가지 종류의 뉴클레오타이드로 구성되어 있으며 중심이론(central dogma)에 따라 전사(transcription) 및 번역(translation)의 과정을 거쳐 단백질이 생산된다. 이 과정은 '제1부 3장'에 상세히 서술되어 있다. 유전자의 뉴클레오타이드순서로부터 단백질의 아미노산순서를 알아내기 위해서는 뉴클레오타이드순서가 tRNA에 의하여 아미노산으로 번역되는 규칙을 알고 있어야 한다. 즉, 3개의 뉴클레오타이드가 모여 하나의 아미노산에 대응되며 이를 코돈(codon)이라 한다. 총 4개의 뉴클레오타이드로 만들어질 수 있는 코돈의 종류는 모두 64개(= 4^3)이며 이 중 종결코돈 3개를 제외한 나머지 61개가 각각의 아미노산과 대응되어 있다(그림 3-7 참고). 이 규칙을 이용하면 유전자의 DNA 뉴클레오타이드순서로부터 단백질 또는 효소를 구성하는 아미노산의 순서를 유추할 수 있다. 그러나 단백질의 아미노산순서에 관한 정보는 단지 단백질을 구성하는 아미노산의 배열순서만을 알려줄 뿐 단백질의 종류 및 기능에 관한 자세한 정보는 알 수 없다. 생명정보학은 축적된 바이오 정보를 활용하여 이와 관련된 다양한 정보를 알려 주는 기능을 수행하게 된다.

2) 사람유전체사업

1953년 미국의 James D. Watson과 영국의 Francis Crick에 의하여 DNA의 이중나선 구조가 밝혀진 이후, 분자생물학에 대한 연구는 매우 활발히 진행되어 왔다. 인간의 모든 유전정보를 가지고 있는 총 30억 개에 달하는 인간 유전체의 뉴클레오타이드순서를 분석하려는 시도는 1988년 미국에서 논의가 시작되어 많은 논쟁 끝에 1990년 미국 외에 18개국 350여 개 연구소가 참여한 사람유전체사업 컨소시엄(The Human Genome Organization, HUGO)이 구성되어 2005년까지 15년간 사람 유전체의 유전자지도 완성을 목표로 사람유전체사업(human genome project)이 시작되었다(표 12-2). 그러나 사람유전체사업에 참여했던 J. Craig Venter 박사가 1998년에 민간기업 셀레라 지노믹스(Celera

표 12-2 • 사람유전체사업의 연표

연도	업적
1953	DNA의 3차 구조 규명(J. D. Watson & F. Crick)
1975	DNA의 뉴클레오타이드순서 분석방법 개발(F. Sanger, A. Maxam & W. Gilbert)
1977	박테리오파지 ΦX-174의 뉴클레오타이드순서 분석(완성된 최초의 유전체)
1981	인간의 미토콘드리아 DNA 뉴클레오타이드순서 분석(16,569bp)
1990	국제적 사람유전체사업 시작(15년 내 완료 목표)
1995	*Haemophilus influenzae* 유전체의 뉴클레오타이드순서 분석(박테리아 최초의 유전체 분석)
1996	효모(yeast) 유전체의 뉴클레오타이드순서 분석(진핵생물 최초의 유전체 분석)
1998	셀레라 지노믹스사에서 2001년까지 인간 유전체의 분석 완료 가능 공표
1999	노랑초파리(*Drosophila melanogaster*)의 유전체분석 완료(셀레라 지노믹스사)
1999	사람유전체사업 목표 연도 수정(2001년까지 인간유전체의 초안 작성, 95% 이상의 정확도로 90%의 유전자분석 완료 목표)
2000	인간 유전체의 뉴클레오타이드순서 초안 완료 공동선언
2003	인간 유전체의 뉴클레오타이드순서 분석 완료

Genomics)를 설립하여 독자적으로 2001년까지 3년 내에 사람 유전체의 뉴클레오타이드순서를 모두 풀겠다고 공개경쟁을 선언한 이후 민간 대 공공사업의 경쟁 구도로 진행되었다. 사람 유전체의 유전자지도가 밝혀지면 인간에게 생기는 질병에 대한 근본적인 원인 분석 및 치료가 가능하기 때문에 사람 유전체의 유전자에 대한 특허를 확보할 경우 이를 상업적으로 이용하면 막대한 이득을 기대할 수 있기 때문이었다. 민간기업의 사람 유전체 유전자에 대한 특허 취득을 막기 위하여 학계에서는 단편적인 유전자정보를 인터넷에 공개하면서 이들의 경쟁은 점점 치열해져 갔다. 그러나 2000년 3월 미국의 클린턴 대통령과 영국의 블레어 총리가 사람 유전체의 분석 결과를 인터넷에 공개하겠다고 선언하였고, 같은 해 6월 26일 공동기자회견에서 사람유전체사업 그룹과 셀레라 지노믹스사는 사람 유전체의 초안 작성을 완료하였음을 공동으로 발표하면서 이들의 경쟁은 결국 무승부로 끝이 나게 되었다. 세계의 언론들은 사람유전체사업의 쾌거를 앞다투어 보도하였고 《사이언스(Science 291 : 1304~1351, 2001)》와 《네이처(Nature 409 : 860~921, 2001)》에 사람 유전체의 뉴클레오타이드순서가 발표되었다(그림 12-1).

사람유전체사업은 제2차 세계대전 때 원자폭탄을 제조하였던 맨해튼 프로젝트, 달에 인간을 보낸 우주 프로젝트와 더불어 지난 100년간 역사적으로 가장 사회적 파장이 컸던 과학기술로 인정받고 있을 만큼 그 중요성이 크다고 할 수 있다. 인간 유전체의 해독을 통하여 인간의 유전자를 전체적으로 파악할 수가 있으며 그중에서 결함이 있는 유전자를 수정하고 기능을 보완하는 등의 생물공학적 접근이 가능해짐으로써 질병에 관련된 유전자를 진단하고 치료하는 의료기술에 적용될 수 있다. 또한 인간 유전체의 뉴클레오

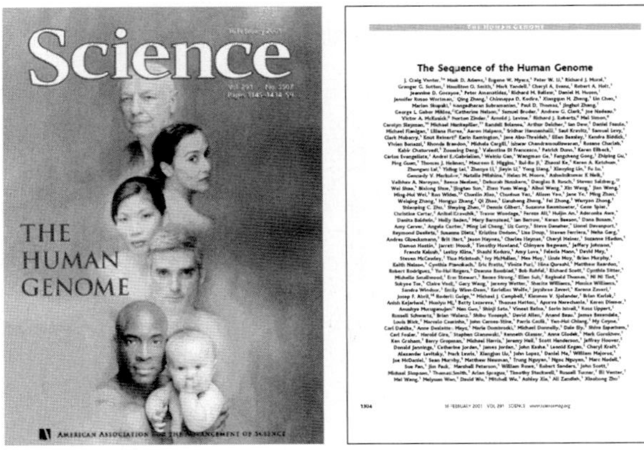

그림 12-1 • 《사이언스》에 발표된 인간 유전체의 뉴클레오타이드순서
자료 : Science 291 : 1304~1351, 2001

타이드순서를 서로 비교함으로써 인류 집단 간의 비교 및 인류의 기원에 대한 정확한 연구가 가능해지고, 다른 생명체와의 비교를 통해서 인류의 진화에 대한 보다 구체적인 해답을 찾을 수 있을 것으로 기대하고 있다. 그러나 뉴클레오타이드순서를 모두 밝혀냈다고 하여도 당장에 모든 유전정보를 알아낼 수 있는 것은 아니다. 먼저 이들 중 어느 부분이 단백질 아미노산순서 정보를 가지고 있는지를 확인해야 하며, 얻어진 아미노산순서를 바탕으로 해당 단백질의 기능 유추 분석이 이어져야 한다. 인간의 유전체 분석이 완료되면서 이와 관련된 방대한 양의 데이터를 효율적으로 처리, 분석, 저장 및 관리할 수 있는 체계적인 도구가 필요하게 되었으며 이것이 바로 생명정보학이 태동하게 된 이유이다.

2. 생명정보학의 활용

현재까지 인간의 유전체정보뿐만 아니라 다양한 생명체의 유전체 및 유전자와 단백질에 대한 정보가 발표되었으며 앞으로도 엄청난 양의 데이터가 축적될 것으로 예상된다. 예를 들어 대표적인 유전자은행 중의 하나인 GenBank에는 2013년 기준으로 1,500억 개의 뉴클레오타이드순서가 축적되어 있으며 자료가 대략 18개월 주기로 두 배로 기하급수적으로 늘어나고 있다. 완성된 유전체 프로젝트의 결과를 비롯하여 전 세계 연구자들이 밝혀낸 뉴클레오타이드순서에 대한 정보는 대부분 인터넷의 포털사이트에 공개되어 있으며 누구라도 쉽게 원하는 자료를 검색하고 분석할 수 있도록 서비스를 제공하고 있다. 인터넷을 통하여 여러분이 얻을 수 있는 바이오 정보로는 DNA의 뉴클레오타이드순서, 단백질의 아미노산순서, 단백질의 구조 및 기능, 대사 경로에서 어느 특정 단백질의 발현 및 제어 패턴 등이 있으며 관련된 웹사이트도 매우 다양하다. 예를 들어 여러분에게 어떤 DNA 뉴클레오타이드순서 전체 또는 일부분이 주어졌을 때 이와 가장 유사한 뉴클레오타이드순서 또는 이로부터 유추된 아미노산순서를 데이터베이스로부터 검색할 수 있으며 해당 단백질의 기능도 유추할 수 있다. 또한 유사한 단백질과 순서를 비교하여 유사성을 검토할 수 있으며 이를 바탕으로 서로의 상관관계를 보여 주는 계통수(phylogenic tree)를 그릴 수 있다. 아직 그 기능이 완벽하지는 않지만 이미 규명된 유사 단백질의 3차 구조를 참고하여 구조를 모르는 단백질의 입체구조 모델까지도 인터넷을 통하여 얻을 수 있다.

식품효소와 관련된 DNA의 뉴클레오타이드순서 및 단백질에 대한 매우 유익한 정보도

인터넷을 통하여 편리하게 얻을 수 있으며, 이 책에서는 여러분이 알고 있으면 유용한 기본적인 활용방법을 예시와 함께 제시하여 생명정보학에 대한 이해를 돕고자 한다.

1) DNA 뉴클레오타이드순서 및 단백질 아미노산순서의 데이터 은행

DNA 뉴클레오타이드순서의 데이터베이스를 구축한 전 세계적으로 대표적인 3개의 유전자은행은 미국의 GenBank(www.ncbi.nlm.nih.gov/Genbank/index.html), 유럽의 EMBL (European Molecular Biology Laboratory: www.ebi.ac.uk) 그리고 일본의 DDBJ(DNA DataBank of Japan: www.ddbj.nig.ac.jp)를 들 수 있다. 이들 3개의 기관은 상호 협정(International Nucleotide Sequence Database Collaboration: www.insdc.org)을 맺어 각자 가지고 있는 데이터베이스를 서로 교환 및 공유하여 연구자에게 편의를 제공하고 있다.

단백질의 아미노산순서는 대부분 유전자의 뉴클레오타이드순서 번역 과정을 통하여 결정되며 이와 관련된 정보는 UniProt(United Protein Database: www.uniprot.org)에서 검색할 수 있다. UniProt은 SWISS-PROT, PIR(The Prctein Identification Resource) 그리고 TrEMBL(Translated EMBL)의 데이터베이스가 서로 합병되어 만들어진 데이터 은행이다.

인터넷을 통하여 위에서 언급한 데이터 은행에 접속할 수 있으며 특정 순서 검색, 유사순서 검색, 순서 비교 및 분석 등의 작업을 수행할 수 있다. 여러분이 컴퓨터 및 인터넷에 익숙한 상태이고 지금 인터넷에 접속할 수 있는 환경이라는 가정하에 다음의 예시를 통하여 데이터베이스의 기본 활용법을 직접 경험하여 보자.

2) 원하는 순서의 검색

만약 여러분에게 사람의 이자에서 분비되는 α-아밀레이스(pancreatic α-amylase)의 아미노산순서를 구하는 과제가 주어졌다고 가정하자. 여러분은 우선 인터넷에 있는 데이터 은행에 접속하여 원하는 정보를 찾고자 할 것이다. 여기에서는 'UniProt'을 이용하여 필요한 아미노산순서를 검색하는 방법을 알아보기로 한다.

- 인터넷에서 'http://www.uniprot.org'에 접속한다.
- 페이지 상단의 검색창에 'human pancreatic alpha-amylase'를 입력한 후 검색을 수행한다.
- 검색 결과 중 'AMYP_HUMAN'을 선택하여 접속번호(P04746)를 클릭하면 인간의 이자 α-아밀라제와 관련된 자세한 정보가 표시된다.

- 오른쪽 상단의 'FASTA' 단추를 클릭하면 다음과 같은 결과를 얻을 수 있다.

```
>sp|P04746|AMYP _ HUMAN Pancreatic alpha-amylase ......
MKFFLLLFTIGFCWAQYSPNTQQGRTSIVHLFEWRWVDIALECERYLAPKGFGGVQVSPPNENVAIYNPFRP
WWERYQPVSYKLCTRSGNEDEFRNMVTRCNNVGVRIYVDAVINHMCGNAVSAGTSSTCGSYFNPGSRDFPAV
PYSGWDFNDGKCKTGSGDIENYNDATQVRDCRLTGLLDLALEKDYVRSKIAEYMNHLIDIGVAGFRLDASKH
MWPGDIKAILDKLHNLNSNWFPAGSKPFIYQEVIDLGGEPIKSSDYFGNGRVTEFKYGAKLGTVIRKWNGEK
MSYLKNWGEGWGFVPSDRALVFVDNHDNQRGHGAGGASILTFWDARLYKMAVGFMLAHPYGFTRVMSSYRWP
RQFQNGNDVNDWVGPPNNNGVIKEVTINPDTTCGNDWVCEHRWRQIRNMVIFRNVVDGQPFTNWYDNGSNQ
VAFGRGNRGFIVFNNDDWSFSLTLQTGLPAGTYCDVISGDKINGNCTGIKIYVSDDGKAHFSISNSAEDPFIA
IHAESKL
```

- 첫 번째 줄은 순서의 기본적 정보를 보여 주며, 두 번째 줄부터 우리가 원하는 단백질의 아미노산순서를 얻을 수 있다.

FASTA 형식은 DNA 뉴클레오타이드순서이나 단백질의 아미노산순서를 표시하는 가장 보편적인 방법 중의 하나로 많은 응용프로그램에서 FASTA 형식을 사용하고 있다. FASTA 형식에서 첫 번째 줄은 '>'로 시작하며 순서에 대한 기본적인 정보를 알려 준다. 위의 경우 'sp|P04746'은 데이터베이스의 출처가 SWISS-PROT이며 접속번호(accession number)가 P04746임을 나타낸다. 'AMYP_HUMAN'은 등록된 이름(entry name)을, 'Pancreatic alpha-amylase'는 단백질의 종류에 대한 정보를 알려 준다. 두 번째 줄부터는 순서에 대한 구체적인 정보가 표시되며 이때 한 글자는 하나의 아미노산 잔기에 해당한다. 예를 들어 'M'은 메싸이오닌, 'K'는 라이신을 의미하며 보다 자세한 내용은 '제3장 세포 내에서 효소의 생합성' 〈그림 3-7〉을 참고하기 바란다.

3) 여러 순서의 유사성 분석

두 개 이상의 유전자를 가지고 있다면 이들 유전자의 뉴클레오타이드순서를 서로 비교함으로써 다양한 정보를 얻을 수 있다. 즉 순서들 간의 유사성, 서로 대응되는 잔기끼리의 유사성, 상동부위 확인, 진화론적 관계 등에 관한 정보를 얻을 수 있으며 순서 간의 상호 관련성을 규명하는 데 많은 도움을 준다.

여기에서는 앞에서 검색한 인간의 이자 α-아밀레이스의 아미노산순서를 돼지 및 쥐의 이자 α-아밀레이스와 비교하여 그 유사성을 다중순서정렬 프로그램(multiple sequence alignment program)의 하나인 'CLUSTALW2'를 이용하여 분석해 보기로 한다.

- 우선 'UniProt'의 검색창에서 'pig pancreatic alpha-amylase'와 'mouse pancreatic alpha-amylase'에 대한 검색을 수행한 후 'AMYP_PIG'와 'AMYP_ MOUSE'를 선택하여 각각의 아미노산순서를 FASTA 형식으로 얻는다.

```
>sp|P00690|AMYP _ PIG Pancreatic alpha-amylase ......
MKLFLLLSAFGFCWAQYAPQTQSGRTSIVHLFEWRWVDIALECERYLGPKGFGGVQVSPPNENIVVTNPSRP
WWERYQPVSYKLCTRSGNENEFRDMVTRCNNVGVRIYVDAVINHMCGS......

>sp|P00688|AMYP _ MOUSE Pancreatic alpha-amylase ......
MKFVLLLSLIGFCWAQYDPHTSDGRTAIVHLFEWRWVDIAKECERYLAPKGFGGVQVSPPNENVVVHNPSRP
WWERYQPISYKICTRSGNEDEFRDMVTRCNNVGVRIYVDAVINHMCGA......
```

- 인터넷에서 'http://www.ebi.ac.uk/clustalw/'에 접속한다.
- 하단의 입력창에 앞에서 검색한 세 가지 서열(AMYP_HUMAN, AMYP_PIG, AMYP_MOUSE)을 FASTA 형식으로 모두 입력한다.
- 'RUN'을 클릭하여 프로그램을 수행하면 세 가지 순서를 비교·분석한 결과가 표시된다.
- 'Scores Table'은 두 순서 간의 유사성을 점수로 표시한 것이며 점수가 높을수록 서로 간의 유사성이 높다고 할 수 있다.
- 순서 간의 정렬 결과는 'Alignment'에서 확인할 수 있으며 다음과 같이 표시된다.

```
CLUSTAL 2.0.11 multiple sequence alignment

AMYP_HUMAN      MKFFLLLFTIGFCWAQYSPNTQQGRTSIVHLFEWRWVDIALECERYLAPKGFGGVQVSPP 60
AMYP_PIG        MKLFLLLSAFGFCWAQYAPQTQSGRTSIVHLFEWRWVDIALECERYLGPKGFGGVQVSPP 60
AMYP_MOUSE      MKFVLLLSLIGFCWAQYDPHTSDGRTAIVHLFEWRWVDIAKECERYLAPKGFGGVQVSPP 60
                **:.***  :******* *:*..***:************* ******.************

AMYP_HUMAN      NENVAIYNPFRPWWERYQPVSYKLCTRSGNEDEFRNMVTRCNNVGVRIYVDAVINHMCGN 120
AMYP_PIG        NENIVVTNPSRPWWERYQPVSYKLCTRSGNENEFRDMVTRCNNVGVRIYVDAVINHMCGS 120
AMYP_MOUSE      NENVVVHNPSRPWWERYQPISYKICTRSGNEDEFRDMVTRCNNVGVRIYVDAVINHMCGA 120
                ***:.: ** *********:***:*******:***:***********************

AMYP_HUMAN      AVSAGTSSTCGSYFNPGSRDFPAVPYSGWDFNDGKCKTGSGDIENYNDATQVRDCRLTGL 180
AMYP_PIG        GAAAGTGTTCGSYCNPGNREFPAVPYSAWDFNDGKCKTASGGIESYNDPYQVRDCQLVGL 180
AMYP_MOUSE      GNPAGTSSTCGSYLNPNNREFPAVPYSAWDFNDNKCN---GEIDNYNDAYQVRNCRLTGL 177
                . .***.:***** **..*:*******.*****.**:   * *:.***. ***:*:*.**

(생략)
```

- 이 결과에서 순서 아래에 표시되어 있는 '*' 기호는 모든 순서에서 동일한 아미노산으로 보존되어 있음을 뜻하며 ':' 기호는 물리화학적으로 매우 유사한 아미노산으로, '.' 기호는 비교적 유사한 아미노산으로 유지되어 있음을 뜻한다. 순서 중 '–'기호는 갭(gap)을 나타내며 해당되는 부위는 진화 과정에서 삭제(deletion)된 것으로 추측할 수 있다.

위의 결과를 보면 인간, 돼지, 그리고 쥐의 이자 α-아밀레이스는 유사성이 매우 높음을 알 수 있다. 순서 중간에 삭제된 부위(gap)가 있지만 거의 80%의 아미노산이 동일하고 유사한 아미노산까지 포함할 경우 95% 이상의 상동성(homology)이 있으므로 이 세 가지 효소는 서로 동일한 효소단백질로부터 진화되었을 가능성이 높다고 할 수 있을 만큼 매우 유사한 단백질임을 알 수 있다. 이와 같이 여러 순서의 유사성을 분석하면 순서 상호간의 관계를 보다 정확하게 규명할 수 있으며 단백질끼리의 구조적 유사성, 기능적 유사성, 진화적 유사성 등을 파악할 수 있는 중요한 정보를 얻을 수 있다.

4) 주어진 순서와 유사한 순서의 검색

지금까지 우리는 이미 알고 있는 DNA 뉴클레오타이드순서 또는 단백질 아미노산순서를 상호 비교하고 분석하는 방법에 대해 간단한 예시를 통하여 알아보았다. 이번에는 우리가 가지고 있는 정보(DNA 뉴클레오타이드순서 또는 단백질 아미노산순서)를 이용하여 Genbank 데이터베이스를 검색하여 유사한 순서를 가지는 DNA 또는 단백질의 정보를 얻음으로써 가지고 있는 정보의 의미를 알아낼 수 있다. 즉, 우리가 가지고 있는 정보만으로는 해당 단백질 또는 해당 DNA가 암호화한 단백질의 기능을 알 수 없지만, 데이터베이스 검색을 통해서 기존에 기능이 알려진 단백질과의 아미노산순서 유사성을 바탕으로 보유한 DNA에서 얻을 수 있는 단백질 또는 가지고 있는 단백질의 기본적인 기능을 대략적으로 유추할 수 있다.

Genbank와 같은 유전체 데이터베이스의 검색은 웹(web) 기반으로 구축되어 있어 모든 사용자가 무료로 사용할 수 있다. 가장 많이 사용되는 분석방법은 미국 국립생물공학정보센터(National Center for Biotechnology Information)에서 제공하는 BLAST(Basic Local Alignment Serach Tool)이다. 인터넷에서 'http://blast.ncbi.nlm.nih.gov/'에 접속하면 〈그림 12-2〉와 같은 첫 페이지로 이동한다. 첫 페이지에 보이는 분석도구 아이콘 중

'nucelotide BLAST'는 DNA 뉴클레오타이드순서를 비교하여 유사한 순서를 가지는 DNA 정보를 받는 메뉴이고, 'Protein BLAST'는 단백질의 아미노산순서를 입력하여 유사한 아미노산순서를 가지는 단백질 정보를 얻는 데 사용된다. 'Blastx'는 DNA 뉴클레오타이드순서를 입력하면 5′→3′ 방향으로 3개의 번역프레임(translation frame, 즉 첫 번째 뉴클레오타이드부터 코돈을 읽는 프레임, 두 번째 뉴클레오타이드부터 코돈을 읽는 프레임 및 세 번째 뉴클레오타이드부터 코돈을 읽는 프레임) 3′→5′ 방향으로의 3개의 번역프레임, 총 6개의 번역프레임으로부터 얻을 수 있는 여러 개의 아미노산순서를 이용하여 단백질 데이터베이스를 검색하고, 이와 유사한 아미노산순서를 가지는 단백질의 정보를 얻는 방법이다. 마지막으로 'tblastn'은 blastn과는 반대로 아미노산순서를 입력하면 앞의 〈그림 3-7〉에서 나타난 코돈을 활용하여 입력한 아미노산의 순서를 암호화(coding)하는 DNA 뉴클레오타이드순서를 만들고 이를 DNA 데이터베이스에서 검색하여 유사한 뉴클레오타이드순서를 가지는 DNA 정보를 얻는 분석방법이다.

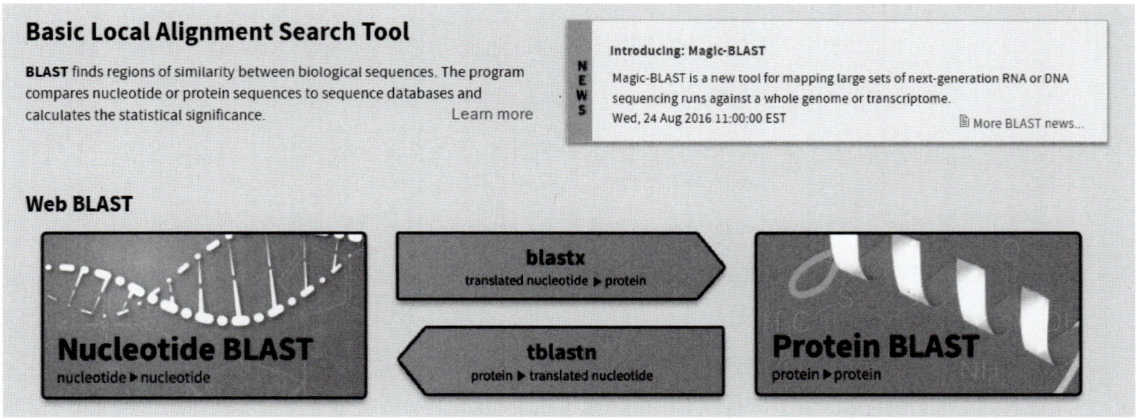

그림 12-2 • BLAST 웹페이지 첫 화면

표 12-3 • BLAST 분석 도구 및 기능

분석 도구	입력값	결과값
Nucleotide BLAST	DNA 뉴클레오타이드순서	입력값과 유사한 DNA 뉴클레오타이드순서를 가지는 DNA 정보
protein BLAST	단백질 아미노산순서	입력값과 유사한 단백질 아미노산순서를 가지는 단백질 정보
blastx	DNA 뉴클레오타이드순서	입력값에서 번역을 통해 얻어지는 단백질과 유사한 아미노산순서를 가지는 단백질 정보
tblastn	단백질 아미노산순서	입력값을 암호화하는 유전자와 유사한 DNA 뉴클레오타이드순서를 가지는 DNA 정보

기능을 알지 못하는 단백질의 아미노산순서를 바탕으로 'BLAST' 분석을 통해서 단백질의 기능을 알아보도록 하자.

```
> Unknown sequence
AGGRNVPPAVQKVSQASIDQSRQMKYQSFNEYRKRFMLKPYESFEELTGEKEMSAELEALYGDIDAVELYPAL
LVEKPRPDAIFGETMVEVGAPFSLKGLMGNVICSPAYWKPSTFGGEVGFQIINTASIQSLICNNVKGCPFTSF
SVPDPELIKTVTINASSSRSGLDDINPTVLLKER
```

- 우리가 가지고 있는 정보가 단백질의 아미노산순서이므로 'Protein BALST'를 선택한다.
- 상단의 입력창에 우리가 가지고 있는 미지의 순서를 입력한 후 하단의 'BLAST'를 클릭한다.
- 검색 결과는 'Graphic Summary', 'Description', 'Alignments'로 창이 구분되어 표시된다.
- 'Graphic Summary' 창에는 입력된 순서를 기존에 알려진 단백질의 도메인(domain)과 비교하여 가장 유사한 도메인과 그 도메인이 속한 패밀리(family)에 대한 정보를 알려 준다. 이 정보로부터 미지의 단백질 종류 및 기능을 짐작할 수 있으며, 우리가 입력한 아미노산순서는 아래와 같이 과산화효소(peroxidase) 계열의 효소임을 알 수 있다.

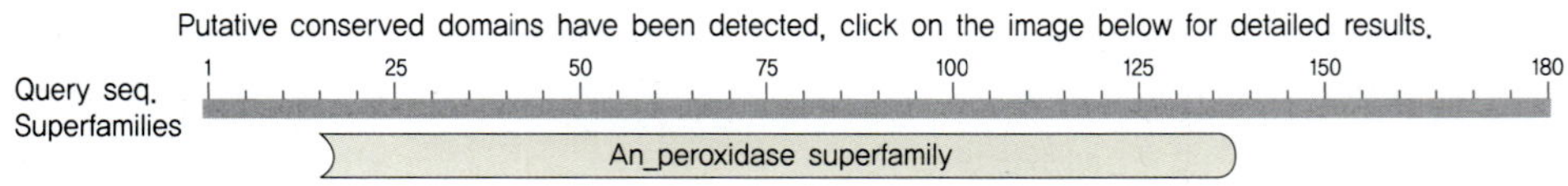

- 'Description' 창에는 입력된 순서와 동일하거나 유사한 단백질의 검색 결과를 다음과 같이 확인할 수 있으며 가장 높은 유사성을 가지는 단백질이 맨 위에 표시되어 있다.

Description	Max score	Total score	Query cover	E value	Ident	Accession
prostaglandin G/H synthase 2 [Gorilla gorilla gorilla]	371	371	100%	2e-124	100%	XP_004028113.1
prostaglandin G/H synthase 2 [Pan troglodytes]	371	371	100%	2e-124	100%	XP_524999.3
cyclooxygenase-2 [Homo sapiens]	371	371	100%	3e-124	100%	AAA58433.1
prostaglandin G/H synthase 2 precursor [Homo sapiens]	370	370	100%	3e-124	100%	NP_000954.1
endoperoxide synthase type II [Homo sapiens]	369	369	100%	1e-123	99%	AAA35803.1

중략

prostaglandin synthase [Mus musculus]	318	318	100%	1e-103	85%	AAA39918.1
Ptgs2 protein [Mus musculus]	316	316	100%	3e-103	84%	AAH52900.1
prostaglandin G/H synthase 2 precursor [Cavia porcellus]	317	317	100%	3e-103	83%	NP_001166478.1
cyclooxygenase-2 [Rattus norvegicus]	317	317	100%	4e-103	84%	AAF36986.1
prostaglandin synthase [Mus musculus]	317	317	100%	5e-103	84%	AAA39924.1

생략

- 검색을 통해서 알고 있는 단백질의 아미노산순서는 'prostaglandin G/H synthase 2' 또는 'cyclooxygenase-2'의 아미노산순서와 매우 높은 유사성을 가지고 있음을 알 수 있으며, 보유한 단백질의 기능이 이들과 동일할 것으로 예상할 수 있다.
- BLAST 검색 결과의 유의성을 판단하기 위해서는 'Query cover'와 'Ident'에 나타난 퍼센트를 살펴봐야 한다. 'Query cover'는 입력한 아미노산순서의 어느 정도가 데이터베이스의 아미노산순서와 비교되었는가를 나타내며 'Ident'는 비교된 아미노산순서의 유사성을 알려 준다. 위에 나타난 분석 결과의 마지막 결과를 보면 ***Mus musculus*** 유래의 프로스타글란딘합성효소(prostaglandin synthase)는 입력한 아미노산순서 전체와 비교해서 84%의 유사성을 가진다는 뜻이므로, 검색된 단백질과 거의 동일한 기능의 단백질이라는 정보를 얻을 수 있다. 하지만 예를 들어 'Ident'는 100%이지만 'Query cover'가 30% 수준이라면 검색된 단백질과 유사한 기능의 단백질이라는 결론을 내리기는 어렵다.
- 데이터베이스에서 검색된 유전자 혹은 단백질의 정보를 얻으려면 'Accession'을 클릭하면 데이터베이스 페이지로 이동하며, 입력한 아미노산과의 유사성 비교 결과를 자세히 보고 싶을 때는 'Description'을 선택하면 'Alignment' 창에 있는 아미노산순서 비교 위치로 이동한다.
- 'Alignment' 창에서는 입력된 순서와 검색된 순서를 상호 정렬한 자료를 보여 주며 그 유사성이 얼마나 높은지 직접 확인할 수 있다. 앞서 나온 분석 결과 중 호모사피엔스(Homo sapiens) 유래의 고리형 산소화효소-2(cyclooxygenase-2)를 선택하면 아래와 같은 아미노산순서 비교 분석 결과를 볼 수 있다. 'Query'는 우리가 입력한 순서를 의미하며 'Sbjct'는 검색된 순서를 의미한다. 표시 양식은 앞에서 다룬 'CLUSTALW2'의 결과와 유사하다. 즉, 정렬된 두 개의 순서에서 동일한 아미노산으로 보존되어 있을 경우 가운데 줄에 해당 아미노산이 표시되며 유사한 특성의 아미노산일 경우는 '+', 관련이 없을 경우는 공란으로 표시된다. 갭(gap)은 '-'로 표시된다.

```
cyclooxygenase-2 [Homo sapiens]
Sequence ID:AAA58433.1 Length:604 Number of Matches: 1
Score = 371 bits (952), Expect = 3e-124, Method: Compositional matrix adjust.
Identities = 180/180 (100%), Positives = 180/180 (100%), Gaps = 0/180 (0%)

Query 1    AGGRNVPPAVQKVSQASIDQSRQMKYQSFNEYRKRFMLKPYESFEELTGEKEMSAELEAL  60
           AGGRNVPPAVQKVSQASIDQSRQMKYQSFNEYRKRFMLKPYESFEELTGEKEMSAELEAL
Sbjct 421 AGGRNVPPAVQKVSQASIDQSRQMKYQSFNEYRKRFMLKPYESFEELTGEKEMSAELEAL 480

Query 61   YGDIDAVELYPALLVEKPRPDAIFGETMVEVGAPFSLKGLMGNVICSPAYWKPSTFGGEV 120
           YGDIDAVELYPALLVEKPRPDAIFGETMVEVGAPFSLKGLMGNVICSPAYWKPSTFGGEV
Sbjct 481 YGDIDAVELYPALLVEKPRPDAIFGETMVEVGAPFSLKGLMGNVICSPAYWKPSTFGGEV 540

Query 121 GFQIINTASIQSLICNNVKGCPFTSFSVPDPELIKTVTINASSSRSGLDDINPTVLLKER 180
           GFQIINTASIQSLICNNVKGCPFTSFSVPDPELIKTVTINASSSRSGLDDINPTVLLKER
Sbjct 541 GFQIINTASIQSLICNNVKGCPFTSFSVPDPELIKTVTINASSSRSGLDDINPTVLLKER 600
```

이상으로 생명정보학과 관련된 기본적인 내용과 예시를 통한 간단한 활용법을 공부하였다. 이 내용을 바탕으로 여러분이 필요에 따라 다양한 활용법을 익혀 보기 바란다. 여기서 소개한 인터넷 주소는 하나의 예시일 뿐이며 유사한 기능을 수행할 수 있는 다양한 홈페이지가 공개되어 있으므로 여러분에게 적절한 곳을 선정하여 활용하기 바란다.

생명정보학은 여기서 소개한 내용보다 훨씬 다양하고 복잡한 학문이며 쏟아지는 다양한 바이오 정보와 함께 앞으로 폭발적인 성장이 예상되는 학문분야이다. 생명정보학이 앞으로 우리가 궁금해 하는 생명현상의 궁극적 이치를 논리적으로 규명하는 데 얼마나 기여할지 관심을 가지고 지켜보는 것도 매우 흥미로운 일이 될 것이다.

연습 문제

1 생명정보학(bioinformatics)은 최근 분자생물학의 발전과 더불어 급속한 성장을 보이고 있는 융합학문분야이다. 생명정보학과 가장 관련이 없는 학문분야를 고르시오.

① 생물학 ② 전산학 ③ 수학
④ 물리학 ⑤ 의학

2 생명정보학이 급속한 발전을 이루는 계기가 된 가장 중요한 사건이 무엇인지 고르시오.

① DNA의 이중나선구조 규명
② DNA의 뉴클레오타이드순서 분석법 개발
③ 인간의 미토콘드리아 DNA 뉴클레오타이드순서 분석
④ DNA 증폭기술(PCR)의 개발
⑤ 사람유전체사업의 완성

3 생명정보학이 다루는 바이오 정보(biological information)와 가장 거리가 먼 항목을 고르시오.

① DNA의 뉴클레오타이드순서 ② 단백질의 아미노산순서
③ 중성지방질 중 지방산의 구조 ④ 대사 경로 중 특정 단백질의 발현 패턴
⑤ 효소 억제제(inhibitor)

4 단백질의 아미노산순서를 FASTA 형식으로 표시할 경우 아미노산은 하나의 영어 글자로 표시된다. 다음의 글자에 해당하는 아미노산을 적으시오.

① D : ( ) ② K : ( ) ③ Q : ( )
④ Y : ( ) ⑤ R : ( )

5 우리는 생명정보학을 활용하여 원하는 단백질의 아미노산순서를 손쉽게 얻을 수 있다. 식품의 원료로 많이 사용하는 맥아에 들어 있는 대표적인 효소인 β-아밀레이스(β-amylase, EC 3.2.1.2)의 아미노산순서를 적절한 웹 사이트에서 검색하여 FASTA 형식으로 나타내시오.

6 한국의 전통음식인 젓갈류에서 분리한 미생물로부터 혈전용해활성이 있는 효소를 분리하였다. 효소의 종류를 동정하기 위하여 효소를 분리한 후 단백질 일부분의 아미노산순서를 분석한 결과는 보기와 같다. 이 효소와 가장 유사한 효소의 종류 및 그 기능을 적절한 웹 사이트에서 검색하여 제시하시오. 또한 검색한 효소의 전체 아미노산순서를 FASTA 형식으로 나타내시오.

〈보기〉 >N-terminal amino acid sequence
KDEKEIEWNINRVDAPKAWK

7 엿당생성아밀레이스(maltogenic amylase, EC 3.2.1.133)는 녹말을 가수분해하여 엿당을 생산하고, 사이클로덱스트린가수분해효소(cyclodextrinase, EC 3.2.1.54)는 사이클로덱스트린(cyclodextrin)을 가수분해하여 올리고당을 생산하며, 그리고 네오플룰라네이스(neopullulanase, EC 3.2.1.135)는 풀루란(pullulan)을 가수분해하여 말토트라이오스(maltotriose)의 이성질체인 파노스(panose)를 생산하는 효소로 잘 알려져 있다. 그러나 이 세 가지 효소 모두 녹말, 사이클로덱스트린, 풀루란을 가수분해하며 그 분해 산물도 거의 같아 비록 다른 효소로 구분되어 있지만 그 구조가 매우 유사할 것으로 예상하고 있다. 보기에서 제시된 효소의 전체 아미노산순서를 검색한 후 'CLUSTALW2' 프로그램을 사용하여 각 효소의 아미노산순서의 유사성을 검토하여라.

〈보기〉 *Thermus* sp. maltogenic amylase(UniProt 접속번호 : O69007)
Bacillus stearothermophilus alpha-cyclodextrinase(UniProt 접속번호 : Q93R22)
Bacillus stearothermophilus neopullulanase(UniProt 접속번호 : P38940)

정답 및 해설

01 ④ **02** ⑤ **03** ③

04 ① aspartic acid ② lysine ③ glutamine ④ tyrosine ⑤ arginine

05 'UniProt'(http://www.uniprot.org)에 접속하여 검색 창에 'barley beta-amylase'를 입력하여 검색한 후 접속번호 'P16098'을 선택한다.

```
>sp|P16098|AMYB _ HORVU Beta-amylase OS=Hordeum vulgare GN=BMY1 PE=1 SV=1
MEVNVKGNYVQVYVMLPLDAVSVNNRFEKGDELRAQLRKLVEAGVDGVMVDVWWGLVEGKGPKAYDWSAYKQLFELVQKAGLKLQAIMSFHQ
CGGNVGDAVNIPIPQWVRDVGTRDPDIFYTDGHGTRNIEYLTLGVDNQPLFHGRSAVQMYADYMTSFRENMKDFLDAGVIVDIEVGLGPAGEM
RYPSYPQSHGWSFPGIGEFICYDKYLQADFKAAAAAVGHPEWEFPNDVGQYNDTPERTQFFRDNGTYLSEKGRFFLAWYSNNLIKHGDRILDE
ANKVFLGYKVQLAIKISGIHWWYKVPSHAAELTAGYYNLHDRDGYRTIARMLKRHRASINFTCAEMRDLEQSSQAMSAPEELVQQVLSAGWR
EGLNVACENALPRYDPTAYNTILRNARPHGINQSGPPEHKLFGFTYLRLSNQLVEGQNYVNFKTFVDRMHANLPRDPYVDPMAPLPRSGPEI
SIEMILQAAQPKLQPFPFQEHTDLPVGPTGGMGGQAEGPTCGMGGQVKGPTGGMGGQAEDPTSGIGGELPATM
```

06 'http://blast.ncbi.nlm.nih.gov'에 접속하여 입력창에 보기의 순서를 입력한 후 'BLAST'를 수행하면 다음과 같은 결과를 얻을 수 있다.

```
                                                               Score
Sequences producing significant alignments:                    (Bits)
ref|YP _ 078924.1|  bacillopeptidase F [Bacillus licheniformis A...     71.5
ref|YP _ 001421107.1|  Bpr [Bacillus amyloliquefaciens FZB42] >g...   40.5
ref|ZP _ 01172663.1|  bacillopeptidase F [Bacillus sp. NRRL B-14...    39.2
gb|AAA83362.1|  bacillopeptidase F                                      38.8
```

이 중에서 가장 'score'가 높은 맨 위의 항목을 선택하면 다음과 같은 내용이 표시된다.

```
>ref|YP _ 078924.1|  bacillopeptidase F [Bacillus licheniformis ATCC 14580]
 ref|YP _ 091336.1|  Bpr [Bacillus licheniformis ATCC 14580]
  gb|AAU23286.1|  bacillopeptidase F [Bacillus licheniformis ATCC 14580]
```

```
gb|AAU40643.1|  Bpr [Bacillus licheniformis DSM 13]
Length=1432

 Score = 71.5 bits (161),  Expect = 1e-11
 Identities = 20/20 (100%), Positives = 20/20 (100%), Gaps = 0/20 (0%)

Query  1    KDEKEIEWNINRVDAPKAWK  20
            KDEKEIEWNINRVDAPKAWK
Sbjct  188  KDEKEIEWNINRVDAPKAWK  207
```

보기의 순서와 *Bacillus licheniformis*에서 유래한 '바실로펩타이드가수분해효소 F(bacillopeptidase F)' 효소의 일부분(188～207번 아미노산)은 모두 일치하여 100%의 상동성을 보이고 있으므로 보기의 효소는 '바실로펩타이드가수분해효소 F'이거나 또는 매우 유사할 것으로 예상할 수 있다. 위의 결과에서 'gb|AAU23286.1|'을 선택하면 해당 단백질에 대한 자세한 정보를 확인할 수 있으며 이 효소의 기능과 관련된 간단한 정보를 다음과 같이 얻을 수 있다. 즉, 보기의 효소는 단백질이나 펩타이드를 가수분해하는 단백질가수분해효소(protease) 또는 펩타이드가수분해효소(peptidase)의 역할을 수행하는 것으로 예상할 수 있다.

```
Protein         1..1432
                /product="bacillopeptidase F"
                /function="Molecular Function: subtilase activity,
                Biological Process: proteolysis and peptidolysis"
```

동일한 페이지에서 FASTA 형식을 선택하면 다음과 같은 효소 전체의 아미노산순서를 얻을 수 있다.

```
>gi|52003344|gb|AAU23286.1| bacillopeptidase F [Bacillus licheniformis ATCC 14580]
MKRKLRKKAFSTILSGLLIGSLFMPAVSDAAAKPALTSMKEQAAAGKGKISKTLVKQFKKEDQVTFLIKLKDQVDTPKVAKQAEKNAKKKSL
SAAKTEYQKRSAVVSALRVKADESQSDLKRYLKKQEKQGDVKKIRSYYIVNGMAVHATKEVMEQVAAFPEVEKVLPNEKRQLIKPTKQSVKK
SAAKDEKEIEWNINRVDAPKAWKLGYDGSGTVVASIDTGVQWDHPALKEKYRGYDPQHPDQPNHEFSWYDAVSGASEPFDDLEHGTHVTGTM
VGSEPDGQNQIGVAPGAKWIAVKAFSDDGGTDEDLIAAGEWILAPKDKDGNPHPEMAPDVVNNSWSGGAGIDEFYRDIVKAWRAAGIFPEFSA
GNVDFANPGGPASIANPANYPEAFATGATDIDNRLADFSLQGPSPYDETKPEISAPGVNIRSSVPGSGYQDGWDGTSMAGPHVAAAAALIKQA
DSSITVDETEKILMETATPLTDSKFTESPNNGYGHGLVNVFDAVSAVTDGLGRAEGQVGKEGEDKSPPALNHQEITEIYSGSETPLKADVEDD
VSIISVKLSYKTDDADWETIAAKQTSGDYKKGTYEAAVTVSEGKTLSYKWIVTDFGGNKTESKVYEVPISPAVTTGYKQDFENSASGWLTSGV
KNSWERGIPQSGPNAAASGKNVFATNLTGPYESSANMNLLMPPVSVPKNQKLYLTYKYWRDIEEDFDYGFVYVQPEGKGEWIPAAEYSGKTSE
WKDGQIDLSEYGGQTIKVMFNLQSDDSIEGDGLYIDDVALVKEVKSAGTKKRLGVEKQPAKMKDKKTKKRMIDPKKAKPAEALQEKTETKKA
APAVLPVRAQVSVLETGKSTYSNQATGAYSLAHAPGTYTLKAEAYGYESTAQTVKIESDKTTTADFVLKELKKGTLTGTIKNKKTGEPVRHA
KLYIVEDAAVKPVQTDDDGSYSLTAYEGSYTVKVSANGYYSSEFSVDLKGDVSKDIDLDPFIGYPGEIGYDDGTGENAWAFYESGNGLAVKMT
LENGQEKAMLKGGLFKFWDTEFPDPGGTDFAVEVYDASGEKGSPGKKIAGPFKAEALRTGEWTTVDLGDEGIIVGKDFYLVYVQKEDLANSPG
LATDEDGEYSGRNWQYTDGSWSKAPSDQGNFMIRALVDYELSVPVITSPKDGFITNQKNAVIEGTSSPNTTVHLFNGDEEAGTAETAADGTFS
KEIPLNKGENVITAKSSSASGTTDASEPVRIVLDQKKPKLTIDTPESGSKLNKETVTVKGTVSDDHLESVHVNGKKAAVDNGEYSARIMLDN
GKNEIKVTASDAAGNKTTKKVTVDVNFEAPQITGLKPAEDLELKTGETVKIEFESAADLDAVFVIRMPLTNFKTAAQNVTELPIREVSKGKY
EGYWTATSTAKAKGAEIEVIVRDDYGNETRQTAKGKLYINEKLK
```

07 'UniProt'에 접속하여 보기의 효소에 대한 아미노산순서를 FASTA 형식으로 얻은 다음 'http://www.ebi.ac.uk/clustalw/'에 접속하여 입력창에 세 개의 아미노산순서를 모두 입력한 후 'CLUSTALW2' 프로그램을 실행시킨다. 그 결과는 다음과 같으며 거의 대부분의 아미노산이 동일하거나 유사하므로 보기의 세 가지 효소는 구조적으로도 거의 동일한 효소로 판단할 수 있다.

```
CLUSTAL 2.0.11 multiple sequence alignment
tr|O69007 MRKEAIHHRSTDNFAYAYDSETLHLRLQTKKNDVDHVELLFGDPYEWHDG 50
tr|Q93R22 MRKEAIHHRSTDHFAYAYDSETLHLRLQTKKHDVDHVELLFGDPYEWHDG 50
sp|P38940 MRKEAIYHRPADNFAYAYDSETLHLRLRTKKDDIDRVELLHGDPYDWQNG 50
          ******:**.:*:**************:***.*:*:****.****:*::*

tr|O69007 AWQFQTMPMRKTGSDGLFDYWLAEVKPPYRRLRYGFVLRAGGEKLVYTEK 100
tr|Q93R22 AWQFQTMPMRKTGSDGLFDYWLAEVKPPYRRLRYGFVLRAGDEKLVYTEK 100
sp|P38940 AWQFQMMPMRKTGSDELFDYWFAEVKPPYRRLRYGFVLYSGEEKLVYTEK 100
          ***** ********* *****:**************** :* ********

tr|O69007 GFYHEAPSDDTAYYFCFPFLHRVDLFQAPDWVKDTVWYQIFPERFANGNP 150
tr|Q93R22 GFYHEAPSDDTAYYFCFPFLHRVDLFQAPDWVKDTVWYQIFPERFANGNP 150
sp|P38940 GFYFEVPTDDTAYYFCFPFLHRVDLFEAPDWVKDTVWYQIFPERFANGNP 150
          ***.*.*:******************:***********************
(중략)

tr|O69007 RALRRGDVAFLTADDEVNHLVYAKTDGNETVMIIINRSNEAAEIPMPIDA 550
tr|Q93R22 RALRRGDVAFLAADDEANHLVYEKTDGNETVMIIINRSNEAAEIPMPIDA 550
sp|P38940 RSLRRGEISFLHADDEMNYLIYKKTDGDETVLVIINRSDQKADIPIPLDA 550
          *:****:::** **** *:*:* ****:***::*****:: *:**:*:**

tr|O69007 RGKWLVNLLTGERFAAEAETLCVSLPPYGFVLYAVESW 588
tr|Q93R22 RGKWLVNLLTGERFAAEAETLCVSLPPYGFVLYAVESW 588
sp|P38940 RGTWLVNLLTGERFAAEAETLCTSLPPYGFVLYAIEHW 588
          **.*******************.***********:* *
```

제13장

식품용 효소의 안전성 및 관련 규정

1. 효소의 안전한 취급

이 단원에서는 작업 공간에서 효소를 안전하게 다루는 방법과 효소를 함유한 생산품의 규격 및 관련 규정에 관해 다루고자 한다. 이 두 가지 범주에는 효소 함유제품의 소비자에 대한 안전, 안전을 고려한 사용에 대한 표시기준, 생산 공정에 관여하는 규정 그리고 언급되지 않은 특정 제품에 대한 규격 항목들이 존재한다. 이와 관련된 상세한 정보는 국제무역협회 및 기타 웹 사이트에서 얻을 수 있다. 이 단원의 각 세부에서 설명하고 있는 효소의 안전한 취급 및 유전자변형생물체(genetically modified organisms, GMO) 유래 효소 생산방법에 대한 안전성 논의를 바탕으로, 식품용 효소에 대한 이해의 범위를 보다 넓힐 수 있는 계기가 될 수 있기를 기대한다.

안전하게 효소를 다루는 방법에 대한 대부분의 지식은 세제(detergent)산업으로부터 발전, 소통해 오고 있다. 1960년대 말쯤에 처음으로 단백질가수분해효소(protease)가 세제 가공 공정에서 대량으로 사용되었다. 1960년대 말과 1970년대 초반에 걸쳐 세제산업 노동자들에게서 피부 발진과 직업병적 천식에 관한 보고가 있었다. 이러한 건강에 대한 나쁜 영향은 효소에 노출됨으로써 기인하였다. 효소의 건강에 미치는 영향에 대응하여 영국의 비누 및 세제 산업 연합체(SDIA)는 노동자의 작업 위생과 효소에 대한 노출 감소,

피고용인의 건강을 주기적으로 관찰하기 위한 권고안을 마련하고자 위원회를 결성하였다. 세제 관련 산업체와 효소 제조사들은 액상 및 캡슐화 효소들의 개발로 효소 에어로졸(aerosol : 미세한 분산입자)에 대한 노동자들의 노출을 감소시키기 위해 함께 노력해 왔다. 이로써 세제, 가공식품, 섬유산업 등을 포함한 많은 제품 가공 공정에서 안전한 효소의 사용이 가능해졌다.

여기에서는 효소 노출에 대한 제한과 노동자의 건강, 작업 공간 내에서의 안전을 유지하기 위해 중요한 효소 안전 프로그램의 요소들을 기술하기로 한다. 여기에는 노동자 교육, 통제 조치, 지속적인 관찰과 의료적 감시 등이 포함된다. 수많은 선행연구 결과들이 효소 안전에 관한 다양한 측면에서 다룬 내용으로 출판되어 왔지만 더욱 자세한 정보에 관한 논의가 지속적으로 필요한 실정이다.

1) 효소가 건강에 미치는 영향

효소와 관련된 건강상의 위험요소에 대한 축적된 자료는 낮은 수준의 독성을 실증해 주고 있다. 효소에 의해 유발되는 건강상의 악영향은 두 가지 주요 형태로 나눌 수 있다. 바로 피부 염증과 호흡기성 알레르기이다. 반면 효소에 대한 개체의 노출이 생식 능력에 대한 독성, 발달상의 독성, 돌연변이, 만성 독성, 암 유발성 등을 포함해서 다른 독성 징후로 나타날 수 있다는 어떠한 과학적 증거도 존재하지 않는다.

(1) 호흡기성 알레르기

호흡기에 침투한 어떠한 외래 단백질과 마찬가지로 효소를 포함한 미세입자를 반복적으로 흡입하는 경우에는 호흡기성 알레르기나 알레르기성 천식으로 발전할 수 있다. 급성 과민반응성으로 불리는 호흡기성 알레르기의 발생에는 두 가지 주요한 단계가 있다. 첫 번째 단계는 감응(sensitization)이다. 이는 개체가 처음 효소, 집 먼지, 꽃가루와 같은 알레르기항원(allergen)의 흡입에 의한 노출 때문에 일어난다. 상당량의 효소가 호흡기를 통해 흡입되면 체내에서는 이를 외래물질로 인식하고 알레르기반응을 통한 항체를 형성한다. 일단 알레르기반응에 따른 항체가 형성되면 개체가 감응되었다고 한다. 그러나 감응 단계에서 알레르기 증상이 나타나는 것이 아니기 때문에 질병이 발생한 것으로 판단하지는 않는다. 두 번째 단계에서는 감응된 개체가 효소 등의 항원에 다시 노출되어 임상적인 알레르기 증상이 나타날 수 있다. 전형적인 임상적 알레르기 증상은 가슴 압박과

가쁜 호흡 또는 천식, 눈물, 콧물, 기침 등을 동반한다. 감응된 모든 개체가 알레르기 증상으로 발전하는 것은 아니다. 알레르기의 발생은 개체의 민감성, 노출 수위와 기간에 따라 달라질 수 있다.

(2) 피부 및 안구 접촉

기본적으로 효소는 피부 자극제가 아니다. 그러나 단백질가수분해효소는 피부 자극을 유발할 수 있다. 이 피부 자극은 대개 이들 효소에 장기간 노출되었을 때에 한해서 발생한다. 이러한 징후는 단백질가수분해효소의 자극 특성에 기인하는 것으로 알레르기반응이 아니다. 피부 염증은 수분 존재하에서 상당량의 효소와의 접촉으로 땀을 많이 흘리는 손, 겨드랑이, 발 등의 신체부위에서 더욱 두드러지게 나타날 수 있다. 그러므로 만일의 피부 접촉을 방지하기 위해서 보호 장갑을 반드시 착용하도록 해야 한다. 단백질가수분해효소는 안구에도 자극을 줄 수 있으므로, 효소 제조 공정에서 작업하는 동안은 효소의 접촉을 막기 위해 적절한 눈 보호 장비를 반드시 착용해야 한다.

2) 관리기술

효소 취급을 위한 안전관리 프로그램의 궁극적인 목표는 건강에 나쁜 영향을 줄 수 있는 수준 이하로 효소에 대한 노출을 유지하는 것이다. 이 목표를 달성하기 위해서는 효소제품의 물리적 성상과 공정관리 수행, 작업실습, 개인 보호장비의 제공에 주의를 기울임으로써 이루어질 수 있다. 한 예로서 세제산업에서는 노동자의 효소 노출을 방지하기 위해 다음과 같은 핵심적 전략을 수립해 놓고 있다. 이와 같은 전략은 다른 효소 이용 산업분야에도 적용될 수 있다.

- 효소 미세입자 또는 에어로졸 생성 원인 억제
- 반복적으로 일어나는 일상적 또는 방치되는 효소 유출 방지
- 개인적인 효소에 대한 오염 방지
- 적절한 관리 감독하에서 빈 효소제제 용기의 적절한 취급

최종 효소제품의 형태는 제조 공정 중 에어로졸 형성 가능성에 큰 영향을 주게 된다. 이 때문에 제품 형태는 주로 공정관리, 취급 과정, 작업자에 적절한 보호를 제공하기 위하여 필요한 보호장비의 형태 및 종류를 선정하는 데 직접적인 결정 요인으로 작용한다. 효소제제는 일반적으로 액체, 입자, 분말의 세 가지 형태로 제공된다. 이들 성상의 특성

에 따라 분말 효소제제는 미세입자의 형태로 쉽게 공기를 따라 옮겨갈 수 있기 때문에 흡입 노출의 가능성이 매우 높다. 따라서 분말 효소를 제조할 때는 작업장의 안전을 확보하기 위해 더욱 신중한 작업 과정과 적절한 배출 환기가 매우 중요하다. 입자상의 효소제제는 주로 효소 먼지의 생성 가능성을 줄여 주는 보호 피막을 입혀 제조되지만 입자에 손상을 주거나 깨짐을 방지할 수 있도록 주의를 기울여야 한다. 입자가 손상을 받거나 깨지면 효소를 함유한 미세입자에 대한 노출 가능성이 높아지게 된다. 액체상 효소는 비산하거나 또는 휘발할 가능성이 없지만 물질 이동, 유출, 혼합 공정, 장비 세척 공정 등에서 에어로졸의 형성 가능성은 여전히 존재한다.

(1) 공정관리

공정관리는 제조장비로부터 효소 에어로졸의 생성 및 방출을 방지하기 위해 취할 수 있는 제어방법이다. 제품의 성상이 어떤 종류의 공정관리 체계가 제품 제조설비에 사용되어야 하는지를 결정하기 때문에, 공정관리는 특정 제품 성상과 제조 공정에 따라 꾸며져야 한다. 봉쇄에 의한 차단과 적소의 배출 환기방식의 공정관리는 매우 유용하며 효소에 대한 노출을 제어할 수 있는 가장 적절한 방법들이다. 생산 공정은 제조하는 동안 발생할 수 있는 효소 에어로졸을 최대한 가두어 둘 수 있도록 봉쇄에 의한 차단을 수행해야 한다. 적재적소의 배출 환기 시스템은 차단을 보조하기 위하여 사용되어야 한다. 차단과 환기를 통한 공정관리는 작업자의 효소제제에 대한 접촉을 최소화시키는 데 도움이 된다. 이런 이유로 앞의 공정관리방법들은 다음과 같은 작업 공간에 적용되어야 한다.

- 효소제제가 작업 공정에 투입되는 지점
- 물질 수송 지점
- 효소 함유제품이 용기에 포장되는 지점

(2) 작업 관행관리

작업 관행관리에는 안전한 작업 관행, 교육, 바람직한 작업환경 유지 관행 등이 포함된다. 안전한 작업 관행은 효소 에어로졸 발생 방지와 함께 피부 접촉을 방지할 수 있도록 마련되어야 한다. 에어로졸은 유출물의 제거를 위한 세척 공정에서 쓸어내기 청소와 고압수 세척 등으로 형성될 수 있다. 따라서 고성능입자공기필터(high-efficiency particulate air filter)를 장착한 진공청소기의 사용이 작업 공간의 청소를 위한 바람직한 방법이며, 고압수 및 스팀을 통한 세척은 자제하여야 한다. 특히나 작업자들은 에어로졸의 생성 가능한 공정에 대한 이해와 함께, 에어로졸 형성을 어떻게 최소화할 수 있을지에 대해 항시 주의를 기울이고 있어야 한다.

작업자 교육은 안전한 작업환경을 유지하기 위한 최선의 방법이다. 작업 관행과 공정관리기술의 사용에 잘 순응하도록 하기 위해서는 작업자들 스스로 이러한 통제 조치에 대한 필요성을 잘 이해하고 있어야 한다. 작업자들은 발생 가능한 신체상의 위험, 통제 조치의 방법과 시기, 비상 시 조치 절차 및 의료 감시 프로그램의 실시 이유에 대해 주지하고 있어야 한다.

(3) 개인 보호장비

개인 보호장비는 다른 운영관리 조치를 보완하거나 유출물의 세척 또한 장치 유지 보수 등의 특별한 상황에서 기본적인 관리방법으로 활용된다. 개인 보호장비의 형태는 호흡기 보호장비, 보호복, 눈 보호장비 등을 포함한다. 위해 평가(risk assessment)는 개인 보호장비를 착용해야 할 때와 어떤 종류의 장비가 필요한지를 결정하기 위해서 실시되어야 한다. 공정 및 작업 관행 운영관리가 호흡기 보호 조치와 병행되어야 하는 경우들이 있다. 세척 공정 및 유출물 세척 진행 중에는 효소에 대한 노출량을 관리하기가 어렵기 때문에 호흡기의 보호가 절대적으로 필요하다. 호흡기 보호 프로그램의 중요한 구성내용에는 적절한 호흡장치의 선택, 훈련, 적응 테스트, 의료 감시 프로그램 등이 포함된다.

보호복과 눈 보호장비는 관리 공정, 유출물 세척, 장치 세척 공정 등에 필요하다. 이러한 피부 및 눈 보호장비는 피부와 안구 접촉이 예상되는 공정에서는 반드시 착용해야 한다. 특히 피부 염증을 유발하는 단백질가수분해효소를 다루는 경우에는 반드시 착용해야 한다. 안구 및 피부 보호장비의 예로는 보호 안경, 안면 보호 가리개, 장갑, 상하 일체형 작업복 등이 있다.

(4) 공기 오염 관측

공기 오염 관측은 대개 특정 물질이 공기에 노출되어 있는 정도를 평가하기 위해 작업환경에서 수행된다. 이는 공정관리의 효율성, 호흡기 보호가 필요한지 여부, 공기에의 노출량이 작업상 노출 한계 수준을 충족시키는지 여부를 평가하는 데 중요하다. 공기 오염 관측 프로그램의 구성내용에는 공기 표본 채취 계획, 측정방법, 공기 표본 채취기구, 결과 평가방법 등이 포함되어 있다.

(5) 노출 한계

미국 정부기관 산업안전위생담당자회의(American Conference of Governmental Industrial Hygienists, ACGIH)에서는 단백질가수분해효소의 일종인 수브틸리신(subtilisin)의 허용문턱값(threshold limit value, TLV)을 60 ng/m^{3}으로 설정해 놓았다. 이는 최소한 60분간의 대용량 공기 오염 관측을 기본으로 한다. 오스트레일리아, 아르헨티나, 캐나다, 덴마크, 네덜란드, 영국 등은 ACGIH의 수브틸리신에 대한 한계 규정을 동일하게 적용하고 있다.

(6) 의료 감시 프로그램

의료 감시 프로그램은 어떠한 형태로든 발생 가능한 건강에 미치는 영향을 조기 진단하기 위한 조치로, 작업자들의 건강을 지속적으로 감시하기 위한 수단을 제공한다. 의료 감시 프로그램의 요소들로는 기초 검사, 지속적인 의료 감시, 증상을 보이는 작업자에 대한 평가 등이 포함된다. 의료 검진은 과거 병력, 호흡기에 관한 질문 항목, 의료 검진, 폐기능검사, 효소에 대한 민감도 측정 등으로 구성된다. 효소의 흡입은 알레르기 유발 항체의 생산을 야기할 수 있다. 개체가 일단 감응이 되면 알레르기성 항체를 생산한다. 자극에 대한 감응 자체가 질병은 아니지만, 특정 효소에 노출되었음을 알려 주는 신호로 작용한다. 자극을 받아 감응된 개체가 동일한 효소 타입에 다시 흡입을 통한 노출이 이루어지면 알레르기 증상으로 발전할 수 있다. 알레르기성 항체의 경우 실험실 혈액검사나 피부 자극 테스트를 통해 검출할 수 있는 진단검사법들이 있다. 이러한 검사법들은 특정 효소에 대한 알레르기를 확인하는 데 도움을 주거나 자극에 대한 감응 여부를 판단하는 데 사용된다. 관련된 추가적인 세부 정보는 효소제품의 공급 업체나 Association of Manufacturers of Fermentation Enzyme Products(AMFEP : http://www.amfep.org/amfep.html), Association Internationale de la Savonnerie et de la Detergence(AISE : http://www.aise-net.org/), USSoap and Detergent Association(SDA : http://www. sdahq.org/), Enzyme Technical Association(ETA : http://enzymetechnicalassoc.org/) 등의 협회에서 얻을 수 있다.

2. 효소제품에 대한 규제사항

효소제품은 이들 효소가 식품 제조, 소화 보조제, 동물 사료, 세제, 섬유 공정 등 어떤 응용분야에 사용되느냐에 따라 서로 다른 규제를 받고 있다. 또한 규제사항들은 각 국가마다 다른 것이 현실이다. 이 단원에서는 수많은 규제사항에 대한 총괄적 내용을 제시하고자 한다. 특히 식품 성분으로 사용되는 효소제품들에 대해서 다루기로 한다. 보다 상세한 정보를 얻기 위해서는 효소 관련 기관들이 운영하는 웹 사이트를 이용하는 것이 유익한데, 특히 AMFEP와 ETA는 규제사항과 안전성에 관한 정보를 담고 있는 웹 사이트를 운영하고 있어서 여러분이 관심을 갖고 있는 정보로 연결이 가능하다.

효소제품과 제제는 일반적으로 α-아밀레이스(amylase), 글루코아밀레이스(glucoamylase), 셀룰로스가수분해효소(cellulase), 수브틸리신 등과 같이 이들의 주 효소활성에 따라 분류된다. 국제생화학연합(International Union of Biochemistry, IUB)은 공식적으로 Chemical Abstracts Registry Service(CAS : http:// www.cas.org/)의 체계에 따라 각각의 효소들에 IUB 번호를 할당한다. IUB과 CAS 번호들은 언급하고자 하는 효소의 명칭을 명확히 하고자 특정한 규제사항에 자주 인용된다.

특수한 규제사항이 존재하는지 여부에 따라 효소제제 생산자는 특정 제품을 도입하기 전에 의도된 용도로서의 사용이 안전하다는 점을 명확히 하는 것이 현명하다. 식품 용도로 의도된 효소제품의 경우 생산 개체(미생물, 식물, 동물), 생산 공정 및 생산제품의 안전성에 관한 자료를 제출해야 한다. 『미국 식품화학물질규격집(Food Chemicals Codex)』, 국제식량농업기구/세계보건기구 합동식품첨가물전문가위원회(Joint FAO/WHO Expert Committee on Food Additives, JECFA : http://www.fao.org/es/ESN/Jecfa)에서는 규제사항이 담고 있어야 할 최소한의 세부 요건으로서 국가별 권역에 따른 식품용 효소의 세부사항들을 기술하고 있다.

1) 식품용 효소 규제 및 승인

식품 가공 공정에 사용되는 효소에 대한 관련 법규에 따른 규제는 아마도 가장 복잡할 것이다. 개별 국가별로 최신 생물공학기법에 의해 생산된 신규 효소들을 유전자변형생물체 식품 표기법을 근거로 현재 마련된 규제들을 포함하여 추가적으로 규제하고 있다는 것을 인지하고 있어야 한다. 국가별로 관련 규정들이 최근 지속적으로 마련되고 있는 가운데 그 해석이 핵심사항이기 때문에 여기에서는 유전자변형생물체 표기에 대한 규제사항을 자세하게 논하지 않기로 한다.

(1) 유럽연합

유럽연합에서는 식품용 효소가 식품첨가물 또는 공정 보조제로 분류된다. 만일 효소가 최종식품에서 기술적 기능을 갖는다면 이는 식품첨가물로서 고려되어 Food Additives Directive 95/2로 규제를 받는다. 현재 과자류의 경우 인버테이스(invertase, E 1103)와 치즈 내의 라이소자임(lysozyme, E 1105) 등 단지 2개의 효소가 이 법령에 따라 규제를 받고 있다. 다른 특정 효소들은 식품이나 식품 성분으로 분류되고, 신규 방법에 의해 생산된다면 「Novel Foods Regulation 97/258」에 따라 규제를 받는다. 유럽연합에서의 식품 가공 공정에서 사용되는 효소제제의 대부분을 가공 공정 보조제로 분류하고 있으며, 이는 이 효소들이 식품 가공 공정 단계에서 기술적 기능을 갖고 있는 반면에 최종식품에서는 기능을 갖고 있지 않다는 의미이다.

최종식품에서 기술적 기능을 나타내지 않는 가공 공정 보조제로 사용되는 효소들은 유럽연합 각국의 독립적인 법령에 의해 규제를 받는다. 프랑스, 덴마크, 영국은 모든 식품용 효소들을 다루는 법안이 있다. 이 중 프랑스와 덴마크는 사용 전 승인을 요구하고 있으며, 영국의 경우 승인사항은 자발적인 것이며 권고하고 있지는 않다.

유전자변형생물체 유래 효소의 승인을 위해서는 유전자 구성에 대한 설명서를 제출해야 한다. 생산 숙주 개체가 최종제품상에 존재해서는 안 되며, 제품 내에서 형질 전환이 가능한 형태의 유전자(DNA)가 검출되어서는 안 된다. 프랑스의 효소제제에 대한 관련 법

표 13-1 • 프랑스 식품용 효소 순도 검정 요구항목 리스트

규제 항목	검출 한계
Cadmium	<0.5 mg/kg
Mercury	<0.5 mg/kg
Arsenic	<3 mg/kg
Lead	<10 mg/kg
Total count	<50.000/g
Salmonella	not present in 25g
Coliforms	<30/g
Anaerobic SO_2 reducing	<30/g
Staphylococcus aureus	not present in 1 g
Antibiotic activity	not present
Aflatoxins	<0.005 mg/kg

규는 〈표 13-1〉과 같은 식품용 효소들의 순도에 대한 요구사항을 규정하고 있다.

(2) 일본

일본에서는 보건노동복지후생성(Ministry of Health, Labour, and Welfare, MHLW : http://www.mhlw.go.jp/english/)이 식품용 효소의 사용을 규제하고 있다. 승인된 효소들의 positive list(positive list 제도는 기준이 설정되어 있지 않은 물질이 일정량 이상 잔류하는 식품의 판매를 원칙적으로 금지하는 제도이며, 불검출을 원칙으로 한다. 원칙적으로 금지된 상태에서 사용을 허용하는 물질에 대해 목록을 작성한 것)가 있고, 자기복제(self-replication) 미생물로부터 유래된 효소를 제외하고는 모든 재조합 과정을 거친 효소들은 승인을 받아야 한다. 효소를 포함한 현재까지 승인된 재조합식품이나 식품첨가물 목록은 http://www.mhlw.go.jp/english/topics/food/ index.html에서 확인할 수 있다. 재조합 과정을 거친 효소들의 승인을 위한 요구사항 역시 이 사이트에서 찾을 수 있다.

(3) 미국

미국에서는 식품용 효소를 포함한 식품 성분들은 식품첨가물로 취급되어 미국식품의약국(Food and Drug Administration, FDA)으로부터 규제를 받거나 그라스(Generally Recognized as Safe, GRAS)로서 인정받는다. 그라스로 인정받기 위해서는 하나의 식품 성분이 1958년 이전부터 상업화되어 있어야 하거나, 관련 전문가들의 의견 및 과학적 이론을 통해 효소의 의도된 사용 목적에 안전함이 판정되어야 한다. 특정 식품 성분이 그라스가 아닌 경우에는 식품첨가물로서 규제를 받는다. 그라스 성분은 미국식품의약국의 승인 없이 자기 확증(self-affirmation) 절차를 통해 상업화가 가능하다. 또한 식품의약국은 자발적인 그라스 신고 절차(http://www.cfsan. fda.gov/~dms/opa-noti.html)를 통해 그라스인지 여부를 결정하여 고시할 수 있다. 유전자변형생물체 유래 제품은 비유전자변형생물체(non-GMO) 유래 제품과 같은 규제 조항에 의해서 규제를 받는다. 유전자변형생물체 유래 식품효소는 비유전자변형생물체 유래 식품효소의 경우와 마찬가지로 자기 확증, 그라스 고시, 그리고/또는 식품첨가물 인정 신청을 통해 상업화할 수 있다.

(4) 캐나다

캐나다의 경우 캐나다 연방 보건부(Health Canada)가 「식료약품법(Food and Drugs Act)」에 의거하여 식품용 효소를 규제한다. 캐나다에서 판매되는 개별 효소는 효소활성 특성 및 효소가 유래된 특정 급원과 허용된 응용 범위에 따라 규정집 내에 수록되어야 한다. 식품첨가물 인정 신청을 통해 목록에 등재가 가능하다.

(5) 한국

2009년 8월 현재 국내에서는 식품용 효소의 경우 「식품위생법」 제7조에 의거하여 식품첨가물로 분류하고 있다. 따라서 식품용 효소는 식품첨가물 지정 절차를 따르고 있다. 식품첨가물 지정을 위한 일반 원칙은 "식품첨가물은 식품을 제조·가공·보존함에 있어 식품에 첨가, 침윤, 기타의 방법으로 사용하는 것으로 사람의 건강을 해할 우려가 없으며, 이를 사용함으로써 소비자에게 이익을 주는 것으로서 과학적인 평가를 수행한다." 고 기술하고 있다. 여기서 의미하는 과학적 평가는 식품첨가물의 안전성 입증과 이의 사용에 대한 기술적 필요성 및 정당성을 확보하는 차원에서 이루어진다.

2) 식품용 효소의 안전성 평가

일반적으로 식품용 효소의 안전성을 평가하기 위해서는 다음에 열거된 사항들이 고려되고 있다.

(1) 효소의 급원

미생물의 비독성, 비병원성에 대한 평가가 이루어져야 한다. 안전하게 사용해 왔다고 인정되는 개체 유래의 생산 효소는, 식품에서 안전성이 확보되지 못한 개체로부터 생산된 효소에 대한 독성검사와 동일한 수준의 검사를 요구하고 있지 않다.

(2) 식품 내 효소의 성격과 사용량

식품 내 효소의 함유는 오염된 이물질의 종류와 수준에 영향을 준다. 단백질의 특성을 갖는 효소 섭취 시 소화에 대한 민감성 때문에 가공식품 내 순수한 효소의 잔존이 매우 제한된 수준의 독성을 나타낼 가능성이 있는 것으로 예상된다. 순수하게 정제된 미생물 효소들이 식품 가공 공정에 사용된다면 효소에 대한 노출 수위는 ppb 수준으로 감소된다. 이런 수준의 노출은 전반적으로 안전성을 염려하기에는 턱없이 낮은 수준으로 독성검사는 일반적으로 요구하지 않는다.

(3) 정제 과정

정제 과정 중에 사용된 독성물질이 잔존할 가능성에 대한 염려이다. 그러나 식품용 효소의 정제 과정에서는 식품용 화학물질이 사용되어야 하는 요건 때문에 안전성 측면에서 전혀 문제 삼을 이유가 없다.

(4) 효소 정제 수준

미생물 급원으로부터 유래된 상업용 효소제품이 부분적으로만 정제되는 경우들이 있다. 따라서 다양하게 존재하는 생체 기원의 불분명한 외래물질이 목적 활성을 갖는 효소 성분에 버금갈 정도의 수준으로 효소제제 내에 존재할 가능성이 있다. 미생물 유래 상업용 효소제품 내의 이러한 이물질의 종류와 수준이 심각하게 고려되어야 한다면, 관계 당국은 적절한 독성검사를 통해 안전성 확보를 권고하게 된다. 이러한 요구사항은 대개 쥐나 개를 이용한 90일 독성검사를 통해 충족될 수 있다. 물론 이러한 물질들이 식품 가공 공정상에서 아무런 기술적 영향을 주어서는 안 되는 반면, 이들 이물질이 효소 기능에 간섭하지 않는다면 효소제품 내에 잔존시킬 수도 있다. 또한 효소제제에 대한 안전성 검토를 통해 화학물질 오염, 미생물 균주의 안정성, 독성물질 생산 등에 대한 의문이 제시된다면 반드시 추가적인 연구가 수행되어야 할 것이다.

(5) 효소활성의 범위

효소제제는 가공식품 내에서 다양하고 유용한 기능들을 발휘하는 다기능성 효소활성을 갖추고 있기도 하다.

(6) 식품에 효소 적용방법

효소제품은 레닛(rennet)과 같이 가공 대상 식품 내에 직접적으로 첨가되기도 하고, 또는 액상 가공식품에 사용을 위해 불용성 운반체에 고정화되기도 한다. 고정효소는 일반적으로 화학반응을 통해 불용성 운반체에 안정한 결합 형성을 통해 제조된다. 따라서 극미량의 고정효소가 가공식품 내에 잔존할 가능성이 있다. 고정화 운반체의 화학적 특성에 따라 고정화 공정 중에 사용된 화학물질이 가공식품 내에 오염될 수 있는 가능성이 존재한다. 만약 관계 당국이 고정화 물질의 화학적 특성에 대한 안전성과 이 물질의 식품으로의 전이 가능성이 있어 고정효소를 통과한 가공식품의 안전성에 문제를 제기하게 되면, 관계 당국은 고정효소에 대한 90일 독성검사 또는 적절한 검사를 실시하도록 권고한다.

(7) 효소 불활성화 방법

효소가 어느 정도 식품 내에 잔존할 가능성이 있다면 적절한 효소 불활성화 공정을 명확하게 제시해야 하고, 이 공정을 통해 유통, 저장상에 지속적인 대사산물의 형성을 방지함으로써 소비자들의 안전에 대한 염려를 없앨 수 있다.

3) 효소에 대한 소비자 정보

식품용 효소의 제품 표기에 관련해서는 효소 자체로 판매되는 경우와 식품에 사용되는 경우는 구분되어야 한다.

- 식품 제조업체에게 판매되는 식품용 효소
- 최종 소비자에게 판매되는 식품용 효소
- 최종 소비자에게 판매가 의도된 식품 내에 존재하는 식품용 효소

위의 구분 내용 중 앞의 두 가지에는 식품용 효소의 제품 표기가 현재 수행되고 있다. 그렇지만 식품용 효소의 식품첨가물 또는 가공 보조제로의 구분을 바탕으로 제품 표기가 이루어지고 있기 때문에 소비자에게 전달되는 식품 표기상에 적용되는 규정들은 서로 상이하다. 가공 보조제로 분류된 모든 잔존하는 효소들은 최종식품의 제품 표기상에는 언급할 필요가 없는 반면에 식품첨가물로서 사용된 경우 제품 표기상에 반드시 언급하도록 하고 있다.

3. 유전자변형생물체에 대한 기초적 이해

대부분의 식품용 효소들은 현재 식품 가공 보조제로 분류하고 있으며, 따라서 효소에 대한 제품상의 표기 의무는 없다. 소비자들에게는 자신이 섭취하는 식품에 정확하고 일관성 있는 규정에 따른 제품 표기를 통해 식품용 효소의 존재를 알리는 것이 필요하다.

1) 개요

최근 식품의 섭취에 있어서도 웰빙 문화의 확산으로 식품 가공을 위해 다양하게 사용되어 왔던 합성을 통해 생산된 산화방지제, 보존제, 식용 색소, 품질증진제 등에 대한 소비자들의 거부감이 높아지고, 환경 친화적이며 지속 가능한 생산방법인 유기농 생산, 천연 식품첨가물의 개발 등과 함께 식품용 효소의 이용이 대체식품 가공방법으로 관심을 받고 있다. 즉, 식품용 효소가 식품첨가물로서의 지정을 위한 기술적 필요성 및 정당성 확보에 대한 근거는 충분히 마련될 수 있는 것으로 판단된다. 그러나 1990년대에 옥수수,

콩 등 전 세계적으로 주요한 생산 곡물에 대한 유전자변형생물체 파동은 식품용 효소 생산방법에 대한 논란의 여지를 남겨 주었다. 따라서 재조합효소(")에 대한 안전성 입증은 그리 쉽지 않은 해결 과제로 대두되었다. 효소는 생물체의 대사반응에 관여하는 생체촉매(biocatalyst)로서 주로 단백질로 이루어져 있으며, 유전자의 지시에 따라 체내에서 합성되고 분해되는 자연계에 널리 분포하는 생체물질이다. 인간은 이러한 효소반응 메커니즘을 이해하고 이를 이용하기 위해 효소의 효율적 생산방법을 고안해 왔으며, 이는 유전자 조작을 통한 클로닝(cloning)기법을 통해 이루어지고 있다. 즉, 하나의 생물체로부터 유래되는 효소를 자기개체 복제속도가 빠르고 조절이 가능한 일부 미생물에 도입함으로써 재조합효소의 형태로 발현시켜 생산하고 있다.

여기에서 왜 다양한 식품의 가공을 위해 널리 활용될 수 있는 재조합효소가 유전자변형생물체 이슈와 결부되어 있을까? 이를 위해서는 도대체 유전자변형생물체가 무엇인지를 이해하는 것부터 시작되어야 한다. 이를 통해 재조합효소에 대한 안전성을 입증하기 위한 제도적 장치의 마련과 함께 관련 전문가들의 견해와 일반 소비자들의 인식방향 또한 중요한 역할을 담당하게 된다. 따라서 식품공학도인 여러분 역시 효소의 식품 가공에의 응용에 대한 방향을 고려할 때에는 단순히 효소의 기술적 필요성뿐만 아니라 효소에 대한 안전성 입증을 어떻게 풀어갈지를 고민해야 한다.

1996년 영국에서 복제 양 돌리의 탄생은 전 세계적으로 사회적 반향이 컸고, 이로써 일반인들도 유전공학이라는 학문분야에 관심을 갖는 계기가 되었다. 실제로 지난 30여년간 유전공학기법의 혜택을 통해 제조된 식품들이 우리 식탁을 조용히 채워 나가고 있다. 한편으로는 유럽의 대다수 나라의 소비자들은 유전공학에 대한 인식과 더불어 이것이 심각한 건강 위협요소가 될 수 있다고 여기고 있다. 이러한 유전자변형식품에 대한 걱정은 국가에 따라 차이가 있으며, 유럽에서 가장 심각하게 생각하고 있는 반면 북미에서는 상당히 관대한 편이다. 이와 같이 소비자가 느끼는 정도의 차이는 부분적으로는 국가마다 갖추어 놓은 식품안전 규제 시스템에 대한 신뢰 정도와 관계가 있다. 즉, 미국 식품의약국의 규제체계가 유럽의 체계에 비해 소비자들로부터 훨씬 큰 신뢰를 받고 있다고 생각할 수 있다.

2) 유전자변형생물체 생산을 위한 유전공학의 의미

과연 유전공학이란 무엇일까? 유전공학기법이라는 것은 품종 개량, 이종 간 교배, 발효 등의 작업 과정을 기술하고 있는, 넓은 의미로는 일종의 생물공학적인 현대적 수단이다. 생물공학은 인간이 수천 년을 살아오면서 발전해 온 반면, 유전공학은 근래에 이르러 일반인의 관심을 얻고 있는 상대적으로 새롭고 빠른 속도로 발전하고 있는 기법이다. 유전공학은 살아 있는 개체의 세포 안에 들어 있는 유전정보물질을, 목적하는 형질을 없애거나 부가하기 위한 목적으로 다루는 것에 초점을 맞추고 있다.

유전공학기법 활용을 찬성하는 사람들은 이 새로운 기술의 잠재적인 많은 혜택을 주장하고 있다. 최근에 의료적 측면에서의 적용은 유전자재조합 인간 인슐린(insulin), 인간 성장호르몬, 유전적 질병을 진단하기 위한 유전자 탐침, B형 간염 백신, 감염 진단 단일클론항체(monoclonal antibody), 혈전용해(thrombolysis)효소 활성제 등을 포함하고 있다.

실제 논란의 대상이 되고 있는 유전공학의 응용분야는 다름 아닌 식품을 생산하는 분야이다. 유전공학을 반대하는 사람들은 유전공학이 우리의 환경에 미칠 수 있는 영향뿐만 아니라 새로운 개체의 제조에 대한 안전성과 윤리적 측면에 있어서 부정적인 의견을 피력하고 있다.

- 식품 안전성에 대한 장기간 연구의 부족
- 환경 영향에 대한 장기간 연구의 부족
- 유기농, 지속 가능한 농업에 대한 기회의 감소
- 자연적인 생체 살충제 *Bacillus thuringiensis*(Bt) 유래 단백질을 담고 있는 작물의 만연으로 무용화될 수 있는 잠재적 위험
- 개인적으로 식품 알레르기 또는 민감한 사람이 인지하지 못한 상태에서 알레르기 유발 가능성이 있는 변형식품의 섭취를 통해 생명에 위협을 가할 수 있는 잠재적 위험
- 새로운 유전자 구조를 가진 식품이 새로운 알레르기를 유발할 가능성
- 자연적으로 존재하는 식품 독소의 독성을 나타내는 수준이 의도한 바와는 달리 변화될 가능성
- 동물 학대 가능성
- 전통적인 생식방법에 따라 생산되지 않은 새로운 개체의 창조에 대한 거부
- 타가수분 및 교란된 생태계로부터 비롯된 환경 훼손
- 살충제에 대한 내성
- 제초제에 대한 내성
- 윤리적/종교적 이념 충돌

3) 유전공학기법을 활용한 유전자변형생물체 유래 생산식품

이와 같은 찬반 논란에도 불구하고 유전공학기법을 통해서 현재까지 제품화되었거나 개발 중인 식품으로는 무엇이 있을까?

- 유전적으로 재조합된 rBGH라는 성장호르몬을 투여한 소로부터 생산한 우유 및 유제품
- 제초제에 대한 내성을 갖는 콩, 토마토, 옥수수 등
- 내제된 살충제를 보유하는 옥수수, 토마토, 감자 등
- 식물성 바이러스에 저항성을 갖는 감자, 토마토, 멜론, 호박, 오이, 옥수수, 콩, 카놀라(canola), 포도 등
- 식물성 곰팡이에 저항성을 갖는 후추, 토마토 등
- 유통기한 연장 및 가공 적성을 개선한 토마토, 완두콩, 후추, 열대과일 등
- 변형된 수준의 영양소를 함유하도록 제조된 옥수수, 해바라기, 콩 등
- 변형된 지방질 조성을 갖는 카놀라, 땅콩 등
- 냉해에 견딜 수 있도록 만들어진 토마토, 과일 등
- 카페인 함량을 변화시킨 커피콩
- 튀김 시 기름을 덜 흡수하는 감자
- 장기간 유통시킬 수 있는 옥수수, 완두콩 등
- 맥주, 와인, 과일주스, 설탕, 기름, 제과류 등을 제조하기 위해 사용되는 다양한 효소
- 치즈를 제조하기 위해 유전자재조합 레닛

4) 유전자변형 농산물 제조방법

유전자변형생물체는 목적하는 생물체의 분류에 따라 크게 유전자변형 농산물, 유전자변형 동물, 유전자변형 미생물 등 세 가지로 분류할 수 있다. 이 중에서 주로 유전자변형 농산물을 원료로 제조 가공한 식품 또는 식품첨가물을 유전자변형 식품 또는 유전자재조합식품이라고 한다. 유전자변형 농산물을 생산하기 위해서 현재 사용되고 있는 형질전환방법(transformation method)과 아울러 안정된 외래유전자(foreign gene) 도입방법들과 목적 유전자의 발현을 위해 분자적 수준에서의 요구사항에 관하여 기술하기로 한다.

⑴ 형질전환방법

일반적으로 식물세포에 외래유전자를 도입하기 위해서는 크게 두 가지 방법을 사용한다. 하나는 유전자 전달체인 벡터(vector)를 이용한 아그로박테륨속(*Agrobacterium*) 형질전환방법이고, 다른 하나는 직접적인 유전자 도입방법이다. 아그로박테륨속은 대부분의 외떡잎식물 형질전환에는 이용되지 못하여 대체방법으로 직접적인 유전자 도입방법이 고안되었다. 이들 방법에서는 원형질체(protoplast) 형질전환방법으로 유전자를 원형질 안으로 받아들이게 하거나 유전자총법(gene gun)을 통한 조직 내로 유전자가 코팅된 미립자를 투입한다.

① 아그로박테륨속 형질전환방법

이 방법은 식물체 독성세균인 아그로박테륨속의 식물세포 내로 유전자를 도입할 수 있는 능력을 활용하여 이루어진다. *Agrobacterium tumefaciens*와 *Agrobacterium rhizogenes*는 각각 넓은 범위의 쌍떡잎식물과 일부 외떡잎식물에 근두암종병(crown gall disease)과 털뿌리병(hairy root disease)을 일으키는 토양 미생물이다. 식물체의 형질전환을 위해서는 *Agrobacterium tumefaciens*이 이용되며, 이 세균은 Ti 플라스미드(tumor-inducing plasmid, Ti plasmid)를 갖고 있다. 식물체를 감염시키는 동안 T-DNA라는 플라

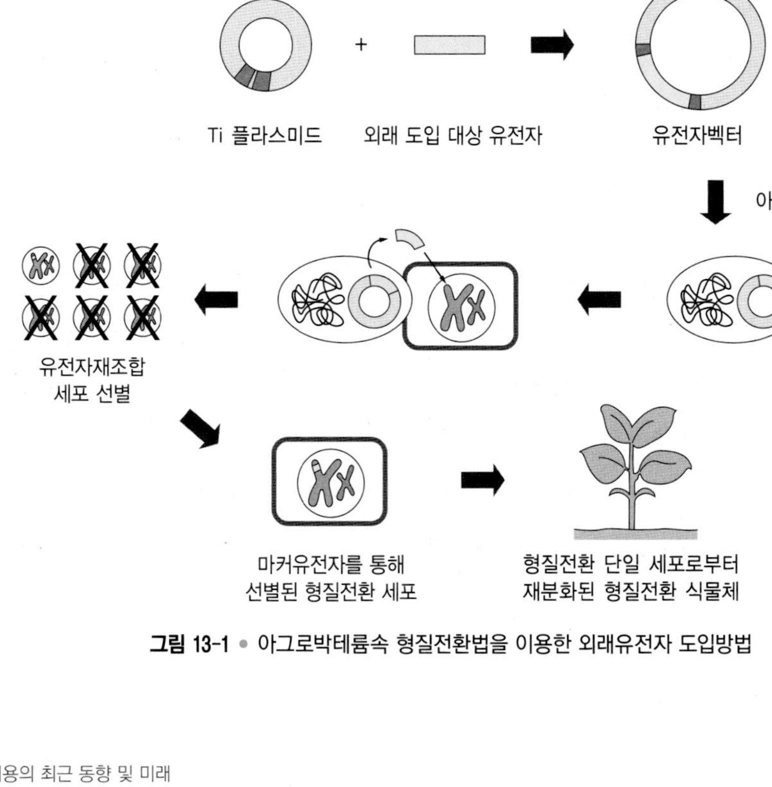

그림 13-1 ● 아그로박테륨속 형질전환법을 이용한 외래유전자 도입방법

스미드 DNA의 특정 부위가 식물체의 유전정보를 담고 있는 유전체(genome)에 삽입된다. 이 T-DNA는 세포 분화를 담당하는 식물호르몬(phytohormone)과 근두암종 형성에 관여하는 유전자를 갖고 있다. 유전자재조합을 위해서 아그로박테륨속을 이용하기 위해서는 이들 유전자를 제거하고 목적 유전자로 치환한다. 이 과정이 가능한 이유는 외래유전자의 도입을 위해 실제 필요한 유전자 순서는 T-DNA의 양쪽 끝 부근의 25염기쌍(base pair)만이 필요하기 때문이다. 이렇게 더 이상 종양을 유발하지 못하는 T-DNA 유래 유전자 벡터가 다양하게 개발되어 있다. 아그로박테륨속을 활용한 형질전환법은 대부분의 쌍떡잎식물에 적용된다.

② 원형질체 형질전환방법

동물세포와는 달리 식물세포는 단단한 세포벽이 존재하여 외래유전자를 식물세포 안으로 도입할 때 세포벽은 첫 번째 장애물로 작용한다. 이 장벽을 넘기 위한 한 가지 방법은 효소적으로 세포벽을 분해하여 소위 원형질체로 만들어 사용하는 것이다. 원형질체로의 유전자 도입은 폴리에틸렌글리콜(polyethylene glycol, PEG)이나 전기천공(electroporation)의 사용으로 활성화될 수 있다. 형질전환의 효율성은 원형질체에 따라 다르다고 하더라도 사실상 모든 원형질체는 형질전환이 가능한 것으로 알려져 있다. 이 방법의 가장 큰 장점은 다른 형질전환 특허기술의 간섭을 받지 않고 상대적으로 자유롭게 활용할 수 있다는 것이다.

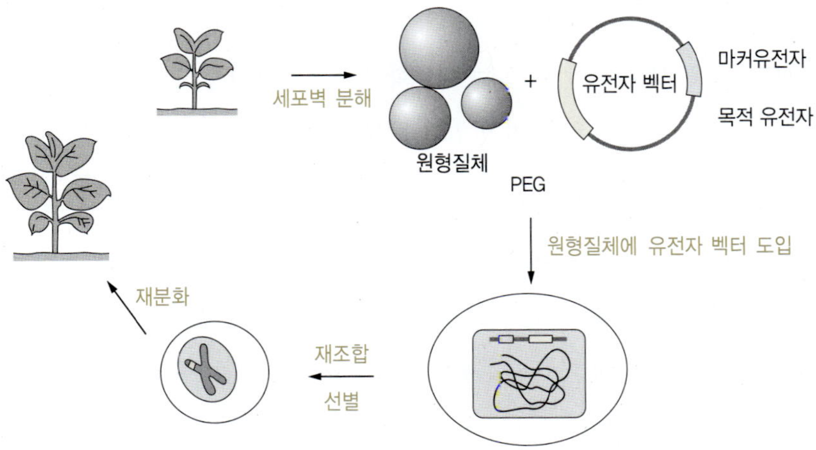

그림 13-2 • 폴리에틸렌글리콜 활용 원형질체 형질전환법을 이용한 외래유전자 도입방법

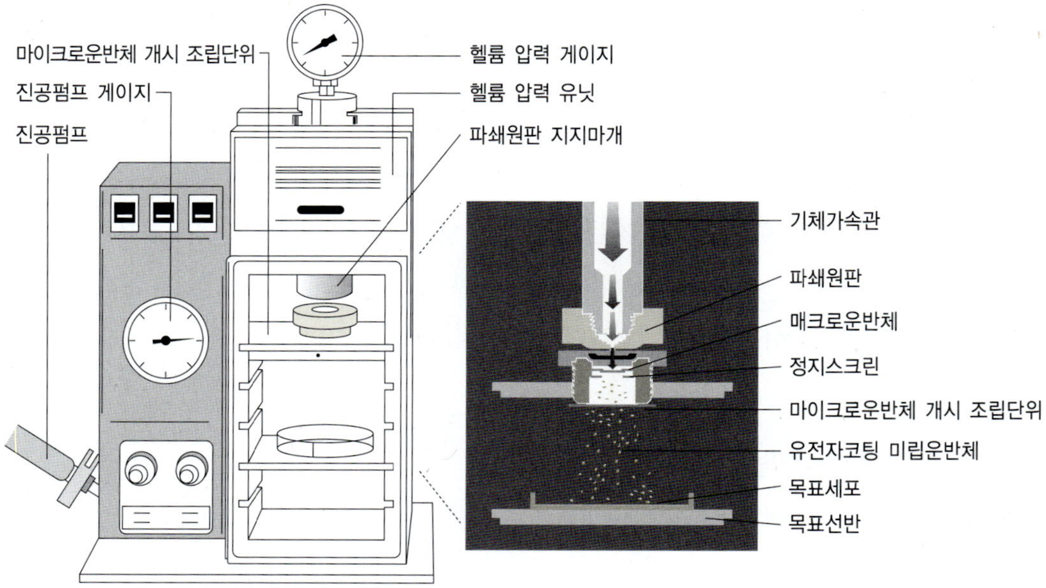

그림 13-3 • 외래유전자 도입을 위한 유전자총의 구성

③ 유전자총법

식물조직 내로 유전자를 전달하기 위한 금 또는 텅스텐 입자를 사용하는 새로운 방법은 1987년 Sanford 등이 개발하였다. 유전자총은 유전자가 코팅된 금속입자를 세포벽과 세포질을 통과해서 세포 내로 투입을 가속시키는 데 사용된다. 금속입자는 0.5~5 μm의 크기로 큰 손상을 주지 않고 식물세포 내로 투입할 수 있는 반면, 그 표면에 적절한 양의 유전자를 담을 수 있어 충분한 양이 세포벽을 통과할 수 있다. 이 방법의 주요한 장점은 생물학적 벡터 사용 시 나타날 수 있는 생물학적 거부반응이 존재하지 않는다는 것이다. 엽록체 등의 세포 내 소기관 또한 이 방법으로 형질전환이 가능한 것으로 알려져 있다.

(2) 형질전환을 위해 필요한 식물체 조직

시험관 조건에서 식물조직을 배양하는 능력은 거의 모든 현재 형질전환 프로토콜에 있어서 선결사항이다. 형질전환은 배아 형성이 가능하거나 기관 발생이 가능한 형질전환이 이루어질 수 있는 배양된 세포가 필요하다. 이들 재생(regeneration)에 적합한 식물세포는 아그로박테륨속과 함께 배양되거나 유전자총법에 의해 유전자의 도입이 이루어진다.

(3) 유전자 수준에서의 요건

전형적인 식물체 유전자는 촉진유전자(promoter), 유전암호(genetic codce), 종결코돈

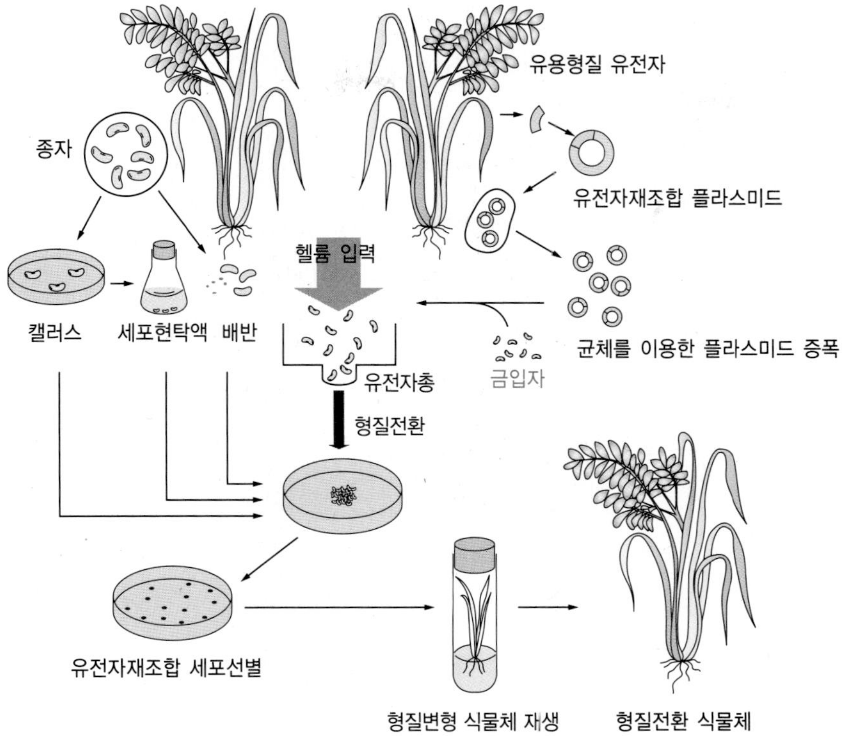

그림 13-4 ● 유전자총 형질전환방법을 이용한 쌀로의 외래유전자 도입 및 재생

(termination codon), 폴리아데닐(poly-adenyl) 순서로 구성되어 있다. 유전자의 발현 수준은 주로 이들 구성요소에 의해 결정되지만 이들의 주변 유전자 순서에 의해서도 영향을 받는다. 식물체 형질전환 시스템에서 안정된 유전자 도입의 효율은 매우 낮은 편이다. 따라서 형질전환이 이루어진 세포의 선별이 필요하다. 이를 위해서 선별 시스템은 선별이 이루어질 수 있도록 하는 작용제(주로 식물체 대사를 방해하는 물질)와 선별을 가능하게 하는 마커유전자(선별 작용제를 무력화시킬 수 있는 단백질을 코딩하고 있는 유전자)로 구성된다. 형질전환 식물체에서 가장 흔히 사용되는 선별 마커유전자는 주로 항생제나 제초제에 대한 내성을 갖고 있다. 또한 목적한 유용 유전자의 발현은 식물체와 세균 사이에 사용하는 코돈 활용성(codon usage : 단백질을 코딩하고 있는 DNA 순서 내에서 각각의 코돈들의 발견 빈번도를 나타내며 개체들 사이에, 특히 서로 다른 생물군 사이에 이 코돈 활용성에 있어서 서로 차이를 보임)의 차이로 번역(translation)의 효율이 달라질 수 있다. 그러므로 세균 유래의 유전자로부터 유래된 코돈의 경우 식물세포에서 자주 사용되지 않는 코돈일 수 있으며, 이 경우 이들 세균 유래 코돈의 제거로 단백질의 발현 수준을 상당히 높일 수 있다. Bt로

알려져 있는 *Bacillus thuringiensis* 독성 유전자의 경우 코돈 활용성을 고려할 경우 그 발현을 100배까지 증진시킬 수 있었다는 연구 결과가 있다.

5) 유전자변형생물체 유래 식품에 대한 규제 현황

이상에서와 같이 제시된 유전자변형생물체의 개발 공정을 통하여 여러분의 유전자변형생물체에 대한 이해를 돕고자 하였으며, 이를 유전자변형생물체에 대한 안전성을 판단할 수 있는 기초 지식으로 활용할 수 있기를 바란다. 국내에서는 1999년 8월 이후 유전자변형생물체 안전성 심사의 필요성이 대두되어 일반 육종방법으로 품종 개량된 농작물 유래 식품과의 비교를 통해 위해성 판단 평가방법을 확립하였다. 이 안전성 심사의 기본 원칙은 '실질적 동등성' 개념에 입각하여 유전자재조합방법에 의해 생산된 식품과, 전통적으로 안전하다고 판단된 품종 개발방법으로 생산된 식품과의 차이를 과학적 분석을 통해 안전성의 진위를 가리고자 한다는 것이다. 이미 이 평가 개념에 따라 경제협력개발기구(organization for economic cooperation and development, OECD) 회원국(미국, 유럽연합, 일본 등)을 중심으로 안전성 평가제도가 정착되어 왔다. 한편 유전자재조합식품의 개발 및 보급이 확산됨에 따라 안전성 평가방법과 분석기술, 관련 제도의 명확성을 확보하기 위하여 세계보건기구(world health organization, WHO)/국제연합식량농업기구(food and agriculture organization of the United Nations, FAO) 산하의 국제식품규격위원회(codex alimentarius commission, CAC) 등을 통해 국제적으로 표준화된 기준을 확립해 오고 있다. 이렇게 마련된 국제적 기준은 유전자변형생물체의 개발 종주국인 미국뿐 아니라 유럽연합, 일본, 우리나라 등을 포함하여 안전성 평가제도를 도입한 대부분의 국가에서 채택하고 있다. 국내 유전자변형생물체 안전성 심사절차 및 국가별 유전자변형생물체 안전성 심사체계 등을 포함한 관련 상세 정보는 한국식품의약품안전처 홈페이지(http://www.mfds.go.kr, http://www.foodsafetykorea.go.kr)를 통해서 얻을 수 있다.

연습문제

1 식품용 효소 중 피부 및 안구에 자극을 유발하여 이들 효소를 안전하게 취급하기 위한 대책으로 보호장갑 및 눈 보호장비를 착용해야 하는 효소의 종류를 고르시오.

① 단백질가수분해효소 ② 산화환원효소(oxidoreductase)
③ 라이페이스 ④ 탄수화물가수분해효소(carbohydrase)
⑤ 합성효소(synthetase)

2 미국산업위생협의회(ACGIH)에서 작업장 공기오염의 관측을 통해 단백질가수분해효소의 일종인 수브틸리신(subtilisin)의 한계 노출량(TLV)으로 설정해 놓은 기준 수치를 고르시오.

① 40 ng/m³ ② 45 ng/m³ ③ 50 ng/m³
④ 55 ng/m³ ⑤ 60 ng/m³

3 효소제제와 효소를 이용한 제품 내의 효소의 명칭을 명확히 하기 위하여 공식적으로 국가별 규정 조항에 언급되는 형식을 고르시오.

① Codex 번호 ② IUB 번호 ③ ATCC 번호
④ GRAS 번호 ⑤ PIN 번호

4 식품용 효소의 안전성 평가를 위하여 고려할 사항이 아닌 것을 고르시오.

① 효소의 급원 ② 효소 정제 수준 ③ 효소의 아미노산 구성
④ 식품에의 효소 적용방법 ⑤ 효소 불활성화 방법

5 유전자재조합 농산물의 생산을 위해 외래유전자를 도입하기 위한 형질전환방법 중 주로 쌍떡잎식물에 활용되어 온 형질전환방법을 고르시오.

① 대장균 형질전환방법 ② 원형질체 형질전환방법
③ 유전자총 방법 ④ 아그로박테륨속 형질전환방법
⑤ 바실루스 형질전환방법

6 코돈 활용성은 특정 개체에서 외래유전자의 발현효율에 영향을 줄 수 있는 중요한 요소이므로 유전자변형생물체의 개발을 위해서는 이에 대한 이해가 필요하다. 이 코돈 활용성이 담고 있는 내용을 설명하시오.

정답 및 해설

01 ①　　**02** ⑤　　**03** ②　　**04** ③　　**05** ④

06 코돈은 유전정보의 최소 단위로 DNA를 전사하는 mRNA의 3개의 염기 조합이다. 이에 따라 세포 내에서 합성되는 단백질 내의 아미노산 종류가 결정된다. 각각의 아미노산을 결정하는 코돈의 종류는 단백질의 구성을 위한 표준아미노산이 20개인 것을 감안할 때 4개의 염기 종류에 의해 가질 수 있는 코돈의 개수는 $4\times4\times4=64$개이다. 즉, 세 염기조합(triplet code)과 아미노산은 1:1로 대응하지 않는다. 따라서 각 아미노산을 지정하는 코돈의 종류, 즉 염기 조합이 중복해서 존재한다. 여기서 코돈 활용성이란 단백질을 코딩하고 있는 DNA 순서 내에서 각각의 코돈들의 발견 빈도수를 나타내는데, 특정 아미노산을 지정하는 복수의 코돈 중 활용의 측면에서 동일한 빈도수를 갖고 있지 않다. 특히 서로 다른 개체들 사이에는 이 코돈 활용성에 있어서 큰 차이를 보이는 경우가 많이 있다.

부록

효소 실습

실습 1 Bradford 방법에 의한 단백질 정량

1. 시약 및 기기

① Coomassie Brillant Blue G-250 용액(Bio-Rad, Sigma Co.)

② 소혈청알부민(bovine serum albumin, BSA) : 표준용액 제조용

③ 분광광도계

2. 측정

① Coomassie Brillant Blue G-250 원액을 5배 희석한다.

② 시료(단백질 1～100 μg/mL) 0.1 mL에 위의 희석한 용액 5 mL를 잘 혼합한다.
5분간 상온에 방치한 후 분광광도계를 이용하여 595 nm에서 흡광도를 측정한다.

③ 5분 동안 반응을 시킨 후 분광광도계로 595 nm에서 흡광도를 측정한다.
공시험 시료(대조구)는 단백질 대신 증류수 0.1 mL를 사용한다.

④ 표준검량곡선을 구하기 위하여 알고 있는 농도의 소혈청알부민을 사용하여 위와 같은 방법으로 농도와 흡광도의 관계를 구한다.

3. 계산

표준검량곡선으로부터 얻은 흡광도에 해당하는 농도값을 얻는다.

※ 주의

Bradford 방법은 다른 단백질 정량법에 비해 민감도가 우수하나 단백질 간의 차이가 많기 때문에 정제된 단백질의 절대량을 구하기는 어려운 방법이다.

신속한 방법으로 1시간까지 안정성이 유지된다. 재현성이 높고 감도가 Lowry 방법에 비하여 매우 높다. K^+, Na^+, Mg^{2+}, $(NH_4)_2SO_4$, 폴리페놀, 환원당 등에 영향을 받지 않으며 4,000 dalton 이상의 펩타이드나 단백질은 모두 측정할 수 있다.

비이온성 세척제(Triton X-100), 도데실황산소듐(sodium dodecyl sulfate) 등에 영향을 받으나 그 양이 0.1% 이내이면 무난하다.

석영 큐벳과 반응을 하기 때문에 유리 또는 플라스틱의 큐벳을 사용해야 하며 단백질의 종류에 따라 표준검량곡선이 약간 달라질 수 있으므로 검량곡선의 표준물질을 선택하는 것이 매우 중요하다.

실습 2 SDS 전기영동을 이용한 효소의 분자량 측정

1. 시약 및 기기

- 겔의 제조 : 30% 아크릴아마이드(acrylamide), 10% SDS, 10% APS(매번 신선하게 만들어 사용), TEMED, 1.5 M Tris, pH 8.8 (resolving gel), 1.0 M Tris, pH 6.8 (stacking gel)
- 5×SDS Running 완충용액(1 L) : Tris 15 g, 글리신(Glycine) 72 g, SDS 5 g
- 표준 분자량의 단백질용액

  A : 소혈청알부민(bovine serum albumin) : 65,000, B : 오브알부민(ovalbumin) : 45,000

  C : β-락토글로불린(β-lactoglobulin) : 18,000, D : 라이소자임(lysozyme) : 14,000
- 쿠마시 블루(Coomassie Blue) 염색시약 : 10% (v/v) 빙초산, 0.006% (w/v) Coomassie Blue 염색시약, 90% 이차 증류수
- 아이소프로판올(Isopropanol) 고정용액 : 10% (v/v) 빙초산, 25% (v/v) 아이소프로판올, 65% 이차 증류수
- SDS 시료 주입 완충용액(40 mL) : 이차 증류수 16 mL, 0.5 M Tris(pH 6.8) 5 mL, 50% 글리세롤 8 mL, 10% SDS 8 mL, 2-β 메캅토에탄올(2-β mercaptoethanol) 2 mL(사용 전 만들어서 바로 사용), 브로모페놀블루(bromophenol blue)
- 10% (v/v) 빙초산용액

2. 실험방법

① 표준 제조방법에 따라 폴리아크릴아마이드젤을 만든다. 전기영동장치의 위아래 층에 완충용액을 채워 넣는다.

② 분자량을 모르는 미지의 시료와 표준효소용액을 1% 설탕용액이 포함된 SDS running 완충용액에 각각 혼합한다.

③ 각각의 시료용액 20～100 μL를 러닝젤에 주입하고 두 개의 젤당 @ 50 mA의 전류가 흐르도록 한다. 1× SDS running 완충용액하에 이루어지도록 한다.

④ 전기영동이 끝나면 젤을 분리하여 Coomassie Blue 염색시약으로 염색한다.

⑤ 젤을 플라스틱 용기 안으로 옮겨 놓는다. 아이소프로판올 고정용액을 넣은 후 비닐로 뚜껑을 덮고 실온에서 서서히 흔들어 주며 젤 내에 효소단백질을 고정화시킨다. 두께가 0.75 mm인 젤은 10～15분 정도, 1.5 mm 두께의 젤은 30～60분 동안 고정화 작업을 진행한다.

⑥ 고정 용액을 제거한 후 Coomassie blue 염색시약을 넣고 실온에서 2시간 정도 염색시킨다.

⑦ 염색시약을 제거한 후 10% 빙초산용액으로 탈색작업을 실시한다. 실온에서 흔들어 주면서 탈색작업을 실시한다.

⑧ 각 단백질의 이동도를 측정한 후 이동도와 Log(분자량) 간의 그래프를 작성하고 미지의 효소단백질의 이동도를 적용하여 효소단백질의 분자량을 예상한다.

실습 3 발효 정도를 파악하기 위한 아밀레이스 활성 측정

장류, 식혜 등과 같은 발효식품의 발효 정도 및 품질관리를 관찰하기 위하여 아밀레이스(amylase) 효소 역가를 측정한다.

A. 전체 아밀레이스의 활성 측정

1. 시약 및 기기

① 가용성 녹말용액 ② 0.1 N I_2 용액 ③ 0.01 N NaOH, 0.01 N HCl(pH 조절용)
④ 물중탕(water bath) ⑤ 분광광도계

2. 실험방법

① 가용성 녹말용액 5 mL를 기질로 하여 효소액 1 mL를 가한 것을 반응용 시료로 한다.
② 효소액 대신에 증류수 1 mL를 가한 것을 공시험구로 한다.
③ 반응용 시료와 공시험구를 완충용액으로 최적 pH를 맞춘다.
④ 항온수욕조의 최적 온도에서 효소-기질액을 반응시킨다. 반응시키는 동안 가끔 흔들어 준다.
⑤ 얼음물을 사용하여 효소반응액을 냉각시켜 효소의 활성을 정지시킨다.
⑥ 0.1 N I_2 용액 20 mL를 가한다.
⑦ 660 nm에서 흡광도를 측정하여 1분당 흡광도의 변화를 측정한다.

3. 계산

1분당 흡광도의 변화를 효소단위(임의값)로 계산한다. ($\Delta E/\Delta t$: ΔO.D./min)
상대적인 변화를 서로 비교하는 데 용이하다.

B. α-아밀레이스의 활성

① 2 mL 0.02M 아세트산 완충용액(pH 5.4)에 5 mL의 0.5% 가용성 녹말용액, 1 mL의 1% NaCl 용액, 0.8 mL의 증류수를 시험관에 넣고 75°C에서 5분간 예열시킨다.
② 효소액 0.2 mL를 넣고 10분간 반응시킨 후 얼음물에 담가 반응을 정지시킨다.
③ 여과지(Whatman No.1)를 사용하여 침전물을 제거한다.
④ 여액 1 mL를 취하여 3 mL의 3,5-다이나이트로살리실산(3,5-dinitrosalicylic acid, DNS) 시약과 혼합하고 끓는 물에서 5분간 반응시킨다.
⑤ 상온으로 냉각시킨 다음 분광광도계로 550 nm에서 흡광도를 측정한다.
⑥ 시료의 흡광도값은 엿당(maltose) 표준곡선으로부터 엿당 함량으로 환산한다.

⑦ 효소 단위(unit)는 분당 1 μmole의 엿당을 유리시키는 효소의 양으로 정의한다.

참고

(1) α-아밀레이스의 활성

① 2 mL 0.02 M 아세트산 완충용액(pH 5.4)에 5 mL의 0.5% 가용성 녹말용액, 1 mL의 1% NaCl 용액, 0.8 mL의 증류수를 시험관에 넣고 75°C에서 5분간 예열시킨다.

② 효소액 0.2 mL를 넣고 10분간 반응시킨 후 얼음물에 담가 반응을 정지시킨다.

③ 여과지(Whatman No.1)를 사용하여 침전물을 제거한다.

④ 여액 1 mL를 취하여 3 mL의 DNS 시약과 혼합하고 끓는 물에서 5분간 반응시킨다.

⑤ 상온으로 냉각시킨 다음 분광광도계로 550 nm에서 흡광도를 측정한다.

⑥ 시료의 흡광도값은 엿당(maltose) 표준곡선으로부터 엿당 함량으로 환산한다.

⑦ 효소 단위는 분당 1 mole의 엿당을 유리시키는 효소의 양으로 정의한다.

(2) 또 다른 방법으로 액화 아밀레이스 활성

① 1%의 가용성 녹말용액 5 mL을 기질로 하여 효소액 1 mL를 가한 것을 반응용 시료로 최적 pH 5.0으로 맞춘다.

② 물중탕(water bath)에서 40°C에서 30분간 효소-기질액을 반응시킨 다음 얼음이 함유된 용기에서 냉각하여 활성을 정지시킨다.

③ I_2 용액으로 발색시켜 효소활성을 측정한다. 효소활성은 효소액 1 mL가 30분 동안 분해하는 1%의 가용성 녹말액의 mL 수로 액화형 아밀레이스의 작용력 D^{40}_{30}로 표시한다.

(3) β-아밀레이스의 활성

① 0.5% 가용성 녹말을 0.4 M 아세트산 완충용액(pH 4.8)에 녹여 기질로 사용한다.

② 기질 5 mL을 효소액 1 mL와 혼합 후 30°C의 항온수욕조에서 30분 반응시킨다.

③ 3 mL의 DNS 시약과 혼합한 후 끓는 물에서 5분간 방치한다.

④ 발색된 용액을 필요에 따라 증류수로 희석시킨 후 535 nm에서 흡광도를 측정한다.

⑤ 공시험은 기질과 완충용액의 혼합액에 먼저 3 mL의 DNS 용액을 첨가한 후 효소액을 가하고 5분 동안 끓인 다음 발색시킨다.

⑥ 시료의 흡광도 값은 엿당 표준곡선으로부터 엿당 함량으로 환산한다.

⑦ 효소 단위는 효소액 1 mL가 1 mg의 엿당을 유리시킬 때의 양으로 정의한다.

(4) 당화 아밀레이스 활성

① 마쇄한 시료 1 g에 200 mL의 물을 가해 5시간 진탕, 추출하여 여과한다.

② 그 여액을 조효소액으로 사용하여 당화 아밀레이스의 역가를 측정한다.

③ 6% 가용성 녹말용액을 기질로 하여 pH 5.0으로 조절한다.

④ 30°C에서 30분간 반응시켜 생성된 환원당의 함량을 소모기법(Somogyi method)으로 정량한다.

⑤ 효소 단위는 효소액 1 mL가 생성하는 환원당(glucose)을 mg으로 표시한다.

(5) 또 다른 방법으로 당화 아밀레이스 활성

① 2%의 가용성 녹말을 기질로 하여 일정액을 효소 1 mL와 혼합한다.

② 가용성 녹말용액과 효소액의 pH를 4.4로 조절한다.

③ 항온수욕조 30°C에서 60분간 반응시킨다.

④ 반응시켜 생성된 환원당(glucose)의 함량을 소모기법으로 정량한다.

⑤ 효소액 1 mL가 생성하는 환원당을 1 unit(효소 단위)로 표시한다.

(6) 알칼리성 아밀레이스 활성 측정법 : Fuwa 등의 방법 변형

① 1% 가용성 녹말용액(50 mM 글리신-NaOH 완충용액, pH 10.5) 1 mL를 기질로 하여 37°C에서 미리 예열한다.

② 효소액 0.1 mL를 첨가한 후 37°C에서 20분간 반응시킨다.

③ 반응 후 2 M의 아세트산용액 0.2 mL를 첨가하고 100°C에서 2분간 가열한다.

④ 효소반응액 0.2 mK를 KI-I_2 (0.005% I_2 + 0.05% KI) 2 mL에 넣고 잘 섞는다.

⑤ 700 nm에서 흡광도를 측정한다.

실습 4 갈변효소활성 측정 : 폴리페놀산화효소(Polyphenol oxidase, PPO) 활성

1. 시약 및 기기

① 0.2 M 카테콜(catechol)

② 50 mM 인산 완충용액(pH 7.5)

③ 분광광도계

④ 사과나 감자 등 측정하고자 하는 시료

⑤ 믹서기와 거즈 및 여과지

2. 실험방법

① 효소액 또는 조효소액을 확보한다. 감자를 갈아서 거즈로 여과한 후 여액을 조효소액으로 사용한다.

② 0.2 M 카테콜 0.2 mL를 3 mL 큐벳에 넣는다.

③ 50 mM 인산 완충용액(pH 7.5) 2.2 mL와 (조)효소액 0.1 mL를 가한다.

④ 반응시켜 얻은 생성물의 흡광도를 시간에 변화($\Delta E/\Delta t$)로 나타내기 위하여 분광광도계를 이용하여 420 nm 에서 측정한다.

⑤ 같은 방법으로 공시험구는 조효소액 대신에 증류수를 첨가하며 시간에 따른 흡광도의 변화를 측정한다.

3. 계산

1분간 조효소액 1 mL당 생성된 반응물의 흡광도 변화를 0.01 증가시키는 것을 효소 단위로 한다. (임의 단위로 상대적인 비교를 위해 사용함)

실습 5 시금치의 데치기 정도 파악을 위한 D-, Z-value 측정

1. 실험 목적

시금치를 온도, 시간별로 데치기(blanching) 처리를 하여 각 온도에서 시금치 과산화효소(peroxidase)의 D값(D-value)을 구하고, 이로부터 Z값(Z-value)을 구한다.

2. 실험재료 및 기구

시금치, 녹즙기, 인산 완충용액(pH 7.0, 50 mM), 100 mM 과이어콜(guaiacol), 40 mM H_2O_2, 분광광도계

3. 실험방법

시금치 용액(0.5 mL)을 eppendorf tube에 넣어 다음과 같은 온도, 시간별로 열처리한다.

	온도	시간			
1조	65	0	2분	4분	6분
2조	70	0	1분	2분	3분
3조	75	0	30초	1분	1분 30초
4조	80	0	15초	30초	45초
5조	85	0	10초	20초	30초

효소 분리

① 시금치를 녹즙기에 넣고 마쇄한다.

② 완충용액을 이용하여 희석한다(녹즙 10 mL+인산 완충용액 40 mL).

③ 원심분리기를 이용하여 5분간 원심분리한다(10,000 rpm, 5분).

④ 침전물은 제거하고 상층액을 시금치 조효소용액으로 사용한다.

효소의 역가 측정 및 계산

① 50mM 인산염 완충용액 0.7 mL+100 mM 과이어콜(guaiacol) 100 μL+40 mM H_2O_2 100 μL+시금치 용액(조효소액) 100 μL를 신속하게 혼합한다.

② 분광광도계에서 연속적으로 5분간 470 nm에서 흡광도를 측정한다.

③ 직선 구간의 기울기로부터 시간당 효소활성(임의 역가)을 계산한다.

④ 각 조에서 얻은 결과를 토대로 실험 결과로부터 시금치 과산화효소의 D값과 Z값을 계산한다.

실습 6 효소를 이용한 포도당의 정량

1. 원리

포도당은 ATP 존재 시 헥소스인산화효소(hexokinase, HK)에 의해 인산화되어 포도당-6-인산(glucose-6-phosphate, G-6-P)과 ADP를 형성한다. G-6-P는 니코틴아마이드아데닌다이뉴클레오타이드인산(nicotinamide-adenine dinucleotide phosphate, NADP)에 의해 산화되어 G-6-P와 환원형 NADPH를 형성한다. 포도당의 양은 형성된 NADPH 양에 의해 화학양론적으로 측정되며 이 NADPH의 양은 334, 340, 또는 365 nm의 흡광도에서 측정된다.

$$\text{D-glucose} + \text{ATP} \xrightarrow{\text{HK}} \text{G-6-P} + \text{ADP}$$

$$\text{G-6-P} + \text{NADP}^+ \xrightarrow{\text{G6P-DH}} \text{Gluconate-6-phosphate} + \text{NADPH} + \text{H}^+$$

2. 시약

① 시약 용액 1 : 트라이에탄올아민(triethanolamine) 완충액(pH 7.6, NADP 110 mg, ATP 260 mg), 황산마그네슘(magnesium sulfate) 안정제

② 효소액 2 : 헥소스인산화효소 320 U, 포도당-6-인산 160 U

③ 시료액 : 4-100 μg D-포도당(D-glucose)/큐벳(시료 부피 0.1 mL)

3. 측정방법

① 1 mL의 시약용액 1, 시료액 0.1 mL, 2차 증류수 1.9 mL를 혼합하여 반응 시작 후 20～25°C에서 약 3분 정도 경과했을 때 340 nm에서 흡광도를 측정한다.(A_1)

② 효소액 0.02 mL를 혼합한 후, 약 10～15분간 반응시킨 후 정지시킨다.

③ 340 nm에서 흡광도를 측정한다(A_2). 만약 15분 후 반응 정지되지 않았으면 2분 간격으로 흡광도 측정 시 2분간 흡광도 변화가 없을 때까지 측정한다.

④ 공시험구에서는 1 mL의 시약용액 1, 2차 증류수 1.9 mL를 혼합하여 반응 시작 후 20～25°C에서 약 3분 정도 경과했을 때 흡광도를 측정한다.(A_1)

⑤ 효소액 0.02 mL를 혼합한 후, 약 10～15분간 반응시킨 후 정지시킨다.

⑥ 340 nm에서 흡광도를 측정한다(A_2). 만약 15분 후 반응 정지되지 않았으면 2분 간격으로 흡광도 측정 시 2분간 흡광도 변화가 없을 때까지 측정한다.

4. 계산

$$포도당(g/L) = \frac{V \times MW}{\varepsilon \times d \times v \times 1000} \times \Delta A$$

V = 최종 부피(mL)　　v = 시료 부피(mL)

MW = 포도당의 분자량(g/mol), 180.16　　d = 빛투과거리(cm), 1

ε = 파장별 NADPH의 흡광계수(extinction coefficient) ;

340 nm = 6.3 $[L \times mmol^{-1} \times cm^{-1}]$

365 nm = 3.5 $[L \times mmol^{-1} \times cm^{-1}]$

334 nm = 6.18 $[L \times mmol^{-1} \times cm^{-1}]$

ΔA ; $(A_2 - A_1)_{포도당} - (A_2 - A_1)_{공시험구}$

$$포도당의\ 양(g/L) = \frac{3.02 \times 180.16}{\varepsilon \times 1 \times 0.1 \times 1000} \times \Delta A$$

실습 7 효소를 이용한 젖당의 정량

1. 원리

젖당은 β-갈락토시데이스(β-galactosidase) 효소 존재 시 포도당과 D-갈락토스로 가수분해된다.

$$\text{Lactose} + H_2O \xrightarrow{\beta\text{-galactosidase}} \text{D-Glucose} + \text{D-Galactose}$$

젖당의 양은 β-갈락토시데이스에 의해 가수분해되지 않고, 하여 이미 존재하고 있는 것과 가수분해에 의해 생성된 포도당의 농도 차이로 계산할 수 있다. 포도당 정량은 앞에서 설명한 경우와 같다.

2. 시약

① 시약용액 1 : 시트르산(citric acid) 완충용액 ; pH 6.6

② 효소용액 2 : β-갈락토시데이스 100 unit

③ 시약용액 3 : 트라이에탄올아민(triethanolamine) 완충용액(pH 7.6, NADP 75 mg, ATP 190 mg), 황산마그네슘(magnesium sulfate) 안정제

④ 효소용액 4 : 헥소스인산화효소(hexokinase) 400 unit, 포도당-6-인산 수소제거효소(glucose-6-phosphate dehydrogenase) 200 unit

기타 다른 것은 포도당의 경우와 같다.

3. 측정방법

젖당 시료의 공시험구

① 시약용액 1은 0.2 mL, 효소액 2는 0.05 mL를 혼합한 후 20～25°C에서 15분간 유지시킨다.

② 시약용액 3은 1 mL, 재증류한 증류수는 2 mL를 혼합한 후 약 2분 경과 후 340 nm에서 흡광도를 측정한다(A_1).

③ 효소액 4를 0.02 mL 첨가하여 반응을 시작하게 한다. 약 15분 후, 반응이 정지되면 흡광도를 측정한다(A_2). 만약 15분 후 반응 정지되지 않으면 2분 간격으로 흡광도 측정 시 2분간 흡광도 변화가 일정할 때까지 측정한다.

젖당 시료

① 시약용액 1은 0.2 mL, 효소액 2는 0.05 mL, 시료액은 0.1 mL를 혼합한 후 20～25°C에서 15분간 반응시킨다.

② 시약용액 3은 1 mL, 재증류한 증류수는 1.9 mL를 혼합한 다음 약 2분 경과 후 340 nm에서 흡광도를 측정한다(A_1).

③ 효소액 4를 0.02 mL 첨가하여 반응을 시작시킨다. 약 15분 후 반응이 정지되면 흡광도를 측정한다(A_2).

포도당 시료

① 시약용액 3은 1 mL, 재증류한 증류수는 2.25 mL를 혼합한다.

② 약 2분 경과 후 340 nm에서 흡광도를 측정한다(A_1).

③ 효소액 4를 0.02 mL 첨가하여 반응을 시작하게 한다.

④ 약 15분 후, 반응이 정지되면 흡광도를 측정한다(A_2).

포도당 시료의 공시험구

① 시료액은 0.1 mL를 20～25℃에서 15분간 유지시킨다.

② 시약용액 3은 1 mL, 재증류한 증류수는 2.15 mL를 혼합한다.

③ 약 2분 경과 후 340 nm에서 흡광도를 측정한다(A_1).

④ 효소액 4를 0.02 mL 첨가하여 반응을 시작하게 한다.

⑤ 약 15분 후 반응이 정지되면 흡광도를 측정한다(A_2).

4. 계산

$$\text{포도당의 농도(g/L)} = \frac{3.27 \times 180.16}{\varepsilon \times d \times v \times 1000} \times \Delta A_{\text{포도당}} = \frac{5.89}{\varepsilon} \times \Delta A_{\text{포도당}}$$

$$\text{젖당의 농도(g/L)} = \frac{3.27 \times 342.3\ \text{(무수의 젖당)}}{\varepsilon \times d \times v \times 1000} \times A_{\text{젖당}} = \frac{11.19}{\varepsilon} \times \Delta A_{\text{젖당}}$$

$\Delta A_{\text{포도당}}$: 포도당 시료로부터 유래된 값 ; $(A_2 - A_1)_{\text{포도당}} - (A_2 - A_1)_{\text{공시험구(포도당)}}$

$\Delta A_{\text{젖당}}$: 젖당 시료로부터 유래된 값 ; $(A_2 - A_1)_{\text{젖당}} - (A_2 - A_1)_{\text{공시험구(젖당)}}$

실습 8 돼지근육에서 아데닐산인산화효소(adenylate kinase : 세포외 효소)의 분리

효소의 분리 정제방법은 한 가지 방법만 존재하는 것이 아니라 여러 가지 다양한 방법으로 분리가 가능하다. 아래 제시된 것 중 번호 순서를 달리하여 분리하더라도 무방하다. 단지 정제도가 높은 방법을 선택하는 것이 바람직하며, 여기에서는 바로 정제도가 높은 방법으로 확립된 것을 소개하기로 한다.

1. 시약 및 기기

① 0.01 mol/dm^3 KCl, 황산암모늄, AMP 5 mmol/dm^3

② 여과포(cheesecloth)

③ 포스포셀룰로스(phosphocellulose) 이온크로마토그래피 시스템, NaCl 농도 기울기 시스템

④ 돼지고기(근육부분)

⑤ 세파덱스(Sephadex) G-75 및 관(column)

⑥ 냉동건조기, 냉동원심분리기, 분획수집기(fraction collector), 믹서기

2. 실험방법

① 믹서로 마쇄한 돼지 근육에 0.01 mol/dm^3 KCl을 가해 근육으로부터 효소를 분리시키고 여과포(cheesecloth)를 통과시키면 효소는 통과하고 마쇄된 근육은 여과포에 남는다.

KCl은 이온교환크로마토그래피에서 NaCl 농도 기울기로 흡착된 효소를 용출시키는 것과 마찬가지로 근육과 효소를 분리시킨다.

② ①의 추출물의 pH를 3.5로 5분 동안 유지, 다시 pH를 7.0으로 하면 적정 pH가 6이나 7 사이인 효소는 활성을 잃어 침전되므로 원심분리해서 변성된 단백질 침전물을 제거하고 상층액을 취한다. (pH에 불안정한 다른 효소들을 분리)

③ 상층액을 (−)를 띤 포스포셀룰로스 관을 통과시키면 (+)를 띠는 효소는 위쪽 관에 흡착된다.

④ 흡착된 효소를 분리하기 위해 AMP 5 mmol/dm^{3}을 넣는다. (여기서도 NaCl 농도 기울기로 흡착된 효소를 용출시키는 것과 마찬가지로 관으로부터 효소를 분리시킴)

⑤ 분획수집기를 이용하여 5 mL씩 분획하여 받는다.

⑥ 원하는 효소 이외의 이물질을 제거하기 위해 황산암모늄을 처리해 효소를 침전시켜 침전물을 취한 다음 세파덱스(Sephadex) G-75에서 젤 여과법을 수행하여 분획수집기를 이용하여 5 mL씩 분획하여 받는다. 효소들이 분자량별로 구별되어 분자량이 큰 것은 먼저 나오고 작은 것은 천천히 나온다.

⑦ 보강을 위해 황산암모늄을 넣어 주거나 냉동 건조해 분말화한다.

실습 9 포도당 시럽 만들기

1. 시약 및 기기

옥수수녹말 30 g, $CaCl_2$, 테르마밀(Termamyl), AMG, 포도당 정량시약, 항온수조, 분광광도계

2. 실험방법

① 옥수수녹말 30 g을 250 mL 비커에 담고 약 70 mg의 $CaCl_2$를 첨가한 후 증류수 100 mL를 넣는다.

② 끓는 물에 위의 비커를 넣어 중탕 가열하면서 녹말을 호화시킨다.

③ 녹말이 호화되어 점도가 증가하면 테르마밀 100 mL를 첨가하여 30분 동안 액화시킨다. 이때 녹말액은 유리막대로 계속 저어 준다.

④ 녹말이 액화되면서 점도가 감소하는 것을 확인한다.

⑤ 액화가 완료되면 비커를 실온에 식힌다.

⑥ 미리 준비한 60°C 항온수조에 비커를 넣고 200 mM 아세트산소듐 완충용액(sodium acetate buffer : pH 5.0) 10 mL와 AMG 20 0mL를 첨가하여 1시간 동안 당화시킨다.

⑦ 당화가 완료되면 반응액을 증류수를 이용하여 적당한 농도(×1000)로 희석한다.

⑧ 희석한 반응액 100 mL에 포도당 정량시약(GOD-POD) 1.5 mL를 첨가하여 40°C 항온수조에서 20분 동안 방치한다. 이때 포도당 표준용액(0.2 mg/mL)도 함께 반응시킨다.

⑨ 발색반응이 완료되면 510 nm에서 흡광도를 측정한다.

⑩ 포도당시럽의 포도당 농도를 포도당 표준용액의 흡광도 값을 이용하여 계산한다.

※ '실습 6 효소를 이용한 포도당의 정량'을 참고한다.

참고문헌

경규한 · 김정완 · 김수기(역), 산업 · 응용 미생물학, 라이프사이언스(2006)

김동은 · 남수완 · 정경태(역), 효소반응속도론, 월드사이언스(2005)

김병우 · 최우봉 · 박희경 · 남수완 · 권현수 · 김광현 · 한창희, 바이오 인포 매틱스, 세종출판사(2005)

김재욱 · 조성환 · 지의상 · 차원섭, 농산식품가공학, 문운당(2000) 김학성 · 이상철, 효소공학, 과학기술부(2005)

노봉수 · 장판식 · 이승철, 식품효소공학, 신광출판사(2005) 류근갑, 불균질계 효소반응공학, 울산대학교 출판부(2005) 류근갑, 효소반응속도론 및 열역학, 울산대학교 출판부(2004)

박현석 · 정철희, 자바로 배우는 바이오인포매틱스, (주)사이텍미디어(2006) 안용근, 현대식품가공저장학, 효일(2004)

안용근, 효소단백질 정제법, 양서각(1994)

안용근, 효소화학, 청문각(1996)

이갑상 · 신용서, 응용효소학, 원강대학교 출판부(1996)

이갑상, 효소학: 이론과 응용, 대학서림(2007)

전홍기, 효소학, 부산대학교 출판부(1998)

전홍기, 효소학, 세문사(2002)

정동효, 효소학개론, 대광서림(2008)

Arnold FH. and Georgiou G. Methods in Molecular Biology: Directed evolution library creation, Humana Press

Belitz HD, Grosch W. Food Chemistry. Springer-Verlag, Inc., Heidelberg, Germany(1999)

Belitz, H. -D., Grosch, W. Food Chemistry, Springer(1999)

Bruenn J, Hollingsworth H. A mutant of Escherichia coli with a new, highly efficient promoter for the lactose operon. Proc Natl Acad Sci 70(12): 3693-3697(1973)

Brwon TA. Gene cloning & DNA analysis: An Introduction 5th Ed. Blackwell publishing Fennema, 0.W., Food Chemistry, Marcel Dekker(2007)

Godfrey T, West S (Ed). In 'Industrial Enzymology', 2nd Ed, Macmillan Press Ltd, London, England(1996)

Kim YW, Lee SS, Warren RA, Withers SG. Directed evolution of a glycosynthase from Agrobacterium sp. increases its catalytic activity dramatically and expands its substrate repertoire. J Biol Chem. 279(41): 42787-42793(2004).

Kornberg A and Baker TA. DNA replication. 2nd Ed. W H Freeman Co.

Lehman IR, DNA ligase: structure, mechanism, and function. Science 186: 790-979 (1974) Lesk AM. Introduction to Bioiriformatics. Oxford University Press, Oxford, England(2005)

Liu SW, Milman G. Purification and characterization of Escherichia coli guanine-x anthine phosphoribosyltransferase produced by a high efficiency expression plasmid utilizing a lambda PL promoter and CI857 temperature-sensitive repressor. JBiol Chem. 258(12): 7469-7475(1983)

N.C Price and, L.Stevens Fundamental of Enzymology, Oxford University Press(1995)

Nelson DL and Cox MM Lehninger Principles ofBiochemistry 4th Ed. W H Freeman Co. Park KH (Ed). In 'Carbohydrate-a ctive enzymes', Woodhead Publishing Ltd, Cambridge, England(2008)

Robyt JF. Essentials of Carbohydrate Chemistry. Springer-Verlag, Inc., New York, NY, USA(1998)

Schekman R, Weiner A, Kornberg A. Multienzyme systems of DNA replication. Science. 186(4168): 987-993(1974)

Voet D, Voet JG, Pratt CW, Fundamentals of Bioechmistry. John wiley & Sons

Watson JD, Baker TA, Bell SP, Gann A, Levine M, Losick R. Molecular Biology ofthe Gene 5th Ed. Pearson Education

Whitaker JR, Voragen AGJ, Wong DWS (Ed). In 'Handbook of Food Enzymology'. Marcel Dekker, Inc. New York, NY, USA(2002)

Whitaker JR. Principles ofEnzymologyfor the Food Science (2nd Ed), Marcel Dekker, Inc.

New York, NY, USA(1994)

Whitaker, J.R. Principles ofEnzymologyfor the Food Science, Marcel Dekker(2004) Whitford D. Proteins: Structure andfunction. John Wiley and Sons Ltd.

Wilson DS, Keefe AD. Random mutagenesis by PCR. Curr Protoc Mol Biol. 2001 Chapter 8, Unit 8.3(2001)

Winter G, Fersht AR, Wilkinson AJ, Zoller M, Smith M. Redesigning enzyme structure by site−directed mutagenesis: tyrosyl tRNA synthetase and ATP binding. Nature. 299(5885): 756-758(1982)

Wower J, Rosen KV, Hixson SS, Zimmermann RA. Recombinant photoreactive tRNA molecules as probes for cross-linking studies. Biochimie. 76(12): 1235-1246(1994)

Yamamoto T (Ed). In 'Handbook of Amylases and Related Enzymes', Pergamon Press plc, Oxford, England(1988)

Yang G, Withers SG. Ultrahigh-throughput FACS-based screening for directed enzyme evolution. Chembiochem. 10(17): 2704-2715 (2009)

Zhang JH, Dawes G, Stemmer WP. Directed evolution of a fucosidase from a galactosidase by DNA shuffling and screening. Proc. Natl. Acad. Sci. 94(9): 4504-4509(1997)

Zoller MJ, and Smith M. Oligo nucleotide−directed mutagenesis of DNA fragments cloned into M13 vectors. Methods Enzymol. 100: 468-500(1983)

찾아보기

저자 소개

장판식

현재 서울대학교 식품생명공학전공 교수

서울대학교 식품공학과 학사, 석사

KAIST 생물공학과 박사

Iowa State University 생화학과 Post Doc.

노봉수

현재 서울여자대학교 식품·응용시스템학부 교수

서울대학교 식품공학과 학사, 석사

University of California, Davis 식품공학과 석사, 박사

동서식품(주) 기술연구소 연구원 역임

(주)보락 기술고문 역임

유상호

현재 세종대학교 식품생명공학과 교수

서울대학교 식품공학과 학사, 석사

Iowa State University 식품탄수화물화학 박사

USDA/ARS/ERRC 연구원

탄수화물소재연구소 소장

김묘정

현재 인제대학교 식품생명과학부 교수

서울대학교 식품공학과 학사, 석사

서울대학교 식품공학과 박사

Iowa State University 생화학과 방문연구원

서울대학교 농업생물신소재연구소 Post Doc.

김영완

현재 고려대학교 식품생명공학과 교수

서울대학교 식품공학과 학사, 석사

서울대학교 식품공학과 박사

University of British Columbia 화학과 연구원

서울대학교 BK21 농생명공학사업단 연수연구원

이해하기 쉬운 **식품효소공학** [개정판]

2024년 2월 25일 개정판 4쇄 발행
2017년 2월 27일 개정판 1쇄 발행
2010년 2월 15일 초 판 1쇄 발행

지은이 장판식 · 노봉수 · 유상호 · 김묘정 · 김영완

발행인 이 영 호
발행처 **수 학 사**
10881 경기도 파주시 회동길 56 기한재 1층
출판등록 1953년 7월 23일 제2020-000143호
전화번호 031) 946-4642(代) 팩스 031) 944-1457
http://www.soohaksa.co.kr
디자인 북큐브
© 장판식 외 2010, 2017 Printed in Korea
정가 28,000원

ISBN 978-89-7140-710-3 (93570)

이 책의 무단 전재와 복제 행위는 저작권법 제136조에 따라 5년 이하의 또는 5천만 원 이하의 벌금에 처하거나 이를 병과할 수 있습니다.